广州铁路职业技术学院资助出版
高等职业院校技能型人才培养优质教材
机械制造与自动化专业群城市轨道交通机电技术专业教材

SolidWorks 运动与系统仿真实战教程

主　编　李兆飞　梁泽权
副主编　诸进才　张菊红　胡艳娥

西南交通大学出版社
·成　都·

图书在版编目（CIP）数据

SolidWorks 运动与系统仿真实战教程 / 李兆飞，梁泽权主编. —成都：西南交通大学出版社，2021.7
ISBN 978-7-5643-8145-5

Ⅰ. ①S… Ⅱ. ①李… ②梁… Ⅲ. ①计算机辅助设计–应用软件–高等职业教育–教材 Ⅳ. ①TP391.72

中国版本图书馆 CIP 数据核字（2021）第 141972 号

SolidWorks Yundong yu Xitong Fangzhen Shizhan Jiaocheng

SolidWorks 运动与系统仿真实战教程

主编　李兆飞　梁泽权

责任编辑	罗在伟
封面设计	吴　兵
出版发行	西南交通大学出版社 （四川省成都市金牛区二环路北一段 111 号 西南交通大学创新大厦 21 楼）
邮政编码	610031
发行部电话	028-87600564　028-87600533
网址	http://www.xnjdcbs.com
印刷	成都蜀通印务有限责任公司
成品尺寸	185 mm × 260 mm
印张	24.75
字数	616 千
版次	2021 年 7 月第 1 版
印次	2021 年 7 月第 1 次
书号	ISBN 978-7-5643-8145-5
定价	69.80 元

课件咨询电话：028-81435775
图书如有印装质量问题　本社负责退换

本书编委会

主　任：陈敏　林燕波

副主任：李助军

秘　书：刘锦龙

编　委：李兆飞　梁泽权　诸进才　张菊红　胡艳娥

前言

PREFACE

为深入贯彻国务院和教育部关于职业教育的相关文件和精神，进一步深化职业教育的教学改革，提高人才培养质量，编者根据高等职业教育的教学特点，结合机加工专业的教学实际，坚持以服务为宗旨、以就业为导向、以技能为核心的职业教育理念，推广教育信息化，在广泛调研的基础上编写了本书。

本书以“项目为导向、任务作驱动、教学做一体化”教学模式的改革为编写方向，以机电产品的运动与有限元分析中典型工作任务为主要内容，第一部分以千斤顶、曲柄滑块机构、牛头刨床等典型机构为技术依据，精心设计了运动仿真的认知、机构的设计与装配、干涉检查、运动与力的观察与计算等 9 个学习项目，共计 18 个学习任务。第二个部分以平板、L 形支架、水槽、梁等典型产品模型为技术依据，精心设计了有限元分析的认知、静应力分析流程、干涉检查、实体单元、壳单元、梁单元、网格控制、网格细化、实体接触等 11 个学习项目，共计 20 个学习任务。

每个学习项目都按照“学习目标—重难点—项目描述—知识准备—项目实施—项目总结”的脉络编写。“知识准备”环节中，理论知识讲解以“够用”为原则，深入浅出、透彻明了；“项目实施”环节中，基于运动与有限元分析的工作过程，注重项目实施的过程性与完整性。

本书采用“教学做一体化”的教学模式，各项目教学学时建议如下：

项　目	项目内容	建议学时
项目 1	运动仿真及力——千斤顶分析	4
项目 2	运动模型建立及其后处理——曲柄滑块分析	2
项目 3	牛头刨床驱动机构建模与仿真	2
项目 4	奥氏仪表机构设计与仿真	2
项目 5	复合轮系传动机构设计与仿真	2
项目 6	接触、弹簧及阻尼——抛射器分析	2
项目 7	实体接触——锁装置分析	2
项目 8	曲线到曲线接触——槽轮机构	2
项目 9	凸轮合成运动仿真	2
项目 10	SolidWorks Simulation 入门——平板分析	2
项目 11	实体单元网格控制——L 形支架分析	4

项目 12	带接触的装配体——虎钳分析	2
项目 13	壳单元——水槽的结构分析	2
项目 14	梁单元——梁的结构分析	2
项目 15	混合单元——料斗的结构分析	2
项目 16	对称和自平衡装配体——冷缩配合零件分析	2
项目 17	网格细化——万向节分析	2
项目 18	兼容与不兼容网格——转子分析	2
项目 19	设计情形——悬架设计	4
项目 20	优化分析——压榨机壳体优化	4
合 计		48

本书由广州铁路职业技术学院李兆飞、广州宇喜资讯科技有限公司梁泽权担任主编，李兆飞负责编写项目 1、3、4、10、11、19、20，并完成统稿，梁泽权负责编写项目 2、12、13；广州铁路职业技术学院诸进才、张菊红、胡艳娥担任副主编，负责编写项目 5、6、7、8、9、14、15、16、17。本书在编写的过程中，参阅了大量的书籍和资料，在此对原著作者一并表示感谢！

本书可以作为高职学院机械类专业的教材，也可以作为运动与系统仿真技能培训用书，还可以作为企业从事有限元分析人员学习参考书籍。

由于编者水平有限，书中难免存在疏漏和不足之处，恳请业内专家、同仁、广大读者批评斧正（编者邮箱：274066938@ qq. com）。

编 者

2021 年 4 月于广州

目录
CONTENTS

项目 1

运动仿真及力——千斤顶分析

学习目标

（1）掌握使用装配体运动生成千斤顶装配体运动的动画。

（2）使用 SolidWorks Motion 模拟千斤顶的物理性能，确定起升一辆车所需的力矩。

（3）完成 3D 四连杆机构分析。

（4）通过任务学习，认知运动仿真及力。

重 难 点

（1）生成装配体运动的动画。

（2）四连杆机构分析。

项目描述

任务 1　千斤顶分析

本课程中，我们将使用 SolidWorks Motion 进行一次基本的运动分析，仿真千斤顶上的汽车重力，并确定起升汽车所需的力矩。工程师可以利用这些信息选择合适的电动马达驱动千斤顶。

1. 千斤顶基本情况

如图 1-1 所示，千斤顶是顶升重物的一种机构，最常用的有车辆千斤顶、卧式千斤顶和修车千斤顶。人们可以利用千斤顶，抬起一辆汽车，并对汽车进行维护。千斤顶液压机构液压的压力越大，提升的距离越长。这些千斤顶一般按最大提升能力划分等级（例如 1.5 t 或 3 t）。

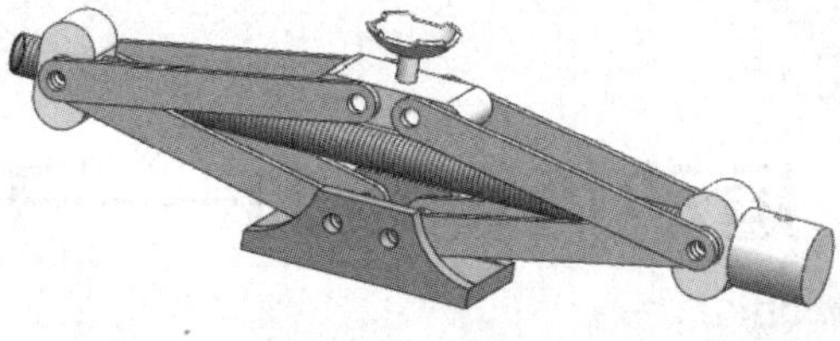

图 1-1　千斤顶

因为这是第一次进行运动分析，本项目只进行简单运动分析，如果深入研究，还需要在配合件的辅助下防止千斤顶摇晃。

2. 问题描述

以 100 r/min 的速度驱动千斤顶，使其承受 8 900 N 的力，用于模拟车辆的重力。确定千斤顶在运动范围内提升至负载所需的力矩和功率。

3. 任务完成的关键步骤

- 生成一个运动算例：新建一个运动算例。
- 添加一个旋转马达：旋转马达用于驱动千斤顶。
- 添加引力：添加一个标准重力，确保千斤顶的重力也被计算在内。
- 添加车辆的重力：车辆的重力将相对于支撑底座添加为一个向下的力。
- 计算运动：系统默认的分析将持续 5 s，但此处将延长该时间，使得千斤顶可以完全展开。
- 图解显示结果：生成多个图解来显示力矩和所需的功率。

任务 2　3D 四连杆机构分析

1. 任务基本情况

图 1-2 所示为 3D 四连杆机构，该机构中只有 4 个零件。

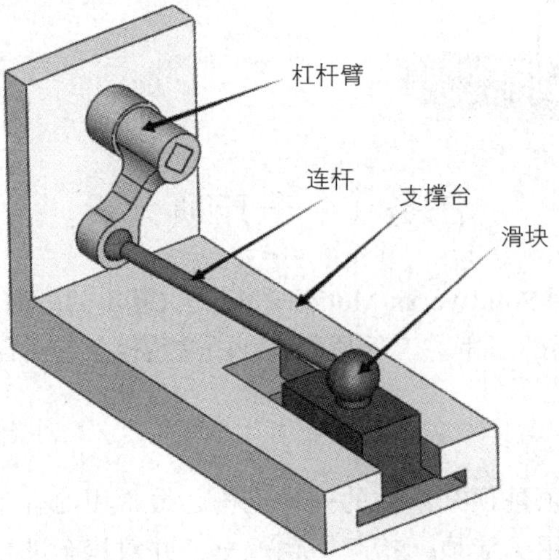

图 1-2　3D 四连杆机构

零件“support”固定在地面上，零件“LeverArm”的转动会导致零件“SliderBlock”滑动。

2. 任务描述

零件“LeverArm”以恒定的 360（°）/s 的角速度简单地转动。确定驱动这个机构所需的力矩大小，并从运动仿真的结果中图解显示出来。

知识准备

1. 驱　动

运动可以通过引力、弹簧、力或马达来驱动。每一项都可以调控不同的特性。

马达：马达可以创建线性、旋转或与路径相关的运动，也可以用来阻碍运动，也可以通过不同的方法定义这个越动。

- 等速：马达将以恒定的速度进行驱动。
- 距离：马达将移动一个固定的距离或角度。
- 震荡：震荡运动是指在一指定频率下的某特定距离中产生的往复运动。
- 线段：运动轨迹由最常用的函数进行构建，如线性、多项式、半正弦或其他。
- 数：指点以内插值计算得到的运动由一组表格数值进行驱动。
- 表达式：运动可以通过已有变量和常量创建的函数进行驱动。
- 伺服马达：该马达用于对基于事件引发的运动实施控制指令。

操作方法：在 Motion Manger 的工具栏中，单击【马达】。

2. 引　力

当零件的质量影响到诸如物体自由落体运动的仿真时，引力是一个非常重要的数值。在 SolidWorks Motion 中，引力包含两部分内容：

- 引力矢量的方向。
- 引力加速度的大小。

用户可以在引力属性中指定引力矢量的方向和大小，也可以通过选择 *X*、*Y*、*Z* 方向，或指定参考基准面来定义引力矢量，而加速度的大小必须单独输入。引力矢量的默认值是 *Y* 方向及 9806.65 mm/s^2 的大小，或在当前单位下的等效数值。

单击【引力】按钮，在【引力参数】的【方向参考】中选择【*Y*】；在【数字引力值】中，输入数值 9806.65 mm/s^2，如图 1-3 所示。

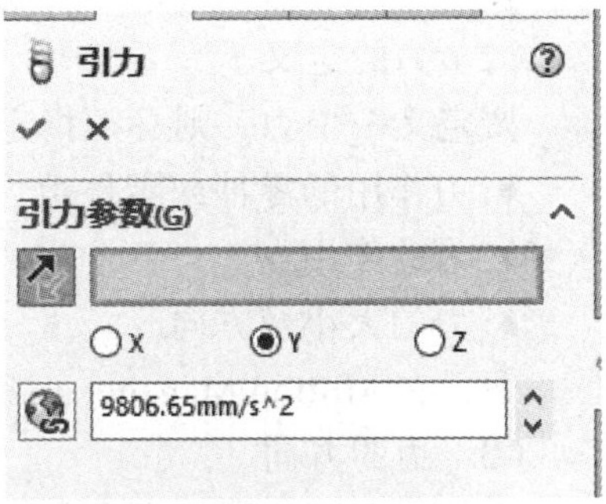

图 1-3　定义引力

单击【确定】按钮。

3. 力

力的要素（包含力和力矩）用于激发运动模型中的零件和子装配体的动态行为，通常体现了作用在分析装配体上的一些外部效应。

力可能抵制或诱发运动，可以使用类似于定义马达时使用的函数（常量、步进、函数、表达式成向内插值）来定义力。SolidWorks Motion 中的力可以划分为两个基本类：

1）只有作用力

单独加载的力或力矩体现的是加载到零件成装配体上的外部对象和载荷的效果。加载到千斤顶上车辆的重力或作用在车身上的空气阻力，都是“只有作用力”的例子，如图 1-4 所示。

2）作用力和反作用力

一对力或力矩，包含作用力和相应的反作用力。最典型的例子就是弹簧的弹力，因为二者作用在同一条线上，并且弹簧安装点作用在装配体上。另一个例子就是将自己的双手推在一个物体的两个相反方向上，这样便可以体现在运动分析中作用在同一条线上的一对相反的两个等效力，也就是作用力和反作用力。

图 1-4　只有作用力

（1）外加力

外加力是指在一个零件上的特定位置定义的载荷力。用户必须通过指定一个恒定力数值或一个函数表达式，来提供对力行为的自我解释，SolidWorks Motion 中可用的外加力为：外加力、外加力矩、作用力/反作用力和作用力矩/反作用力矩。

只有作用力的方向可以是固定的，或相对于机构中任何零件的方向是固定的。外加力用于模拟诸如制动器、火箭、气动载荷和更多其他的例子。

（2）力的定义

要定义一个力，则必须指定 3 个要素：

- 力作用的零件或零件组。
- 力的作用点。
- 力的大小及方向。

力：在 Motion Manager 工具栏中单击【力】按钮。

（3）力的方向

力的方向源于用户在【方向】中指定的参考零件，如图 1-5 所示。下面给出了三种情况，向用户解释了力的方向是如何随着所选参考零件的变化而发生变化的。

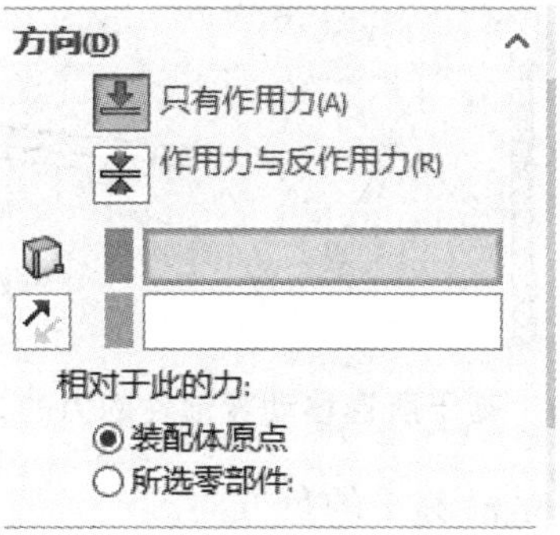

图 1-5　力的方向

情况 1　基于固定零部件的力的方向，如果固定零部件是装配体的基础，则力的初始方向将在整个仿真过程中保持不变，如图 1-6 所示。

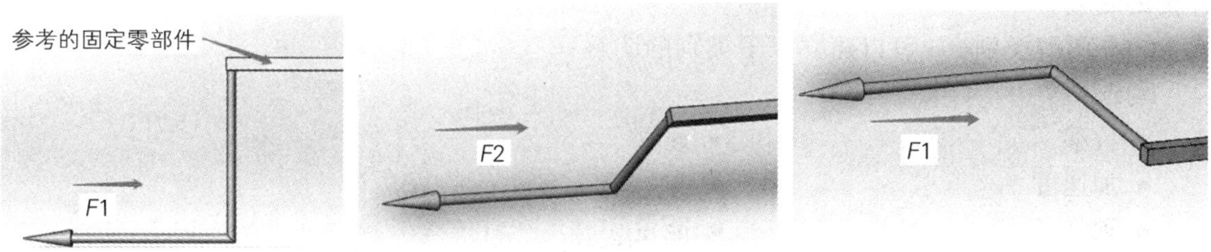

图 1-6　基于固定零部件的力的方向

情况 2　基于所选移动零部件（用户想添加作用力的零部件）的力的方向，如果加载力的零件用作参考基准，则在整个仿真的时间内，力的方向与该零件的相对方向保持不变（也就是说，与用于定义方向的实体的几何体保持相对关系），如图 1-7 所示。

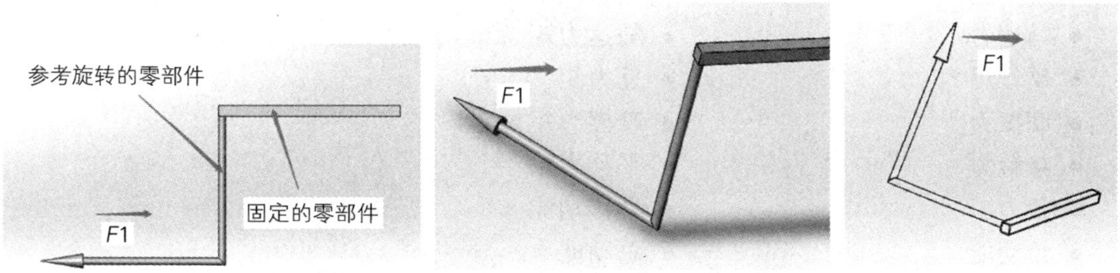

图 1-7　基于所选移动零部件的力的方向 1

情况 3　基于所选移动零部件（用户不想添加作用力的零部件）的力的方向，如果另一个移动的零件用作参考基准，则力的方向将根据移动实体这个参考对象的相对方向而变化。如果用户在一端固定的实体上施加力的作用并使用一个旋转的零件作为参考基准时，将会发现力会随着参考实体一起转动，如图 1-8 所示。

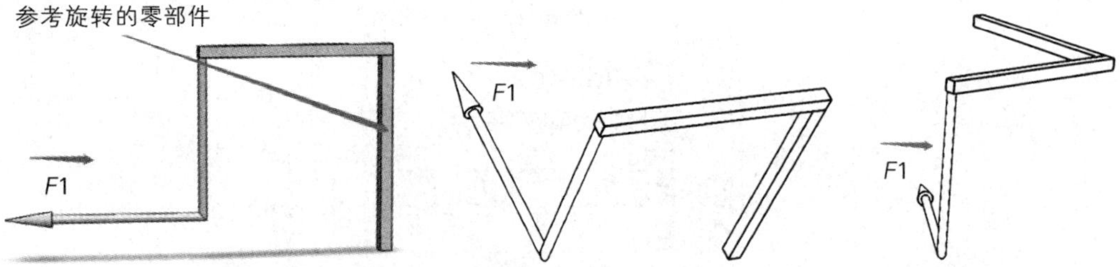

图 1-8　基于所选移动零部件的力的方向 2

提示：确保引力符号的方向是沿着 Y 的负方向。

4. 结　果

运动算例得到的输出内容主要是一个参数相对于另一个参数（通常为时间）的图解。运动算例计算完毕后，则可以对各种参数创建图解。所有存在的图解都列于 Motion Manager 设计树的底端。

（1）图解类别——可以建立以下类别的图解：

勾选：

- 位移
- 速度
- 加速度
- 力
- 动量
- 能量
- 力量
- 其他数量

（2）子类别——可以按照下面的类别创建图解：

- 跟踪路径
- 质量中心位置
- 线性位移
- 线性速度
- 线性加速度
- 角位移
- 角速度
- 角加速度
- 马达力
- 马达力矩
- 反作用力
- 反力矩
- 摩擦力
- 摩擦力矩
- 接触力
- 平移力矩
- 角力矩
- 平移动能
- 角动能
- 总动能
- 势能差
- 能量消耗
- 俯仰
- 偏航
- 滚转
- Rodriguez 参数
- 勃兰特角度
- 投影角度

（3）调整图解大小——可以通过拖动任何边界或边角来调整图解大小。

（4）结果和图解——在 Motion Manager 工具中单击【结果和图解】按钮。

项目实施

任务 1　千斤顶分析

步骤 1　确保勾选了 SolidWorks Motion 插件。

进入【工具】/【选项】，确保勾选了 SolidWorks Motion 插件，如图 1-9 所示，单击【确定】按钮。

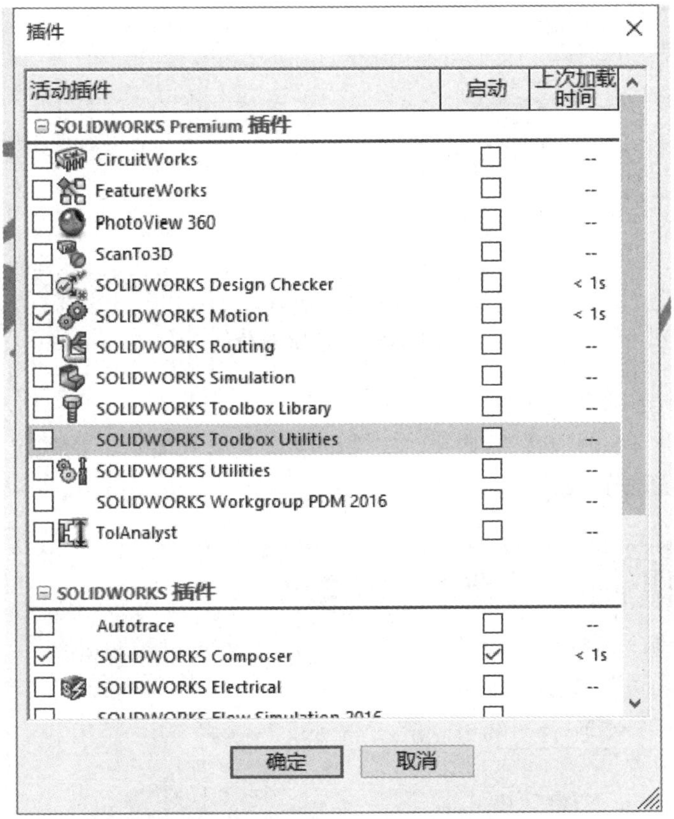

图 1-9　勾选 SolidWorks Motion 插件

步骤 2　打开装配体文件。

从文件夹“SolidWorks Motion Simulation Lesson01\Case Study\Car_ Jack”下打开文件“Car_ Jack”。

步骤 3　设置文档单位。

SolidWorks Motion 使用 SolidWorks 文档中的文档单位设置。依次选择【工具】/【选项】/【文档属性】/【单位】，在【单位系统】中选择【MMGS（毫米、克、秒）】。此处将设置长度单位为【毫米】，力的单位为【牛顿】，如图 1-10 所示，单击【确定】按钮。

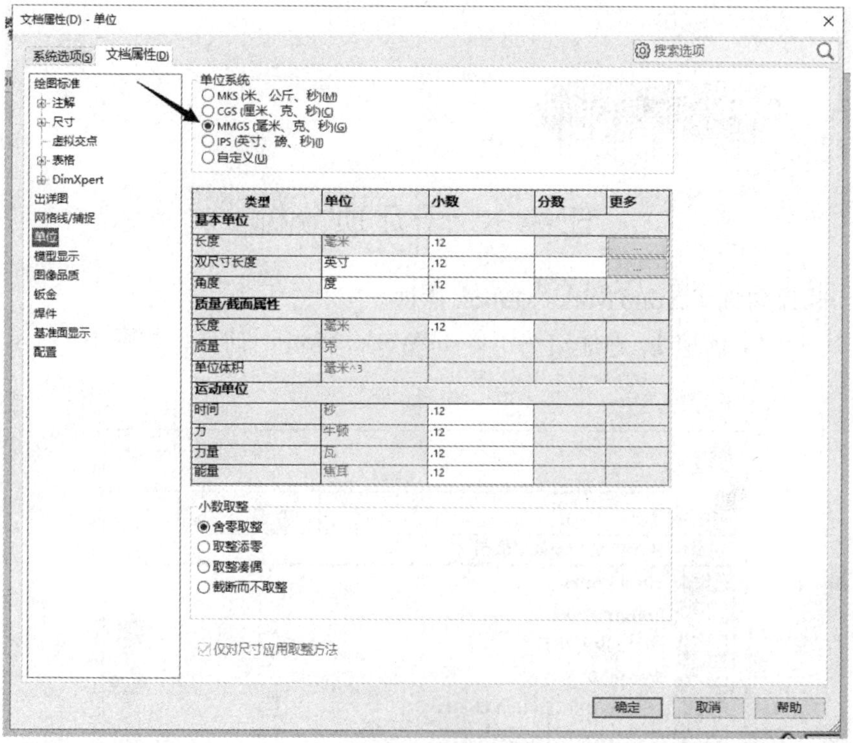

图 1-10　设置单位

步骤 4　切换到运动算例页面。

切换至【Motion Study 1】选项卡。如果该选项卡没有显示，请勾选【视图】/【用户界面】/【Motion Manager】，如图 1-11 所示。

图 1-11　切换到运动算例页面

步骤 5　激活运动算例类型。

从可选类型中选择【Motion 分析】，如图 1-12 所示，【动画】用于创建以分析为目的的动画。【基本运动】用于创建对模型应用质量、引力和碰撞的动画。【Motion 分析】是一个完整、严格的实体模拟环境，用于获取精确的物理数据和动画。

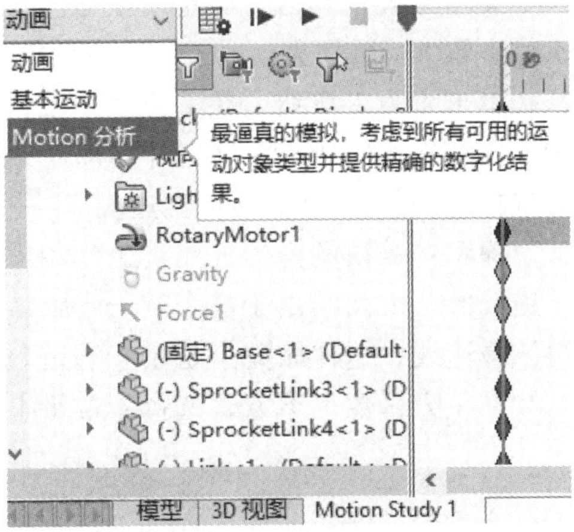

图 1-12　运动算例类型

步骤 6　生成一个马达，以 100 r/min 的速度驱动 Screw_rod。

单击【马达】，在【马达类型】中选择【旋转马达】。在【零部件/方向】中选择零件 Screw_ rod 的圆柱面。【马达方向】将自动加入相同的面以指定方向。单击【反向】按钮以重新定向马达，如图 1-13 所示。

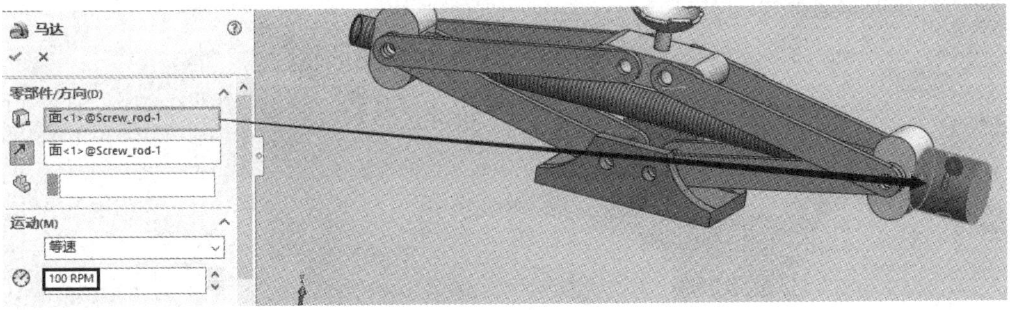

图 1-13　定义马达参数

注意：确保马达的方向与图中显示的方向保持一致。

单击 Property Manager 中的图表，查看放大的结果，如图 1-14 所示。

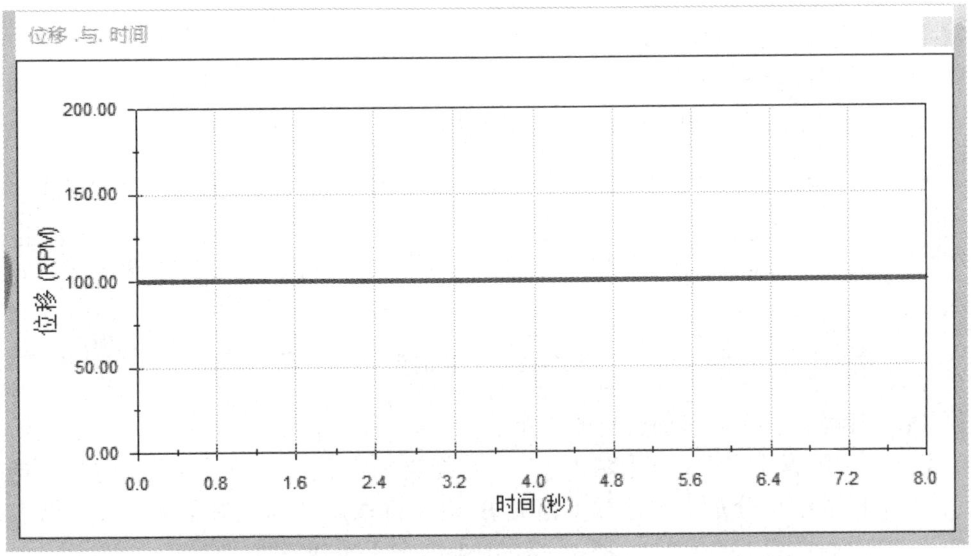

图 1-14　放大的结果

关闭图表，单击【确定】按钮。

步骤 8 添加力。

单击【力】按钮，在【类型】处选择【力】，在【方向】处选择【只有作用力】，在【作用零件和作用应用点】处选择零部件 Support-1 的圆形边线，如图 1-15 所示，在【力的方向】处选择零部件 Base-1 的竖直边线。

提示：默认的力的方向由【作用零件和作用应用点】中选择的圆形边线来定义，即垂直于边线的基准面。由于这个例子中默认的方向是正确的，因此没有必要在【力的方向】域中再选择边线，这样做完全是基于满足教学的需要。

在【力函数】下方，选择【常量】，输入力的数值“8 900 N”，如图 1-15 所示。

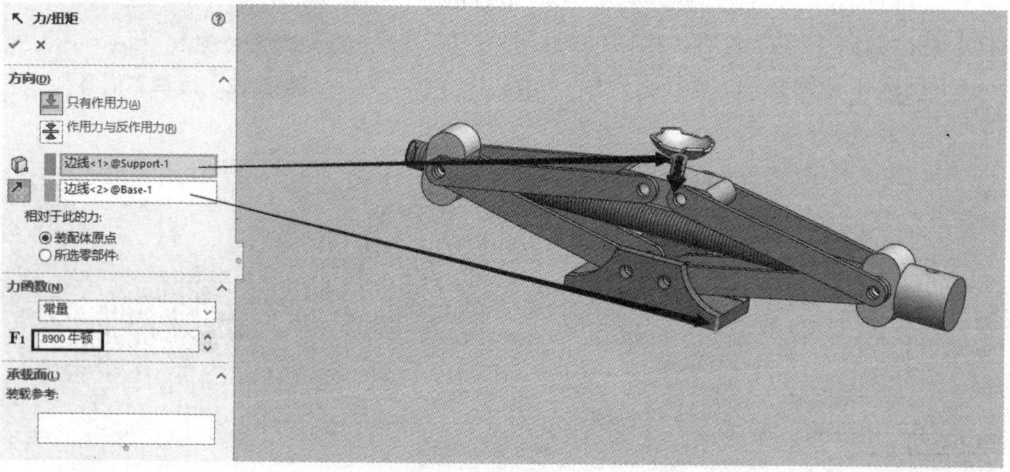

图 1-15 指定力大小

提示：确保力的方向指示朝下。

单击【确定】按钮。

步骤 9 运行仿真。

单击【计算】按钮，仿真计算 5 s 的内容。

步骤 10 运行包含 8 s 的仿真。

将结束时间帧拖至时间轴的 8 s 处，如图 1-16 所示。单击【计算】。

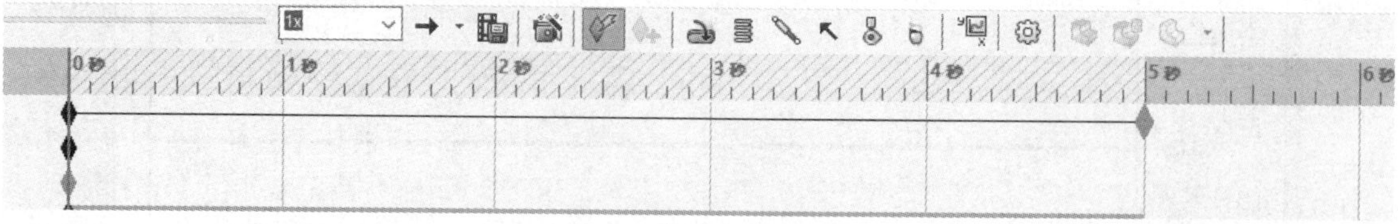

图 1-16 更改时间

步骤 11 图解显示提升车辆所需的力矩。

单击【结果和图解】按钮。在【结果】中，选择类别为【力】；在【子类别】中，选择【马达力矩】；在【选取结果分量】中选择【幅值】；在【选取旋转马达对象来生成结果】中，选择创建的【旋转马达 1】，如图 1-17 所示。单击【确定】按钮。

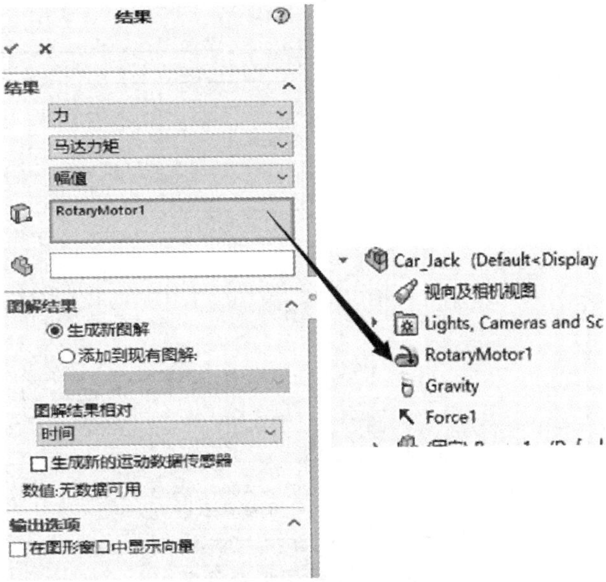

图 1-17　定义结果

所需力矩图解立即出现在图形区域，如图 1-18 所示，所需力矩大约为 7244（N·mm）。

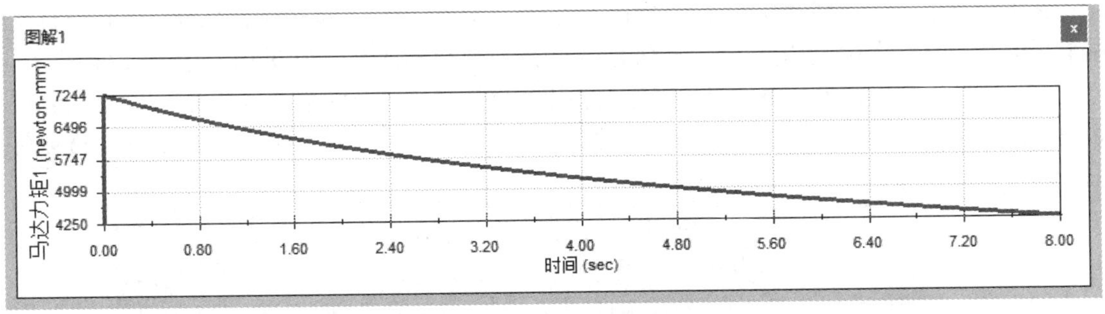

图 1-18　力矩图解

提示：若选择【旋转马达 1】，便会在图形区域出现三重轴。坐标系指明了马达的本地 X、Y 和 Z 轴，输出的数值有可能就显示在这些轴上。对这个例子而言，需要的数据图解是独立于坐标系的，后续项目将重点介绍后处理的细节。

步骤 12　图解显示起升 8 900 N 所产生的能量消耗。

下面将这个图解添加到现有图解中，单击【结果和图解】按钮。

在【结果】中，选择类别为【动量/能量/力量】；在【子类别】中选择【能量消耗】；在【选取马达对象来生成结果】中，选取在步骤 11 中选择的【旋转马达】；在【图解结果】中，选择【添加到现有图解】，并从下拉菜单中选择【图解 1】，如图 1-19 所示，单击【确定】按钮。

能量消耗为 76 W。基于转矩和能量信息，可以选择一款马达并用于驱动 Screw_ rod，来替代人的手工劳动。

步骤 13　播放动画。

单击【播放】按钮，竖直的时间线同时显示在 Motion Manager 和图解中，显示对应的时间。单击【停止】按钮。

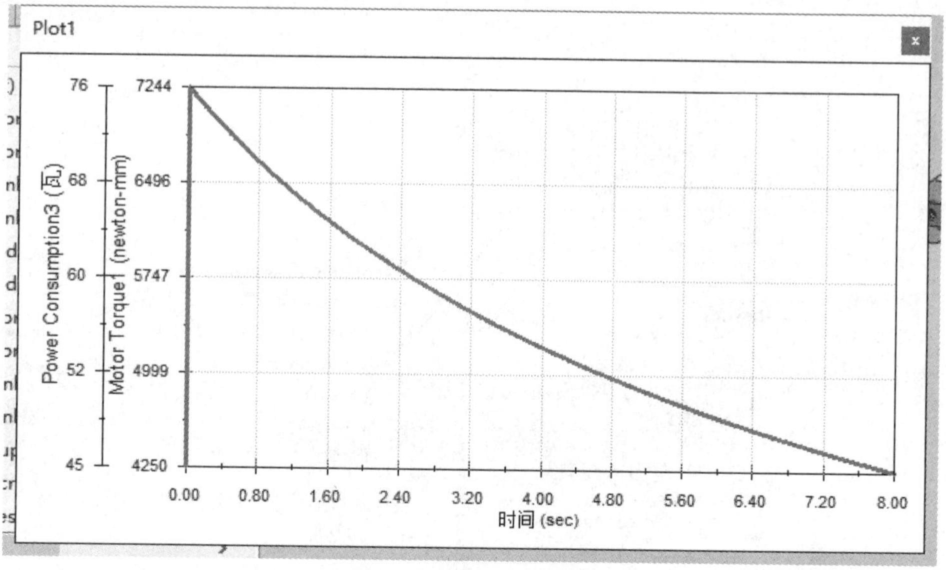

图 1-19　能量消耗图解

步骤 14　图解显示 Support 竖直方向的位置。

单击【结果和图解】按钮。

在【结果】中，选择类别为【位移/速度/加速度】；在【子类别】中，选择【线性位移】；在【选取结果分量】中，选择【Y 分量】；在【选取单独零件上两个点/面】中，选择 Support 的顶面，如果没有选择第二个项目，则地面将作为默认的第二个零部件或参考；【定义 XYZ 方向的零部件】选项默认为空白，这表明位移将以默认的全局坐标系生成报告，如图 1-20 所示。

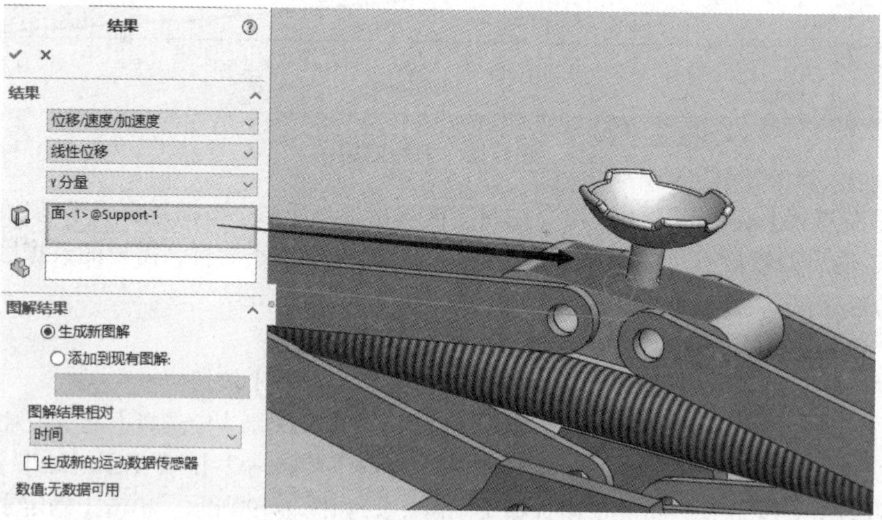

图 1-20　定义竖直位置结果

提示：位移是基于 Support 零件的原点进行测量的，在图 1-20 中显示为一个小蓝球，以区别于 Car_Jack 装配体的原点。结果将以默认的全局坐标系生成报告。单击【确定】按钮。

图 1-21 表明了 Support 零件的原点在全局 *Y* 坐标方向的改变量，因此在全局坐标 *Y* 轴正方向的线性位移为 51 mm（161 mm ~ 212 mm）。

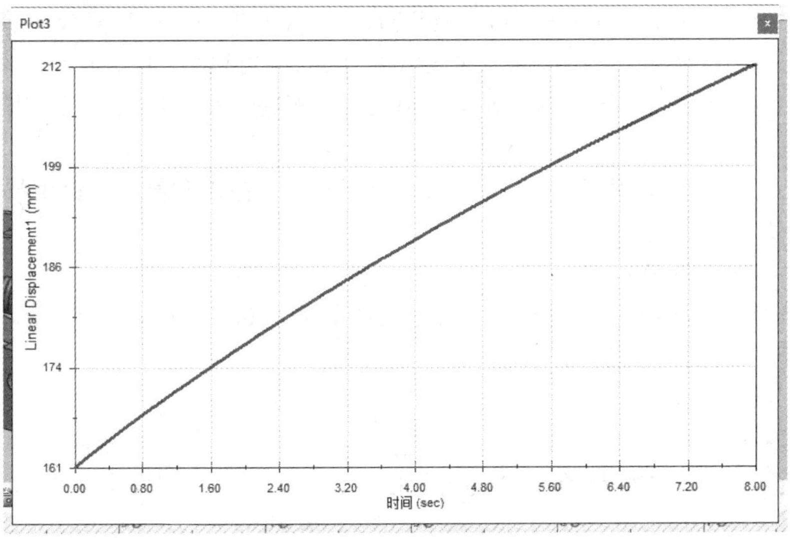

图 1-21　位移图解

步骤 15　修改图解。

修改图解的横坐标，显示马达的角位移。在 Motion Manager 树中，展开“Results”文件夹。右击“图解 2”，在弹出的快捷菜单中选择【编辑特征】命令。在【图解结果】的【图解结果相对】中，选择【新结果】；在【定义新结果】中，选择【位移/速度/加速度】。在【子类别】中，选择【角位移】；在结果分量中，选择【幅值】；在仿真单元中，选择【旋转马达 1】，如图 1-22 所示。单击【确定】按钮。

步骤 16　查看图解。

图解结果有些粗糙，坐标点并未完全覆盖 $-180° \sim 180°$的范围。要想得到更好的图解，则必须保存更多的数据到磁盘中。修改后的位移图解结果如图 1-23 所示。

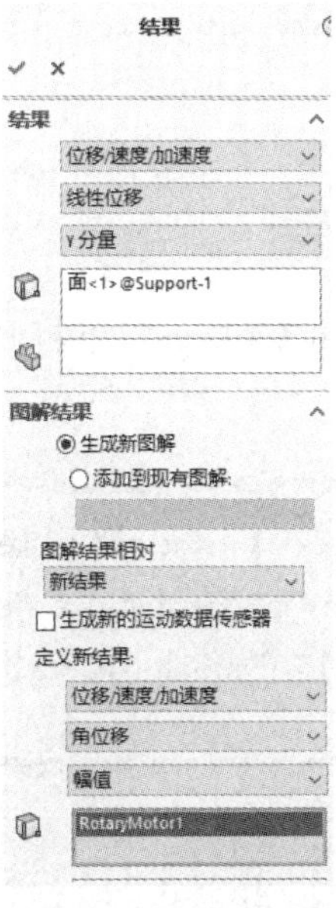

图 1-22　修改结果

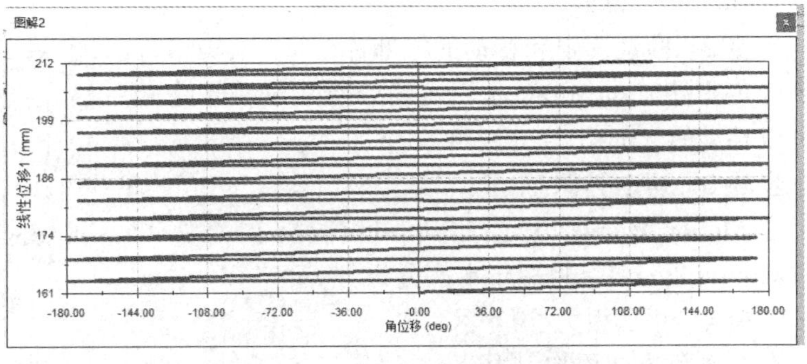

图 1-23　修改后的位移图解结果

算例属性：SolidWorks Motion 拥有一套特有的属性来控制算例计算和显示的方式。

操作方法：单击 Motion Manager 工具栏中的【运动算例属性】按钮。

每秒帧数：每秒帧数用于控制数据保留到磁盘的频率。每秒帧数越高，则记录的数据越密集。

操作方法：在运动算例属性中展开【Motion 分析】。输入数值，或使用数值框的箭头按钮，或调节滑块。

步骤 17 修改运动算例属性。

单击【运动算例属性】按钮，更改【每秒帧数】为“100”，如图 1-24 所示，单击【确定】按钮。

步骤 18 计算算例。

单击【计算】按钮。

这样就得到了更多的细节，角位移也近似在 – 180°和 180°之间发生变化，如图 1-25 所示。

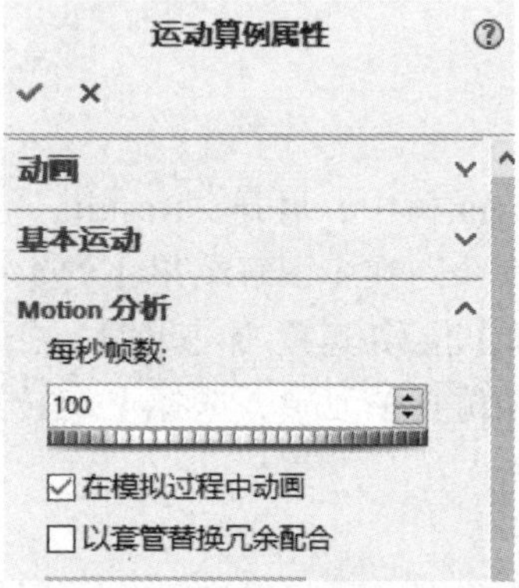

图 1-24 修改运动算例属性

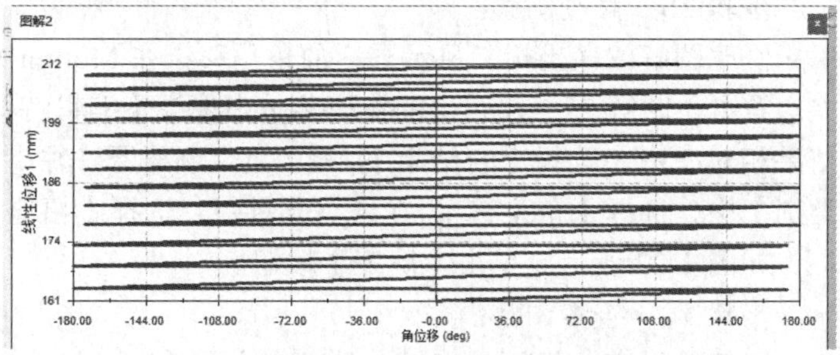

图 1-25 位移结果

步骤 19 保存并关闭文件。

任务 2 3D 四连杆机构分析

步骤 1 打开装配体文件。

从文件夹“SOLDWORKS Motion Simulotion\Exercises01\ 3D Fourbar Linkage”下打开文件“3D fourbar linkage”。

步骤 2 验证固定和移动的零部件。

确定零件“support”是固定的，而其他零部件是可以移动的，如图 1-26 所示。

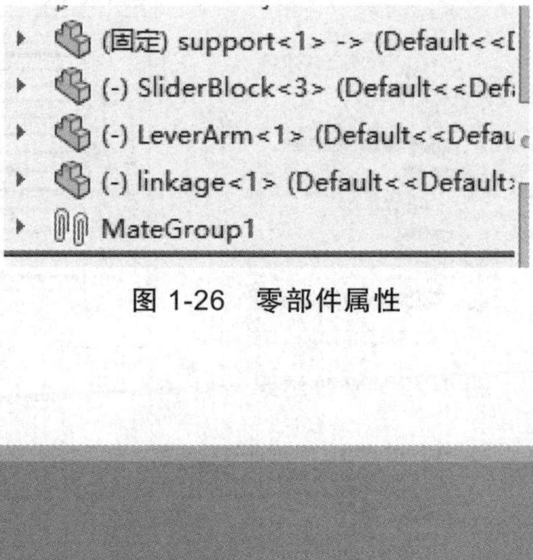

图 1-26 零部件属性

步骤 3 运动算例。

在 Motion Manger 中选择【Motion 分析】，默认的“Motion Study1”将用于本次分析。

步骤 4 添加引力。

在 Z 轴负方向添加引力。

步骤 5 定义零件 Lever Arm 的运动。

定义一个角速度为 360（°）/s 的旋转马达，如图 1-27 所示。

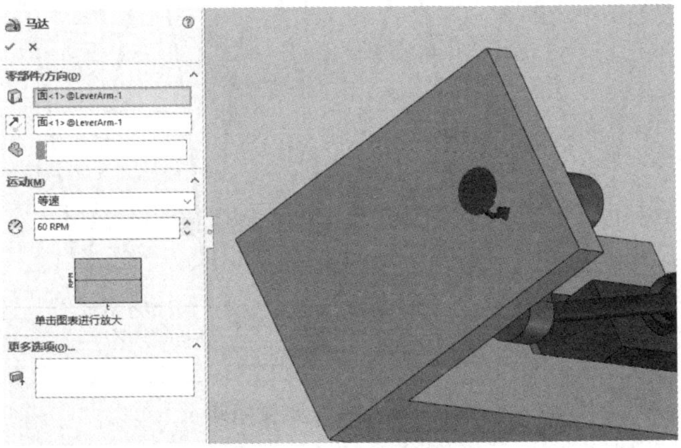

图 1-27 定义马达

技巧：用户可以在 Property Manager 中直接输入“360 deg/sec”，系统会自动将其转化为每分钟转动量（RPM）。

步骤 6 运动算例属性。

设置【每秒帧数】为“100”，并将时间帧拖至 4 s。

步骤 7 计算。

单击【计算】。

步骤 8 确定驱动该机构所需的力矩和能量。

定义一个图解，显示力矩和所需能量与时间之间的函数关系。在同一图解中定义这两个数量关系，如图 1-28 所示。

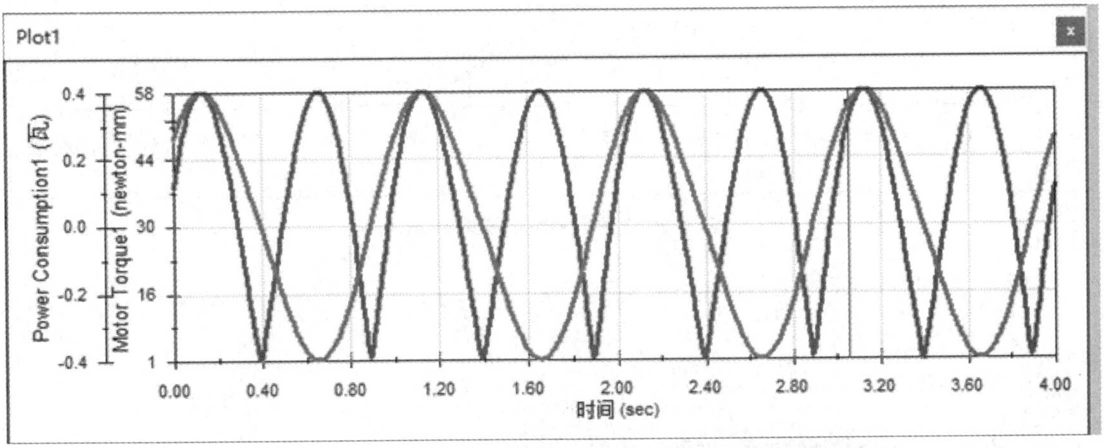

图 1-28 图解结果

步骤 9 显示零件 Slider Block 的线性速度。

建立一个图解，显示零件“Slider Block”的线性速度与时间之间的函数关系，如图 1-29 所示。

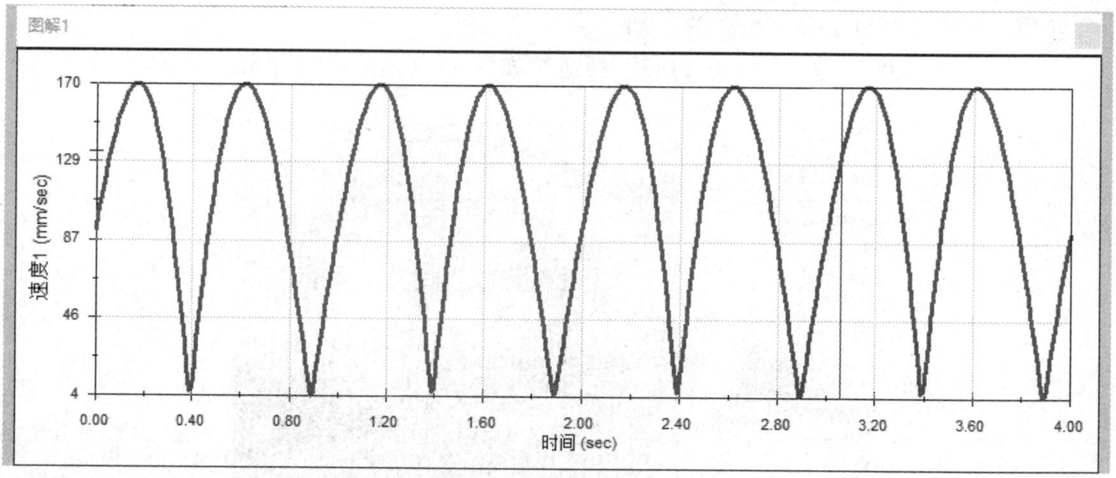

图 1-29　线性速度结果

步骤 10　修改图解。

修改图解的坐标，显示旋转马达的角位移。更改之后，图解将显示零件 Slider Block 的速度相对于零件“Lever Arm”角位移的变化，如图 1-30 所示。

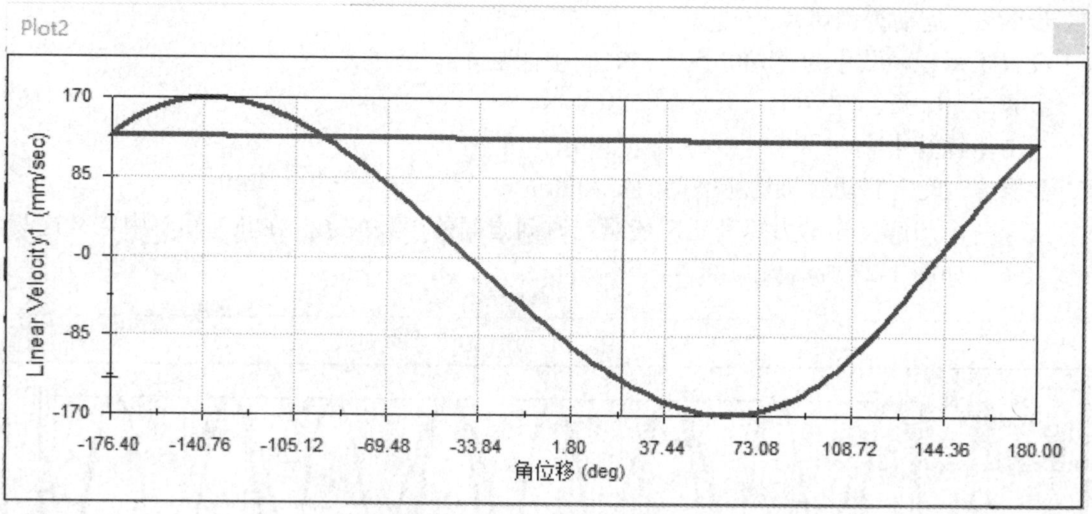

图 1-30　速度-角位移关系图解

步骤 11　保存并关闭文件。

项目总结

本项目重点讲述了运动仿真的步骤，主要参数的设置，驱动、力、引力的基本概念与设置方法以及如何看图解的结果，分析机构的运动状况。

项目 2

运动模型建立及其后处理
——曲柄滑块分析

学习目标

（1）掌握运动仿真建立正确的模型。
（2）掌握算例生成本地配合。
（3）学会进行后处理并修改图解。

重 难 点

（1）运动仿真建立。
（2）生成本地配合。

项目描述

任务 1　曲柄滑块分析

1. 生成本地配合

在 SolidWorks 中创建的配合可直接用作 SolidWorks Motion 中的运动分析。如果零部件在 SolidWorks 中没有配合，或希望检验 SolidWorks Motion 的不同连接类型，可以在 SolidWorks Motion 分析中添加或修改配合。

2. 任务要求

本任务将为曲柄滑块模型建立一个机构，如图 2-1 所示。通过 SolidWorks 的配合来近似地表示真实的机构连接。曲柄滑块模型有着广泛的工程应用，例如在蒸汽机或内燃机的气缸中。下面将对曲柄零件添加一个马达并进行仿真，然后进行后处理以得到一些结果，进而评估所需的力矩。

图 2-1　曲柄滑块模型

3. 关键参数

曲柄以恒定转速（60 r/min）进行驱动，确定转动曲柄零件所需的力矩。

4. 关键步骤

- 生成一个运动算例。
- 前处理：在激活运动算例的前提下对装配体添加本地配合。
- 运行仿真：计算这个运动。
- 后处理：图解并分析结果。

任务 2　活塞分析

1. 任务要求

在活塞分析中，我们手动创建本地配合，对一个只受重力作用的单缸发动机进行一次运动仿真，对结果生成图解并检查装配体的干涉，如图 2-2 所示。

图 2-2　活塞模型

2. 关键技术

- 生成本地配合。
- 角位移图解。

任务 3　跟踪路径分析

1. 任务要求

在本任务中，将使用表格中的数据驱动的马达控制笔式绘图机工作，如图 2-3 所示。

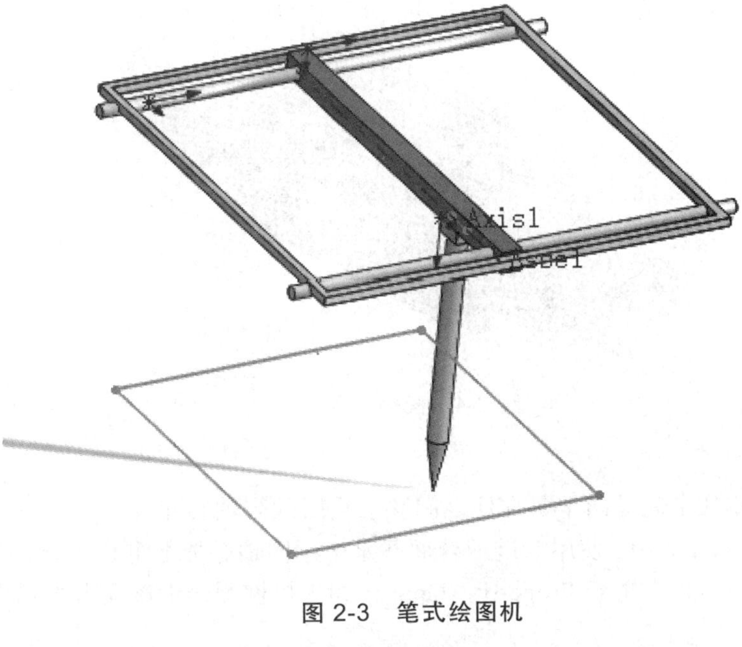

图 2-3　笔式绘图机

2. 关键技术

- 建立本地配合。
- 输入数据点。

知识准备

1. 配　合

配合用来约束通过物理连接的一对刚性物体的相对运动。

提示：刚体作为单一个体移动并起作用。SolidWorks 中位于根目录层的零部件被认为是刚体，这意味着 SolidWorks 和 SolidWorks Motion 将子装配体视为单个刚体。

配合可以划分为如下两大类：

- 用来约束通过物理连接的一对刚性物体的相对运动的配合。例如铰链、同轴、重合、固定、螺旋、凸轮等。

- 用于加强标准几何约束的配合。例如距离、角度、平行等。下面列出了一些最常用的配合类型。如果想全面了解所有配合，请参考 SolidWorks 帮助文件。

（1）同轴心配合

同轴心配合允许一个刚体相对于另一个刚体同时做相对旋转运动和相对平移运动。同轴心配合的原点可以位于轴线上的任何位置，而刚体之间可以相对于该轴线进行转动和平移。例如，在气缸内活塞的滑动及转动，如图 2-4 所示。

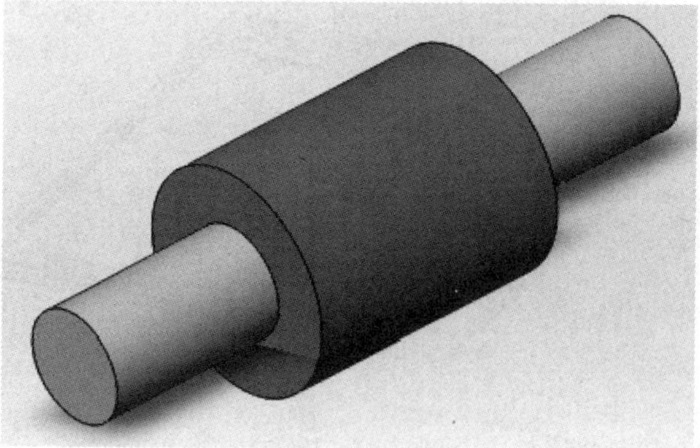

图 2-4　同轴心配合

（2）铰链配合

铰链配合，在本质上就是两个零部件之间移动受限的同轴心配合。

在 SolidWorks Motion 中，使用铰链配合而不是采用同轴心加上重合组合，因为机构的接头为一个铰链。用户可以在配合 Property Manager 的【机械配合】选项卡中找到铰链配合，如图 2-5 所示。

（3）点对点重合配合

这类配合允许一个刚体绕着两个刚体的共同点相对于另一个刚体进行自由旋转。配合的原点位置决定了这个共同点，使得刚体可以按此为中心点彼此之间进行自由旋转，例如球形关节，如图 2-6 所示。

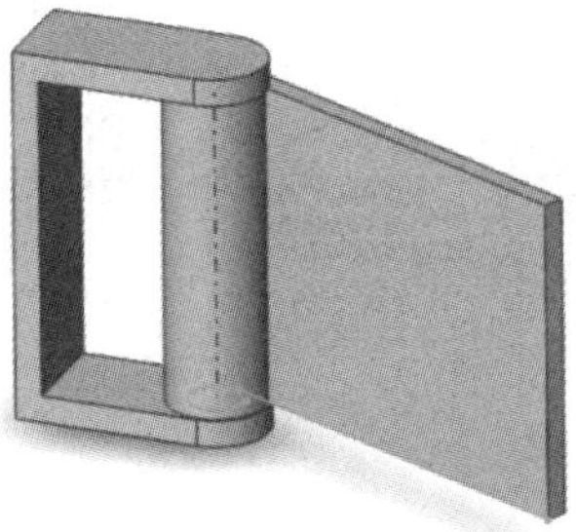

图 2-5　铰链配合

图 2-6　点对点重合配合

（4）锁定配合

锁定配合将两个刚体锁定在一起，使得彼此之间无法移动。对于一个锁定配合而言，原点位置及方向不会影响到仿真结果。将两个零件连到一起的焊接属于锁定配合，如图 2-7 所示。

（5）面对面的重合配合

该配合允许一个刚体相对于第二个刚体沿特定路径发生平移。刚体彼此之间只能平移，不能旋转。

平移接头相对于刚体的原点位置不会影响两个实体的运动，但是会影响到反作用力或支承负载，如图 2-8 所示。

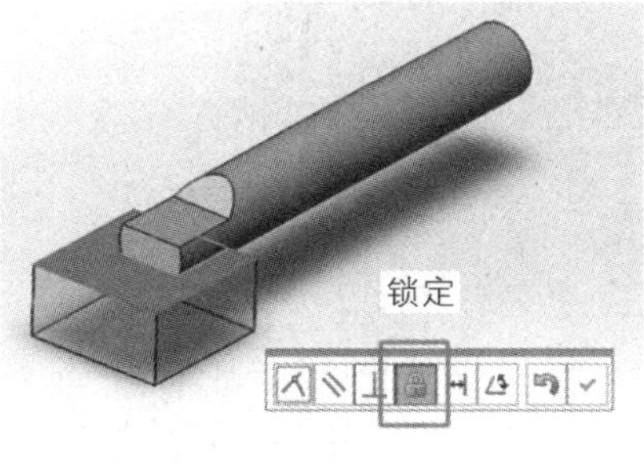

图 2-7　锁定配合

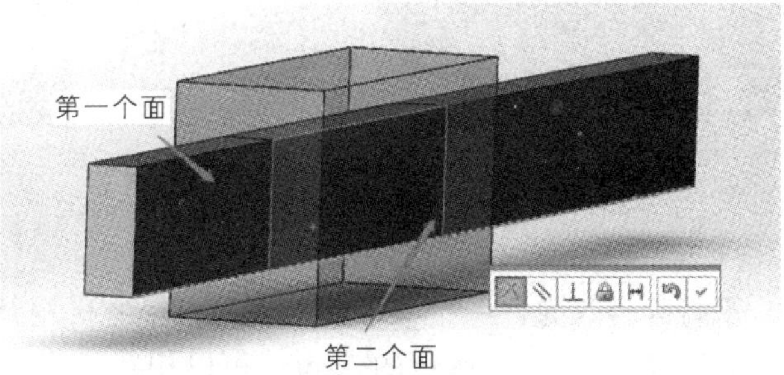

图 2-8　面对面的重合配合

（6）万向节配合

万向节配合能够将旋转从一个刚体转移至另一个刚体。这个配合用于在转角处传递旋转运动，或在两个相连的并允许在连接处成一定角度的杆件（例如汽车的传动轴）之间传递旋转运动时非常有效。

万向节配合的原点位置表现为两个刚体的连接点。两根轴线确定了由万向节连在一起的两个刚体的中心线。但需注意 SolidWorks Motion 使用的转轴平行于用户指定的转轴，但是会穿过万向节配合的原点，如图 2-9 所示。

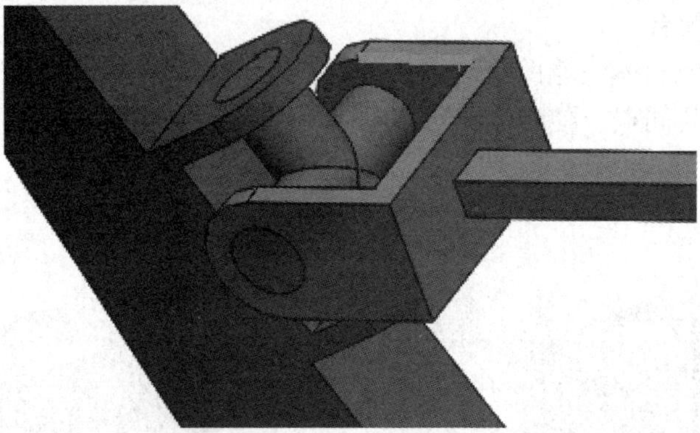

图 2-9　万向节配合

（7）螺旋配合

螺旋配合是指一个刚体相对另一个刚体在平移的同时进行旋转运动。当定义一个螺旋配合时，用户可以定义距离（螺距）。距离是指第一个刚体绕第二个刚体一整圈所平移的相对位移。第一个刚体相对于第二个刚体的位移是第一个刚体的旋转关于转轴的函数。每转一整圈，相对于第二个刚体沿轴线平移的第一个刚体的位移等于距离的值，如图 2-10 所示。

（8）点在轴线上的重合配合

此类配合允许一个零件相对于另一个零件拥有一个平移和三个旋转运动。两个零件之间的平移运动受制于轴线的方向。点用于定义轴线上初始的位置，如图 2-11 所示。

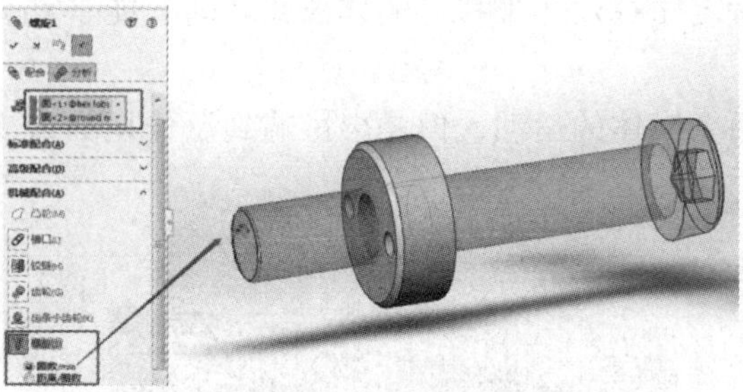

图 2-10　螺旋配合

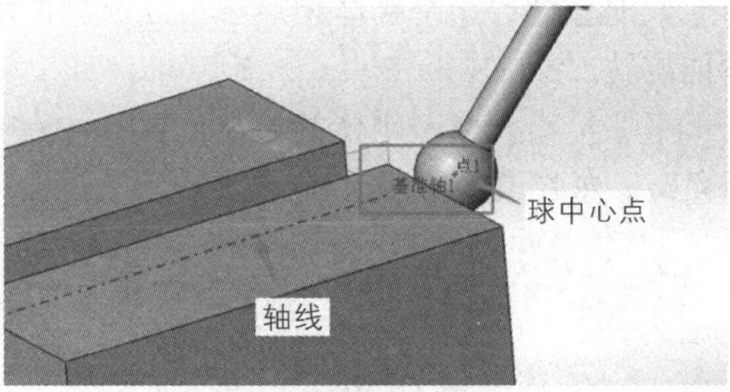

图 2-11　点在轴线上的重合配合

（9）平行配合

平行配合只允许一个零件相对于另一个零件进行平移，绝不允许旋转。

如图 2-12 所示，蓝色的 X-part 可以相对于地面沿 *X* 方向运动。红色的 Y-part 可以相对于 X-part 沿 *Y* 方向运动。Z-part 可以相对于 Y-part 沿 *Z* 方向运动。最终，Z-part 上的红、黄、蓝方块相对于地面会产生一个曲线运动，但总会保持平行。

（10）垂直配合

垂直配合允许一个零件相对于另一个零件进行平移和旋转。它在零部件上限制为一个旋转约束，因此零部件的轴线保持垂直。这个配合关系允许沿着任何一个 Z 轴进行旋转，但不允许在垂直于这两个 *Z* 轴的方向发生相对旋转，如图 2-13 所示。

提示：建议定义的配合最好能体现真实的机械连接，例如机械铰链就应当使用铰链配合来模拟，而不是使用重合配合和同轴配合的组合。

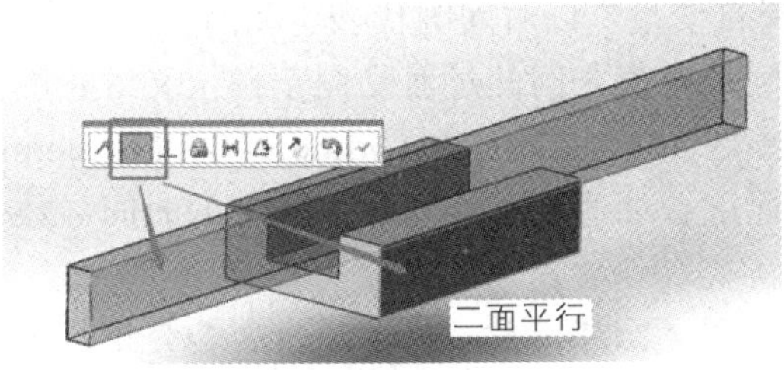

图 2-12　平行配合

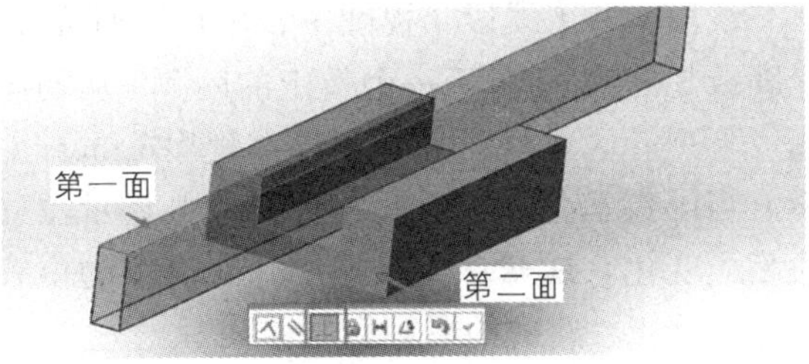

图 2-13　垂直配合

2. 本地配合

在 SolidWorks 中创建的配合可以转移到 SolidWorks Moton 分析中，并被作为机械连接使用。如果在 SolidWorks 的装配体中没有配合，或者希望定义区别于 SolidWorks 配合的连接，则可以直接在运动算例中添加本地配合。本地配合只应用于添加了这些本地配合的算例中。

要想添加本地配合，需要确保一个运动算例处于活动状态并添加配合。当运动算例处于活动状态时，任何添加的配合只会加到这个运动算例中。

1）函数编制程序

函数编制程序可用于对马达和力建立函数方程式。

（1）函教编制程序定义

函数编制程序可以使用预定义的【线段】，输入一系列离散的【数据点】或数学【表达式】，以建立函数方程式。如图 2-14 所示，即为【函数编制程序】对话框的【线段】视图。

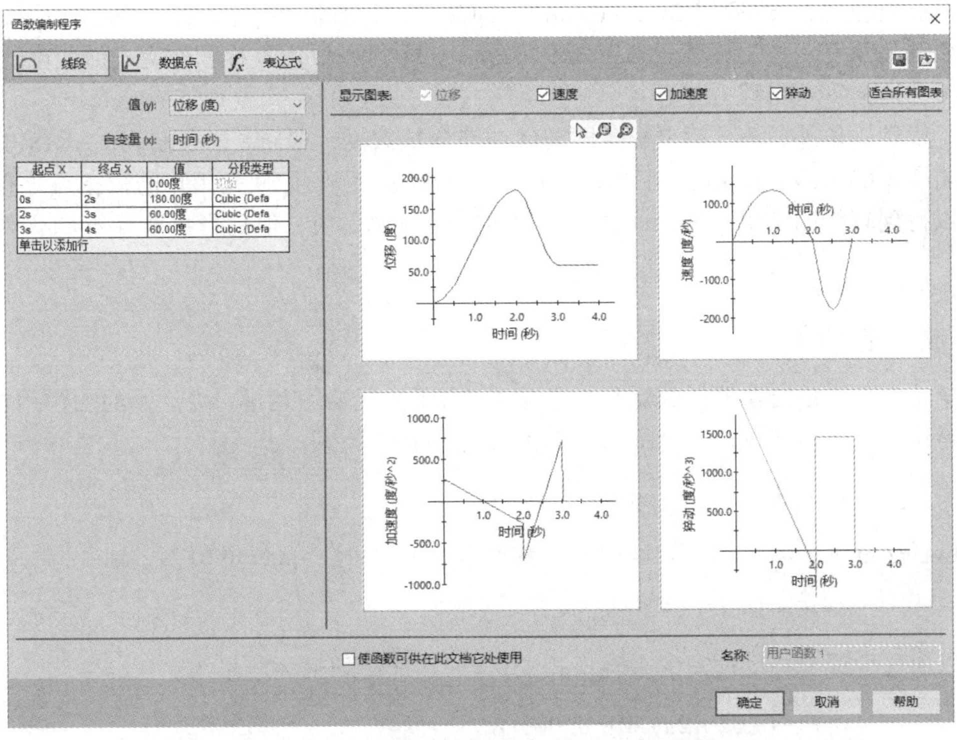

图 2-14　【函数编辑程序】/【线段】对话框

线段：在【线段】视图中，用户同时需要选择自变量（以时间为代表）和因变量（位移、速度或加速度）。对于每个指定的间隔，从初始值到最终值之间的过渡受制于预定义的轮廓曲线。下列轮廓曲线已经被集成在程序 Linear Cubic Quarter-Sine Half-Cosine 3-4-5 Polynomial 中。当函数建立完成时，图形窗口将显示位移、速度、加速度和猝动（加速度的时间导数）的相应变化。**注意：**可以保存并从储存的位置重新获取函数。

数据点：离散的系列数据点可以通过*.csv 文件导入或手动输入。本项目还会介绍相关功能，以及输入中类仅于括值类型等的选项。

表达式：在预定义的数学函数，变量和常量以及现有运动算例结果等辅助下，表达式能够建立起函数。和前面两类情况一样，函数也可以保存在指定的位置。本项目也会使用这个步骤。

（2）操作方法：

快速菜单：在【马达】或【力/扭矩】的 Propety Managers 中的【马达类型】或【力函数】对话框下方选择【线段】、【数据点】或【表达式】。

2）输入数据点

使用输入的数据点，用户可以使用自己的运动数据来控制运动的位移、速度或加速度。可以输入到 SolidWorks Motion 的数据点必须是文本文件（*.txt）或以逗号分隔的文件（*.csv）格式。文件的每一行应当只对应一个数据点。数据点包含两个数值，即时间和该时间点对应的值，逗号或空格可以用于分隔两个值。除了这些限制以外，这个文件在本质上是自由格式的。SolidWorks Motion 允许使用不限数量的数据点，数据点的最小值为 4。

数据点模板中，第一列【Independent variable（x）】通常为时间，但是也可以使用其他参数，例如循环角度、角位移等。第二列【Value（y）】可以设为位移、速度或加速度。这些数据可以手工输入，也可以直接导入。

除了线性插值外，还有两个样条匹配选项来分析数据：Akima 样条曲线（AKISPL）和立方样条曲线（CUBSPL）。推荐用户使用立方样条曲线，因为即使是用户的数据点分布不均，仍然可以得到较好的结果。Akima 样条曲线生成的速度更快，但是当数据点分布不均匀时效果不好。

3. 能　量

能量（功率）是指功消耗的比率，或在 1 s 内所消耗功的总量。力产生的功作用在距离、力矩、角位移上。对于旋转马达而言，需要保证下面的关系：

$$P(\mathrm{W}) = M(\mathrm{N \cdot m}) \times W(\mathrm{rad/s})$$

可以轻松解读前面生成的能量图解，最大力矩为 10 N · mm = 0.01 N · m。

$$W = 360(°)/\mathrm{s} = 2\pi\ \mathrm{rad/s}$$

可以通过生成角速度的图解来轻松验证这点。 最终的最大能量为：

$$P = (0.01 \times 2\pi)\ \mathrm{W} = 0.063\ \mathrm{W}$$

图中显示的能量为 0.06 W，这是因为默认只使用 2 位有效数字的精度。

通常电子马达的额定值可以由最大功率和力矩的表达式求得。单位换算也被频繁使用。如果角速度的单位为 r/min，则：

$P(\mathrm{W})=M(\mathrm{N\cdot m})\times 2\pi\times W(\mathrm{r/min})/60$

如果使用英马力（horsepower），则将使用下面的转换：

1hp = 3 000.f/min = 745.7 W

当使用英制单位表示机械马力（mchanial horsepower）时，计算功率的公式为：

$P(\mathrm{hp})=\mathrm{M(lbf.f)}\times 2\pi\times W(\mathrm{r/min})/33000\_\ M(\mathrm{Lbf.0})\times W(\mathrm{r/min})/5252.1$

还有米制马力（Metric horsepower），米制马力的定义为：

1 米制马力=735.5 W

由于定义马力的方式比较模糊，现在已经不再推荐使用马力。

4. 图解显示运动结果

从结果的 Property Manager 中可以得到很多输出数据，包括绝对数值或相对于装配体另一个零部件的相对数值。然而在大多数情况下，默认的输出是基于顶层装配体的全局坐标系，数值可以很容易地转换到其他所选的局部坐标系中。

（1）绝对数值和相对数值的对比

如果想在图解中得到绝对数值，则在【模拟单元】选项中选择成分（配合、马达、零件等），如图 2-15 所示。

如果想在图解中得到相对数值，则在【模拟单元】选项中添加参考成分，如图 2-16 所示。

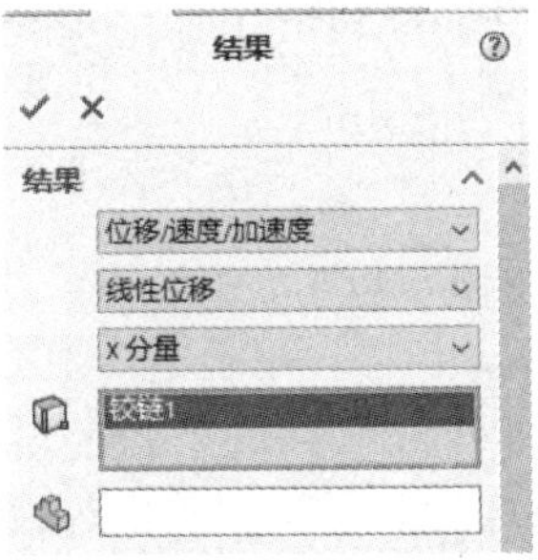

图 2-15　定义图解

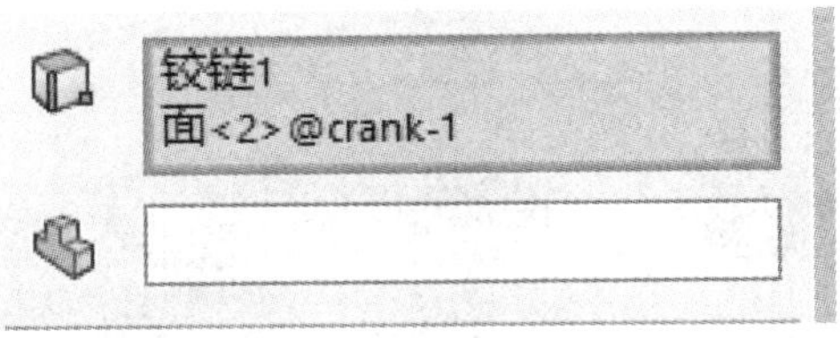

图 2-16　添加成分

提示：参考成分必须在列表中选定为第二个部分。

（2）输出坐标系

通常情况下，输出的结果是基于装配体的全局坐标系。然而，对于某些仿真成分（例如配合与马达），其默认的输出是基于所选零部件的局部系统。

如果想要得到非默认坐标系下结果的图解，需要在【定义 *XYZ* 方向的零部件】选项中选择所需的零部件，则所有数值都将转换到所选零件的坐标系中，如图 2-17 所示。

提示：所选的坐标系将在图形指定区域显示，如图 2-18 所示。

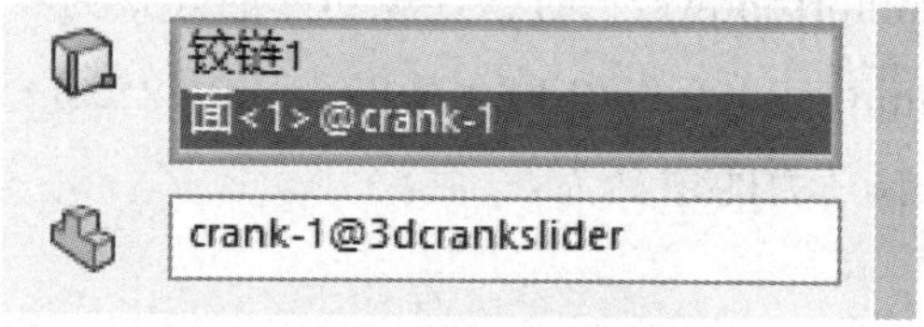

图 2-17　选择零部件

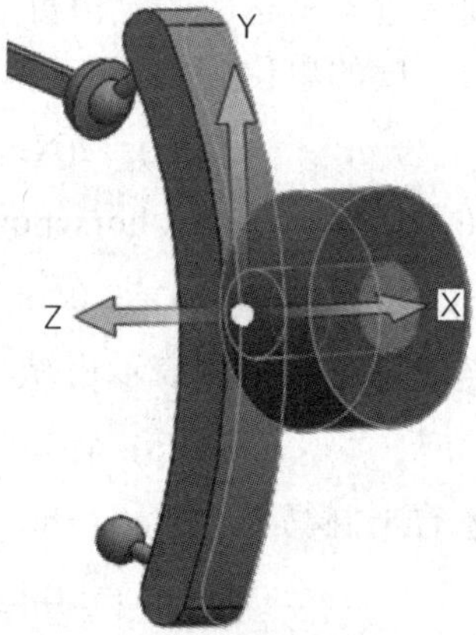

图 2-18　局部坐标系

在下一环节，我们将以四个图解来显示绝对及相对的结果，同时解释其在全局坐标系和局部坐标系二者中的区别。

（3）角位移图解

生成角位移图解可以用来测量马达、配合、三点或一个零部件相对于另一个零部件的角位移。因为角位移不是一个矢量，所以只能表示大小。

前面的部分介绍了生成一个零部件运动结果图解的方法。在下面的步骤中，将对其他模拟单元（配合，马达等）生成各种后处理的图解。对大多数模拟单元而言，默认的输出坐标系是单元的局部坐标系。

（4）角速度及加速度图解

与角位移图解类似，也可以对一个马达、配合及一个零部件相对于另一个零部件生成角速度图解，可以使用幅值及所有三个坐标分量。

项目实施

任务 1　曲柄滑块分析

步骤 1　打开装配体。

打开文件“3dcrankslider”。

步骤 2　检查装配体。

SolidWorks Motion 假定所有在 SolidWorks 中固定的零部件都是接地零件，而所有浮动的零件都是可移动零件。然而，这些零件的移动受限于 SolidWorks 的配合。

该装配体中没有配合，但零件 collar_shaft、arm_mount 和 crank，housing 都是固定的，它们都因连接到地面而在装配体中没有运动。

其余零件需要用配合来约束它们的运动，以获得期望的运动，如图 2-19 所示。

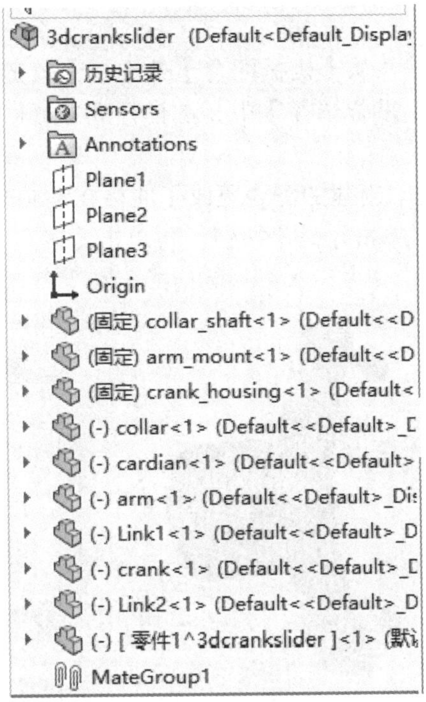

图 2-19　检查装配体

步骤 3　验证文档单位。

验证文档的单位被设为【MMGS（毫米、克、秒）】。

步骤 4　创建一个运动算例。

右击 Motion Study1 选项卡，单击【生成新运动算例】。将 Motion Manager 工具栏中的【算例类型】设为【Motion 分析】。

步骤 5　移动零部件。

移动未固定的零部件以分离该装配体。这样做只是为了方便选取各个表面，并追踪已经添加配合的零部件，如图 2-20 所示。

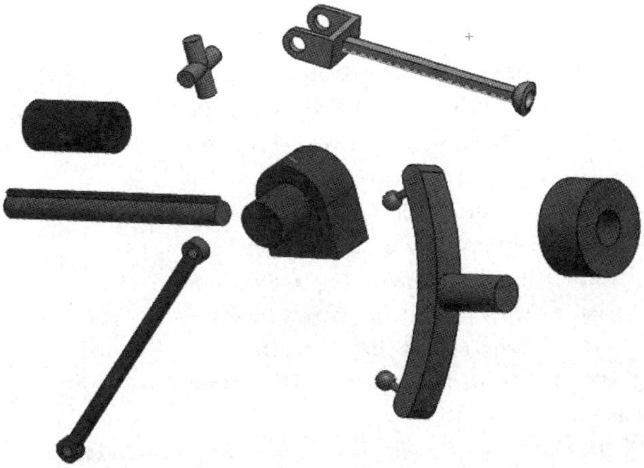

图 2-20　移动零部件

步骤 6 生成本地配合。

切换至【配合】选项卡，并从【机械配合】处选择【铰链】。在【同轴心选择】中，选择杆和孔的两个圆柱面，在【重合选择】中，选择杆和 crank_housing-1 的端面，如图 2-21 所示。

由于时间线处于激活状态，新建的配合更改了曲标在动画中开始点的位置，如图 2-22 所示。这符合我们的操作预期。单击【是】按钮，再单击【确定】按钮。

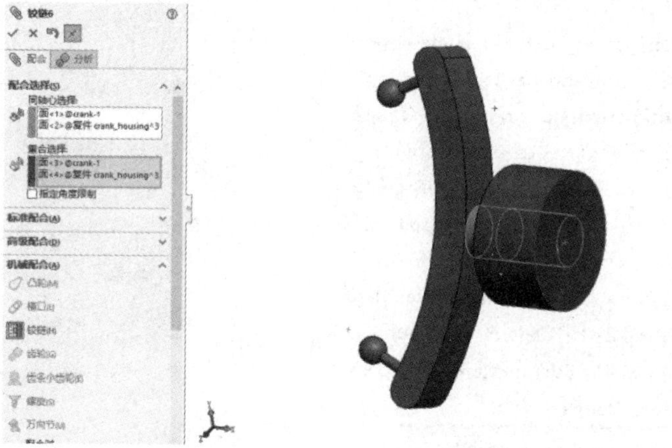

图 2-21　生成本地配合

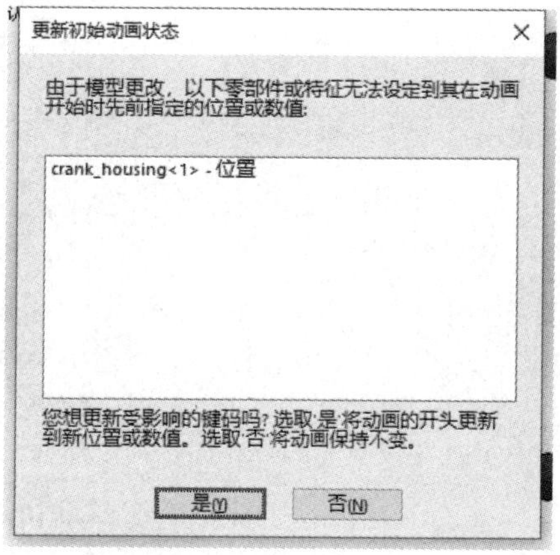

图 2-22　警告

步骤 7 查看配合。

这个配合只会出现在 Motion Manager 中，而不会出现在 Feature Manager 设计树中，如图 2-23 所示。

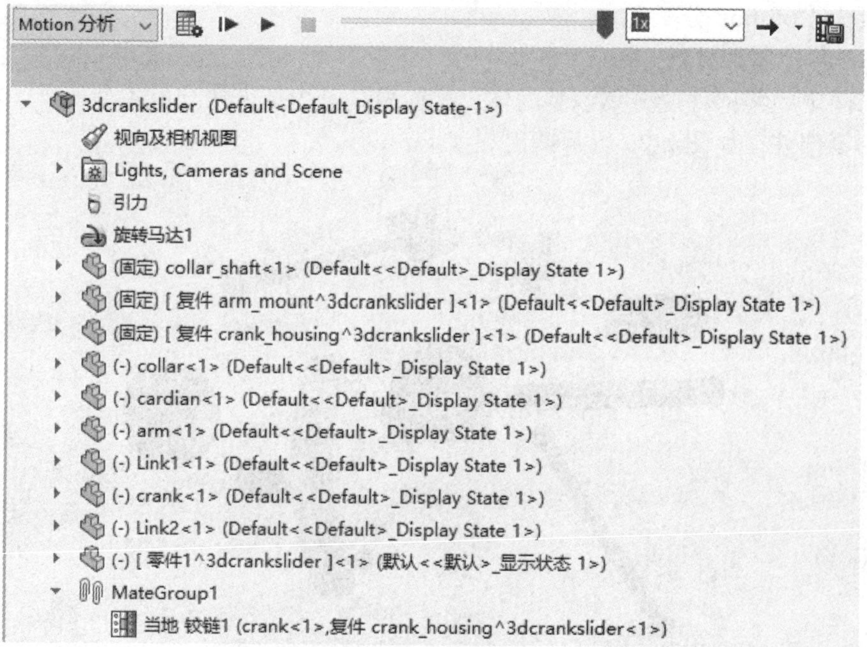

图 2-23　查看配合

步骤 8　添加更多配合。

单击【配合】按钮，从【标准配合】处选择【同轴心】配合。在两个球面之间添加一个【同轴心】配合，球面位于图 2-24 所示的零件 Link1 和 crank 上。弹出警告后单击【是】按钮，再单击【确定】按钮。

步骤 9　arm 与 arm_mount 的配合。

单击【配合】按钮，从【机械配合】处选择【铰链】配合。添加一个【铰链】配合连接 "am" 和 "arm_mount"，如图 2-25 所示。弹出警告后单击【是】按钮，再单击【确定】按钮。

图 2-24　添加配合 1

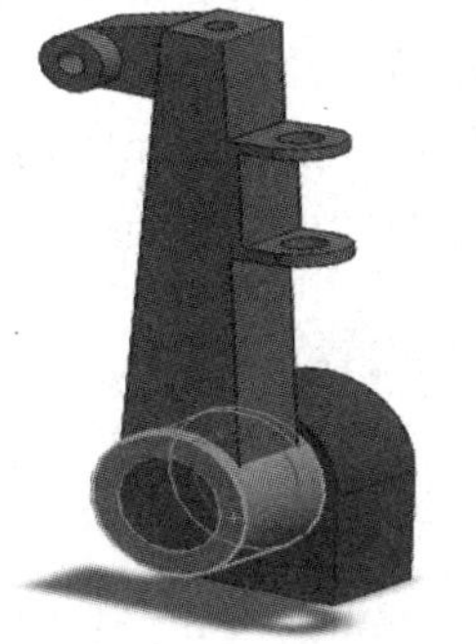

图 2-25　添加配合 2

步骤 10　Link1 与 arm 的配合。

该连接需要使用两个【铰链】配合，第一个位于 Link1 和 cardian 之间，第二个铰链配合位于 cardian 和 arm 之间，如图 2-26 所示。

步骤 11　配合 Link2。

Link2 将使用一个【铰链】配合与 arm 连接，因为两个孔之间没有销钉穿过，所以重合配合时选择为两个相触表面。在 Link2 的另一端与 collar 的销钉间添加一个【同轴心】配合，如图 2-27 所示。

步骤 12　collar 与 collar_shaft 的配合。

在每个零件的圆柱面之间添加一个【同轴心】配合。

图 2-26　添加配合 3

图 2-27　添加配合 4

步骤 13 测试装配体。

旋转 crank，确认零部件能够按照预期进行移动，查看 Feature Manager 设计树和运动算例树，所有配合都应该只出现在运动算例树中。

提示：移动零件会造成本例中实际获得的结果有轻微不同。

步骤 14 添加引力。

单击【引力】，在 Y 轴负方向添加引力，单击【确定】按钮。

步骤 15 计算。

调整装配体时间点为 5 s，单击【计算】。

步骤 16 播放仿真。

设定播放速度为 25%，单击【播放】按钮，如图 2-28 所示。crank 将来回摆动，这是因为引力使得零部件的势能和动能彼此交换。因为没有考虑摩擦，零件将无休止地运动下去。

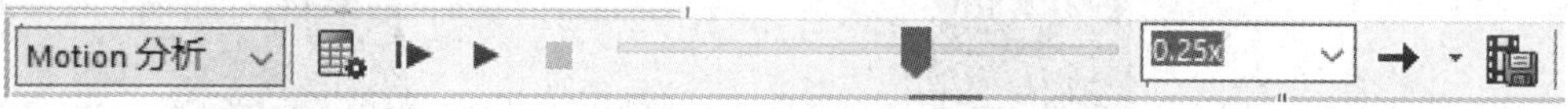

图 2-28 播放仿真

步骤 17 设置时间条到 0 s。

为了在 0 s 时刻添加一个马达，时间条需要被设定为 0 s。

步骤 18 添加一个马达。

生成一个驱动“crank”的马达。单击【马达】按钮，在【马达类型】中，选择【旋转马达】；在【马达位置】中，选择零件“crank”的圆柱面，如图 2-29 所示。默认选择的【马达方向】对于这个分析而言是正确的。确定马达的方向与图 2-29 中所显示的一致。在【运动】中，选择【马达类型】为【数据点】，该命令会调出【函数编制程序】窗口。确定【值（y）】和【自变量（x）】分别设定为【位移（度）】和【时间（秒）】。

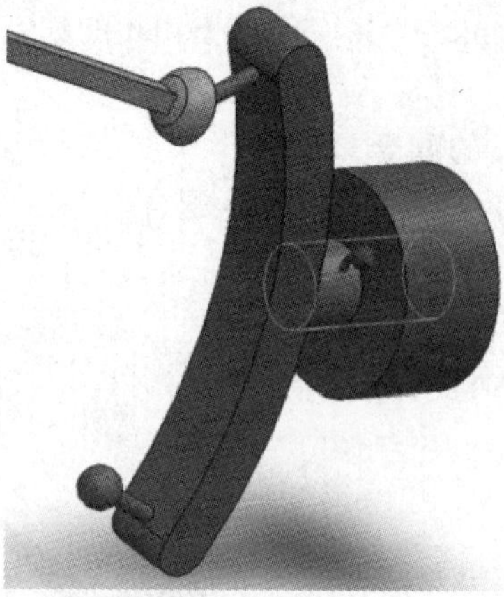

图 2-29 添加马达

步骤 19 输入数据点。

这里将直接加载一个文件，而不是逐个输入这些数据。本例已经准备好了一个 Excel 文件。找到文件夹“Case Study/Crank Slider Mechanism”下的文件“crank rolation.csv”，并检查该文件。它只包含两列数字，分别代表时间和位移。

单击【输入数据】按钮，找到并选择“crank rolation.csv”，单击【打开】按钮，文件中的数值会直接插入【时间】和【值】列中。选择【Akima 样条曲线】作为【插值类型】。

提示：【函数编制程序】对话框会自动更新位移、速度、加速度和猝动的图解。数据点描述了角度位移相对于时间的线性递增，属于简谐运动，如图 2-30 所示。

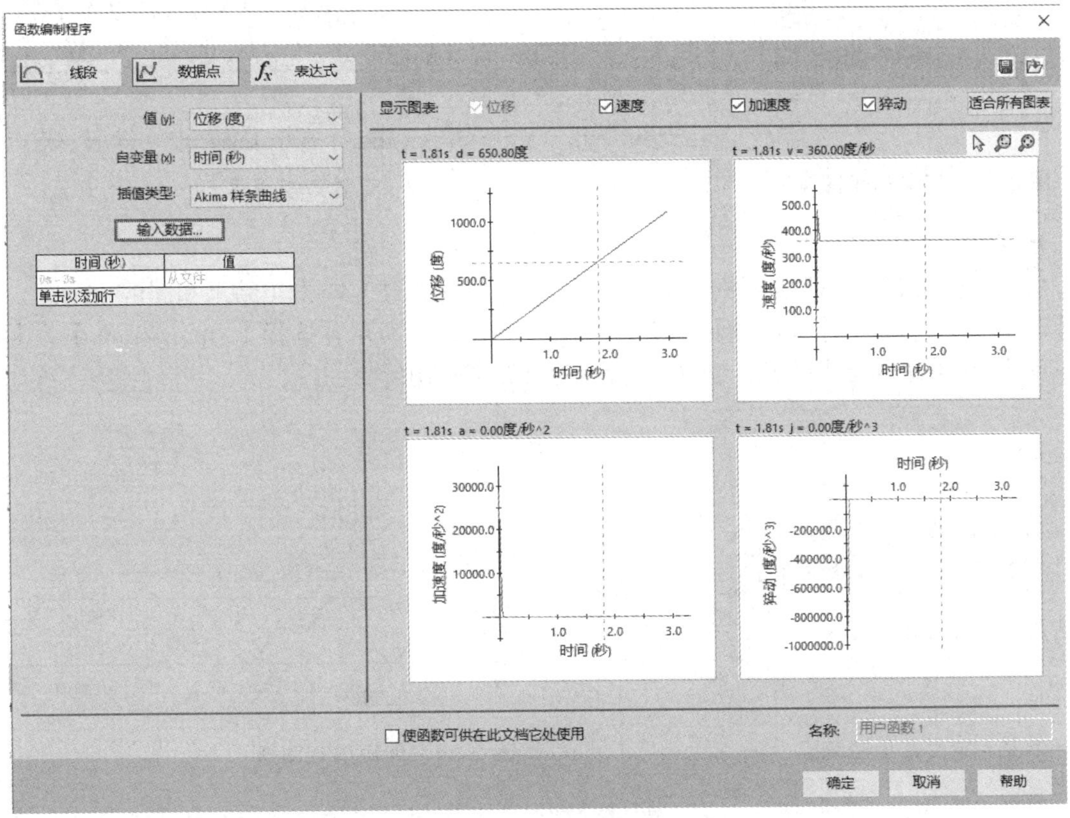

图 2-30　输入数据点

单击【确定】按钮，完成对轮廓的定义并退出【函数编制程序】对话框。单击【确定】按钮。

步骤 20　重命名马达。

将马达特征重命名为“Motor-crank”。

步骤 21　运行仿真。

将时间轴设置为 5 s，单击【计算】按钮。

步骤 22　图解显示力矩。

生成一幅图解，显示运转机构所需的力矩。单击【结果和图解】按钮，选择【力】、【马达力矩】及【幅值】定义图解。选择【Motor-crank】为【模拟单元】，如图 2-31 所示。单击【确定】按钮。

步骤 23　查看力矩图解。

在【运动算例属性】中增加【每秒帧数】选项的值，通过记录更多的数据点有可能改善图解的质量，如图 2-32 所示。

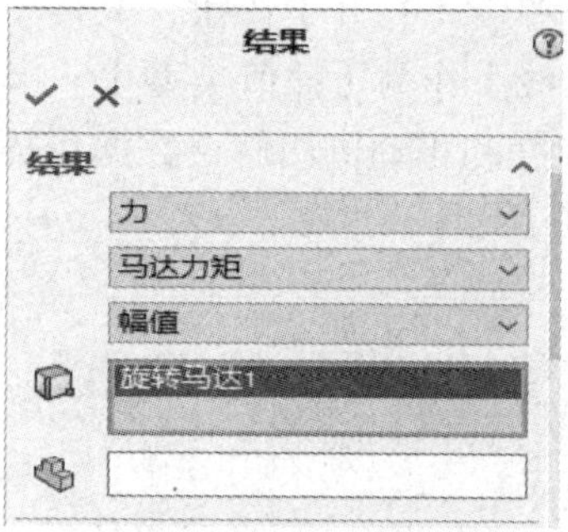

图 2-31　定义力矩图解

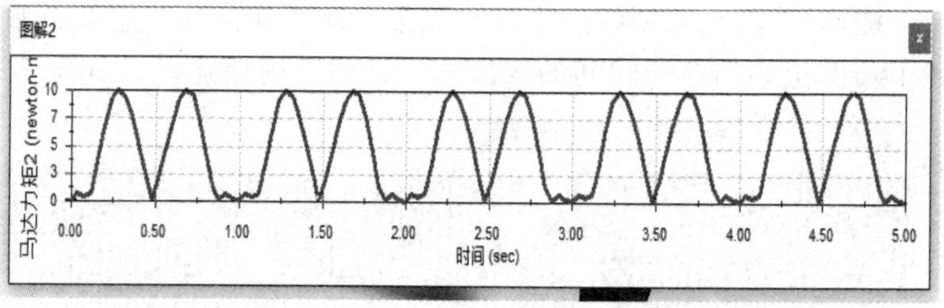

图 2-32　查看力矩图解

步骤 24　图解显示能量。

生成一幅图解，显示运转机构所需的能量——能源消耗。单击【结果和图解】按钮，选择【动量/能量/力量】、【能源消耗】定义图解，如图 2-33 所示。选择【Motor-crank】为【模拟单元】，单击【确定】按钮。图 2-34 所示为能源消耗图解。

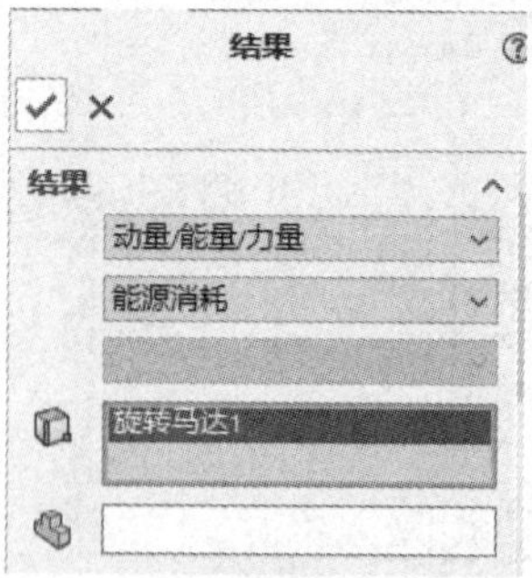

图 2-33　定义能量图解

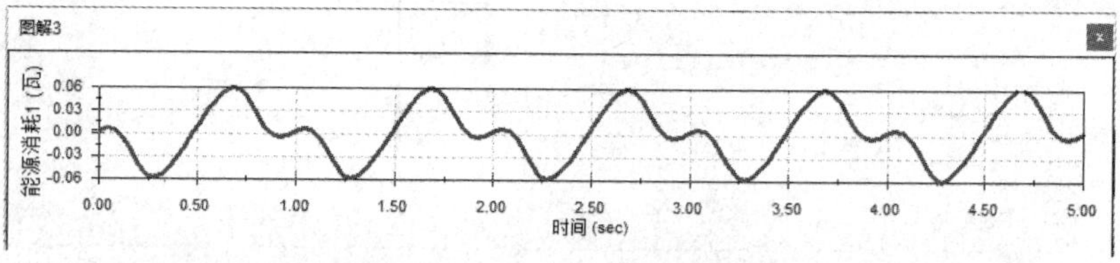

图 2-34　能源消耗图解

提示：在知道运行转速、力矩或能量的情况下，用户可以选择合适的马达来驱动系统。

步骤 25　运行算例。

将【每秒帧数】调至【100】，重新计算该算例。

步骤 26　查看马达力矩结果。

力矩的值在本质上和未添加【重合】配合时保持一致。图解看上去更加光滑，这是因为拥有 4 倍的数据点，如图 2-35 所示。

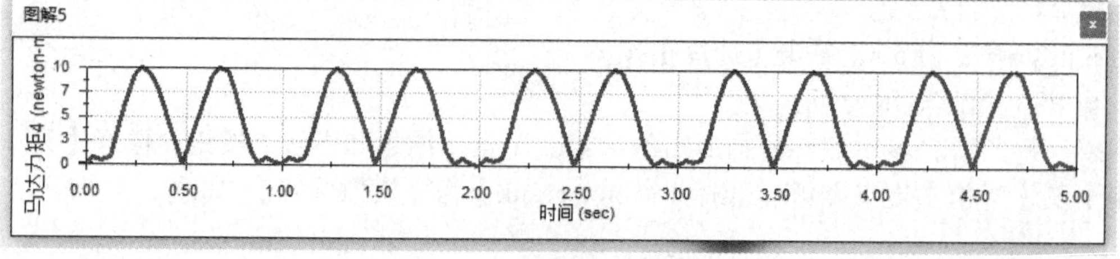

图 2-35　马达力矩图解

步骤 27　图解显示反作用力。

单击【结果和图解】按钮，新建一个图解，显示马达的反作用力。选择【力】、【反作用力】及【幅值】定义该图解。在这个装配体中，定义的第一个铰链位于 crank 和 crank_housing 之间。因为 crank_housing 是固定的，配合就必须传递反作用力。

在【模拟单元】中选择第一个铰链配合。由于所选的配合连接两个零件，因此存在两个相等且反向的力作用在这个配合上，必须选择两个零件中的其中一个来生成这个力的图解。

在【模拟单元】中选择零件 crank-1 中的任意表面为第二个成分。勾选【在图形窗口中显示向量】复选框，如图 2-36 所示。单击【确定】按钮。

提示：必须从 Motion Manager 设计树中选择该配合，因为该配合为本地配合，所以不会显示在 Feature Manager 设计树中。

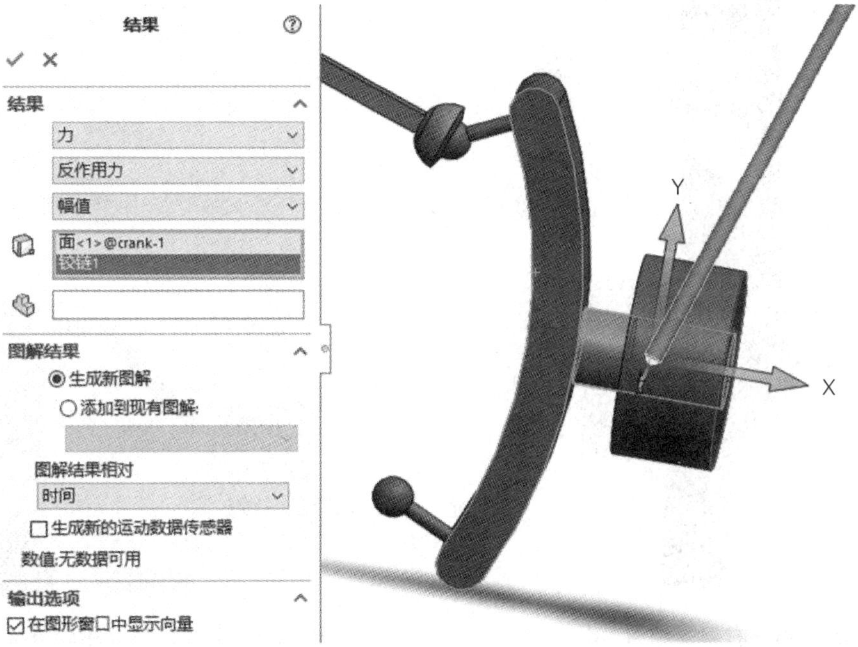

图 2-36 定义反作用力图解

步骤 28 查看图解。

播放这个仿真，查看反作用力的变化，如图 2-37 所示。

注意：有的案例中，可以收到冗余约束的警告，如对结果计算没有影响，选择【否】，计算继续。

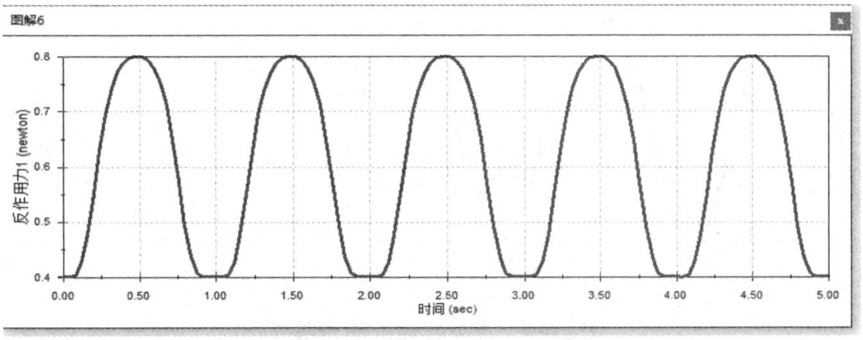

图 2-37 查看反作用力图解

从右视图中观察到的结果如图 2-38 所示。

步骤 29 全局系统中零部件的绝对结果。

生成一个图解，显示 arm 线性位移的 *X* 分量。单击【结果和图解】按钮选择【位移/速度/加速度】、【线性位移】及【X 分量】定义这个图解。在【模拟单元】中，选择零部件 arm 的任意一个表面，如图 2-39 所示。单击【确定】按钮。

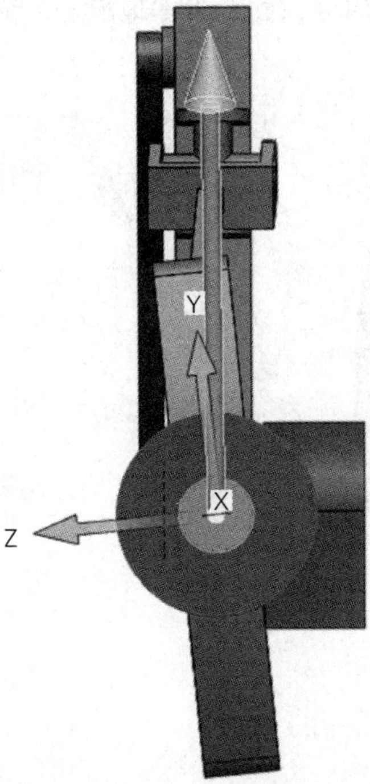

图 2-38 右视图结果

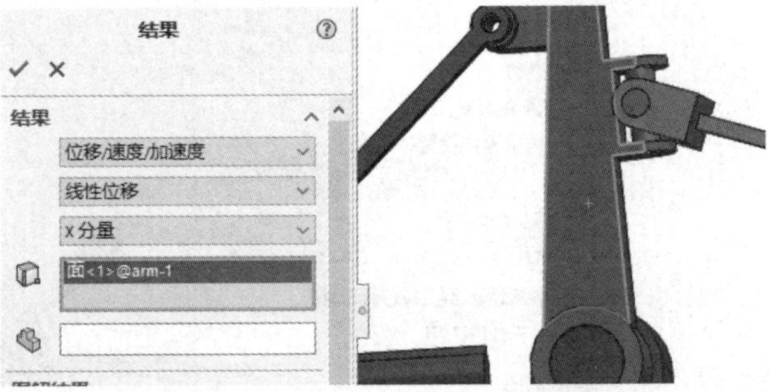

图 2-39 定义线性位移图解 1

提示： 如果选择了一个表面，则图解将显示零件原点的线性位移，其原点显示为一个蓝色小球，在全局装配体系统中相对于装配体的原点。

由于输入为简谐运动，因此输出也为一个振荡运动，如图 2-40 所示。

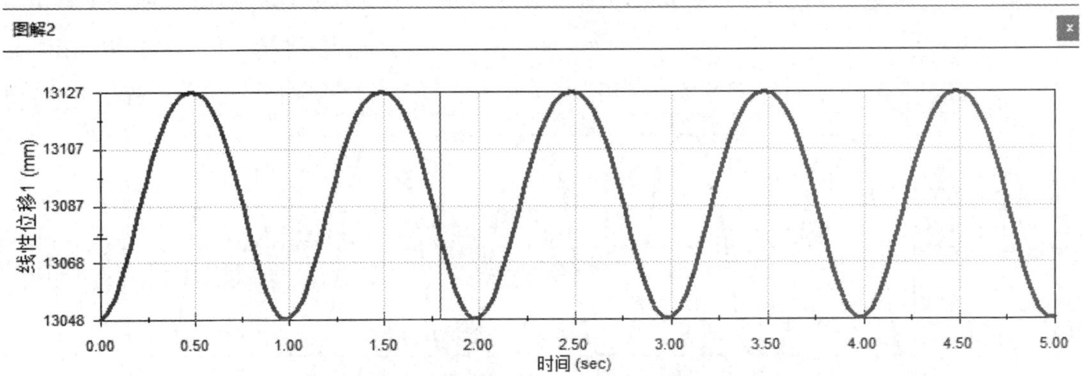

图 2-40 查看线性位移图解 1

步骤 30 转换到局部系统中零部件的绝对结果。

生成一个图解，显示 arm 在局部坐标系下线性位移的 *X* 分量。编辑前面的图解，选择 arm 为【定义 XYZ 方向的零部件】，如图 2-41 所示。单击【确定】按钮。

提示： 零件 arm 上的坐标轴现在指明了输出的局部坐标系与全局坐标系已经不一致了。此外应注意到，当播放运动时，局部坐标系相对于全局坐标系发生了平移和旋转，如图 2-42 所示。

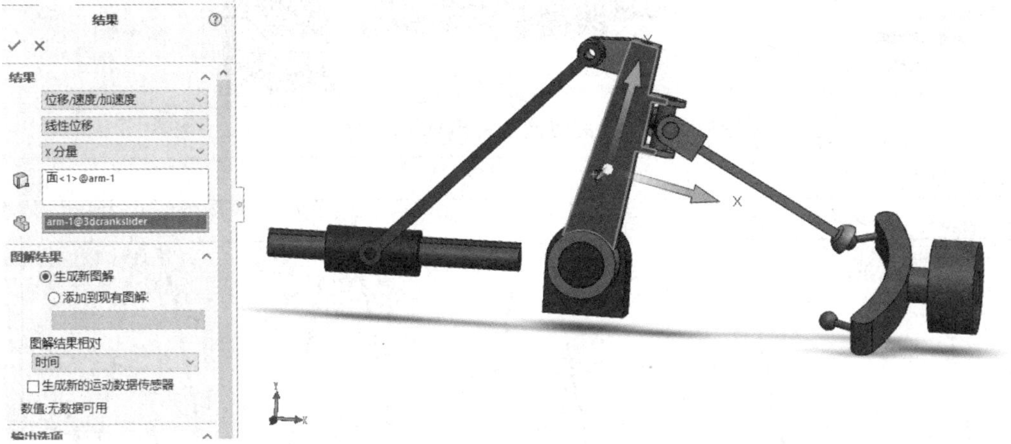

图 2-41 选择零部件

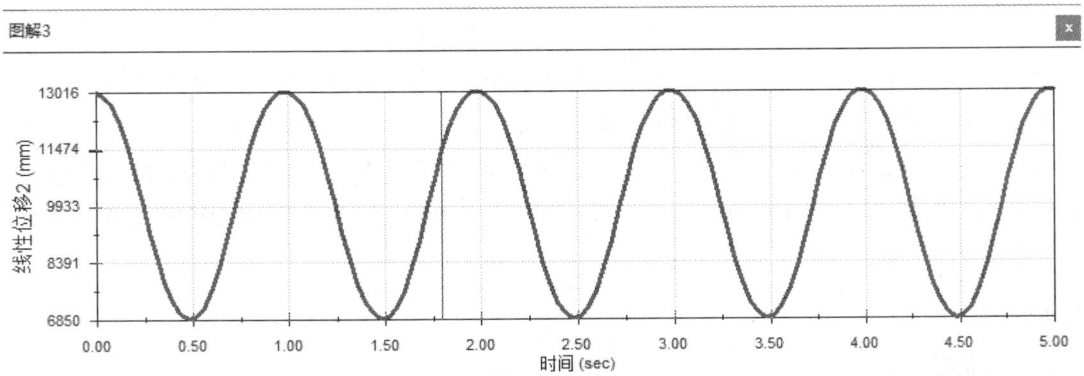

图 2-42 查看线性位移图解 2

图 2-42 显示了零件原点相对于装配体原点的线性位移在零件坐标系下的转换，或者可以按照步骤 30 中的数值查看，即在零件 arm 的坐标系下进行转换。

步骤 31 全局系统中零部件的相对结果。

生成一个图解，显示 arm 相对于零件 collar 线性位移的 *X* 分量。编辑上一个图解，清除【定义 XYZ 方向的零部件】选项中的内容。选择零件 collar 为【模拟单元】选项中的第二个成分，如图 2-43 所示。单击【确定】按钮。

这里可以看到，位移产生了一些不同的振荡特征，因为 arm 的位移是基于全局坐标系的（步骤 29），如图 2-44 所示。零部件的相对结果是在局部系统中转换得来的。

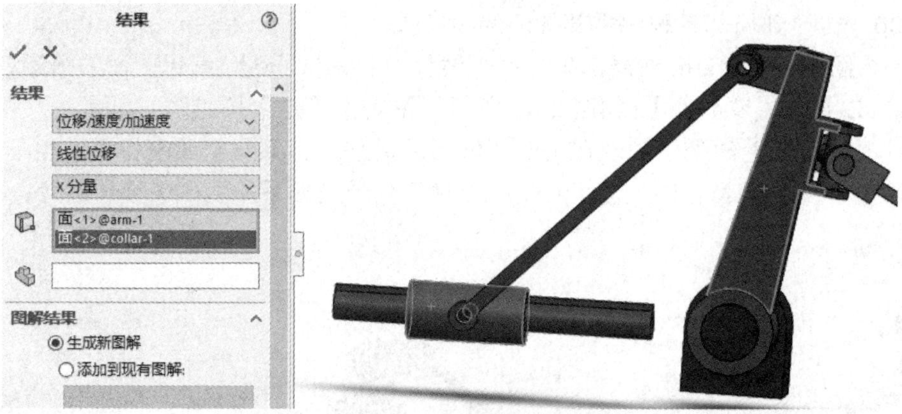

图 2-43　定义线性位移图解 2

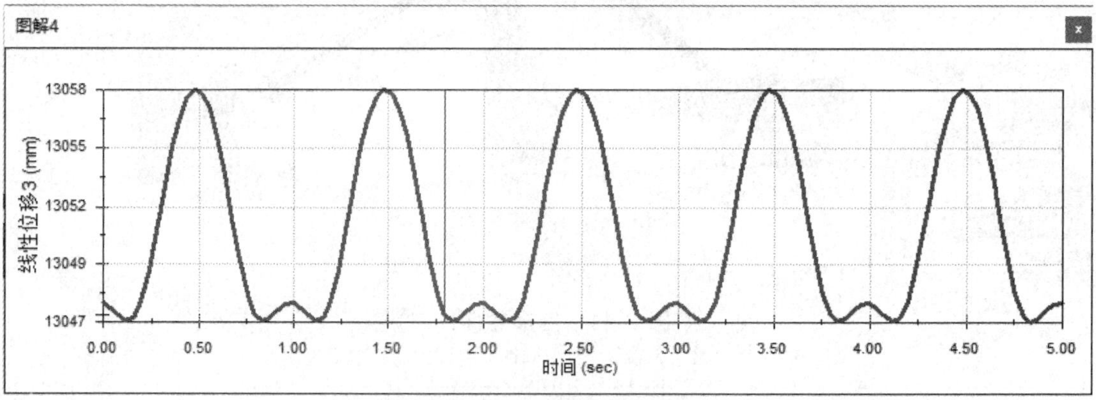

图 2-44　查看线性位移图解 3

提示：图 2-44 显示了 arm 原点相对于全局坐标系下 collar 零件原点的线性位移。

步骤 32　局部系统中零部件的相对结果。

生成一个图解，显示 arm 相对于零件 collar 线性位移的 X 分量。在 Link1 的局部坐标系下转换结果。编辑上一个图解的定义，选择 Link1 为【定义 XYZ 方向的零部件】选项中的内容，如图 2-45 所示。

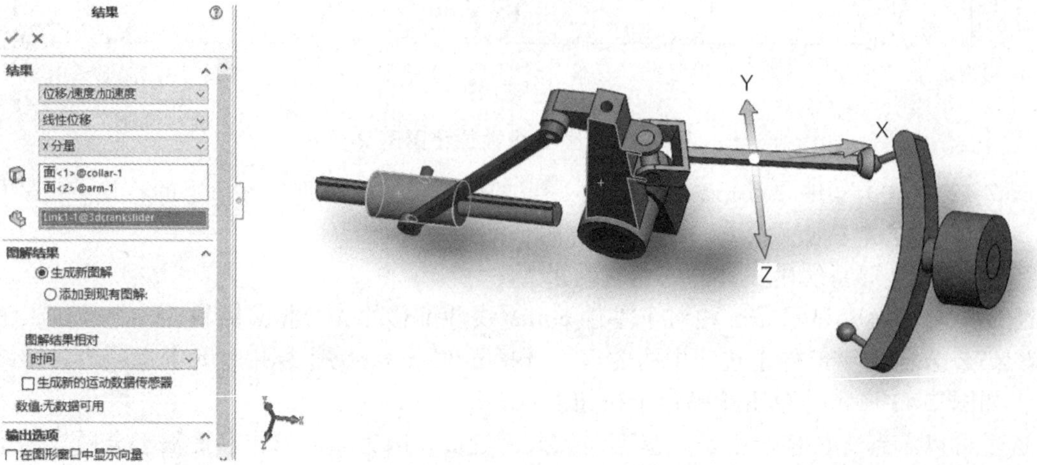

图 2-45　定义线性位移图解 3

提示：零件 Link1 上的坐标轴表明输出的局部坐标系与全局坐标系已经不一致了。

图 2-46 显示了步骤 32 中绘制的数值是在零件 collar 的坐标系下进行转换得来的。

步骤 33 配合的角位移。

生成一个图解，显示零件 Link1 和 cardian 之间铰链配合的角位移。单击【结果和图解】按钮，选择【位移/速度/加速度】、【角位移】及【幅值】来定义这个图解，选择零件 Link1 和 candiam 之间的本地铰链配合作为【模拟单元】，如图 2-47 所示。单击【确定】按钮。

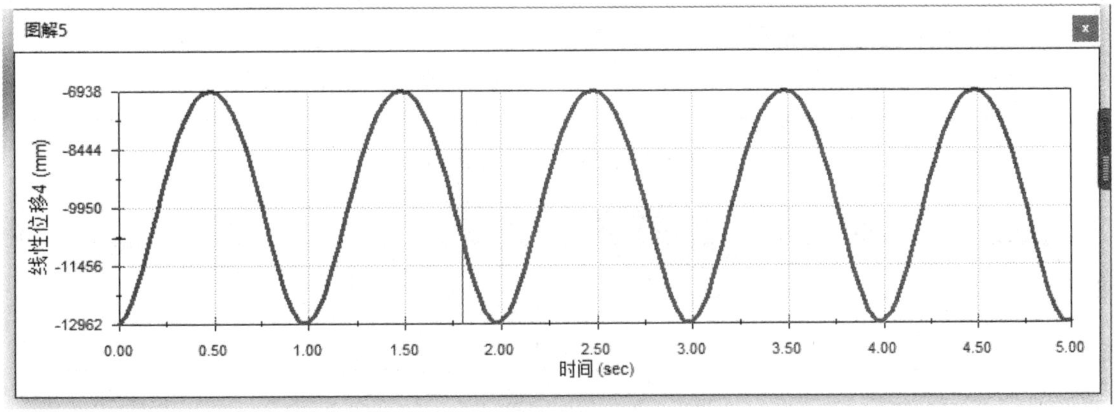

图 2-46 查看线性位移图解 4

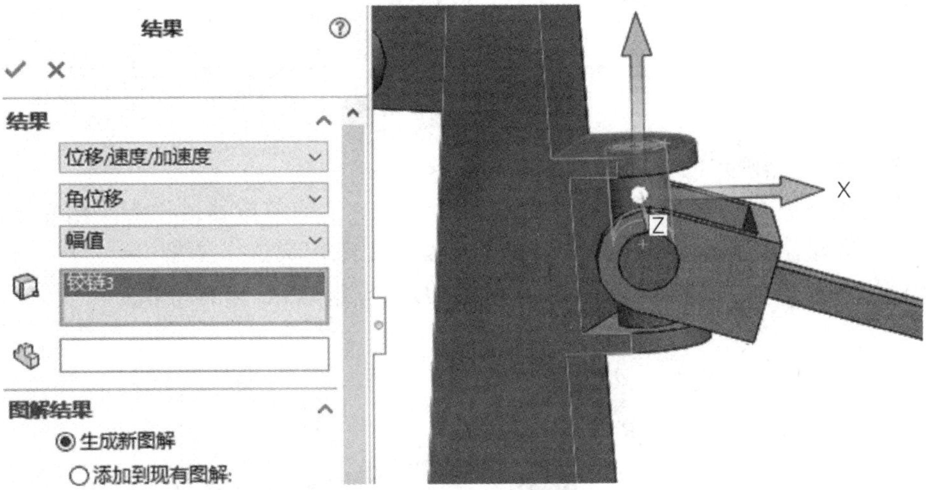

图 2-47 定义角位移图解 1

注意：坐标轴位于铰链上的位置表明输出的坐标系是铰链配合的局部坐标系，只能得到大小数值，如图 2-48 所示。这个图解显示了零件 Link2 在竖直方向的转动量约为 1.3。

步骤 34 马达的角位移。

为了探索角位移图解中其他选项的作用，将修改现有的图解而不用新建图解。

在“Results”文件夹下。右击最后一个图解，从弹出的快捷菜单中选择【编辑特征】命令。删除铰链配合，选择运动邮件 Motor-crank 为【模拟单元】。单击【确定】按钮。

图 2-49 显示了马达的简谐运动，角位移从 0°变化到 + 180°，然后再回到 – 180°。图 2-49 中的斜率是常数。

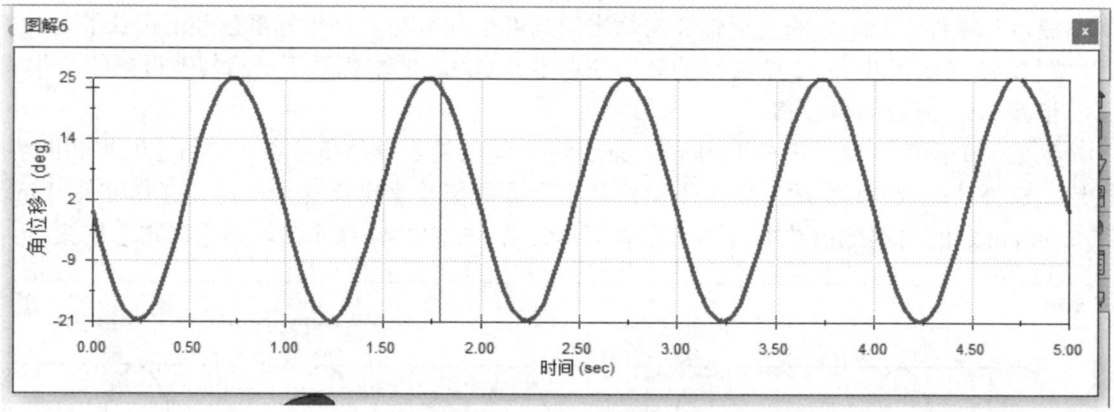

图 2-48 查看角位移图解 1

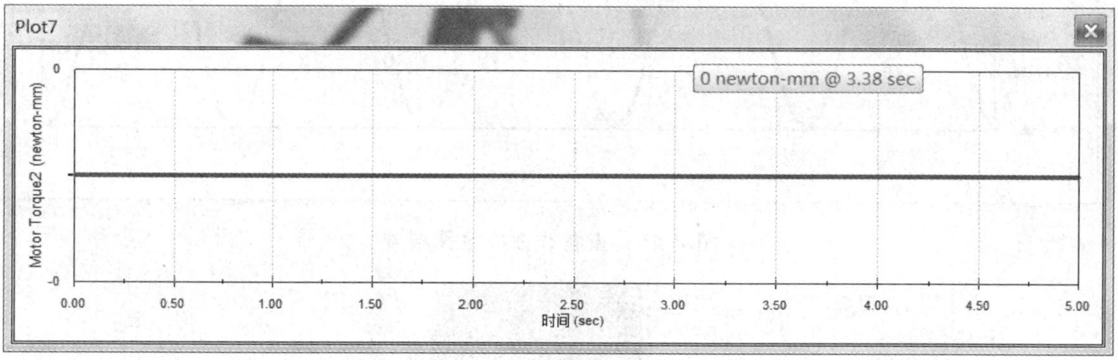

图 2-49 查看结果

步骤 35 由三点确定的两条线产生的角位移

这一次将生成一个图解，显示三点确定的两条线产生的角位移。单击【结果和图解】按钮，选择【位移/速度/加速度】、【角位移】及【幅值】来定义这个图解。

在【模拟单元】中，先选择如图 2-50 所示的两个点，然后选择边线。

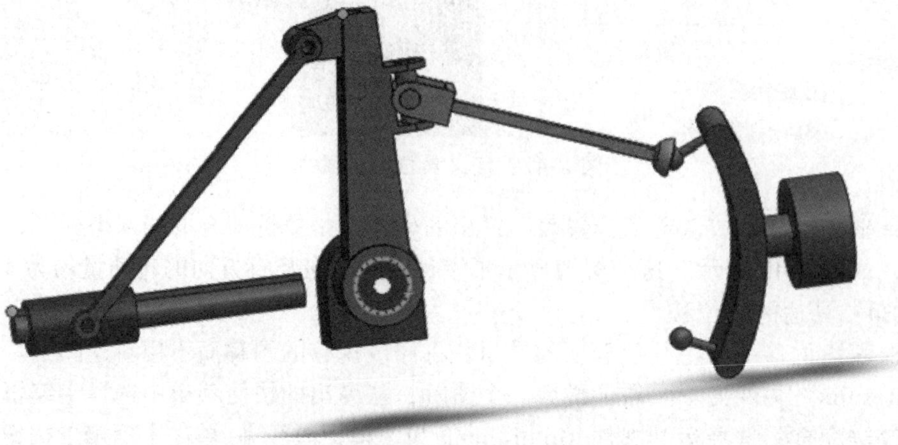

图 2-50 三顶点位置

勾选【在图形窗口中显示向量】复选框，如图 2-51 所示。这将显示三个所选点之间的连线。单击【确定】按钮。

步骤 36 查看图解。

图 2-52 中显示的角度源于这两条连线，一条线由顶点 1 和顶点 3 定义，另一条线由顶点 2 和顶点 3 定义（因此顶点 3 确定了中心点）。

注意：在当前这个例子中，角运动的大小为 37°，位于 74° ~ 111°。

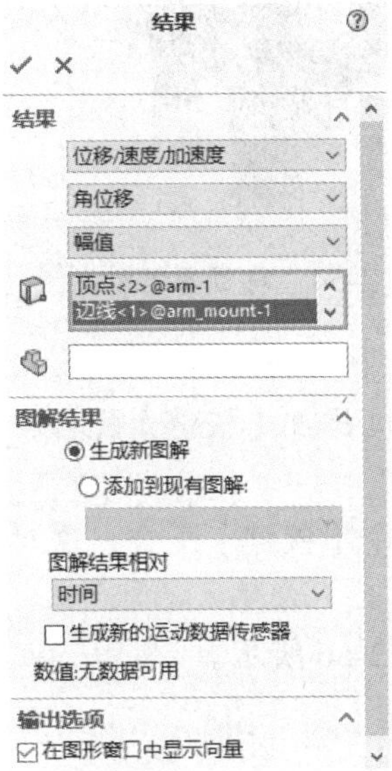

图 2-51 定义角位移图解 2

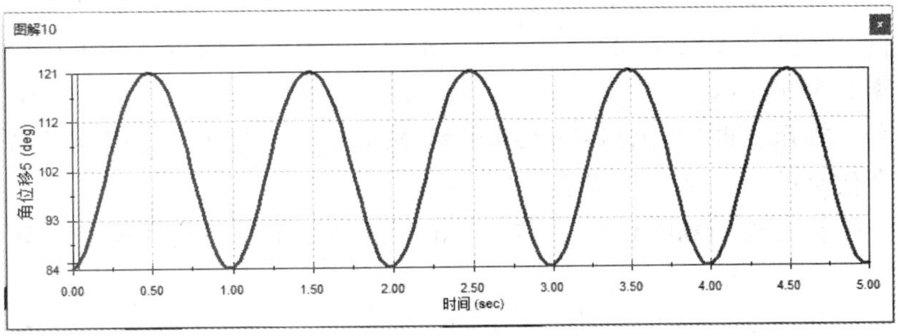

图 2-52 查看角位移图解 2

步骤 37 图解显示角速度和加速度。

自己生成几个速度和加速度图解，尝试在全局坐标系和局部坐标系下绘制绝对数值和相对数值。

步骤 38 保存并关闭文件。

任务 2 活塞分析

步骤 1 打开装配体文件。

打开文件“Piaton”。

步骤 2 算例的类型。

切换至【Motion Study1】选项卡，设置【算例类型】为【Motion 分析】。

步骤 3 验证文档的单位。

验证文档的单位为【MMGS（毫米、克、秒）】。

步骤 4 查看零部件的固定和浮动状态。

检查整个装配体，发动机气缸体和两个轴承都是固定的，活塞、曲轴和连杆都是浮动的，如图 2-53 所示。MateGroup1 里面没有内容，因为没有配合。

步骤 5 移动零部件。

将浮动的零部件移开，如图 2-54 所示。这样做只是为了方便选择面来创建本地配合。

图 2-53　浮动零部件

图 2-54　移动零部件

步骤 6　添加本地配合。

添加下面的本地配合：在曲轴 crankshaft 和轴承 bearing<2>之间添加【铰链】配合，如图 2-55 所示。

提示：曲轴 crankshaft 和轴承 bearing<2>之间也可以定义第二个【铰链】配合，这对整个仿真的运动结果并没有任何影响。

在曲轴 crankshaft 和连杆 conrod 之间添加【铰链】配合，如图 2-56 所示。

图 2-55　添加【铰链】配合 1

图 2-56　添加【铰链】配合 2

在活塞 Piston 和发动机气缸体 engineblock 圆柱面之间添加【同轴心】配合，如图 2-57 所示。

在连杆 conrod 上部圆孔与活塞 Piston 的一个活塞销孔之间添加【同轴心】配合。因为并没有建立活塞销的模型，所以这里使用同轴心的配合进行替代，如图 2-58 所示。

步骤 7　添加引力。

在【引力参数】和【方向参考】中，选择【Y 向】。在【数字引力值】中输入数值“9.81 m/s”。

步骤 8　运动算例属性。

设置算例属性，【每秒帧数】设置为“100”。

步骤 9　运算 2.5 s 内的仿真。

将最后一个时间帧拖至时间线的 2.5 s 处并单击计算，确定算例类型设定为【Motion 分析】。

图 2-57　添加【同轴心】配合 1

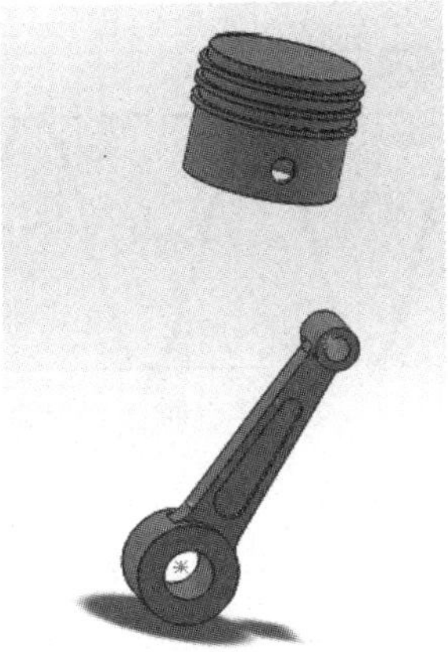

图 2-58　添加【同轴心】配合 2

步骤 10　检查运动。

以 25%的速度从头播放这个算例，活塞和连杆的质量将导致活塞试图移至下止点。由于没有考虑摩擦的关系，模型将只发生摆动，因为系统总的能量是守恒的，如图 2-59 所示。

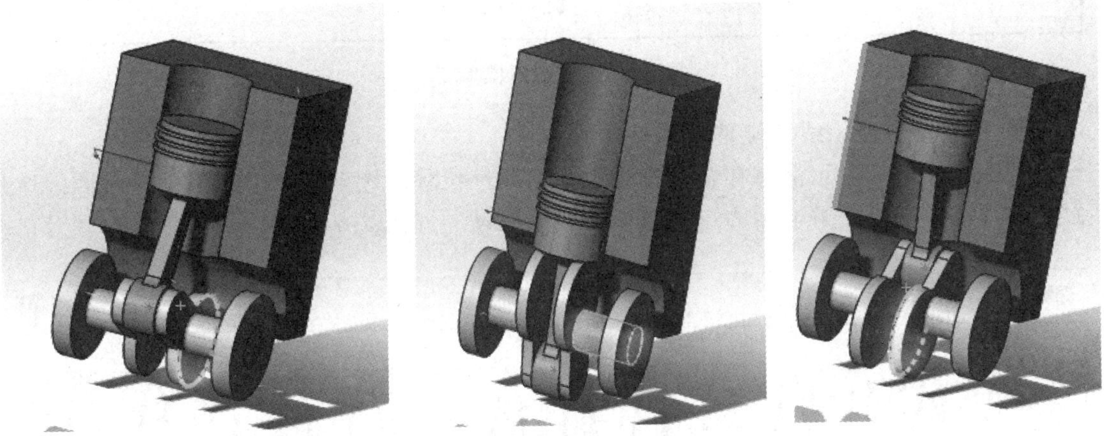

图 2-59　检查运动

因为装配体可以自由运动，所以无法判断不同零部件之间是否存在干涉。在项目 3 中，将演示在 SolidWorks Motion 中检查干涉。

步骤 11　图解显示结果。

生成一个图解，显示曲轴 crankshaft 的角位移。这个图解看上去可能有些奇怪，但仔细分析可以发现零部件只是在来回摆动，如图 2-60 所示。

步骤 12　铰链配合的角位移。

为曲轴和轴承之间的【铰链】配合另生成一个角位移的图解，如图 2-61 所示。

从图解上看，和前面关于曲轴的图解相似，只是数值的符号相反，且在图中从 0°开始。这是因为在默认情况下，配合、马达和弹簧特征的位移图解是基于局部坐标系的。

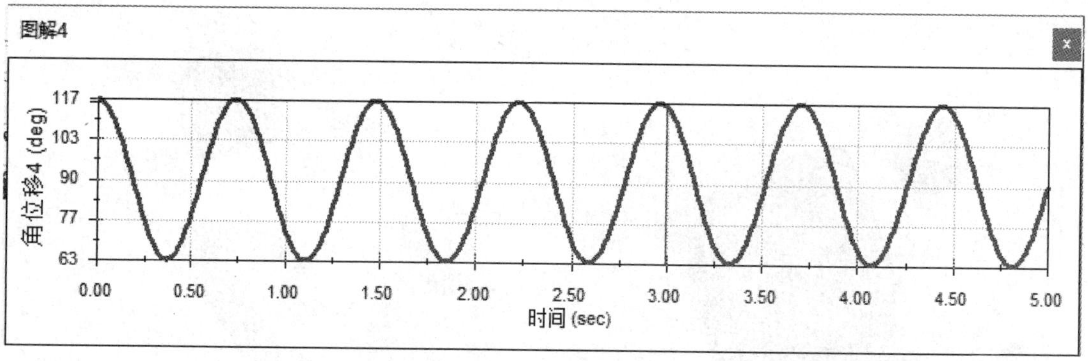

图 2-60　查看图解 1

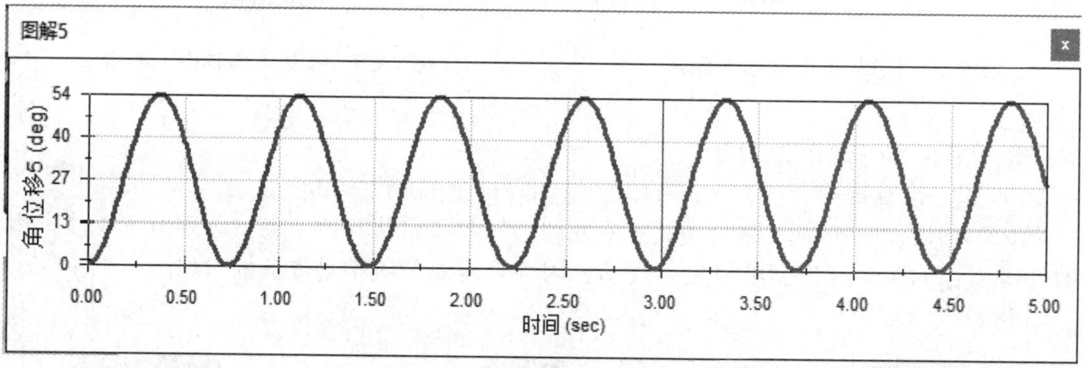

图 2-61　查看图解 2

步骤 13　图解显示线性位移。

生成一个图解，显示活塞在全局坐标系下的线性位移。图解以 *Y* 分量为参考，因为这是气缸体轴线的方向。图解显示为一个近似的简谐运动，如图 2-62 所示。

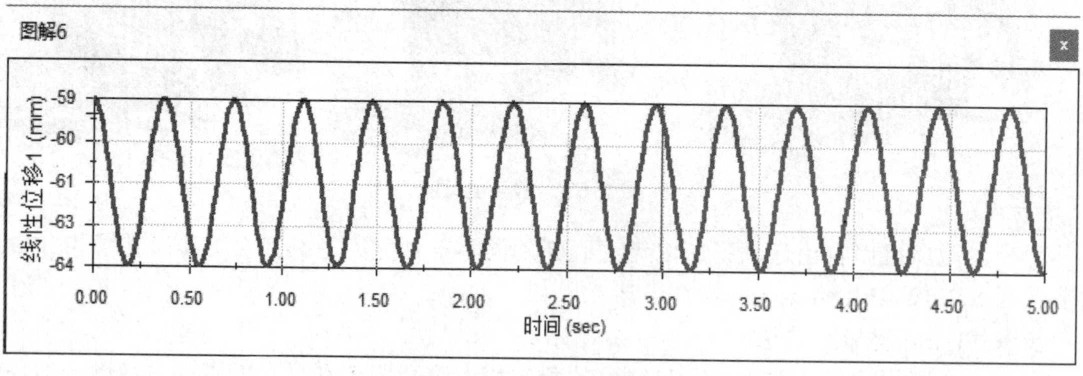

图 2-62　查看图解 3

步骤 14　转换线性位移围解。

将上面的线性位移图解转换至曲轴的局部坐标系中。因为曲轴的局部坐标系是旋转的，所以图解中的数值将从正数变为负数，如图 2-63 所示。

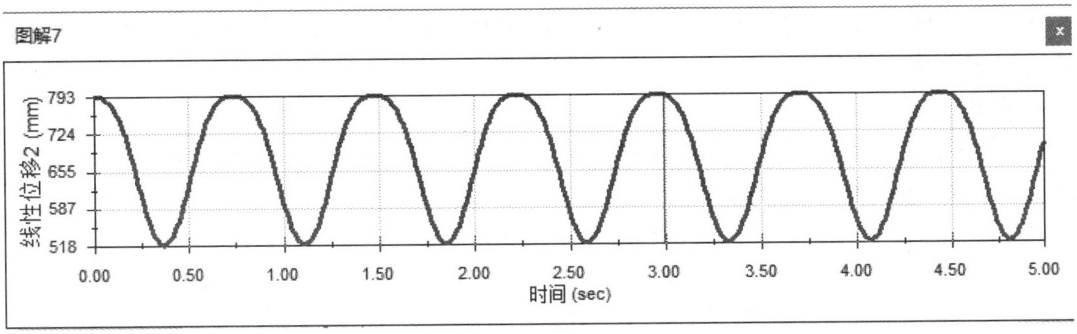

图 2-63 查看图解 4

步骤 15 保存并关闭文件。

任务 3 跟踪路径分析

步骤 1 打开装配体文件。

打开文件“Pant1”。

步骤 2 设置文档单位。

依次选择【工具】/【选项】/【文档属性】/【单位】，并选择【MMGS（毫米、克、秒）】为单位。

步骤 3 新建一个算例。

新建一个运动算例，确保算例类型为【Motion 分析】。

步骤 4 检查装配体。

现有的配合允许横梁沿着支架的导轨移动，而且指针可以沿着横梁移动，如图 2-64 所示。可以防止指针绕横梁转动的这个配合被遗漏了。

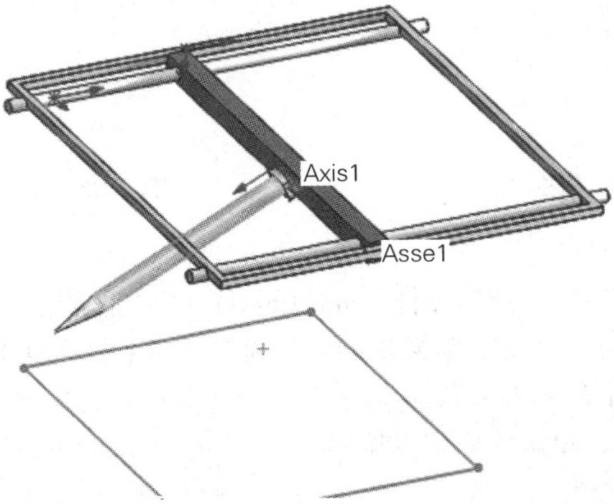

图 2-64 检查装配体

步骤 5 添加旋转马达。

为了防止指针转动，将使用一个旋转马达，选择 Pointer 下的 Axial 为【零部件】。在【运动】中选择【距离】，设定位移为【0°】，并从【0.00 s】变化到【20.00 s】，如图 2-65 所示。单击【确定】按钮。

步骤 6 添加线性马达。

第一个线性马达用于驱动横梁沿支架移动。文件夹“Exercises\Trace Path”包含两个 cov 文件：“movx.cov”和“movy.csv”。这些文件包含两组数字：第一组数字代表时间，第二组数字代表位置。

注意：每一组数字中的时间间隔都是非常均匀的。这允许使用 Akima 插值类型。

添加一个【线性马达】，按图 2-66 所示的样式选择表面。选择【数据点】，弹出【函数编制程序】对话框，选择【位移】下的【输入数据】（使用“movy.csv”文件）。单击【确定】按钮。

提示：从坐标轴上可以看到，所选的面会沿着 *Y* 方向运动，因此需要使用文件“movy.csv”，而不是“movx.csv”，如图 2-66 所示。

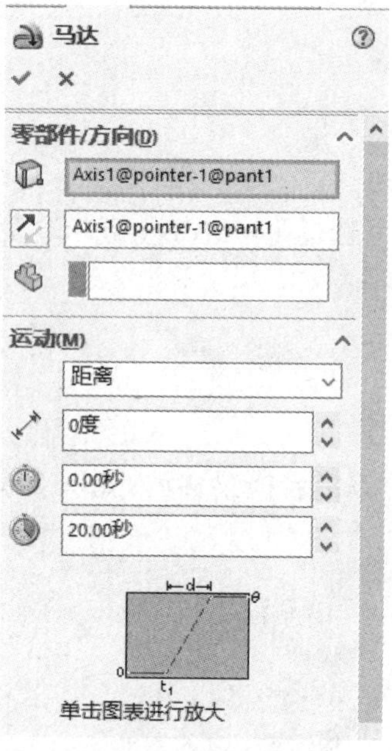

图 2-65 定义马达

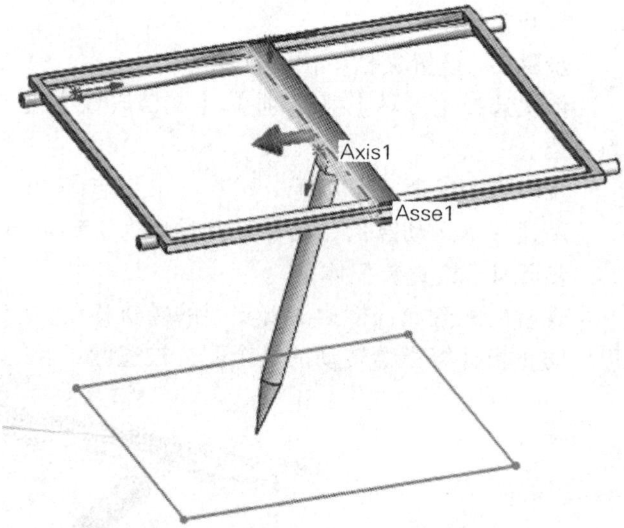

图 2-66 选择运动数据

步骤 7 添加另一个马达。

添加另一个【线性马达】，使用文件“movx.csv”，驱动指针沿着横梁移动。按图 2-67 所示的样式选择，将马达的方向设定为 X 轴的负方向。选择【数据点】，打开【函数编制程序】对话框，选择【位移】下的【输入数据】（使用 movy.csv）文件，单击【确定】按钮，退出【函数编制程序】对话框，单击【确定】按钮。

步骤 8 运行这个算例。

运行这个算例 20 s。

步骤 9 生成绘制轨迹。

新建一个结果，选择【位移/速度/加速度】和【跟踪路径】。选择指针的端点，勾选【在图形窗口中显示向量】复选框，以查看绘出的形状，如图 2-68 所示。

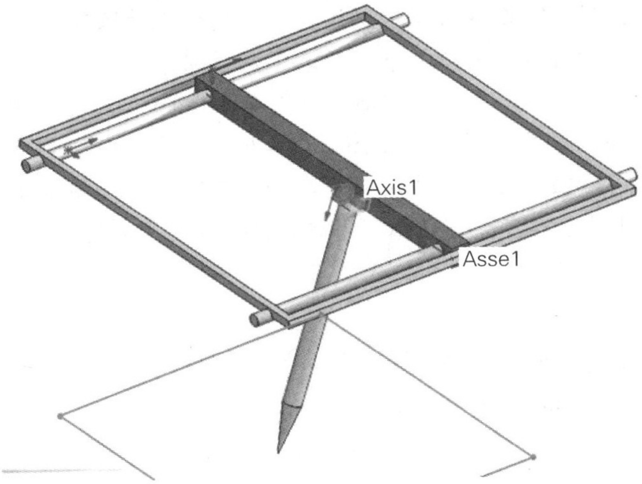

图 2-67　选择运动数据

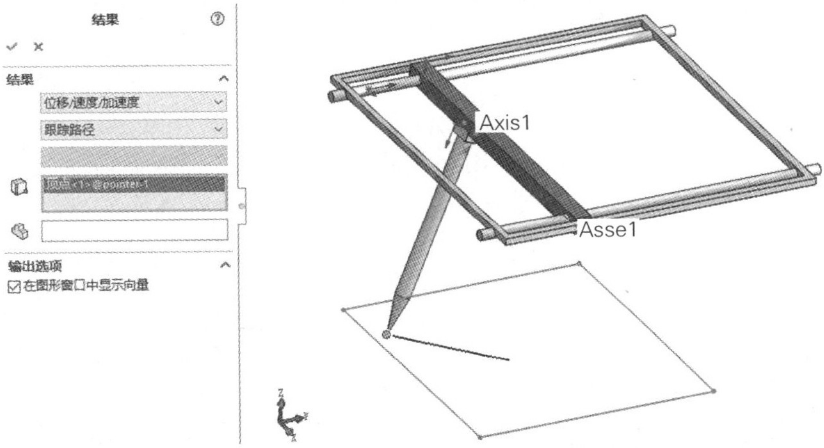

图 2-68　定义图解

提示：在后续项目中将进一步讨论路径跟踪图解，到时会用于生成凸轮的轮廓。

步骤 10　保存并关闭文件。

项目总结

1. 任务 1 的总结

任务 1 分析了一个“3dcrankslider”装配体。SolidWorks 和 SolidWorks Motion 有很多方法使用各种配合来建立装配体，任务 1 的主要目的是利用运动分析帮助设计者生成装配体，在运动分析中我们只关心运动结果（位移、速度、加速度等），将这类分析称为“运动分析”。接下来的“动力学分析”要求对配合力及其在整个装配体中的分布进行仿真。这些分析可能是非常复杂的，因为需要理解和处理冗余。

在构建运动装配体时，需要尽可能地接近真实的机械连接来建立配合，例如，所有现实中的机械铰链都以铰链配合进行模拟，这是获取运动结果最合适的方法。本项目还介绍了最常用的配合类型及本地配合这一主题。本地配合位于 SolidWorks 运动算例的选项卡中，并不会影响原始的 SolidWorks 装配体及设计意图。在这种方式下，每个运动算例都能建立自身独立的配合特征。由于可以通过多种方法定义马达和力的输入，本项目还介绍了通过表格输入数据来调控数值。本项目的第二部分介绍了各种可用的结果数值，并详细地解释他们的定义。

2. 任务 2 的总结

在任务 2 中，通过分析各小的活塞装配体，帮助用户熟悉只对运动结果感兴趣时的装配体建立过程，以及用图解显示各种结果数据的方法。

3. 任务 3 的总结

在任务 3 中，分析了一个笔式绘图机。任务 3 是为了定义本地配合，并输入列表数据来控制马达的数值。

项目 3

牛头刨床驱动机构建模与仿真

学习目标

（1）掌握连杆机构运动仿真分析的一般流程。

（2）能利用自顶向下建模法，由机构运动简图建立机构装配模型。

（3）能有效进行评估分析仿真。

重难点

（1）自顶向下建模法。

（2）运动分析各项参数的设置。

项目描述

牛头刨床驱动机构是以摆动导杆为主的经典连杆机构，如图 3-1 所示。该机构具有显著的急回特性，能有效提高生产率。只要能定量分析该机构的运行特性，就可以基于数字仿真技术对机构开展运动学分析。SolidWorks Motion 是一款工程中常用的分析工具。运动仿真分析的基本流程一般分为 3 步：

步骤 1　建立机构装配模型。

步骤 2　进入 SolidWorks Motion 插件进行各种分析前处理。

步骤 3　执行分析并评估结果。例如，该牛头刨床驱动机构的分析结果如图 3-2 所示。

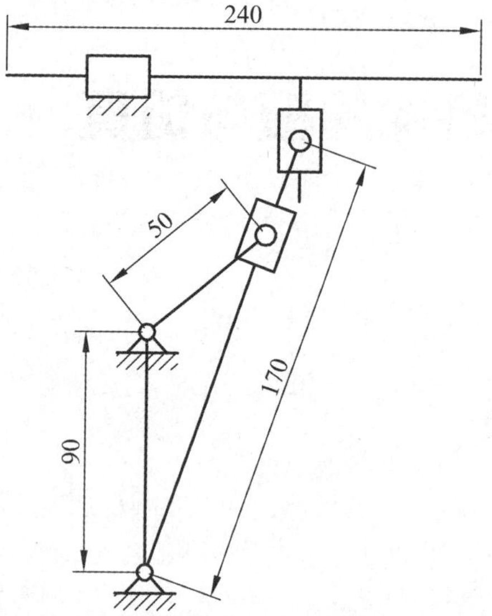

图 3-1　牛头刨床驱动机构简图

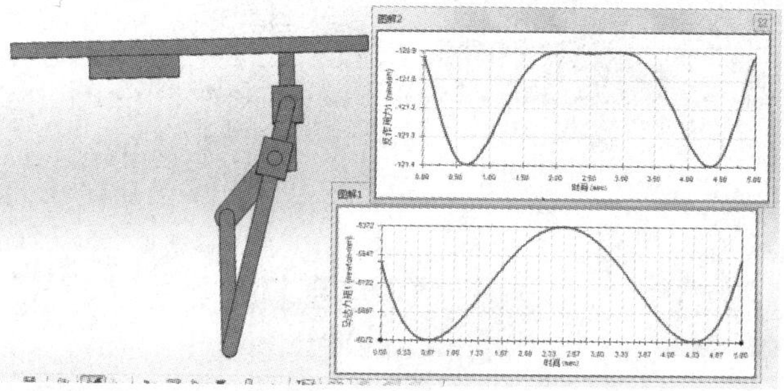

图 3-2　分析结果

知识准备

1. 运动学与动力学分析概述

运动学分析的目的在于了解机构的运动规律，重点关注包括机构指定构件或点的位移、速度、加速度和运动轨迹等信息。动力学分析是在机构的基础上又综合考虑了力、力矩、摩擦、惯性、弹性以及阻尼等力学要素的传动作用，重点研究机械运动与力的关系，在工程中特别关注机构运动过程中某运动副的约束反力、驱动力或力矩以及惯性力等信息。借助运动学与动力学仿真技术，可以建立机械的数字化虚拟样机并开展各种测试，在设计阶段就可以预先了解机械的各种运动学和动力学特性并做出优化，使设计更加合理。

2. 运动学与动力学分析的基本概念

1）自由度、运动副与约束

自由不受约束的构件都具有 6 个自由度，即沿着 *X*、*Y*、*Z* 三轴方向的移动自由度和绕 *X*、*Y*、*Z* 三轴方向的转动自由度，如图 3-3（a）所示。在 SolidWorks 装配体中，零件有固定和浮动两种状态，其中固定就是 6 个自由度被全部限制的状态。

运动副是构件之间的活动配合，可视为对部分自由度的约束。移动副、转动副、齿轮副、球面副和螺旋副都是机械中常见的配合约束，如图 3-3（b）～（f）所示。

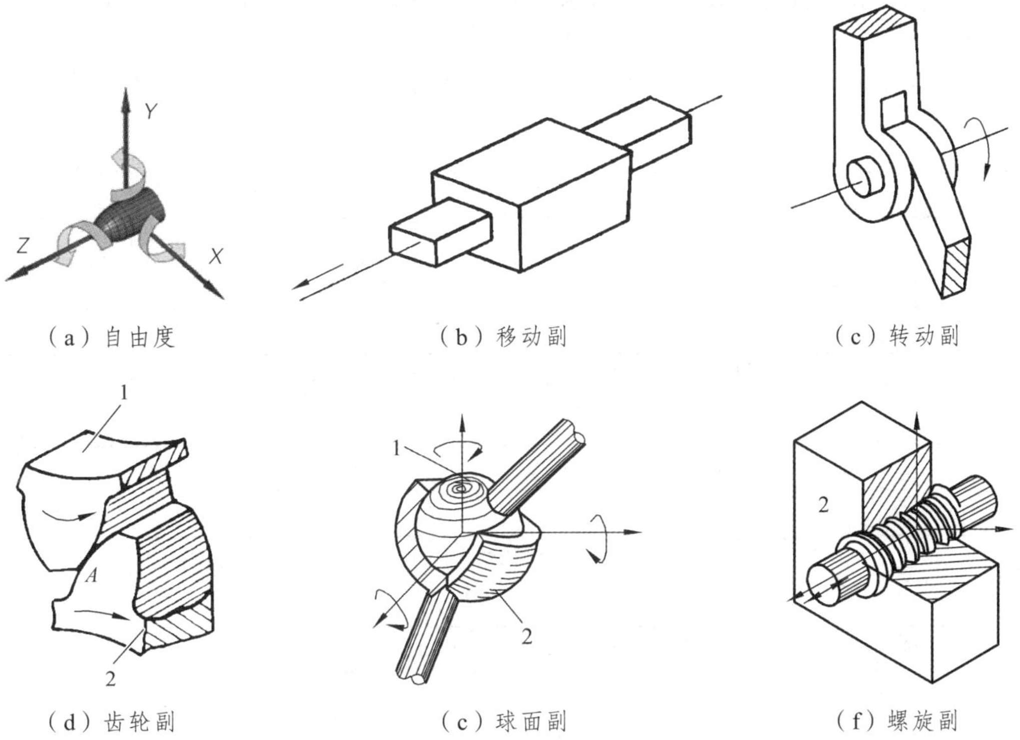

图 3-3　自由度与各类运动副

2）质量与惯性

质量是物体的固有属性，体现在动力学中就是惯性效应，即保持自身原运动状态的性质。由达朗贝尔原理可知，物体在非平衡运动状态下会产生与加速度反向的惯性力，如图 3-4 所示。在机械设备的加速或减速阶段，惯性载荷的影响是很大的。例如，在伺服电动机驱动的丝杠传动系统中，加速阶段的惯性力矩往往超过其稳态工作下的阻力矩，如图 3-5 所示。

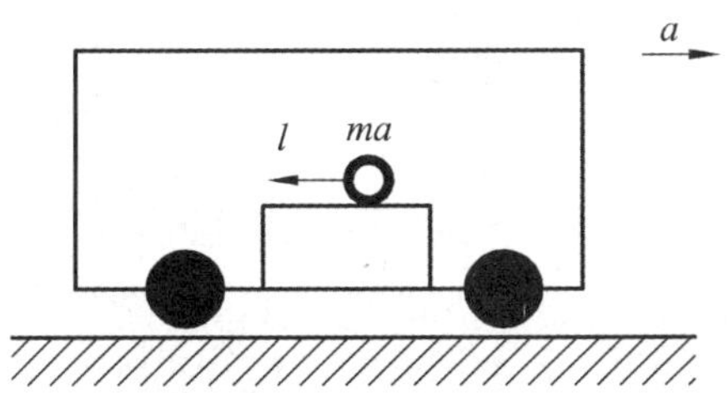

图 3-4　惯性力

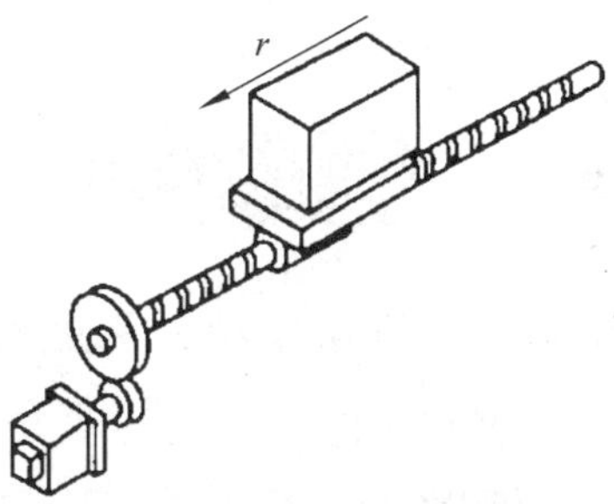

图 3-5　工程中常见的惯性载荷

3. 运动学与动力学分析的主要流程

SolidWorks Motion 是一款非常友好的分析软件，它可与 SolidWorks 建模模块无缝对接，甚至可以直接将装配体的配合关系等效映射为运动副约束，大大简化了分析前处理的操作。基于 ADAMS 强大的计算内核和各种可视化后处理工具，可以准确直观地展示机械运动特性。

基于 SolidWorks Motion 进行运动分析的主要流程如图 3-6 所示。

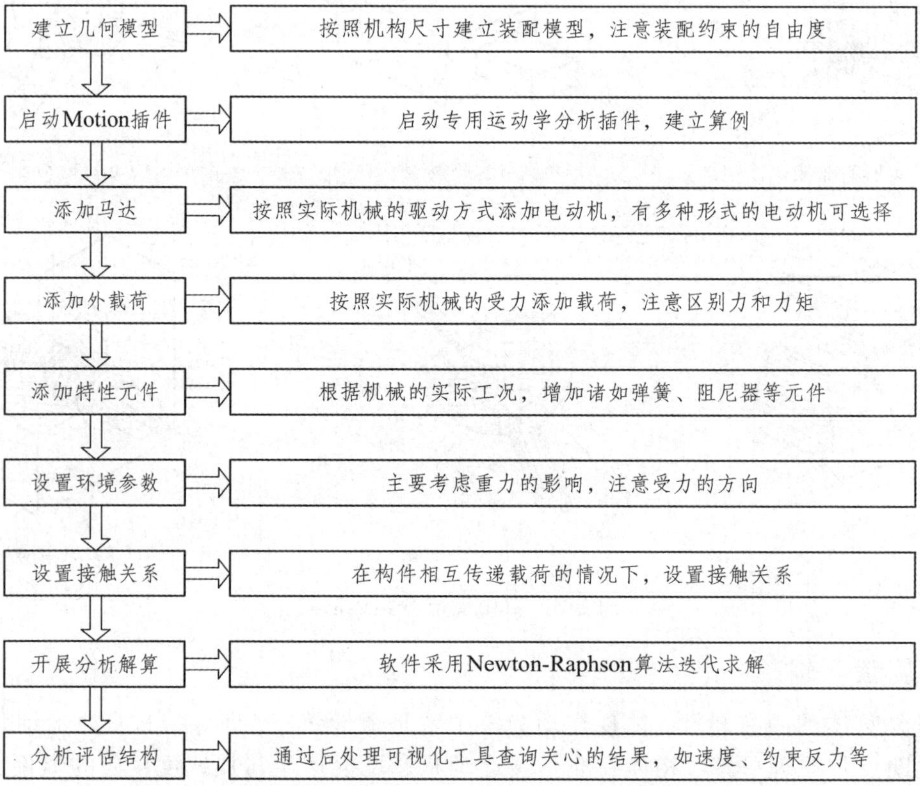

图 3-6　基于 SolidWorks Motion 进行运动分析的主要流程

项目实施

1. 绘制牛头刨床驱动机构运动简图

步骤 1　新建零件。

打开 SolidWorks，新建零件，如图 3-7 所示。

步骤 2　绘制牛头刨床机构运动简图。

选择前视基准面绘制牛头刨床机构运动简图，如图 3-8 所示。绘制完毕后，保存文件，命名为“布局”。

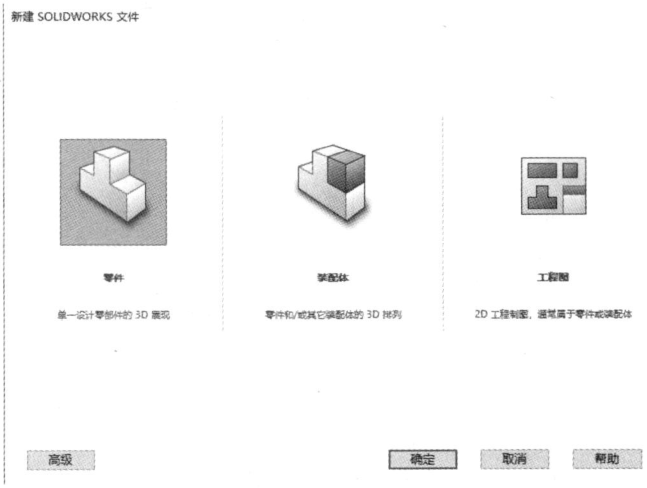

图 3-7　进入零件建模环境

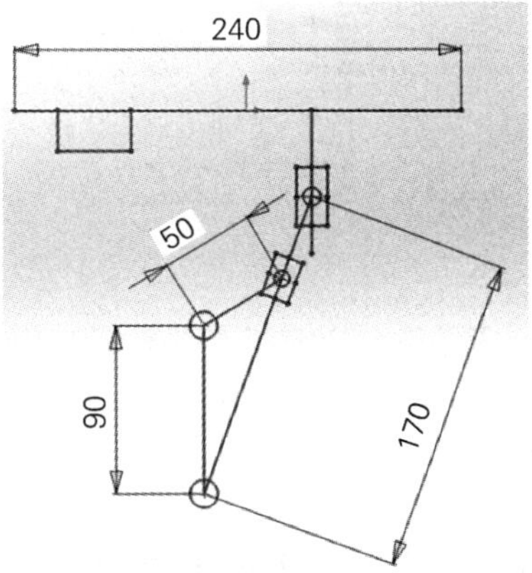

图 3-8　绘制机构运动简图

2. 依据机构运动简图自顶向下建模

步骤 3　新建装配体。

新建装配体，如图 3-9 所示。

步骤 4　导入“布局”。

将之前绘制好的“布局”导入，如图 3-10 所示。接下来以该草图作为参考基准来创建所有零件，如图 3-11 所示。

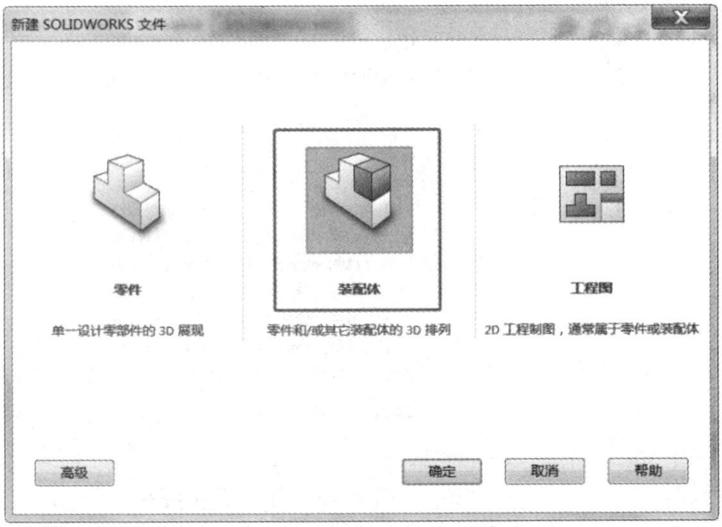

图 3-9　进入装配建模环境

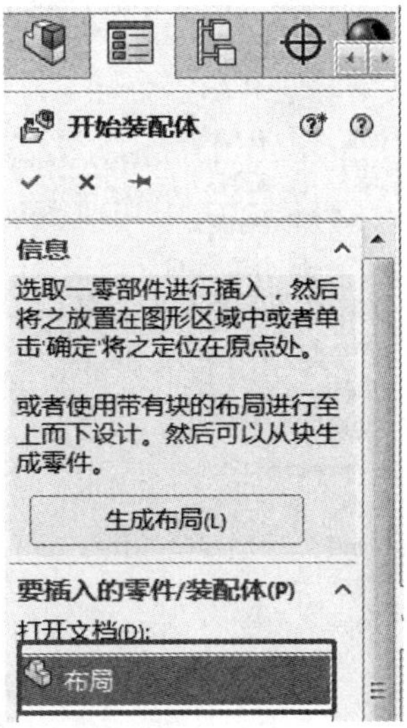

图 3-10　将机构运动简图导入

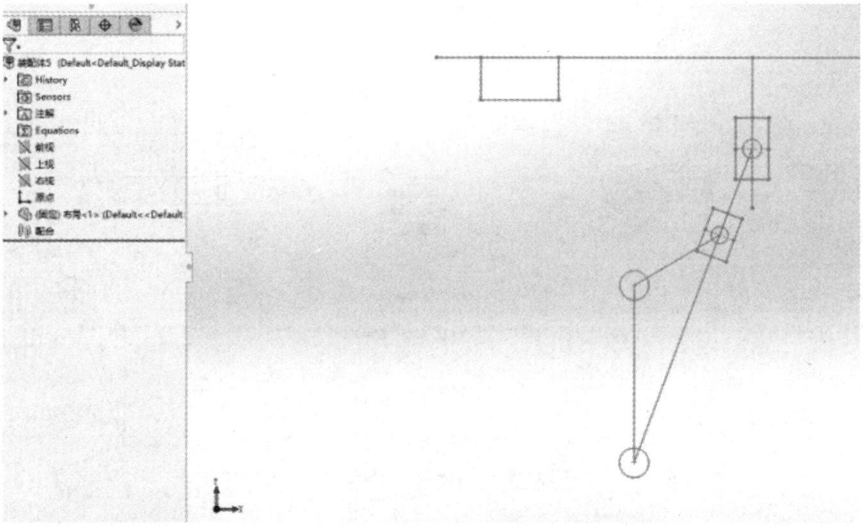

图 3-11　以机构运动简图为装配建模参考

步骤 5　插入新零件。

插入新零件，如图 3-12 所示。需要连续插入 6 个新零件。

步骤 6　新零件分别重新命名。

将创建的新零件分别重新命名，分别改为“机架”“曲柄”“导杆”“滑块 1”“滑块 2”和“滑枕”，如图 3-13 所示。

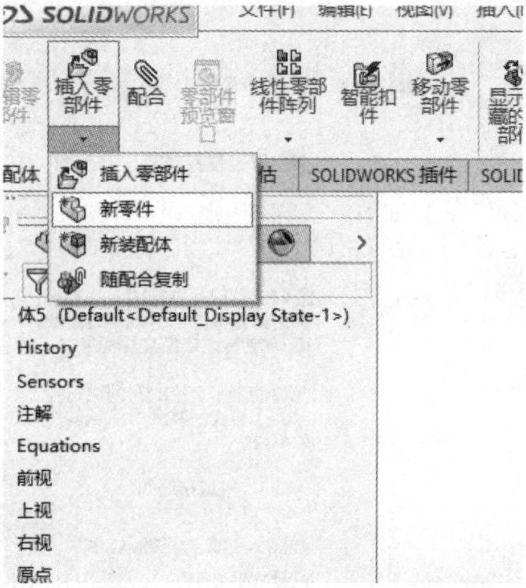

图 3-12　插入新零件

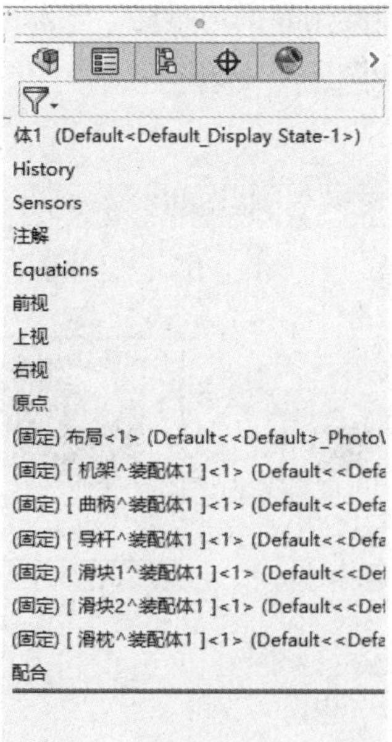

图 3-13　修改零件名称

步骤 7　“编辑”“机架”零件

右击“机架”零件，在快捷菜单中选择“编辑”，如图 3-14 所示，进入“机架”零件的编辑环境，如图 3-15 所示。

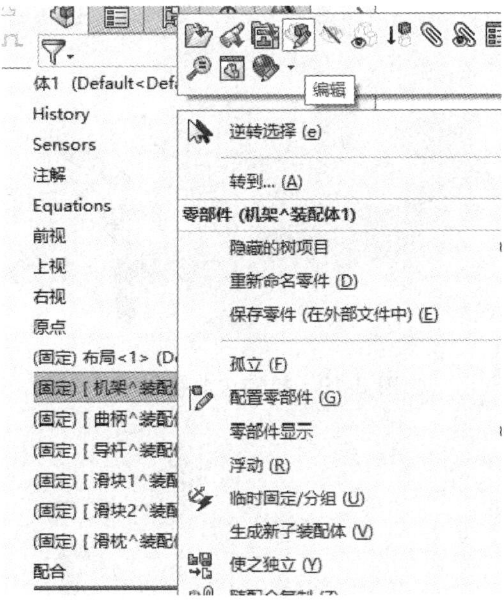

图 3-14　编辑“机架”零件

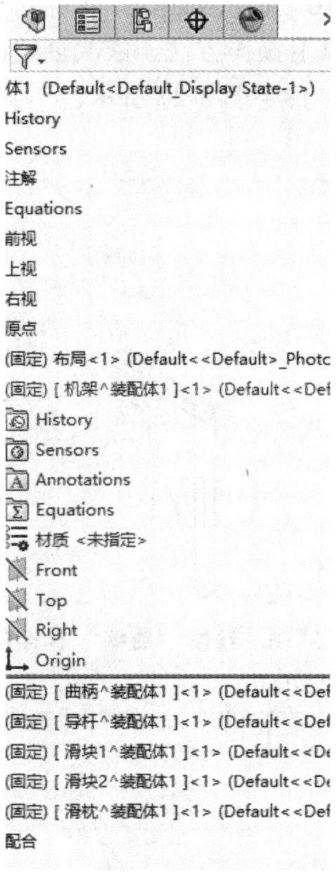

图 3-15　进入零件编辑环境

步骤 8　绘制机架草图。

选择“机架”零件下的前视基准面，捕捉“布局”草图中关键定位点，绘制一个槽口线作为铰链副机架，再绘制一个矩形框作为移动副机架，如图 3-16 所示。

步骤 9　拉伸机架。

确认草图并拉伸 5 mm，即可创建机架的实体模型，如图 3-17 所示。创建完之后需要单击右上方的图标，返回到装配体环境。

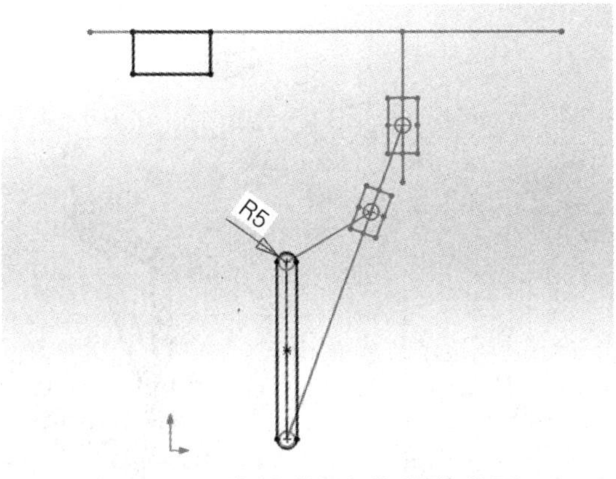

图 3-16　绘制“机架”零件草图

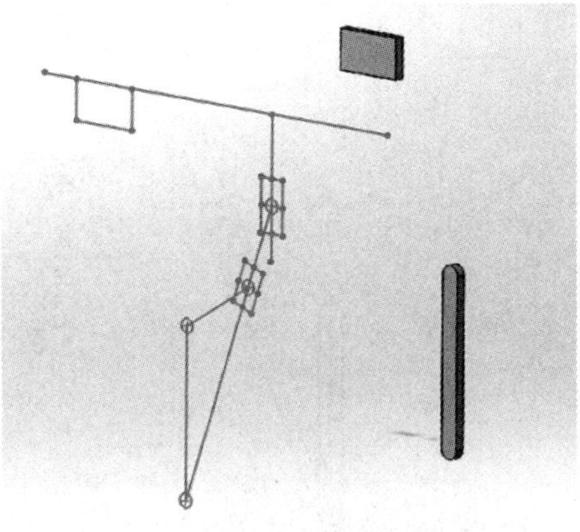

图 3-17　拉伸“机架”零件

步骤 10 依次创建出“曲柄”“导杆”“滑块 1”“滑块 2”“滑枕”等零件。

依据以上操作方法，依次创建出“曲柄”“导杆”“滑块 1”“滑块 2”“滑枕”等零件的实体，如图 3-18 ~ 图 3-27 所示。

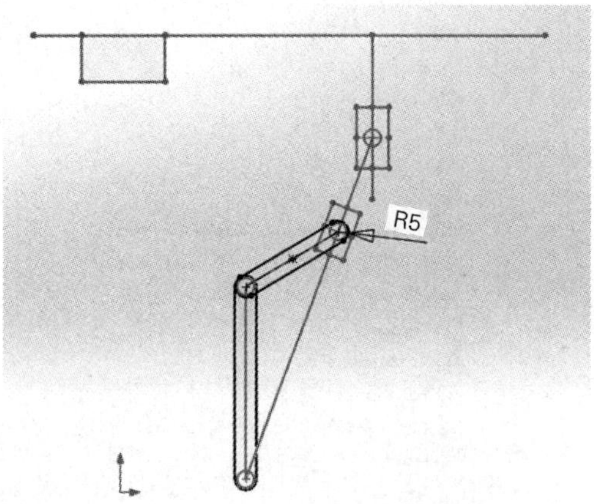

图 3-18 绘制“曲柄”零件草图

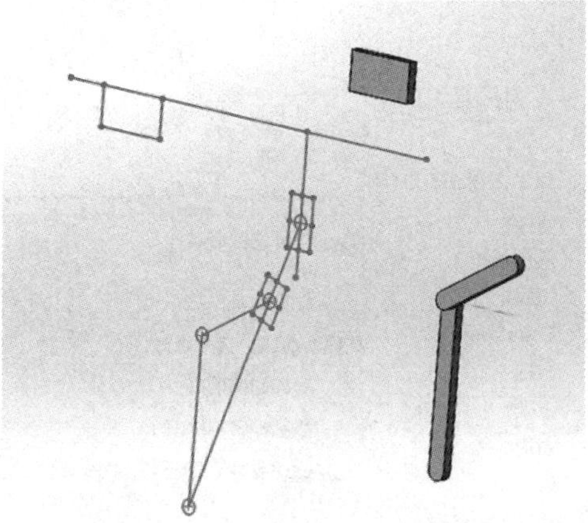

图 3-19 拉伸“曲柄”零件

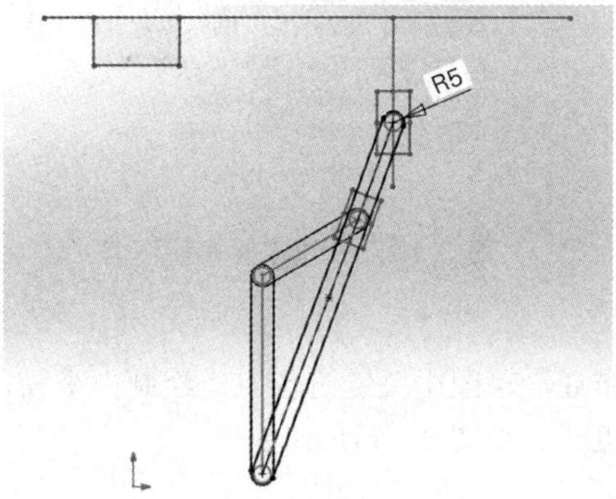

图 3-20 绘制“导杆”零件草图

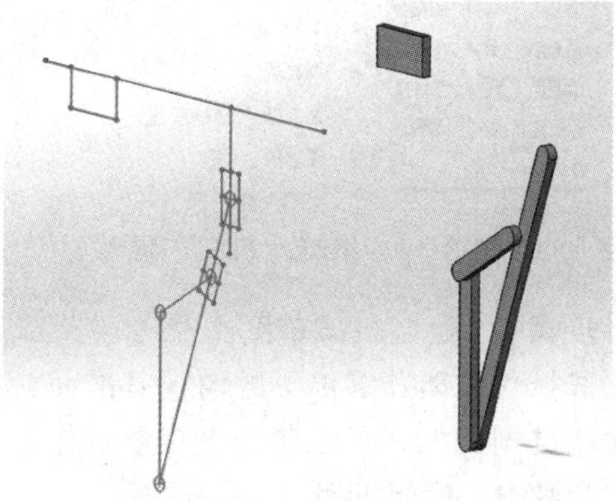

图 3-21 拉伸“导杆”零件

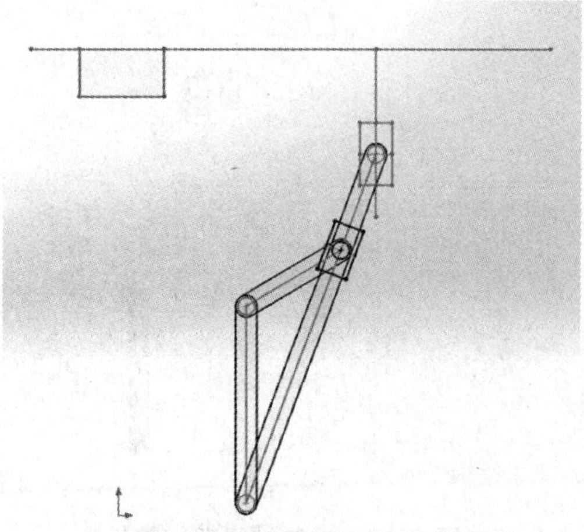

图 3-22 绘制“滑块 1”零件草图

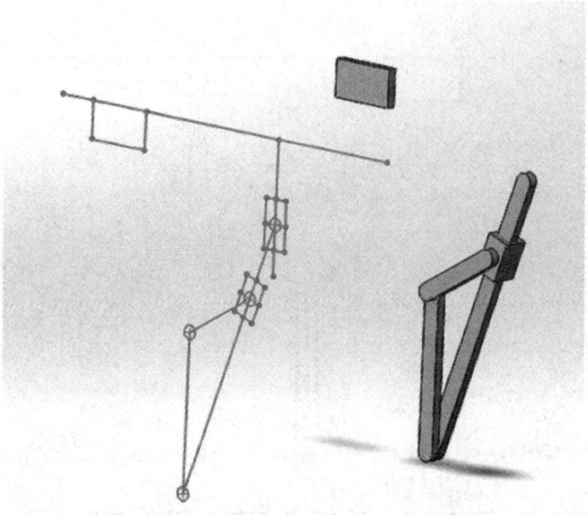

图 3-23 拉伸“滑块 1”零件

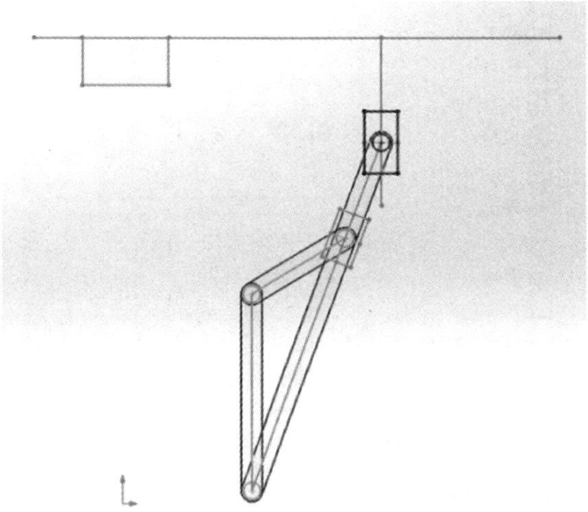

图 3-24　绘制“滑块 2”零件草图

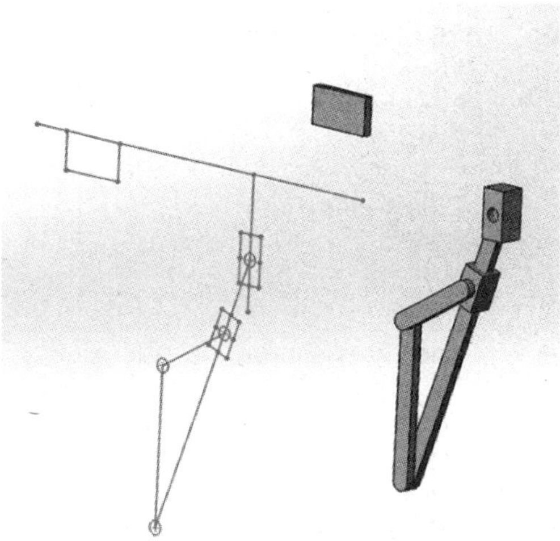

图 3-25　拉伸“滑块 2”零件

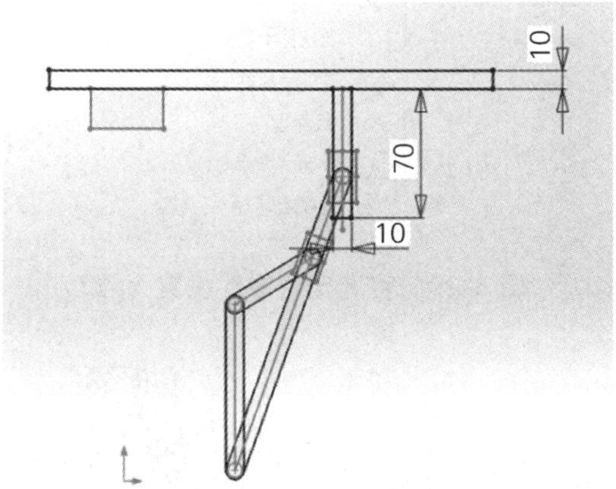

图 3-26　绘制“滑枕”零件草图

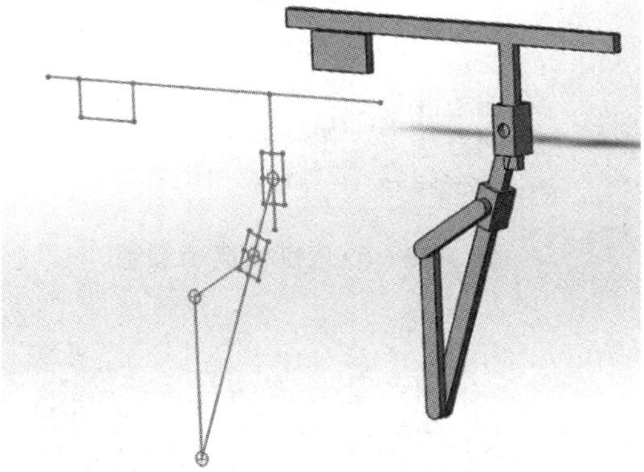

图 3-27　拉伸“滑枕”零件

3. 依据运动副特点装配模型

步骤 11　隐藏机构运动简图。

为了避免视觉干扰，隐藏机构运动简图，如图 3-28 所示。

步骤 12　设置“浮动”。

同时选中除“布局”和“机架”以外的所有构件，设置为“浮动”，如图 3-29 所示。

步骤 13　添加同心配合。

依据各构件相互连接的运动副添加相应的装配配合关系，当两个构件可以相互转动时，就选择相应的配合面添加同心配合关系，如图 3-30 ~ 图 3-33 所示。

步骤 14　添加重合配合。

如果两个构件面相互贴合且在运动时不会分离，就选择相应的配合面添加重合配合关系，如图 3-34 ~ 图 3-38 所示。

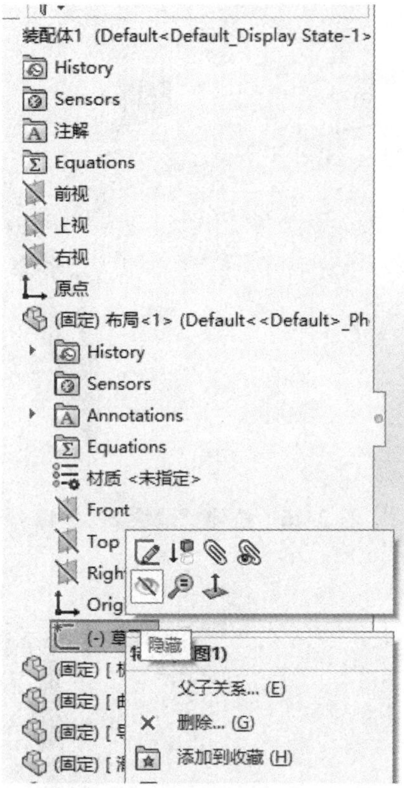

图 3-28　隐藏机构运动简图

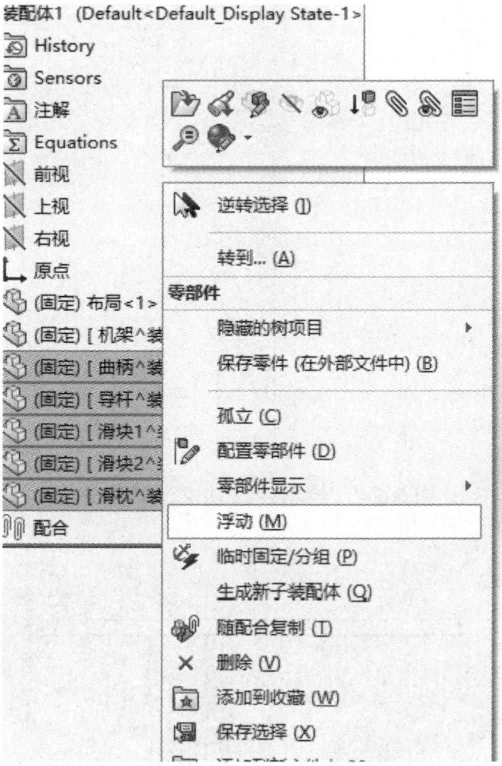

图 3-29　将选定的零件设置为浮动

图 3-30　“机架”与“曲柄”添加同心配合

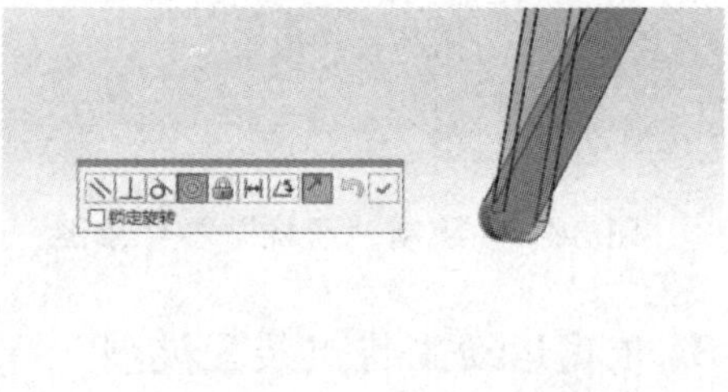

图 3-31　“机架”与“导杆”添加同心配合

图 3-32　“滑块 1”与“曲柄”添加同心配合

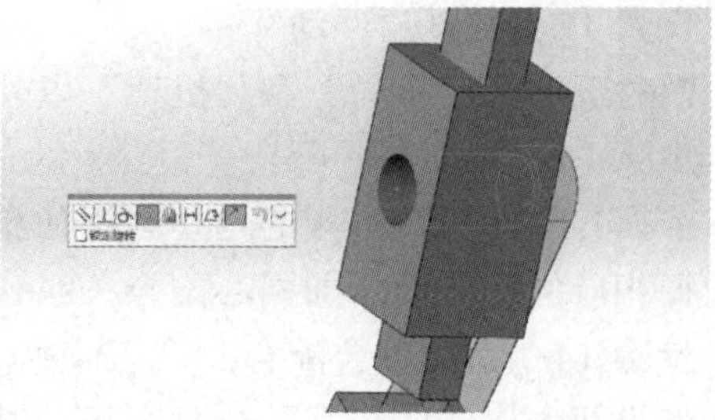

图 3-33　“导杆”与“滑块 2”添加同心配合

图 3-34 “机架”与“曲柄”添加重合配合

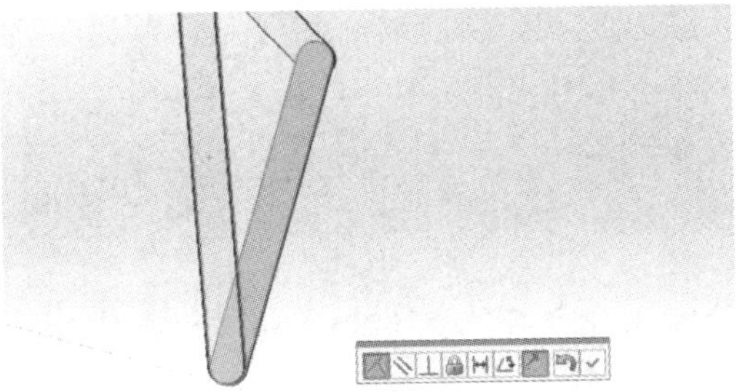

图 3-35 “导杆”与“机架”添加重合配合

图 3-36 “滑块 1”与“曲柄”添加重合配合

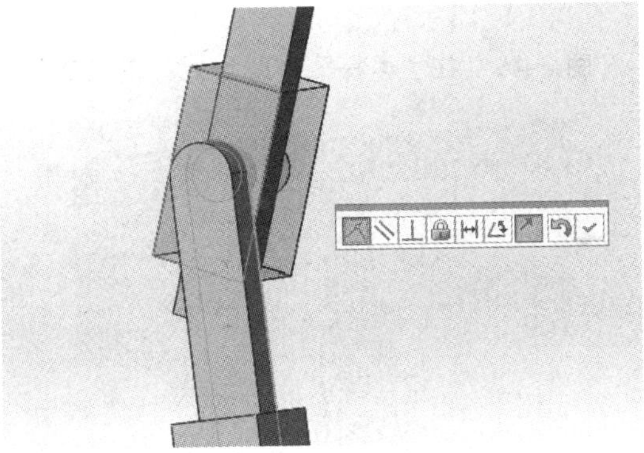

图 3-37 “导杆”与“滑块 2”添加重合配合

图 3-38 “滑枕”与“机架”添加重合配合

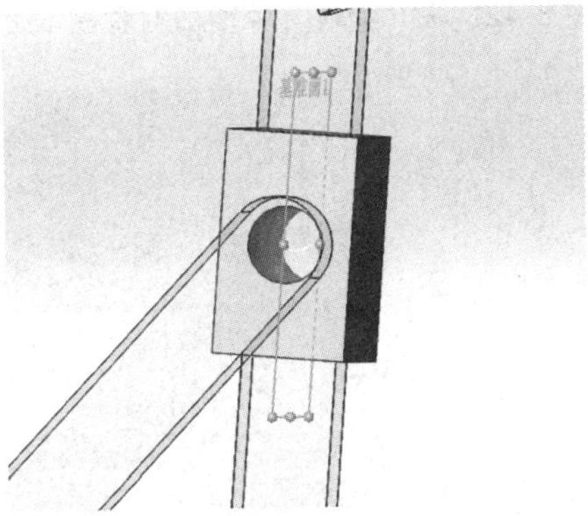

图 3-39 在“滑块 1”中增加对称基准面

步骤 15 添加对称基准面。

利用基准面装配滑块和导轨，别编辑“滑块 1”“导杆”“滑块 2”和“滑枕”四个零件，在零件中添加对称基准面，如图 3-39 ~ 图 3-42 所示。

步骤 16 添加重合配合。

选择“滑块 1”及其“导杆”的对称基准面添加重合配合，再选择“滑块 2”及其“滑枕”的对称基准面添加重合配合，如图 3-43 和图 3-44 所示。

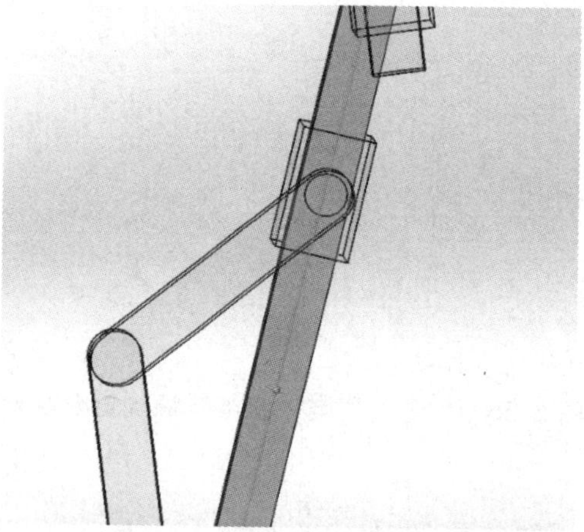

图 3-40　在“导杆”中增加对称基准面

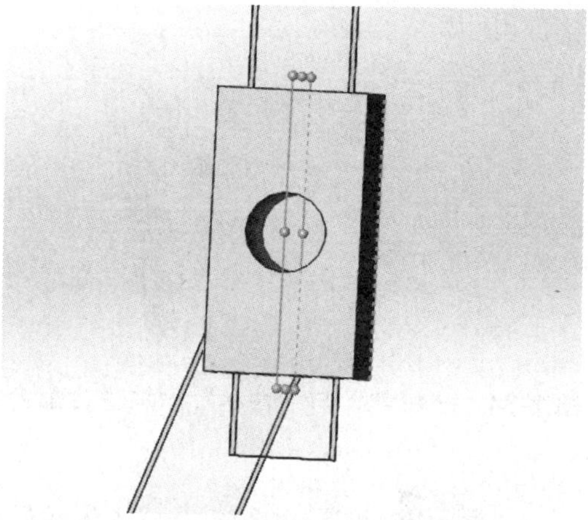

图 3-41　在“滑块 2”中增加对称基准面

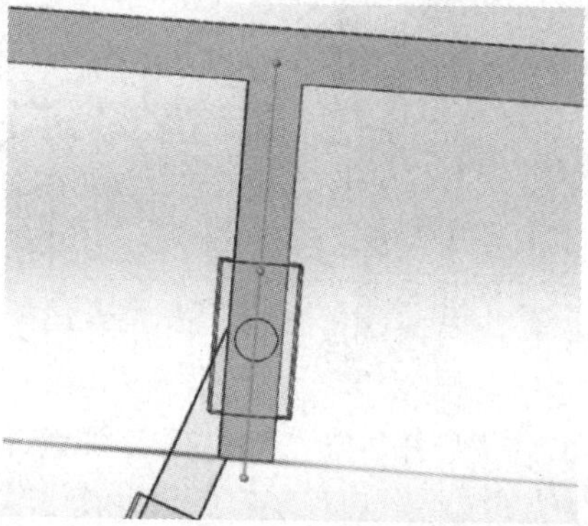

图 3-42　在“滑枕”中增加对称基准面

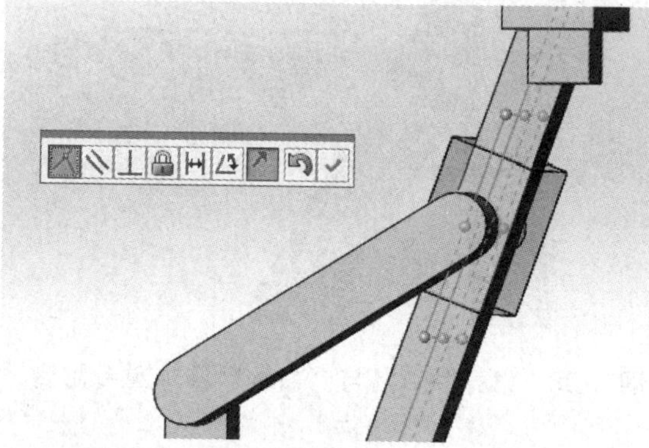

图 3-43　“滑块 1”与“导杆”添加重合配合

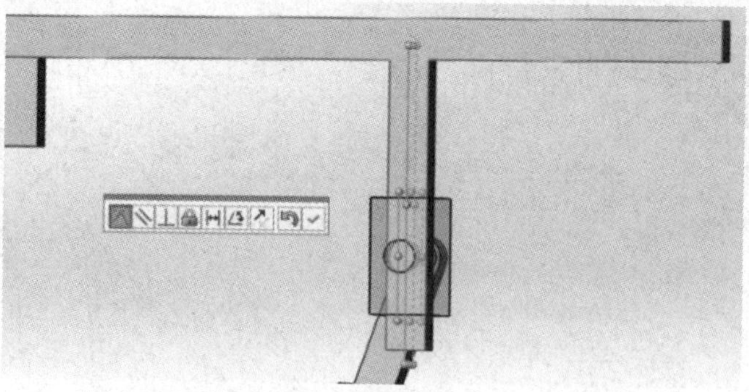

图 3-44　“滑枕”与“滑块 2”添加重合配合

4. 对机构进行运动学仿真分析

步骤 17　启动 SolidWorks Motion 插件。

启动 SolidWorks Motion 插件，如图 3-45 所示，出现运动管理器界面，如图 3-46 所示。

步骤 18　添加马达。

单击马达图标，添加马达，选择曲柄与机架较接的端面为马达位置，设置转速为“12 RPM”（由于软件默认运动的时间长度为 5 s，因此该转速刚好完整地旋转一周），如图 3-47 所示。

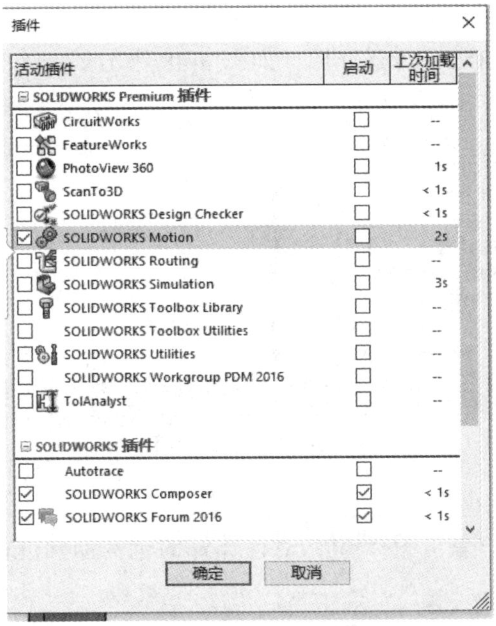

图 3-45　启动 SolidWorks Motion 插件

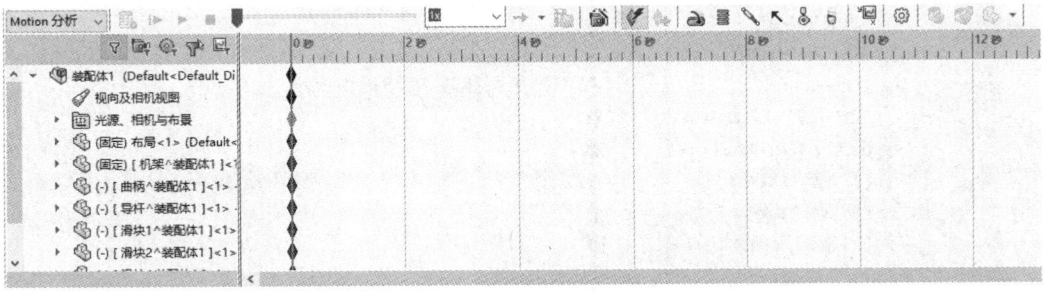

图 3-46　运动管理器界面

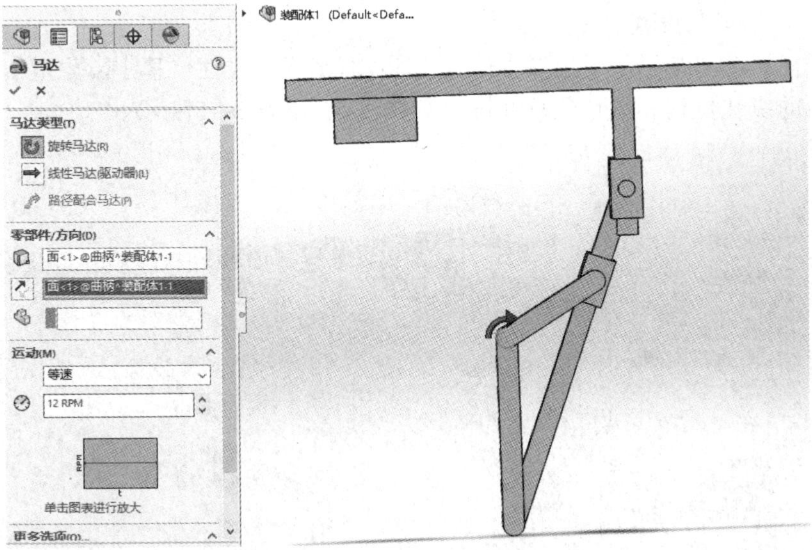

图 3-47　选择曲柄一端添加马达

步骤 19　仿真分析。

单击计算图标，开始进行仿真分析，如图 3-48 所示。

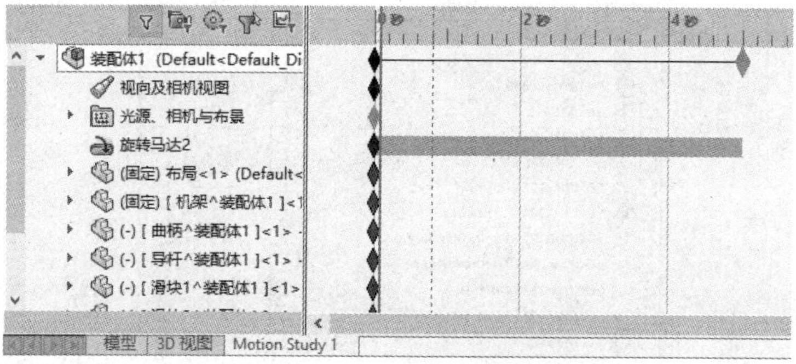

图 3-48　开始计算

步骤 20　动画播放。

选择循环播放模式，单击图标，对计算好的机构动画进行播放，如图 3-49 所示。

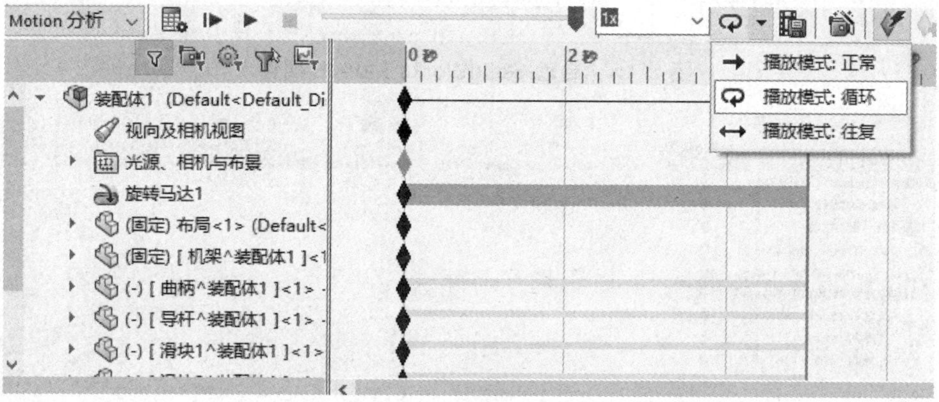

图 3-49　设置循环播放

步骤 21　"结果"设置。

单击图标，在"结果"下选择【位移/速度/加速度】线性位移【X 分量】，即可查询滑枕在 *X* 轴方向的线性位移和滑枕位移线图，如图 3-50 和图 3-51 所示。

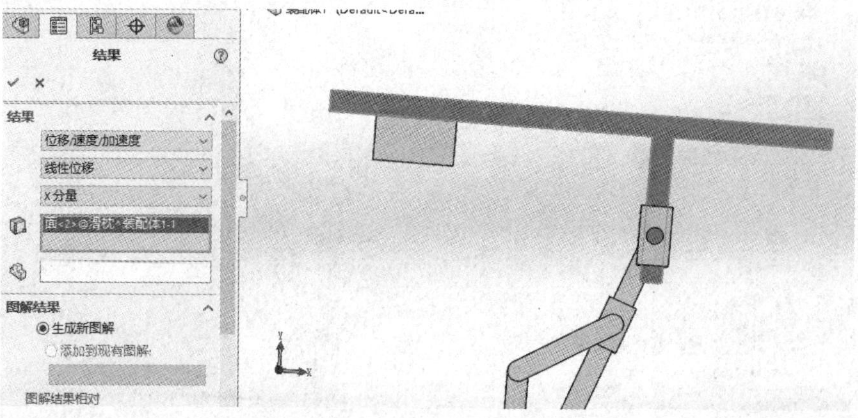

图 3-50　输出滑枕线性位移

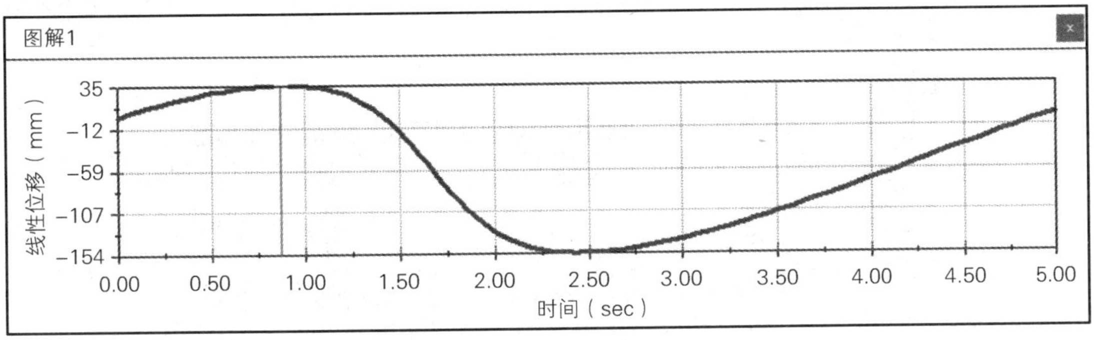

图 3-51　滑枕位移线图

步骤 22　查询滑枕速度和加速度线图。

类似可查询滑枕在 *X* 轴方向的速度和加速度线图，如图 3-52 和图 3-53 所示。

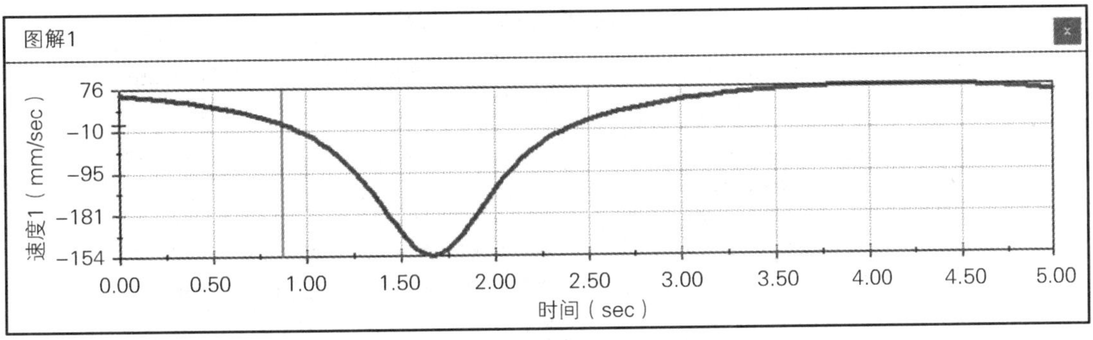

图 3-52　滑枕速度线图

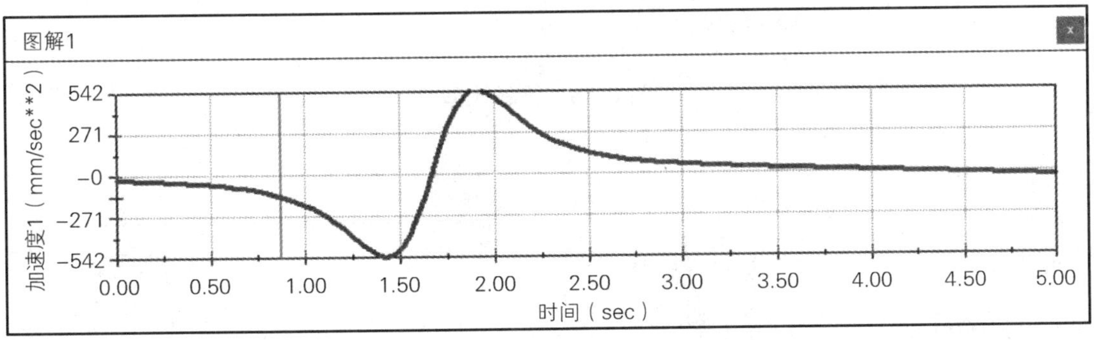

图 3-53　滑枕加速度线图

5. 对机构进行动力学仿真分析

步骤 23　施加外力。

单击图标施加外力。选取滑枕端面施加与该面垂直的力 100 N，如图 3-54 所示。

步骤 24　计算。

单击图标重新计算，如图 3-55 所示。

步骤 25　查询马达力矩和马达力矩线图。

单击图标，在“结果”下选择【力】【马达力矩】【Z 分量】，再选择分析特征树中的【旋转马达 1】，即可查询马达在 *z* 轴方向的马达力矩和马达力矩线图，如图 3-56 和图 3-57 所示。

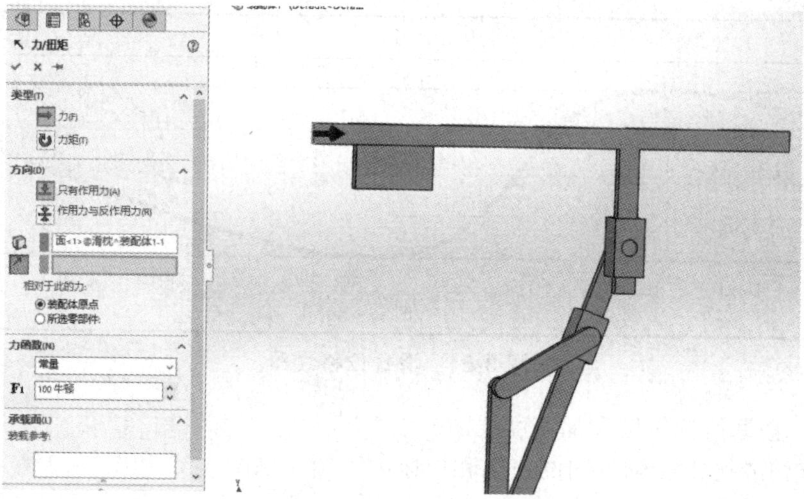

图 3-54　在滑枕一端添加外力

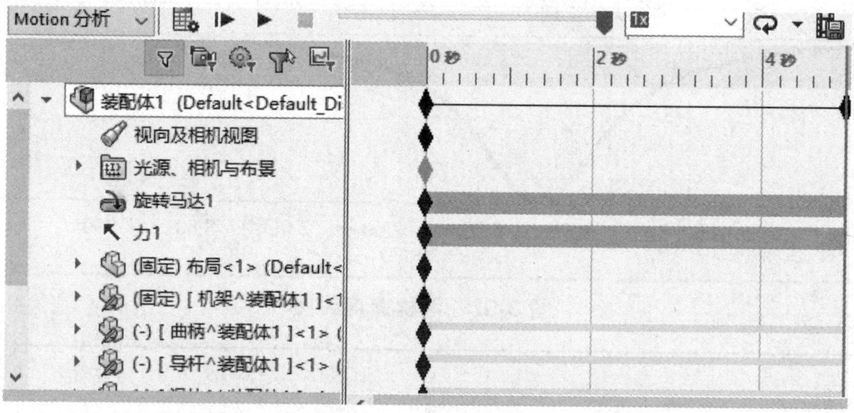

图 3-55　重新计算

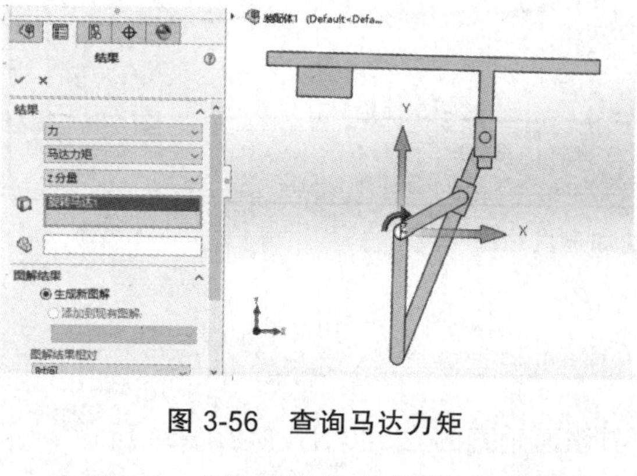

图 3-56　查询马达力矩

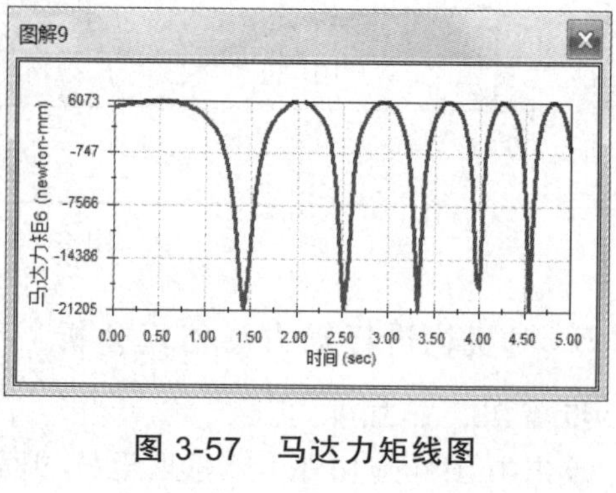

图 3-57　马达力矩线图

步骤 26　查询马达的能源消耗和能源消耗线图。

单击图标，在“结果”下选择【动量/能量/力量】【能源消耗】，再选择分析特征树中的【旋转马达 1】，即可查询马达的能源消耗和能源消耗线图，如图 3-58 和图 3-59 所示。

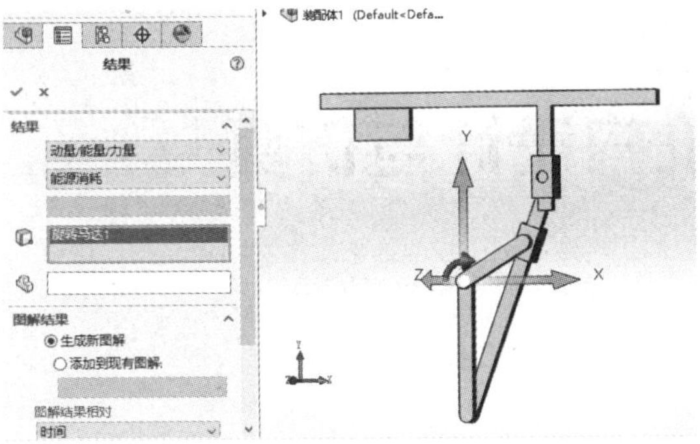

图 3-58　查询马达能量消耗

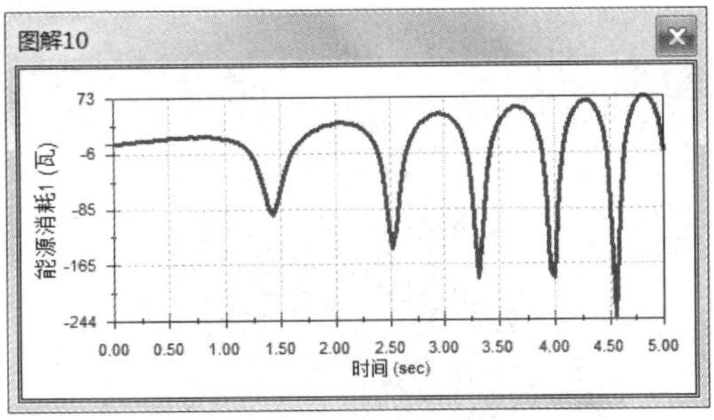

图 3-59　能源消耗线图

步骤 27　查询运动副反作用力。

单击图标，在“结果”下选择【力】【反作用力】【幅值】，再选择相应的配合约束，查询该运动副的反作用力幅值，如图 3-60 和图 3-61 所示。

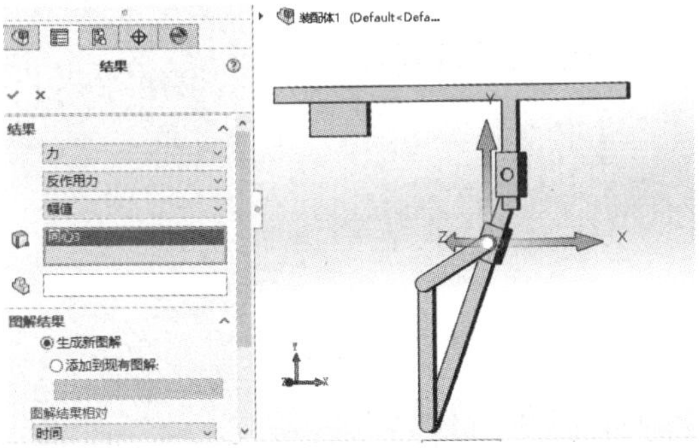

图 3-60　查询铰链反作用力

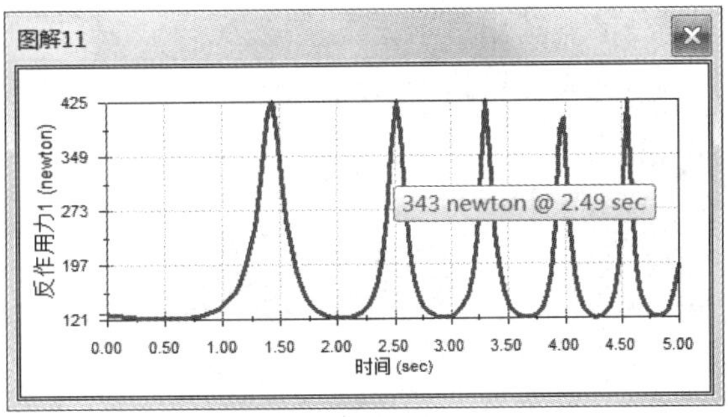

图 3-61　较链反作用力线图

项目总结

本项目重点介绍了如何绘制机构运动简图，并利用自顶向下的建模方法创建机构整体模型的方法，同时介绍了如何利用运动仿真分析运动学和动力学相关参数。通过本项目的学习，希望学习者了解运动仿真的主要流程和思路。

项目 4

奥氏仪表机构设计与仿真

学习目标

（1）了解机构运动分析和动力学分析的区别。

（2）能利用自顶向下建模法，由机构运动简图建立机构装配模型。

（3）能利用机械系统中的弹簧和阻尼进行仿真。

重难点

（1）自顶向下建模法。

（2）弹簧与阻尼参数的设置。

项目描述

奥氏仪表机构是一种非常经典的平面机构，可将直线运动转变为摆动，同时将摆动幅度放大以便于观察，如图 4-1 所示。该机构由曲柄滑块、摆动导杆和齿轮三种平面机构串联而成。

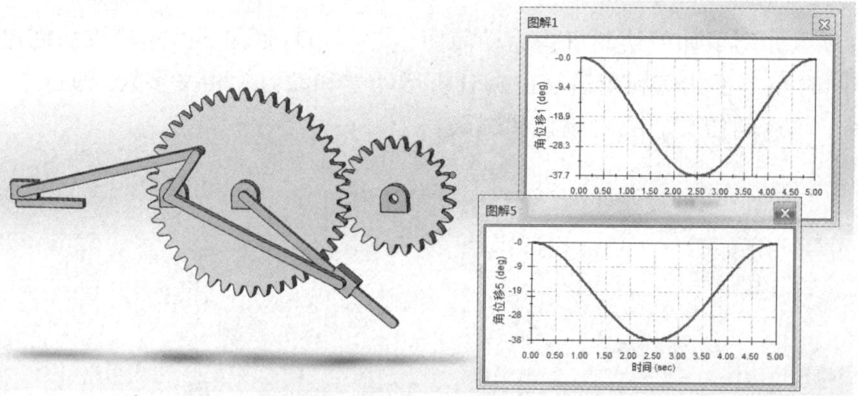

图 4-1　奥氏仪表机构

基于 SolidWorks 对仪表机构仿真分析能帮助设计人员了解该套机构的运动特性。本项目通过增加系统中的弹性以及阻尼等元件，对该机构的动力学特性进行分析讨论。

知识准备

1. 约束映射

SolidWorks 可以将装配约束自动映射为运动仿真中的运动副。例如，一个同心约束加上重合约束可映射为铰链副。这就意味着在装配体建模完成时，运动仿真中的运动副也添加完成，可以节约大量时间。

2. 机械配合的使用

SolidWorks 提供了标准配合、高级配合和机械配合三种配合关系。前两种配合关系在装配体建模中用得比较普遍，本书不再赘述，重点介绍机械配合。机械配合是针对机械设备中一些常用典型传动机构所设定的运动副约束，具体见表 4-1。

表 4-1　SolidWorks 中的机械配合

机械配合类型	说　明
凸轮	该配合为一相切或重合配合类型，允许将圆柱、基准面或点与一系列相切的拉伸曲面相配合
槽口	该配合可将螺栓配合到直通槽或圆弧栖，也可将槽配合到槽，可以选择轴、圆柱面或槽，以便创建槽配合
铰链	该配合效果相当于同时添加同心配合和重合配合，还可以限制两个零部件之间的移动角度
齿轮	该配合会强迫两个零部件绕所选轴相对旋转。齿轮配合的有效旋转轴包括圆柱面、圆锥面、轴和线性边线
齿条小齿轮	通过齿条和小齿轮配合，某个零部件（齿条）的线性平移会引起另一零部件（小齿轮）做圆周旋转，反之亦然
螺旋	该配合将两个零部件约束为同心，还在一个零部件的旋转和另一个零部件的平移之间添加几何关系。一个零部件沿轴向的平移会根据几何关系引起另一个零部件的旋转
万向节	在万向节配合中，一个零部件（输出轴）绕自身轴的旋转是由另一个零部件（输入轴）绕其轴的旋转驱动的

3. 弹簧与阻尼

弹簧和阻尼都是工程中常见的元件。弹簧是蓄能元件，其作用力与位移、弹簧刚度有关，如图 4-2 所示。阻尼是阻抗元件，其作用力与速度、自身阻尼系数有关，如图 4-3 所示。

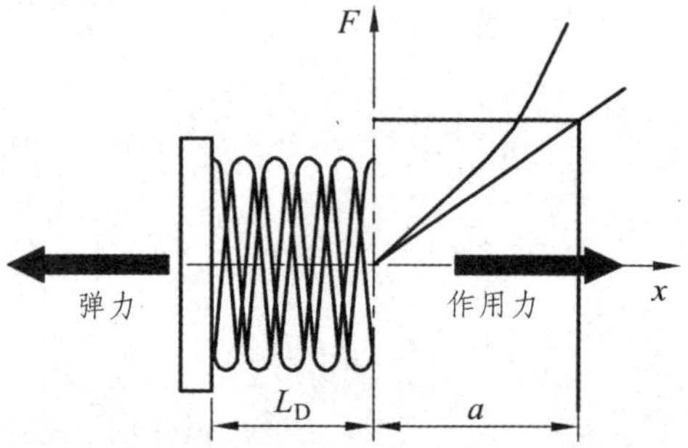

图 4-2 弹簧模型

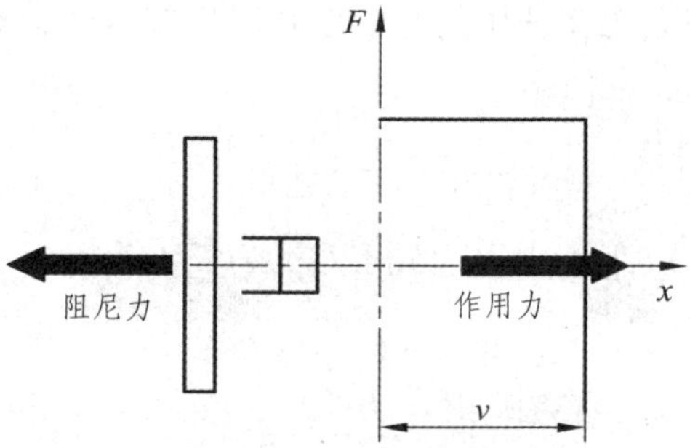

图 4-3 阻尼模型

SolidWorks 中的弹簧与阻尼见表 4-2。

表 4-2 SolidWorks 中的弹簧与阻尼

元件类型	元件功能	说明
线性弹簧	由线性位移压缩产生反作用力	弹力计算公式：$F=kx^e$ k——弹簧刚度；e——指数；x——位移变量 （e 可取值 −4、−3、−2、−1、1、2、3、4）
扭转弹簧	由角位移压缩产生反作用力矩	弹力计算公式：$F=k\theta^e$ k——弹簧刚度；e——指数；θ'——角位移变量 （e 可取值 −4、−3、−2、−1、1、2、3、4）
线性阻尼	由线性速度产生阻尼力	阻尼力计算公式：$F=cv^e$ c——阻尼系数；e——指数；v——线速度 （e 可取值 −4、−3、−2、−1、1、2、3、4）
扭转阻尼	由角速度产生阻尼力矩	阻尼力计算公式：$F=c\omega^e$ c——阻尼系数；e——指数；ω——角速度 （e 可取值 −4、−3、−2、−1、1、2、3、4）

4. 运动学系统与动力学系统

运动学系统是指由配合和马达可以完全约束的系统，一旦马达给定运动规律和参数，整套系统的运动就完全确定。动力学系统是指系统的运动受到自重或外载荷的影响，即同一套机构，如果改变了自重或者外载荷的大小，运动形式也会发生变化。

以图 4-1 所示的奥氏仪表机构为例，如果在滑块上添加线性马达，机构的运动规律完全确定，即为运动学系统；如果在滑块上添加力且在滑块与机架间添加弹簧，机构的运动就和力的大小有关，即为动力学系统。注意：SolidWorks 在分析动力学系统时一定要启动 Motion 插件。

项目实施

1. 绘制奥氏仪表机构运动简图

步骤 1　新建装配体文件。

新建装配体文件，并在其中插入新零件，命名为“布局”。

步骤 2　绘制机构运动简图。

在布局中绘制奥氏仪表机构的机构运动简图，如图 4-4 所示。

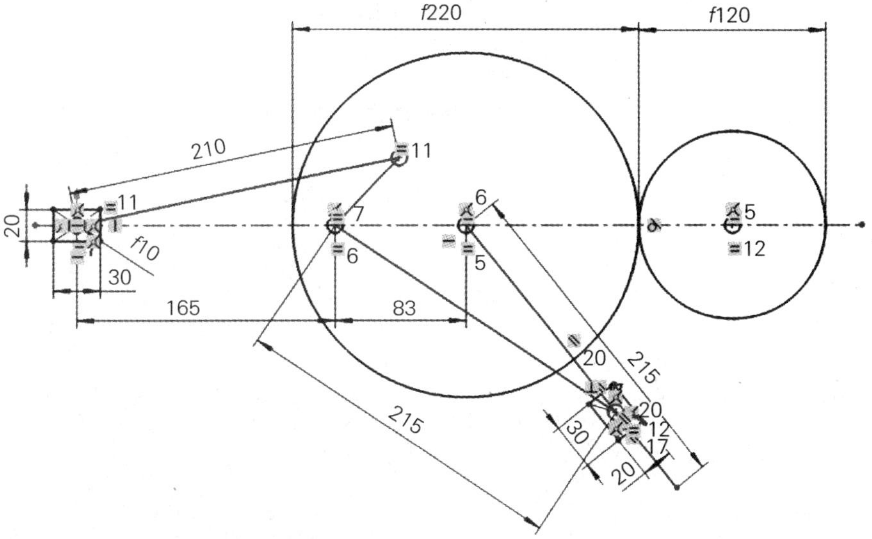

图 4-4　绘制奥氏仪表机构运动简图

2. 依据机构运动简图自顶向下建模

步骤 3　插入新零件。

在装配体文件中，插入 6 个新零件，分别命名为“机架”“滑块 1”“连杆”“L 形杆”“滑块 2”和“导杆”，如图 4-5 所示。

步骤 4　编辑“机架”零件。

编辑“机架”零件，捕捉“布局”草图中相应的位置绘制机架，在滑块下方绘制矩形线框作为导轨，在转动或摆动构件中心利用直线和圆弧绘制固定铰链，尺寸不做具体要求，可由设计者自行根据视觉效果来确定，如图 4-6 所示。拉伸 10 mm 即可得到机架实体模型，如图 4-7 所示。

步骤 5　编辑“滑块 1”零件。

编辑“滑块 1”零件，可以选择“布局”草图中相应的线条进行转换实体，如图 4-8 所示。拉伸 10 mm 即可得到“滑块 1”实体模型，如图 4-9 所示。

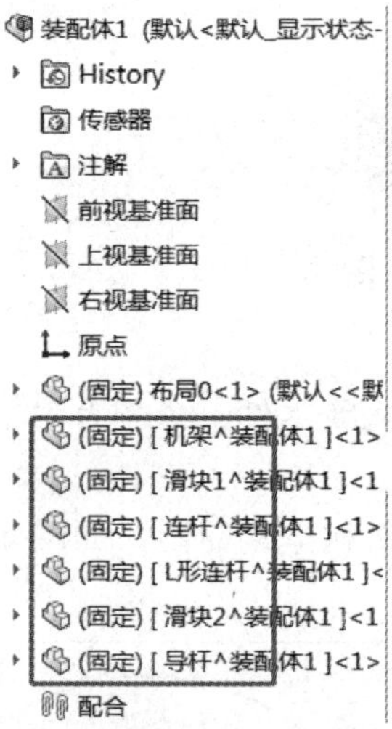

图 4-5　进入装配体插入新零件

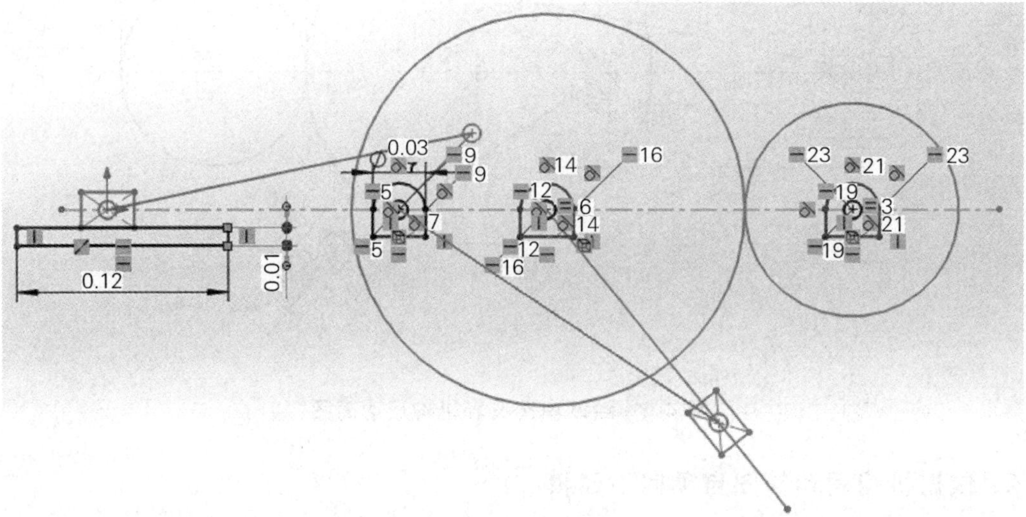

图 4-6　绘制机架草图

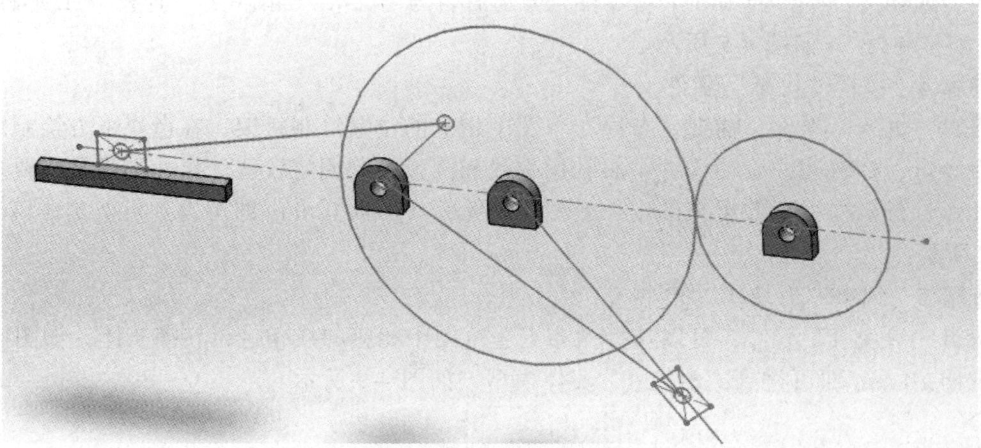

图 4-7　创建机架实体模型

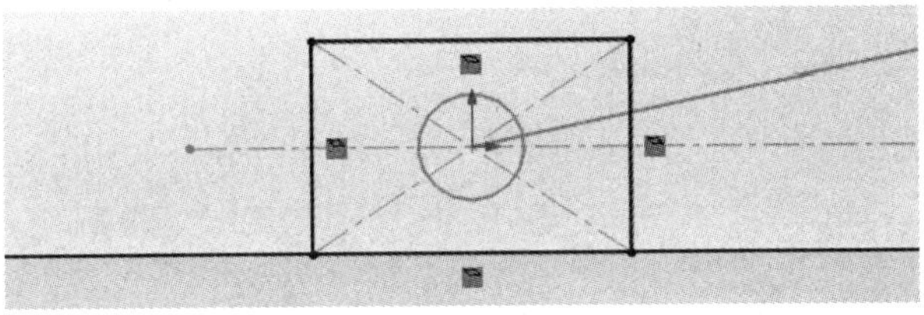

图 4-8　绘制滑块 1 草图

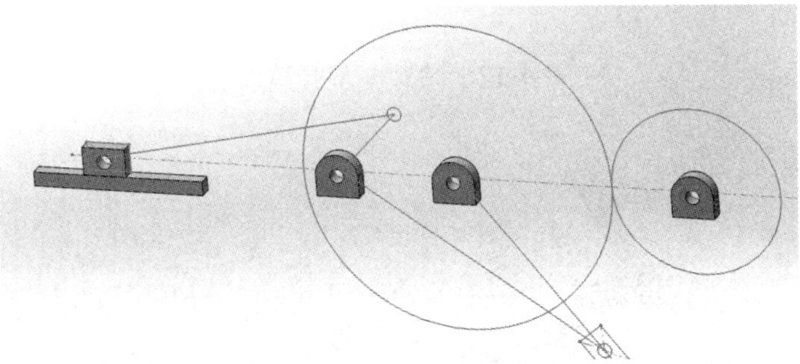

图 4-9　创建滑块 1 实体模型

步骤 6　编辑“连杆”零件。

编辑“连杆”零件，捕捉“布局”草图中相应的点绘制槽口线，槽口线宽度可由设计者自行根据视觉效果来确定，如图 4-10 所示。拉伸 10 mm 即可得到“连杆”实体模型，如图 4-11 所示。

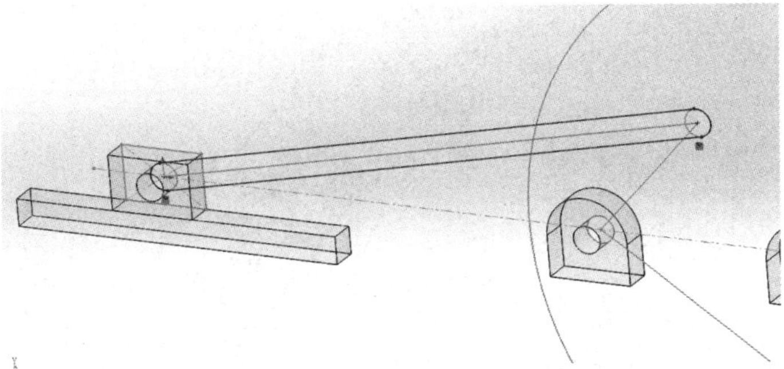

图 4-10　绘制连杆草图

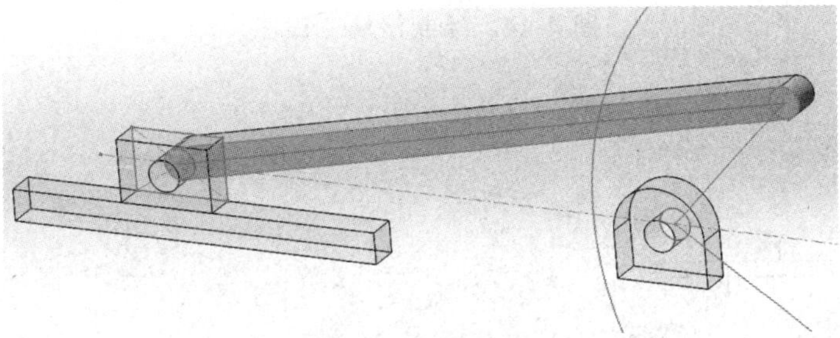

图 4-11　创建连杆实体模型

步骤 7　创建“L 形杆”“滑块 2”和“导杆”模型零件。

参照以上步骤，创建“L 形杆”“滑块 2”和“导杆”模型零件，如图 4-12 ~ 图 4-17 所示。

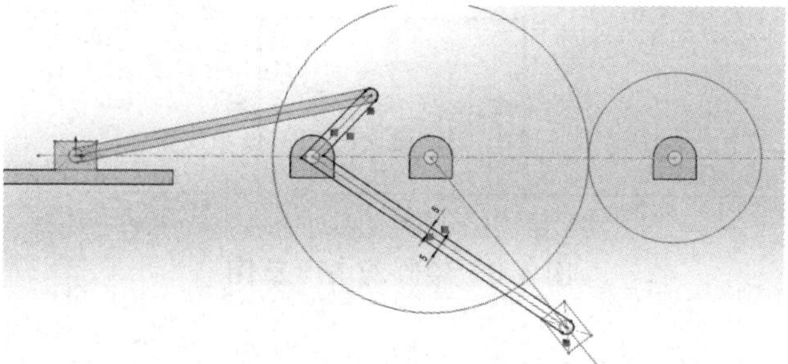

图 4-12　绘制 L 形杆草图

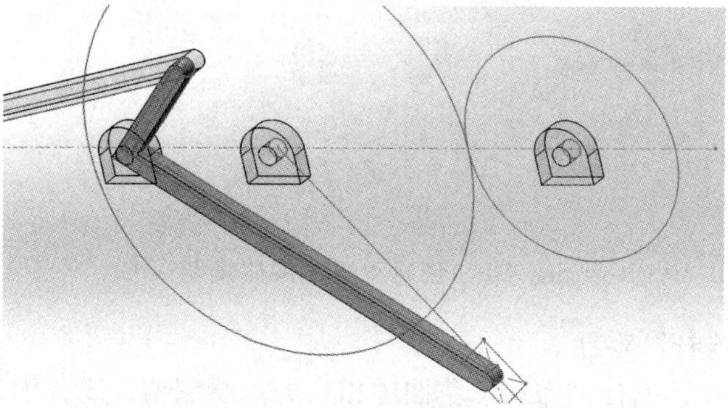

图 4-13　创建 L 形杆实体模型

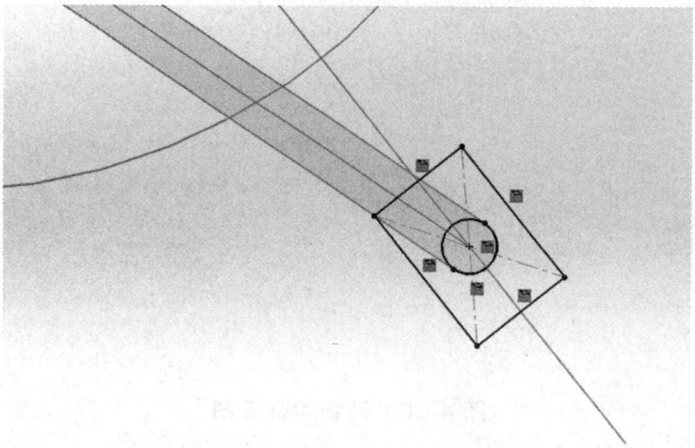

图 4-14　绘制滑块 2 草图

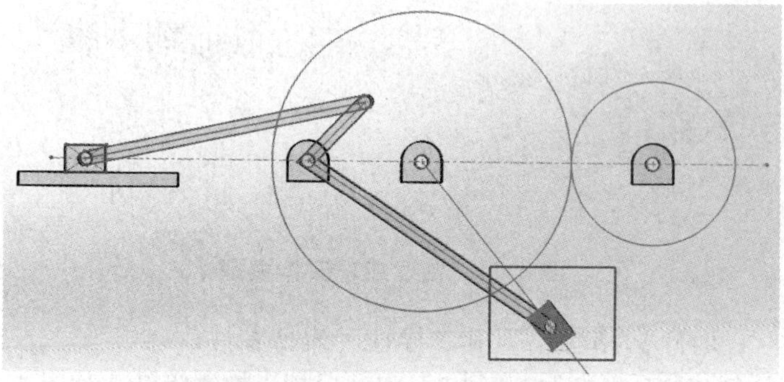

图 4-15　创建滑块 2 实体模型

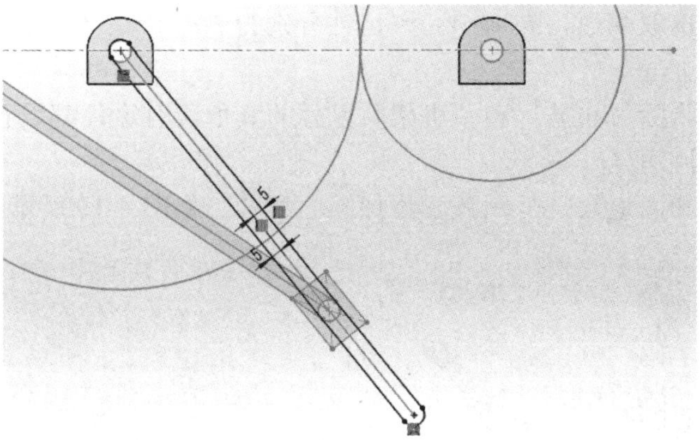

图 4-16　绘制导杆草图

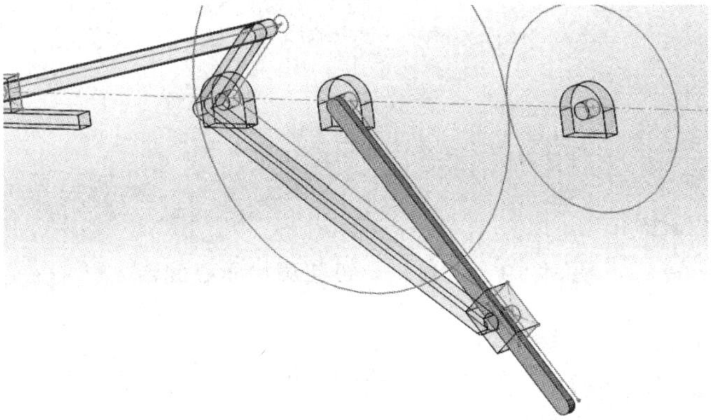

图 4-17　创建导杆实体模型（厚度 5 mm）

3. 依据运动副特点装配模型

步骤 8　插入两个齿轮。

依据“布局”零件中两个齿轮的分度圆尺寸（120，220），试选出两个齿轮的参数，如选取模数为 5 mm，则齿数分别为 24 和 44，并从 Toolbox 中创建这两个齿轮，插入装配体，如图 4-18 所示。

图 4-18　插入两个齿轮模型

注意：按公约数选取模数，如 $m=4$，则齿数分别为 30，55，等等。

步骤 9　设置浮动。

在装配特征树中将除“布局”和“机架”以外的其他所有零件都设置为浮动。

步骤 10　添加同心配合。

选择大齿轮轴孔和固定铰链外圆弧，添加同心配合，如图 4-19 所示。

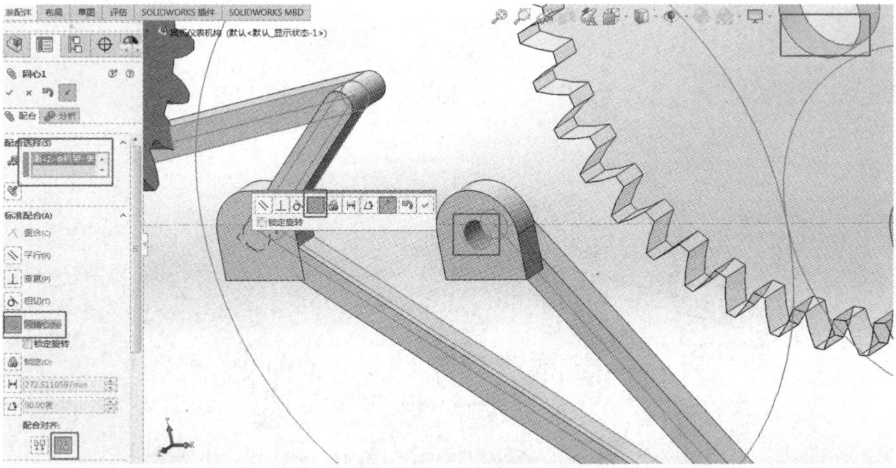

图 4-19　大齿轮与机架添加同心配合

步骤 11　添加同心配合。

选择小齿轮轴孔和固定铰链外圆弧，添加同心配合，如图 4-20 所示。

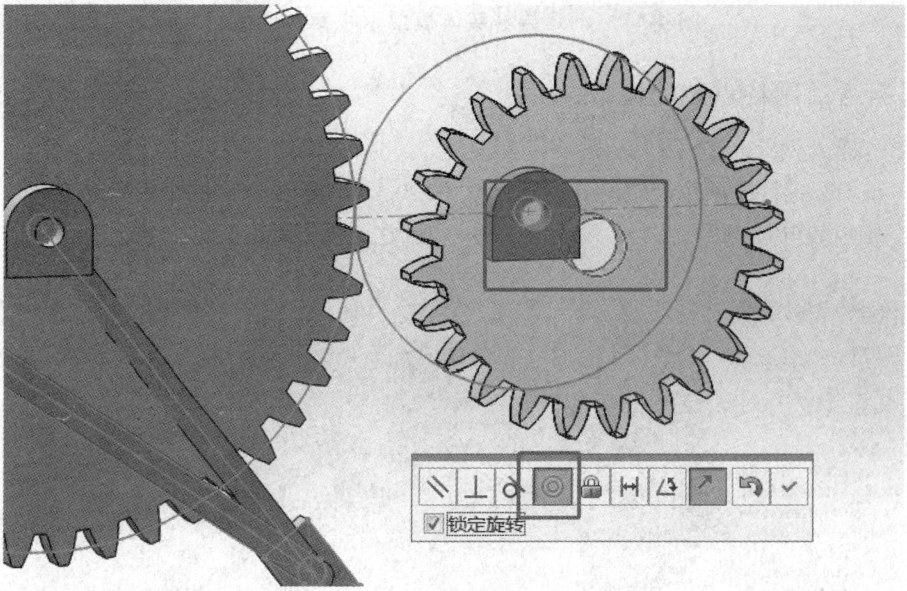

图 4-20　小齿轮与机架添加同心配合

步骤 12　添加重合配合。

选择小齿轮端面和固定铰链端面，添加重合配合，如图 4-21 所示。

图 4-21　小齿轮与机架添加重合配合

步骤 13　添加重合配合。

选择大、小齿轮的端面，添加重合配合，如图 4-22 所示。

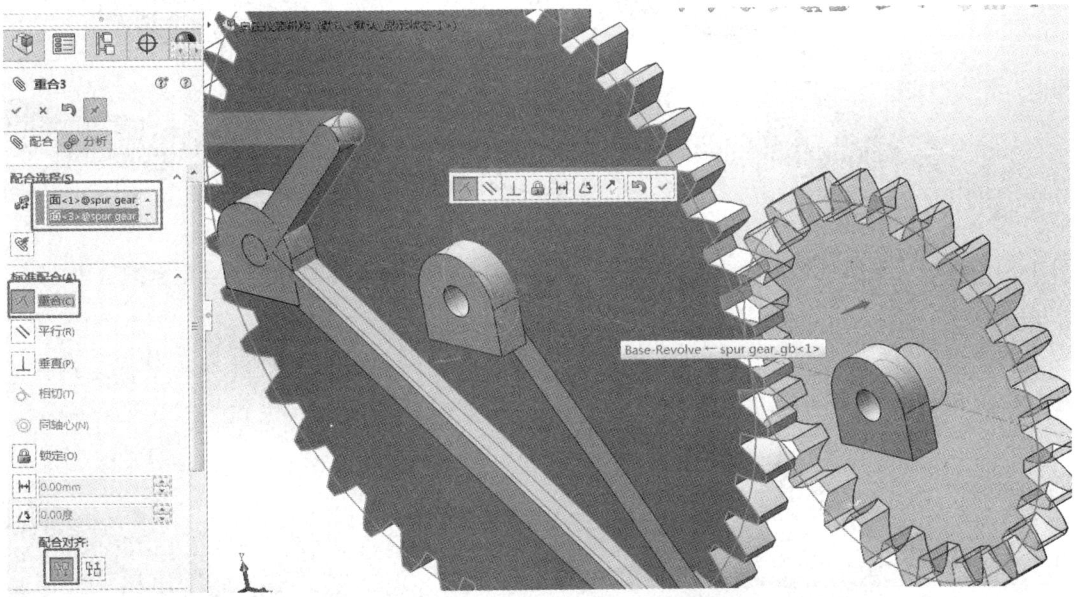

图 4-22　小齿轮与大齿轮添加重合配合

步骤 14　添加齿轮配合。

选择大、小齿轮的齿根圆，添加齿轮配合，在“比率”文本框中输入“44”、“24”，如图 4-23 所示。

步骤 15　添加重合配合。

选择“滑块 1”底面和“机架”导轨的上表面，添加重合配合，如图 4-24 所示。选择“滑块 1”侧面和“机架”导轨的侧面，添加重合配合，如图 4-25 所示。

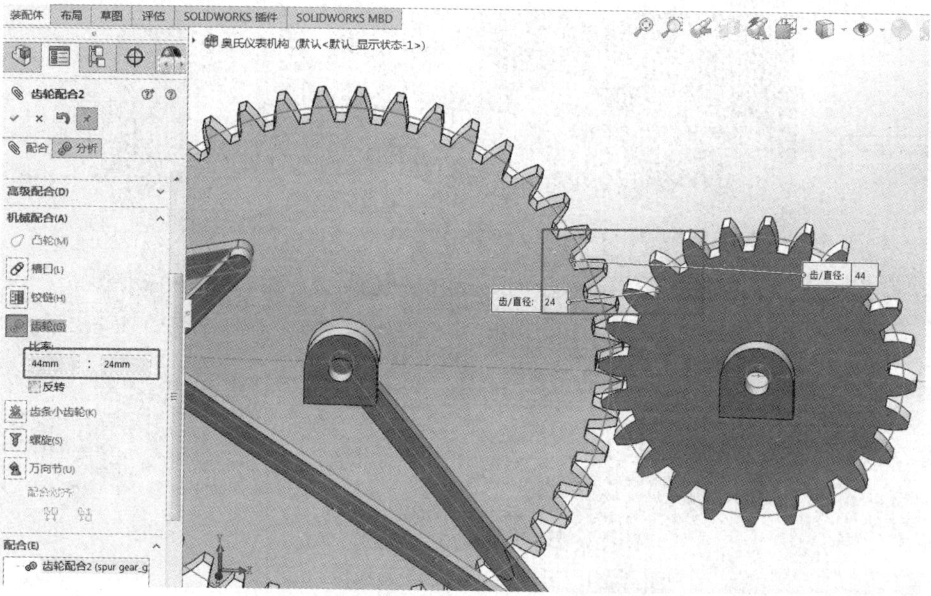

图 4-23　小齿轮与大齿轮添加齿轮配合

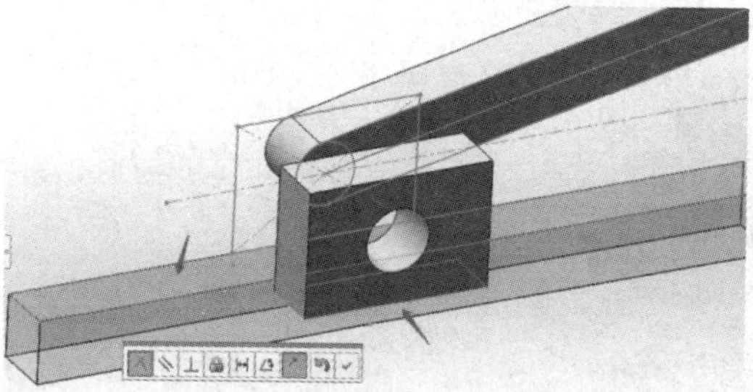
图 4-24　滑块 1 与机架添加重合配合（1）

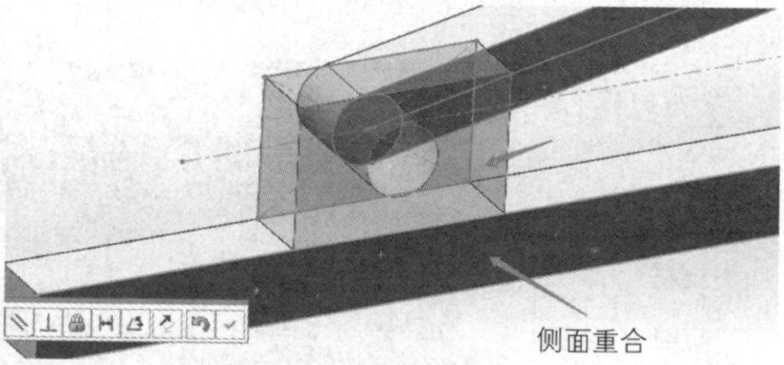

图 4-25　滑块 1 与机架添加重合配合（2）

步骤 16　添加同心配合。

选择“滑块 1”中心孔和“连杆”的端面圆弧，添加同心配合，如图 4-26 所示。选择“滑块 1”侧面和“连杆”的侧面，添加重合配合，如图 4-27 所示。

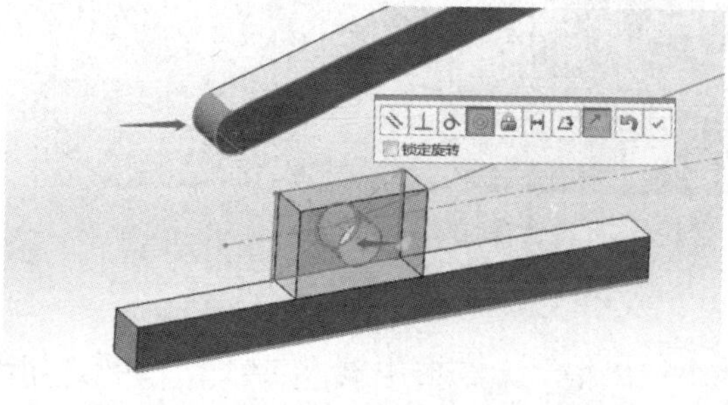

图 4-26　滑块 1 与连杆添加同心配合

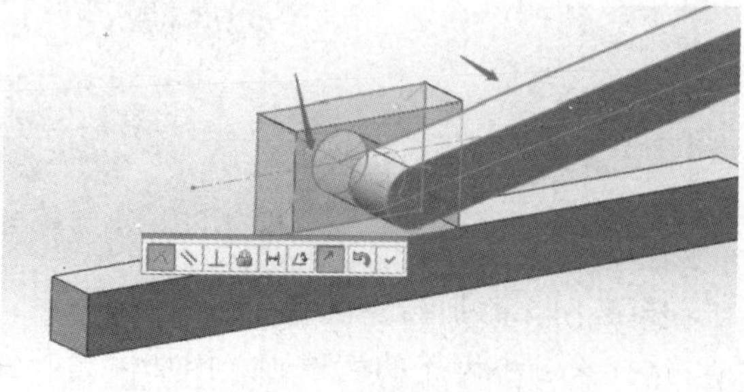
图 4-27　滑块 1 与连杆添加重合配合

步骤 17　添加同心配合。

选择“L 形杆”和“连杆”的端面圆弧，添加同心配合，如图 4-28 所示。选择“L 形杆”和“连杆”的侧面，添加重合配合，如图 4-29 所示。

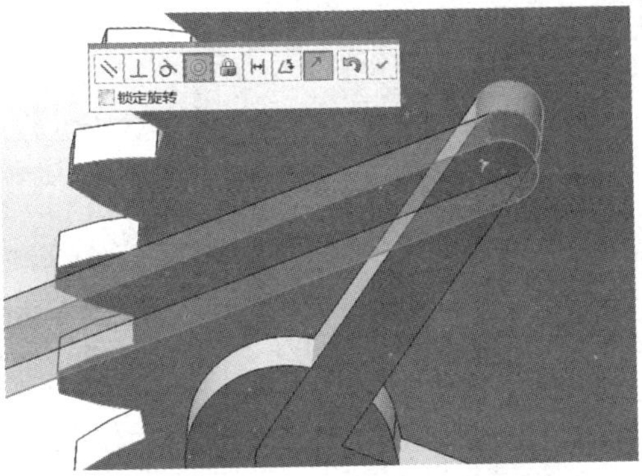

图 4-28　连杆与 L 形杆添加同心配合

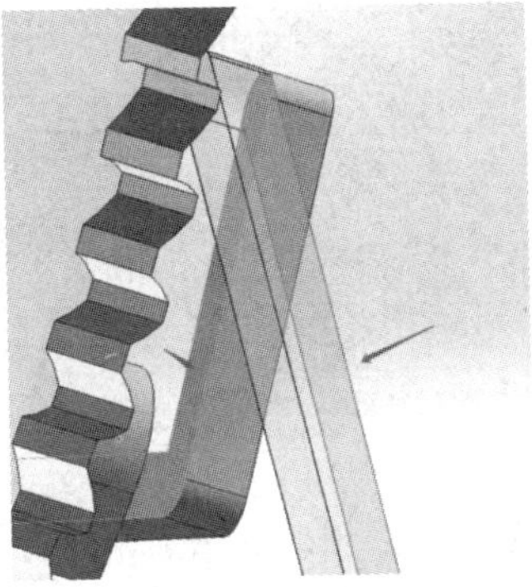

图 4-29　连杆与 L 形杆添加重合配合

步骤 18　添加同心配合。

选择“L 形杆”中间的圆弧面和“机架”中固定铰链的圆弧，添加同心配合，如图 4-30 所示。

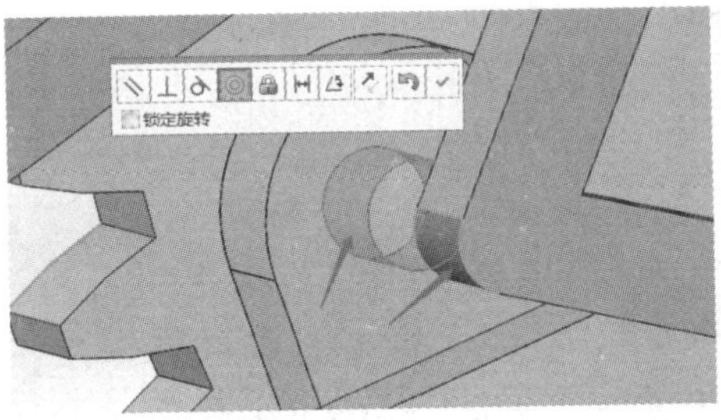

图 4-30　机架与 L 形杆添加同心配合

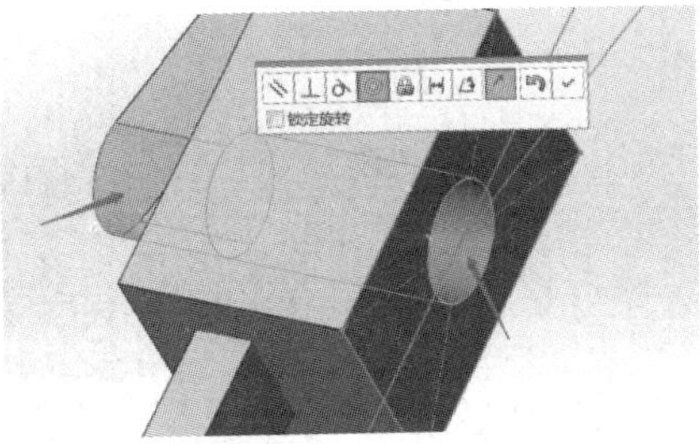

图 4-31　滑块 2 与 L 形杆添加同心配合

步骤 19　添加同心配合。

选择“滑块 2”中心孔和“L 形杆”的端面圆弧，添加同心配合，如图 4-31 所示。选择“滑块 2”和“L 形杆”的侧面，添加重合配合，如图 4-32 所示。

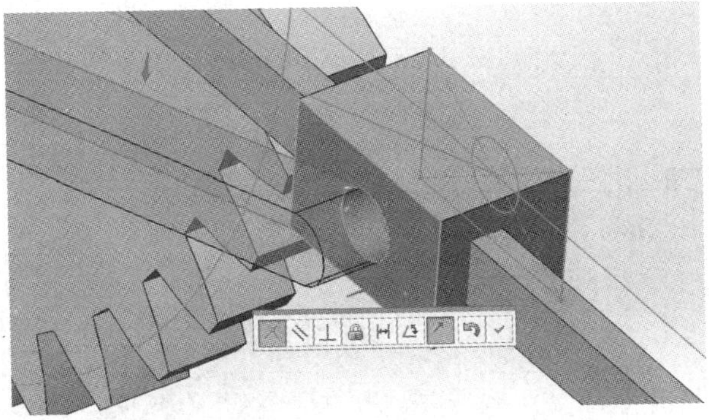

图 4-32　滑块 2 与 L 形杆添加重合配合

步骤 20　创建中间对称面。

分别编辑“滑块 2”和“导杆”两个零件，各自创建一个中间对称面，如图 4-33 和图 4-34 所示。

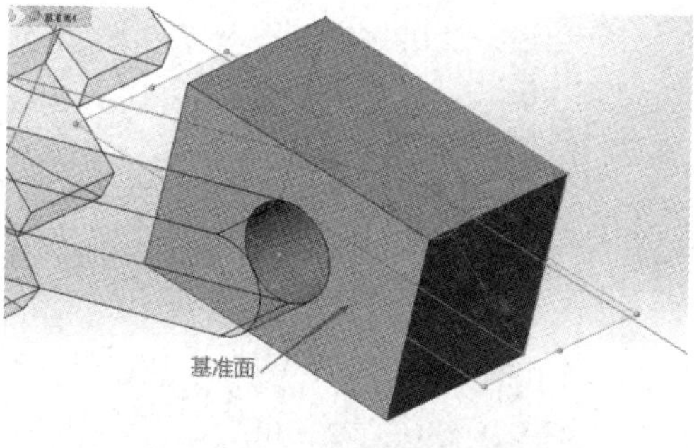

图 4-33　滑块 2 增加中间对称面

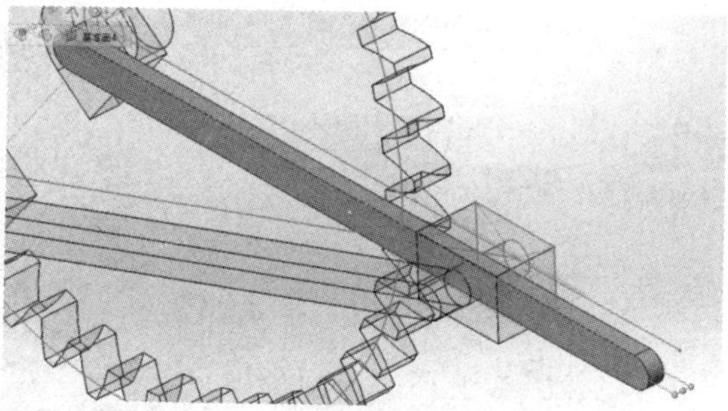

图 4-34　导杆增加中间对称面

步骤 21　添加重合配合。

选择“导杆”和“滑块 2”的中间对称面，添加重合配合，如图 4-35 所示。选择“导杆”和“大齿轮”两个零件，添加锁定配合，如图 4-36 所示。

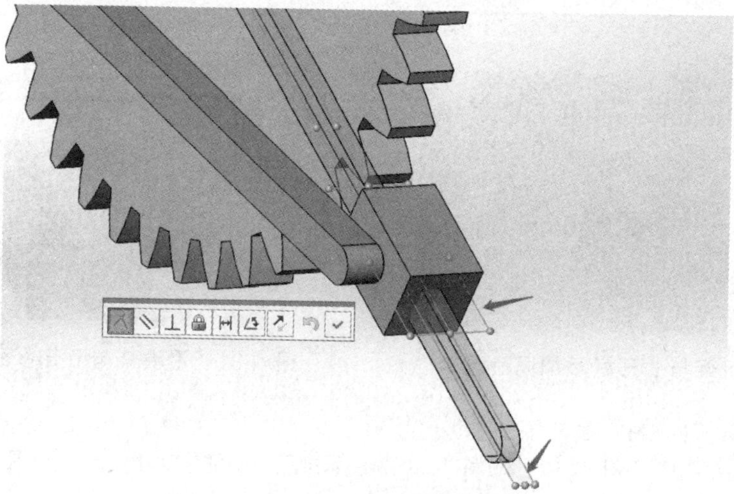

图 4-35　滑块 2 与导杆添加重合配合

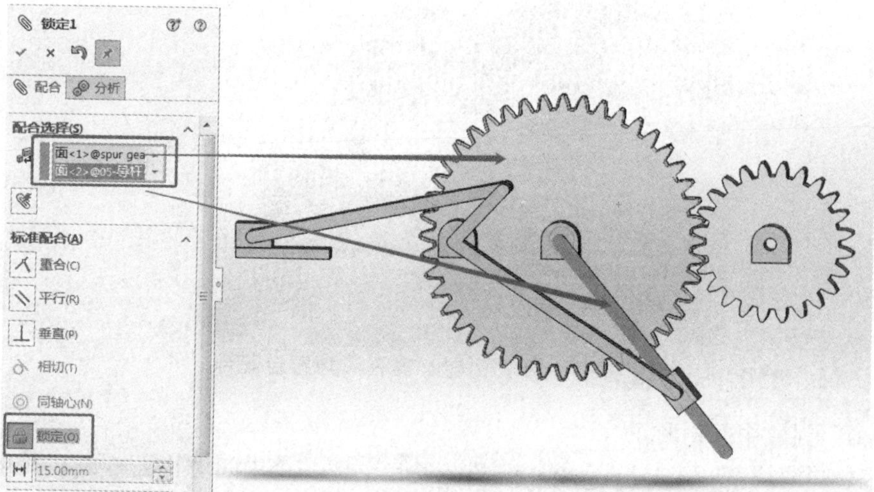

图 4-36　导杆与大齿轮添加锁定配合

4. 对机构进行运动学仿真分析

步骤 22 启动 SolidWorks Motion 插件。

进入运动算例，启动 SolidWorks Motion 插件。

步骤 23 添加线性马达。

选择滑块 1 的前端面，在滑块 1 上添加线性马达。运动规律选择【振荡】，其中运动参数分别设定为“10 mm”“0.2Hz”“0 度”，如图 4-37 所示。

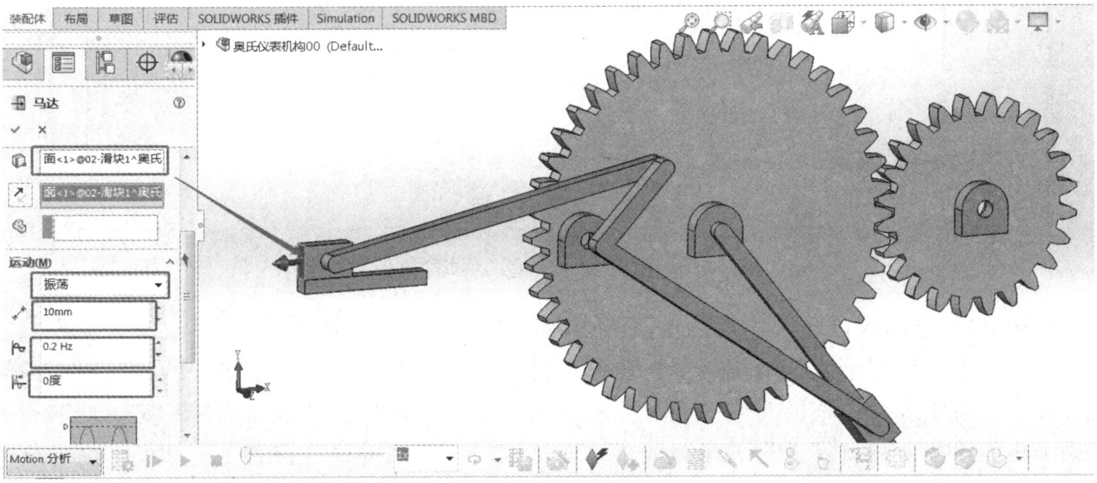

图 4-37 添加线性马达

步骤 24 运算。

执行仿真，此时可以观察到奥氏仪表机构的运动过程。

步骤 25 查询小齿轮角位移。

查询小齿轮角位移，选择结果下的【位移/速度加速度/】【角位移】和【幅值】，再选择小齿轮和机架的同心约束，确定即可，如图 4-38 和图 4-39 所示。

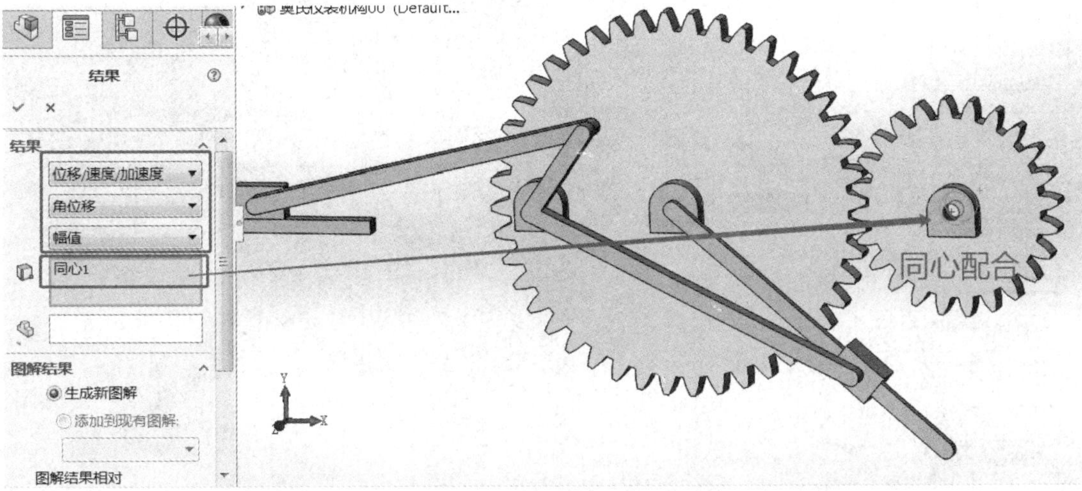

图 4-38 查询小齿轮角位移

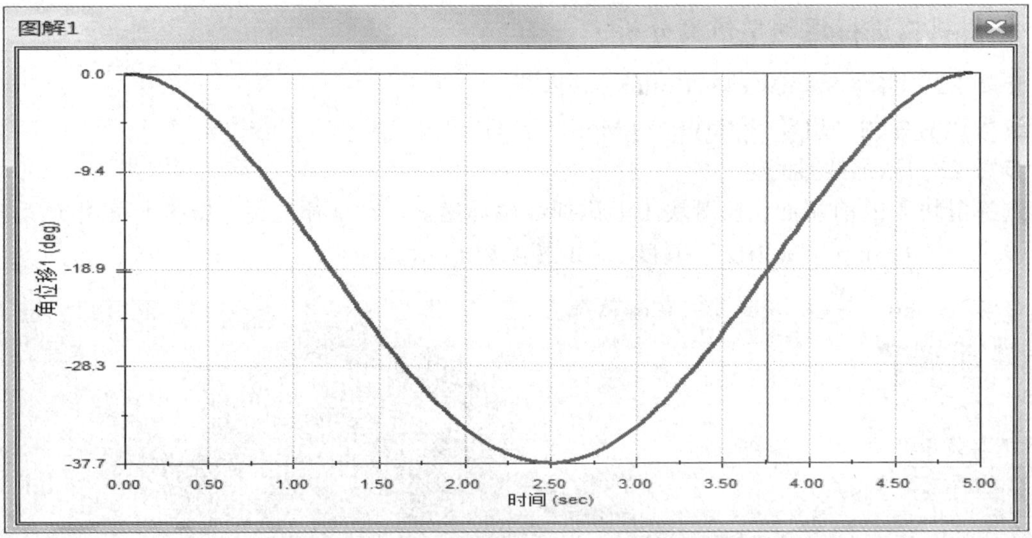

图 4-39 相对于时间的小齿轮角位移

步骤 26 查询相对于滑块线性位移的小齿轮角位移

奥氏仪表机构用于测量滑块的线性位移，并通过小齿轮摆动加以展现，因此分析小齿轮角位移和滑块 1 线性位移的对应关系有非常现实的意义，即奥氏仪表机构的标定。此时查询结果中小齿轮角位移就不再是关于时间了，而是相对于滑块的线性位移了。简而言之，就是将图 4-39 中的横坐标由时间变为滑块的线性位移。

查询小齿轮角位移，选择“结果”下的【位移/速度加速度/】【角位移】【幅值】，再选择小齿轮和机架的同心约束，再将“图解结果”相对于选项中的“时间”改成“新结果”，最后指定新结果，即选择【位移/速度/加速度】【线性位移】【X 分量】，选择滑块端面，确定即可，如图 4-40 和图 4-41 所示。

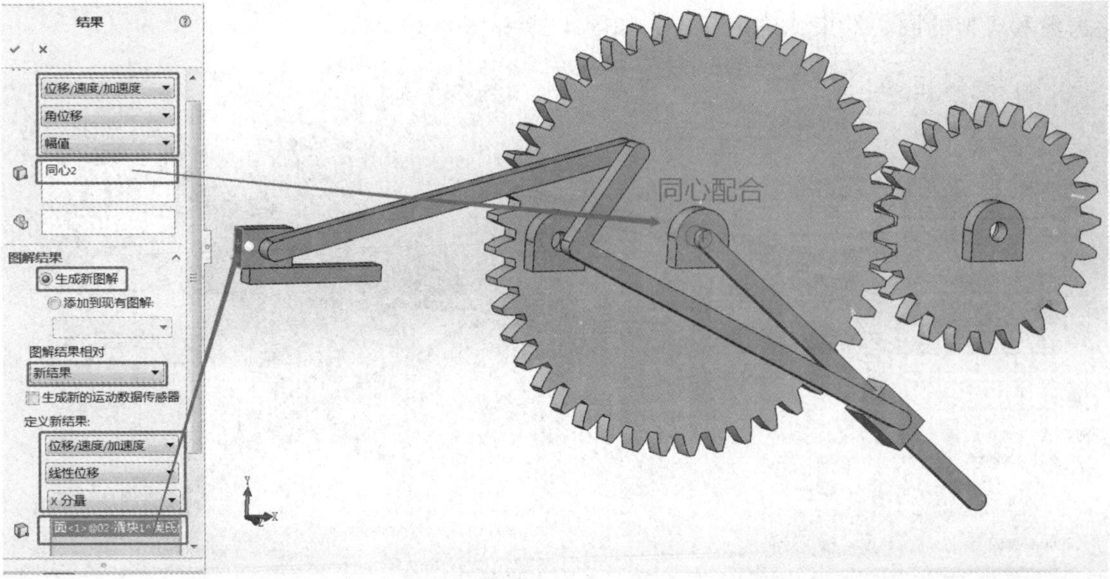

图 4-40 查询相对于滑块线性位移的小齿轮角位移

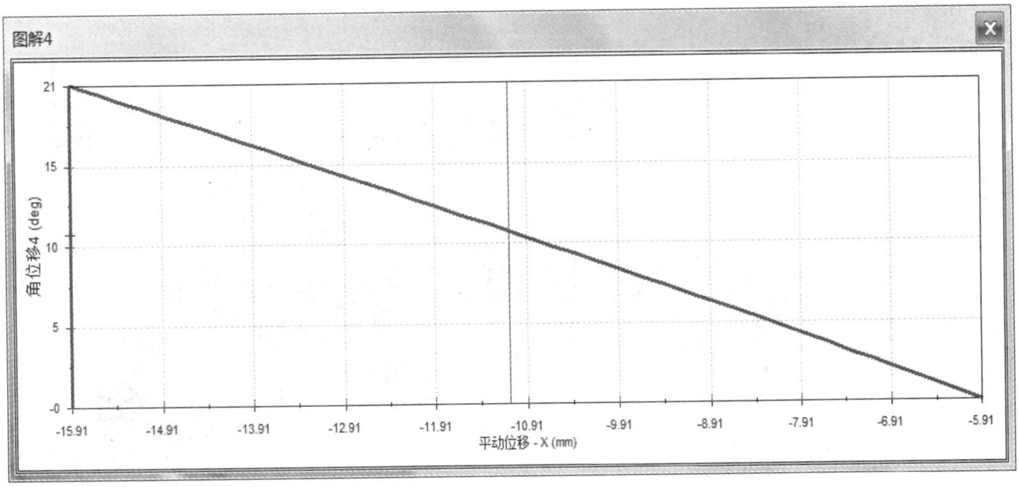

图 4-41　相对于滑块线性位移的小齿轮角位移

5. 对机构进行动力学仿真分析

步骤 27　删除线性马达，添加 10 N 的作用力。

动力学仿真的目的在于分析该系统对于外作用力的响应，包括动态过程和稳定过程，因此需要删除算例中的线性马达。单击↖图标，选择滑块端面，在滑块添加 10 N 的作用力，如图 4-42 所示。

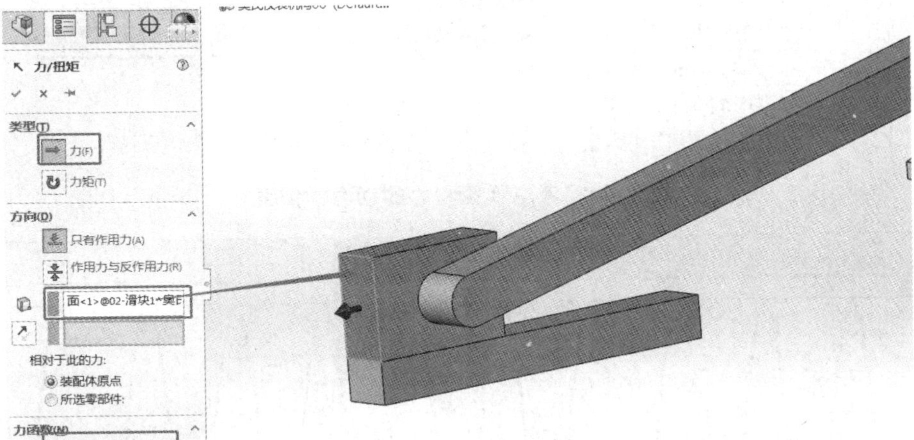

图 4-42　在滑块添加力

步骤 28　添加弹簧。

单击图标，选择滑块端面和机架上一点，在滑块与机架之间添加弹簧，默认刚度为 1 N/mm，且弹簧处于原长，无压缩或拉伸量，如图 4-43 所示。

步骤 29　执行仿真。

如图 4-44 所示，查询小齿轮相对时间的角位移，发现该结果出现了等幅振荡，如图 4-45 所示。这是由于该系统只有自重和弹簧，没有能量的耗损。

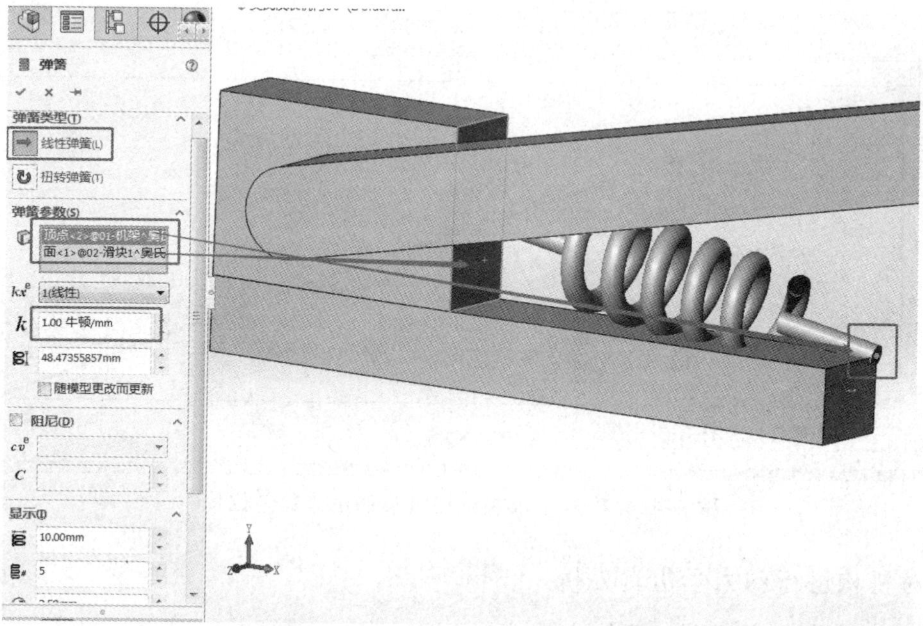

图 4-43 在滑块与机架之间添加弹簧

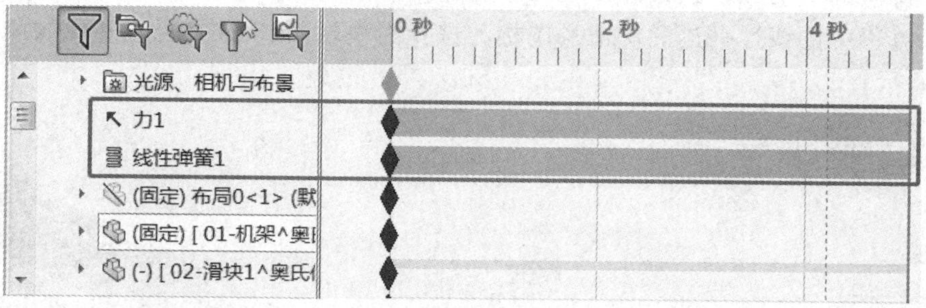

图 4-44 考虑弹簧和力的动力学仿真

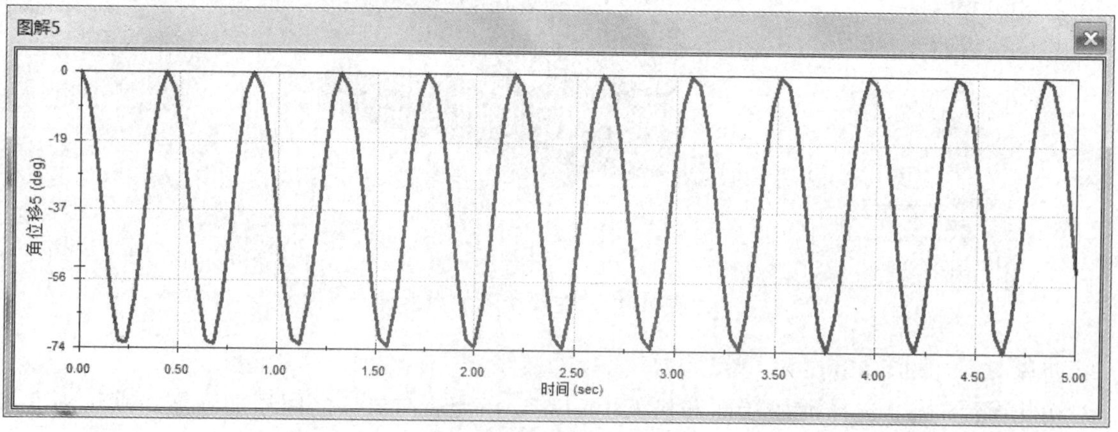

图 4-45 小齿轮角位移

步骤 30 添加阻尼。

单击阻尼图标，选择滑块端面和机架上一点，在滑块与机架之间添加阻尼，默认阻尼系数为 1 N/（mm/s），如图 4-46 所示。

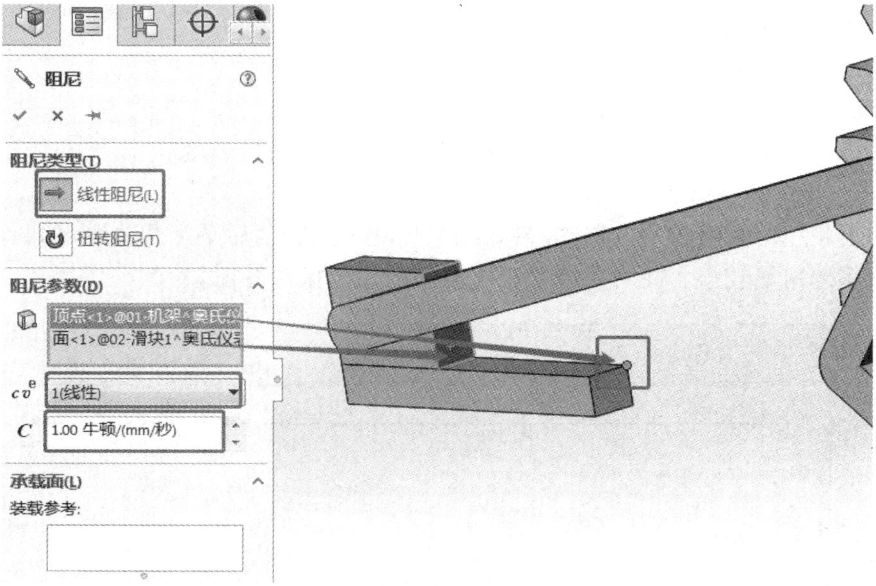

图 4-46　滑块与机架之间添加阻尼

步骤 31　执行仿真。

单击[icon]。

步骤 32　查询角位移。

查询小齿轮相对时间的角位移，发现该结果出现了单调递增函数曲线，如图 4-47 所示。这是由于该系统阻尼很大，在阻尼的作用下，作用力推动滑块缓慢地移动到平衡位置，此时系统呈现出典型的惯性特征。

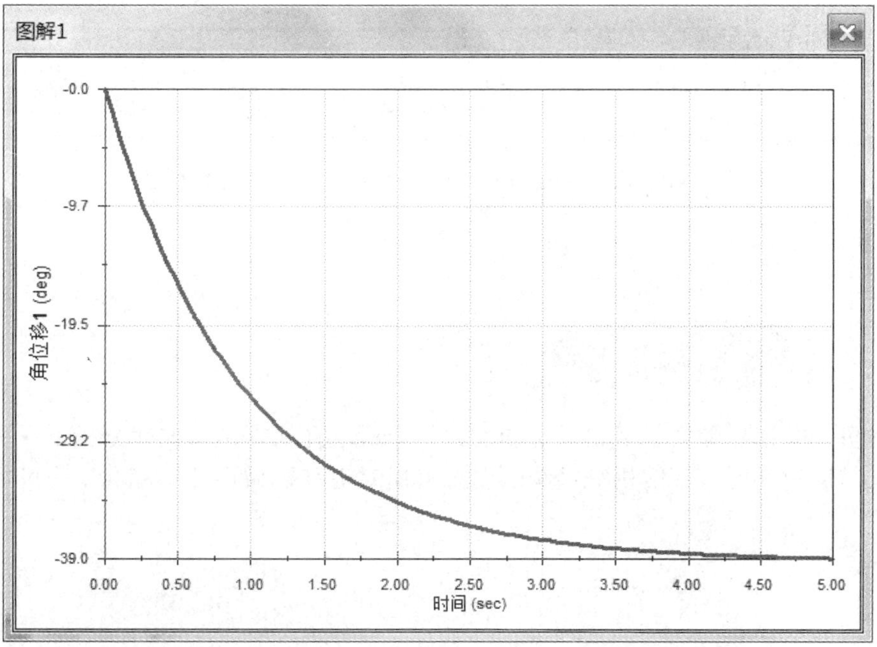

图 4-47　阻尼系数为 1 N/（mm/s）时小齿轮角位移

步骤 33 编辑阻尼器。

将阻尼系数设置为 0.1 N/（mm/s）。

步骤 34 再次执行仿真。

单击。

步骤 35 查询角位移。

查询小齿轮相对时间的角位移，发现该结果出现了先振荡后平衡的曲线，如图 4-48 所示。这是由于该系统阻尼较小，此时系统呈现出典型的二阶振荡特征。

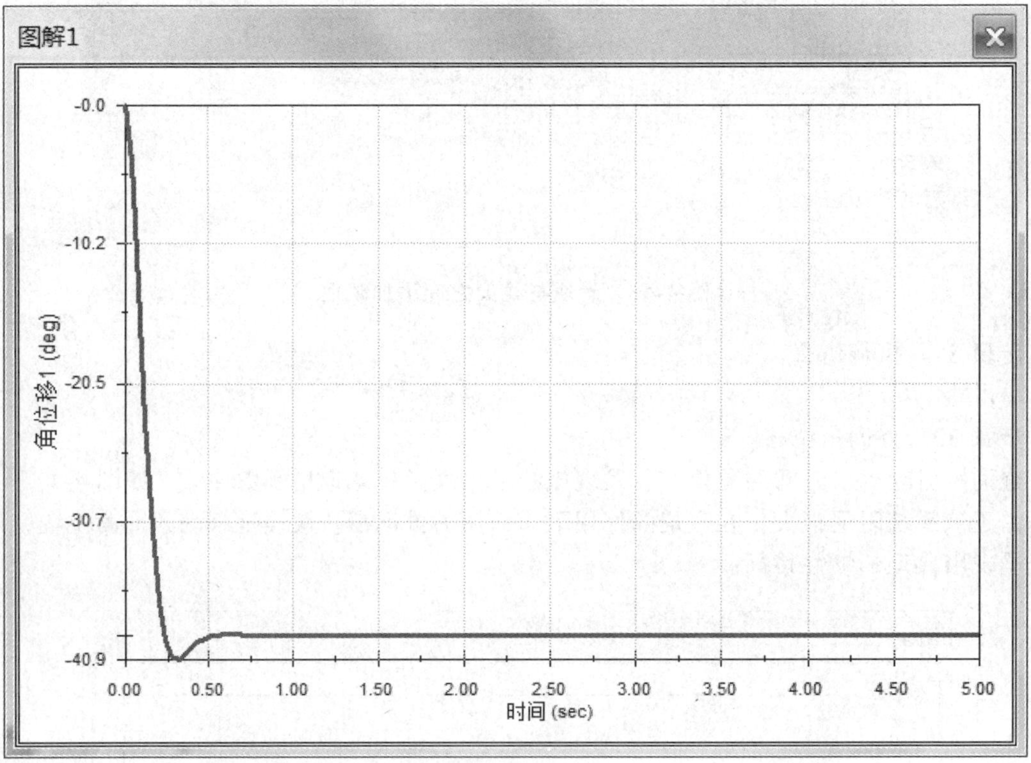

图 4-48 阻尼系数为 0.1 N/（mm/s）时小齿轮角位移

项目总结

本项目重点介绍了弹簧、阻尼系统的动力学分析，并根据结果曲线分析了系统的特性。由此可见，借助数字仿真了解机械系统的动态响应对提高机械设计精度和工作可靠性有非常大的帮助。

项目 5

复合轮系传动机构设计与仿真

学习目标

（1）掌握齿轮机构运动仿真的流程和方法。
（2）能利用 Toolbox 生成各类常用齿轮。
（3）能利用齿轮传动几何关系实现正确配合。

重 难 点

（1）周转轮系的配合。
（2）锥齿轮传动的配合。

项目描述

齿轮是工业中应用最为广泛的传动零件，具有运动精确、传动稳定、机械效率高等优点。将多个齿轮组合成各种轮系可实现各种速度的配比。本项目针对如图 5-1 所示的复合轮系进行分析。

图 5-1　复合轮系

知识准备

1. 常用齿轮传动类型

齿轮传动是最常用的机械传动形式。为了适应不同的工况，齿轮传动也分为很多类型，常见的有外啮合圆柱齿轮传动，如图 5-2（a）所示；内啮合圆柱齿轮传动，如图 5-2（b）所示；锥齿轮传动，如图 5-2（c）所示。这些常用类型的齿轮都可以通过 SolidWorks 提供的 Toolbox 实现快速建模。

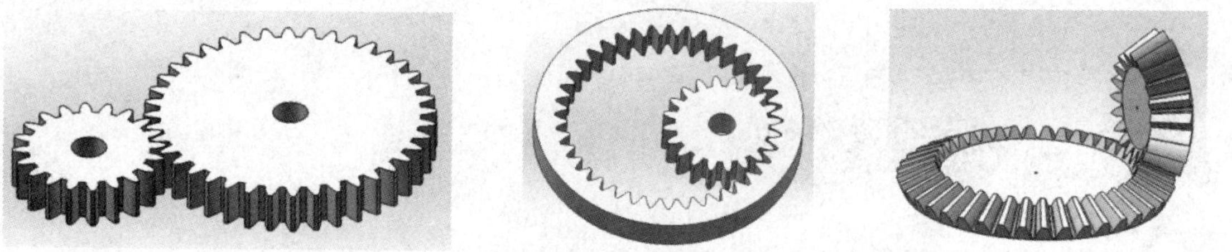

（a）外啮合圆柱齿轮传动　（b）内啮合圆柱齿轮传动　（c）锥齿轮传动

图 5-2　常见的齿轮传动类型

2. 定轴轮系与周转轮系

定轴轮系中每个齿轮的轴都是固定的，如图 5-3 所示。周转轮系是指轮系中某个齿轮的轴线绕另一个齿轮转动的，如图 5-4 所示。在 SolidWorks 中建模轮系时，确定轴十分关键。在自顶向下建模方法中，常用装配体中的参考基准轴作为定轴齿轮的轴，这种方法比较简单、可靠。

3. 行星轮系与差动轮系

周转轮系根据自由度的不同可以分为行星轮系和差动轮系。前者自由度为 1，如图 5-5 所示；后者自由度为 2，如图 5-6 所示。因此，在 SolidWorks 中选择固定的齿轮非常关键。

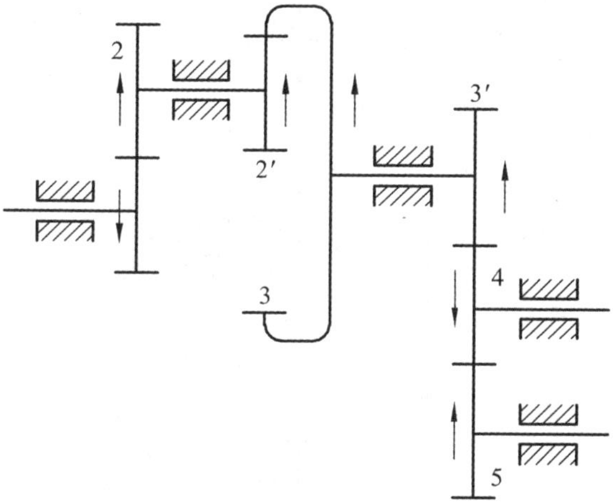

图 5-3　定轴轮系

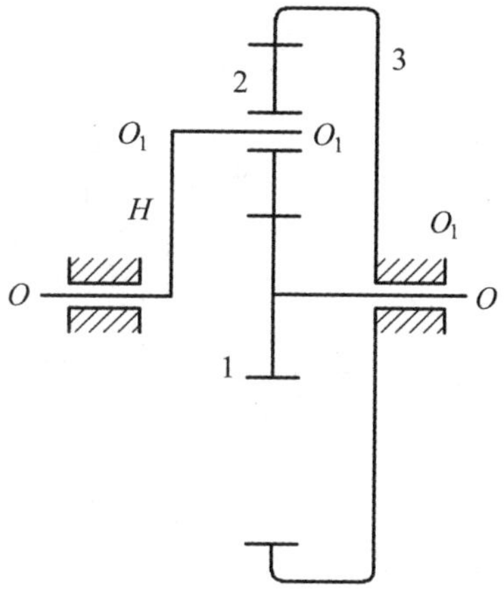

图 5-4　周转轮系

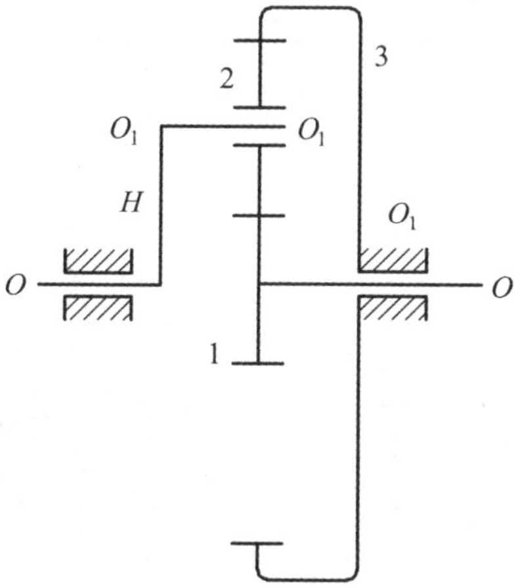

图 5-5　行星轮系

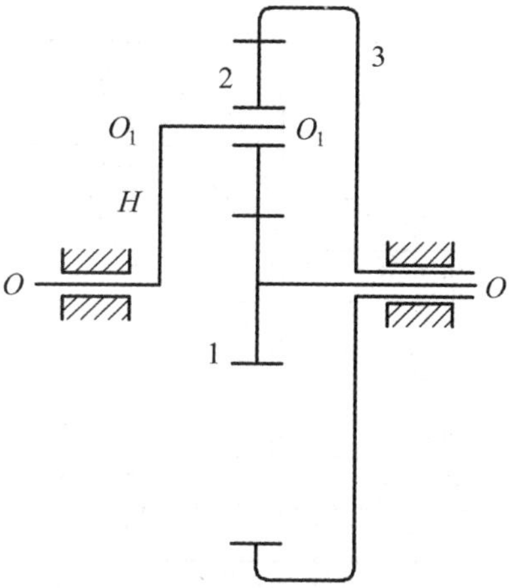

图 5-6　差动轮系

项目实施

1. 准备轮系所需要的所有齿轮

步骤 1　确定齿轮参数。

明确轮系机构运动简图以及每个齿轮的参数，如图 5-7 和表 5-1 所示。

步骤 2　插入齿轮。

打开 SolidWorks Toolbox，选择“GB”“动力传动”“齿轮”，如图 5-8 所示。此时可看到能够提供的各种齿轮类型，如图 5-9 所示。

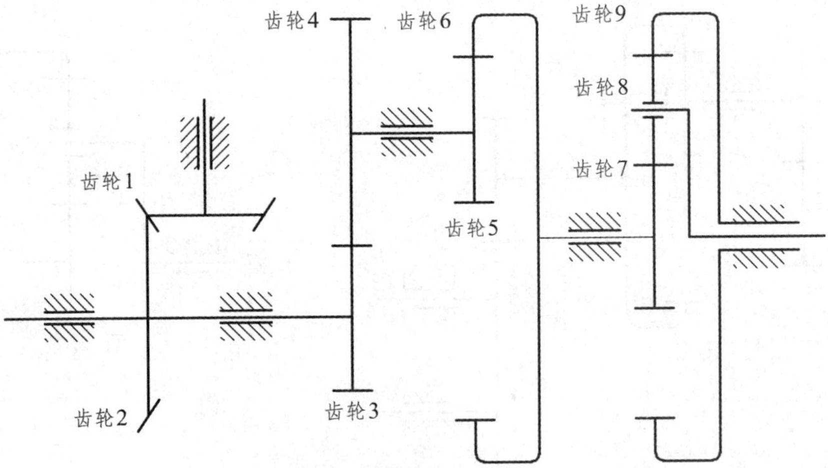

图 5-7　轮系机构运动简图

表 5-1 所有齿轮参数

名　称	模数/mm	齿　数	类　型
齿轮 1	2	20	锥齿轮
齿轮 2	2	40	锥齿轮
齿轮 3	2	20	圆柱齿轮
齿轮 4	2	40	圆柱齿轮
齿轮 5	2	20	圆柱齿轮
齿轮 6	2	40	内齿轮
齿轮 7	2	20	圆柱齿轮（太阳轮）
齿轮 8	2	20	圆柱齿轮（行星轮）
齿轮 9	2	60	内齿轮

其中，齿轮 3、5、7、8 参数相同，可一次调出，再复制。

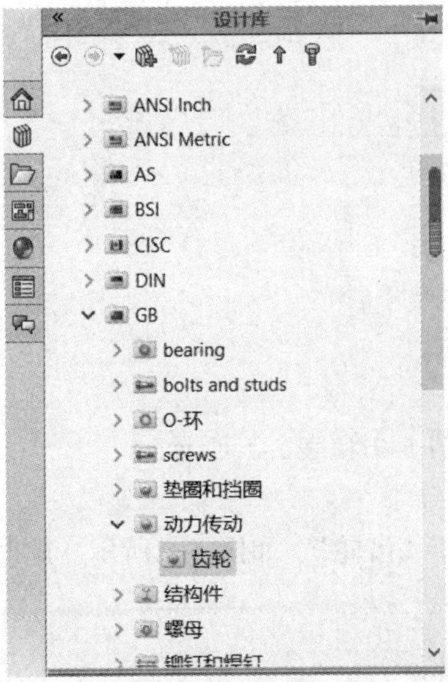

图 5-8　齿轮插件路径

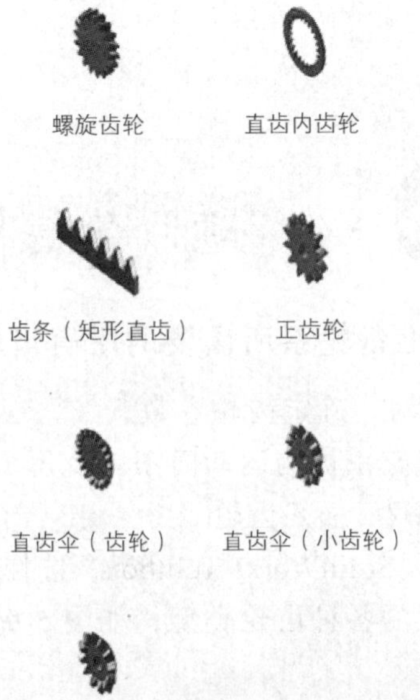

图 5-9　Toolbox 提供的各种齿轮类型

步骤 3 生成正齿轮：齿轮（3、5、7、8）、齿轮 4。

右击正齿轮图标，在快捷菜单中选择“生成零件”，即可弹出齿轮参数对话框，其中指定模数为 2 mm，齿数为 20，其他参数默认，确定即可生成该齿轮，如图 5-10 所示。通过类似操作，可以依次生成模数为 2 mm、齿数为 40 的大齿轮，如图 5-11 所示。

图 5-10 模数为 2 mm、齿数为 20 的小齿轮

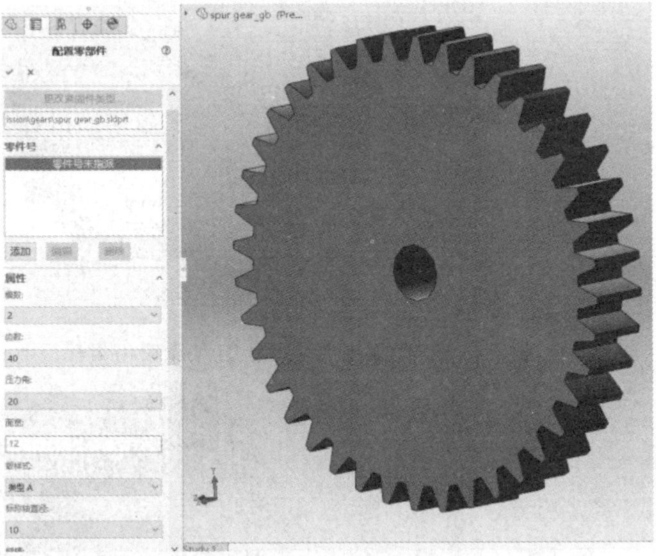

图 5-11 模数为 2 mm、齿数为 40 的大齿轮

步骤 4 创建内齿轮：齿轮 6、齿轮 9。

创建模数为 2 mm、齿数分别为 40 和 60 的两个内齿轮，如图 5-12 和图 5-13 所示。

步骤 5 创建锥齿轮：齿轮 1、齿轮 2。

创建模数为 2 mm、齿数分别为 40 和 20 的锥齿轮，如图 5-14 和图 5-15 所示。需要注意的是，在创建锥齿轮时，给定该齿轮齿数的同时必须给定与其配合齿轮的齿数。

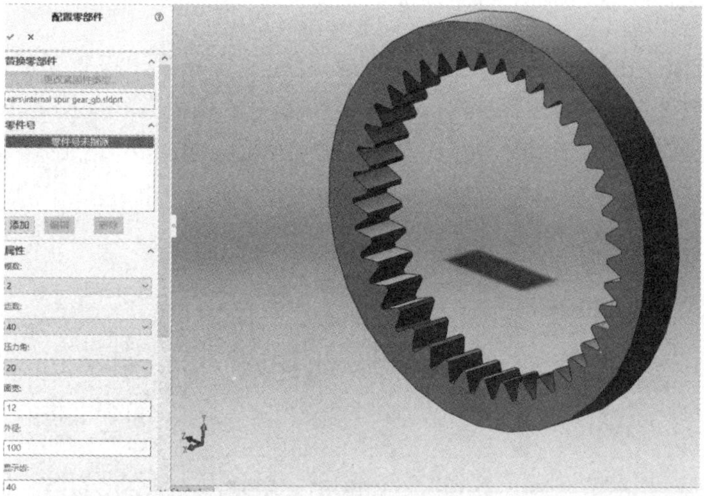

图 5-12　模数为 2 mm、齿数为 40 的内齿轮（齿轮 6）

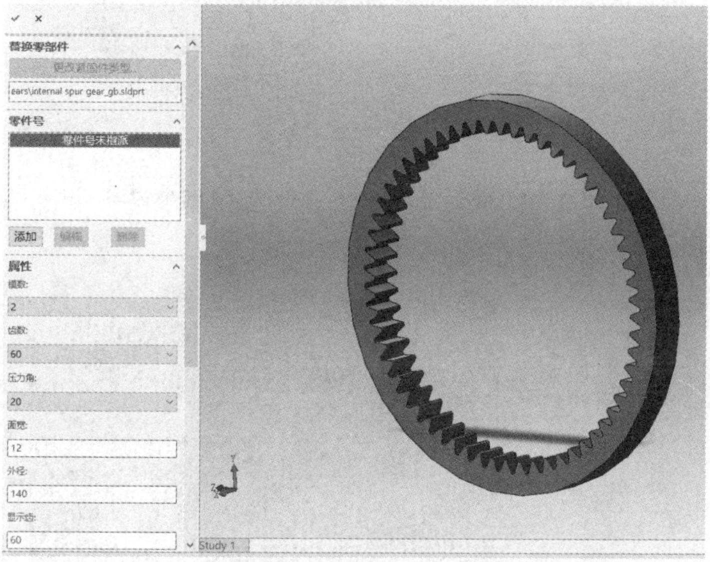

图 5-13　模数为 2 mm、齿数为 60 的内齿轮（齿轮 9）

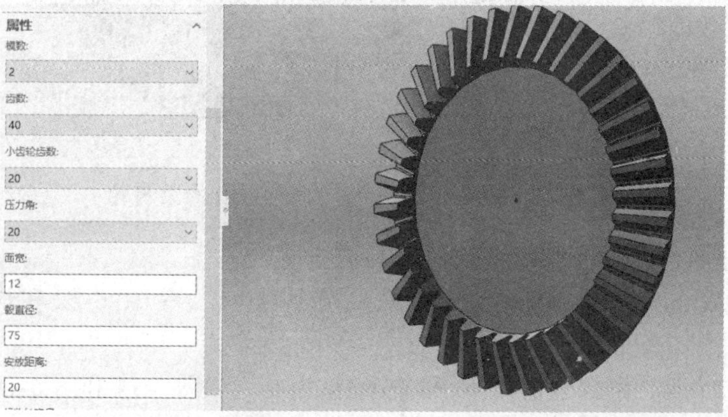

图 5-14　模数为 2 mm、齿数为 40 的锥齿轮（齿轮 2）

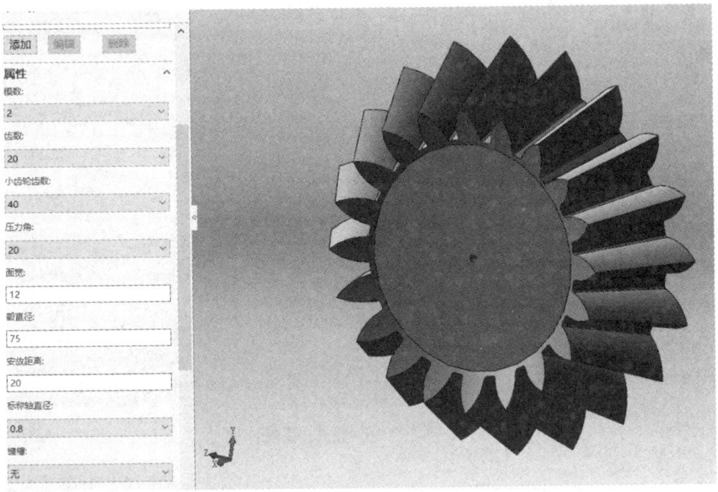

图 5-15　模数为 2 mm、齿数为 20 的锥齿轮（齿轮 1）

2. 装配外啮合圆柱齿轮

步骤 6　新建装配体，插入齿轮。

新建装配体，将模数为 2 mm、齿数分别为 20 和 40 的两个圆柱齿轮插入，如图 5-16 所示。将默认固定的零件设置为浮动。

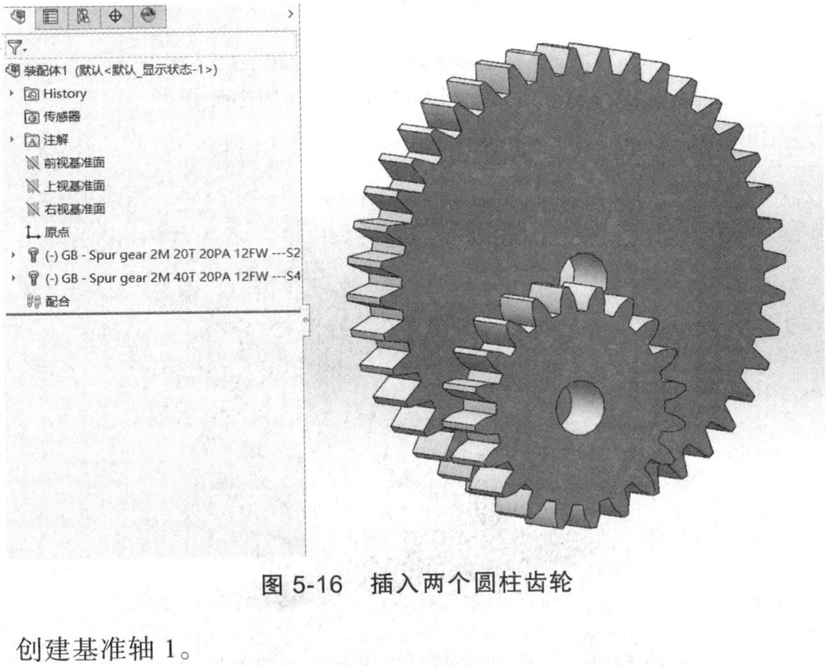

图 5-16　插入两个圆柱齿轮

步骤 7　创建基准轴 1。

同时选中上视基准面和右视基准面，创建基准轴 1，如图 5-17 所示。

步骤 8　添加同心配合。

选择小齿轮轴孔和基准轴 1，添加同心配合，如图 5-18 所示。再选小齿轮端面和前视基准面添加重合配合，如图 5-19 所示。

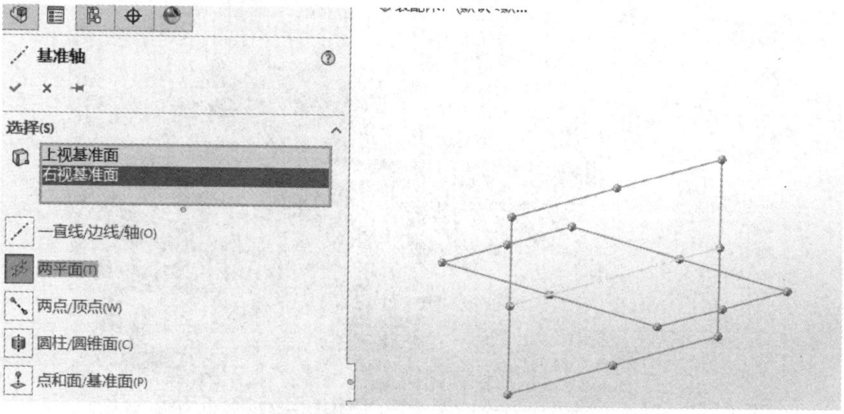

图 5-17 创建基准轴 1

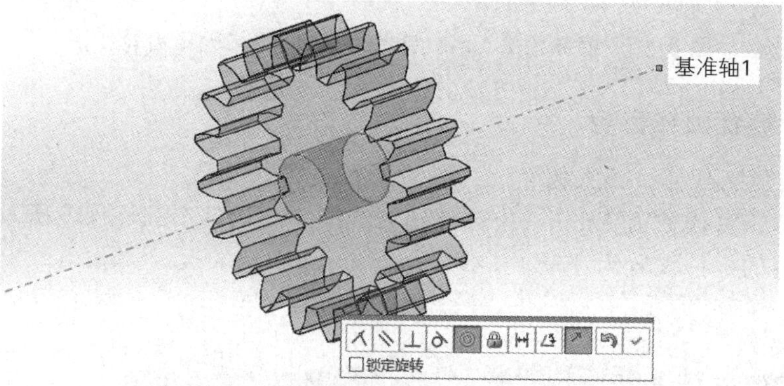

图 5-18 小齿轮与基准轴 1 添加同心配合

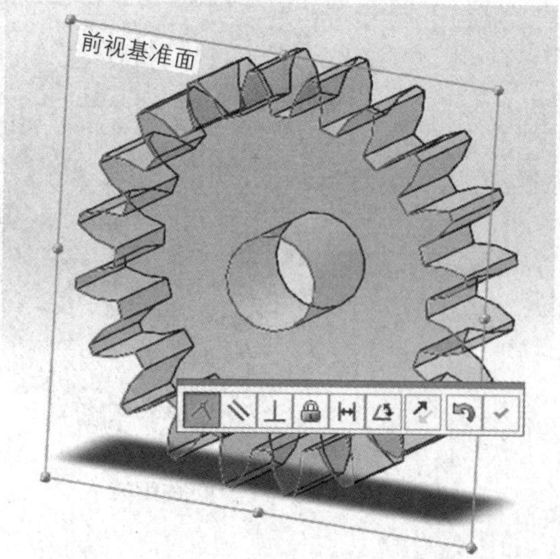

图 5-19 小齿轮与前视基准面添加重合配合

步骤 9 创建大齿轮基准轴。

先根据两齿轮中心距 60 mm，以右视基准面为参考创建与之平行的基准面 1，如图 5-20 所示。再以基准面 1 和上视基准面创建基准轴 2，如图 5-21 所示。

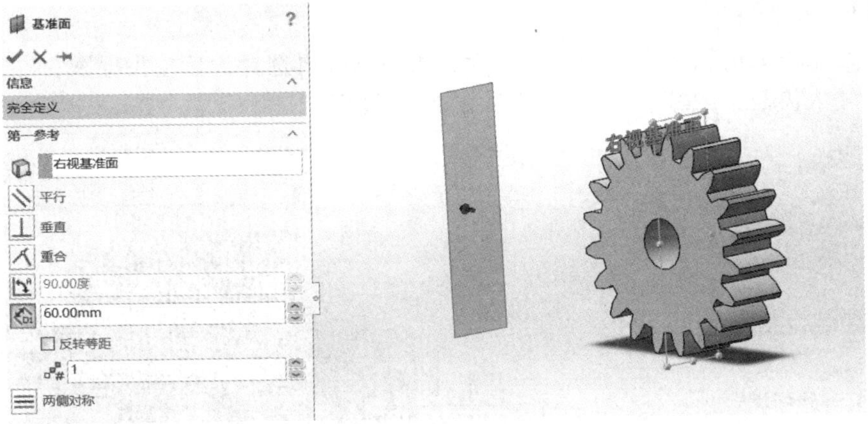

图 5-20　创建基准面 1

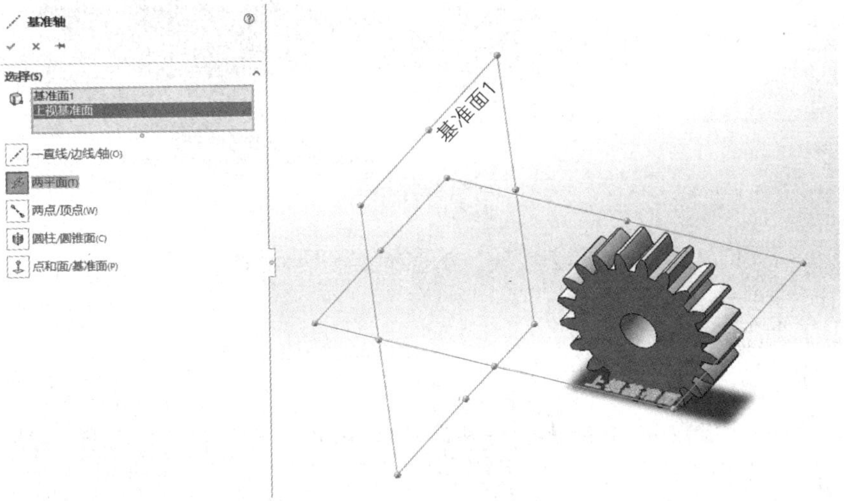

图 5-21　创建基准轴 2

步骤 10　添加同心配合。

选择大齿轮轴孔和基准轴 2，添加同心配合，如图 5-22 所示。再选择大、小齿轮端面，添加重合配合，如图 5-23 所示。

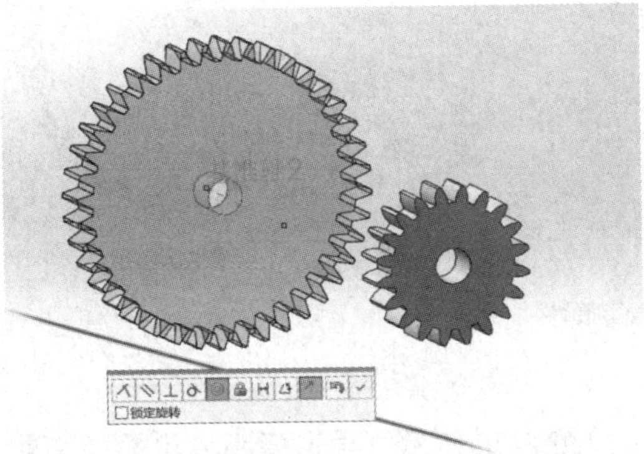

图 5-22　大齿轮与基准轴 2 添加同心配合

图 5-23　小齿轮添加重合配合

步骤 11　齿轮配合。

大、小齿轮添加齿轮配合。先选择小齿轮齿根圆，再选择大齿轮齿根圆，在“比率”文本框中直接输入齿数，“20”、“40”即可，如图 5-24 所示。

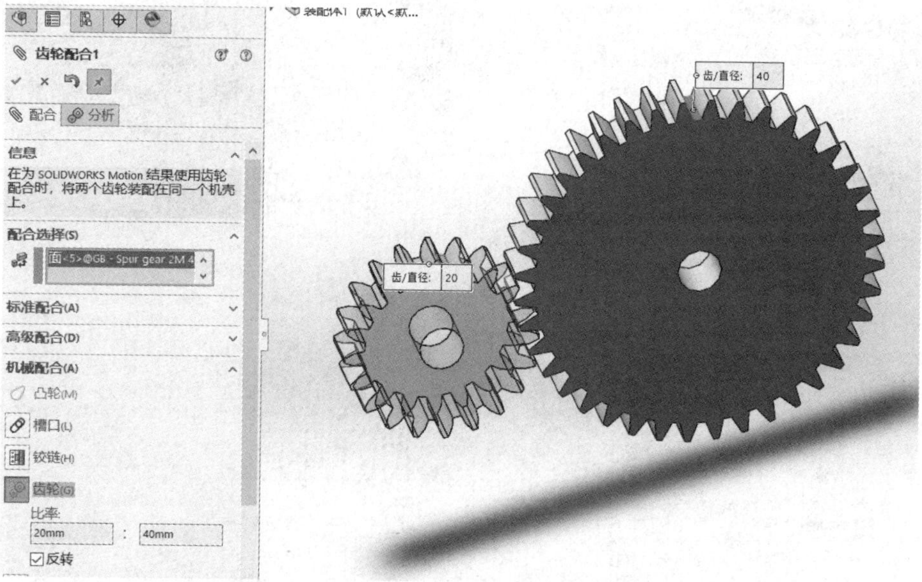

图 5-24　大、小齿轮添加齿轮配合

3. 装配内啮合圆柱齿轮

步骤 12　插入内齿轮。

将模数为 2 mm、齿数为 20 的小齿轮和齿数为 40 的内齿轮插入，如图 5-25 所示。

图 5-25　插入零部件

步骤 13　同心配合。

选择小齿轮轴孔和基准轴 2，添加同心配合，如图 5-26 所示。再选择小齿轮端面和前一级大齿轮端面，添加距离为 30 mm 的配合，如图 5-27 所示。

图 5-26　小齿轮与基准轴 2 添加同心配合

图 5-27　小齿轮和前一级大齿轮添加距离配合

步骤 14　添加锁定配合。

新加入的小齿轮和前一级的大齿轮是同轴连接，转速相同，所以同时选中，添加锁定配合，如图 5-28 所示。此时，SolidWorks 会警告约束，这是因为两个锁定的零件不会有相对运动，所以不需要添加配合，只需删除先前添加的距离配合即可，如图 5-29 所示。

图 5-28　小齿轮和前一级大齿轮添加锁定配合

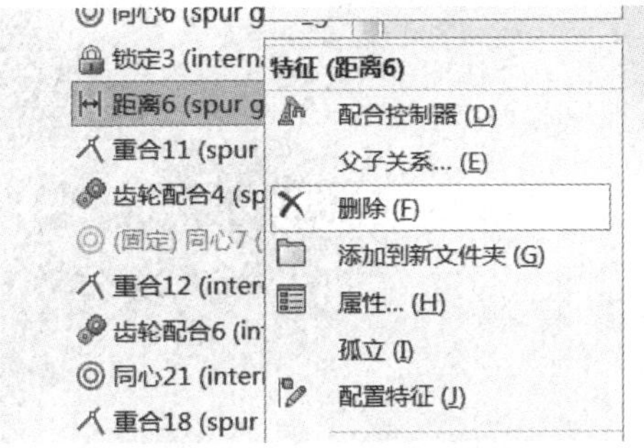

图 5-29　删除距离配合

步骤 15　创建内齿轮基准轴。

先根据两齿轮中心距 20 mm，以基准面 1 为参考创建与之平行的基准面 2，如图 5-30 所示。再以基准面 1 和上视基准面创建基准轴 3，如图 5-31 所示。

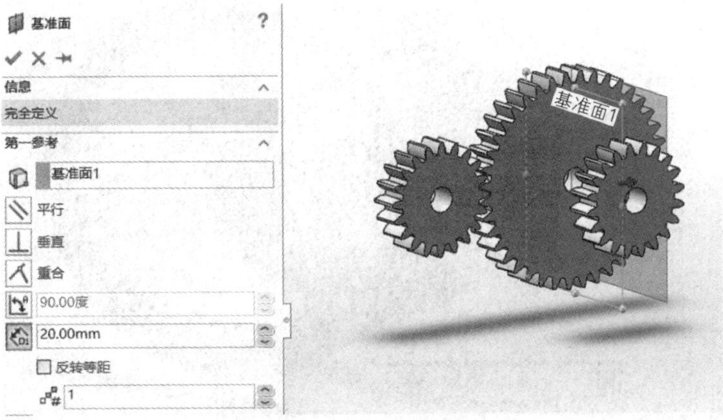

图 5-30　创建基准面 2

图 5-31　创建基准轴 3

步骤 16　添加同心配合。

选择内齿轮外圆柱面和基准轴 3，添加同心配合，如图 5-32 所示。再选择内齿轮端面和小齿轮端面添加重合配合，如图 5-33 所示。

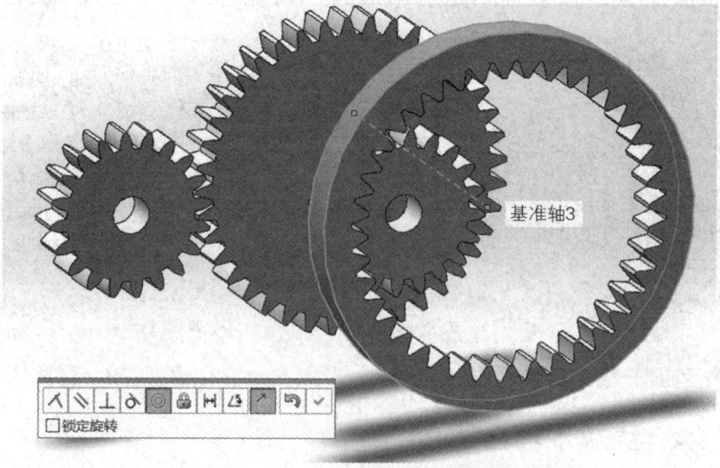

图 5-32　内齿轮和基准轴 3 添加同心配合

图 5-33　内齿轮和小齿轮添加重合配合

步骤 17 添加齿轮配合。

选择内齿轮和小齿轮的齿根圆，添加齿轮配合，在“比率”文本框中分别输入两个齿轮的齿数，如图 5-34 所示。

图 5-34 内齿轮和小齿轮添加齿轮配合

4. 装配行星轮系

步骤 18 插入小齿轮。

插入两个模数为 2 mm、齿数为 20 的小齿轮，分别作为太阳轮和行星轮，再插入齿数为 60 的内齿轮，如图 5-35 所示。

图 5-35 插入零部件

步骤 19 添加同心配合。

选择一个小齿轮作为太阳轮，选择其轴孔和基准轴 3，添加同心配合，如图 5-36 所示。

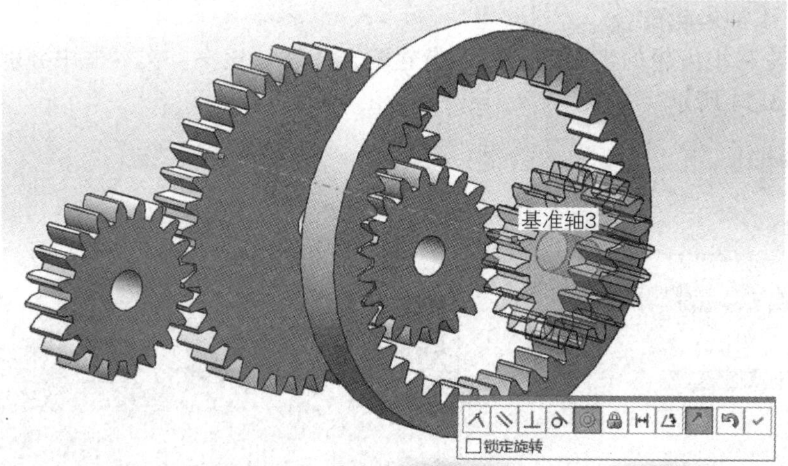

图 5-36　小齿轮和基准轴 3 添加同心配合图

步骤 20　添加锁定配合。

再选择太阳轮和前一级内齿轮，添加锁定配合，如图 5-37 所示。

注意：在锁定配合之前，可先添加两者距离为 30 mm 的配合，放置好位置，等锁定之后再删除该配合。

图 5-37　太阳轮和前一级内齿轮添加锁定配合

步骤 21　添加距离配合。

选择另一个小齿轮作为行星轮，打开观阅临时轴，选择其临时轴和基准轴 3 添加距离配合，距离即为两个齿轮中心距 40 mm，如图 5-38 所示。

步骤 22　添加重合配合。

再选择行星轮和太阳轮，添加重合配合，如图 5-39 所示。

步骤 23　添加齿轮配合。

选择行星轮和太阳轮的齿根圆，添加齿轮配合，在“比率”文本框中输入“20”、“20”，如图 5-40 所示。

步骤 24 添加同心配合。

选择内齿轮外圆柱面和基准轴 3，添加同心配合，如图 5-41 所示。

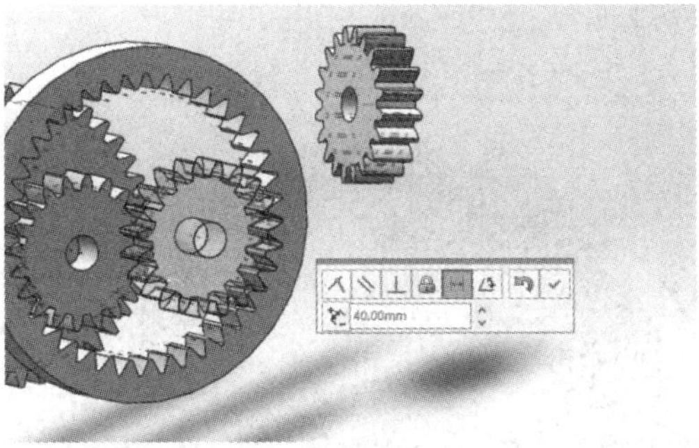

图 5-38 太阳轮和行星轮添加距离配合

图 5-39 太阳轮和行星轮添加重合配合

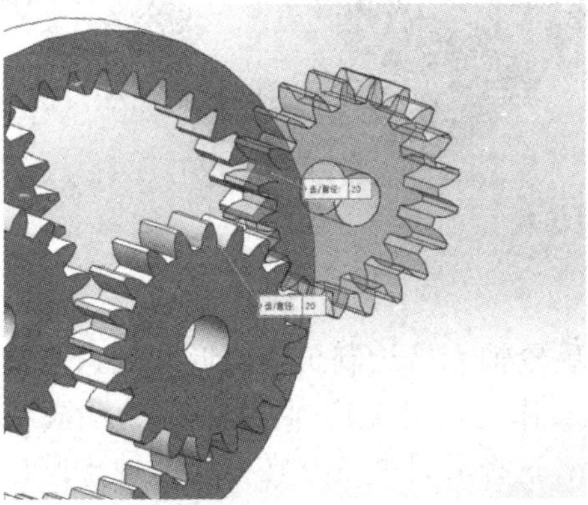

图 5-40 太阳轮和行星轮添加齿轮配合

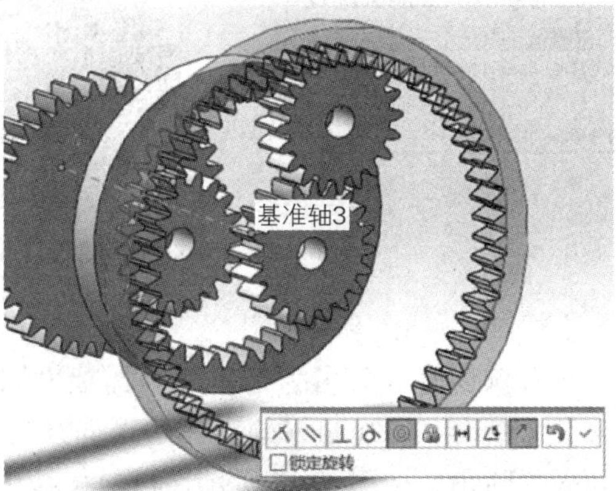

图 5-41 内齿轮和基准轴 3 添加同心配合

步骤 25 添加重合配合。

再选择内齿轮端面和行星轮端面，添加重合配合，如图 5-42 所示。

步骤 26 添加齿轮配合。

选择行星轮和内齿轮的齿根圆，添加齿轮配合，在“比率”文本框中输入“20”、“60”，如图 5-43 所示。

图 5-42 内齿轮和行星轮添加重合配合

图 5-43 内齿轮和行星轮添加齿轮配合

步骤 27 固定内齿轮。

内齿轮如果是活动构件，则与太阳轮和行星轮构成差动轮系，自由度为 2。因此需要固定内齿轮，则自由度为 1，属于行星轮系，如图 5-44 所示。

图 5-44 固定内齿轮

步骤 28 插入新零件。

插入新零件，命名为行星架。捕捉太阳轮和行星轮轴心，绘制正三边形并改为构造线，作为设计基准，将绘制好的正三边形向外等距 10 mm 作为行星架轮廓，并在顶点设置半径为 10 mm 的圆角，如图 5-45 所示。行星架拉伸完毕后，选择其外侧面，在中心拉伸出圆柱特征作为输出轴，如图 5-46 所示。

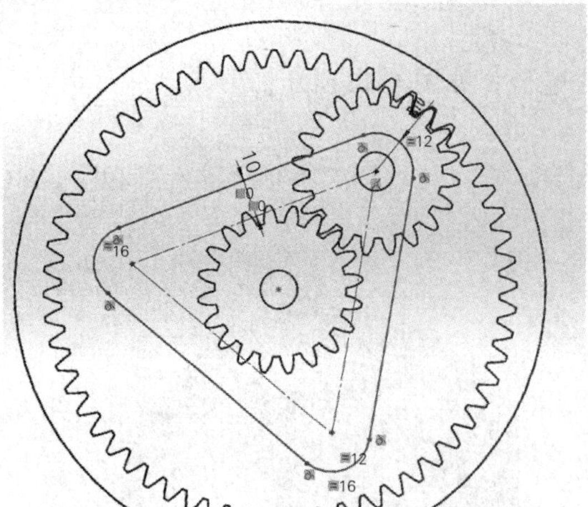

图 5-45 绘制行星架草图

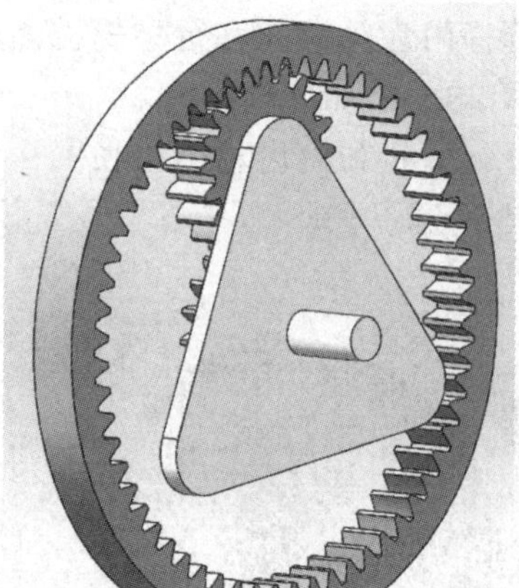

图 5-46 创建行星架和输出轴

步骤 29 创建基准面 1。

选择输出轴轴线和某一个圆角的圆心创建基准面 1，如图 5-47 所示。

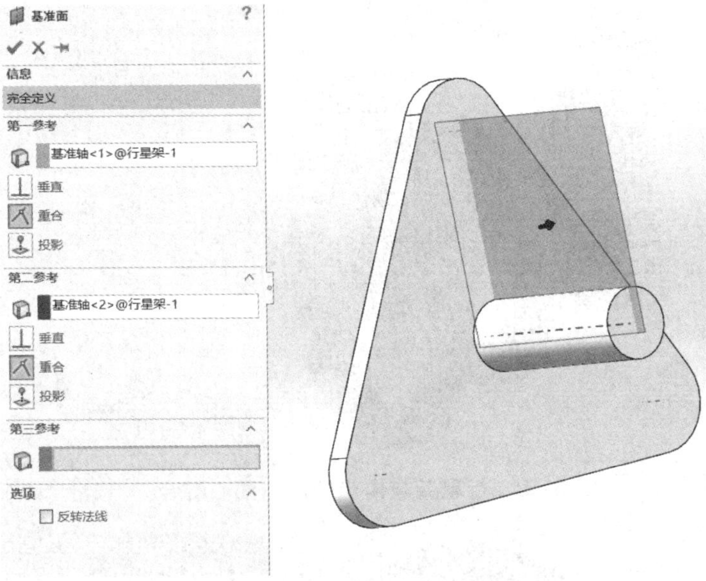

图 5-47　在行星架中创建基准面 1

步骤 30　添加重合配合。

选择行星架基准面 1 和行星轮临时轴，添加重合配合，如图 5-48 所示。

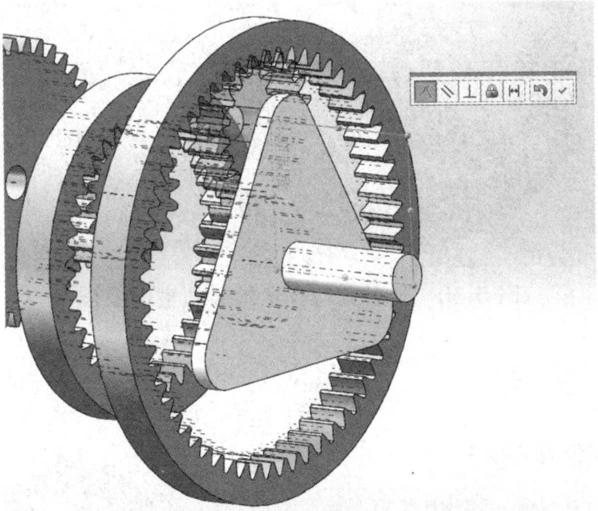

图 5-48　行星架与行星轮添加重合配合

步骤 31　添加同心配合。

选择行星架轴表面和内齿轮外圆柱面，添加同心配合，如图 5-49 所示。

步骤 32　添加重合配合。

选择行星架轴内侧面和行星轮端面，添加重合配合，如图 5-50 所示。

步骤 33　圆周阵列行星轮。

选择行星架轴心为参考，圆周阵列行星轮，等间距方式，阵列 3 个，如图 5-51 所示。至此完成了行星轮系的装配。

图 5-49　行星架与内齿轮添加同心配合

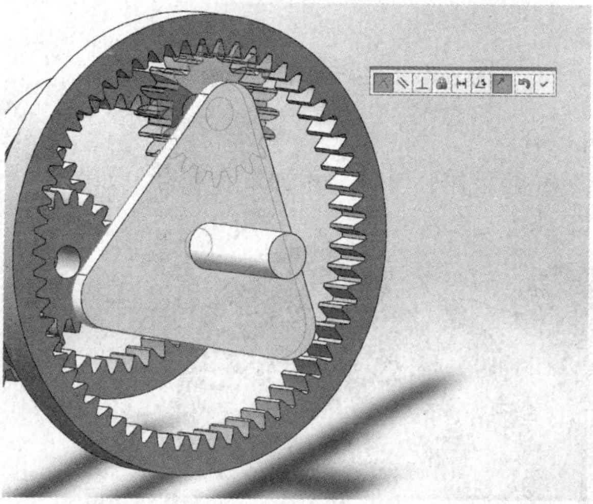

图 5-50　行星架与行星轮添加重合配合

图 5-51　圆周阵列行星轮

5. 装配锥齿轮

步骤 34 绘制辅助线帮助装配定位。

由机械基础相关知识可知，一对锥齿轮啮合时，每个轮齿的边线和中线都交于一点，该点到每个轮齿大端的距离称为锥距，如图 5-52 所示的 R，其计算公式为：

$$R = \frac{1}{2}\sqrt{d_1^2 + d_2^2}$$

式中：d_1 和 d_2 为小齿轮和大齿轮的分度圆直径。

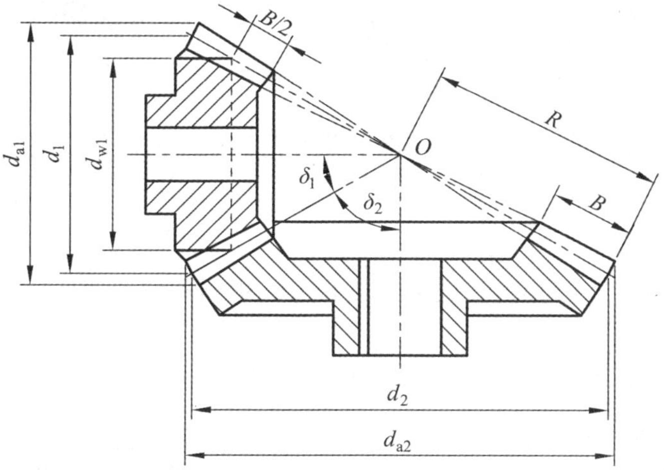

图 5-52 锥齿轮的定位关系

根据计算可得，本对锥齿轮的锥距是 44.721 mm（取小数点后三位有效数字）。分别进入两个锥齿轮的零件模型中绘制 3D 草图，捕捉某一轮齿外侧顶点绘制直线，再将直线与该点所在的轮齿边线添加共线约束，最后标注长度，即 44.721 mm，如图 5-53 和图 5-54 所示。

图 5-53 小齿轮辅助线

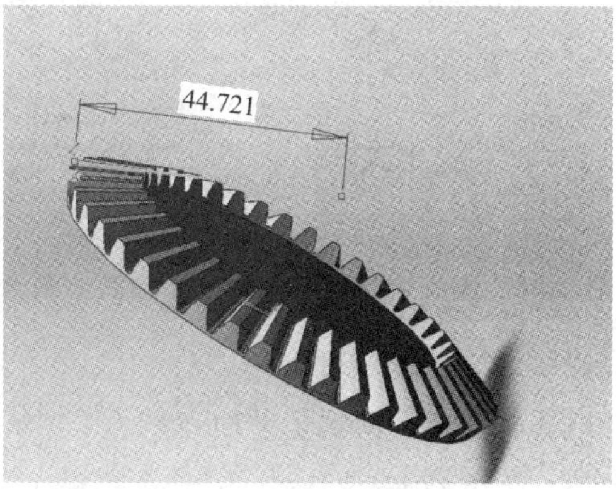

图 5-54 大齿轮辅助线

注意：绘制完 3D 草图后一定要确定退出草图环境。

步骤 35 将两个锥齿轮插入装配体。

将两个锥齿轮插入装配体，如图 5-55 所示。

图 5-55　插入零部件

步骤 36　装配大锥齿轮。

（1）添加同心配合

选择大锥齿轮轴孔和基准轴 1，添加同心配合，如图 5-56 所示。

（2）添加锁定配合

选择大锥齿轮和第一级的小齿轮，添加锁定配合，如图 5-57 所示。

图 5-56　大锥齿轮和基准轴 1 添加同心配合

图 5-57　大锥齿轮和小齿轮添加锁定配合

步骤 37　创建基准面 3。

以装配体中的前视基准面为参考，创建与之平行的、通过大锥齿轮锥距顶点的基准面 3，如图 5-58 所示。

步骤 38　创建基准轴 4。

由基准面 3 和上视基准面即可创建基准轴 4，如图 5-59 所示。

步骤 39　装配小锥齿轮。

（1）添加同心配合

选择小锥齿轮轴孔和基准轴 4，添加同心配合，如图 5-60 所示。

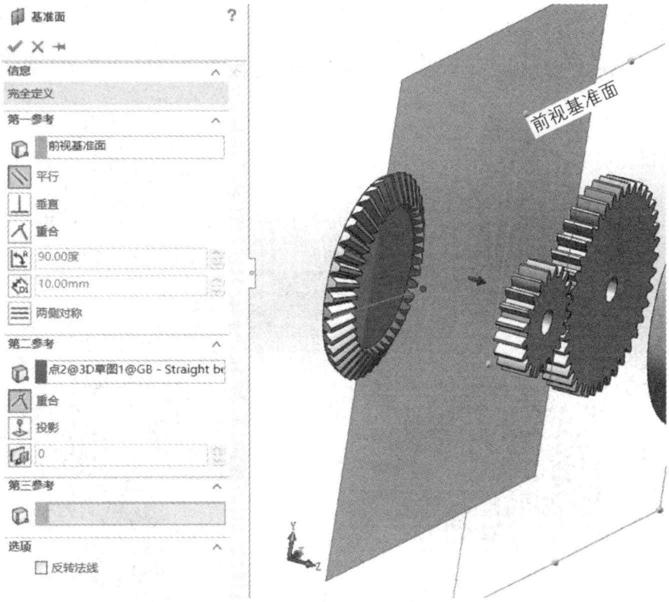

图 5-58　创建基准面 3

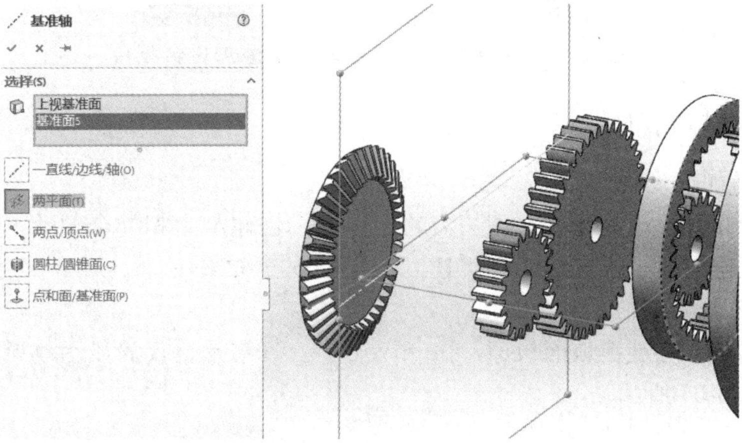

图 5-59　创建基准轴 4

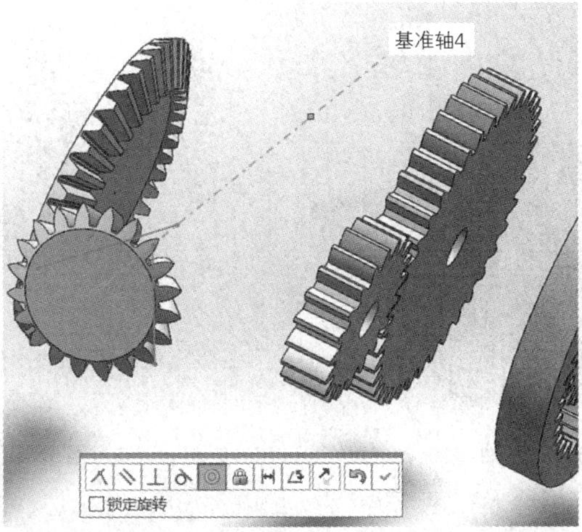

图 5-60　小锥齿轮和基准轴 4 添加同心配合

（2）添加重合配合

选择小锥齿轮锥距顶点和右视基准面，添加重合配合，如图 5-61 所示。

图 5-61　小锥齿轮和右视基准面添加重合配合

6. 增加传动轴和机架

步骤 40　增加传动轴。

插入新零件并直接固定连接在相关齿轮上，即可创建与之相配合的轴，由于不影响仿真结果，仅为显示效果，具体操作不再赘述，效果如图 5-62 所示。

步骤 41　增加机架。

插入新零件，即可创建地面机架，由于不影响仿真结果，仅为显示效果，具体操作不再赘述，效果如图 5-63 所示。

图 5-62　增加传动轴

图 5-63　增加机架

7. 复合轮系运动分析

步骤 42　增加变速马达，开展运动仿真。

在零时刻时，选择小锥齿轮轴添加马达，转速设定为“0 r/min”。将控制手柄拖动到 5 s 处，在马达时间轴上右击，选择放置关键帧，编辑马达，将转速改为“100 r/min”。此时即添加了一个变速马达，是从静止开始运行，5 s 后转速达到 100 r/min，如图 5-64 所示。

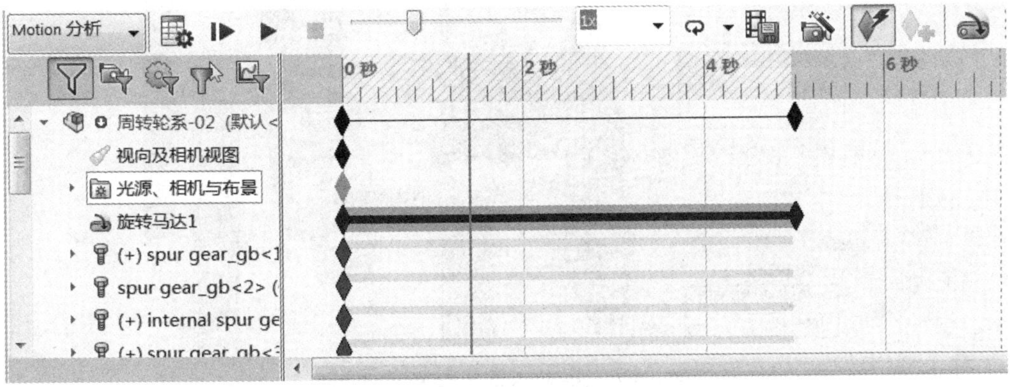

图 5-64　增加变速马达

步骤 43　查询输出小锥齿轮轴角速度。

查询输出小锥齿轮轴角速度、角速度线图。如图 5-65 所示，软件会自动命名该线图为图解 1。

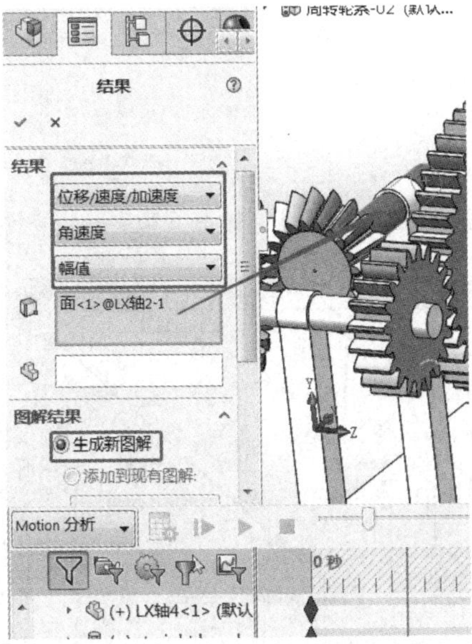

图 5-65　查询小锥齿轮轴角速度

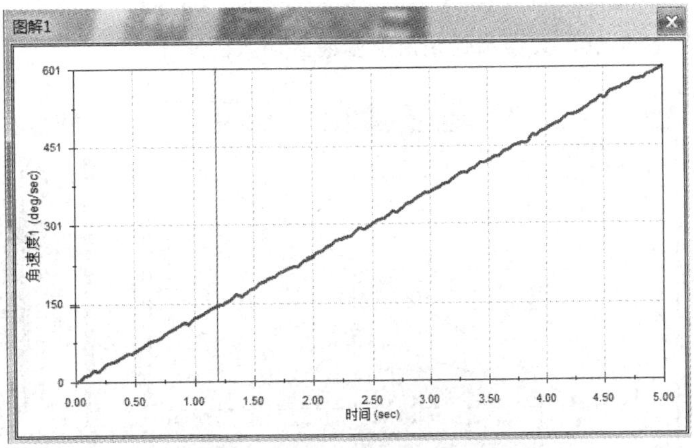

图 5-66　小锥齿轮轴角速度线图解 1

步骤 44　查询输出大锥齿轮轴角速度。

查询输出大锥齿轮轴角速度，将结果添加到图解 1 中，如图 5-67 所示。此时图解 1 中就会有两个元件的角速度线图，如图 5-68 所示。之所以看上去还是一条线，是由于每条线图的纵坐标比例不一样，使得两条曲线恰好重合。可右击角速度 2 的纵坐标，编辑属性，将终点值改成和角速度 1 的坐标最大值一样，即 600，如图 5-69 所示。此时线图即出现两条斜率不同的直线，如图 5-70 所示。

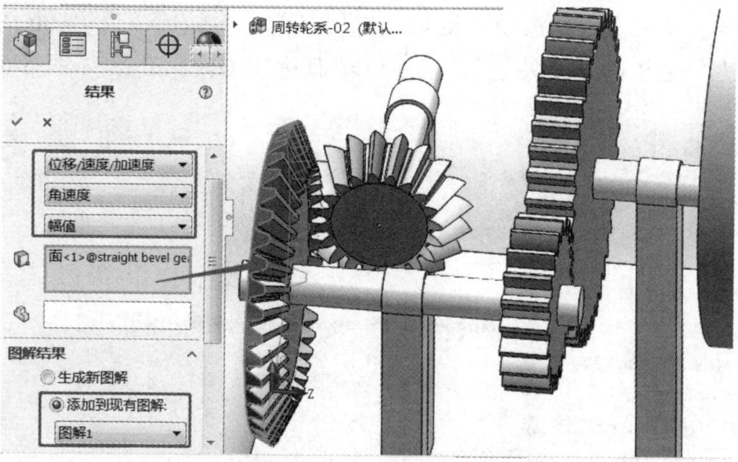

图 5-67　查询大锥齿轮轴角速度

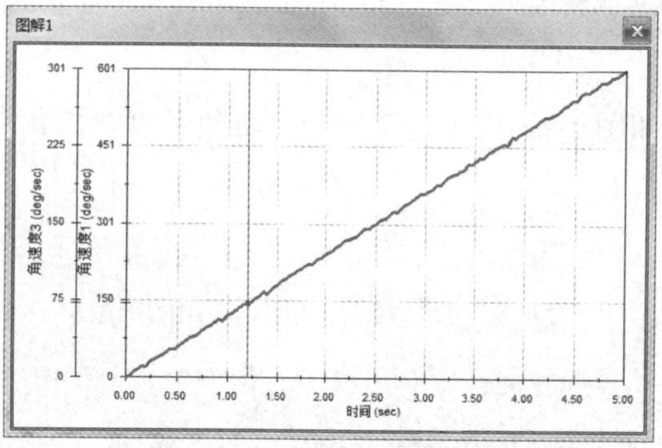

图 5-68　大锥齿轮轴角速度线图加入图解 1

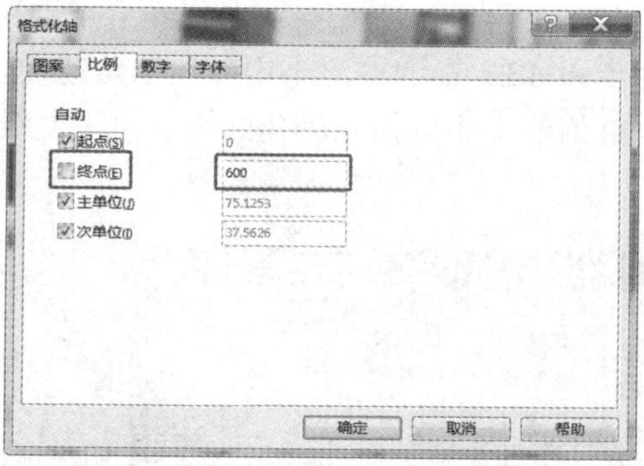

图 5-69　设置坐标轴最大值

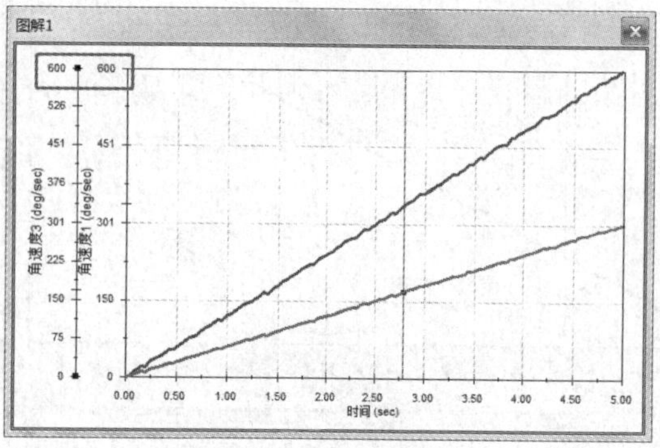

图 5-70　两角速度对比

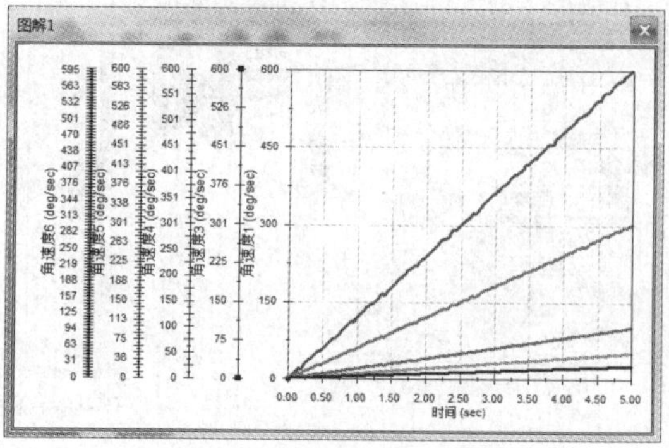

图 5-71　各轴角速度对比

步骤 45　查询输出各轴的角速度。

查询输出各轴的角速度，都添加到图解 1 中，并将每个轴角速度的纵坐标属性都修改为最大值为 600，即可得出各轴角速度在同一坐标下的对比，如图 5-71 所示。

项目总结

本项目重点介绍了复合轮系的建模和仿真。通过本项目的学习，读者应该重点掌握利用参考基准面和基准轴确定机架的方法，以及如何通过齿轮的几何关系确定装配约束关系。由于齿轮机构应用非常广泛，因此本项目对于很多机构的分析都具有基础性支撑作用，有必要熟练掌握。

项目 6

接触、弹簧及阻尼——抛射器分析

学习目标

（1）学会零部件的干涉检查。
（2）掌握对零部件应用接触。
（3）熟悉指定固体接触的摩擦。
（4）能够在装配体中添加一个带阻尼的弹簧。

重 难 点

（1）零部件的干涉检查。
（2）在装配体中添加一个带阻尼的弹簧。

项目描述

1. 抛射器分析

手摇曲柄通过传动带和传动带轮驱动抛射器长臂转动到弹体能够装填的位置，手摇曲柄的运动还会通过一个齿轮传动装置传递到一个触发机构，释放弹体并允许弹簧将弹体推至弹匣中。当松开手摇曲柄时，配重块将使长臂发生转动并将弹体抛射出去，如图 6-1 所示。

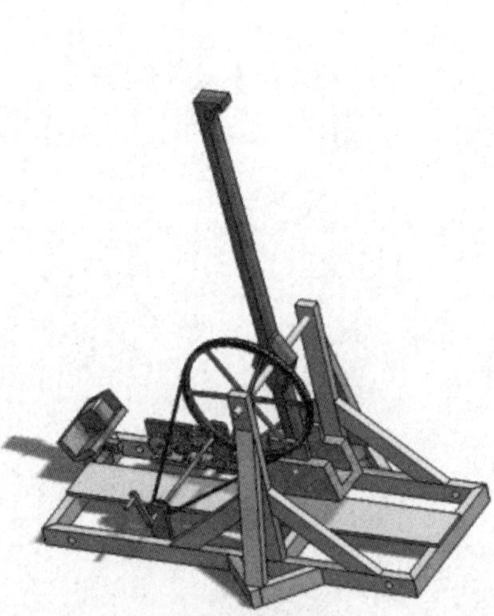

图 6-1　抛射器

（1）问题描述

曲柄转动 2.75 圈以填充抛射器。齿条的运动将触动扳机，并将弹体送入弹匣中。装置将转动长臂，并在配重块的作用下将弹体从长臂中抛射出去。需要确定转动曲轴和装载弹体所需的力矩，并确定加载弹簧的位移、速度和力。

（2）关键步骤

建立一个运动算例：这将是一个全新的运动算例。

- 应用摩擦：将添加摩擦至已有的配合中。
- 应用接触：将接触添加至动态零部件中。
- 添加一个弹簧：并不需要在运动仿真中使用一个弹簧模型，只需创建一个能从数学上代表弹簧的运动单元。
- 应用引力：抛射器的操作是在标准重力环境下进行的。
- 计算仿真。
- 图解显示结果：将创建多个图解，显示所需的力矩和能量。

2. 甲虫分析

（1）问题描述

在本任务中，将使用一个带振荡马达的机械甲虫来演示摩擦对零件运动的影响，如图 6-2 所示。练习中将运行两次这个算例，第一次不考虑摩擦，第二次则考虑摩擦。

（2）关键技术应用

本任务将应用以下关键技术：接触摩擦。

3. 关门器分析

（1）问题描述

在学校或办公室等公共建筑设施内的门上，通常装有关门器，以确保门在打开后会自动关闭，为了保证门不被过快地关闭，在关门器的内部添加了一个弹簧阻尼，如图 6-3 所示。

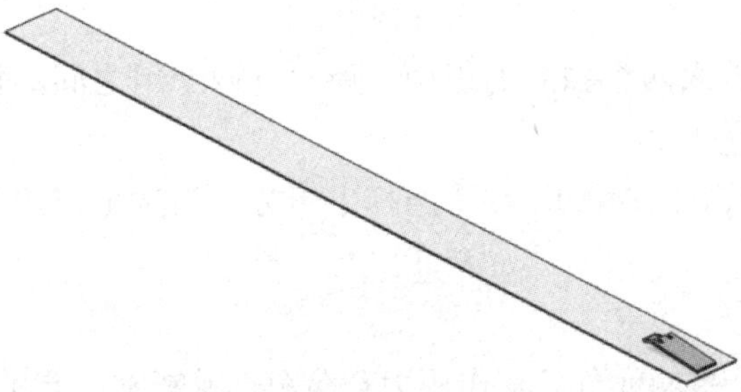

图 6-2　甲虫模型

图 6-3　关门器

（2）关键技术应用

在本任务中，将使用 Motion Manager 对关门器添加一个内部弹簧和阻尼，然后使用 SolidWorks Motion 来生成图解，显示弹簧和阻尼对运动所产生的影响，并通过调节参数来达到所需的结果，本任务将应用以下技术：

- 平移弹簧。
- 平移阻尼。

知识准备

1. 接触及摩擦

本项目将查看一个抛射器在装载和抛射弹体时的运动情况。本项目中的部分零部件并不通过配合或接头进行连接，但是它们受限于其他零部件通过定义接触条件并计入零部件之间的摩擦，可以将这些动态的零部件装配起来。

（1）接　触

多个实体或曲线之间可以定义接触来防止其相互穿透，这里只学习如何定义固体间的接触，并讨论摩擦。

【接触】：接触用于定义实体之间相互作用的方式。通过定义接触，可以控制实体之间的摩擦和弹性属性。

操作方法：在 Motion Manager 工具栏中单击【接触】。

（2）接触组

实体之间的接触可以通过多个分开定义（每个定义只针对两个实体），或一个或几个定义来包含所有实体。后者将考虑所有所选实体之间的接触，这样就自动生成了多个接触对。这个过程很容易定义，但也要考虑到在获取所有接触对时，可能对计算的要求较高。

带接触组的接触定义会忽略组中零件之间的接触，但是会考虑各种组合的实体对与组之间的接触，有可能最多定义两个接触组。

【使用接触组】：接触组允许将接触的实体放入两个独立的组中。所有这两个组之间的接触组合都是被认真考虑过的。

操作方法：在 Motion Manager 工具栏中单击【接触】，在【选择】下方，勾选【使用接触组】复选框。

（3）弹簧与阻尼

弹簧和阻尼都是工程中常见的元件。弹簧是蓄能元件，其作用力与位移、弹簧刚度有关，如图 6-4 所示。阻尼是阻抗元件，其作用力与速度、自身阻尼系数有关，如图 6-5 所示。

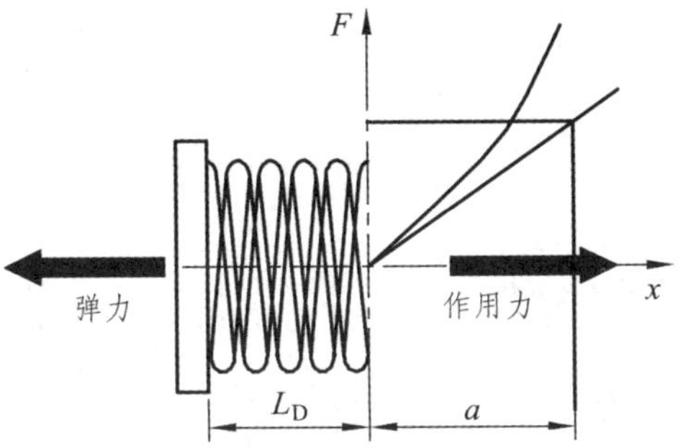

图 6-4　弹簧模型

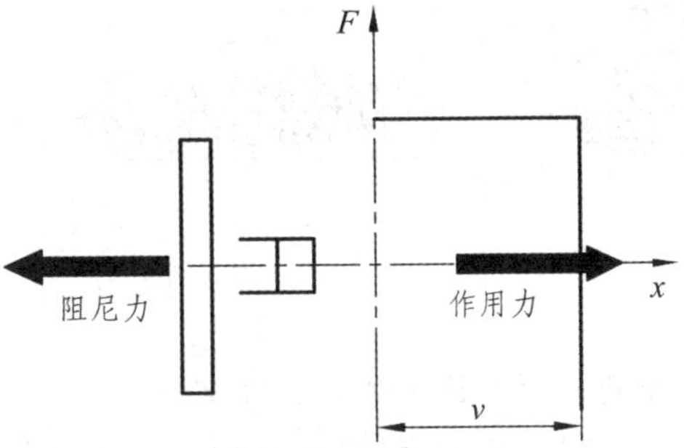

图 6-5　阻尼模型

SolidWorks 中的弹簧与阻尼见表 6-1。

表 6-1　SolidWorks 中的弹簧与阻尼

元件类型	元件功能	说　明
线性弹簧	由线性位移压缩产生反作用力	弹力计算公式：$F=kx^e$ k——弹簧刚度；e——指数；x——位移变量 （e 可取值为：−4、−3、−2、−1、1、2、3、4）
扭转弹簧	由角位移压缩产生反作用力矩	弹力计算公式：$F=k\theta^e$ k——弹簧刚度；e——指数；θ——角位移变量 （e 可取值为：−4、−3、−2、−1、1、2、3、4）
线性阻尼	由线性速度产生阻尼力	阻尼力计算公式：$F=cv^e$ c——阻尼系数；e——指数；v——线速度 （e 可取值为：−4、−3、−2、−1、1、2、3、4）
扭转阻尼	由角速度产生阻尼力矩	阻尼力计算公式：$F=c\omega^e$ c——阻尼系数；e——指数；ω——角速度 （e 可取值为：−4、−3、−2、−1、1、2、3、4）

2. 后处理

仿真计算完毕，便可以针对一些感兴趣的不同参数来生成图解。

3. 带摩擦的分析

在这一项目任务中将研究接触摩擦对弹体运动的影响，将使用刚做过的算例，在弹体和弹匣之间添加摩擦。

项目实施

任务 1　抛射器分析

步骤 1　打开一个装配体文件。

从文件夹中打开“Catapult-assembly”装配体。

步骤 2　检查装配体。

曲柄转动可以做两件事：一是通过传动带和带轮转动长臂；二是通过齿轮齿条触发并释放弹体，如图 6-6 所示。齿轮齿条传动包含 6 个齿轮和 1 个齿条，如图 6-7 所示。当齿条移动时，它将接触到释放机构并提升起零件 Projectile holder door，如图 6-8 所示。转动曲柄可以看到这些配合是如何工作的。通过【撤销】将曲柄设回初始位置。

图 6-6　模型细节

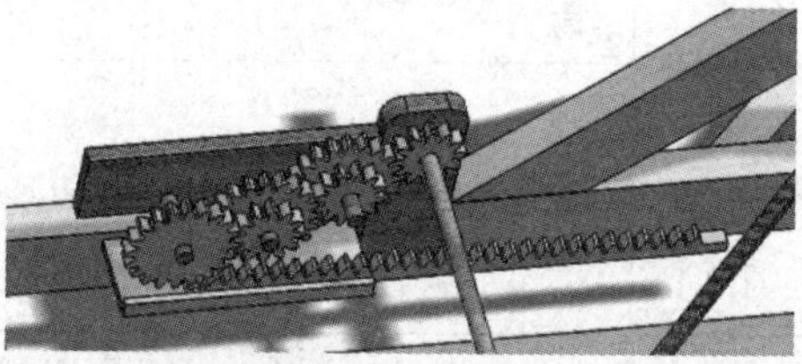

图 6-7　齿轮齿条传动

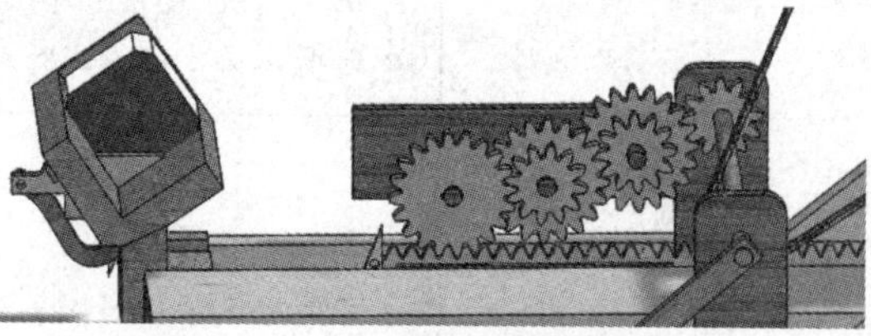

图 6-8　齿条接触到释放机构

步骤 3　验证文档单位。

验证文档单位，应设定为【MMCS（毫米、克、秒）】。

步骤 4　建立一个运动算例。

右击【Motion Study1】选项卡，单击【生成新运动算例】。确定在 Motion Manager 中，【算例类型】选定为【Motion 分析】。

步骤 5　添加一个马达。

为了转动曲柄，需要在手柄末端添加一个马达，本任务计划在 3 s 之内转动曲柄 2.75 圈。

单击【马达】，选择曲柄的边线，同时纳入【马达位置】和【方向】选项中，如图 6-9 和 6-10 所示。

图 6-9　定义马达

图 6-10　局部细节

选择【马达类型】为【旋转马达】，选择【运动】为【距离】。在【位移】中输入“990”（2.75 圈 × 360°/圈），在【持续时间】中输入“3.00 s”。单击【确定】按钮。

步骤 6　禁用马达。

在马达转动 3 s 之后，希望它在弹体移至弹匣时抛射器保持在装填位置，之后需要松开马达，使配重块来驱动抛射器。

整个仿真将运行 5 s，为了在时间轴上更加容易选择，在 Motion Manager 的右下角单击【放大】，直到大于 5 s 的范围覆盖了 Motion Manager 的整个时间轴。

在 Motion Manager 工具栏中选择【旋转马达 1】。在时间轴的 3.4 s 处右击并在弹出的快捷菜单中选择【关闭】，如图 6-11 所示。这将在 3.4 s 处生成一个键码来压缩这个马达，使之在之后的时间内不产生任何影响。

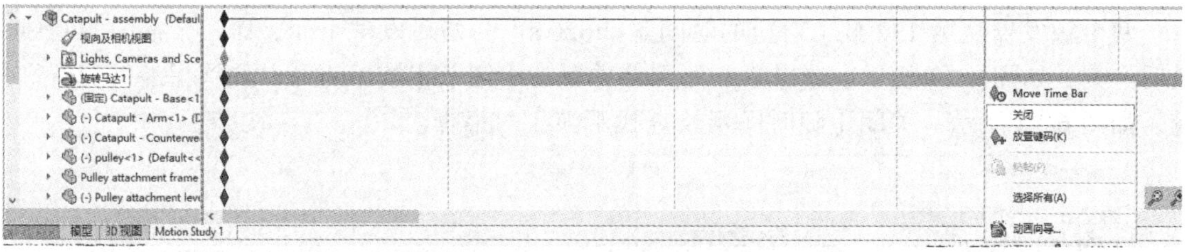

图 6-11　禁用马达

技巧：如果用户将此键码放在了错误的位置，只需将它拖至 3.4 s 处即可。

步骤 7　运动算例属性。

单击打开【运动算例属性】，将【每秒帧数】调至【50】。

步骤 8　计算。

单击【计算】按钮，和预期的一样，马达在 3 s 内转动曲柄 2.75 圈。在 0 ~ 3.4 s 内，马达保持曲柄和长臂位置不变，处于准备发射阶段。最终在 3.4 s 时松开曲柄，由于没有明确定义运动，机构开始发生的移动也会超出预期。因此，必须在运动模型中再添加几个关键单元。

步骤 9　分析运动。

在 Motion Manager 工具栏中，右击【视向及相机视图】并在弹出的快捷菜单中选择【禁用观阅键码播放】，如图 6-12（a）所示。切换到主视图，放大装配体的左端，以慢镜头再次播放这个仿真，发现两个触发器会彼此穿过对方，如图 6-12（b）所示。

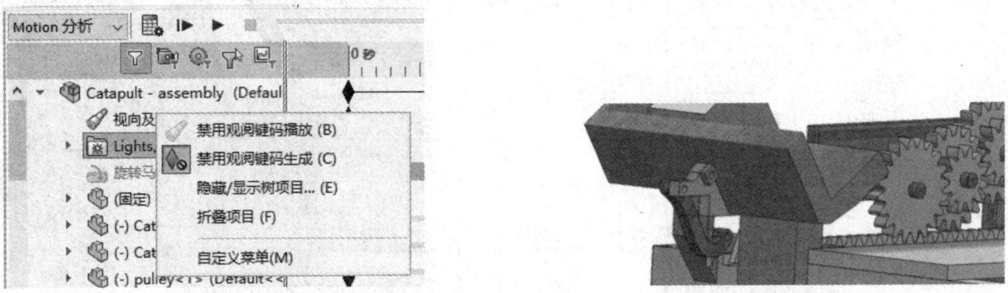

（a）　　　　　　（b）

图 6-12　模型细节

为了避免发生这种情况，就必须在它们之间添加接触。在定义接触之前，还需介绍一个用于自动检查干涉的特征。

步骤 10　检查干涉。

检查干涉——利用 SolidWorks 的干涉检查工具虽然可以检查零部件之间的干涉，但却只能检查零部件一个静态位置的干涉。在 SolidWorks Motion 中，却可以在每个零部件的运动轨迹中进行干涉检查。

【检查干涉】快捷菜单：在 Motion Manager 工具栏中右击顶层的零部件，并从弹出的快捷菜单中选择【检查干涉】命令。

操作：在 Motion Manager 工具栏中右击【Catapult-assembly】，并从弹出的快捷菜单中选择【检查干涉】命令。选择两个触发器，单击【立即查找】。

步骤 11　检查结果。

两个触发器从第 132 帧（对应的时间是 2.620 s）开始后发生干涉，而且干涉一直持续到最后一刻，如图 6-13 所示。选择第一处干涉并单击【细节】按钮，可以看到干涉的位置和数量，如图 6-14 所示。关闭【随时间延长查找干涉】对话框。

图 6-13　检查结果

干涉详细信息
体积：0.385965 mm^3
面积：10.820537 mm^2

近似最小边界框
X　Y
Z
边角1：−105.929 3.844−27.300
边角2：−104.010 8.430−26.300
长度：1.919 4.587 1.000

图 6-14　干涉细节

步骤 12 添加接触。

单击【接触】，选择两个 Projectile holder trigger 零件。

在【接触类型】中选择【实体】。除了摩擦外，保留所有接触参数为默认值，这些数值将在其他项目中予以讨论。

确认勾选了【材料】复选框，为两个材料都选择【Steel（Dry）】。

运行仿真不需考虑这两个零件之间的摩擦（取消勾选【摩擦】复选框），如图 6-15 所示。单击【确定】按钮。

步骤 13 计算。

单击【计算】按钮。

步骤 14 检查触发器。

通过运行仿真可以看到，齿条机构上的触发器将碰到闸门 Projectile holder door 靠下的位置。

步骤 15 定义接触组。

还需要定义下列更多的接触：

- projectile projectile holder door。
- projectile holder projectile。
- projectile holder pusher projectile。

使用前面步骤中列出的过程，将生成 3 个独立的定义。然而，本例中使用接触组只需一个定义就能满足要求。

单击【接触】按钮，【接触类型】选择【实体】，【材料】选择【Steel（Dry）】，取消勾选【摩擦】复选框。在【选择】中勾选【使用接触组】复选框。

在【组 1】中选择 Projectile，在【组 2】中选择 Projectile holder，Projectile hoder door 和 Projectile holder pusher，如图 6-16 所示。然后单击【确定】按钮。

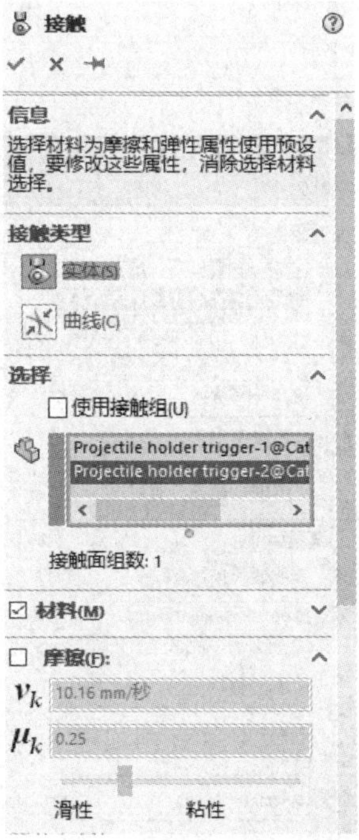

图 6-15 定义接触 1

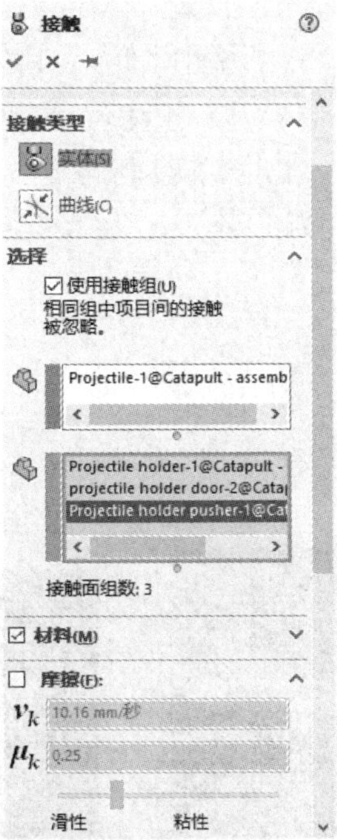

图 6-16 定义接触 2

提示：Prpeny Manager 提示有 3 个接触对将被考虑在计算中。

步骤 16 定义接触 3。

生成下面两个零件之间的接触组：

- Projectile。
- Catapult-Arm。

【材料】中选择【Steel（Dry）】，勾选【摩擦】复选框，取消勾选【材料】复选框，将【动态摩擦因数】和【静态摩擦因数】分别更改为“0.15”和“0.15”，如图 6-17 所示。单击【确定】按钮。

提示：取消勾选【材料】复选框，才能打开【摩擦】区域进行编辑。【弹性属性】中的接触特征取决于【材料】对话框中的选择，否则仍然保持不变。我们将在后续章节中讨论【弹性属性】。

步骤 17 添加一根弹簧。

将弹体送至抛射器长臂，必须添加一根弹簧，弹簧将预先加载一个载荷来将弹体停留在闸门 Projectile holder door 的背面。当闸门下落时，弹体则被推入到位。

单击【弹簧】，并确认选择了【线性弹簧】。选择图 6-18 中的两个面，如图 6-19 所示。

设置【弹簧参数】，生成一个线性弹簧，设定【刚度系数】为【0.15 N/mm】，【自由长度】为【13.00 mm】。

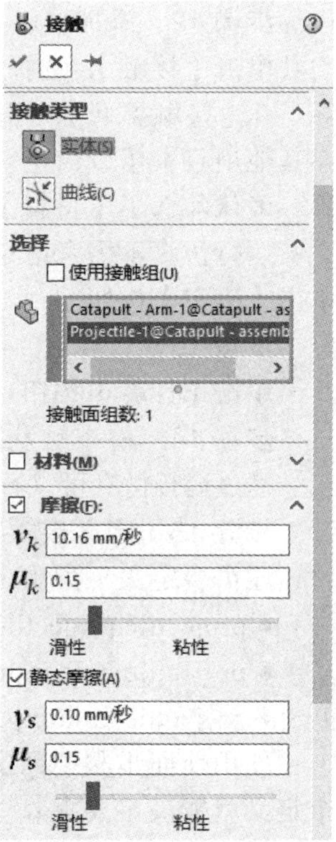

图 6-17 定义接触 3

勾选【阻尼】复选框，添加【阻尼常数】为【0.01 N（mm/s）】。在【显示】选项卡中，设置【弹簧圈直径】为【4.00 mm】，【圈数】为【5】，【线径】为【0.50 mm】。然后单击【确定】按钮。

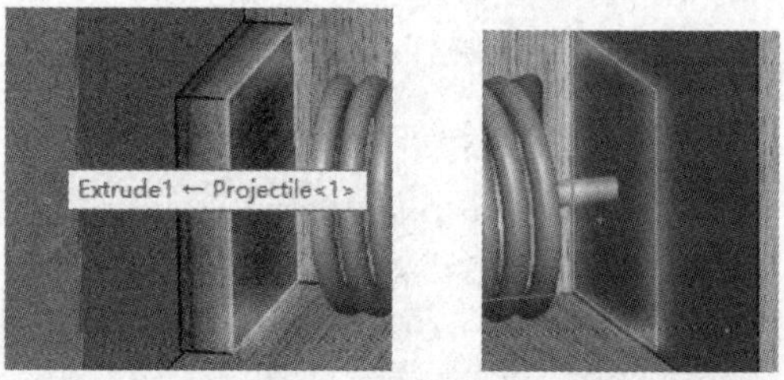

图 6-18 弹簧位置

图 6-19 定义弹簧

提示：在【显示】栏中输入的数值只用作图形参数。

步骤 18 计算。

单击【计算】按钮。当求解仿真时，弹体飞脱到空间，抛射器长臂没有发射，而且配重块也未保持水平。这是由于遗漏了一个关键要素——重力：【引力】。

步骤 19 添加引力。

单击【引力】按钮，指定引力方向为 *Y* 轴负向。单击【确定】按钮。

步骤 20 计算。

单击【计算】按钮。这一次，抛射器长臂被摇下直至装载位置，并被马达停留在原地，直到触发器将闸门打开，弹体在弹簧的作用下推至抛射器长臂。在 3.4 s 时马达停止工作，配重块在重力作用下摆动抛射器长臂并发射弹体。

步骤 21 马达力矩图解。

单击【结果和图解】按钮，使用【力】【马达力矩】及【幅值】定义该图解。在【旋转单元】中选择【旋转马达】，然后单击【确定】按钮。3 ~ 3.4 s 存在振荡，如图 6-20 所示。这一内容将在后续项目中讨论后处理，像这样的峰值一般都是近似的。

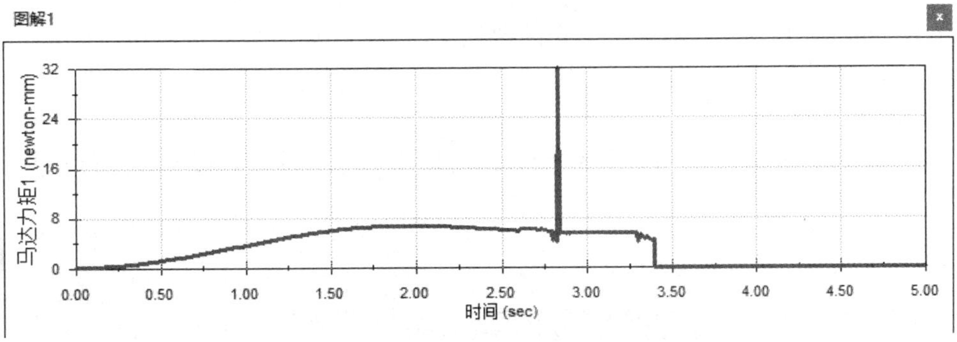

图 6-20 查看图解 1

步骤 22 弹簧位移图解

单击【结果和图解】按钮，使用【位移/速度/加速度】【线性位移】及【幅值】定义该图解。选择【线性弹簧 1】为【模拟单元】。然后单击【确定】按钮。

弹簧从 6 mm 伸长到 13 mm，如图 6-21 所示。在设定时，指定了弹簧不受压缩的长度为 13 mm。

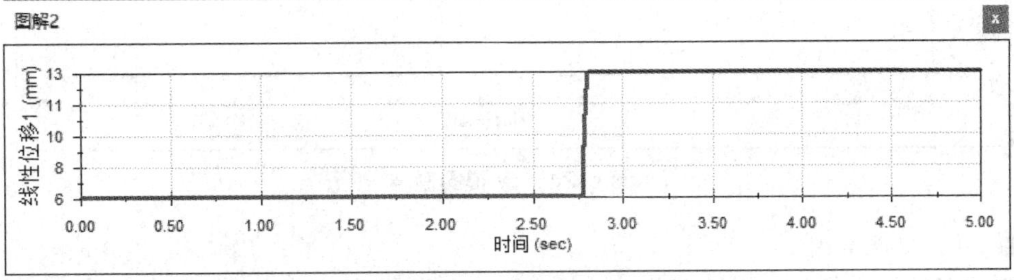

图 6-21 查看图解 2

步骤 23 弹簧速度图解。

单击【结果和图解】按钮，使用【位移/速度/加速度】【线性速度】及【幅值】定义该图解。这择【线性弹簧 1】为【模拟单元】。从图 6-22 中可以看到，弹簧的最高速度约为 92 mm/s。

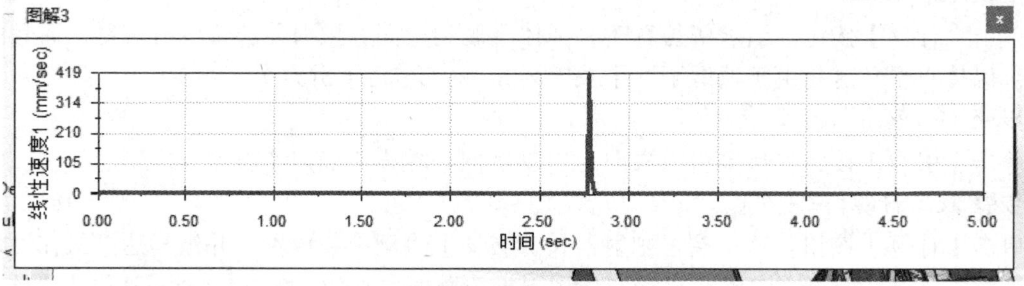

图 6-22　查看图解 3

步骤 24　弹簧弹力图解。

单击【结果和图解】按钮，使用【力】【反作用力】及【幅值】定义该图解。选择【线性弹簧 1】为【模拟单元】。然后单击【确定】按钮。

步骤 25　警告。

与前面任务类似，此处将弹出一个关于冗余约束的警告，如图 6-23 所示。冗余约束可能对配合力产生很大影响，我们将在接下来的课程中讨论。在这个机构中得到的结果是正确的，单击【否】。

步骤 26　检查图解。

从图解中可以看到最大的弹簧力为 1 N，还可以看到弹簧推动弹体的时间仅花费了 0.1 s，如图 6-24 所示。

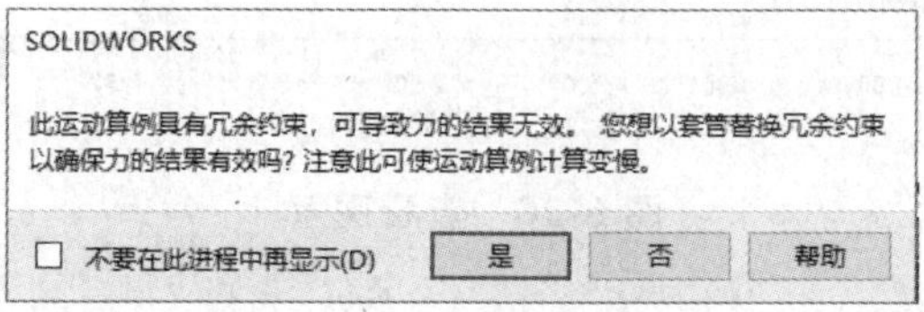

图 6-23　警告

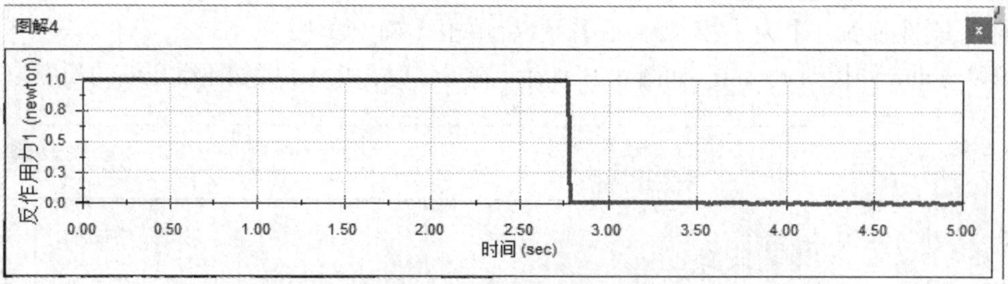

图 6-24　查看图解 4

步骤 27　复制算例。

复制现有的运动算例，并将其重命名为“Larger Friction”。

步骤 28　添加摩擦。

编辑包含弹体 Projectile 和弹匣 Projectile holder 的接触组，勾选【摩擦】复选框，保留材料【Steel (Dry)】的默认值。

步骤 29　运动算例属性。

单击【运动算例属性】按钮，将【每秒帧数】设为【100】。单击【高级选项】按钮，将【积分器类型】更改为【WSTIFF】。然后单击【确定】按钮。

步骤 30　运行仿真。

单击【计算】按钮。

步骤 31　动画显示结果。

单击【播放】按钮，可以发现由于增加了摩擦，弹体不会滑入抛射器长臂中，如图 6-25 所示。

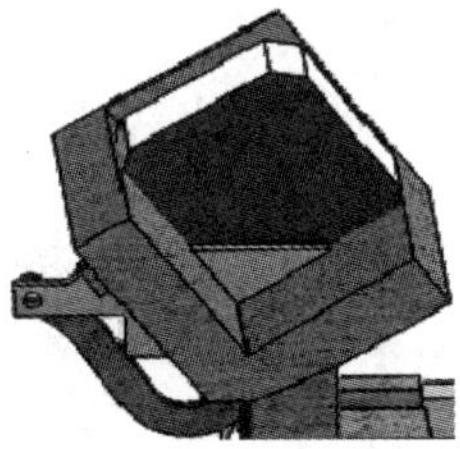

图 6-25　动画显示

步骤 32　保存并关闭文件。

任务 2　甲虫分析

步骤 1　打开装配体文件。

从文件夹中打开文件“Bug Assembly”。

该装配体包含一块平板和一个由两个薄片构成的机械甲虫。本任务试图通过腿部零件（Leg）的运动，使甲虫沿着平板移动。在躯体零件（Base）和平板的中心基准面之间存在一个【重合】配合，这保证甲虫可以沿着平板的中线持续移动下去。

步骤 2　查看文档单位。

依次选择【工具】【选项】【文档属性】【单位】，并确认在【单位系统】中选择了【MMGS（毫米、克、秒）】。

步骤 3　新建算例。

新建一个运动算例，确认选择了【Motion 分析】。

步骤 4　添加引力。

在 Y 轴负方向添加引力。

步骤 5　添加接触。

使用接触组，在 Plane 和甲虫的两个零件（Leg 和 Base）之间添加实体接触。在【材料】中选择【Rubber（Dry）】，不勾选【摩擦】复选框。

步骤 6　添加一个马达。

对腿部零件（Leg）处添加一个振荡的【旋转马达】。定义马达时选择图 6-26 所示的边线，设置马达以【5Hz】的频率和【30°】的位移进行移动。

图 6-26　定义马达

步骤 7 计算。

计算 2 s 内的运动，马达能够正确地振荡，但由于没有摩擦，甲虫未发生移动，如图 6-27 所示。

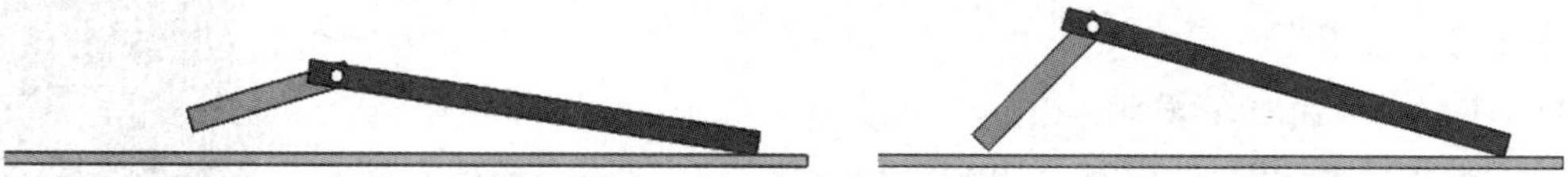

图 6-27 计算结果

步骤 8 添加摩擦。

编辑两个接触并勾选【摩擦】复选框，将【动摩擦因数】设定为指定材料【Rubber（Dry）】的值。勾选【静态摩擦】复选框并使用默认的数值。

步骤 9 重新计算。

计算 20 s 内的运动，由于添加了摩擦，甲虫将沿着平板移动。

步骤 10 保存并关闭文件。

任务 3 关门器分析

步骤 1 打开装配体文件。

从文件夹中打开文件“door”。

步骤 2 查看文档单位。

依次选择【工具】【选项】【文档属性】【单位】，并确认在【单位系统】中选择了【MMCS（毫米、克、秒）】。

步骤 3 新建算例。

新建一个运动算例，并确认选择了【Motion 分析】。

步骤 4 生成一个线性弹簧。

在 gas-piston 和 gas-cylinder 之间定义一个【线性弹簧】，使用图 6-28 所示的圆形边线。用户必须选择边线而不是表面，否则程序不会识别中心。弹簧必须与圆柱对齐。

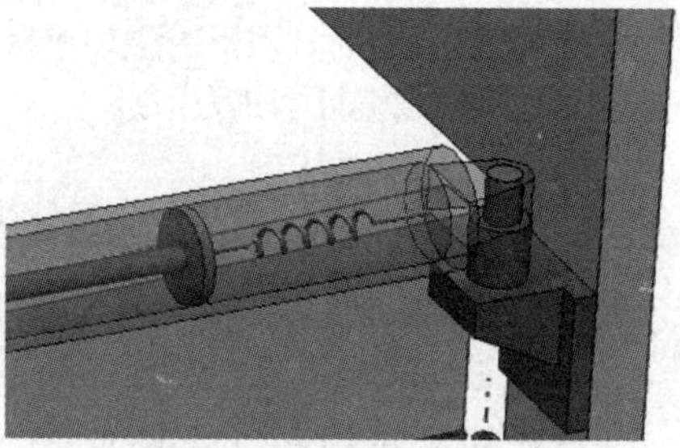

图 6-28 定义弹簧

将【刚度系数】设定为【1 N/mm】，【自由长度】设定为【180 m】。【阻尼常数】则使用【5 N/（m/s）】。在【显示】的 Property Manager 中输入合适的数值。单击【确定】按钮。

提示：可以更改一下关门器中 gas-cylinder 的透明度，以便于选取定义线性弹簧的内部零件。

提示：由于弹簧弹力会导致门突然关闭，使用阻尼则可以避免此事发生。

步骤 5 运算运动分析。

运算 40 s 内的运动。

步骤 6 图解显示门的速度。

生成一个图解，显示门（质量中心）的速度大小。注意到门穿过门框并完全停止前关闭得太快（约 24 s 内），如图 6-29 所示。我们不希望关门如此快速，而且也不想让门穿过门框并从反方向打开。为了解决这个问题，需要重新定义弹簧和阻尼常数。

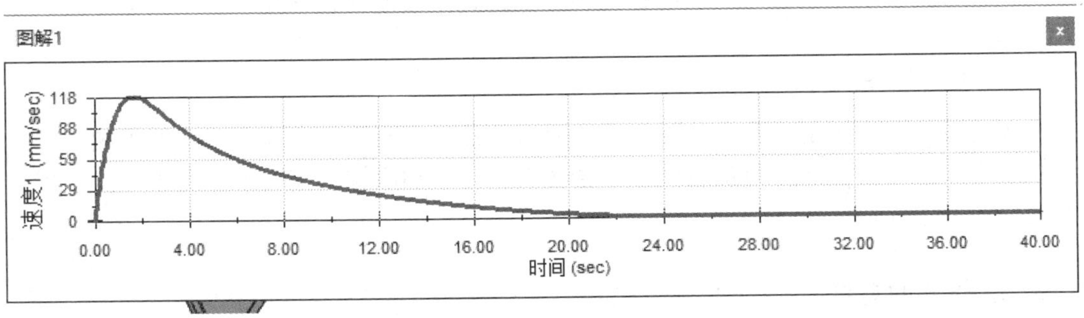

图 6-29　查看图解 1

步骤 7　复制算例。

提示：也可以简单地在刚生成的运动算例中修改这些常数。这里要对比两组常数设置的结果。因此，将复制初始的运动算例，并在复制的算例中进行修改。

步骤 8　重新定义带阻尼的弹簧。

将【刚度系数】的数值从【1.00 N/mm】提高至【2.00 N/mm】，将【阻尼常数】的数值从【5.00 N/（mm/s）】提高至【10.00 N/（mm/s）】。

步骤 9　计算运动分析。

计算并图解显示门的速度，如图 6-30 所示。

步骤 10　对比结果。

单击刚完成的任意一个运动算例，对比一下这两个算例的结果。可以观察到在第二个算例中，门关闭得要慢一些，而且在完全停止前没有穿过门框。

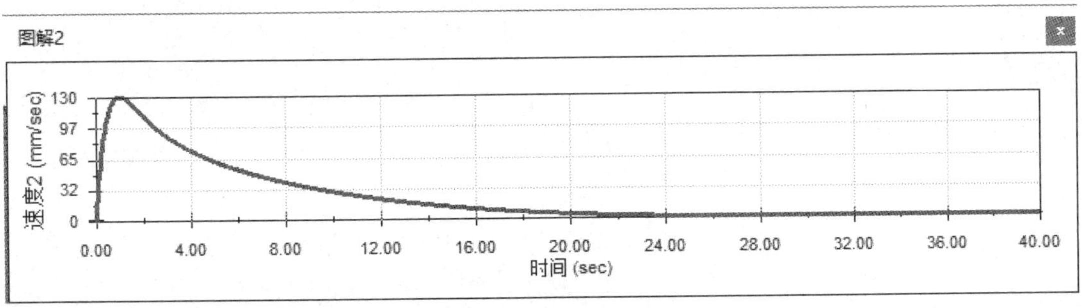

图 6-30　查看图解 2

项目总结

1. 任务 1 的总结

本任务分析了抛射器装配体，转动长臂至弹体可以装填的位置，然后释放长管以发射外体。还使用并详细讲解了下列特征：基于时间的干涉检查、弹簧和阻尼的定义、实体接触和接触组的定义。由于接触设置的参数是第 4 章的内容，本项目只介绍到定义带摩擦的接触这个步骤，还介绍和演示了静态和动态这两种摩擦，这个装配体还使用了多个齿轮配合。

2. 任务 2 的总结

在本任务中，分析了一个小装配体，主要目的是想观察摩擦对模型运动的影响。

在没有摩擦的情况下，甲虫装配体不会移动；在添加摩擦的情况下，更加贴近于现实，甲虫也会沿着平板持续移动。

3. 任务 3 的总结

在本任务中，分析了一个关门器的装配体，旨在通过练习定义弹簧和阻尼常数来模拟关门的运动，以找到最佳的弹簧和阻尼参数来使其缓缓关闭，且不会穿过门框。

结论：从两个仿真的数据来看，选择恰当的弹簧和阻尼常数，可以使门按预期关闭，不会产生突然关闭的现象。

项目 7

实体接触——锁装置分析

学习目标

（1）理解实体接触的定义及几何描述。

（2）掌握在分析实体接触时，使用表达式来指定力和马达大小。

（3）学会分析某些不正确解决方案或一个接触解决方法失败的原因。

（4）能够熟练使用替代的数值积分器。

重难点

（1）实体接触的定义及几何描述。

（2）使用表达式来指定力和马达大小。

项目描述

1. 锁装置

在这个装配体中，一个中心锁扣将用于固定住零件 Carriage，以免被弹簧顶开，如图 7-1 所示。

2. 问题描述

对于这个锁紧机构，需要确定：

- 当弹簧锁关闭时，弹簧杆和弹簧片所产生的接触力。

- 关闭弹簧锁需要的力。

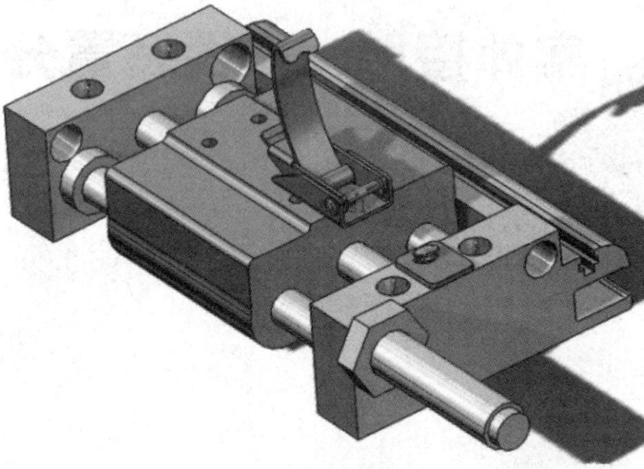

图 7-1　锁装置

知识准备

1. 接触力

本项目的学习目的是通过锁装置分析，熟悉实体接触的定义，并了解它们的限制，并在 SolidWorks Motion 中学会使用接触。通过利用各种表达式来指定位移和其他算例特征，可以获得弹簧锁被锁上时的接触力以及关闭弹簧锁需要的力。本项目中还将讨论接触力的精度。

（1）使用马达限定运动

取代附加配合的变换方法就是添加马达。虽然使用这个方法可能不会立竿见影，但我们将在这个运动模型中使用它。

使用一个马达来替换一个配合，原因之一是它并不会对运动模型带来更多约束，这有助于减少冗余约束的数量。

（2）马达输入和力输入的类型

SolidWorks Motion 允许用户以多种不同方式设置马达的输入。到目前为止，前面的大多数项目任务中使用了【等速】【距离】和【数据点】，此外还可以选择【表达式】【振荡】和【线段】。

【表达式】让用户定义一个轮廓，在各种数学函数的协助下支配马达运动。

（3）函数表达式

用户可以使用函数表达式来定义下列项目的输入大小：

- 马达。
- 力。

函数可以由时间或其他系统数据（例如位移、速度、反作用力）构成，也可以由各种有效组合构成，组合包括简单常数、运算符号、参数，以及诸如步进（STEP）和谐波（SHF）等可用的求解器函数。对于函数和相关语句的详细列表请参见在线帮助。

常用的函数及其定义见表 7-1。

表 7-1　常用的函数及其定义

函数	定　义	函数	定　义
ABS	绝对值（a）	MIN	a_1 与 a_2 的最小值
ACOS	反余弦（a）	MOD	a_1 除以 a_2 的余数
AINT	不大于（a）的最接近整数	SIGN	将 a_2 符号转移到 a_1 量值
ANINT	（a）的最接近整数	SIN	正弦（a）
ASIN	反正弦（a）	SINH	双曲正弦（a）
ATAN	反正切（a）	SQRT	a_1 的平方根
ATAN2	反正切（a_1，a_2）	STEP	平滑后的阶梯函数
COS	余弦（a）	YAN	正切（a）
COSH	双曲余弦（a）	TYAN	双曲正切（a）
DIM	a_1 与 a_2 的正差	DTOR	角度换算成弧度的换算因子
EXP	e 升至（a）的幂	PI	圆周率
LOG	自然对数（a）	RTOD	弧度换算成角度的换算因子
LOG10	以 10 为底的对数（a）	TIME	当前的仿真时间
MAX	a_1 与 a_2 的最大值	IF	定义一个函数的表达式

（4）力的函数

定义力时可以用到下列 6 种类型力的函数：

常量：设置一个常数。

步进：通过初始值、开始步长时间、最终值和结束步长时间定义一个步长。

谐波：通过幅度、频率、平均数和相移定义这个值。

线段：通过线性、多项式、半正弦或其他常用函数的线段组合来定义这个值。

数据点：从数据点的表格取得数值，并在此数据点之间进行插值得到一条样条曲线。

表达式：使用公式定义这个值。

2. 步进函数

步进函数表现了在给定数量（例如位移、速度\加速度或力的大小）的两个数值之间具有光滑过渡。在过渡前后，位移、速度或加速度的大小是常数。

例如，考虑如图 7-2 所示中的例子，其中：

d_0——位移的初始位值。

d_1——位移的最终位值。

t_0——开始步长的时间。

t_1——结束步长的时间。

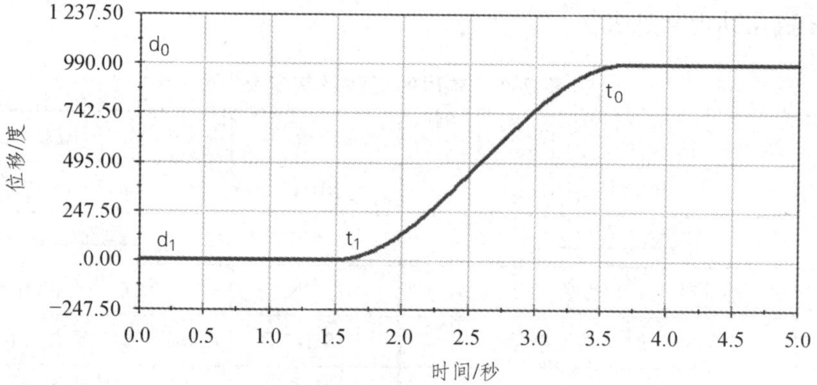

图 7-2　步进函数

3. 接触实体

接触被定义为发生在两个或多个实体间或两条曲线网（一个接触对）的。在定义实体之间的接触时，无论用户选择了实体的什么特征，其对应的实体都将被选定（并用于接触分析）。在求解过程中，软件将在每一帧计算零件干涉的边界框。

为了解 SolidWorks Motion 是如何处理接触的，首先必须重申这个模块的最初假定：所有参与运动仿真的零件都是刚体，接触条件用于模拟两个或更多碰撞零件（现实生活中并不坚硬）的撞击。几乎无一例外的是，所有冲击将产生相对高的速度，从而导致弹塑性变形，造成严重的局部应变，而且局部几何体（接触区域的几何体）也会发生显著变化。因此有必要使用近似方法。SolidWorks Motion 允许两个特有方法来定义接触参数：冲击模型（冲击属性）和泊松模型（恢复系数）。

1）泊松模型（恢复系数）

泊松模型（恢复系数）：基于对恢复系数 e 的使用，关系式定义如下：

$$v_2' - v_1' = e(v_1 - v_2) \tag{7-1}$$

式中：v_1、v_2——球体撞击前的速度；

v_1'、v_2'——球体撞击后的速度。

这个系数的边界值为（0,1），其中 1 代表完全弹性的撞击，即没有能量损失；而 0 代表完全塑性撞击，即零件在撞击后粘附在一起而且能量可能已经损失了，如图 7-3 所示。

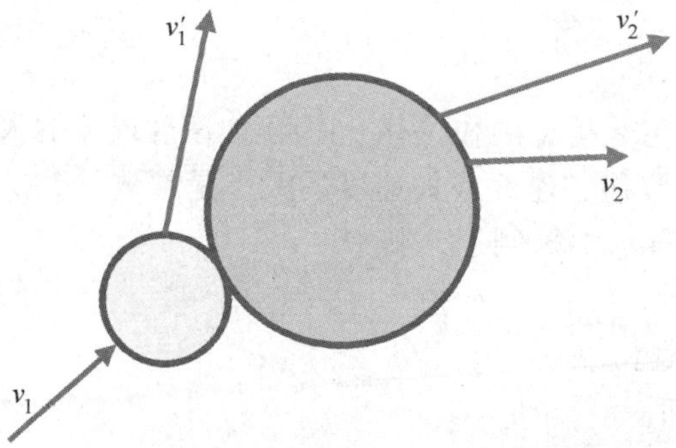

图 7-3　撞击模型

恢复系数与几何体有关，图 7-3 所示使用的球体只是用于演示目的。

泊松模型不需要指定阻尼系数（冲击模型的确需要将在后面进行讨论），并且对能量耗散计算准确。因此若关注仿真中的能量耗散时，推荐使用这种模型。同时，决定泊松模型的参数“恢复系数 *e*”比冲击模型更为直接。在很多情况下，可以使用标准化的方法来测量恢复系数（参考 ASTMF1887-98Standard Test Method for Measuring the Coefficient of Restitution（COR）of Baseballs and Softballs），或通过多种表格进行查找。

这个模型不适合持续撞击（在很长一段时间内撞击在接触的地方发展），持续撞击情况下应该使用冲击模型。

2）冲击模型

冲击模型（冲击属性）：SolidWors Simulation 中的冲击属性允许使用式（7-2）来计算接触力：

$$F_{\text{contact}}=k(x_0-x)^{\text{e}}-cv \tag{7-2}$$

式中：k——接触刚度；

e——弹力指数；

c——阻尼系数，$c_{\max}$ 为阻尼系数的最大值。

对于恢复系数而言，这些参数同时与材料和几何体有关，而且无法明显地在材料表中找到。下面将更为详细地描述冲击模型的参数。

（1）接触刚度 *k*

为了准确定义刚度，可行的方案是在 SolidWorks Simulation 有限元软件中创建一个接触配置，在冲击的方向上任意添加作用力并求解位移。之后便可以很容易地从力的大小和合位移中获得刚度。图 7-4 展示了在 SolidWorks Simulation 软件中两个球体的冲击划分网格的效果。

计算接触刚度 *k* 十分复杂，所以必须使用简化方法。

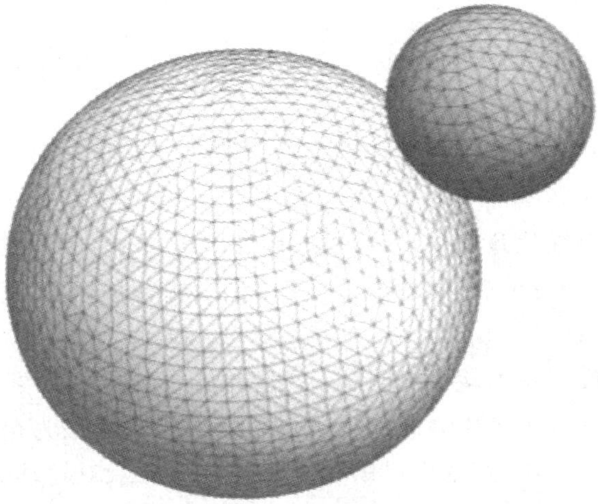

图 7-4 网格效果

（2）弹力指数 *e*

这个参数控制弹力非线性的程度。当 *e*=1 时，表明构建了一个线性的弹力。

（3）阻尼系数 c 和穿通度 d

当两个物体碰撞变形时，部分动能消耗在了塑性变形发热或类似的现象上。采用高级材料模型时，这些值近似地来自非线性动力学方法（例如上面关于两个球的问题）得到的结果。然而，这里必须要使用简化方法，假定阻尼系数（测量消耗能量的能力）从 0（冲击的开始时刻）增加到最大值 c_{max}，当满足特定的变形量时，将这个变形值称为穿透度 d。对任何大于穿透度 d 的变形，阻尼系数为常数并等于 c_{max} 最大阻尼系数 c_{max} 典型的值为接触刚度 k 的 0.1%～1%。

很明显，要想得到上述参数是比较困难的，因此必须引入有效的简化方法。上面得到的推论是，碰撞特征（冲击力、碰撞区域的加速度等）只能得到近似解，它们的准确只能借助更加高级的计算方法，例如，使用 SolidWorks Simulation Premium 非线性动力学模块的解决方案，但对计算而言要求很高。

需要注意的是：碰撞区域的冲击力和加速度这些术语代表接触开始的接触数值，在那里将产生极大的减速力，也就是冲击或碰撞。碰撞持续的时间通常非常短暂。一定时间之后，当冲击或碰撞的零部件相互接触且解决方案的动力学特征不再重要时，接触力是准确的，并可以通过 SolidWorks Motion 获取。本项目最后将演示这个环节。

总之，如果运动仿真的重要目的是获得冲击数据（冲击力、冲击区域的加速度等），则需要花费一定的时间来获取上述参数，或者必须使用更高级的分析模型。通常情况下，用户对冲击区域的精确结果不感兴趣，但是它们决定大系统的运动或动力属性，近似值将随后用于接触特征，同时也能得到系统运动学和动力学的精确结果。

为了帮助用户得到冲击属性，SolidWorks Motion 的接触库给出了一些接触材料配置（注意到几何体不需要明确定义）的近似值。如果用户使用的零件材料成分与库中的类似，则可以在接触中使用这些数值供参考。然而，如果需要得到更精确的冲击结果，则必须输入准确的冲击参数。

4. 接触的几何描述

SolidWorks Simulation 以两种特有的方式处理接触实体的几何体。

（1）细化几何体（3D 接触）

接触实体的表面被划分为多个三角形的网格单元来简化外形描述。网格的密度，也就是接触几何分辨率受控于算例属性中的【3D 接触分辨率】。因为这个描述非常有效，而且通常情况下也足够准确，所以细化几何体是系统的默认选择。但过于粗糙的描述可能产生不准确的结果，甚至或许会无法捕捉到接触，这也是本例中求解失败的原因。

（2）精确几何体（精确接触）

如果细化几何体的描述还不能解决问题（求解不充分或不能得到解），可以勾选【使用精确接触】复选框，系统将采用物体表面的精确描述。由于这是最为精确的描述，会占用较多计算资源，因此需要谨慎使用。如果用户接触实体的特征复杂或处理类似于点状的几何体时，请使用这个选项。

图 7-5 所示给定了两个不同水平分辨率下的细化几何体及一个精确几何体。

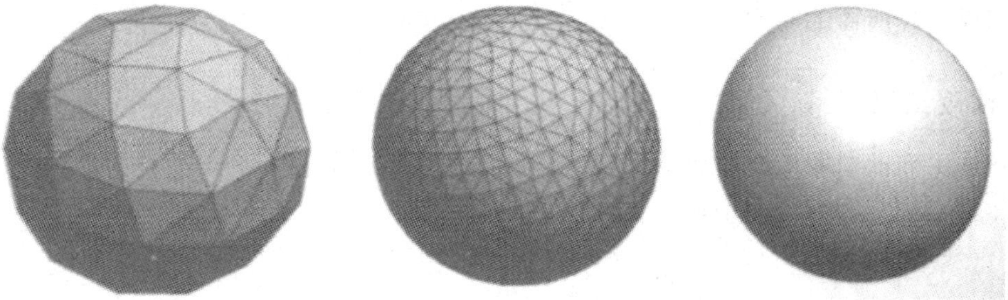

细化几何体　　　　精细几何体

图 7-5　几何分辨率

5. 积分器

一组耦合微分代数方程式（DAE）定义了 SolidWorks Motion 中的运动方程，这些方程的求解可以通过对这些微分方程进行积分而获得。求解的速度取决于这些方程中数值的刚度，方程的刚度越大，则求解越慢。

当高频和低频特征值之间范围很大时，在高频特征值过阻尼的情况下，一组常微分方程被定性为在数值上是刚性的。需要特殊有效的积分法来求解数值是刚性的微分方程，因为用于求解微分方程的常规方法运算效率低下且相当耗时。

SolidWorks Motion 求解器提供了 3 种刚性积分法来计算运动。

（1）GSTIFF

GSTIF 下积分器来自 C.W.Gear，它是变阶变步长的积分器也是 SolidWorks Motion 默认的求解器。当计算大范围运动分析问题的位移时，使用 GSTIFF 积分器是最快和最精确的。

（2）WSTIFF

WSTIFF 是另一个变阶变步长的刚性积分器，它与 GSTIFF 非常近似，两者都使用了向后差分的方程。唯一的区别在于 GSTIFF 中内部使用的系数是基于固定步长的假设计算而得，而在 WSTIFF 中这些系数是步长的函数。因此，在积分的过程中如果步长突然改变，GSTIFF 在求解过程中将有一个小的误差，而 WSTIFF 可以在不损失任何精度的情况下解决这个问题。因此，在 WSTIFF 中问题可以处理得更加顺畅。当存在不连续的力时，不连续的运动或诸如在模型中具有 3D 接触等突发事件时，步长都会突然改变。

（3）SI2

SolidWorks Motion 中提供的 SI2 积分器是 GSTIFF 的变体，该积分器可以更好地控制运动方程中的速度和加速度的误差。如果运动足够顺畅，SI2 得到的速度和加速度结果比用 GSTIFF 或 WSTIFF 计算所得到的结果要更加精确，甚至对于高频振荡运动也是如此。SI2 在小步长下的计算也更加精确，但是相当慢。

6. 失稳点

失稳点可以定义为下列情况，即自平衡的结构不会移动，但在任何一个方向的一次小扰动将会导致急速运动，而且在运动过程中，储存的弹性能量将快速转换为动能，这样的情况很难通过数学方法解决。这个点在解中是特定的，并且求解器也会考虑到这些问题。同时，请留意完成计算所需的时间。

7. 修改结果图解

在默认生成的图解中，*X* 轴表示仿真持续的时间，*Y* 轴表示在图中绘制的变量最大值的尺寸，然而，用户有时想以不同的尺寸来生成图解。

项目实施

1. 准备运动分析装配体

步骤 1　打开装配体文件。

打开文件“Full latch mechanism.SLDASM”。

步骤 2　检查装配体。

装配体包含有几个配合，但并不是所有零部件都有足够的配合，使得零件能够基于最终装配体的机械运动进行移动。零件 Carriage 与中轴具有同轴的关系，可以绕其转动。弹簧锁的 3 个零部件 Knurled Pin、Spring 和 Series Lever 在横向没有约束，如图 7-6 所示。

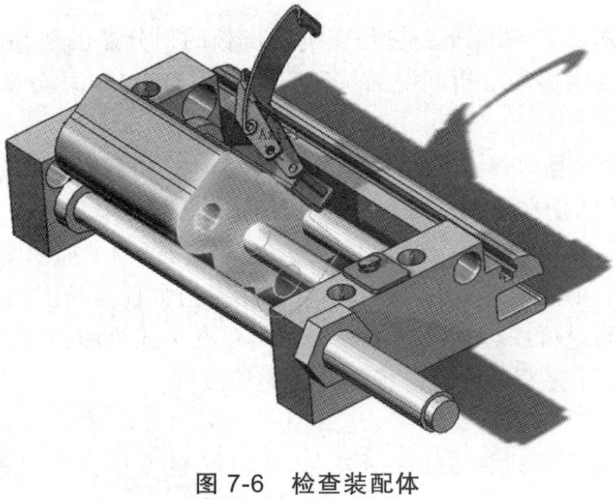

图 7-6　检查装配体

步骤 3　查看单位。

确定文档单位为【MMGS（毫米、克、秒）】。

步骤 4　新建一个运动算例。

将算例名称命名为“Latch Forces”，设置【分析类型】为【Motion 分析】。

步骤 5　对中锁头。

单击【配合】按钮。在不 Base 和 Series Lever 的前视基准面之间添加一个（重合）配合，如图 7-7 所示。这是一个本地配合。如果选择 Motion Manager 中的【模型】选项卡，则 Series Lever 还是可以移动的。

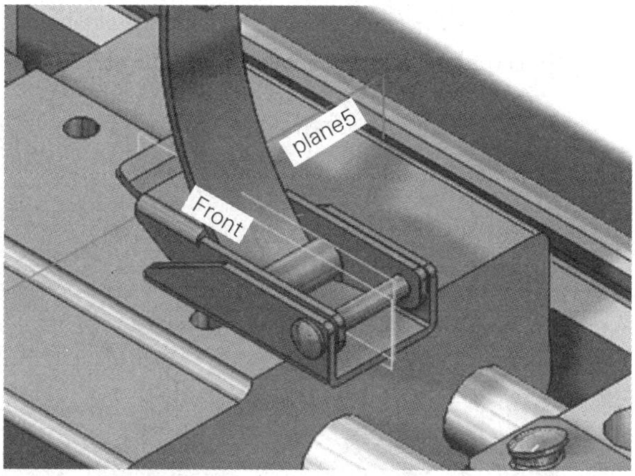

图 7-7　对中锁头

可以添加另外一个配合来约束 J_Spring 的运动。在下面几个步骤中，将练习一个变换方法，来约束自由零件的运动。

2. 运动分析马达设置

步骤 6　限制弹簧锁的线性位移。

单击【马达】按钮，在【马达类型】中选择【线性马达】，选择图 7-8 所示中的表面定义马达。在【运动】下方选择【距离】并设定为【0 mm】。

设置【开始时间】为【0.00 s】,【持续时间】为【3.50 s】，如图 7-8 所示。单击【确定】按钮。

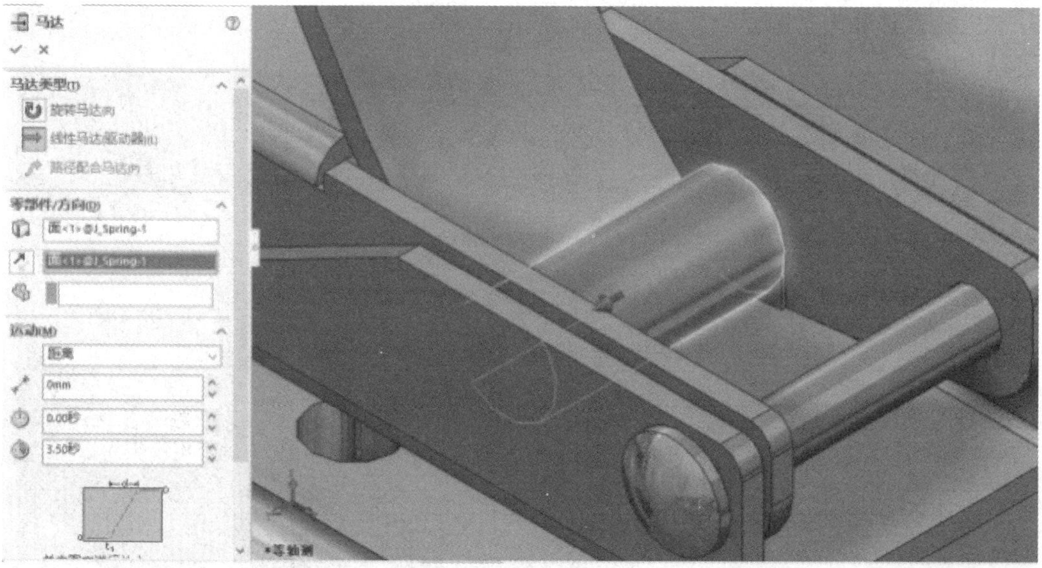

图 7-8　定义线性马达

步骤 7　限制 Carriage 转动。

单击【马达】按钮，在【马达类型】中选择【旋转马达】。选择图 7-9 所示中的边线定义马达。在【运动】下方选择【距离】并设定为【0°】。设置【开始时间】为【0.00 s】,【持续时间】为【3.50 s】。仿真将运算 3.5 s 内发生的动作，因此这个马达将在整个仿真中阻止 Carriage 转动，如图 7-9 所示。单击【确定】按钮。

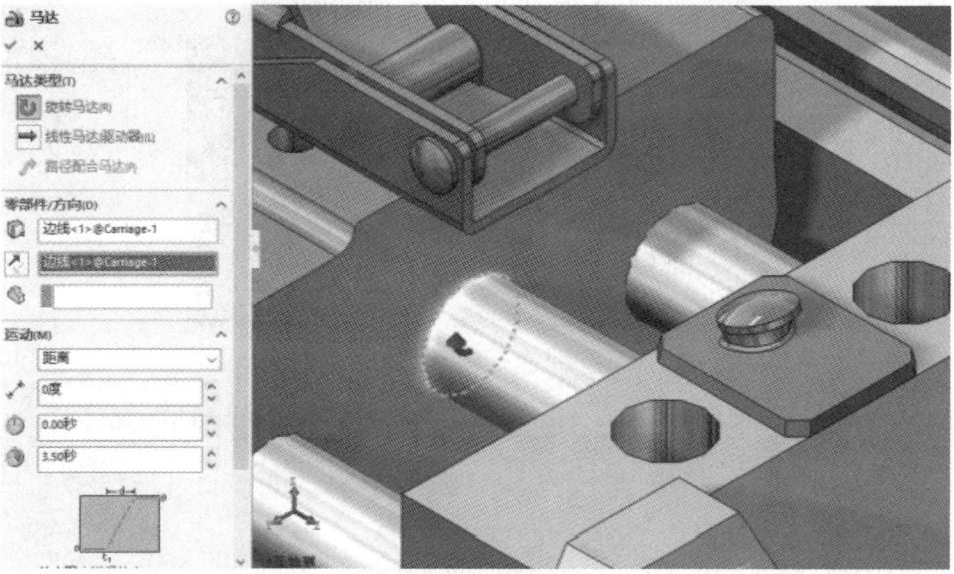

图 7-9　定义旋转马达 1

步骤 8　生成一个旋转马达以驱动弹簧锁。

隐藏 J_Spring，单击【马达】按钮。在【马达类型】中选择【旋转马达】，在【马达位置】或【马达方向】的任何一个选项中，选择 Series Lever 的 Axisl。这次运动将模拟人手操作 Series Lever 来进行开锁和闭锁的动作，如图 7-10 所示。

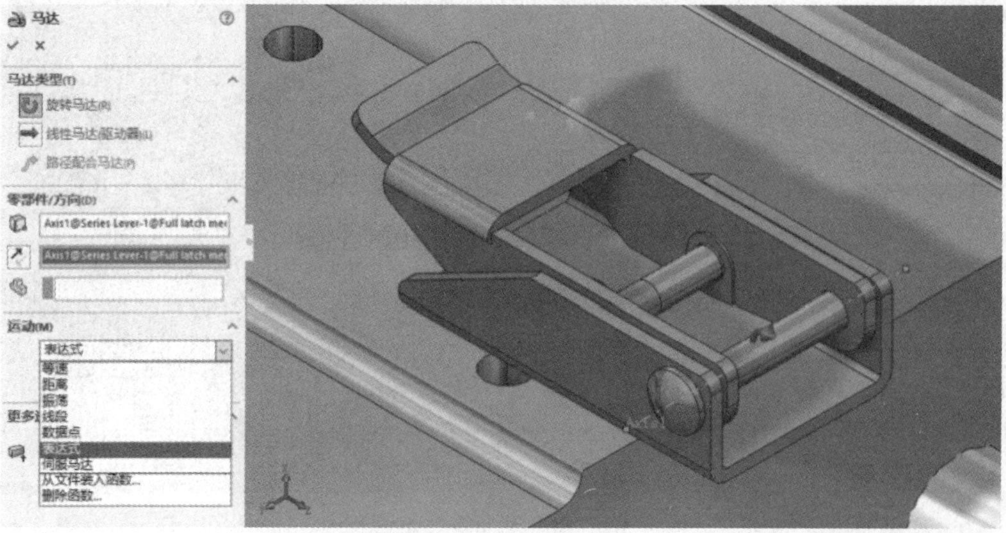

图 7-10　定义旋转马达 2

在【运动】区域选择【表达式】，该命令将开启【函数编制程序】对话框，如图 7-11 所示。

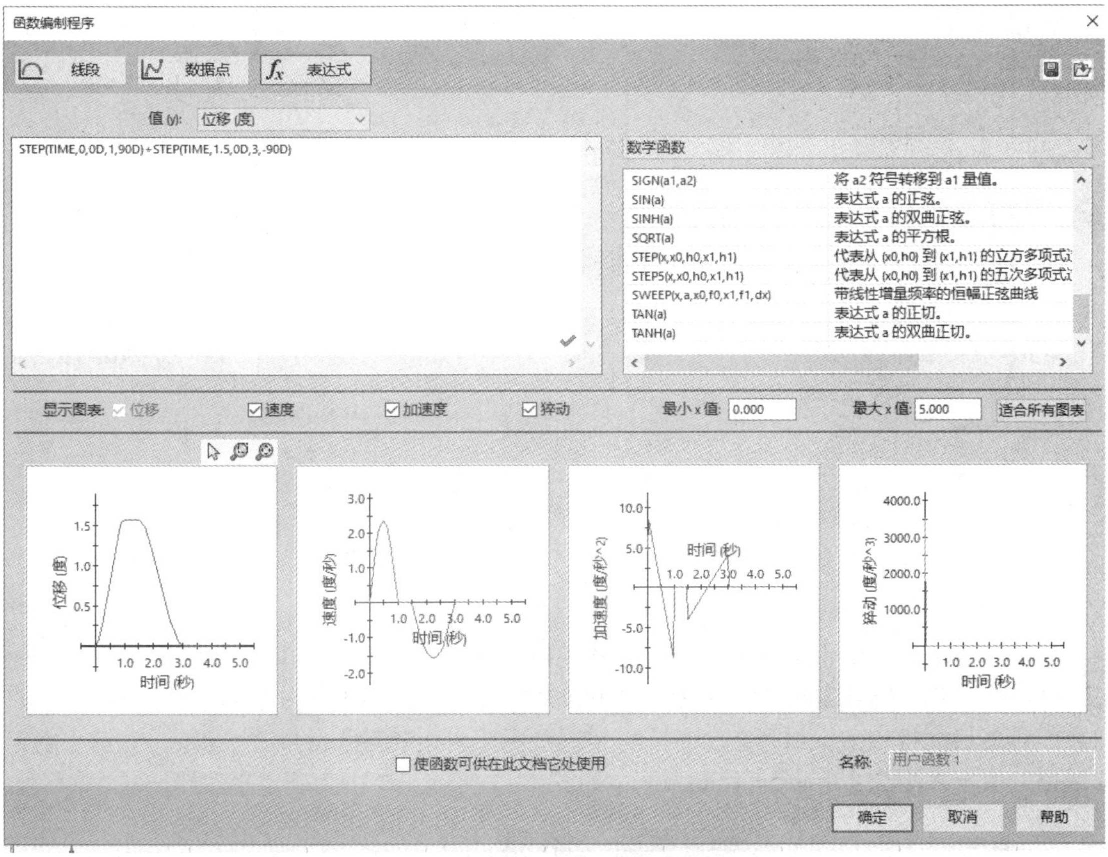

图 7-11 【函数编制程序】对话框

步骤 9 创建马达表达式。

在【函数编制程序】对话框中，确认选择了【表达式】按钮。输入类型处选择【数学函数】，双击【STEP（x，x_0，h_0，x_1，h_1）】，以插入该步进函数。修改这个函数表达式为【STEP（TIME，0，0D，1，90D）】，曲线如图 7-12（a）所示。

提示：变量 TIME 可以直接输入，也可以更改输入类型为【变量和常量】，并双击【TIME】。

提示：【函数编制程序】对话框将自动更新位移、速度、加速度和猝动的图解，如图 7-11 所示。在输入函数时，要用英文字符。

单击【确定】按钮，完成对表达式的定义并关闭【函数编制程序】对话框。单击【确定】按钮，完成对【马达】特征的定义。

提示：上面的表达式组合了两个步进函数。

第一个步进函数将使零部件 Series Lever 在 0 ~ 1 s 转动 90°，然后保持竖直的位置 0.5 s，直到 1.5 s。

在 1.5 s 处，添加了第二个步进函数，即在 1.5 ~ 3 s 将旋转位移改为 0。输入第二个函数表达式为【STEP（TIME，1.5，0D，3，－90D）】，曲线如图 7-12（b）所示。两个函数及其组合（Series Lever 的最终运动）表达式为【STEP（TIME，0，0D，1，90D）+STEP（TIME，1.5，0D，3，－90D）】，结果如图 7-12（c）所示。

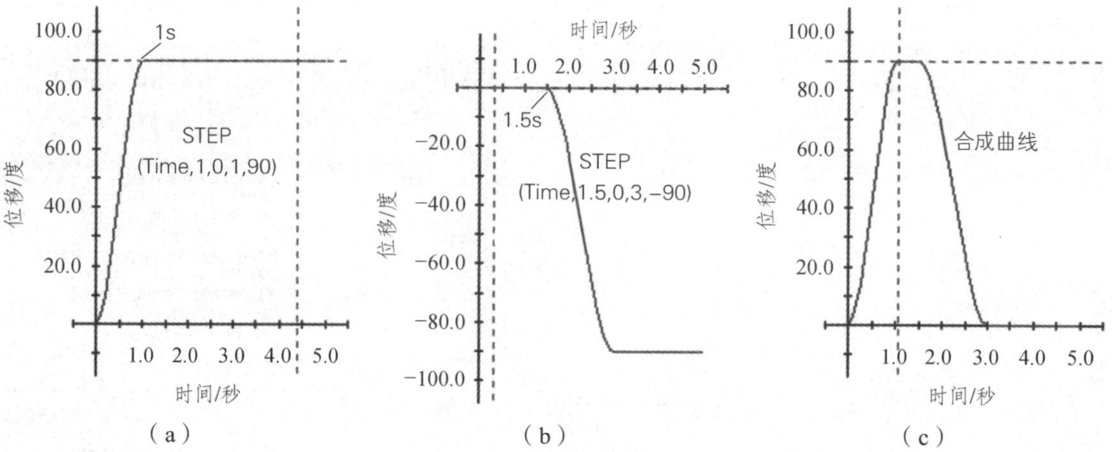

图 7-12　步进函数

3. 定义运动分析参数

步骤 10　定义弹簧和阻尼。

现在需要定义一个带阻尼的弹簧，以产生拉力将弹簧锁拉紧。单击【弹簧】按钮，选择【线性弹簧】，将【刚度系数】设定为【10.00 N/mm】，并在如图 7-13 所示的位置创建弹簧。弹簧的自由长度将自动添加到【自由长度】选项中。【自由长度】保持其默认值。勾选【阻尼】复选框，指定大小为【0.10 N/（mm/s）】，如图 7-13 所示。单击【确定】按钮。

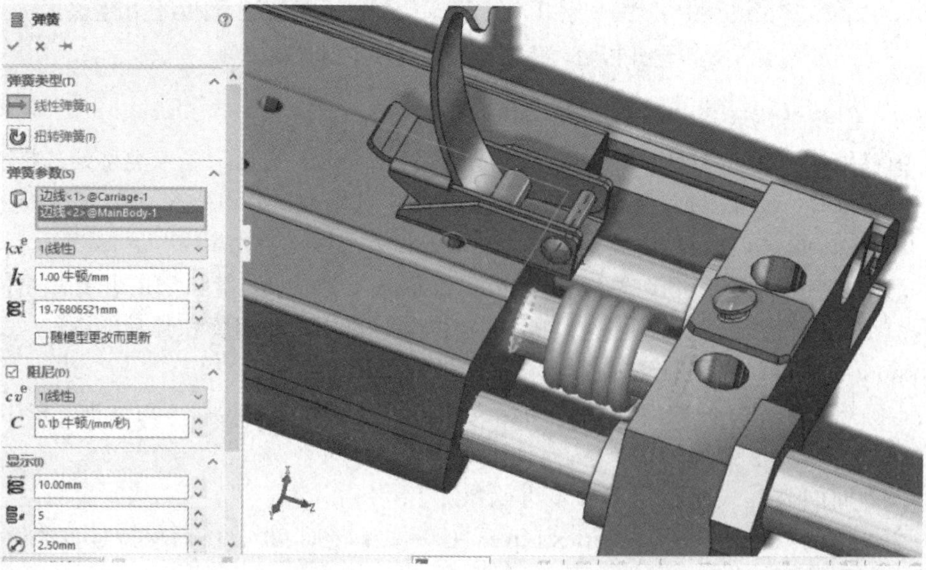

图 7-13　定义弹簧和阻尼

步骤 11　定义 latch 和 latch keeper 之间的接触。

单击【接触】按钮，在【接触类型】下方选择【实体】，选择锁片（J_Spring）、锁杆（Lever）和锁扣（Keeper）。

勾选【材料】复选框，允许让用户指定冲击参数。从两个材料的下拉列表中都选择【Steel

（Dry）】，保持【摩擦】复选框的勾选状态，并保留其默认值，如图 7-14 所示。

这里要模拟两个硬金属的撞击，使得冲击更加真实。上面已经讨论过，接触的弹性属性只是近似值，更真实的数值需要用到接触区域的解决方法（接触区域的可靠接触力和加速度）。单击【确定】按钮。

步骤 12 定义引力。

单击【引力】按钮，在 X 轴负方向定义引力，单击【确定】按钮。

步骤 13 运动分析属性。

单击【运动算例属性】按钮，确认【每秒帧数】设定为默认值“25”。在【运动算例属性】中，将【3D 接触分辨率】的滑块移至最左侧，即最低的分辨率设置，如图 7-15 所示。单击【确定】按钮。

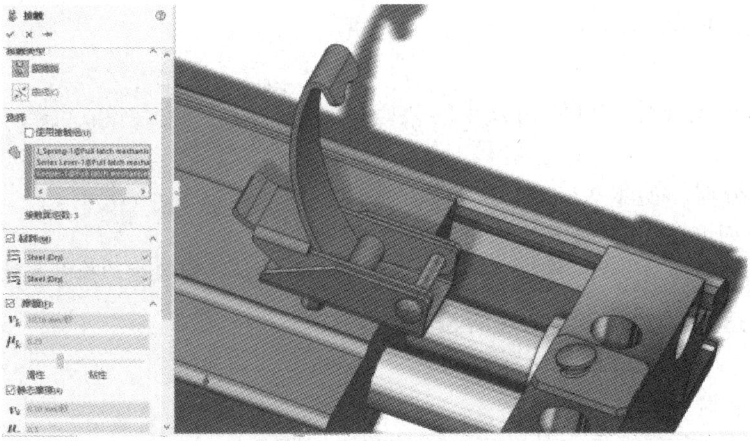

图 7-14 定义接触

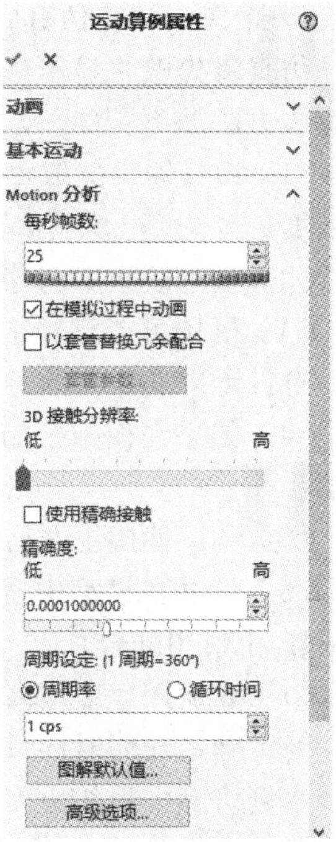

图 7-15 定义运动算例属性

提示：接触分辨率参数的讨论将在后面进行。用户可以设置不同的接触分辨率来查看其效果。

4. 运算 3.5 s 内仿真

步骤 14 运算 3.5 s 内的仿真。

拖动键码点至 3.5 s 处，点击【计算】按钮。

求解可能会过早失败，错误窗口将显示几条消息，这些内容会在后面的步骤中讨论。同时，如果求解器没有达到 3.5 s，则接触的结果可能不精确，如图 7-16 所示。导致这个结果的原因可能有以下几种：

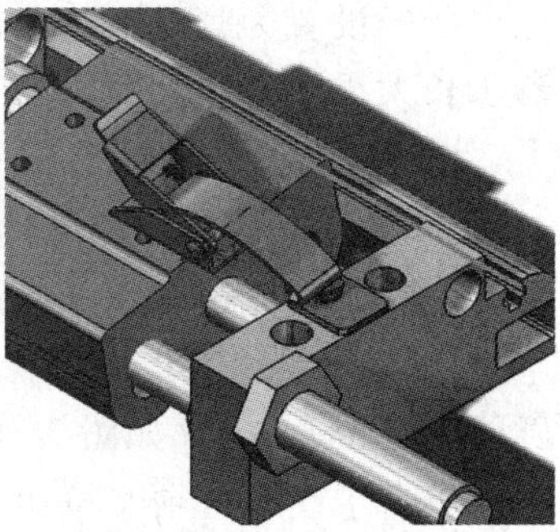

图 7-16 仿真报错

- 积分器（求解器）的时间步长太大，在这种情况下，可能还未检测到接触。
- 精度设置得太高或太低。
- 接触的几何描述不充分。

对本例而言，是最后一种原因导致了结果不正确。

5. 细化几何体

步骤 15 修改算例属性。

提高细化几何体的精度，单击【运动算例属性】按钮，移动【3D 接触分辨率】的滑块至最右侧，如图 7-17 所示。单击【确定】按钮。

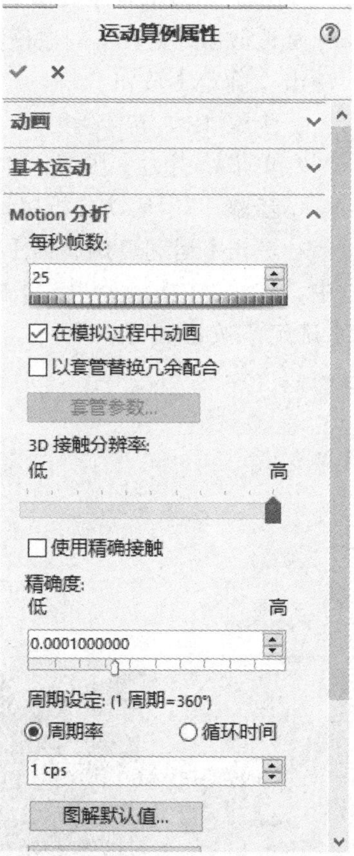

图 7-17 修改运动算例属性 1

步骤 16 运算仿真。

仿真将失败并显示“积分器没能收敛”，则可能出现的原因及解决方法如下：

（1）积分器没能取得指定的精度，降低 Motion 分析属性中的精度。

（2）如果模型中的零件快速移动，应经常评估雅可比值。

（3）机构可能已锁定。以不同的初始配置开始仿真或者更改马达设置以获得有效的运动。

（4）如果在模拟开始时就出现故障，可使用较小的初始积分器步长。

（5）尝试使用更严格的积分器，如【WSTIFF】。

（6）尝试在模型中避免激烈断续性，如突然运动变化、变化或启用/禁用配合。

（7）如使用速度极高的马达，可尝试降低马达的速度。

（8）确定任何时候只有一个马达在驱动某一零部件。

本例仿真失败的原因可能有两个：

第一个是条目 1，即求解器没有获得指定的精度，下面将尝试降低结果的精度。

提示： 由于使用了近似的接触表现方式，求解的失败可能源于欠收敛。

第二个是条目 2，如果零件移动得太快，雅可比值的检查应该进行得更频繁。因为雅可比值已经设置为其最大值，也可以通过在【运动算例属性】/【高级选项】中减小【最大积分器步长大小】来达到此目的。

由于求解不稳定而导致锁通过终点时，便宣告求解失败。

步骤 17 调节算例属性。

此时将降低精度，以便让求解器能够处理终点的解。单击【运动算例属性】按钮，设置【每秒帧数】为【200】，以保存更多的数据到硬盘上，勾选【使用精确接触】复选框。将【精确度】降至 0.001，如图 7-18 所示。

单击【高级选项】按钮，选择【积分器类型】为【WSTIFF】，并将【最大积分器步长大小】降至 0.0005，如图 7-19 所示。

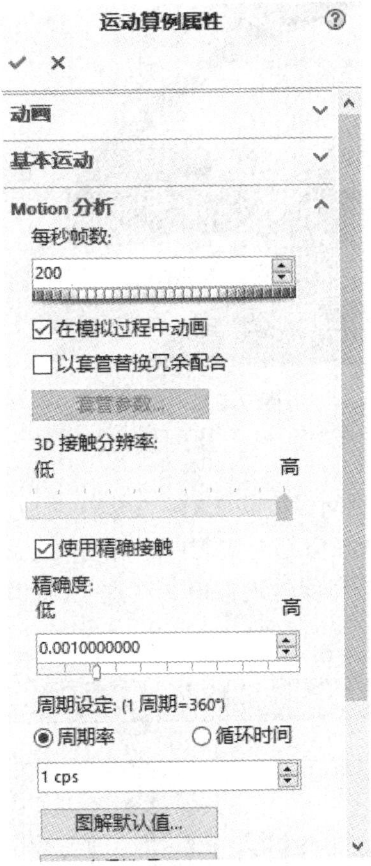

图 7-18　修改运动算例属性 2

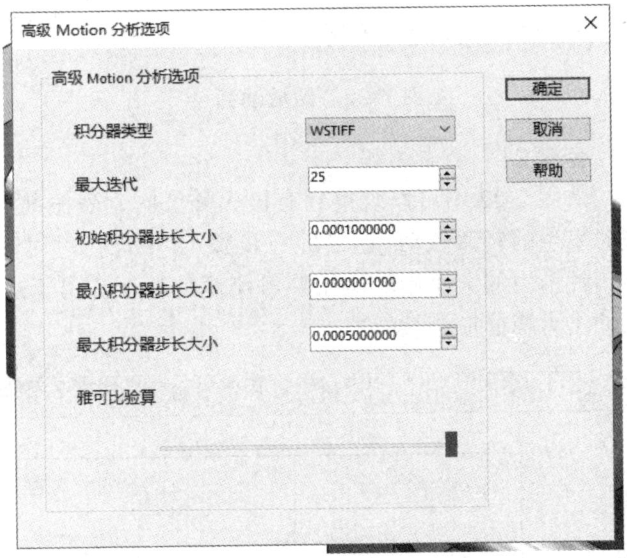

图 7-19　【高级 Motion 分析选项】对话框

单击【确定】按钮，关闭【高级 Motion 分析选项】对话框，单击【确定】按钮，关闭【运动算例属性】对话框。【精度】和【最大积分器步长大小】中的参数对接触解具有重大影响，而且应该在求解出错时首先修改。

步骤 18　运算仿真。

单击【计算】按钮，这次仿真将可以运算下去，但可能会花费几分钟才能完成。

步骤 19　播放动画。

播放动画并放大弹簧锁机构，当锁闭合时会有一个小的振动，这是因为所有能量还没衰减。在物理模型中这个现象不会发生，这个信号也表明可以提高这次仿真中的阻尼数值，以更为贴切地模拟真实的情况，如图 7-20 所示。

6. 修改图解结果

步骤 20　图解显示接触力。

图解显示锁杆和锁扣之间的接触力，单击【结果和图解】按钮，使用【力】【接触力】及【幅值】定义一个图解，如图 7-21 所示的样式选择两个表面。

技巧：为了便于选择表面，将时间轴移至如图 7-21 所示的零部件位置。

图 7-20　播放动画

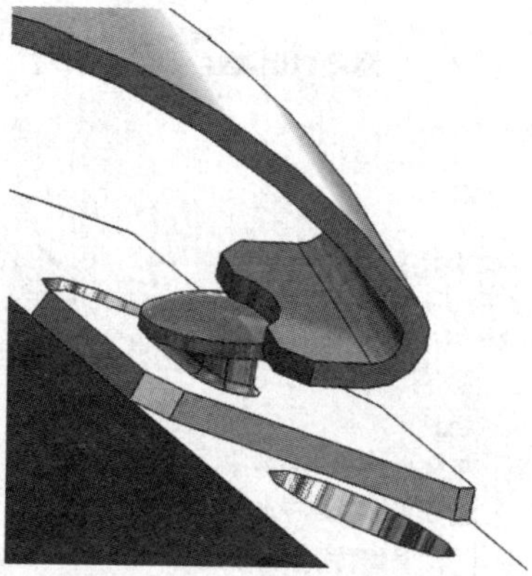

图 7-21　接触位置

步骤 21　查看图解。

从图 7-22 中可以观察到有极大峰值的剧烈振动。这个时间段（从 2.85 ~ 3.5 s）对应着闭锁时发生的轻微振动，这已经在步骤 19 中进行过讨论。每个峰值都对应着一个冲击（或碰撞）力，冲击力的大小则取决于接触刚度的特征。由于这些都是高度的近似值，在这个时间段内的冲击力峰值应当被忽略。

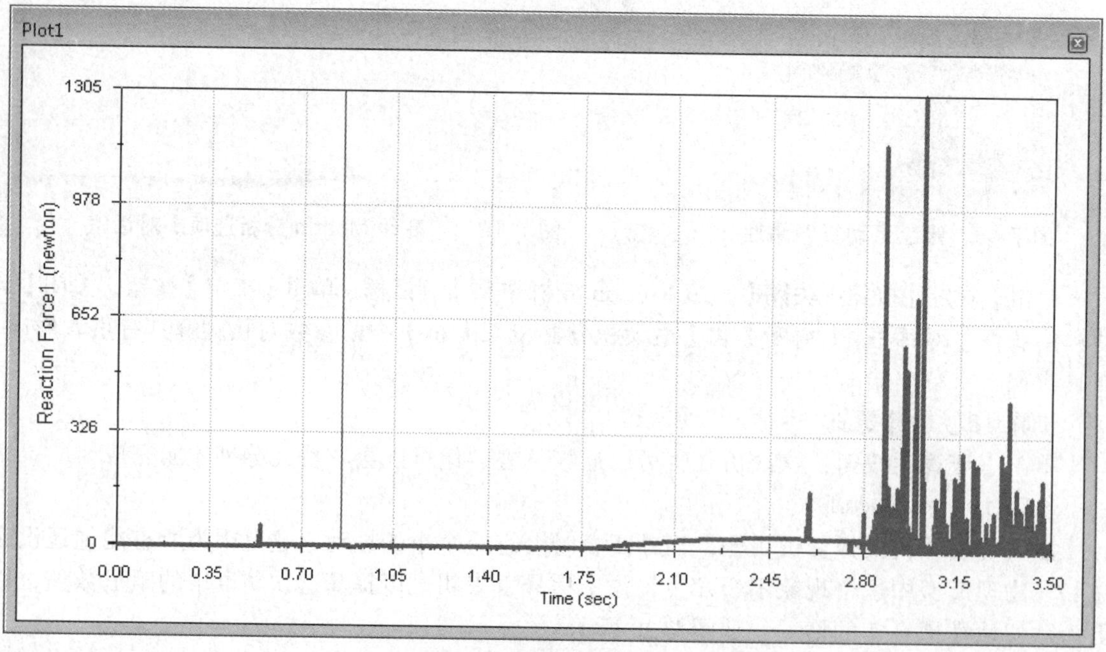

图 7-22　查看图解 1

图表属性：几乎所有图解的内容都可以更改，包括标题、背景颜色、轴的数据及标题。操作方法：在图解中右击时间并从弹出的快捷菜单中选择【图表属性】命令。

步骤 22　修改图解。

右击图解的 *X* 轴并从弹出的快捷菜单中选择【轴属性】命令，弹出【格式化轴】对话框，切换到【比例】选项卡，取消勾选【终点】复选框并在其右侧的文本框中输入“3”，以此作

为 *X* 轴终点，如图 7-23 所示。使用相同的步骤，将 *Y* 轴的最大值改为“150”。

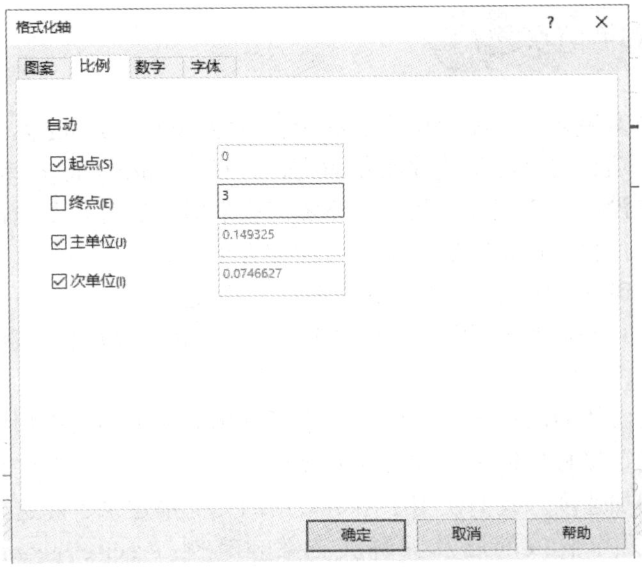

图 7-23　修改图解

步骤 23　查看结果。

我们在 0.5 s（点 1）处看到了一个顶点，即 Spring 触及 Carriage 的地方。由于这个顶点太过尖锐，而且这个例子中的接触力是一个冲击（或碰撞）力，我们不清楚这个数据到底有多高的精度。这就需要精确的接触弹性参数和更多的数据点来获得更高的精度，并更好地理解这个冲击力。

在 2.5 s（点 2）稍稍靠前的位置，当弹簧锁碰到中心锁扣时，可以看到最大的接触力约为 36 N。这个结果是可靠的，它对接触参数的依赖度远远小于点 1 处，如图 7-24 所示。

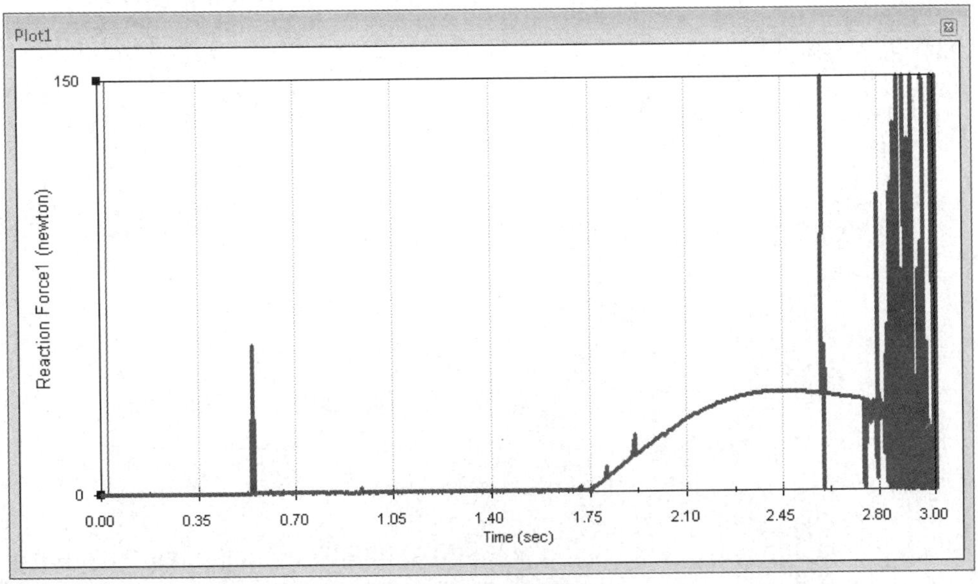

图 7-24　查看图解 2

项目总结

本项目分析了弹簧锁装置的闭锁操作。利用控制零部件 J-Sping 运动的马达，帮助用户模拟人手的操作。本项目的目的是获取闭锁的力，并得到 Spring lever 和 Keeper 之间的接触力。这个装配体最初没有完全定义，最终在添加配合和零位移马达的情况下完成了定义。在某物情况下，通过零位移马达来限定运动比添加配合更有好处，因为这时没有额外的自由度被移除（马达是添加到系统中的力，配合是移除定自由度的一个约束）。闭锁马达的数值（例如，模拟人手的动作）是通过包含数字函数的表达式完成的。本项目解释了所有可选的面数，其中重点介绍了 STEP 函数。

这个分析还涉及实体的高速接触，详细讨论了可选的两个冲击模型：泊松模型和冲击模型。项目还详细讨论了接触特征（参数及几何描述）的精度，以及某些结果数据的精度，即冲击区域的接触力和加速度。我们使用了两个可用的几何描述来运算这个分析：细分模型及精确模型，解释了几个收敛问题及其解决方案。算例 Precise geometry 还介绍了各种 SolidWorks Motion 仿真中提供的积分器，使用 WSTIFF 积分器来求解部分问题。

项目 8

曲线到曲线接触——槽轮机构

学习目标

（1）理解接触的定义和描述。
（2）掌握使用表达式来描述力和马达的大小。
（3）学会分析出现错误结果或接触求解失败时的原因。
（4）能够在分析曲线到曲线接触时使用其他积分器。

重难点

（1）接触的定义和描述。
（2）使用表达式来描述力和马达的大小。

项目描述

任务 1　槽轮机构认知

1. 工况说明

槽轮机构通常用在放映机上，使每一帧都曝光几分之一秒。该机构可以将主动轮的连续性变为从动轮的间歇性转动，如图 8-1 所示。

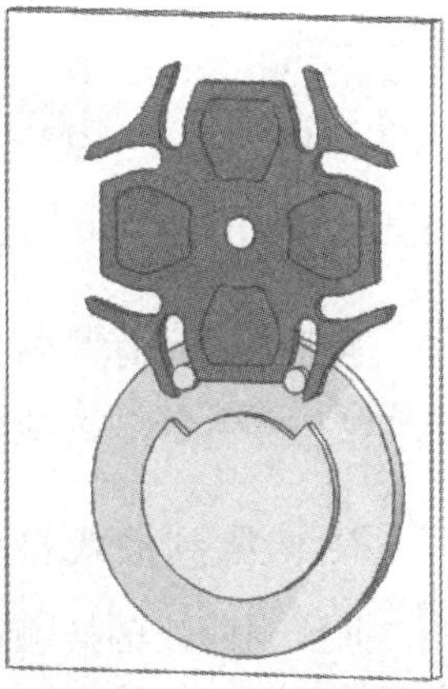

图 8-1　槽轮机构

2. 问题描述

对于槽轮机构，需要确定：

• 由驱动轮产生的接触力 *T*。
• 从动轮的转动随时间的变化。

任务 2　传送带（带摩擦的曲线到曲线接触）分析

1. 工况说明

本任务与前面案例使用的传送带模型是相同的，只是在前面两个练习中是使用实体接触进行求解的，而本练习将使用曲线与曲线接触进行求解，如图 8-2 所示。

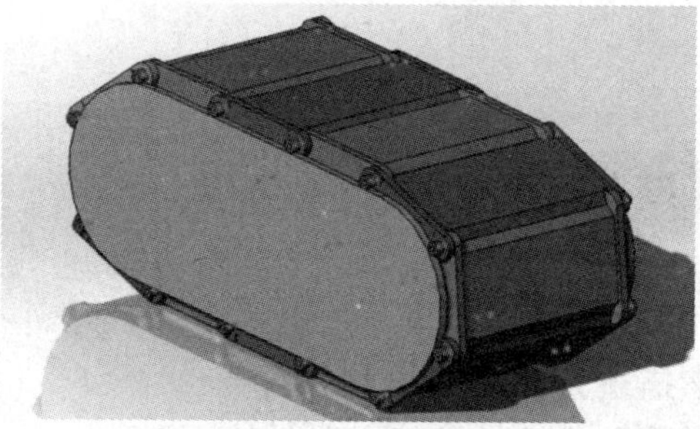

图 8-2　传送带

本任务将应用以下技术：
• 接触力。
• 函数表达式。
• 精确几何体。

2. 问题描述

在本任务中，将使用曲线到曲线接触来替代实体接触进行求解，并比较二者产生的结果。本任务的目标是使用函数控制一个力，进而将传送带的速度维持在 0.62 m/s。

1. 接触力

本任务的目标是熟悉曲线到曲线接触的定义，并以前面项目任务中所介绍的知识为基础，即详细讨论实体与实体接触的内容。

2. 曲线到曲线接触的定义

曲线到曲线的接触可以由两条曲线进行定义，它们中的任何一条曲线都可以是闭合环路或保持开环。曲线几何体被近似地表示为离散的点集，可以指定接触为持续的（不允许曲线分离）或间歇的（曲线可以发生分离）。

曲线到曲线的接触支持摩擦和两个接触模型，即恢复系数和冲击模型。

曲线到曲线的接触：用于定义两条曲线互相作用的方式。在接触定义中，可以控制实体之间的摩擦和弹性属性。

操作方法：在 Motion Manager 工具栏中单击【接触】，在【接触类型】中选择【曲线】。

3. 实体接触和曲线到曲线接触的比较

大多数接触问题最好采用实体接触进行求解，特别是当结果取决于作用在目标（动态系统）上的外力时。如果接触路径可以使用闭合组或开口曲线描述时，则可以使用曲线到曲线的接触进行求解，然而，如果用于定义接触的曲线包围了整个物体，特别是当它们又非常复杂时，实体接触可能仍然是好的选择。因此，上面讲到的槽轮机构仍然可以采用实体接触进行求解。

在项目的最后部分，我们将使用实体接触再次求解这个装配体。

项目实施

任务 1　槽轮机构分析

1. 曲线接触求解

步骤 1　打开一个装配体文件。

打开文件“stargeneva”。

步骤 2　查看装配体。

主动轮（driving wheel）和从动轮（driven wheel）靠两个铰链配合连接在底板（base）上，在这两个轮之间没有配合关系，它们之间的相互作用将借助曲线到曲线接触来处理。

步骤 3　验证单位。

确认文档单位设定为【MMGS（毫米、克、秒）】。

步骤 4　新建一个运动算例。

将算例命名为“curve to curve contact”。确认在 Motion Manager 工具栏中的【算例类型】处选择了【Motion 分析】。

步骤 5　从动轮和主动轮的接触 1。

在从动轮和主动轮左把手之间定义一个间歇性的曲线到曲线接触。单击【接触】，选择【接触类型】下的【曲线】，在【选择】下方单击【Selection Manager】按钮，选定【标准选择】，如图 8-3 所示。在主动轮中选择如图 8-4 所示的曲线作为【曲线 1】。切换【Selection Manager】至【选择组】设置，如图 8-5 所示。选择如图 8-6 所示的曲线，单击【相切】按钮。定义从动轮边线的相切闭合组将自动生成。

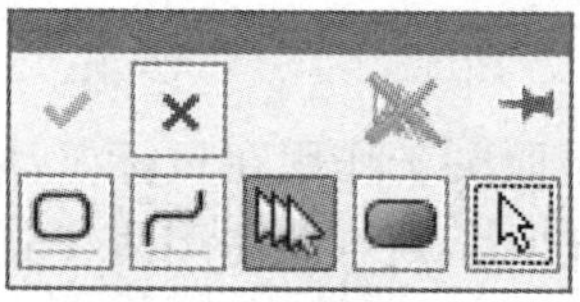

图 8-3　标准选择

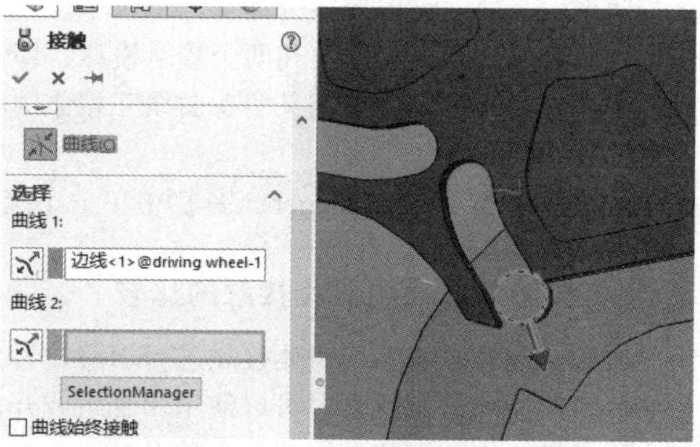

图 8-4　选择曲线

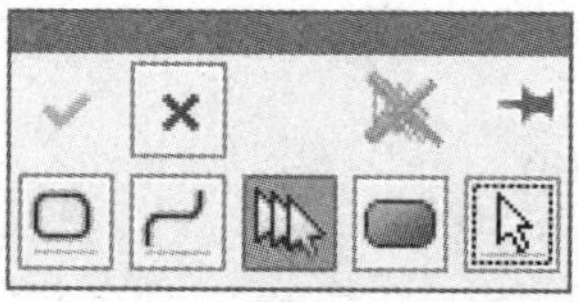

图 8-5　选择组

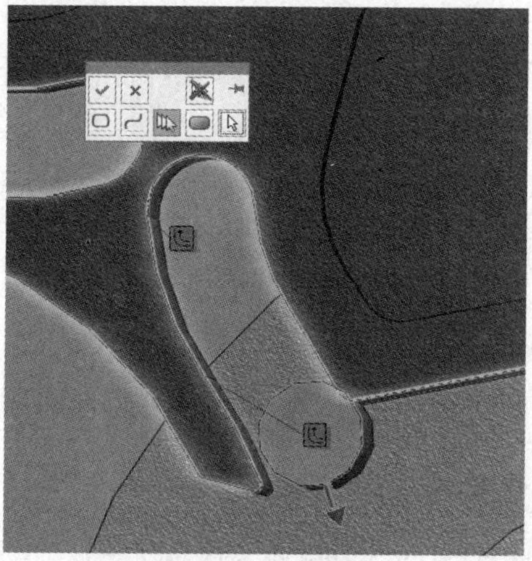

图 8-6　选择相切

在【Selection Manager】中单击【确定】按钮，结束选择过程，这将构建出第二条曲线，且闭合组也将显示在【曲线 2】中。在【材料】下方指定两部分材料都为【Steel（Dry）】。确定勾选了【摩擦】复选框并沿用了默认数值，如图 8-7 所示，确认在【曲线 2】选项中闭合组外法线的方向。曲线的方向可以通过【向外法线方向】按钮进行更改，单击【确定】按钮。

提示：一定要保证【曲线始终接触】复选框未被勾选，因为两条曲线只是间歇性接触。

步骤 6　从动轮和主动轮的接触 2。

按照相同的步骤，在图 8-8 所示的曲线之间指定一个间歇性的曲线到曲线接触，使用和前面步骤中相同的接触参数。

提示：必须确认曲线的朝向是正确的。

步骤 7　从动轮和主动轮的接触 3。

在从动轮的线段（如图 8-9 所示）和主动轮的闭合组之间继续定义间歇性的曲线到曲线的接触：使用和步骤 5 中相同的接触参数。

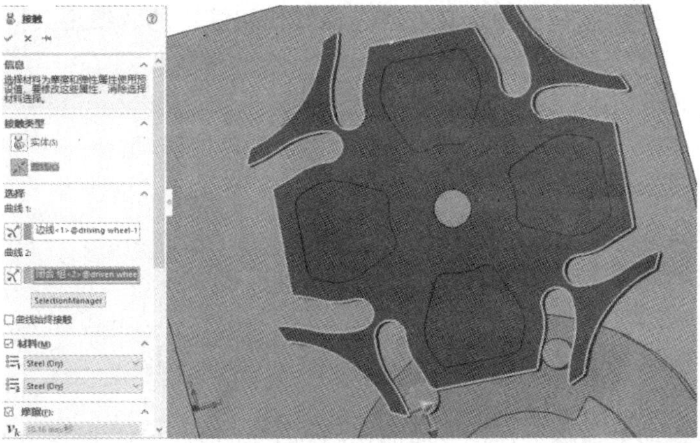

图 8-7　闭合组

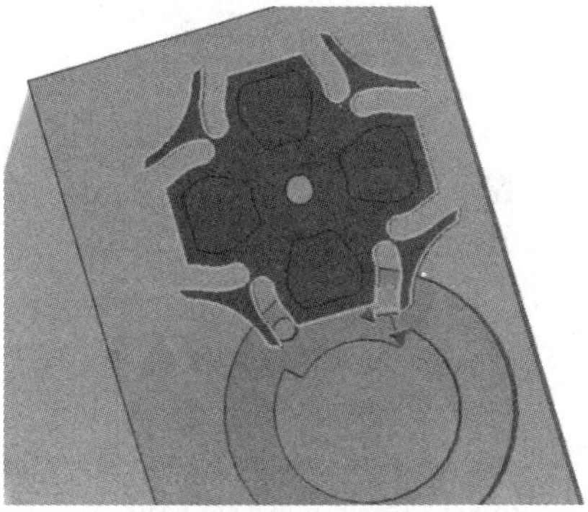

图 8-8　定义接触 1

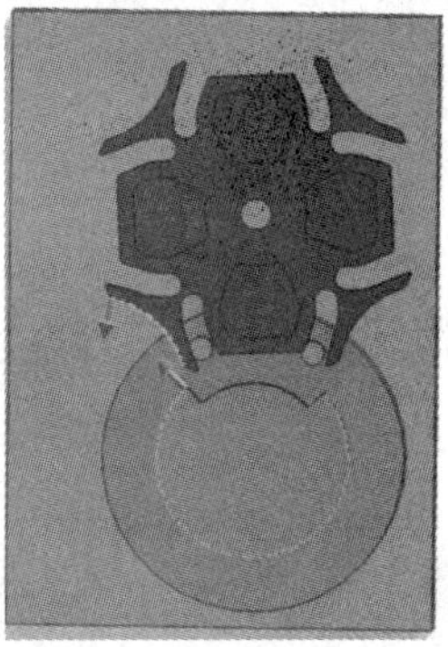

图 8-9　定义接触 2

提示：确认曲线的朝向是正确的。

步骤 8　从动轮和主动轮的接触 4。

在余下 3 个从动轮的线段（见图 8-10）和主动轮的闭合组之间定义间歇性的曲线到曲线接触。

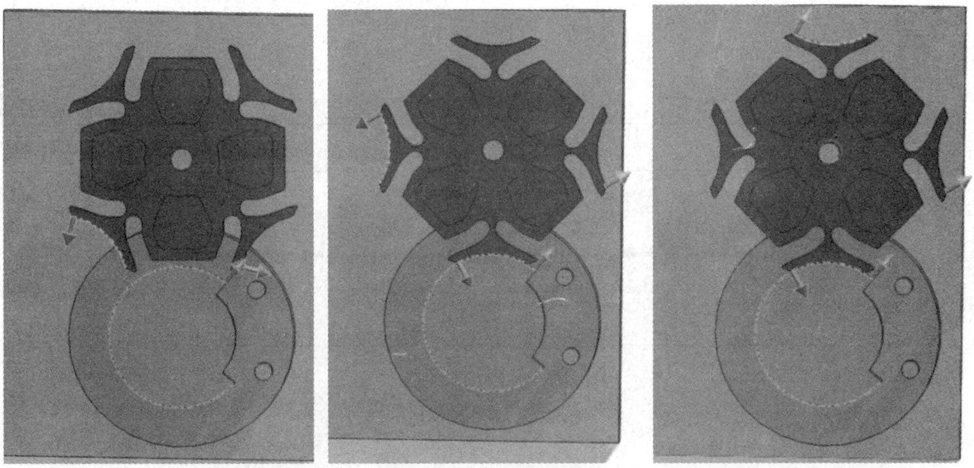

图 8-10　定义接触 3

提示：最后 4 个接触对有多种定义方法，最好使用简单的曲线定义接触，而不是使用一条非常复杂的曲线。

步骤 9 添加驱动马达。

对主动轮添加一个【旋转马达】，以 360（°）/s 的速度驱动。

步骤 10 运动算例属性。

设置【每秒帧数】为【100】，如图 8-11 所示。

注意：【3D 接触分辨率】选项只适用于实体之间的接触。

步骤 11 运行仿真。

单击【计算】按钮。

步骤 12 图解显示接触力。

图解显示从动轮和主动轮左把手之间的接触力，使用【力】【接触力】【幅值】定义这个图解。在选取域中，选择 Motion Feature Manager 中的条目【Curve Contact】，如图 8-12 所示。单击【确定】按钮。

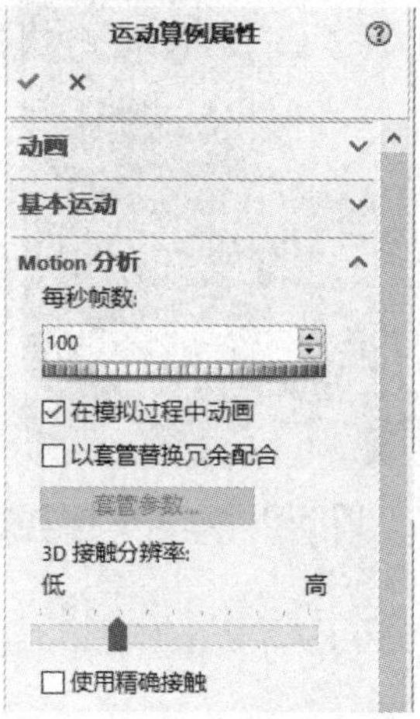

图 8-11 定义运动算例属性

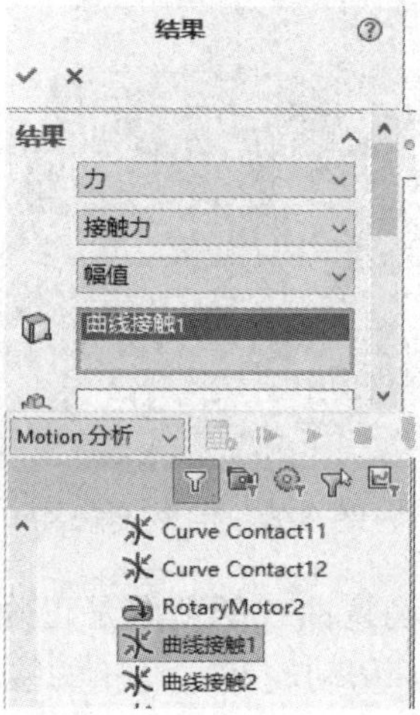

图 8-12 定义接触力图解

类似在实体接触中得到的接触力结果，曲线到曲线接触产生的接触力展现了多个尖点（这是来自接触刚度的近似值），因此应忽略，如图 8-13 所示。

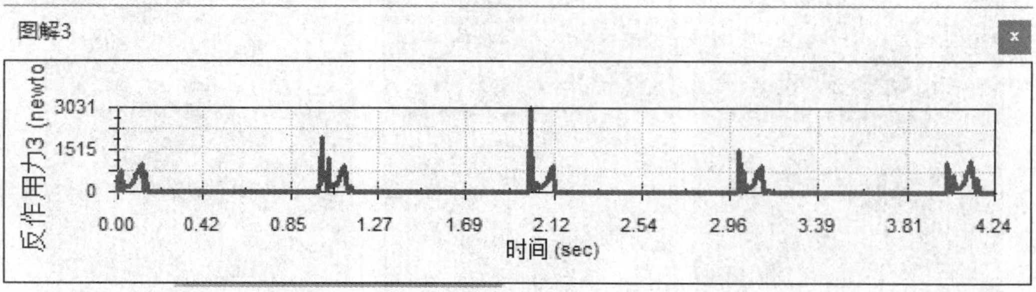

图 8-13 查看图解 1

步骤 13 从动轮的旋转。

图解显示从动轮旋转随时间变化的情况，如图 8-14 所示。

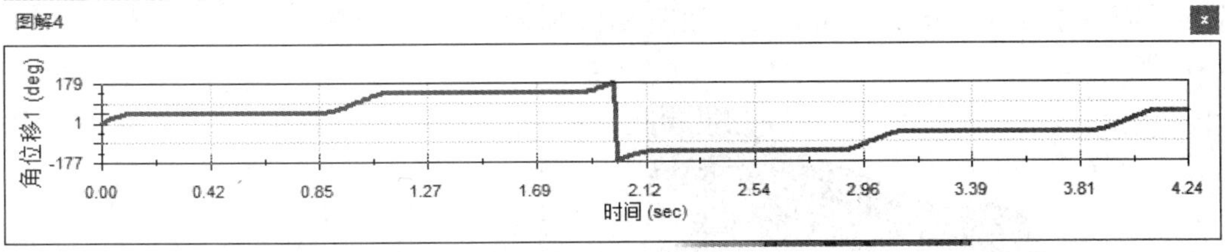

图 8-14 查看图解 2

上面的图解显示了从动轮输出的转速为 90（°）/s，或在 4 s 之内转动了 360°。

2. 实体接触求解

这里将采用实体接触求解这个装配体。

步骤 1 使用实体接触求解问题。

使用实体接触再次求解这个仿真，对接触指定合适的几何体描述。求解完毕后，请比较使用曲线与曲线接触和使用实体接触求解时所得到的结果的异同。

步骤 2 保存并关闭文件。

任务 2 传送带（带摩擦的曲线到曲线接触）

步骤 1 打开装配体文件。

打开文件“Conveyor Belt”。

这个装配体包含传送带（带摩擦）中完成的文件组，当时使用了实体接触来模拟凸轮相切的条件。

步骤 2 复制算例。

复制算例“Solid body contact”到一个新算例中，并将其命名为“curve to curve contact”。

步骤 3 删除所有实体接触。

步骤 4 曲线到曲线接触。

在每个轮的边界曲线和模型 conveyor-path 的左侧（在上一步中，实体接触被删除的同侧）边界曲线之间添加一个曲线到曲线接触。同样，这又将生成 12 个接触对。单击【接触】按钮，选择图 8-15 所示的两条边，可以运用【向外法线方向】来调整方向。在【材料】处选择【Steel（Greasy）】，保持静态和动态摩擦的默认数值不变。单击【确定】按钮。

步骤 5 检查力，如图 8-16 所示。

步骤 6 运动算例属性。

设置【每秒帧数】为【100】，在【高级选项】中选择【WSTIFF】积分器。

步骤 7 运行算例。

设置算例持续时间为 2 s。

步骤 8 播放动画。

以 25%的速度播放动画，观察传送带是如何运动的。

步骤 9 图解显示结果。

图解显示的速度大小，速度并不像之前一样线性地递增，这是因为摩擦力阻碍了输入力的作用，而且带接触的运动更加复杂，如图 8-17 所示。

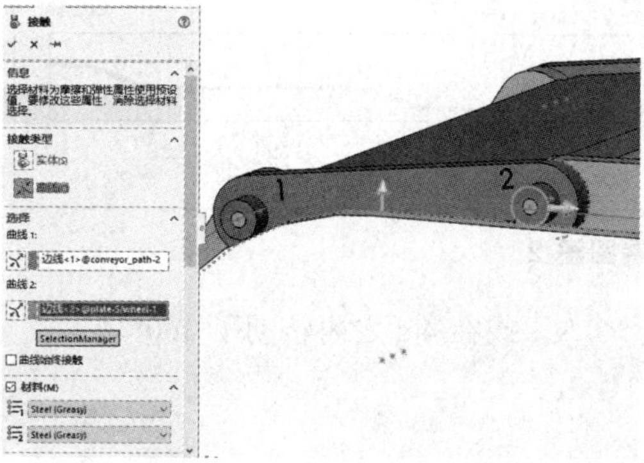

图 8-15　定义接触

图 8-16　检查力

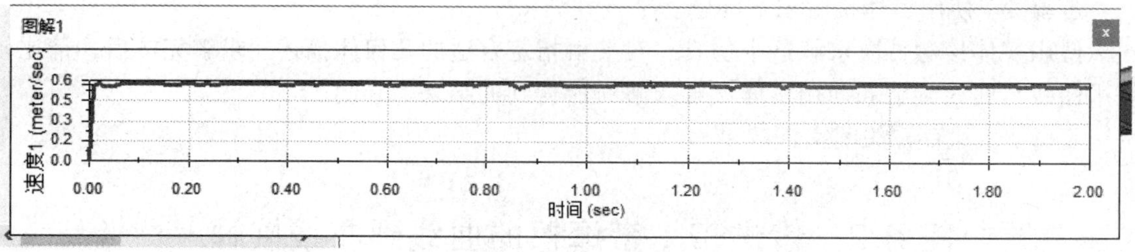

图 8-17　查看图解

步骤 10　保存并关闭文件。

项目总结

本任务在开始分析问题之前先介绍了曲线与曲线的接触，并最终在机构的各个部件之间定义了接触。曲线与曲线的接触可以选择开口曲线或闭合组曲线，而且可以得到使用实体接触模型相同的特征。

图解显示了从动轮转动时接触力随时间变化的结果，并进行了讨论。同时还演示并讨论了曲线与曲线接触中接触力的结果，产生的尖点则对应着多次碰撞，此时应当忽略碰撞情况的极值，通常可以提取出静态（或非碰撞）接触力。

最后讨论了实体接触和曲线与曲线接触的不同，以及如何正确选用。同时使用实体接触再次求解了这个问题，并进行了结果比较。

在实体接触求解任务中，我们借助实体接触求解这个问题，而在这个任务中，我们使用曲线到曲线接触进行求解。实践表明两种方法得到的结果是相似的。

项目 9

凸轮合成运动仿真

学习目标

（1）学会使用样条曲线控制马达。

（2）掌握生成一个点的跟踪路径以获取凸轮轮廓。

（3）学会使用凸轮轮廓生成一个 SolidWorks 零件。

重难点

（1）样条曲线控制马达。

（2）生成一个点的跟踪路径。

项目描述

任务 1　凸轮合成

本实例将根据输入从动件的一组位移数据来生成凸轮的轮廓，如图 9-1 所示。

图 9-1　凸轮

1. 问题描述

生成一个凸轮，确保从动件按照如图 9-2 所示的运动曲线。

2. 关键步骤

为了生成凸轮，需要遵循以下步骤：

（1）定义从动件的运动：可以依靠一组表格数据完成，并通过一个马达驱动从动件。

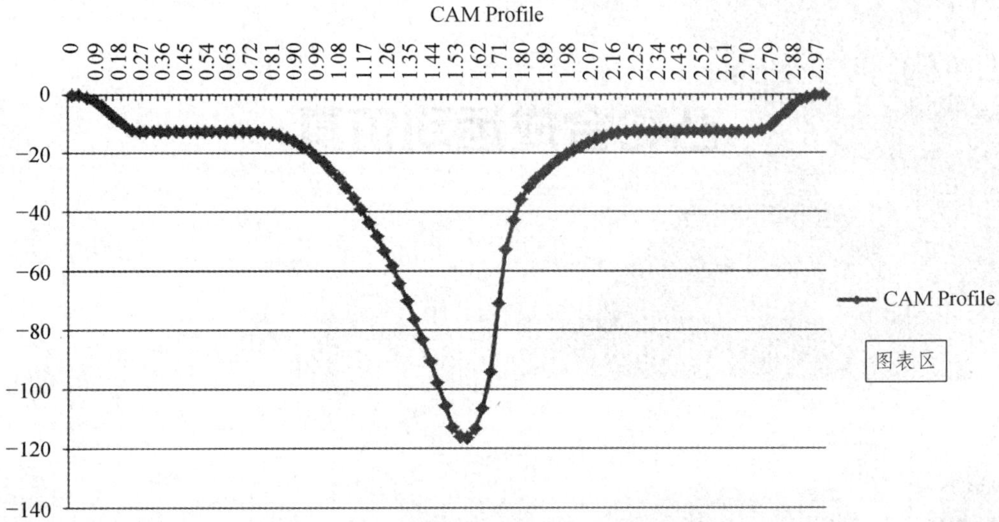

图 9-2 运动曲线

（2）生成跟踪路径：跟踪路径与凸轮曲面的外形要保证完全一致。

（3）将曲线作为草图输出到 SolidWorks，跟踪路径可以作为一条曲线输入到 SolidWorks。

（4）可当作草图使用。

（5）拉伸草图可生成凸轮。

任务 2 Desmodromic 凸轮

Desmodromic 凸轮可以使用各种机构在多个方向启动和控制，如图 9-3 所示。在下面的任务中，我们将先使用一个传统的扭转弹簧来创建一个简单的机构，然后再创建第二个凸轮来替换系统中的扭转弹簧。这时，机构只会由凸轮系统驱动。

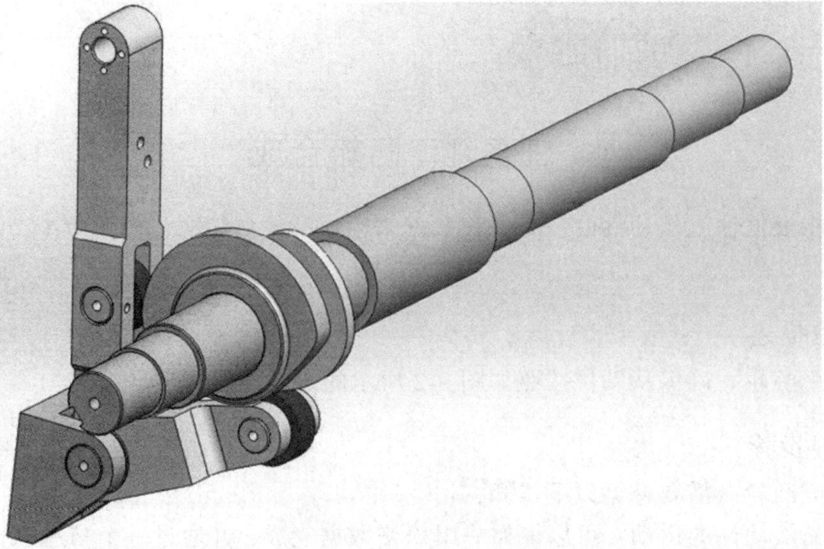

图 9-3 带凸轮模型

1. 关键技术

本任务将应用以下技术：

- 生成一个凸轮轮廓。
- 跟踪路径。
- 从跟踪路径生成曲线。

2. 问题描述

在这个任务中，我们已经设计了一个凸轮，可以驱动连接件按预期运动。当凸轮转动时，它将通过接触推动连接件逆时针方向运动，如图 9-4 所示。在本任务的第一部分，我们将对连接件应用一个扭力弹簧来保证接触。

图 9-4　运动轨迹

任务 3　摆动凸轮轮廓

1. 应用技术

在这个任务中，将生成一个多片凸轮，用于控制滑块的运动，如图 9-5 所示。齿轮在旋转过程中，牵附着一个传动盘和滑块固定板，如图 9-6 所示。

图 9-5　多片凸轮

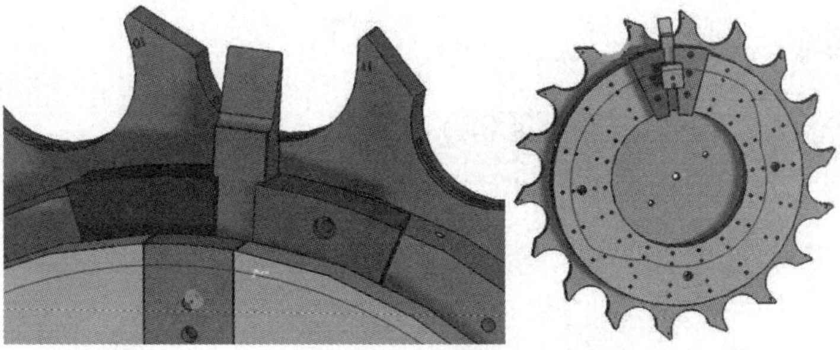

图 9-6　模型细节

在滚轴的作用下，滑块将在两个凸轮盘之间沿一条路径上下移动。该系统使得当内部的凸轮盘转动时滑块沿径向向外移动，当外部的凸轮盘转动时滑块沿径向向内滑动，如图 9-7 所示。

本任务将应用以下技术：

- 生成一个凸轮轮廓。
- 跟踪路径。
- 从跟踪路径生成曲线。

2. 问题描述

装配体以 8000（°）/s 的速度旋转。每转一周，滚轴将按照预先定义好的时间表径向移动，而这个时间表来自一个附加文件。从基于预先定义的运动路径生成凸轮，该运动路径源自一个单独文件，如图 9-8 所示。

图 9-7　零部件位置

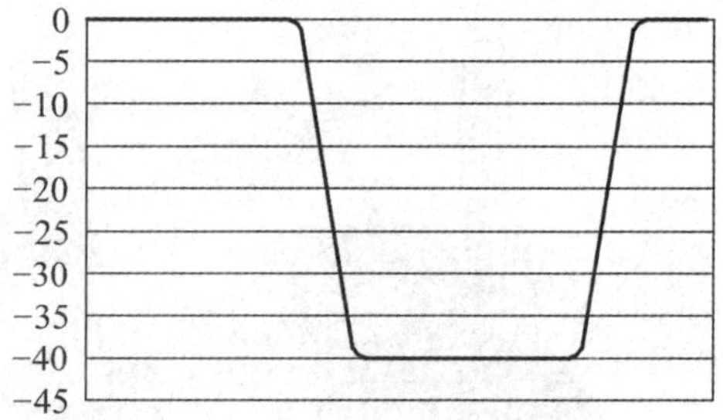

图 9-8　路径曲线

知识准备

凸轮：SolidWorks Motion 可以根据表格数据或输入诸如 STEP 等函数的方式来创建轮廓，可以通过运动驱动从动件，利用反向的操作，由从动件的运动生成凸轮轮廓。

项目实施

任务 1　凸轮合成

1. 算例准备

步骤 1　打开装配体。

打开文件“Cam Synthesis”，装配体包含一个未定义的凸轮及一个从动件，如图 9-9 所示。

步骤 2 验证文档单位。

确认单位被设定为【MMGS（毫米、克、秒）】。

步骤 3 创建一个运动算例。

将新的运动算例命名为“CAM study”。

2. 生成一个凸轮轮廓

当凸轮部件旋转 360°时，从动件的运动由路径轮廓指定，以便生成一个凸轮轮廓。我们将在接下来的两个步骤指定这两个环节。

步骤 4 定义一个驱动凸轮的马达。

添加一个旋转马达来驱动凸轮轴，给定速度为 120（°）/s。这将保证每 3 s 转动凸轮一次，如图 9-10 所示。

步骤 5 检查轮廓数据。

打开文件“CAM Input.xls”，其中包含凸轮从动件的 X 坐标及 Y 坐标，如图 9-11 所示。

图 9-9 凸轮

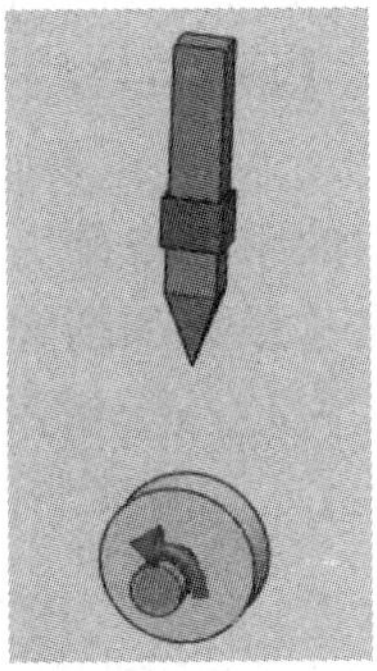

图 9-10 马达

	A	B
1	0	0
2	0.03	-0.22602
3	0.06	-0.90851
4	0.09	-2.06117
5	0.12	-3.70754
6	0.15	-5.88229
7	0.18	-8.55564
8	0.21	-10.6689
9	0.24	-12.0429
10	0.27	-12.659
11	0.3	-12.7001
12	0.33	-12.7
13	0.36	-12.7
14	0.39	-12.7
15	0.42	-12.7
16	0.45	-12.7
17	0.48	-12.7
18	0.51	-12.7
19	0.54	-12.7

图 9-11 轮廓数据

文件还包含一个根据该表格数据所产生的凸轮轮廓图解，查看后请关闭这个文件。

步骤 6 定义一个驱动从动件的马达。

在“Follower Guide”的顶面定义一个线性马达，确保定义的方向如图 9-12 所示，选择【数据点】，打开【函数编制程序】对话框，在【值（y）】中选择【位移（mm）】，在【自变量（x）】中选择【时间（秒）】，在【插值类型】中选择【Akima 样条曲线】。单击【输入数据】并选择文件“CAM Input. csv”。

图 9-12 马达方向

步骤 7 添加引力。

在 Y 轴负方向添加引力。

步骤 8 更改算例属性。

更改算例属性，设置【每秒帧数】为【100】。

步骤 9 运行算例。

设置算例持续时间为 3 s。

3. 跟踪路径

用户可以通过在【选取一个点】列表框中选择用于生成跟踪曲线的零件，如图 9-13 所示。

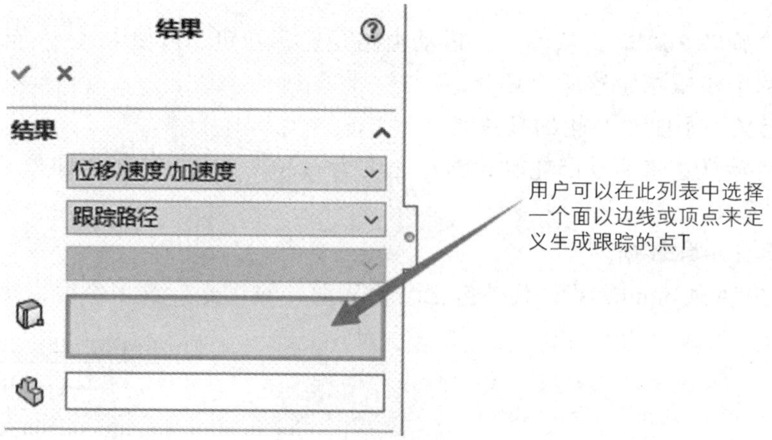

图 9-13 跟踪路径

用户可以随意选择一个参考零部件，定义跟踪路径的参考坐标系。默认的参考坐标系就是由全局坐标系定义的全局参考坐标系。【跟踪路径】选择【位移/速度/加速度】及【跟踪路径】，新建一个图解。

步骤 10 生成将用于定义凸轮轮廓的跟踪路径。

在 Motion Manager 工具栏中，单击【结果和图解】按钮，选择【位移/速度/加速度】和【跟踪路径】，选择 Follower-1 上的顶点来定义凸轮轮廓，选择 CAM-1 上的曲面来定义参考零部件，如图 9-14 所示。保持【定义 XYZ 方向零部件】为空，单击【确定】按钮。显示跟踪路径，如图 9-15 所示。

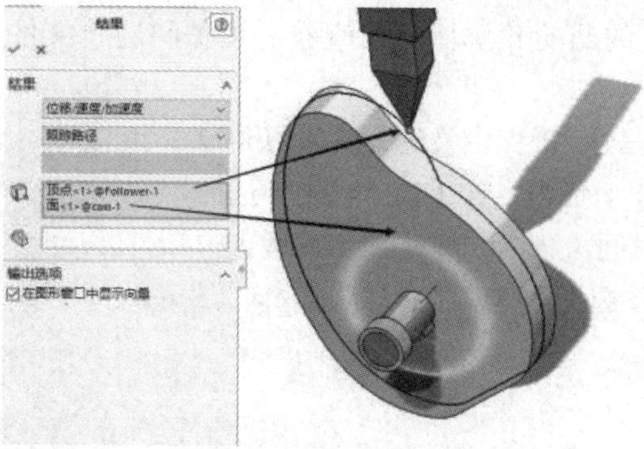

图 9-14 定义跟踪路径

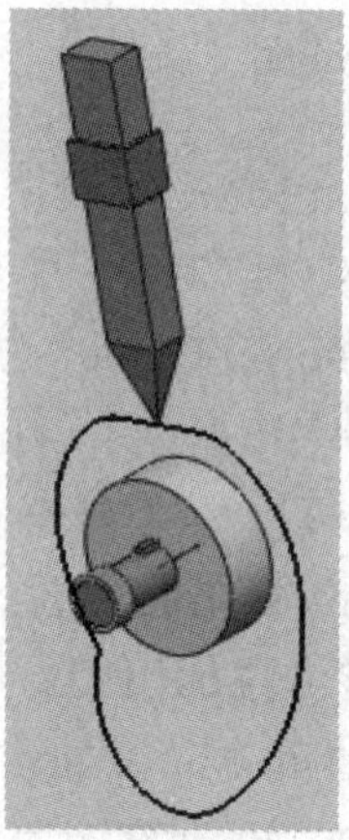

图 9-15 显示跟踪路径

请注意凸轮轮廓是如何生成的。现在将直接从 SolidWorks Motion 复制这个跟踪路径曲线到 SolidWorks 零件中。

4. 输出跟踪路径曲线

现在得到了凸轮的形状，就可以在 SolidWorks 中使用该路径来创建凸轮本身。跟踪路径曲线可以输出到 SolidWorks 零件中。

从跟踪路径生成曲线：跟踪路径曲线可以用于在 SolidWorks 零件中生成一条曲线，并建立几何体。这可以通过两种方法实现：

（1）在参考零件中从路径生成曲线

如果已经存在一个零件，跟踪路径曲线可以直接输入到这个已经存在的零件中。

（2）在新零件中从路径生成曲线

如果还没有生成一个零件，则可以直接使用这个命令完成。

操作方法：在 Mation Study 设计树中，右击 Results 文件夹下的【跟踪路径】图解，从弹出的快捷菜单中选择【从跟踪路径生成曲线】命令。

步骤 11 复制跟踪路径曲线到 SolidWorks 零件。

右击 Results 文件夹下的【跟踪路径】图解，从弹出的快捷菜单中选择【从跟踪路径生成曲线】【在参考零件中从路径生成曲线】命令，如图 9-16 所示。

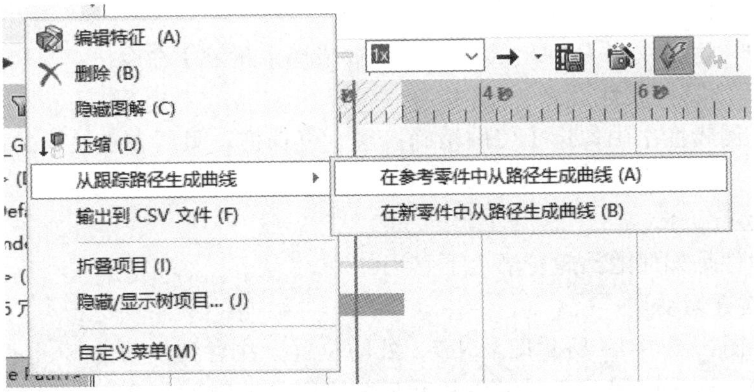

图 9-16 复制跟踪路径曲线

步骤 12 打开凸轮零件。

在自身窗口打开凸轮零件。曲线已经作为一个新的特征插入，如图 9-17 所示。

步骤 13 拉伸轮廓。

在 Front 基准面上新建一幅草图，在 SolidWorks Feature Manager 中，选择【曲线 1】。

在草图工具栏中单击【转换实体引用】按钮，将曲线投影到草图平面，同时选择凸轮轮廓的圆柱外侧边线，使用【转换实体引用】将此线投射到当前草图中，使用两侧对称条件拉伸草图，并指定深度为 50 mm，如图 9-18 所示。确保没有勾选【合并结果】复选框。

步骤 14 保存并关闭零件。

返回到主装配体。

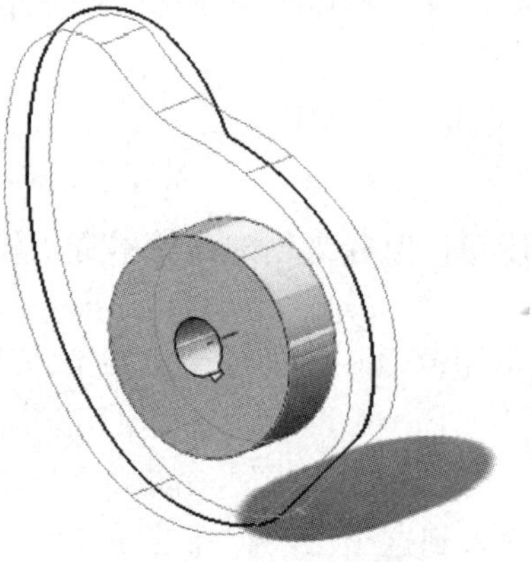

图 9-17 打开凸轮零件

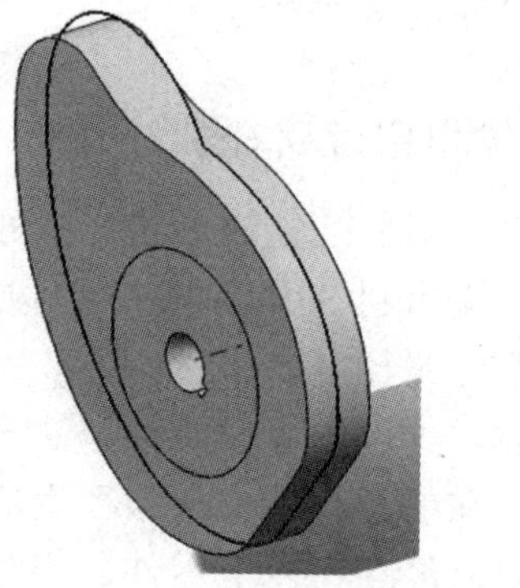

图 9-18 拉伸轮廓

在本项目的最后部分，将使用 3D 接触再次运算这个仿真，以验证凸轮的轮廓是否准确。这需要在从动件和凸轮之间生成实体接触，在旋转马达的作用下驱动凸轮运动，并停止从动件的线性马达。

步骤 15 添加实体接触。

在从动件和凸轮之间添加【实体接触】,【材料】均指定为【Steel（Greasy）】, 不勾选【摩擦】复选框。

步骤 16 移除从动件的驱动。

右击【线性马达 1】，并从弹出的快捷菜单中选择【压缩】命令。

步骤 17 运动算例属性。

在【运动算例属性】中勾选【使用精确接触】复选框，只要在点接触的地方，都应当使用精确接触。

步骤 18 运行仿真。

请留意从动件是如何随凸轮轮廓上下移动的。

步骤 19 检查运动。

切换至后视图，图 9-19 所示即为 1.7 s 处的位置。注意到从动件并未与凸轮接触。这个间隔缘于从动件的动量。刚好在此时间点之前一点的地方，从动件被凸轮抬高。凸轮的轮廓要求从动件快速更改方向，然而唯一保证从动件相接触的因素只有引力。

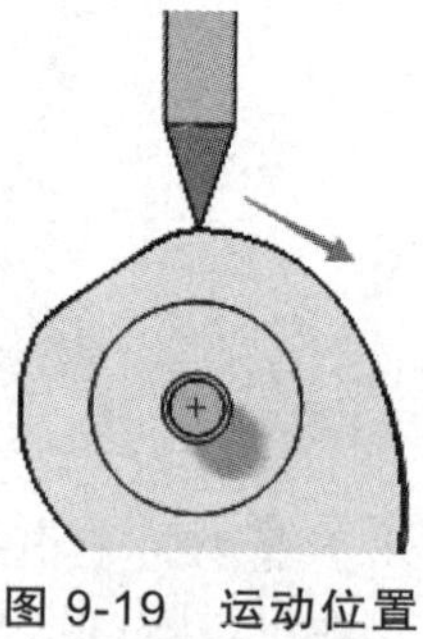

图 9-19 运动位置

从动件最终会添加额外的组件以强制与凸轮发生接触。

步骤 20 图解显示从动件的竖直位移。

对从动件质心的【Y 分量】位移生成一个图解，并与 Excel 文件中的图解进行比较。为清楚起见，Excel 文件中的图解进行了翻转处理，两个图解拥有相同的形状，如图 9-20 所示。

5. 基于循环的运动

在机械设计中，独立变量 TIME 通常并不是最合适的选择。在一个周期之内设计所有任务可能更便捷。一般情况下，周期的持续量被设定为 360。

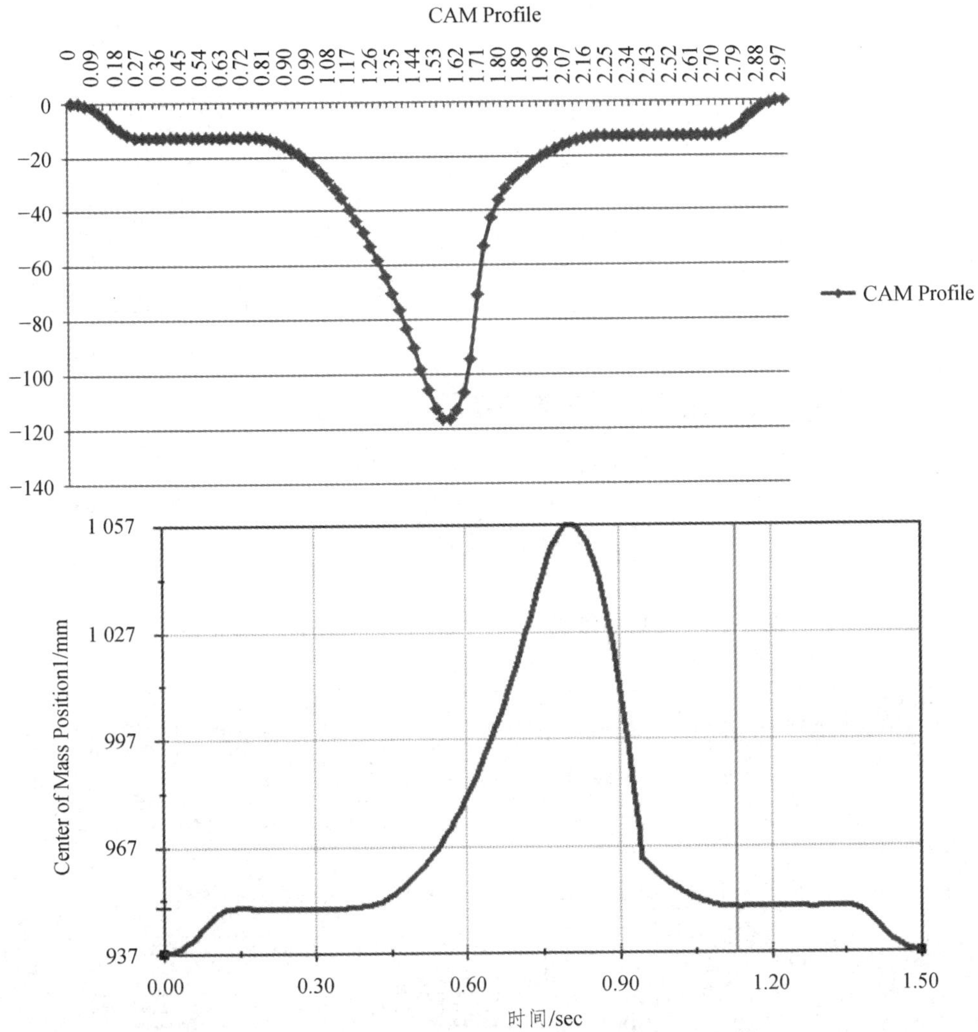

图 9-20　运动轮廓

基于循环的运动：基于循环的运动允许用户方便地修改动作的持续时间，成在机械设计中的生产力。

操作方法：

（1）在【函数编制程序】对话框中，设置输入类型为【变量和常量】，并选择【CycleAngle】，如图 9-21 所示。

（2）然后在【运动算例属性】中设置周期的持续状况，如图 9-22 所示。

步骤 21　编辑旋转马达。

在【马达类型】下方选择【线段】，打开【函数编制程序】对话框。在【函数编制程序】对话框里，确保选择了【线段】。

保持值（y）为【位移（度）】，设定【自变量（x）】为【循环角度（度）】。添加一行，并在【起点 X】和【终点 X】下分别输入“0”和“360”作为循环角度。输入“360”作为旋转位移的最终值。

提示：确保旋转位移的【初始】值为【0°】，如图 9-23 所示。

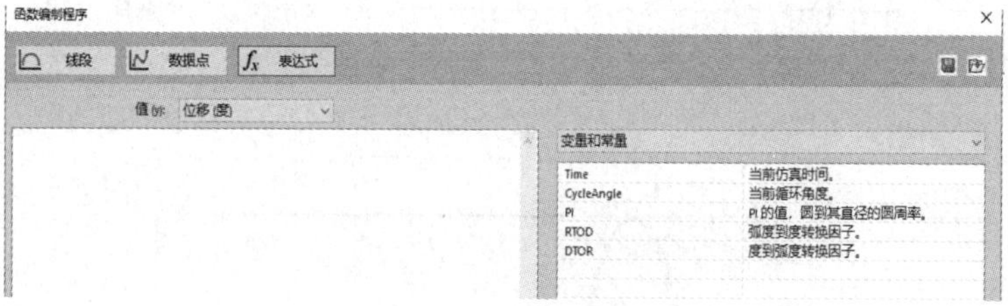

图 9-21 变量和常量

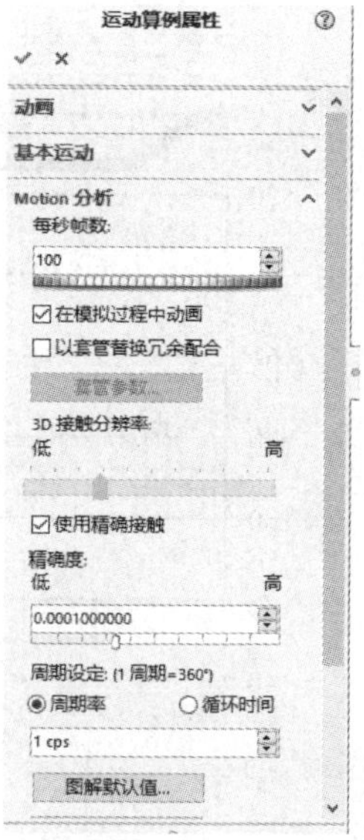

图 9-22 设置运动算例属性

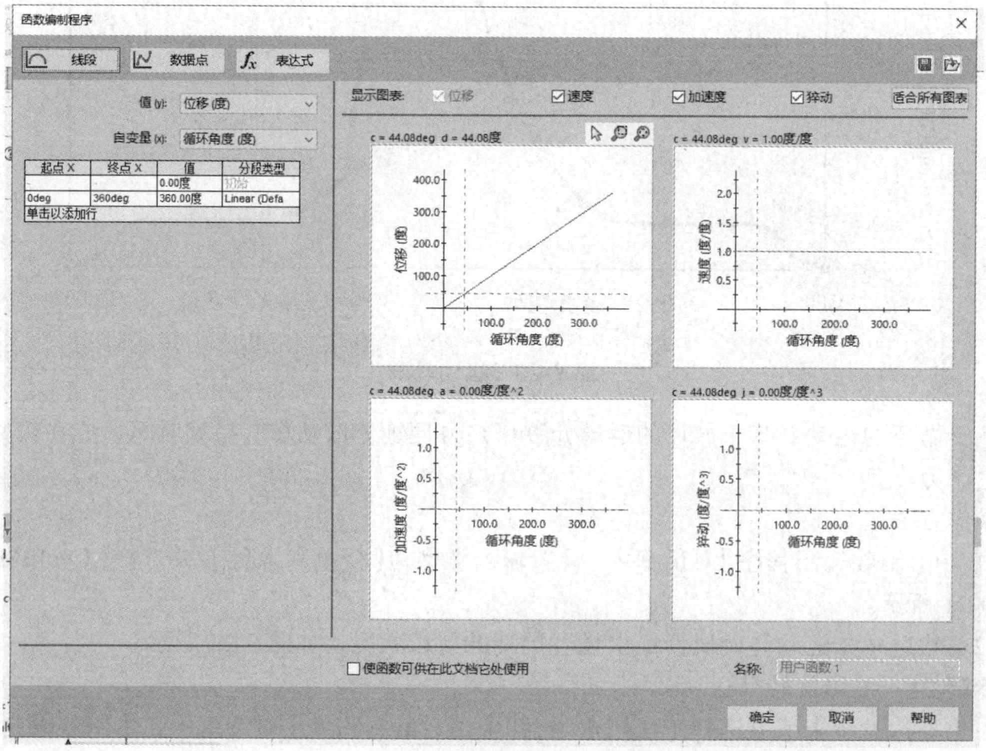

图 9-23 【函数编制程序】对话框

4 个图表中显示了位移线性递增，速度保持恒定，而加速度和猝动都为零。在 360°的周期角度中完成 360°的旋转，表明每个输出周期循环一次。

提示：下一步将指定周期角度（或输出周期）的持续量。

单击【确定】按钮，关闭【函数编制程序】对话框。单击【确定】按钮，保存【马达】新的定义。

步骤 22 设置算例属性。

设置【循环时间】为 3 s，如图 9-24 所示。

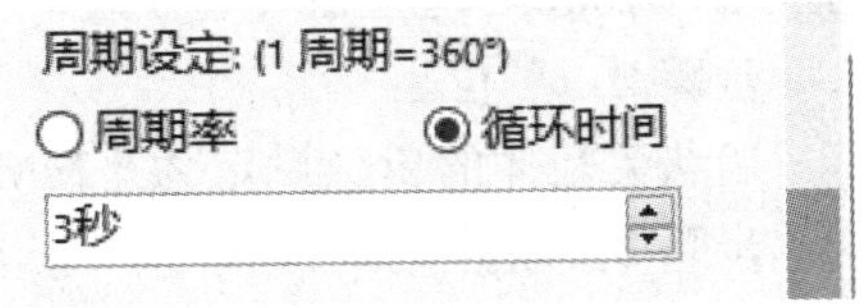

图 9-24 循环时间

步骤 23 运行仿真。

步骤 24 分析结果。

从动件的最终运动和步骤 20 中的相同，这符合预期，因为两次仿真都是相同的，前者用时间作为独立变量进行求解，而后者用周期角度作为独立变量。

步骤 25 调整循环时间为 1.5 s。

步骤 26 运行仿真。

步骤 27 分析结果。

凸轮现在会在 3 s（算例持续的时间）内转动两圈，如图 9-25 所示。然而，在查看跟踪路径时可以发现，从动件与凸轮会发生分离，这是不允许发生的，如图 9-26 所示。因此，循环时间设定为 1.5 s 对于这个机构而言太短了。

步骤 28 保存并关闭文件。

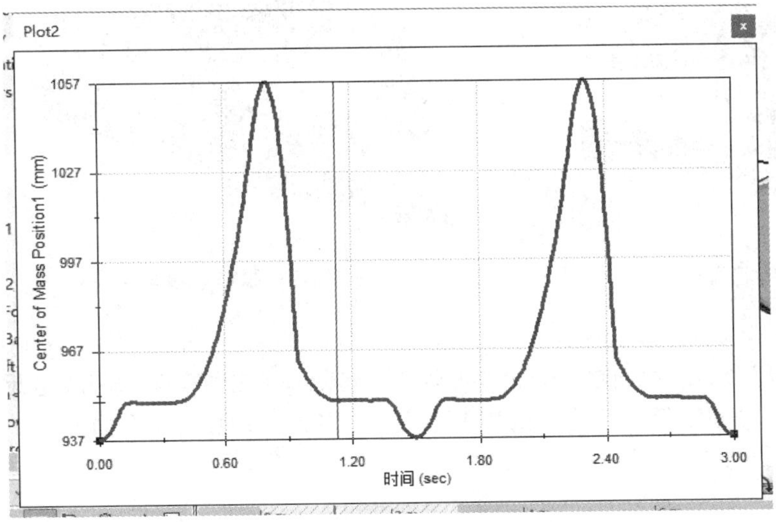

图 9-25 查看结果

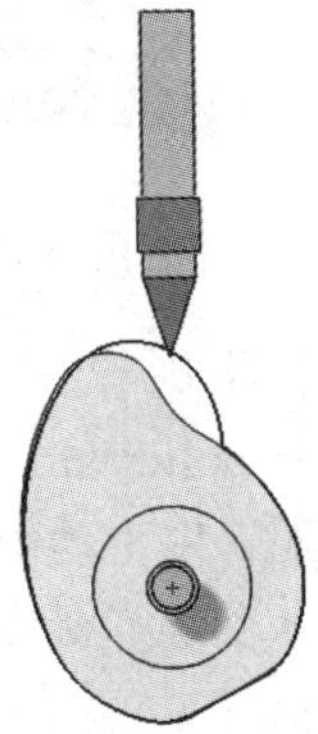

图 9-26 分离位置

任务 2 Desmodromic 凸轮

Desmodromic 凸轮可以使用各种机构在多个方向启动和控制，如图 9-3 所示。在下面的任务中，我们将先使用一个传统的扭转弹簧来创建一个简单的机构，然后再创建第二个凸轮来替换系统中的扭转弹簧。这时，机构只会由凸轮系统驱动。

操作步骤：

步骤 1 打开一个装配体文件。

打开文件“Desmodromic CAM”。第一个凸轮（caml）已经创建完毕，并通过一个凸轮与从动件 rollerl 配合在一起。

步骤 2 单位。

确认装配体的单位设定为【MMGS（毫米、克、秒）】。

步骤 3 新算例。

新建一个运动算例。

步骤 4 约束轴向运动。

当前轴可以自由地沿轴向运动。添加一个线性马达以防止轴 shaft 的任何轴向运动，如图 9-27 所示。设置【持续时间】为“10 s”。

步骤 5 添加旋转马达。

对轴添加一个旋转马达，设置在 10 s 之内旋转 360°，如图 9-28 所示。

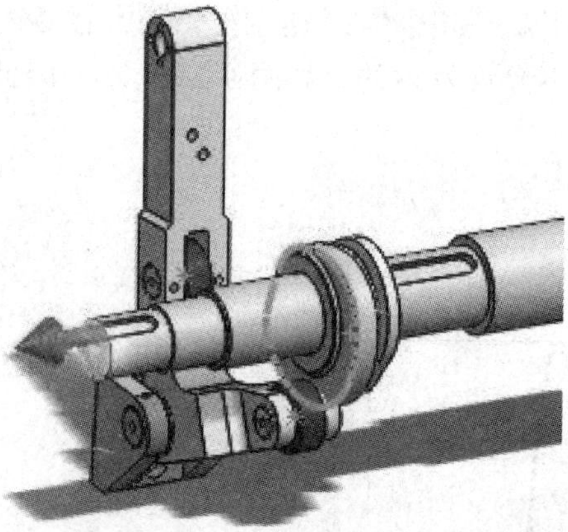

图 9-27 线性马达方向

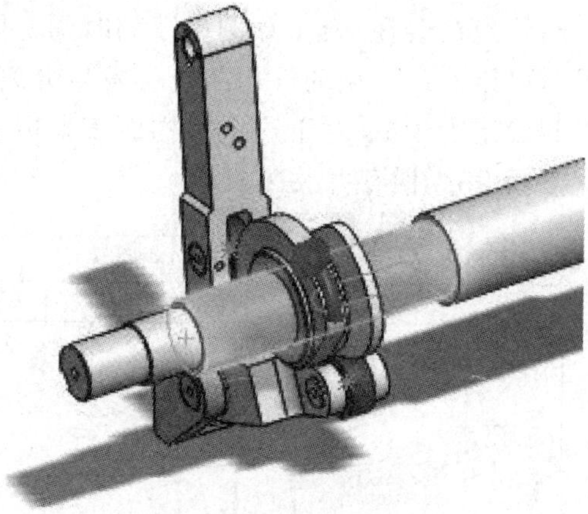

图 9-28 添加旋转马达

步骤 6 凸轮配合。

在 SolidWorks 中检查配合，注意到在 cam1 和从动件（roller-1）之间存在一个凸轮配合。这个配合用于动画是可以接受的，但用于分析则显得不现实，因为这将强迫两个曲面在一起，但实际上是不允许的。

步骤 7 运行算例。

设置算例的时长为 10 s 并运行，算例运行后将显示所需的运动。

步骤 8 移除凸轮配合。

在 FeatureManager 设计树中，压缩凸轮配合。

提示：在压缩配合前，用户必须将时间轴拖回 0 位置。

步骤 9 运行算例。

caml 仍会转动，但是连接件 link 不会再移动，因为在 caml 和上面的从动件 roller-1 之间。

步骤 10 添加一个弹簧。

爆炸展开装配体，可以更加容易地选择 link 上的曲面。添加一个扭转弹簧保证凸轮刚度系数连在一起。【刚度系数】设定为“10.00 N · mm/（°）”,【自由角度】设定为“30.000”。当从前视图观看时，方向应该呈顺时针，如图 9-29 所示。

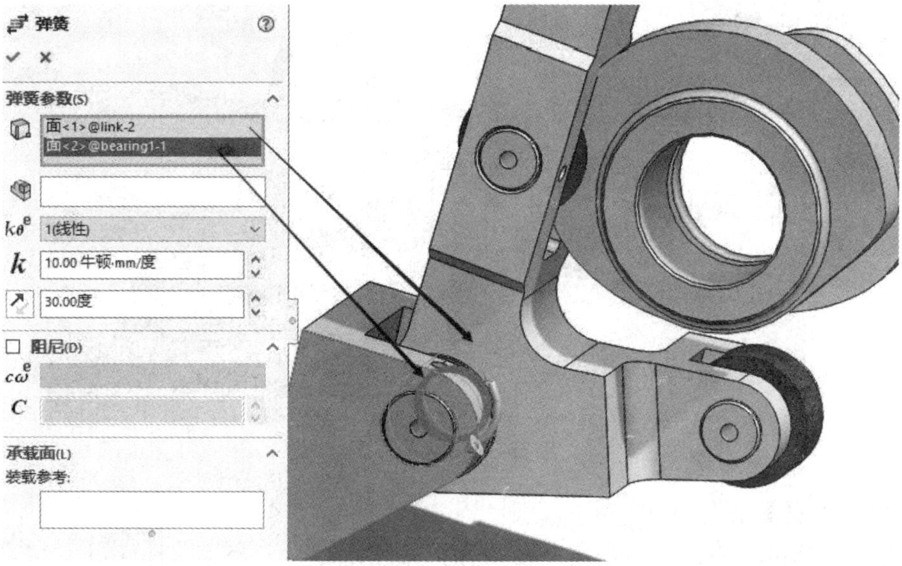

图 9-29　添加弹簧

提示：【自由角度】定义了相对于当前配置未加载扭转弹簧的方向。

步骤 11　添加接触。

在 caml 和从动件 roller-1 之间添加一个实体接触，指定【材料】为【Steel（Greasy）】，并勾选【摩擦】复选框。

步骤 12　运行算例。

在低速下，能够获得正确的运动，设计工作正常。

如果在高速下运行这个系统，可能会遇到一些问题，即弹簧无法确保从动件与凸轮紧密接触。如果发生分离，则从动件会在凸轮上发生跳动，得到的运动将与设计的初衷相违背。为了强制接触，将设计第二个凸轮，当从前视图来观察系统时，第一个凸轮可以通过接触绕连接件逆时针转动，顺时针转动取决于弹簧。在接下来的部分，将使用第二个凸轮来替代弹簧，可以绕连接件顺时针转动。两个凸轮一起工作，确保在凸轮和从动件之间发生接触。

步骤 13　压缩扭转弹簧。

提示：在压缩弹簧时必须将时间轴拖至 0 处。

步骤 14　删除接触并解压凸轮配合。

使用跟踪路径功能来生成第二个凸轮路径。因为需要在整个旋转中维持接触，将采用凸轮配合来强制接触。删除 caml 与它的从动件 roller-1 之间的接触。在 Feature Manager 设计树中，解压凸轮配合。

步骤 15　运行算例。

步骤 16　跟踪图解。

新建一个图解，生成第二个凸轮的曲线。这时需要选择第二个从动件 roller 的中点，可以通过选择第二个从动件 roller 上用于定义中点的边线来实现。同时选择 cam2 的表面，如图 9-30 所示。

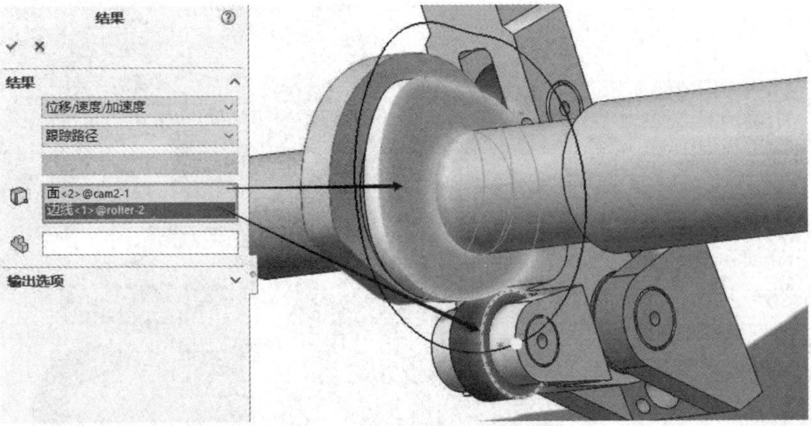

图 9-30　定义图解

步骤 17　查看图解。

现在得到了基本的路径，但是这路径太大，必须跟踪第二个从动件 roller-2 的中心测量第二个从动件 roller-2。因为得到的尺寸为 52 mm，不得不将 cam2 的大小减去一半，也就是 26 mm，如图 9-31 所示。

步骤 18　输出曲线到参考零件。

步骤 19　打开零件。

在 cam2 的窗口打开零件。

步骤 20　拉伸新的凸轮。

在零件的 Front 基准面上生成一幅草图基于已有零件的外部边线，在草图中使用【转换实体引用】来生成一个圆，从跟踪曲线生成一根朝内等距、尺寸为 26 mm 的曲线。

将这个新的 cam2 拉伸 10 mm，则两个实体刚好重合，【合并】结果如图 9-32 所示。

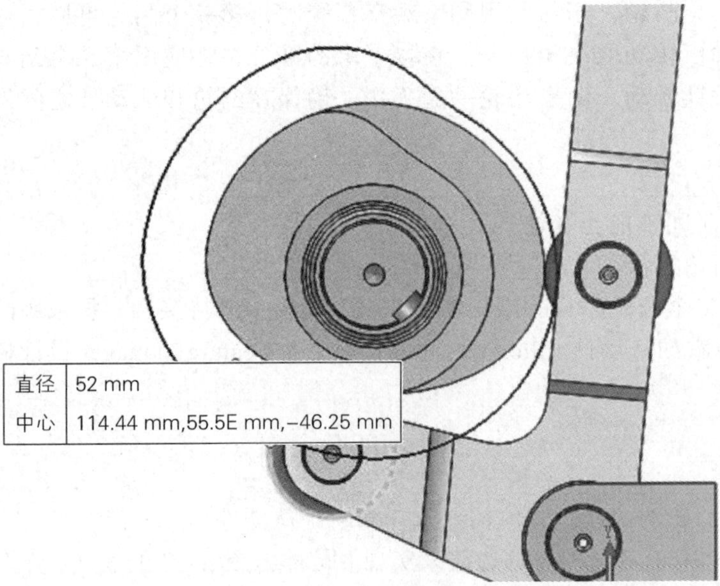

图 9-31　测量尺寸

图 9-32　拉伸凸轮

步骤 21　运行算例。

返回至装配体窗口。现在将运行使用两个凸轮驱动运动的算例，如图 9-33 所示。【压缩】凸轮配合，在每个凸轮和对应的从动件之间添加接触。【材料】为【Steel（Greasy）】，并选择【摩擦】复选框。

步骤 22　运行算例。

再次运行算例，求解。

步骤 23　查看结果。

两个凸轮在整个旋转过程始终与它们的从动件保持接触，其中一个绕连接件逆时针转动，而另一个则顺时针转动。

技巧：使用一个竖直先切分平面，在轴转动时观察前后视图，如图 9-34 所示。

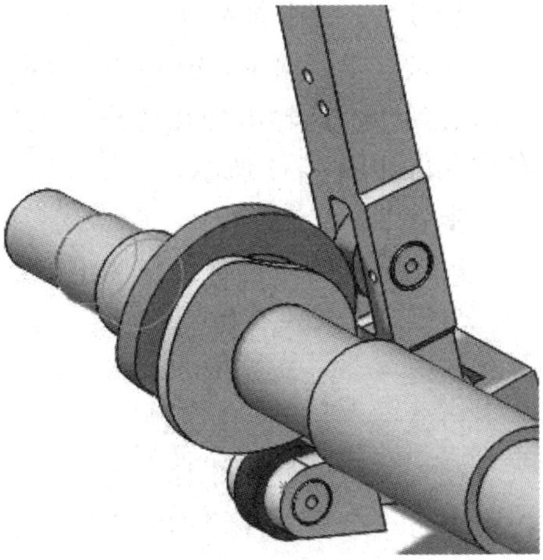

图 9-33　添加接触

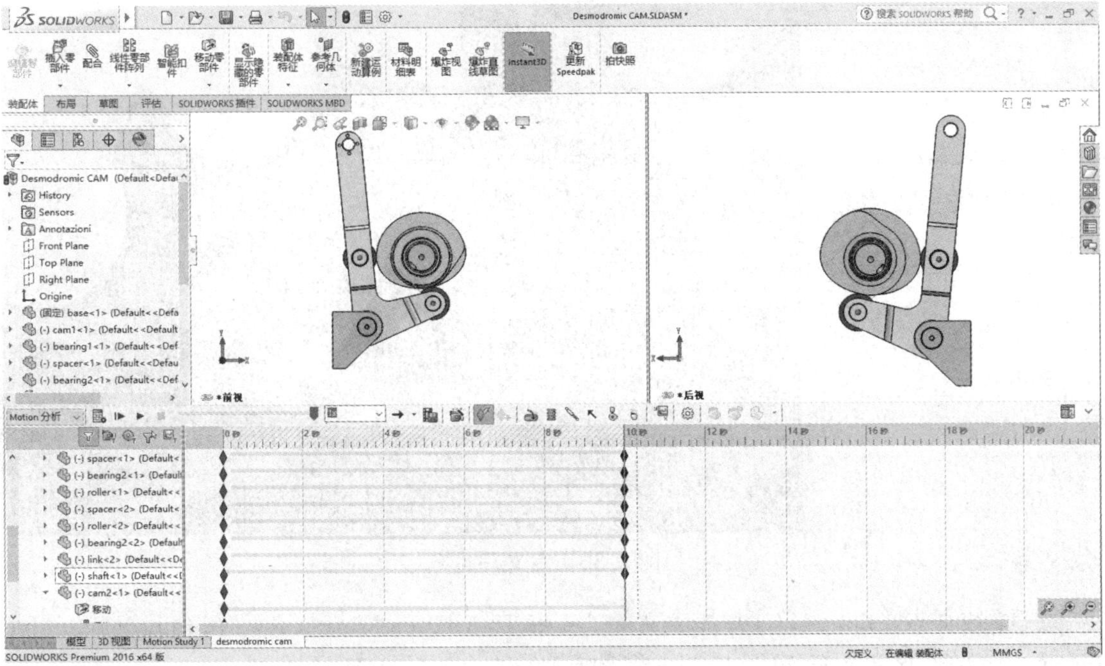

图 9-34　前后视图

步骤 24　保存并关闭文件。

任务 3　摆动凸轮轮廓

操作步骤：

步骤 1　打开装配体文件。

打开文件“rocker cam profile exercise”。

步骤 2　检查装配体。

如果这里隐藏 toothed wheel 和 drive plate 装配体，则可以看到两个凸轮盘处在适当的位置，但是凸轮路径还没有定义，如图 9-35 所示。

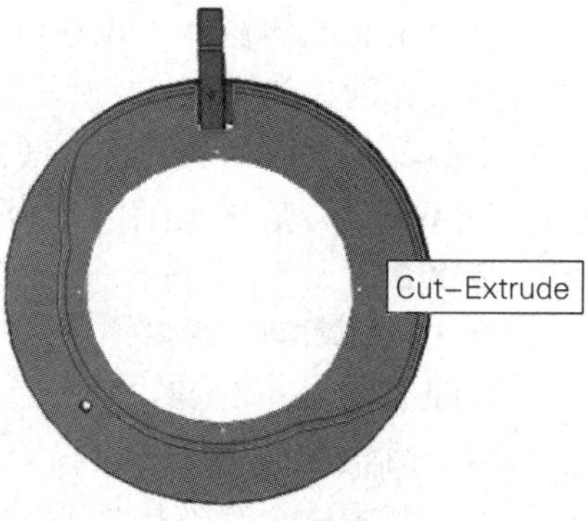

图 9-35　凸轮位置

步骤 3　单位。

确认装配体单位被设定为【MMGS（毫米、克、秒）】。

步骤 4　新建算例。

新建一个运动算例。

步骤 5　定义滚轴运动。

在 rocker 的底面添加一个线性马达。运动必须指定为相对于另一个零部件，因此需要选择如图 9-36 所示的引导板（699-0431）。

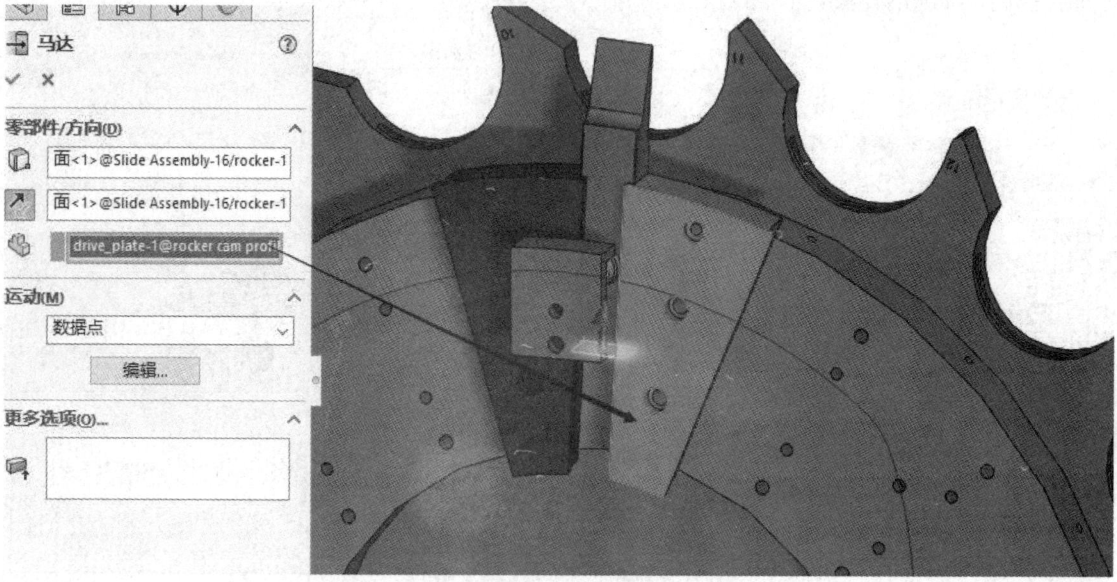

图 9-36　定义马达

选用【数据点】和【位移】并加载文件“Slide Translation Motion.csv”在 Interpolation type 中选择【立方样条曲线】。确保方向是沿径向朝外的，如图 9-36 所示。

提示：为了方便定义，用户可以隐藏 Plate CAM Assembly。

步骤 6　定义旋转。

对 drive plate assembly（或零件 699-0414）添加一个旋转马达。设定马达以 8000（°）/s 的速度等速旋转。当从顶视图观察时，旋转应沿逆时针方向。

步骤 7　运动算例属性。

因为仿真的时间非常短暂，需要一个高帧率来保证拥有足够的点数，以得到光滑的结果设置运动算例属性，【每秒帧数】设定为【2500】。

步骤 8　运行算例。

设置时长为 0.045 s、在 8000（°）/s 的速度下，这刚好对应装配体转动了一整圈。

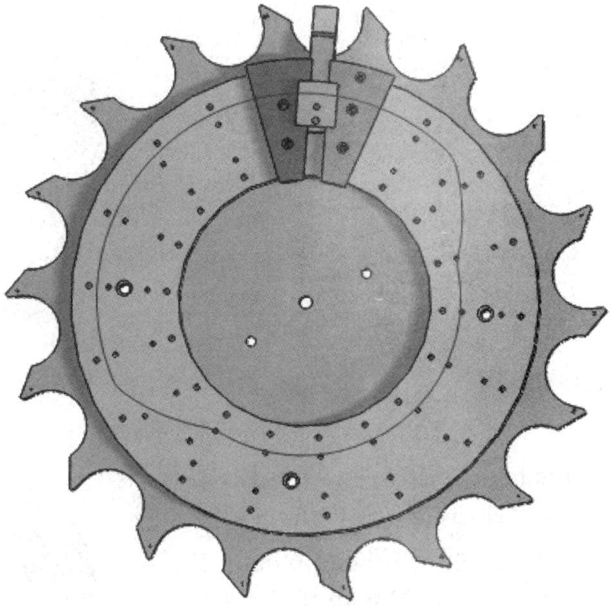

图 9-37　生成跟踪路径

步骤 9　定义一个结果图解。

在 rocker 上的滚轴（699-0413）中心生成一个跟踪路径，如图 9-37 所示。

提示：如果曲线看上去不够光清，可在【工具】/【选项】中提高图像品质。

步骤 10　生成曲线。

选择任何对象，右击跟踪路径图解，从弹出的快捷菜单中选择【从跟踪路径生成曲线】命令，然后选择【从路径生成曲线】。因为这里未做任何选择，这条曲线将作为一个特征显示在装配体的 Feature Manager 设计树中。

步骤 11　建模。

现在将单独处理装配体的零部件，因此不需要停留在运动算例中。切换至【模型】选项卡。

步骤 12　隐藏零部件。

在装配体中生成凸轮路径，如果遇到不受影响的零件则直接隐藏，这样更容易看清操作过程。隐藏 toothed wheel、Slide Assembly 和 drive plate 装配体。

步骤 13　编辑零件。

选择 Plate CAM Assembly 下的零件 699-0416，单击【编辑零件】按钮。

步骤 14　编辑草图。

编辑 Base-Extrude 下的 Sketch3，这只是一个定义零件外侧面的圆形草图。这里将对跟踪路径曲线偏移滚轴直径的一半，并以此偏移后的曲线来替代这个草图。

在 Feature Manager 设计树中，选择曲线（这将位于零件和装配体的上面）。针对上一步骤中生成的跟踪路径曲线，使用【转换实体引用】来创建一条曲线，并设置属性为【作为构造线】。单击【等距实体】并输入“6 mm”（滚轴直径的一半）作为偏移量。确保偏移的方向朝内，如图 9-38 所示。单击【确定】按钮完成偏移，【删除】草图中最初的圆。退出草图和零件编辑模式，轮廓形状如图 9-39 所示。

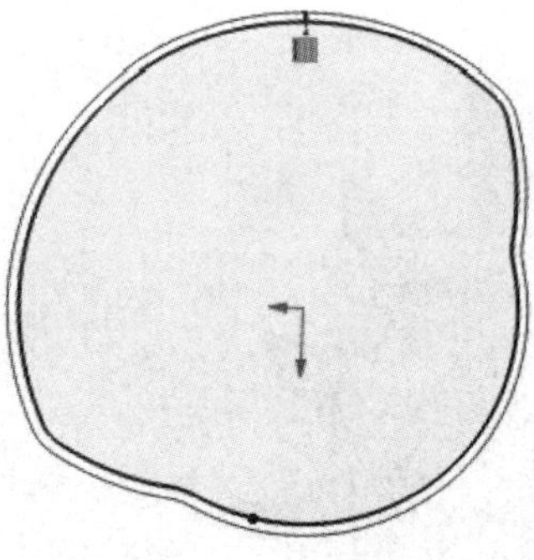

图 9-38　编辑草图

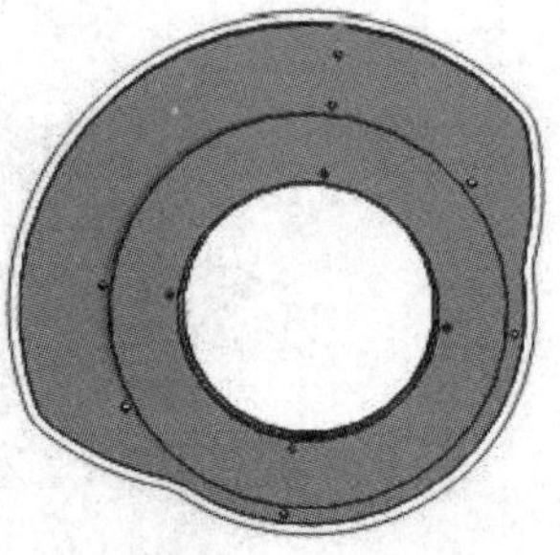

图 9-39　轮廓形状

步骤 15　外侧凸轮。

编辑“Plate CAM Assembly”中的零件 699-0417。在面向 699-0417 零部件的表面上（当使用下视图时更靠近的面），使用相同的步骤生成一个草图，此次是朝外偏移 6 mm。拉伸一个切除特征并指定深度为 8.8 mm，如图 9-40 所示。退出零件编辑模式。

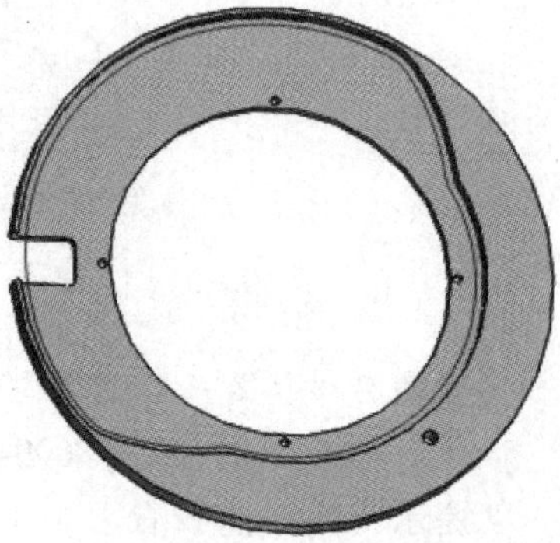

图 9-40　拉伸切除

步骤 16　确定内径。

从外侧凸轮板的中心和如图 9-41 所示的顶点之间测量距离，这和生成 keeper 上轮廓曲线的半径相同。

加亮显示“距离”并按（Ctrl+C）组合键复制数值至粘贴板，因为在下一步中会用到它。

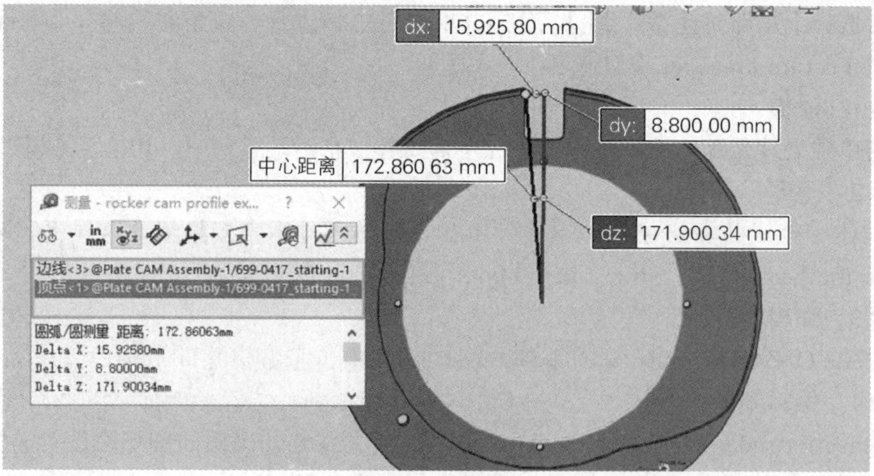

图 9-41　测量尺寸

步骤 17　显示零件。

返回【编辑装配体】模式并显示零件 keeper。keeper 是用于装配滚轴时允许进入的锁片。

步骤 18　编辑草图。

编辑“Boss-Extendel”的草图。双击圆弧半径的尺寸并粘贴来自粘贴板的测量距离，如图 9-42 所示。

步骤 19　查看完成的凸轮。

返回到装配体中检查刚生成的凸轮，此时得到的应是一条光滑的凸轮路径，如图 9-43 所示。

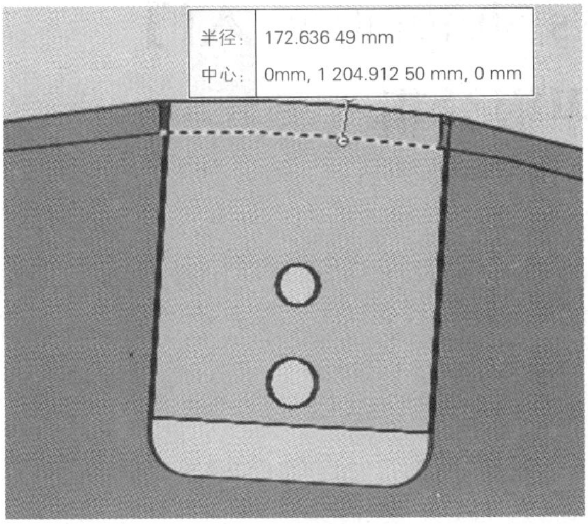

图 9-42　编辑草图

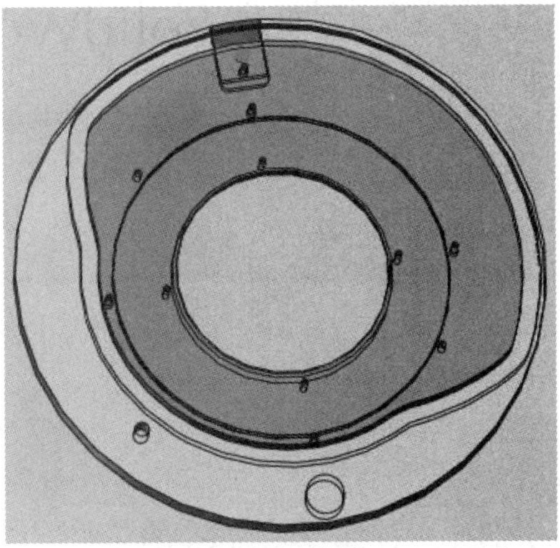

图 9-43　凸轮路径

步骤 20　新建运动算例。

复制现有运动算例到一个新的算例中，将新的算例命名为“with contacts”。

步骤 21　压缩线性马达。

步骤 22　接触。

在所有必要的零部件之间创建实体接触。

技巧：用户可以方便地使用接触组来减少定义的数量。

步骤 23　设置算例属性。

勾选【使用精确接触】复选框。

步骤 24　计算运动算例。

步骤 25　分析结果。

检验设计的凸轮装配体是否提供了滚轴预期的运动。

步骤 26　保存并关闭文件。

项目总结

本项目主要介绍使用样条曲线控制马达，生成一个点的跟踪路径以获取凸轮轮廓。使用凸轮轮廓生成一个 SolidWorks 零件。

项目 10

SolidWorks Simulation 入门
——平板分析

学习目标

（1）全面了解 SolidWorks Simulation 的界面。
（2）掌握使用实体单元完成线性静态分析。
（3）了解网格密度对位移和应力结果的影响。
（4）学会采用不同方法显示有限元计算结果。
（5）学会管理 SolidWorks Simulation 结果文件。
（6）掌握获取有用的帮助方法。

重难点

（1）SolidWorks Simulation 的界面。
（2）网格密度对位移和应力结果的影响。

项目描述

在带孔矩形板的短边一侧固定约束，沿短边另一侧施加大小为 110 000 N 的均匀分布载荷，如图 10-1 所示。

材料：AISI304，试分析其应力分布及变形情况。

图 10-1　带孔矩形板的约束及载荷

知识准备

一、模型分析的基本过程

无论分析的类型或模型如何改变，分析过程的基本步骤是相同的。我们必须完全理解这些步骤，以完成有意义的分析。一个完整的模型分析分为 4 个步骤：模型简化、前处理、求解、后处理，如图 10-2 所示。

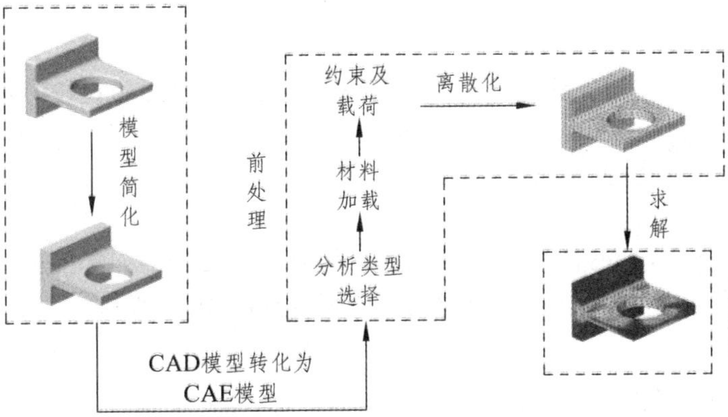

图 10-2　模型分析过程

其中，模型分析中的关键步骤是前处理、求解、后处理，而这 4 个关键步骤中含有 7 个小步骤。下面，将详细介绍分析 4 大步骤和 7 个小步骤。

1. 模型简化

模型简化是将 CAD 模型转化为 CAE 模型的操作。去除将 CAD 模型中影响计算量而不会影响 CAE 分析质量的工艺特征。

2. 前处理

本步骤是根据任务的边界条件，完成分析类型的选择，材料加载，约束及载荷、离散化（划分网格）的操作等。

（1）创建算例

根据模型的分析要求，选择分析类型，新建一个算例。对模型的每次分析都是一个算例。一个模型可以包含多个算例。

（2）应用材料

向模型添加材料属性，如屈服强度。

（3）添加约束

模拟真实的模型装夹方式，对模型施加约束。

（4）施加载荷

载荷反映了作用在模型上的力。

（5）划分网格（离散化）

模型被细分为有限个单元。

3. 运行分析

启动软件中【运行此算例】操作。计算后台运行软件分析模型，并等待结果输出。

4. 后处理

该步骤的操作有节点位移清单、应力值清单、位移图形显示、等值线图形显示、单元颜色变化图、动态图形显示等参数设定。

5. 分析结果

解释分析的结果。根据任务的要求，分析软件输出结果，同时，可比较不同软件的计算结果。

二、模型分析的关键操作步骤

在实际工作中，做分析往往不是一遍就可以得出精确结构的，需要经过多次试算和模型修正，参照实际工作，总结有限元分析的典型流程，如图 10-3 所示。

三、Simulation 操作界面

SolidWorks Simulation 和 SolidWorks 的操作方式相同。要想创建一个有限元模型，求解一个模型，分析求解结果，只需要利用图形界面，选择 SolidWorks Simulation Study 树中的图标或文件夹即可。Simulation 界面如图 10-4 所示。

1. Command Manager

Command Manager 为 Simulation 提供了一个通用的工具栏。Simulation 页面包含了创建算例和分析结果的工具，如图 10-4 所示。

2. Simulation Study 树

在创建一个仿真算例后，会在零件的 Feature Manager 设计树下出现一个 Simulation Study 树。图形显示区下方会出现一个页面来控制该树的显示，如图 10-4 所示。

3. Simulation 下拉菜单

Simulation 下拉菜单提供了很多仿真命令，如图 10-4 所示。

4. Simulation 界面中算例显示区

显示算例名称，如图 10-4 所示。

5. 模型显示区

显示算例模型状态，如图 10-4 所示。

图 10-3　有限元分析的典型流程

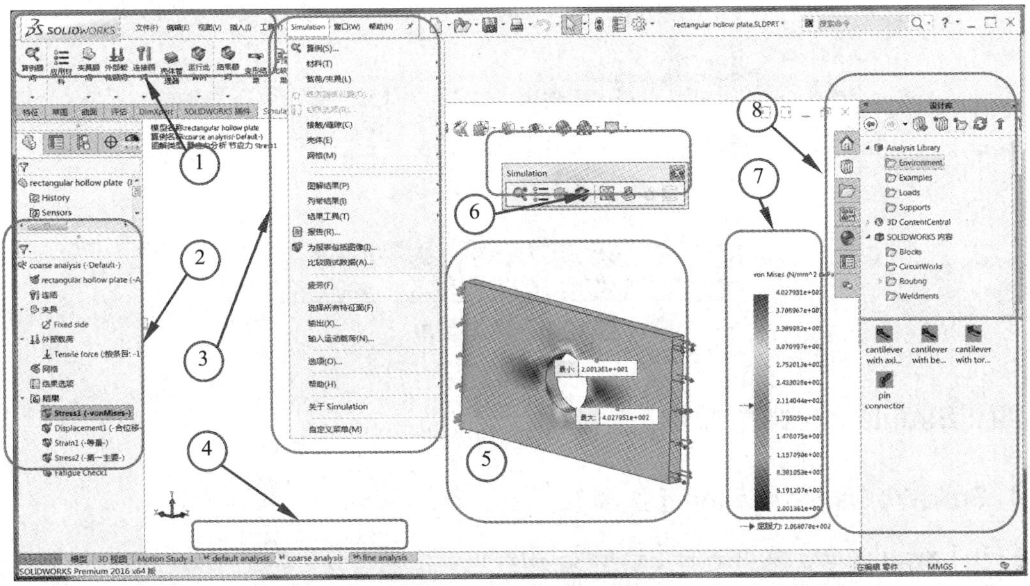

图 10-4　Simulation 界面

6. Simulation 工具栏

Simulation 工具栏包含全部含有图标的命令，如图 10-4 所示。用户可以根据需要自行定义，只显示经常使用的那些命令，可以放入标题栏中适当位置。

7. 结果显示

显示模型运算的结果，如图 10-4 所示。

8. Simulation 资源区

该区域可以进行 Simulation 资源库调用、帮助等操作，如图 10-4 所示。

9. 右键菜单

在 Simulation Study 树中右击几何体或选项，可以选择所需的功能，如图 10-5 所示。
注意：Simulation 所有操作都在右键菜单中。

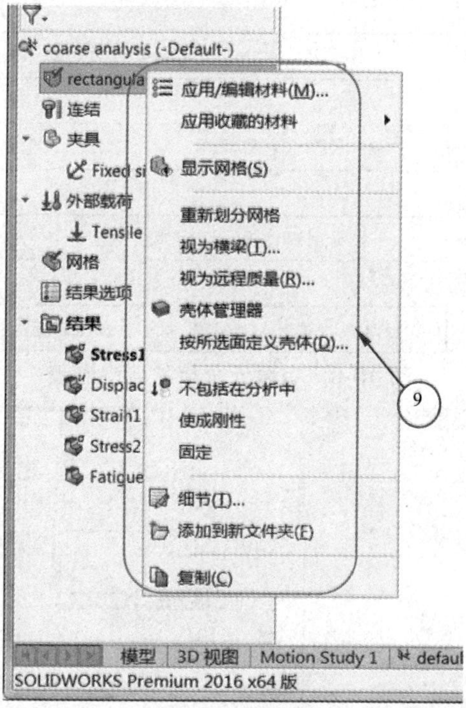

图 10-5　右键菜单

四、Simulation 典型操作

1. SolidWorks Simulation【选项】

打开【Simulation】菜单下的【选项】。用户可以定义在分析中使用的标准。该对话框有两个页面，即系统选项和默认选项。

（1）系统选项是面向所有算例的，里面包含的设置主要是错误显示的方法和默认数据库的存放位置。

（2）默认选项只针对新建立的算例。因为在仿真算例中并不采用模板的形式，所以在此提供该选项，以方便设置单位、默认图解等。

2. 新建算例

有限元模型的创建通常始于算例的定义。算例的定义即输入所需的分析类型和相应的网格类型，新建算例如图 10-6 所示。

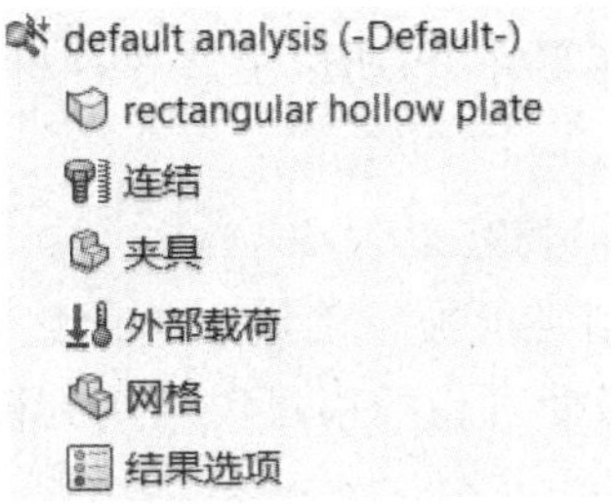

图 10-6　新建算例

每个分析都是一个单独的算例。在定义完一个算例后，SolidWorks Simulation 会自动创建一个算例文件夹（本例中的名称为 default analysis）及几个图标。

有几个图标其实是文件夹的形式，它们下面还包含其他图标。

使用【实体】文件夹来定义和指定材料属性，用【外部载荷】来定义载荷，用【夹具】文件夹来定义约束，用【网格】来创建有限元网格。本项目并未使用【连结】文件夹。

注意：在【实体】文件夹中只有一个名为“rectangular hollow plate”的零部件。如果分析的对象是装配体而非零件，则【实体】文件夹中会包含跟【实体】零部件数量相同的零件。

1）【新建算例】操作指引

Command Manager：【Simulation】/【算例顾问】/【新建算例】

菜单：【Simulation】/【新建算例】

2）重命名算例

通过“单击—暂停—单击”模式选择算例名称的任何部位或单击算例名称，然后按〈F2〉键，可以更改算例的名称（就像在 Windows 中重命名文件和文件夹一样）。

3）指定材料属性

（1）操作说明

在 SolidWorks 窗口或 SolidWorks Simulation 窗口中均能给模型指定材料属性。如果在 SolidWorks 中指定了材料属性，那么它会自动转到 SolidWorks Simulation 中。

本项目中，虽然在 SolidWorks Simulation 窗口中指定材料，但这并不是说它是首选的办法，而只是为了对该选项作一个示范说明。可以将常用材料添加到“应用收藏夹材料”文件夹中。材料可以方便地从这个文件夹应用到多个零件和组件中，而不显示材料窗口。要管理常用的材料列表，可右键单击 Feature Manager 设计树中的材料，然后选择【管理收藏夹】。

（2）操作方法

菜单栏：【Simulation】/【材料】/【应用材料到所有】。

Command Manager：选择 Simulation 工具栏下的【应用材料】。

快捷菜单：在 Simulation Study 树中，右键单击【实体/零件/装配体】图标并选择【应用/编辑材料】。

提示：第一种方法对模型中的所有零部件赋予相同的材料属性。第二种方法对某一特定零部件和多实体相关的零部件赋予材料属性。第三种方法只对某一特定零件指定材料属性，在本项目中即是指“rectangular hollow plate”。因为我们不讨论装配体，而讨论只包含一个实体的单个零件（即不是一个多实体零件），所以上述 3 种材料分配方法都可以。

3. 添加约束——【夹具】

为了完成一个静态分析，模型必须被正确约束，使之无法移动。SolidWorks Simulation 提供了各种工具来约束模型。一般而言，约束可以应用到模型的面、边、顶点。

（1）约束类型

约束被分为【标准】和【高级】两类，它们的属性见表 10-1。

表 10-1 约束类型及属性

约束类型【夹具】		属 性
标准约束	固定几何体	也称为刚性支撑。即所有的平移和转动自由度均被限制固定几何体边界条件，不需要给出沿某个具体方向的约束条件
	非固定	约束平动自由放开转动自由度。这个选项仅仅对壳单元及梁单元起作用，对实体单元不起作用（实体单元没有转动自由度）
	滚柱/滑杆	使用滚柱/滑杆约束指定平面来更自由地在平面上移动，但不能在平面上进行垂直方向移动。平面在施加载荷的情况下可能收缩或扩张
	固定铰链	使用铰链约束来指定只能绕轴运动的圆柱面，圆柱面的半径和长度在载荷下保持常数
高级约束	对称	该选项针对平面可选，它允许面内位移和绕平面法线的转动
	圆周对称	物体绕一根轴作周期性旋转时，对其中一部分加载该约束类型可形成旋转对称体
	使用参考几何体	这个选项保证约束只在点、线或面设计的方向上，而在其他方向上可以自由运动。可以指定所选择的基准平面、轴、边、面上的约束方向。SolidWorks 的展开 Feature Manager 对选择几何基准（平面或轴）很有用
	在平面上	通过对平面的 3 个主方向进行约束，可设定沿所选方向的边界约束条件
	在圆柱面上	与在平面上相似，但是圆柱面的三个上方向是在柱坐标系统下定义的。该选项在允许圆柱面绕轴线旋转的情况下非常有用
	在球面上	与在平面 E 和在圆柱面上相似，但是球面的 3 个主方向是在球形坐标系统下定义的

（2）【固定几何体】操作

【Comand Manager：Simulation】/【夹头展问】/【几何体】。

菜单栏：【Simulation】/【载荷/夹具】/【夹具】。

快捷菜单：右键单击【夹具】，单击【固定几何体】。

（3）显示/隐藏符号

通过以下操作可以显示/隐藏约束或外部载荷的符号：

右键单击【夹具】或【外部载荷】并选择【全部隐藏】或【全部显示】。

直接右键单击【夹具】或【外部载荷】中的每个符号并选择【隐藏】或【显示】。

4. 外部载荷

模型约束好以后，需要向模型施加外部载荷（或力）。SolidWorks Simulation 提供了多种外部载荷形式以加载到模型上。一般来说，力可以通过各种方法加载到面、边和顶点上。这些标准外部载荷的类型及属性见表 10-2。

表 10-2　标准外部载荷的类型及属性

外部载荷的类型		属　性
标准外部载荷	力	沿所选的参考面（平面、边、面和轴线）所确定的方向，对一个平面、一条边或一个点施加力或力矩（注意：只有在壳单元中才能施加力矩）。壳单元的每个节点有 6 个自由度（平移和转动），可以承担力矩，而实体单元每节点只有 3 个自由度（平移），不能直接承担力矩。 如果要对实体单元施加力矩，必须先将其转换成相应的分布力或远程载荷
	力矩	适合于圆柱面，按右手规则绕参考轴施加扭矩。转轴必须在 SolidWorks 中定义
高级外部载荷	压力	对一个面作用压力。可以是定向和可变的，如水压
	引力	对零件或装配体指定线性加速度
	离心力	对零件或装配体指定角速度和加速度
	轴承载荷	在两个接触的圆柱面之间定义轴承载荷
	远程载荷/质量	通过连接的结果传递法向载荷
	分布质量	分布载荷就是施加到所选项，以模拟被压缩（或不包含在模型中）的零部件质量
	温度	温度加载应用于热膨胀影响的系统

Command Manager：【Simulation】/【外部载荷顾问】，单击任意一个可用载荷类型。

菜单栏：【Simulation】/【载荷/夹具】，单击任意一个可用载荷类型。

快捷菜单：右键单击【载荷】，选择任意一个可用载荷类型。

提示：外部载荷情况由象征载荷的箭头符号和相应的图标表示。

5. 划分网格

处理 FEA 模型之前的最后一步是对几何进行网格划分。在这个步骤中，几何将被自动划分成有限个单元。虽然自动网格划分可以减少这个问题的乏味性，但用户必须投入到这个过程中来控制网格的大小和质量。

网格参数包括了网格生成计算方法和网格控制参数。网格生成计算方法主要有标准网格、基于曲率的网格和基于混合曲率网格 3 种，标准网格还可勾选“自动过渡”复选框。这几种网格的操作如下。

（1）标准网格

这是 SolidWorks Simulation 首先开发的并且基于 Voronoi-Delaunay 的网格划分方法。然而，当用这种方法划分有小特征或者曲率的几何模型时，会生成长宽比较大或者失效的网格。当需要划分对称网格时，这种方法很有效，如图 10-7 所示。

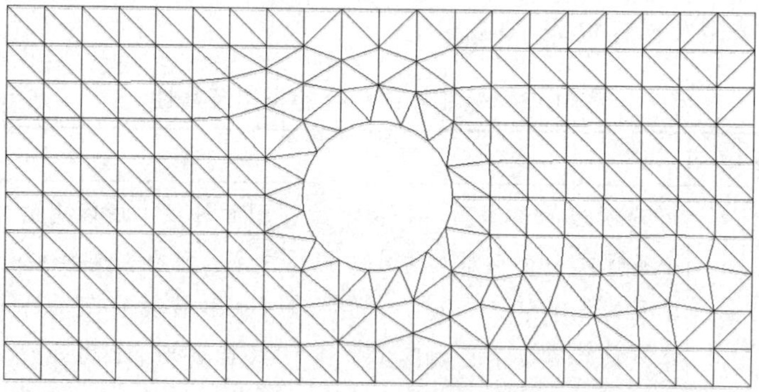

图 10-7 标准网格

（2）基于曲率的网格

SolidWorks Simulation 使用高级技术将模型的网格划分为有限单元。基于曲率的网格算法可用变化大小的单元来生成网格，有利于在几何体的细小特征处获得精确的结果，如图 10-8 所示。

（3）基于混合曲率的网格

这种方式划分网格速度是最慢的。然而，当模型用基于曲率划分得到长宽比较大或者失效的网格时，用这种方式往往可以解决。这种方法不支持多线程或自适应技术，如图 10-9 所示。

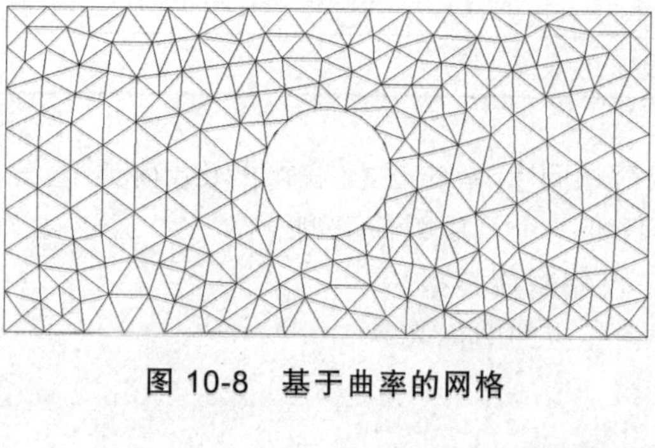

图 10-8 基于曲率的网格

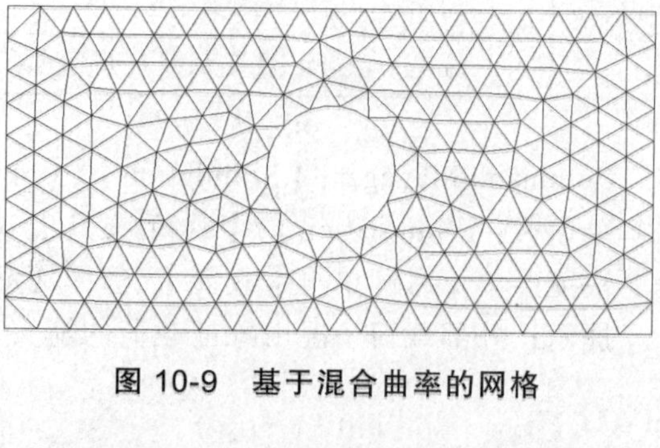

图 10-9 基于混合曲率的网格

（4）网格密度

SolidWorks Simulation 建议采用默认的中等密度划分模型网格，网格密度直接影响到结果的精度。单元越小，离散误差就越小，但是网格划分和求解的时间越长。

（5）网格大小

体现网格的特征是单元尺寸，是按一个单元的外接圆球直径定义的（见图 10-10），这种表示方法能够较为容易地推广到二维情况，即一个三角形的外接圆。

基于曲率的网格算法生成的网格具有可变的单元大小，【最大单元大小】和【最小单元大小】定义了单元的最大、最小值。这些参数是根据 SolidWorks 模型的几何特征自动确定的。SolidWorks Simulation 使用 SolidWorks 模型中单元大小指定的长度单位，可以按照下面 3 个单位制中任意一个输入分析数据并分析结果，即国际单位制、米制和寸制。

（6）圆中最小单元数

【圆中最小单元数】定义了几何体中小的特征是如何解决的。例如，如果模型中包含一个孔，则圆中最小单元数将定义圆的周边有几个单元。如图 10-11 所示，定义了在孔的周围最小包含 10 个单元。

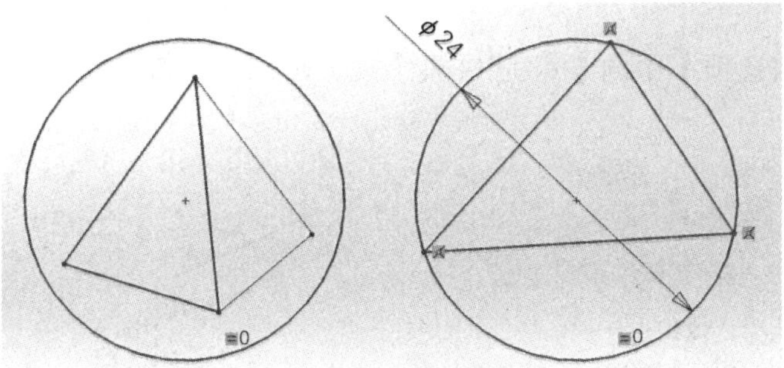

图 10-10　网格大小的定义

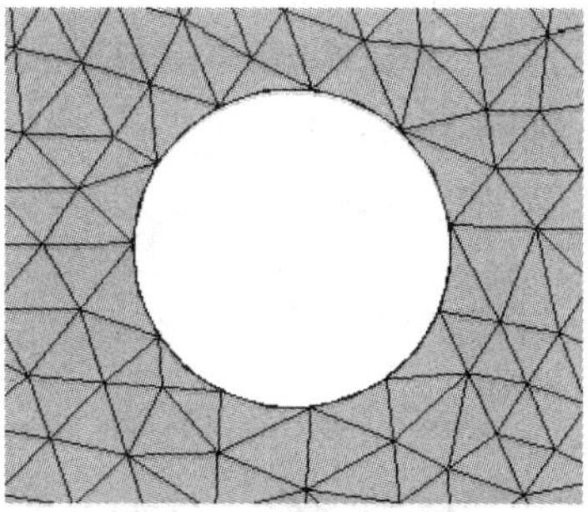

图 10-11　圆中最小单元数

（7）比率

【比率】用来定义网格如何从【最小单元大小】过渡到【最大单元大小】。

【比率】参数是在连续的过渡单元层用于指定比率的。如图 10-12 所示，将使用默认的比率。

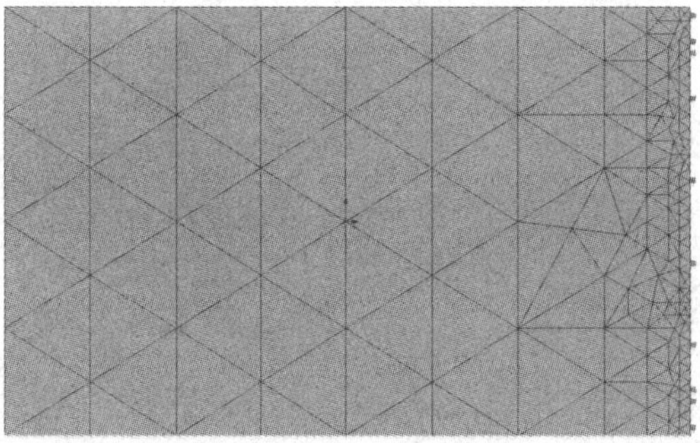

（a）比率 a/b=2

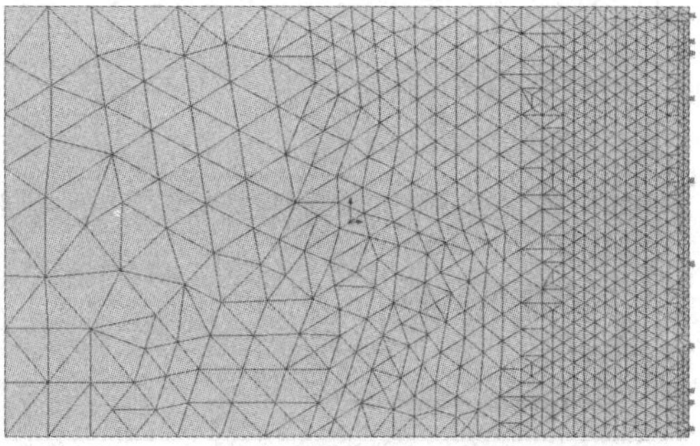

（b）比率 a/b=1.1

最大单元大小为 1 mm，最小单元大小为 0.1 mm

图 10-12　不同比率下的网格分布

提示：在大多数使用 SolidWorks Simulation 的分析中，在保证相对短的求解时间前提下，默认的网格设置生成的网格带来的离散误差是可以接受的。

Command Manager：【Simulation】/【运行算例】/【生成网格】。

菜单栏：【Simulation】/【网格】/【创建】。

快捷菜单：右键单击【网格】，在弹出的快捷菜单中选择【生成网格】。

（8）网格质量

可以采用【高】或【草稿】品质的单元划分网格。默认情况下都是采用高品质单元。要想使用草稿品质的单元，用户需要进入【高级】选项的 Property Manager 窗口进行设置。

【高】和【草稿】网格的品质区别在于：草稿品质的网格使用一阶单元，高品质的网格使用二阶单元。

6. 符号的大小及颜色

用户可以局部地或全局地控制约束符号的大小及颜色。

符号的局部设置可以通过【夹具】和【外部载荷】Property Manager 窗口的【符号设定】栏进行控制，如图 10-13（a）、（b）所示。

进入 SolidWorks Simulation【默认选项】中的【载荷/夹具】栏，可以设定符号的全局定义，如图 10-14 所示。

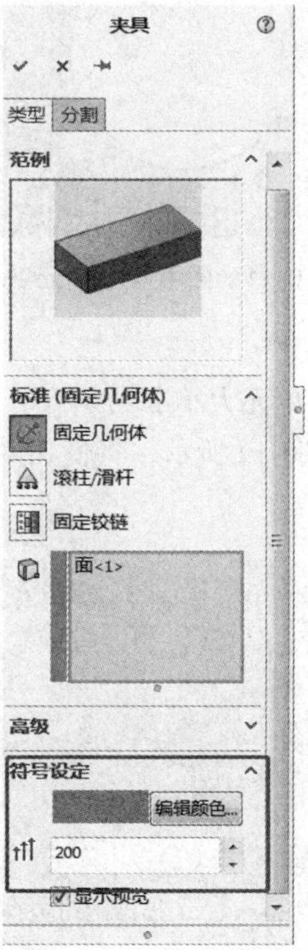

（a）【夹具】中符号设定

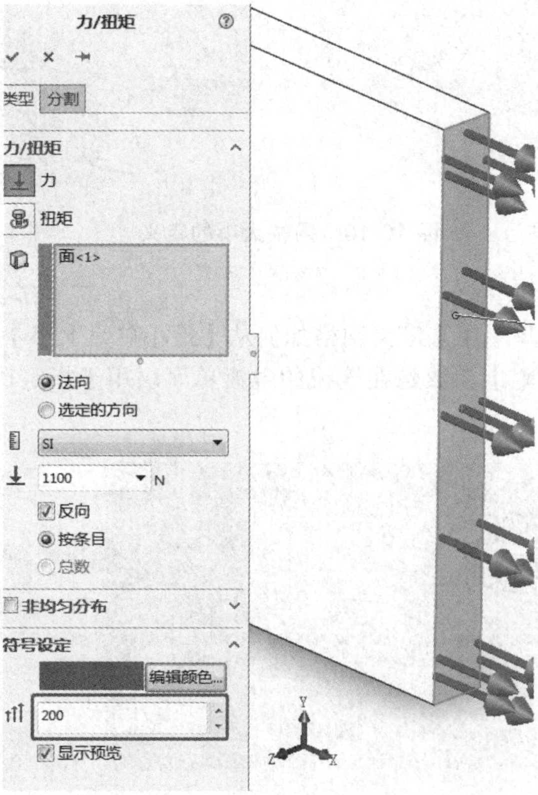

（b）【载荷/夹具】中符号设定

图 10-13 符号设定

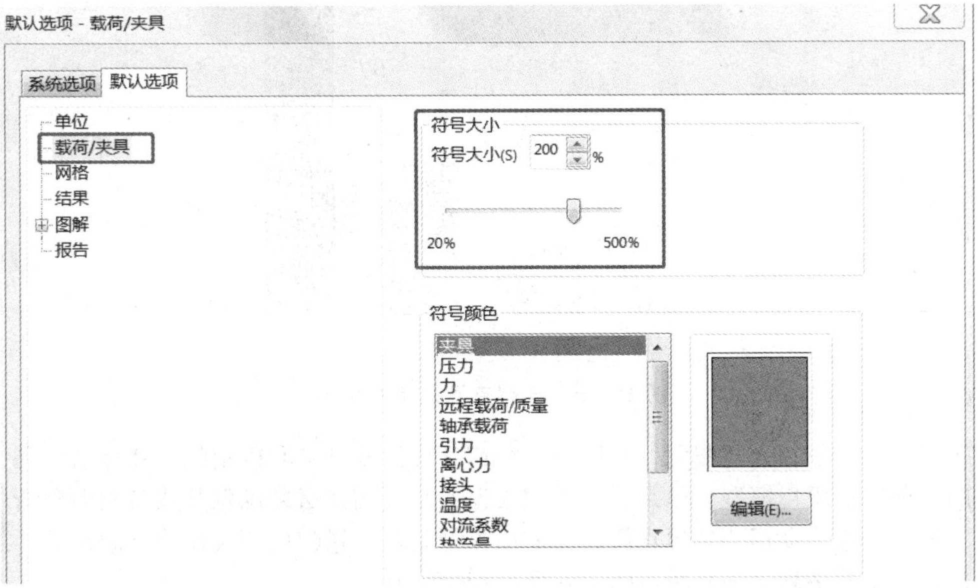

图 10-14　设定符号的全局定义

模型现在显示了载荷和约束的符号。要想隐藏或显示这些符号，可以采用以下方法：

（1）右键单击特定的约束或外部载荷的图标，在弹出的快捷菜单中选择【显示】或【隐藏】。

（2）右键单击约束或外部载荷的图标，在弹出的快捷菜单中选择【全部显示】或【全部隐藏】，以全局地显示或隐藏载荷和约束。

7. 前处理总结

到目前为止，已经分配了材料属性，施加了载荷和边界条件，建立了完整的数学模型，这一模型将使用有限元分析法来求解。

数学模型必须离散化成有限元模型。在创建有限元模型之前，需要熟悉下列术语：

（1）几何模型准备。几何模型准备是一个规范的过程，极少有不确定性。用于分析的简化，几何模型可以真实地展示并和原始的 CAD 模型进行比较。

（2）材料属性。材料属性通常从材料库中选择，它并不考虑缺陷和表面条件等因素。比起几何模型的创建，它有更多的不确定性。

（3）定义外部载荷。尽管只需从少量的菜单选择就能完成外部载荷的定义，但它包含了丰富的背景知识和假设。因为在现实中，只能大概知道载荷的大小、分布和时间依赖关系，必须在有限元分析中通过简化的假设作出近似的估计。因此，定义载荷时会产生较大的理想化误差。但是，我们仍将载荷用数值表达出来，以便于进行相关的有限元分析。

（4）定义夹具（约束）。定义夹具是一个容易产生较大误差的地方。通常的误差来自约束模型，其后果是结构过于刚硬并低估了实际变形量和应力值，在定义几何模型、材料、载荷和夹具过程中的误差来源及相对水平，如图 10-15 所示。

（5）理想化和假设。由图 10-15 可知，几何模型是最易于确定的，而夹具是最难确定的，即每一步的难度与所花费的时间没有关系，条形图所显示的信息似乎是违背直觉的。事实上，为有限元分析创建几何模型花费数个小时，而定义材料、施加载荷和边界条件只需轻点几下鼠标。

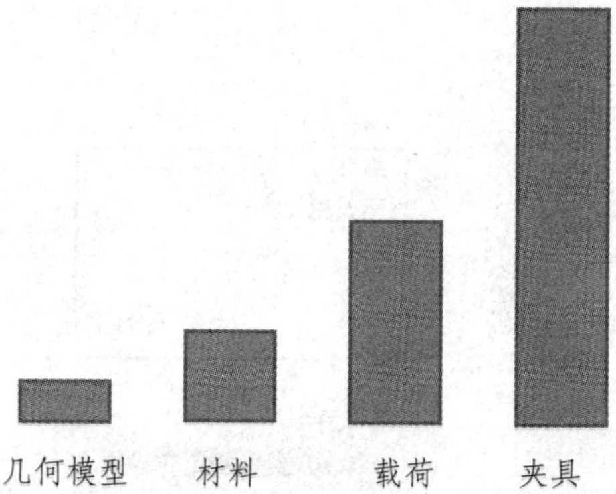

图 10-15　误差来源及相对水平

在所有的例子中，我们假设材料属性、载荷和支撑是已知和确定的，并且它们是关于真实情况的合理的理想化模型。但是必须着重指出的是，用户必须确保其在有限元分析中所创建的数学模型采用了合理的理想化假设。如果模型是基于错误的假设而建立起来的，那么即使是最好的自动网格划分和最快速的求解器也于事无补。

8. 后处理

分析完成后，SolidWorks Simulation 自动生成【结果】文件夹，以及在本项目开头定义的默认结果图解："应力 1（-von Mises-）""位移 1（-合位移-）" 及 "应变 1（-等量-）"，如图 10-16 所示。

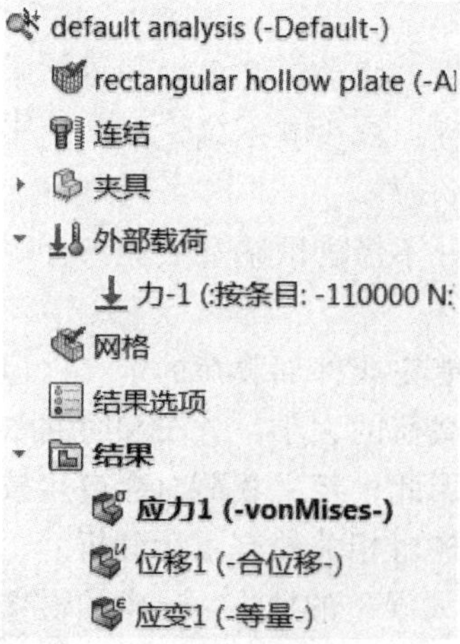

图 10-16　结果图解

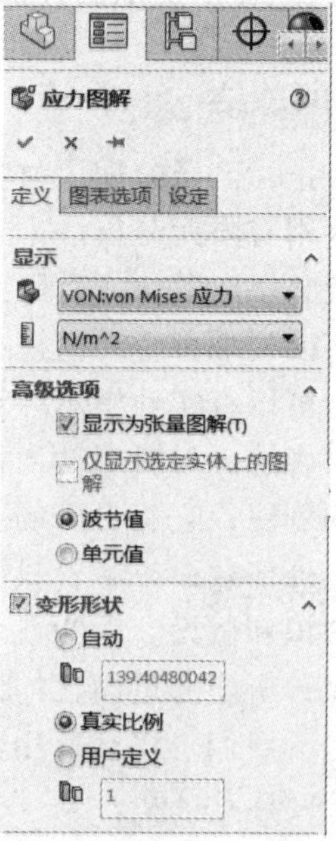

图 10-17　编辑图解

1）结果图解

可用以下方法显示每个结果图解：

- 双击所需的图解图标（如应力 1）。

- 右键单击所需的图解图标（如应力 1），并在该文件夹下选择【显示】。当图解被激活时（出现在模型窗口中），可以再次右键单击图解图标以观察图解控制选项。

2）编辑图解

要编辑一个图解，右键单击该图解并选择【编辑定义】。在随后弹出的【显示】对话框中可以指定应力分量、单位及图解类型，如图 10-17 所示。在【高级选项】中，可以选择图解是以【波节值】显示，还是以【单元值】显示。其中，【显示为张量图解】选项允许用户图解显示主应力的方向和大小。在【变形形状】中，可以定义图解的变形比例，共有 3 种选项可供选择，如图 10-17 所示。

- 【自动】（默认）
- 【真实比例】
- 【用户定义】

建议学习者对这些选项多作尝试。

3）波节应力与单元应力

图 10-18 和图 10-19 分别显示了模型的波节（节点）应力及单元应力。

【波节值】的应力图解看上去很光滑，而【单元值】则显得很粗糙。

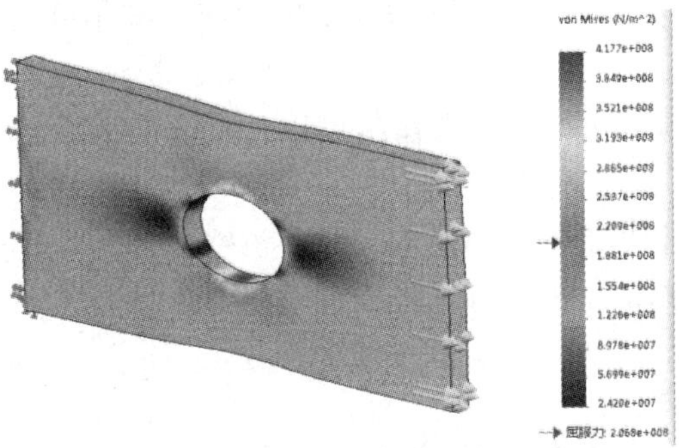

图 10-18　节点应力

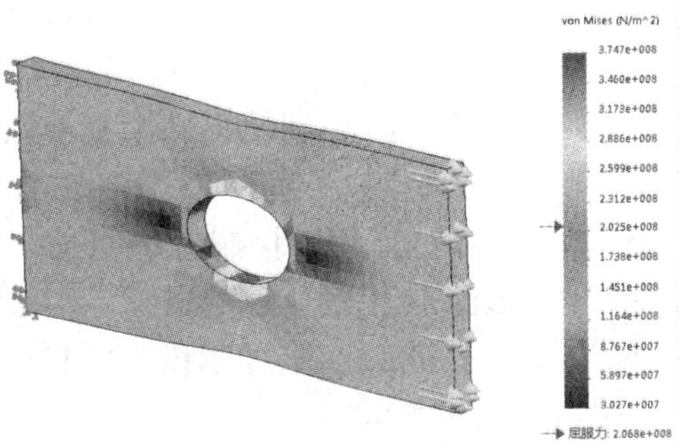

图 10-19　单元应力

为了理解二者的差异，有必要解释节点应力和单元应力的区别。在求解过程中，对于每个单元，应力是在确定的高斯点上计算得出的。一阶的四面体单元（草稿品质）在体内只有一个高斯点，二阶的四面体单元有 4 个高斯点。一阶的壳单元也只有一个高斯点，而二阶的壳单元有 3 个高斯点。

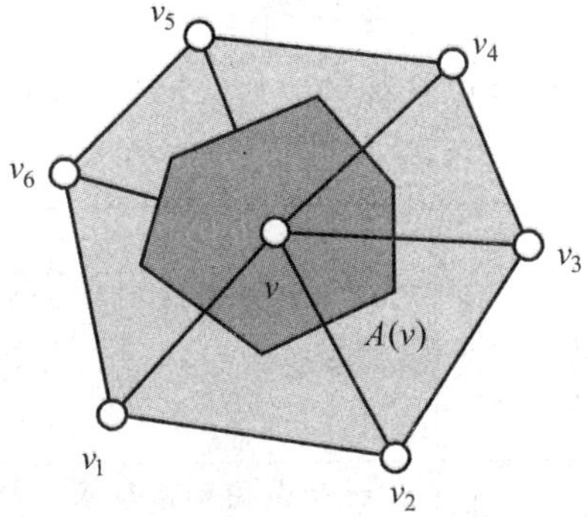

图 10-20　网格节点及高斯点分布

（1）波节值。高斯点上的应力在不进行平均的情况下也可外推到单元节点上。大多数情况下，一个节点被几个单元共享，并且每个单元在该共享节点上产生不同的应力值。从各相邻单元得到的数值平均后就得到唯一的值。这种应力平均方法产生了平均（或节点）应力值结果，如图 10-20 所示。

（2）单元值。相反，每个单元的高斯点所对应的应力数值平均后得到一个唯一的单元应力。尽管应力数值是由高斯点平均而来，它们仍被称为非平均应力（或单元应力），因为平均是在内部针对同一单元进行的。

4）显示向量图解选项

这个图解类型有利于我们直观地查看主应力 *P*1、*P*2、*P*3 的方向和大小。由于这些应力值之间的大小有相当大的差异，每个都必须充分地放大才能看见全部 3 个箭头，如图 10-21 所示。

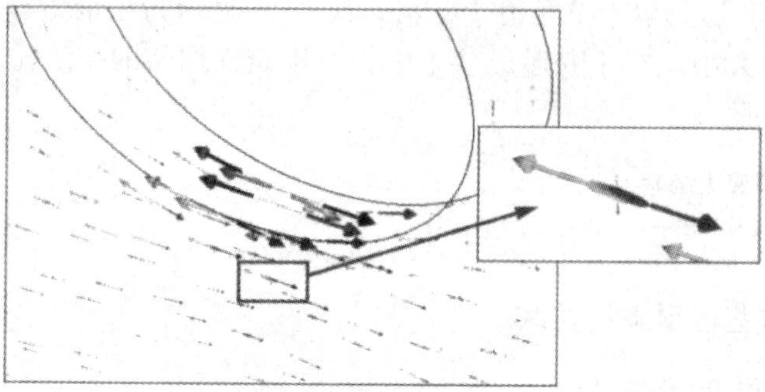

图 10-21　向量图解

5）修改结果图解

结果图解可以通过几种方法进行修改。下面列出了 3 种主要功能，以控制图解中的内容、单位、显示以及注解。

- 【编辑定义】：控制输出结果及单位的显示。比如，应力输出可以从 von Mises 应力改为主应力。
- 【图表选项】：用来控制注解。【显示选项】决定注解的显示，以及颜色、单位类型（科学、浮点、普通）、小数位数的选择。图表的位置和标题也可以进行调整。
- 【设定】：可以用来控制模型的显示。

【设定】操作指引：

- 右键单击一个图解，选择【编辑定义】，选择【定义】【图表选项】或【设定】。
- 右键单击一个图解，选择【编辑定义】【图表选项】或【设定】。

6）其他图解

在显示分析的特定结果方面，还存在其他几个图解类型，见表 10-3。

表 10-3　其他图解类型

类型	定　义	操作方法
截面剪裁	截面剪裁图解允许一个剪裁基准面穿过模型的任何一个点，并在该基准面的位置显示图解结果	右键单击已有图解并选择【截面剪裁】 菜单：【Simulation】/【结果工具】/【截面剪裁】
Iso 剪裁	Iso 剪裁图解将显示图解参数为特定值或两个特定值之间的模型部分	右键单击已有图解并选择【Iso 剪裁】 菜单：【Simulation】/【结果工具】/【Iso 剪裁】
探测	探测功能允许用户选择模型上的一个点或几个点，以表格和图解的方式显示图解参数	右键单击一个图解并选择【探测】 菜单：【Simulation】/【结果工具】/【探测】

（1）应力图解

【应力图解】用来显示应力变量，如主应力、应力分量。【vo Mises】是默认的应力图解。

- 快捷菜单：右键单击【结果】文件夹，选择【定义应力图解】。
- Command Manager：【Simulation】/【结果顾问】/【新图解】/【应力】。

（2）位移图解

【位移图解】用来输出各位移分量。

- 快捷菜单：右键单击【结果】文件夹，选择【定义位移图解】。
- Command Manager：【Simulation】/【结果顾问】/【新图解】/【位移】。

（3）安全系数图解

【安全系数图解】可以用来显示设计的安全性，它是基于材料强度来计算的（如典型的屈服强度）。

- 快捷菜单：右键单击【结果】文件夹，选择【定义安全系数图解】。
- Command Manager：【Simulation】/【结果顾问】/【新图解】/【安全系数】。

（4）疲劳检查图解

如果在设计零部件时需要关注疲劳,【定义疲劳检查图解】可以作为一个快速的疲劳检查图解。

- 快捷菜单：右键单击【结果】文件夹，选择【定义疲劳检查图解】。
- Command Manager：【Simulation】/【结果顾问】/【新图解】/【疲劳检查】。

只有用户拥有 Simulation Professional 时，才能使用疲劳检查图解。

9. 多个算例

先用粗网格完成对“rectangular hollow plate”的分析，接下来看一下网格密度对分析结果的影响。为此，将使用精细网格再重新进行一次分析。

为了用更精细的网格重复进行分析，可以在“default analysis”算例中创建新的网格，但是这个结果将会覆盖旧的结果。

为了保存分析的结果，创建一个新的“coarse analysis”算例。可以用多种方法创建一个新的算例。

（1）创建新的算例

新算例可由以下两种方法创建：

- 创建一个全新的算例。
- 复制已有算例。右键单击想要复制的算例选项卡并选择复制，这在本质上是复制一个完全相同的算例并粘贴到一个空白算例中。当复制一个算例时，SolidWorks Simulation 会显示【定义算例名称】对话框。用户可以重命名复制得到的算例，并选择所需的模型配置，如图 10-22 所示。

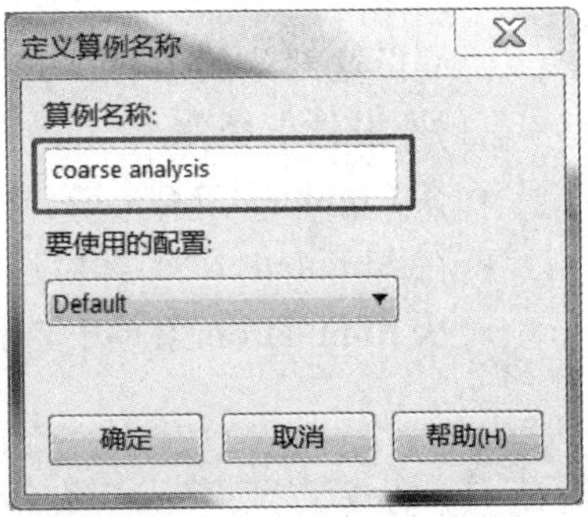

图 10-22　定义复制的算例

（2）复制参数

当创建一个新算例时，也可以从已有算例中复制材料、夹具、外部载荷，这比在新算例中重新定义要方便省力得多。只需在已有算例 Simulation Study 树中选取所需的参数，并用鼠标拖动到新算例的选项卡中。

提示：当复制一个新算例时，算例包含的设定、夹具、外部载荷、网格以及算例结果也被一并复制了。

10. 报　告

（1）报告的参数设置

结果有时需要记录成报告的形式，以方便查阅、演示或存档。

报告可以将任何预先定义的报表样式显示为 Word 格式。

报告可以从预先定义好的常用主题中选取不同的部分组成。用户可以在【Simulation】/【选项】菜单中发现【报告】的默认设置。

（2）报告的内容

预先定义的主题部分包括：

- 说明。
- 假设。
- 模型信息。
- 算例属性。
- 单位。
- 材料属性。
- 载荷和夹具。
- 接头定义。
- 接触信息。
- 网格信息。
- 设计情形结果。
- 传感器细节。
- 合力。
- 横梁。
- 算例结果。
- 结论。
- 附录。

要编辑这部分的内容，先选取【包含的分段】，并在【分段属性】中填写合适的内容。

（3）【报告】操作

- 在 Command Manager 中的【Simulation】选项卡中单击【报表】。
- 在 Simulation 工具栏选择【报表】。
- 从 Simulation 菜单中选择【报告】。

项目实施

在此项目分析中，学习如何确定在拉伸载荷下矩形板中的应力，借助模型来熟悉所有的分析步骤以及大多数通常用于实体模型静态分析的功能。

尽管模型非常简单，但这可能是本门课程中最重要的一课，这一课经历了所有必要的步骤。完成本项目内容后，读者可以继续探索软件的其他功能和其他建模假设，例如不同的材料属性、加载、约束等。

除了学习 SolidWorks Simulation 的各种功能之外，我们还要了解不同网格密度对结果的影响。

通过有限元法，掌握不同离散化参数的选择对我们感兴趣的变形和压力的影响。因此，我们将使用不同单元尺寸的网格进行分析，以更好地了解 FEA 如何工作。

一、软件环境设置

步骤 1　载入零件。

打开名为“rectangular hollow plate.SLDPRT”的文件。检查该模型的尺寸，并记录下以毫米（mm）为单位的长度、宽度和厚度。

步骤 2　启动 SolidWorks Simulation。

单击【工具】/【插件】，并选择【SolidWorks Simulation】，然后单击【确定】按钮，如图 10-23 所示。

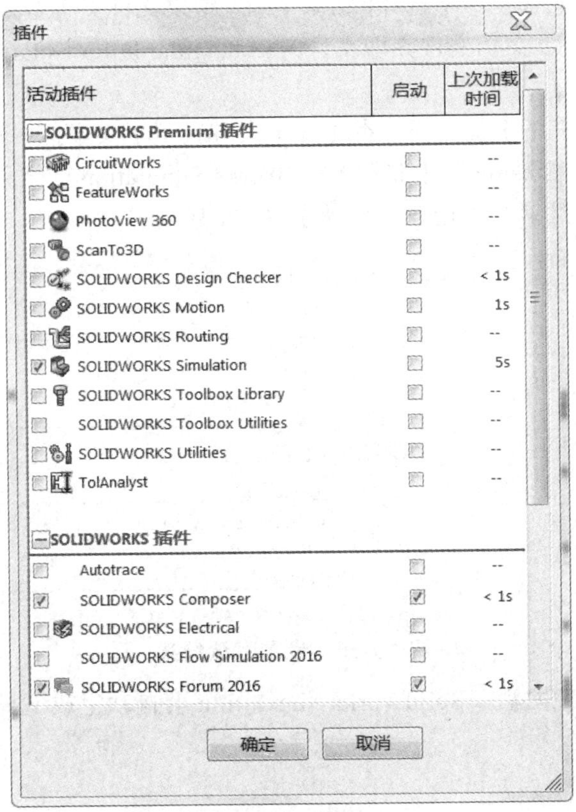

图 10-23　插件位置

步骤 3　打开选项窗口。

选择【Simulation】菜单下的【选项】，结果如图 10-24 所示。

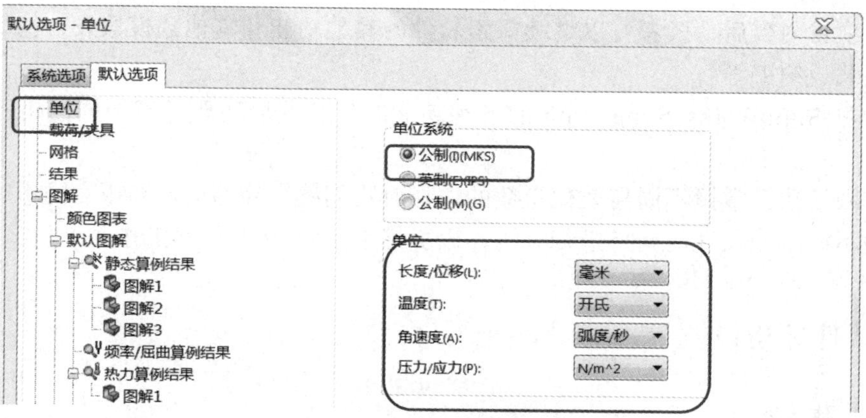

图 10-24　指定默认单位

步骤 4　为 SolidWorks Simulation 指定默认单位。

在【默认选项】选项卡下选择【单位】。设定【单位系统】为【公制（1）(MKS)】,【长度/位移（L)】单位为【毫米】,【压力/应力（P)】单位为【N/mm^2（MPa)】，如图 10-24 所示。

步骤 5　设置默认结果。

同上，在【默认选项】选项卡下选择【结果】。在【结果文件夹】选项组中，选择【SolidWorks 文档文件夹】。SolidWorks 文档文件夹即文件“rectangular hollow plate.SLDPRT”在计算机中存放的位置。

勾选☑【在子文件夹下】复选框，在【在子文件夹下】文本框中输入“results”。这将会自动创建一个子文件夹“results”来储存 SolidWorks Simulation 的结果。

在【默认解算器】选项组中选择【自动】，如图 10-25 所示。

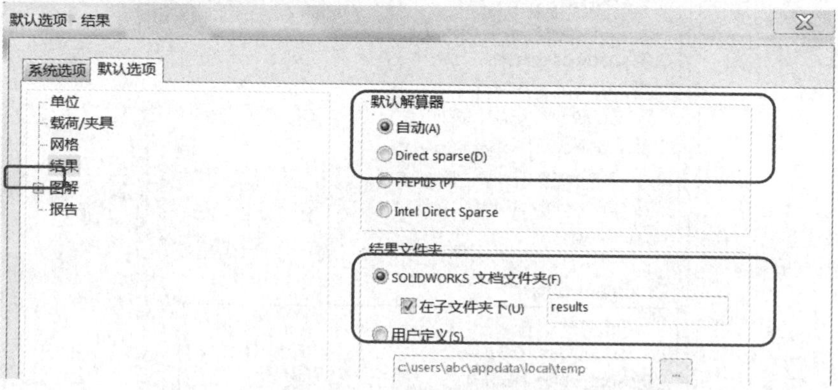

图 10-25　设置默认结果

在任何静态分析结束之后，SolidWorks Simulation 会自动生成下列结果图解：

- 应力。
- 位移。
- 应变。

图解设置可以让用户指定分析求解完毕后要自动生成哪些默认的结果图解和单位。要添加一个默认的结果图解时，右键单击【结果】并选择【添加新图解】。如有必要，每种图解都能储存在用户自定义的文件夹中，图解设定如图 10-26 所示。

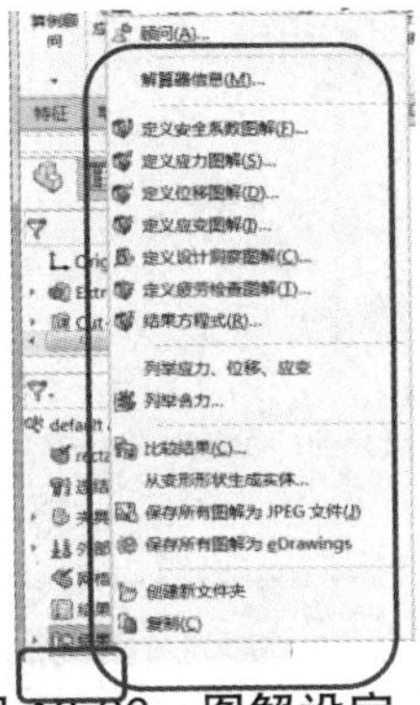

图 10-26　图解设定

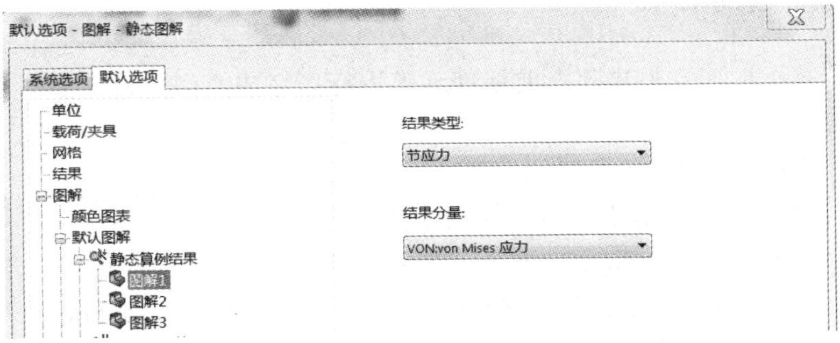

图 10-27　设置默认图解

步骤 6　设置默认图解。

打开【图解】文件夹下的【默认图解】子文件夹。这一部分可以让用户指定分析求解完毕后要生成哪些默认的结果图解。在本项目中的【默认图解】文件夹下，将使用默认的设置，如图 10-27 所示。

步骤 7　指定颜色图表选项。

在【图解】文件夹下选择【颜色图表】，设置【数字格式】为【浮点（L）】，勾选【应力图解浮云一个小数】，修改【小数位数（E）】为“6”，如图 10-28 所示。建议详细了解该对话框中的所有图表选项。然后单击【确定】退出。

图 10-28　指定颜色图表选项

二、前处理

根据前面完整步骤中前处理步骤进行，完成模型分析前处理操作。

步骤 8 新建一个算例。

在【Simulation】菜单中选取【算例】。

步骤 9 给算例命名。

单击【静应力分析】作为分析类型，在【名称】中输入“default analysis”，单击【确定】按钮，如图 10-29 所示。

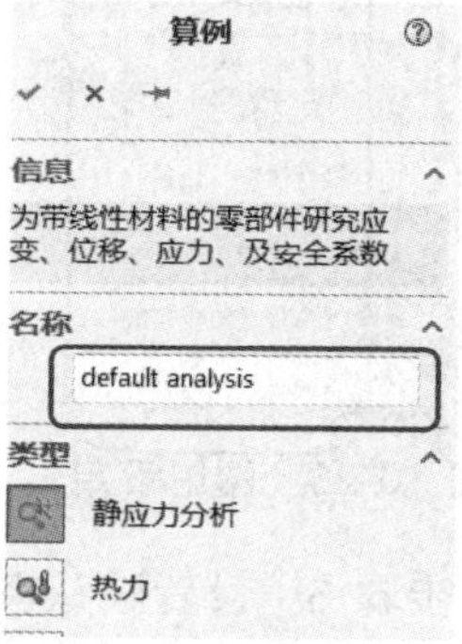

图 10-29 新建算例/命名

步骤 10 指定材料属性。

右键菜单中，单击【应用/编辑材料】，展开【SolidWorks Materials】，然后从名为“钢”的文件夹中选择“AISI304”，如图 10-30 所示。

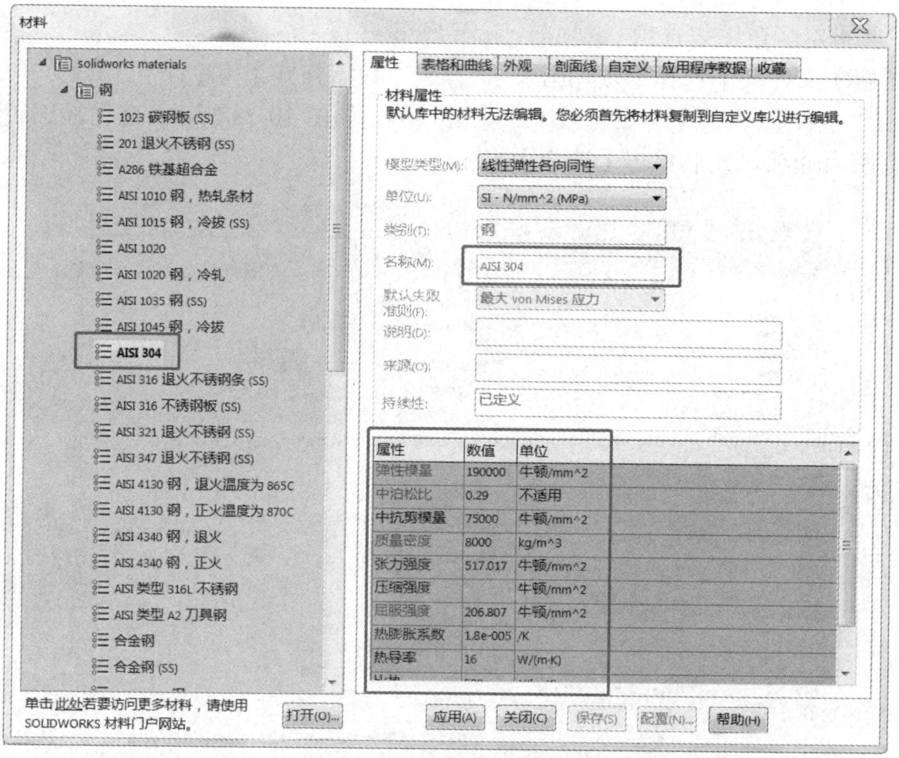

图 10-30 【材料】对话框

注意：

必需的材料常数以红色字体表示，蓝色字体表示的常数只在特定载荷类型下才可能会被使用（例如，【温度】载荷就需要【热扩张系数】）。

注意：

用户可能需要在【材料】对话框中右键单击任何文件夹或已有材料，来添加一个新的材料库。可以通过复制已有材料到新的位置并编辑其属性，来达到添加新材料的目的。

单击【应用】并选择【关闭】。【零件】文件夹下的“rectangular hollow plate”图标现在显示了一个绿色选中标记及所选材料的名称，表明材料加载成功。

步骤 11 定义固定约束。

单击【固定几何体】，转动模型，选择所要施加载荷的面。

在【类型】选项卡中选择【固定几何体】，然后单击【确定】按钮，如图 10-31 所示。

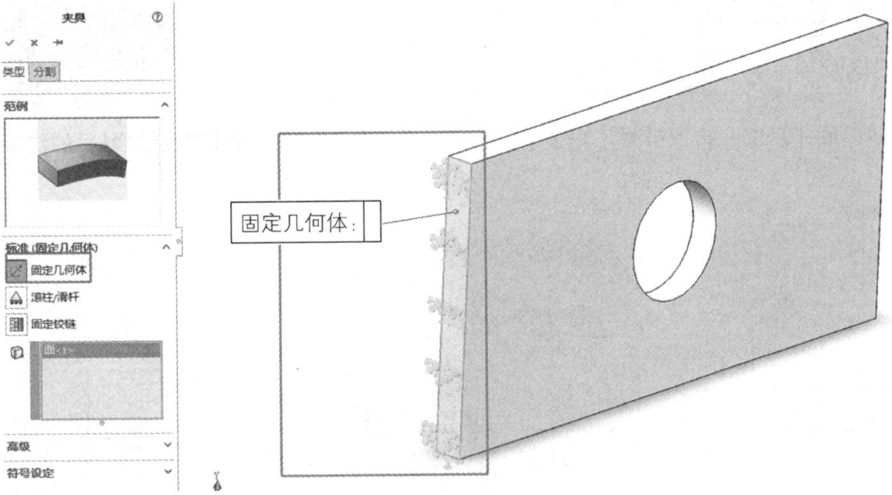

图 10-31 指定固定几何体的约束

定义完夹具后，就完全限制了模型的空间运动。因此，该模型在没有弹性变形的情况下是无法移动的。在有限元术语中，可以说该模型不存在任何刚体运动形式。

步骤 12 重命名夹具。

使用 Windows 标准的“单击—暂停—单击”功能重命名夹具，将“fixed-1”改为“固定面”。

【重命名】：每个边界条件的名称都可以重新命名，以便以后理解其中的含义。

使用 Windows 标准的“单击—暂停—单击”功能，可以重命名约束、载荷以及连接。单击约束、载荷或者连接的名字，按【F2】键或者单击右键都可以重命名（就像在 Windows 中重命名文件和文件夹一样）。

【约束符号】：在某个面上施加了约束之后，就可以看到约束标记符出现在该面上。

本例选择【固定几何体】作为约束类型，意味着所有的 6 个自由度，包括 3 个平移自由度和 3 个转动自由度都被限制住了。

约束符号分别用箭头和圆盘表示各个方向平移和转动的限制，如图 10-32 所示。在本项目中，约束的坐标方向和位于模型窗口左下角的全局坐标系方向一致。

如果不使用【固定几何体】而使用【滚柱/滑杆】作为约束类型，那么转动自由度将不会受到限制，而相应的约束符号只有箭头符号而没有圆盘符号，如图 10-33 所示。

步骤 13 定义力。

转动模型，以显示将要加载 110 000 N（24729 lbf）拉力的面，并选中该面。

单击【力】，列出需要定义载荷的选项。这个操作会打开【力/扭矩】Property Manager 窗口。如图 10-34 所示。在【类型】中选择【法向】，在【单位】一栏中确定单位制为【SI】，并在【力值】一栏中输入“110 000”，选择【反向】复选框，因为我们需要定义的是拉力。

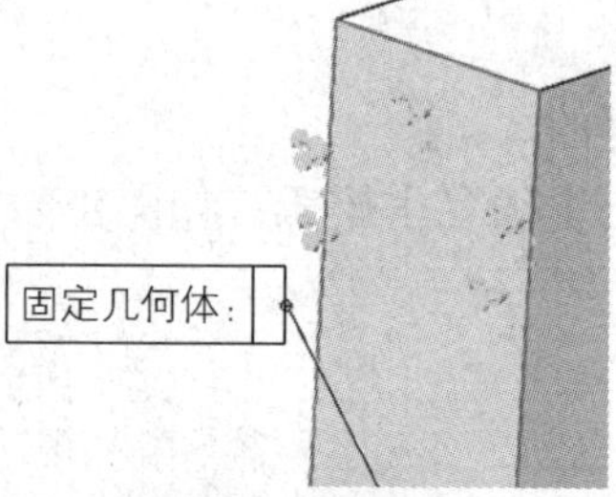

图 10-32 约束符号

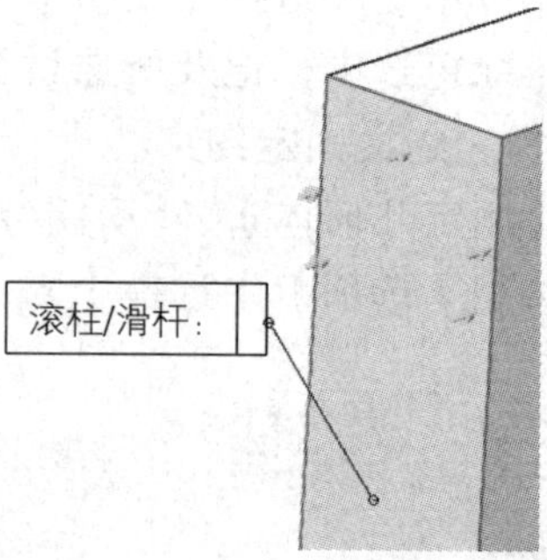

图 10-33 改变约束类型后的约束符号

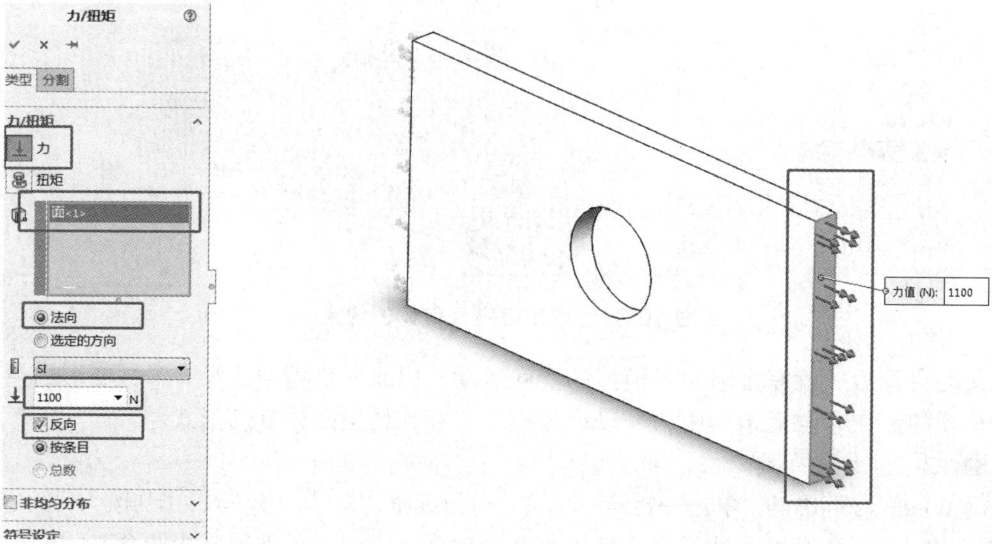

图 10-34 指定力载荷

提示：取消选中【反向】复选框将产生压力。

定义法向力时，无需使用参考几何体。因为在使用【法向】选项时，载荷方向由受力平面的法向完全确定了，然后单击【确定】。

步骤 14 重命名力。

重命名该力的名称为“拉力”，如图 10-35 所示。

步骤 15 生成网格点。

右键单击【网格】并选择【生成网格】，展开【网格参数】并选择【基于曲率的网格】，采用【高】品质的单元划分模型网格。展开 Property Manager 窗口的所有部分，以查看所有可选的选项。

步骤 16 设置网格密度。

默认的网格密度指示滑块会处于整个滑条的中间位置。在【网格参数】下，【最大单元大小】和【最小单元大小】显示为“5.72453 318 mm”，【圆中最小单元数】设置为“8”，【单元大小增长比率】设置为“1.5”。采用这些默认的设置来进行初次分析，如图 10-36 所示。

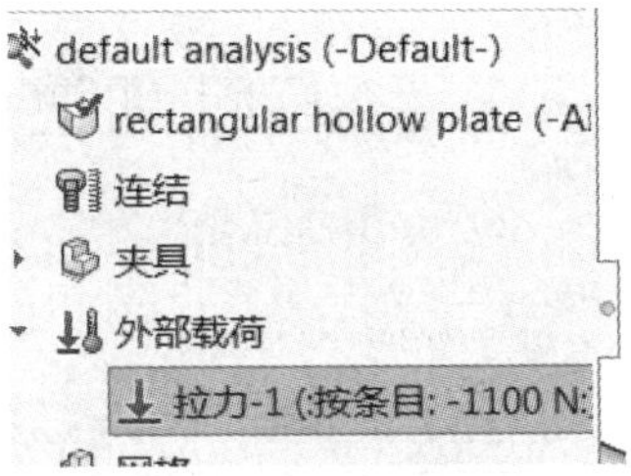

图 10-35 重命名力-拉力

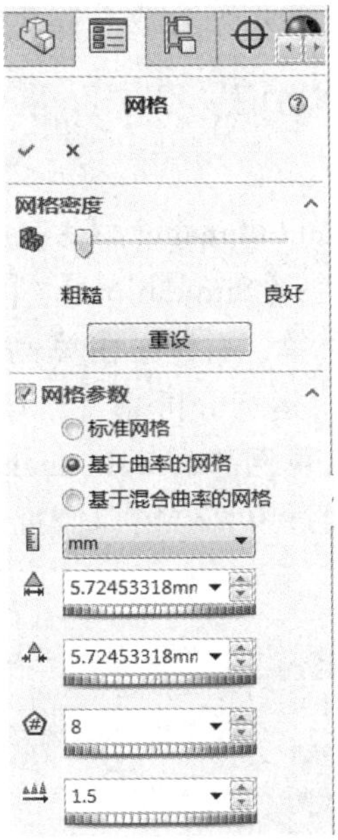

图 10-36 设置网格密度

步骤 17 设定网格质量。

进入【高级】选项，取消选取【草稿品质网格】，如图 10-37 所示。在本课程中将学习其他的网格选项。单击【确定】以生成网格。网格生成结束后，网格便显现出来。

SolidWorks Simulation 窗口的【网格】图标添加了一个绿色的勾号标记以表明网格划分完毕。网格划分后的结果如图 10-38 所示。

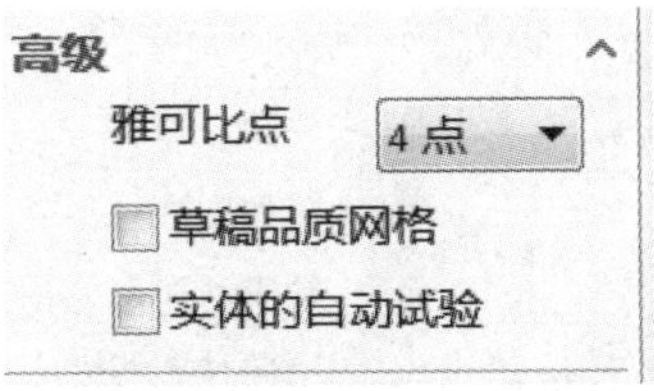

图 10-37 设定网格质量

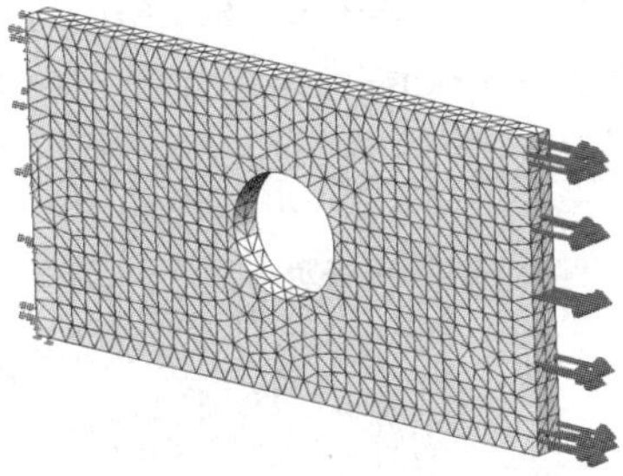

图 10-38 网格划分后的结果

提示：我们指定的这个算例“default analysis”目的是使用默认的网格大小。随后在这章将用粗糙和精细网格来求解问题。

1）显示/隐藏网格

右键单击网格可控制网格的可见性，操作如下：

- 选择【隐藏网格】。
- 选择【显示网格】。

2）过 程

当预处理完成后，算例就可以运行了。在运行过程中，从预处理模型中得到结构刚度及载荷矩阵，这些矩阵合成总体矩阵。得到结构的响应就是后处理阶段取得的数据。

3）操作方法

【运行】。

- Command Manager：【Simulation】/【运行算例】/【运行】。
- 菜单栏：【Simulation】/【运行】/【运行】。
- 快捷菜单：右键单击算例名字，选择【运行】。

步骤 18 运行分析。

右键单击算例“default analysis”图标，并选择【运行】，如图 10-39 所示。当分析在进行时，可以通过解算器窗口监视运算过程，如图 10-40 所示。

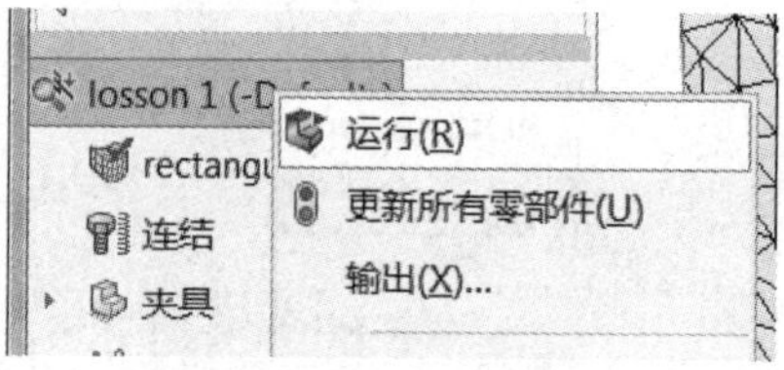

图 10-39 运行分析

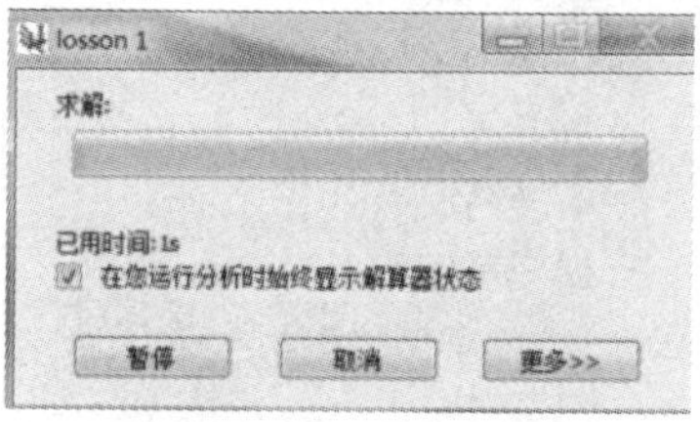

图 10-40 监视窗口

三、后处理

步骤 19 显示并编辑“应力 1（-von Mises-）”图解。

双击【结果】文件夹下的“应力 1（-von Mises）”显示该图解。

注意到应力图解的单位为 MPa（N/mm ），图表选项为 6 位科学计数，正如本项目开始在【选项】中定义的一样，如图 10-41 所示。

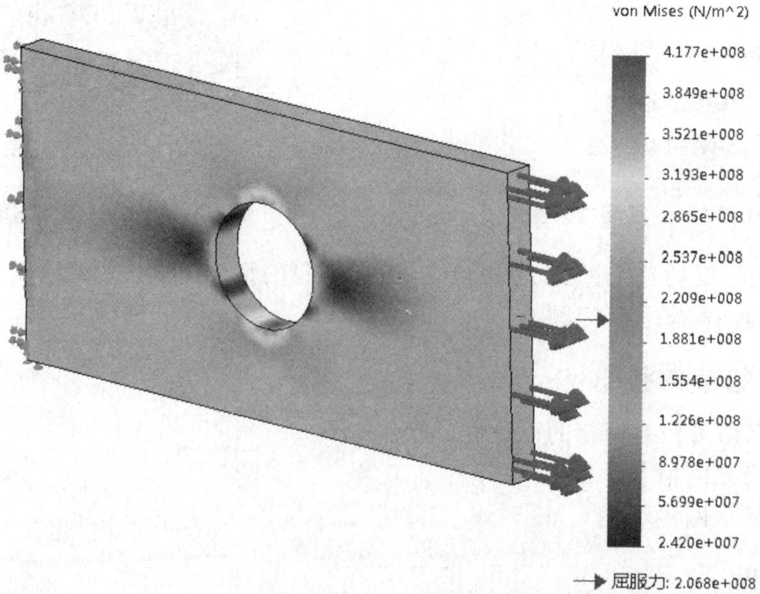

图 10-41 应力图解

可以观察到最大 von Mises 应力为 418 MPa，明显超出了材料的屈服强度 206 MPa，在图中以深色标记显示。

步骤 20　修改图表。

右键单击“应力 1 (-von Mises-)”并选择【图表选项】。勾选【显示最小注解】和【显示最大注解】复选框以在图解中显示这些标记。取消勾选【自动定义最大值】并输入 AISI 304 的屈服强度 206.8 MPa，单击【探测】定义 206.8 MPa 值为黑色。

注意：此处可以改变颜色。

单击【确定】以保存新的设置，如图 10-42 所示。

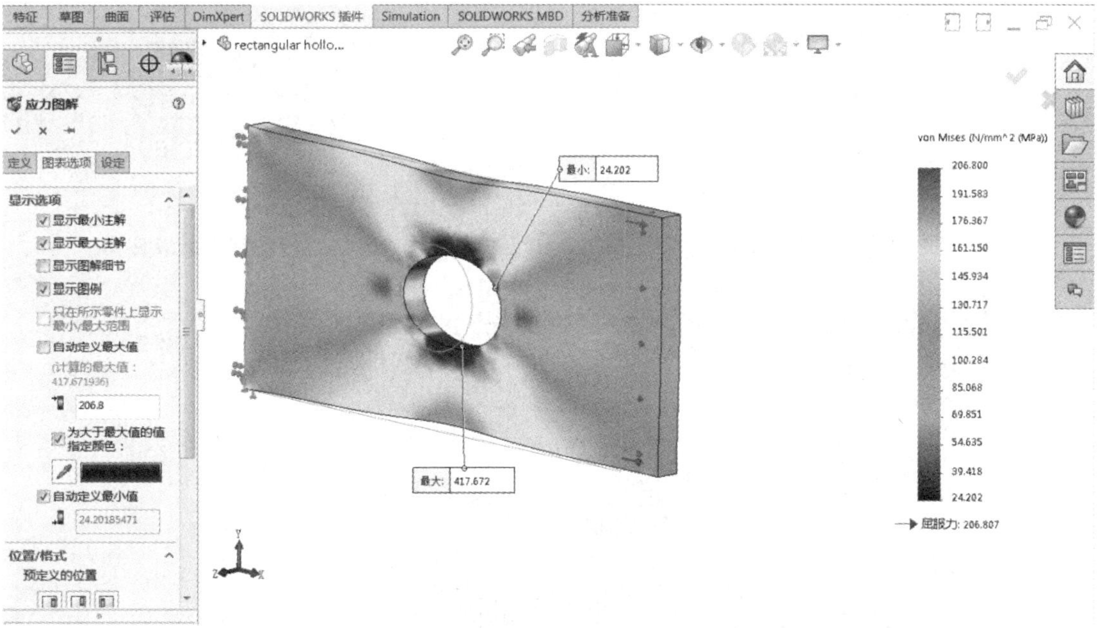

图 10-42　修改图表

提示：黑色部位表示应力超过屈服。

步骤 21　修改应力图解的设定。

右键单击“应力 1 (-von Mises-)”并选择【设定】，如图 10-43 所示。建议对该对话框中的【边缘选项】【边界选项】和【变形图解选项】进行仔细研究。

步骤 22　设置自动最大应力。

双击“应力 1 (-von Mises-)”激活【图表选项】。勾选【自动定义最大值】复选框变回自动定义范围，如图 10-44 所示。单击【确定】按钮。

步骤 23　创建截面剪裁。

在很多应用程序中，切分模型并从贯穿整个厚度方向来观察结果数值的分布是非常有用的。右键单击“应力 1 (-von Mises-)”并选择【截面剪裁】。

从 SolidWorks 展开菜单中选择 Right 基准面为【参考实体】。建议了解【截面】属性框中的所有选项和参数。

注意：用户也能够通过拖动三重轴来轻易地移动剪裁基准面以穿越该模型，如图 10-45 所示。

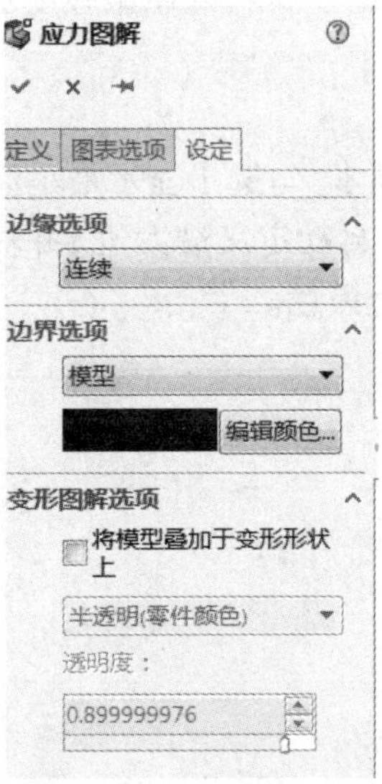

图 10-43 编辑设定

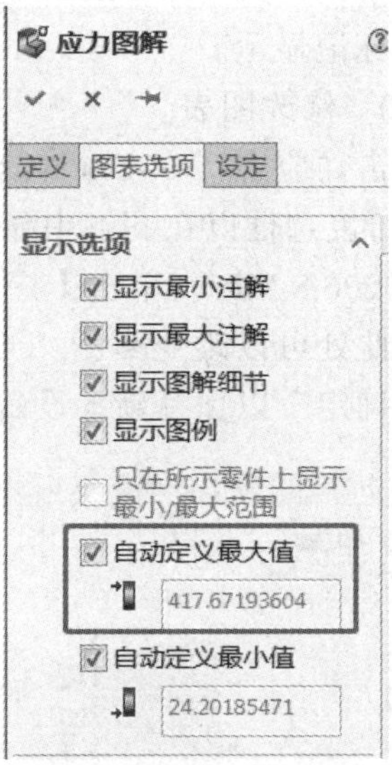

图 10-44 自动定义最大应力

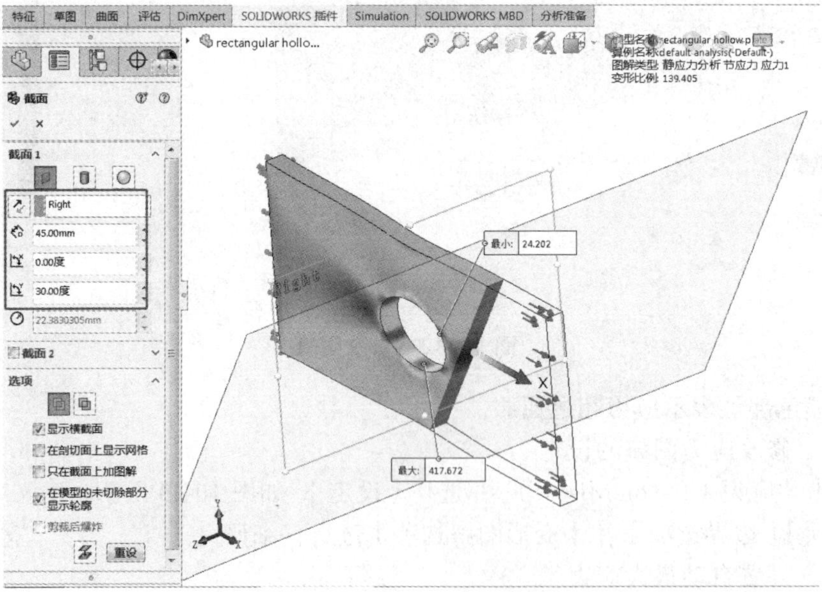

图 10-45 设定截面参数

使用【反转剪裁方向】以及【剪裁开/关】来控制剪裁方向及关闭剪裁图解。单击【确定】以关闭【截面】对话框。

步骤 24 创建 Iso 图解。

假定显示 von Mises 应力值在 170 ~ 275 MPa 的部分。

右键单击“应力 1（-von Mises-）”并选择【Iso 剪裁】。打开【Iso 剪裁】Property Manager 窗口。在【等值 1】的【等值】框中输入“275” MPa，在【等值 2】的【等值】框中输入“170” MPa，如图 10-46 所示。单击【确定】，结果如图 10-47 所示。

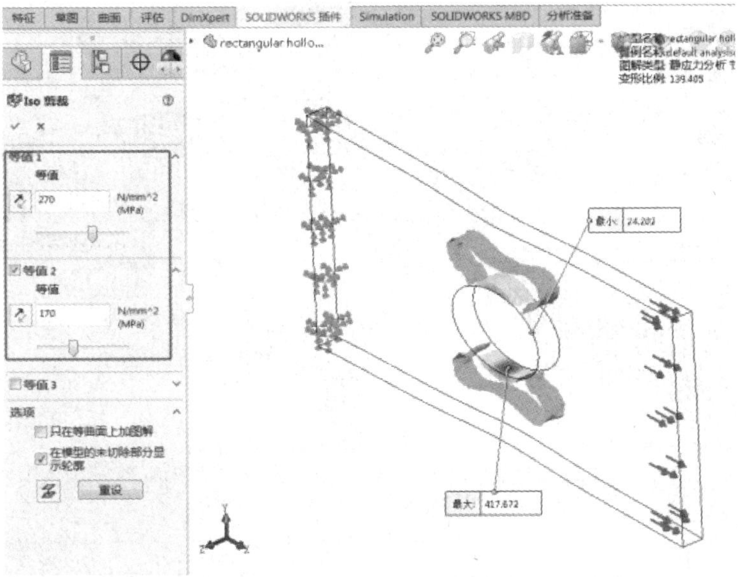

图 10-46　创建 **Iso** 图解

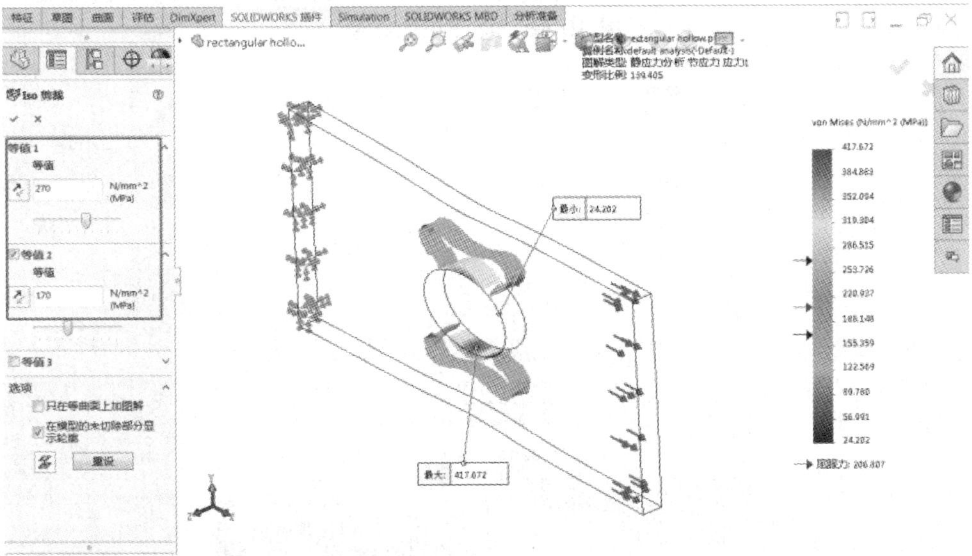

图 10-47　**Iso 剪裁图解**

注意： 应力图中的黑色箭头表示为两个等值面定义的数值。

请使用不同的 Iso 面和不同的剪裁方向来尝试【Iso 剪裁】窗口的各种选项。使用【反转剪裁方向】以及【剪裁开/关】来控制剪裁方向及重新设置图解。

步骤 25　探测应力结果。

单击【探测】。使用指针，单击所关注的位置。使用缩放 1 功能可以帮助找到所需的区域。探测到的应力出现在图解中，并且显示在【结果】中，如图 10-48 所示。

在【报告选项】中，可以将结果保存为一个文件，作出路径图解，或保存为传感器（传感器将在本课的末尾详细讨论）。单击【图解】，图 10-49 显示了 von Mises 应力随所选位置的路径图解，单击【确定】按钮。

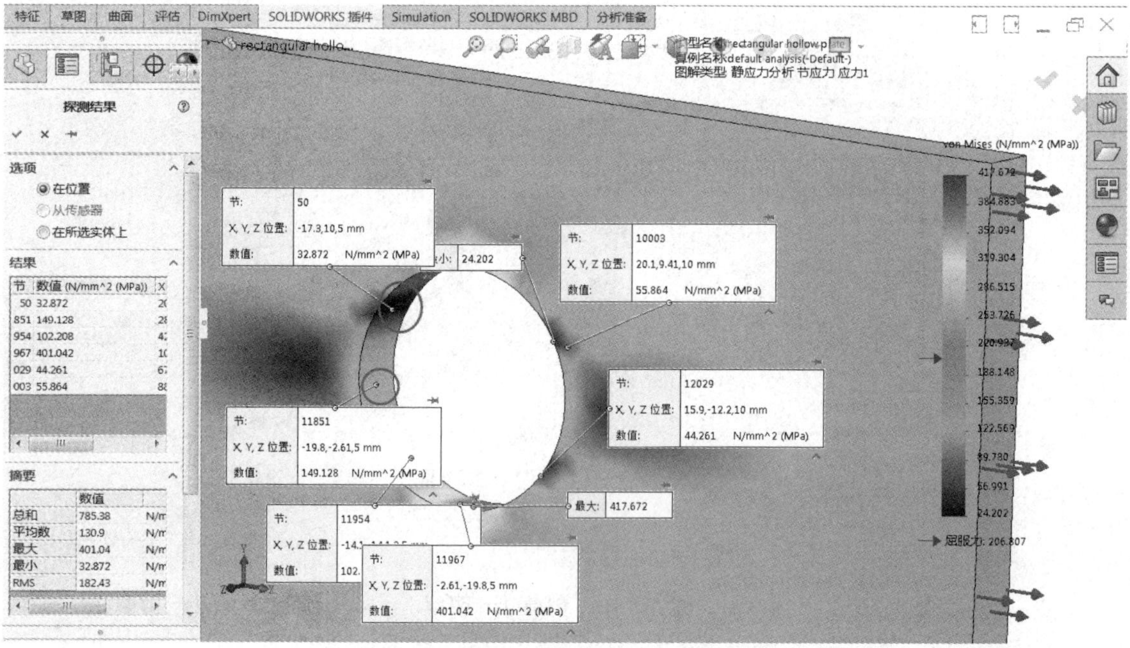

图 10-48　探测应力结果

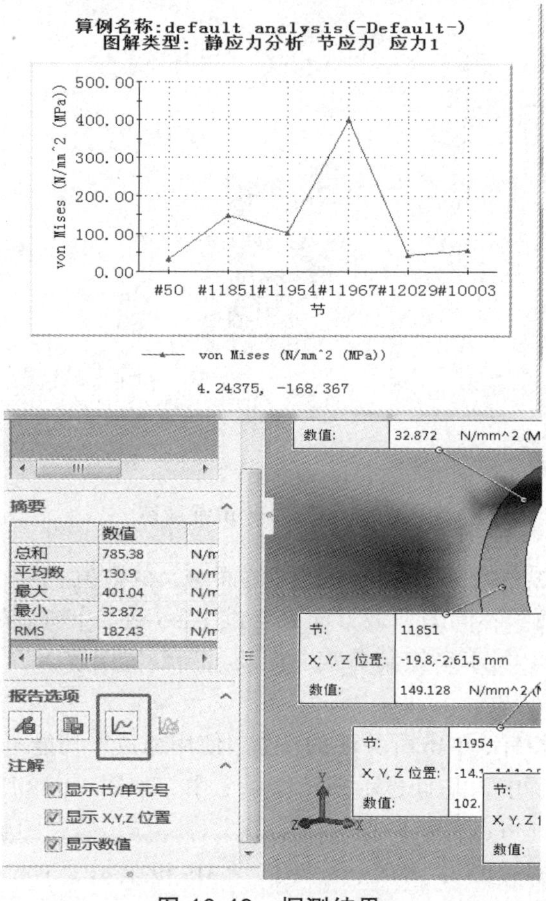

图 10-49　探测结果

步骤 26　定义位移图解。

双击“位移 1（-合位移-）”图解图标，在“应力 1（-von Mises-）”中学习到的所有后处理特征同样适用于其他结果数值，例如位移。位移显示最大结果位移为 0.143 5 mm，如图 10-50 所示。

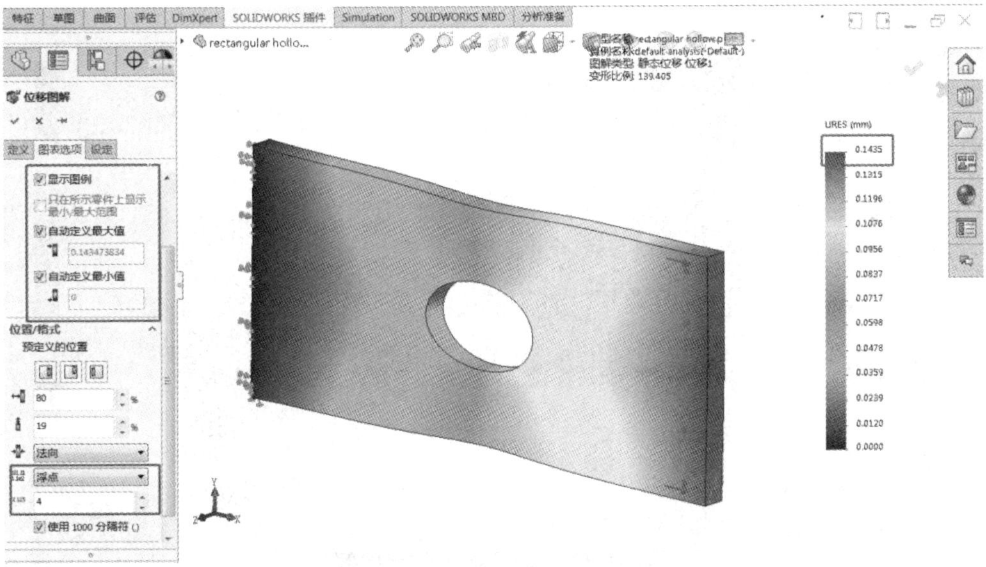

图 10-50　位移图解

提示：记录 6 位数字的位移结果以便研究本项目中不同模型的位移值的细微差别。建模中的不确定性和简化假设不能证明该精度一定是准确的。

步骤 27　将模型叠加于变形形状上。

右键单击“位移 1（合位移-）”并选择【设定】。勾选【将模型叠加于变形形状上】复选框，可以拖动滑动条来调节未变形图像的透明度，如图 10-51 所示。单击【确定】按钮。

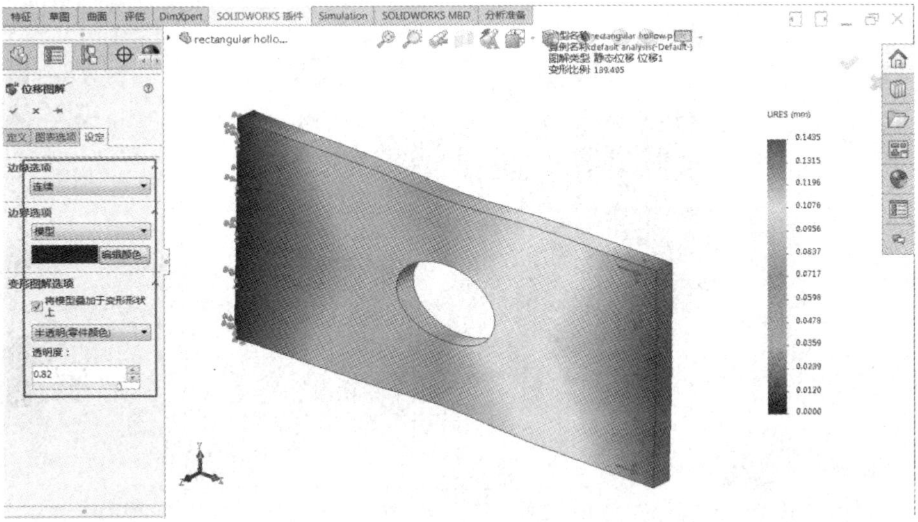

图 10-51　设定变形图解选项

步骤 28　动画显示位移图解。

为动画显示位移图解，右键单击“位移 1（-合位移-）”并选择【动画】，如图 10-52 所示。

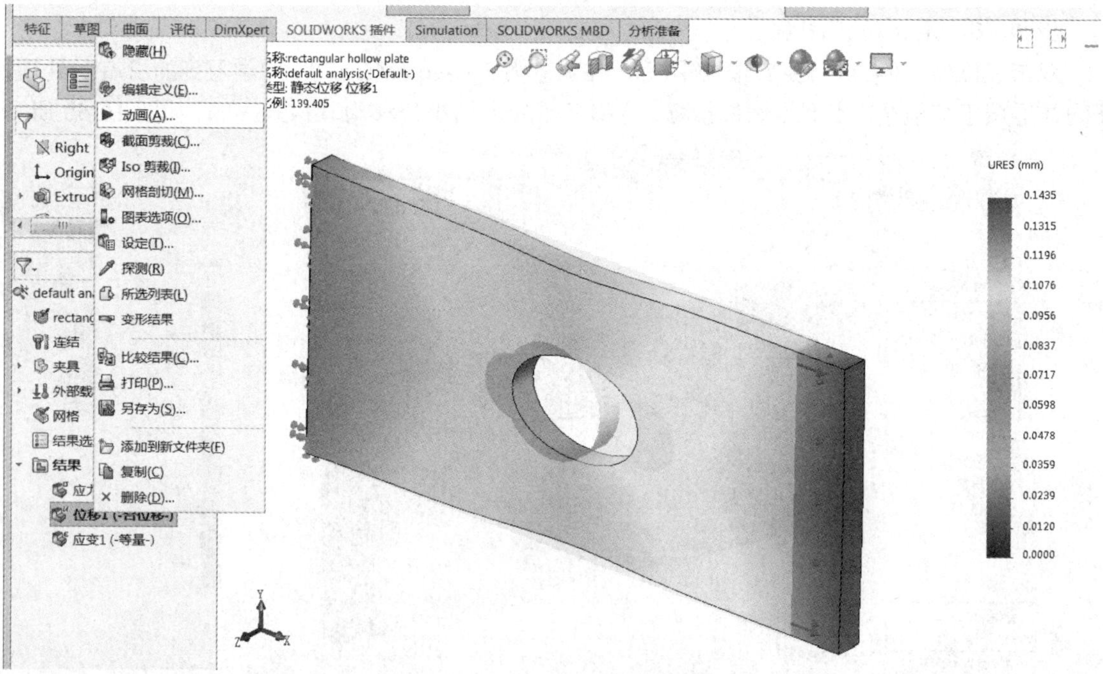

图 10-52　动画显示位移图解

在【动画】Property Manager 窗口中，可以播放和停止动画，设置画面的数量、控制速度，以及保存动画为 AVI 文件，如图 10-53 所示。建议学习者学会应用动画特征的所有选项。

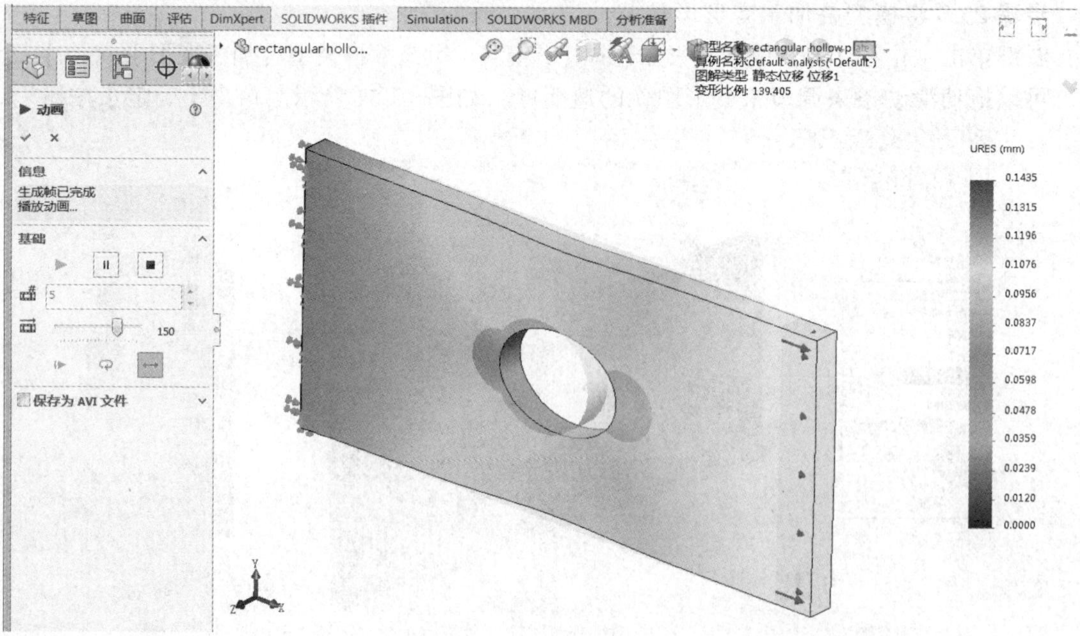

图 10-53　动画定义窗口

步骤 29　图解应变结果。

双击“应变 1（-等量-）”图解图标以显示该图解，如图 10-54 所示。

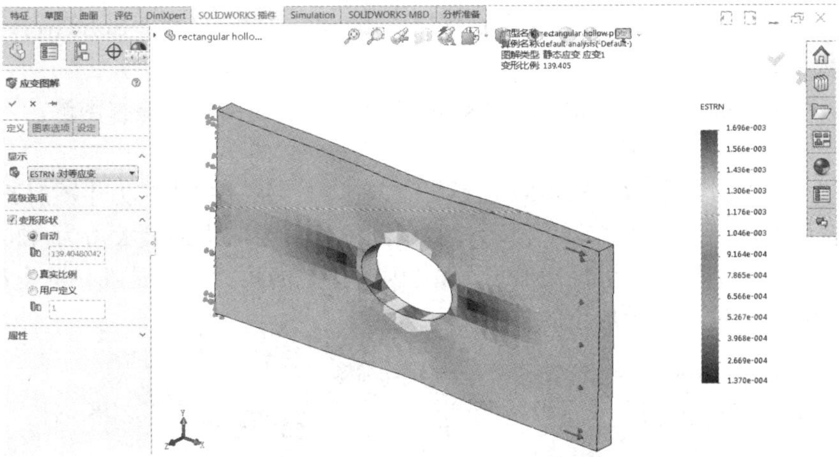

图 10-54　图解应变结果

注意：应变的结果都是无量纲的。

与应力结果不同，应力默认的显示为平均值（波节值），而应变显示的是非平均值（单元值），检查按【单元值】显示的应变分布图。右键单击位于应变文件夹下的“应变 1（-等量-）”，并选择【编辑定义】，然后选择【波节值】，则可以观察平均应变图解。

为进一步了解图表选项，可右键单击“应变 1（-等量-）”，并选择【编辑定义】。所有对应力图解所做的后处理特征同样适用于应变图解。完成分析后，还可以查看其他一些后处理的数据。

步骤 30　图解显示疲劳检查图解。

右键单击【结果】文件夹，选择【定义疲劳检查图解】。【负载类型】设定为【装载/卸载】，这样的设置允许拉力在 0 ~ 110 000 N 波动。【表面粗糙度因子】设定为【加工】，保留【装载因子】和【大小因子】为默认的【轴】和“0.75”不变。在【材料】一栏中，保留【调整此值的比例】和【最低安全系数】为“1”不变，如图 10-55 所示。单击【确定】按钮，结果如图 10-56 所示。

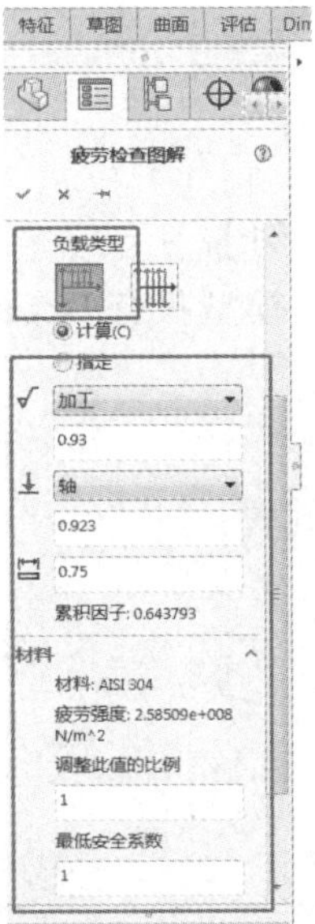

图 10-55　设定疲劳检查图解选项

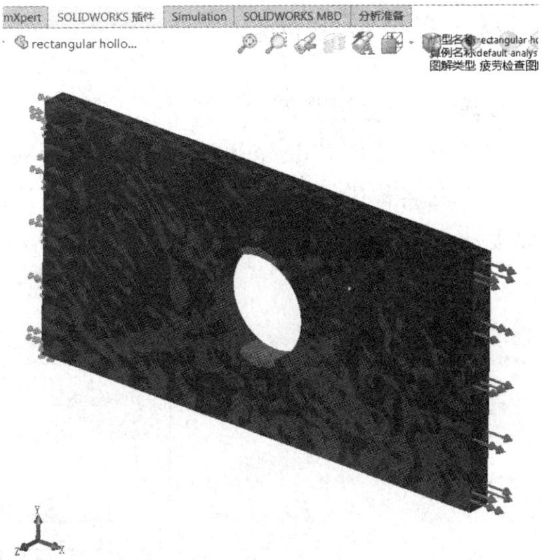

图 10-56　疲劳检查图解结果

红色标记了将会出现疲劳问题的潜在区域，这里可能需要使用 SolidWorks Simulation Professional 模块进行精确计算。

注意：只有用户拥有 Simulation Professional 时，才能使用疲劳检查图解。

步骤 31　定义第一主要应力图解。

单击【定义应力图解】，如图 10-57 所示。选择【P1：第一主要应力】图解，保持默认选项，单击【确定】按钮。如图 10-58 所示，观察到第一主要应力的最大值为 420 MPa，非常接近 von Mises 应力的最大值为 417 MPa。这是因为指定的拉力载荷是唯一的支配载荷分量，导致在该板的纵向产生占主导地位的拉应力。

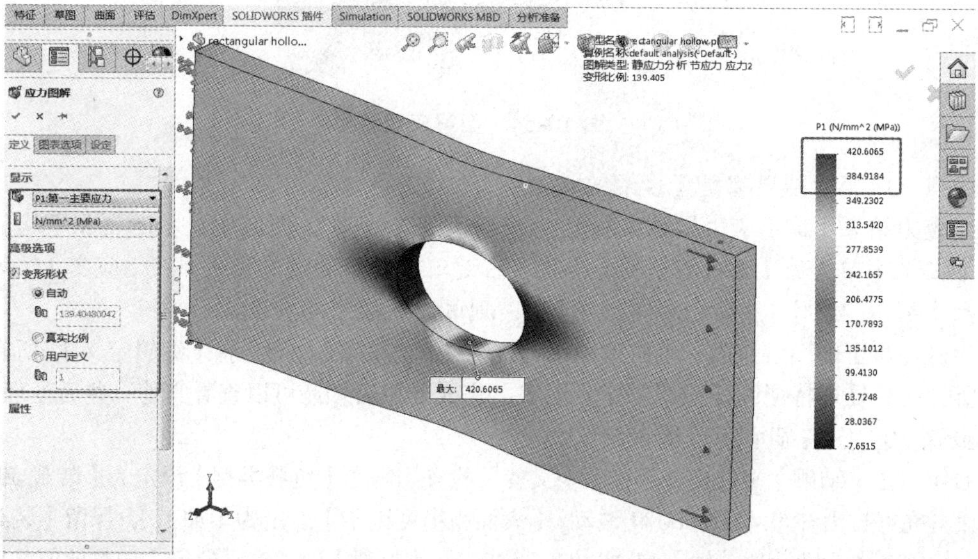

图 10-57　定义应力图解　　　　图 10-58　第一主要应力图解

四、多个算例计算

步骤 32　复制算例。

右键单击算例“default analysis”的选项卡，选择【复制算例】。

在算例名称中输入“coarse analysis”，如图 10-59 所示。该模型只有 Default 一个配置，因此无法更改。

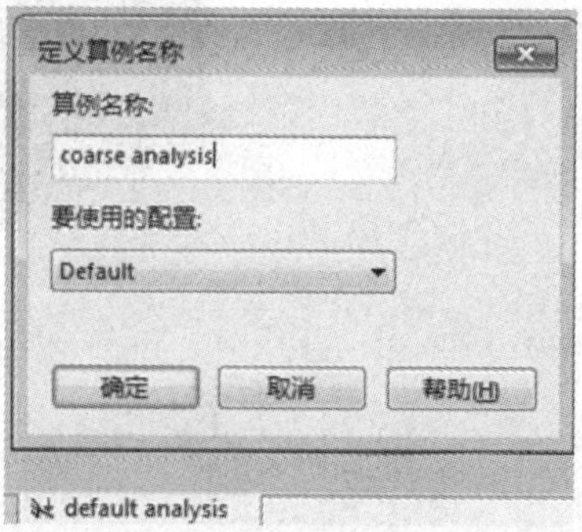

图 10-59

步骤 33　在算例“coarse analysis”中生成新网格。

在算例“coarse analysis”中，右键单击【网格】并选择【生成网格】。这时会显示一个警告：“重新网格化将删除算例的结果：coarse analysis”。

单击【确定】并打开【网格】属性框。在【网格参数】下选择【基于曲率的网格】。移动【网格密度】滑块到最左边。【最大单元大小】和【最小单元大小】分别为“12 mm”和“6 mm”，如图 10-60 所示。单击【确定】，生成的网格，如图 10-61 所示。

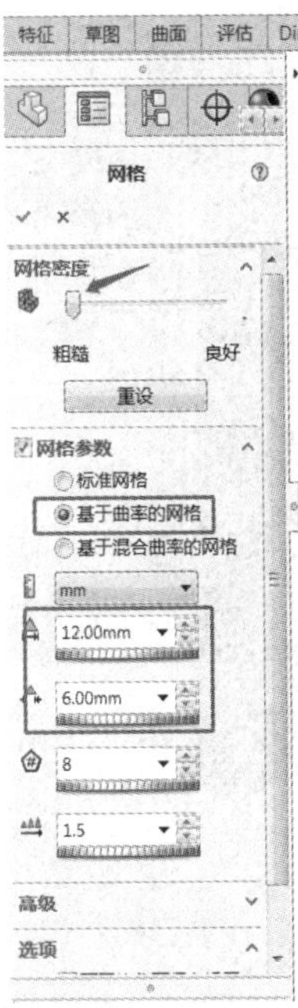

图 10-60　网格设置

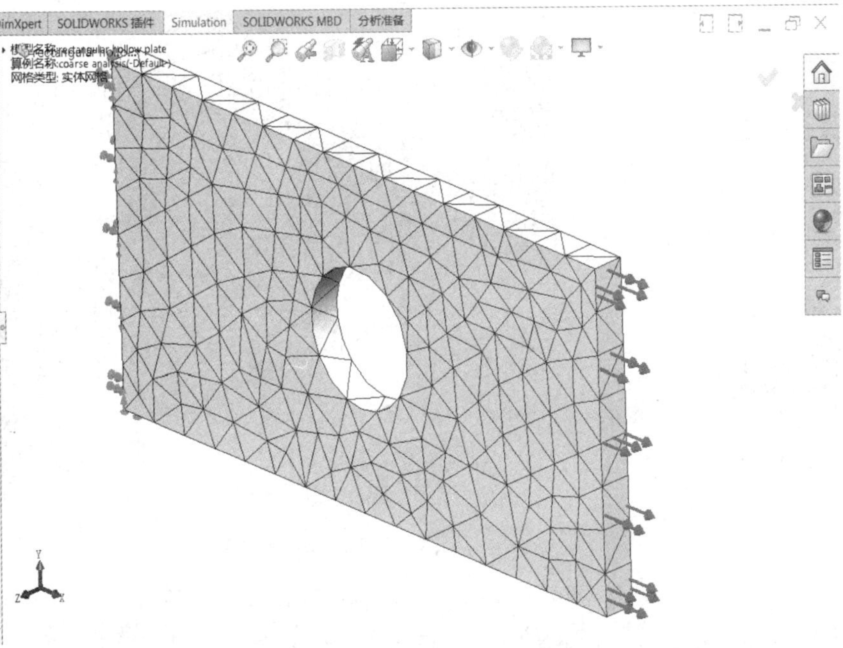

图 10-61　网格划分结果

注意：在模型的厚度方向只存在一个单元，而在算例“deafult analysis”中，沿厚度方向有两个单元。

提示：这个网格相当粗糙。稍后将了解到对于求解准确的计算结果而言，这个类型的网格是不可接受的。

步骤 34　显示网格细节。

创建网格之后，通过右键单击【网格】并选择【细节】，可以了解有关网格的详细信息，如图 10-62 所示。当然，也可以显示“default analysis”算例中的网格详细信息。

网格 细节

算例名称	coarse analysis (-Default-)
网格类型	实体网格
所用网格器	基于曲率的网格
雅可比点	4 点
最大单元大小	12 mm
最小单元大小	6 mm
网格品质	高
节总数	2311
单元总数	1107
最大高宽比例	3.6968
带高宽比例的单元百分比 < 3	99.5
带高宽比例的单元百分比 > 10	0
屈曲单元(雅可比) 的 %	0
完成网格的时间(时:分:秒)	00:00:02
计算机名	ABC-PC

图 10-62　网格细节

步骤 35　运行分析。

步骤 36　查看位移和应力结果。

记录最大位移值（0.143 3 mm），如图 10-63 所示。最大应力值（392 MPa），如图 10-64 所示。

提示：所有的图解设置与算例“default analysis”保持一致，因为图解定义也是从那个算例复制过来的。

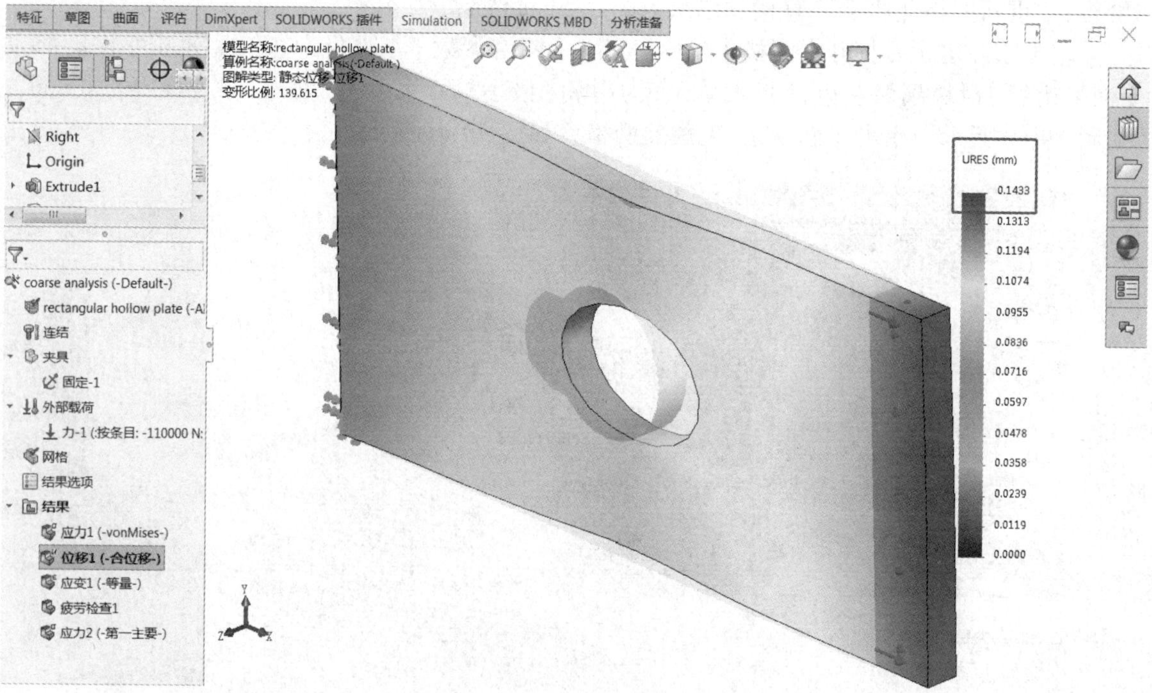

图 10-63 最大位移

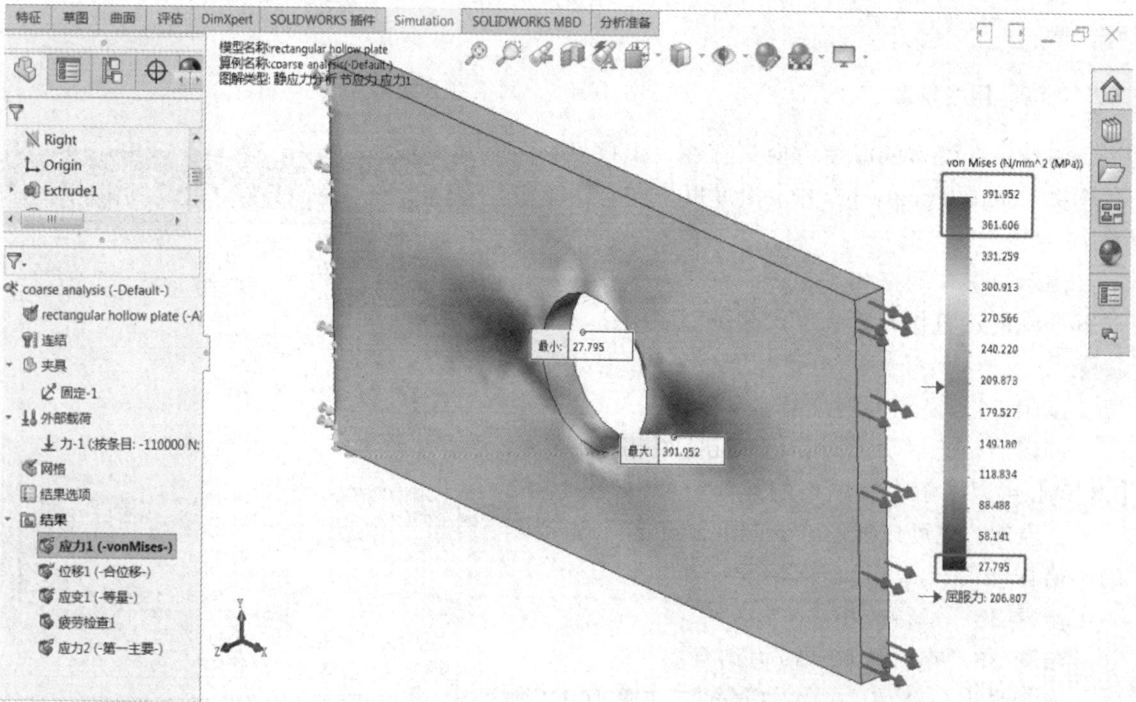

图 10-64 最大应力

步骤 37　用精细网格重新分析。

重复步骤 32 ~ 步骤 35，创建一个网格后的新算例，命名为“fine analysis”。重新划分网格，移动【网格密度】滑块到最右边。【最大单元大小】和【最小单元大小】应为“2.86226 659 mm”。生成细化后的网格效果如图 10-65 所示。

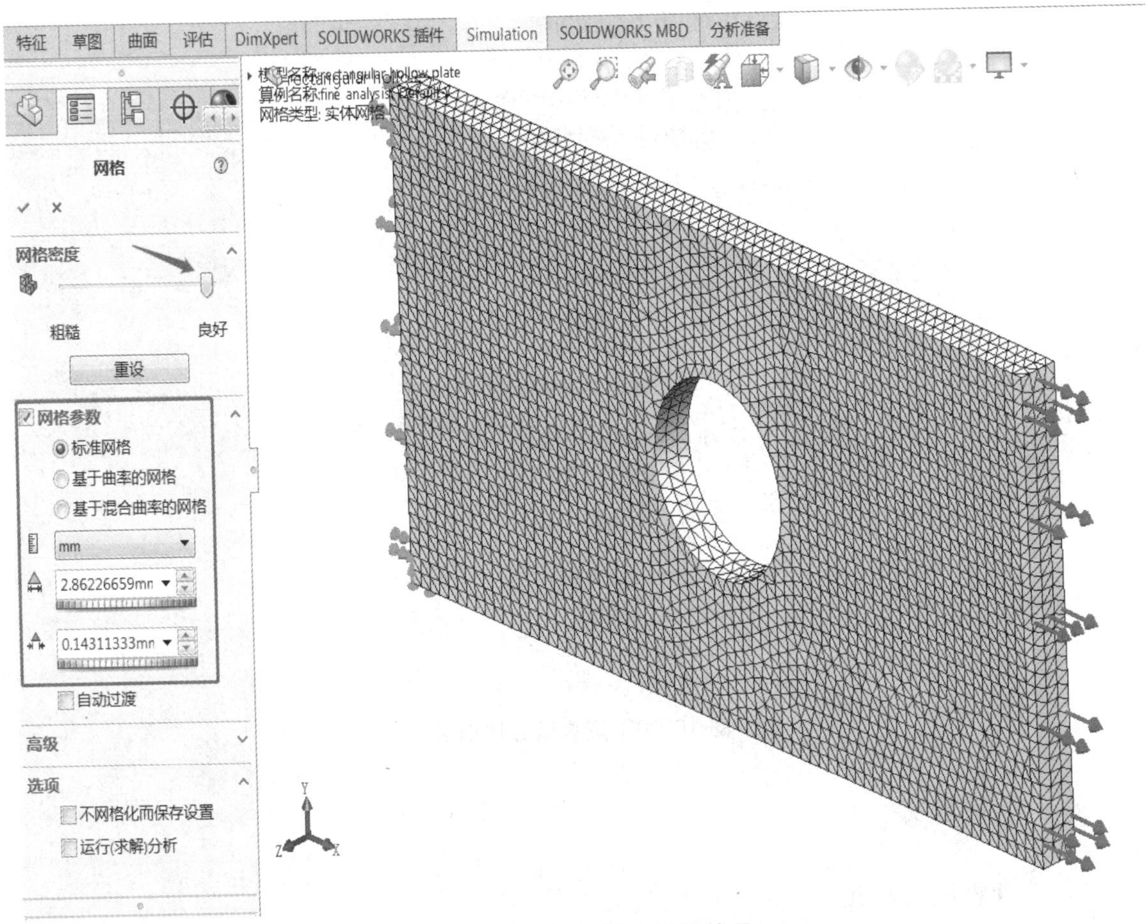

图 10-65　细化后的网格效果

注意：到现在在厚度方向有 3 层网格，这个网格对于求解准确的计算结果而言，是可接受的。

步骤 38　查看位移和应力结果。

记录最大位移值（0.143 5 mm），如图 10-63 所示。最大应力值（415 MPa），如图 10-64 所示。

步骤 39　查看解算器信息。

右键单击【结果】并选择【解算器信息】，如图 10-66 所示。注意查看“单元数”“节点数”及“自由度数”。

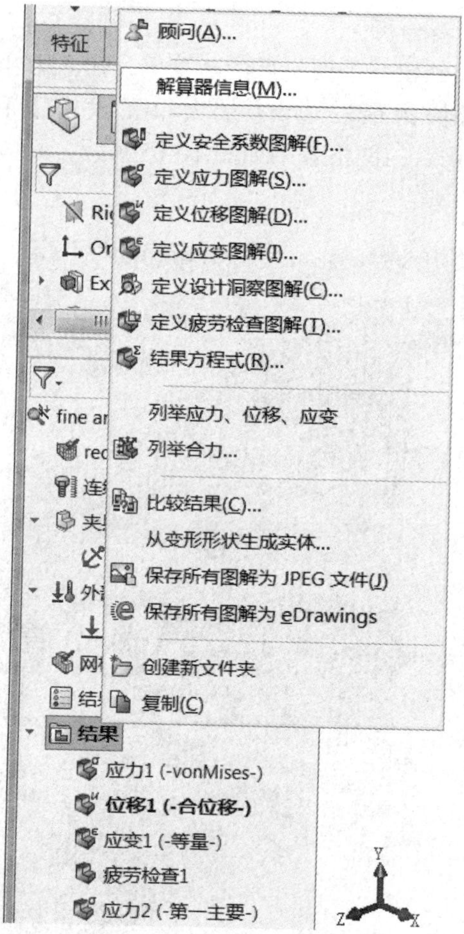

图 10-66　查看解算器信息

五、结果比较

1. 检查收敛与精度

现在，从 3 个算例（“default analysis”“coarse analysis”和“fine analysis”）中收集信息，比较在不同网格下的位移和最大 von Mises 应力值。可以从图解中判断出最大位移和最大 von Mises 应力值。同时，还要了解每次网格划分中的单元和节点的个数，这些信息可以在【网格细节】中找到。

最后，还需了解每个模型的自由度数。为了计算这个数值，首先从网格信息中所列的节点数中减去受约束面上的节点数，以得到不受约束的节点个数。然后将它乘以 3 即得所求，因为在实体单元中每个节点有 3 个自由度。这里还有一个得到自由度数的简单方法，用户只需右键单击每个算例的【结果】文件夹并选择【解算器信息】即可。

2. 结果总结

3 个算例的结果总结见表 10-4。

表 10-4　3 个算例的结果总结

网格密度	最大位移值/mm	最大 von Mises 应力值/MPa	自由度数	单元数	节点数
coarse analysis（粗糙）	0.1433	391.952	6780	1107	2311
default analysis（默认）	0.1435	417.672	35826	6965	12127
fine analysis（精细）	0.1435	415.186	249147	54543	83544

注意本项目所有的结果从属于一个问题，仅有的区别在于网格密度不同。用户会发现自己解算的结果与表 10-4 中所给的结果存在很小的偏差，这归因于服务包的升级等。显而易见，最大位移值随着网格的精细度提高而增加。所以可以得出结论：模型随自由度的增加而变得较为柔软。本例选择二阶单元，实际上是基于每个单元的位移场可以用多项式来表示的这样一个假设。

使用精细网格，每个单元的位移场仍可用二次多项式表示，单元个数的增加能够更接近真实的位移和应力场。

因此，可以认为网格越精细化，单元定义造成的人为影响就越来越小。在有限元分析中，位移是基本未知量，应力是通过位移计算出来的。所以随着网格的精细化，应力的精度也提高了。如果持续提高网格的精细程度，将看到位移和应力都将趋向于一个有限值，这个有限值即为数学模型的解。有限元解和数学模型解的差异来自离散化误差，离散化误差随着网格精细程度的提高而减少。

持续的网格精细化过程称为收敛过程，目的是确定离散化的参数选择（单元大小）对用户感兴趣的结果（最大位移和最大应力）的影响。此处，用户感兴趣的结果是最大位移和最大 von Mises 应力。

3. 与解析解比较

一个无限长的带孔矩形板受拉问题具有解析解，可以用来与有限元解作比较。

W、D 和 T 分别表示板的宽度（100 mm）、孔的直径（40 mm）以及板的厚度（10 mm）。P 是板所承受的拉力，大小为 110 000 N。为了与解析解作比较，采用 SI 国际单位制更为方便，因为 SolidWorks 中的模型是用 mm 为单位进行定义的。

σ_n 是孔所在横截面上的平均应力，K_n 是应力集中系数，σ_{max} 是最大主应力，它们有如下关系：

$$\sigma_s = \frac{P}{(W-D)T} = \frac{110\,000}{(100-40)\times 10} = 183.33\ \text{（MPa）}$$

$$K_n = 3 - 3.13\frac{D}{W} + 3.66\left(\frac{D}{W}\right)^2 - 1.53\left(\frac{D}{W}\right)^3 = 2.235\,68$$

$$\sigma_{max} = K_n\sigma_n = 183.33\times 2.23568 = 409.87\ \text{（MPa）}$$

算例“default analysis”中的【P1：第一主要应力】图解，最大值达到了 415.78 MPa，这大致相当于 60.3ksi。因此误差为：

$$\text{Difference}=\left(\frac{\text{NumericalSolutions}-\text{Theory}}{\text{NumericalSolutions}}\right)=\left(\frac{415.78-409.87}{415.78}\right)=1.42$$

SolidWorks Simulation 结果和解析解的误差为 1.42%，但这并不一定表示 SolidWorks Simulation 的结果更差，或与真实值存在着 1.42%的误差。

在进行结果比较时必须谨慎对待，注意解析解只有在平面应力假设下，板的厚度非常薄时才有效。SolidWorks Simulation 在计算具有一定厚度（10 mm）的三维模型时，给出了沿厚度方向分布的应力。SolidWorks Simulation 同时也考虑到事实上板的长度（200 mm）是有限的，而非解析解所认为的长度是无限的这一因素。

此外，对应力结果的进一步检查发现，用户可以得到通过板厚度的应力梯度，这并不是分析模型所要求的。因此，我们得出结论，SolidWorks Simulation 可以提供比其他分析软件更多的应力细节信息。

六、报告生成

步骤 40 生成 Word 格式的报告。

从 SolidWorks【Simulation】菜单中选择【报告】，如图 10-67 所示。

步骤 41 设置报告选项。

在【报表分段】内挑选需要的报告部分。例如，取消勾选【接触信息】复选框，因为在本分析中并没有包含该内容。输入【标题信息】并单击【出版】，如图 10-68 所示。

步骤 42 检查报告。

在 Microsoft Word 中打开报告，检查里面的结果。

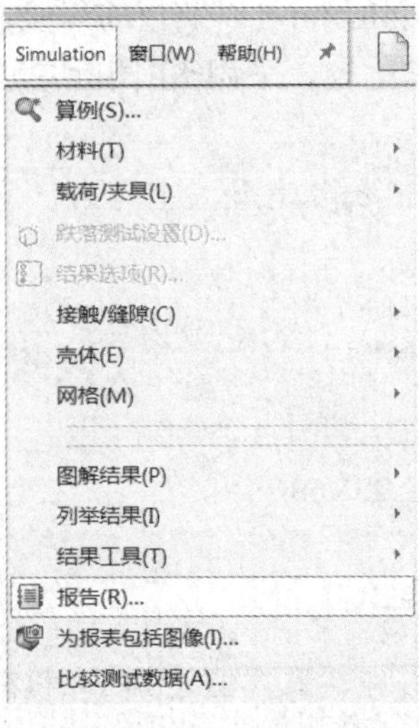

图 10-67 选择报告

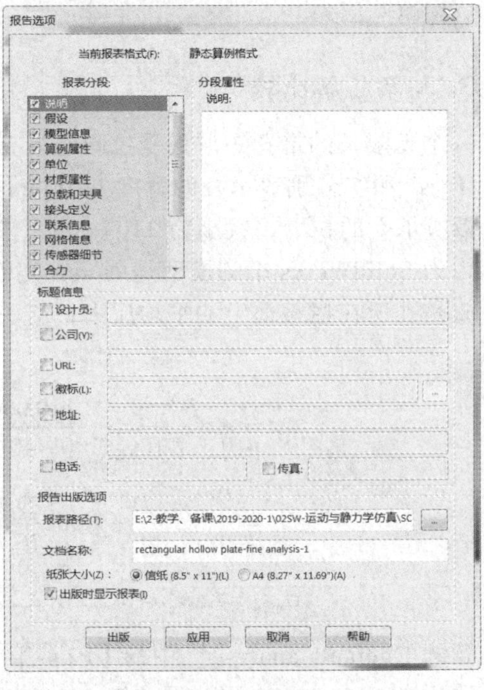

图 10-68 报告选项

步骤 43 保存并关闭所有打开的零件。

项目总结

通过一个简单的带孔矩形板模型分析介绍了 SolidWorks Simulation 界面，同时还讲解了有限元分析的主要步骤。使用不同的网格创建了多个算例来进行 3 个线性的静态分析。通过使用不同网格进行建模分析和考察结果，向读者介绍了模型误差和离散化误差的概念。本项目的目的在于向读者提供理解有限元分析的基本思路,并掌握完成后续章节所需的软件技术。

项目 11

实体单元网格控制——L 形支架分析

学习目标

（1）了解建模和离散化误差的区别。
（2）掌握使用网格划分的自动过渡选项。
（3）学会如何使用网格控制。
（4）了解记录有限元分析结果中可能出现的不收敛情况。
（5）理解应力集中概念。
（6）学会在不同 SolidWorks 配置中分析模型。
（7）学会以批处理的方式运行多个算例。
（8）理解列举反作用力。

重 难 点

（1）使用网格划分的自动过渡选项。
（2）使用网格控制。

项目描述

任务 1　L 形支架认知

1. 问题描述

在这个实例中，将分析 L 形支架在载荷作用下的应力分布。这个 L 形支架展示了尖锐拐角处的应力问题，以及圆角和局部网格细化的影响。

支架的拐角处有一个小圆角，与整个模型相比，圆角半径非常小，可将其忽略。我们将对带有圆角和不带圆角的模型进行分析求解，讨论它们的区别和每种方法的适用性。

本算例可了解不同的网格大小对最大位移和最大应力的影响。这里不是对整个模型的网格划分做精细处理，即所谓的整体网格精细化，而是对局部应力较大的区域进行网格精细化，称为局部网格精细化。

2. 关键步骤

如图 11-1 所示，一个 L 形支架的上端面被固定，同时在下端面施加 900 N 的载荷。本算例将分析模型的位移和应力分布情况，分析中的关键步骤如下：

（1）无圆角

圆角将被忽略以简化模型，注意观察分析后尖锐拐角处的应力。

（2）添加圆角

取消对圆角的忽略，以判断圆角对这个零件最大应力的影响。

（3）网格细化

圆角相对于模型的其他部位而言是非常小的，可采用不同的技术来减小圆角区域的网格大小。

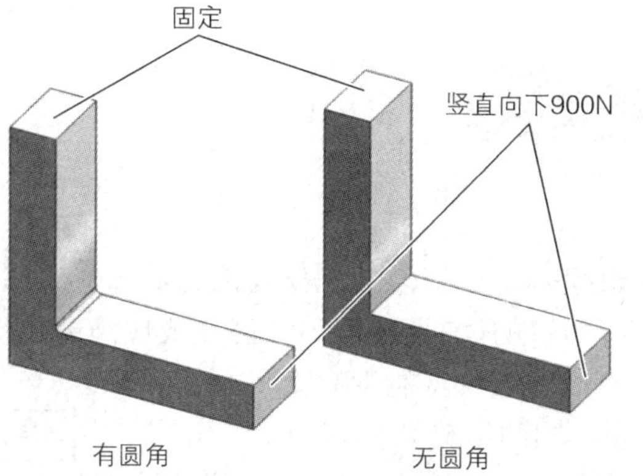

图 11-1　L 形支架

任务 2　L 形焊接支架认知

1. 问题描述

编辑“夹具-1”，添加顶面的 4 条边线，如图 11-2 所示。这种约束可以模拟零件被焊接到一个面的情形，即只有边线与结构接触，而不是整个面都接触。下端面施加 900 N 的载荷，关键步骤同 L 形支架。

2. 关键技术

新建一个算例，主要进一步了解到圆角处的应力集中现象。在这个算例中不是对整个面施加固定的约束，而是只固定面的边线，使模型更加符合真实情况。

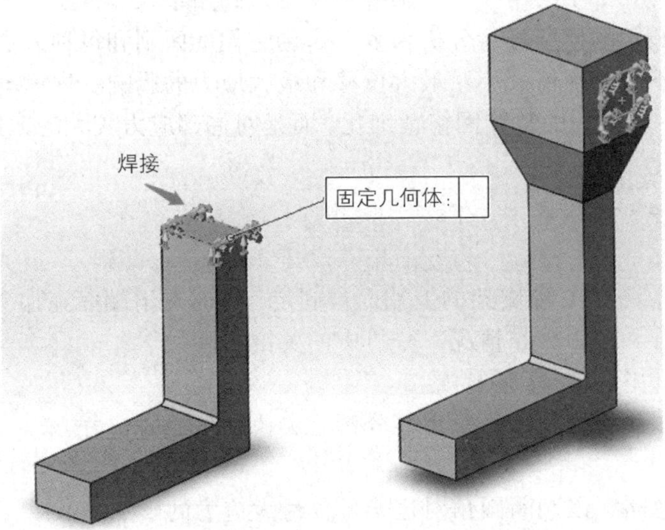

图 11-2 焊接支架模型图

知识准备

1. 网格控制

在现实问题中，网格很少是完全均匀的。仅仅因为局部应力集中，而在一个大模型中均匀地减小网格大小是非常不明智的。如果在均匀的区域或应力变化平缓的区域创建大量单元，只会导致计算量的增加，而最终结果可能没有太大差别。

针对这一情况，可采用不同的策略来控制网格，比如在应力快速变化的区域使用小网格，而在应力变化小的区域使用大网格。

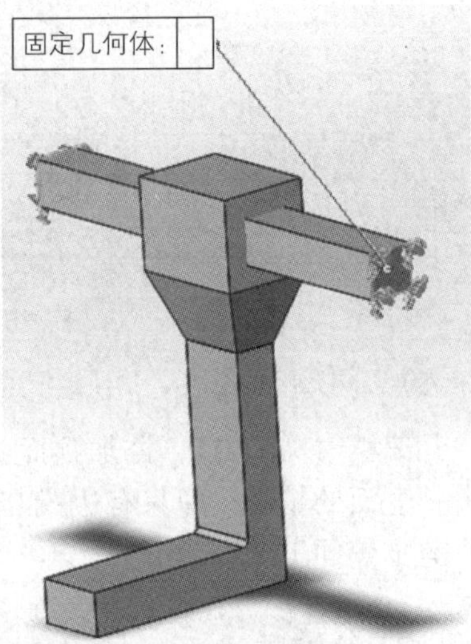

图 11-3 包含支架的装配体

2. 理解边界条件的影响

为了将模型固定在空间的某个位置并求解该数学问题，就必须使用边界条件。在现实生活中，零件都是相互连接在一起的，并附着在一个主要结构上或固定在地面上。

然而，可以采用边界条件的方法来显著简化求解模型。为了说明问题，假定 L 形支架是装配体一个大型结构件的一部分，如图 11-3 所示。

在使用 SolidWorks Simulation 进行分析之前，必须决定是否对装配体的整个上半部分都采用图 11-3 所示的边界条件，或只针对整个支架，或只针对支架的一部分，如图 11-2 所示。

最终的决定取决于分析的目标。例如，用户到底需要得到什么样的结果。用户选择的模型越大，则分析越接近真实情况。但同时，有限元模型的尺寸也会增大，而导致求解时间更长。边界条件适用于模拟一个特定的零件或子装配体如何固定到地面或如何与另一个主要结构件连接，并帮助用户从实质上减小问题的大小。问题减小也是有一定风险的。例如，应用边界条件区域的应力结果可能是奇异的，用户必须忽略这样的结果。

用户还需要理解边界条件对分析结果的影响。在上面列出的三个例子中，结果都是可比较的，但并不完全相同。因此，边界条件的选择以及位置必须合理，这样对模型其他部分和结果的影响才会最小。

可能出现的问题是，哪一个算例是正确的?

下面从第二个算例到最后一个，在模型中带有圆角和固定面并应用了网格控制，给出了最精确的结果，并且模型的大小也是可以接受的。那么存在应力集中的其他算例呢？这些结果是基于错误的数学模型得到的。讨论前三个算例中的结果哪个最精确，或哪个“更优”是毫无意义的。如果考虑拐角边界或固定边界的应力情况，会发现所有带尖角的模型的应力情况都很糟糕。因此，如果对尖锐的边角或临近区域（或壳单元模型的夹角）的应力感兴趣，必须设置圆角，哪怕圆角的尺寸很小。必须认识到应力奇异的现象是不真实的。如果用户对应力奇异的部位不感兴趣的话，整个模型的分析结果还是可行的。

项目实施

任务 1　L 形支架分析

工作任务一　不带圆角的支架分析

在这个实例分析的第一部分，将查看在不带圆角的情况下该零件的应力分布。

一、前处理阶段

步骤 1　打开零件。

打开文件“L bracket”。

在 SolidWorks Configuration Manager 中，查看两种配置：“fillet”（带有圆角）及“no fillet”（不带圆角）。激活配置“no fillet”以供分析，如图 11-4 所示。

步骤 2　设置 Simulation 选项。

从 Simulation 菜单中单击【选项】，选择【默认选项】选项卡。在【单位系统】中，选择【公制（I）（MKS）】。【长度/位移（L）】选择【毫米】，【压力/应力（P）】选择【N/m^2】，如图 11-5 所示。单击【确定】按钮。

选择【颜色图表】，在【数字格式】中选择【科学】，【小数位数】设定为“6”，如图 11-6 所示。

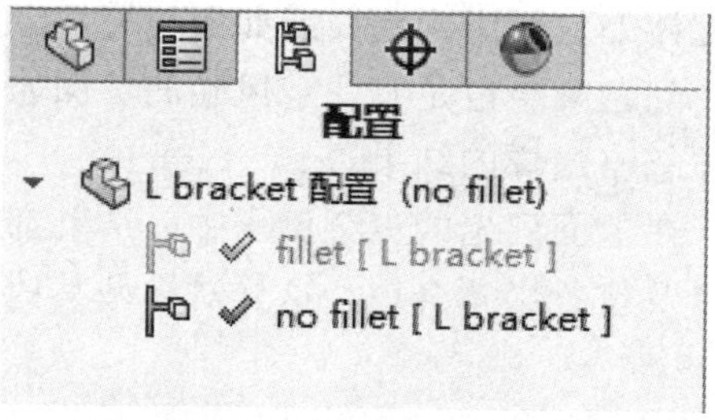

图 11-4　两种配置

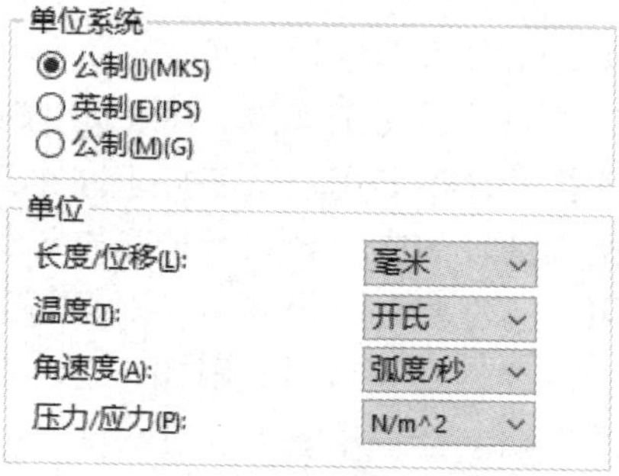

图 11-5　设置单位

步骤 3　定义静应力分析算例。

单击【静应力分析】，创建名为“mesh1”的算例，然后单击【确定】按钮。

步骤 4　查看 Simulation Study 树。

在文件夹中 L bracket 的图标已有一个钩形符号标记跟在所指定的材料名（AISI 304 钢）旁边，这是因为材料定义是从 SolidWorks 中传送过来的。同时请注意，模型中用尖锐拐角取代了圆角。

步骤 5　添加约束。

对支架上端面施加【固定几何体】的约束，如图 11-7 所示，然后单击【确定】按钮。

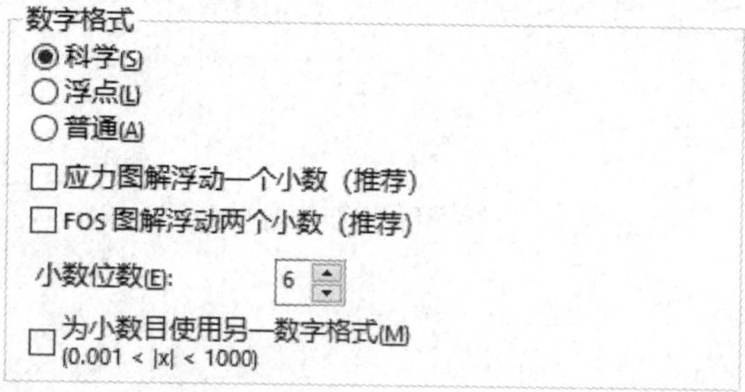

图 11-6　设置数字格式

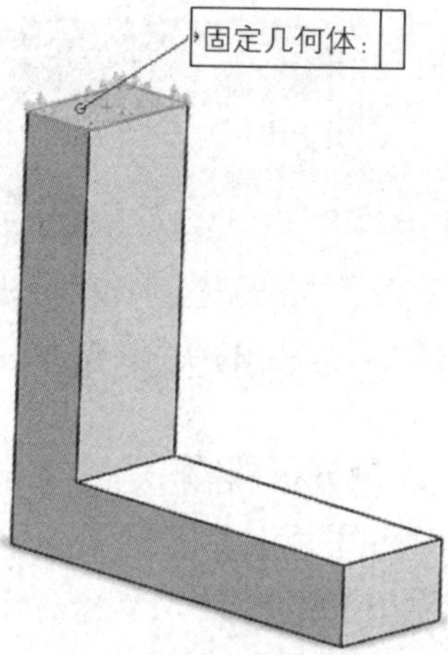

图 11-7　添加约束

步骤 6　施加外部载荷。

右键单击【外部载荷】。这里添加一个剪切力而非法向力，因此必须定义力的方向，即选择【选定的方向】。选择图 11-8 所示的面添加作用力，选择 Top 基准面来指定方向。输入“900”作为力的大小，勾选【反向】复选框以确保力的方向，然后单击【确定】按钮。

步骤 7　划分网格。

单击【生成网格】，选择【基于曲率的网格】的【高】品质网格以及默认尺寸：【最大单元大小】和【最小单元大小】为“4.812 mm”，单击【确定】按钮，如图 11-9 所示。

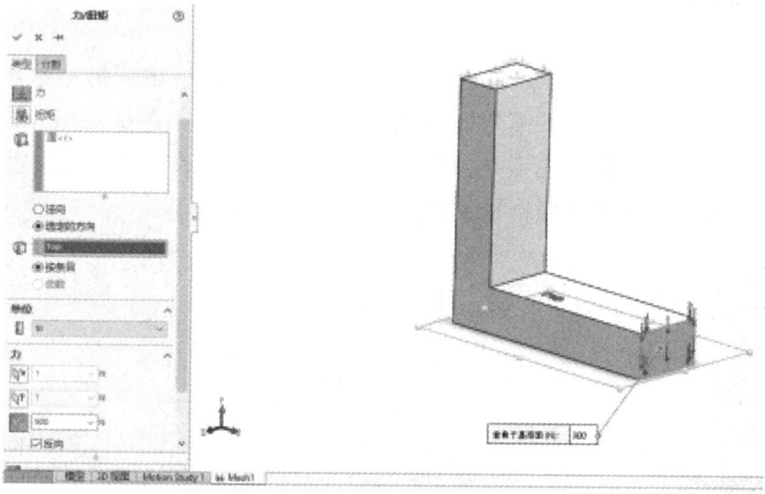

图 11-8　施加外部载荷

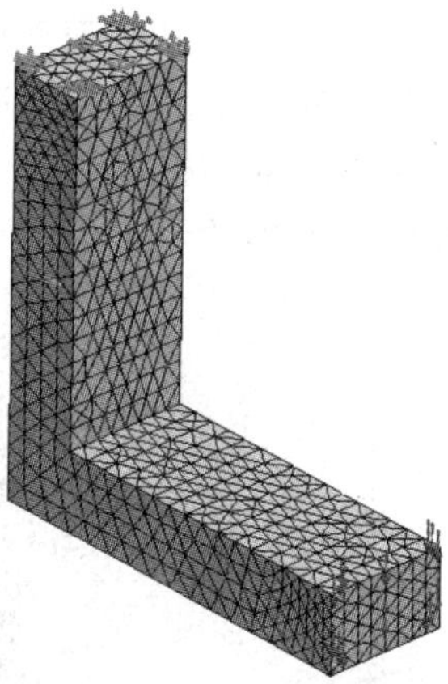

图 11-9　划分网格

二、【运行所有算例】操作

当有多个算例时，其他的【运行】选项可以激活使用。这些选项允许运行所有或者某些算例。

- 【运行此算例】：运行此激活的算例。
- 【运行所有算例】：运行所有激活算例。
- 【运行指定算例】：运行对话框中指定的算例。

【运行此算例】操作路径：

- Command Manager：【Simulation】/【运行此算例】，选择一个可用的类型，如图 11-10 所示。

步骤 8　创建两个新算例。

复制“mesh1”全部内容到新算例“mesh2”，当复制一个算例时，确保在【要使用的配置】列表中选择【no fillet】，然后单击【确定】按钮，如图 11-11 所示。

提示：算例“mesh1”已经准备好可用于分析，但可另创建两个算例并用【运行所有算例】命令来分析所有的 3 个算例。

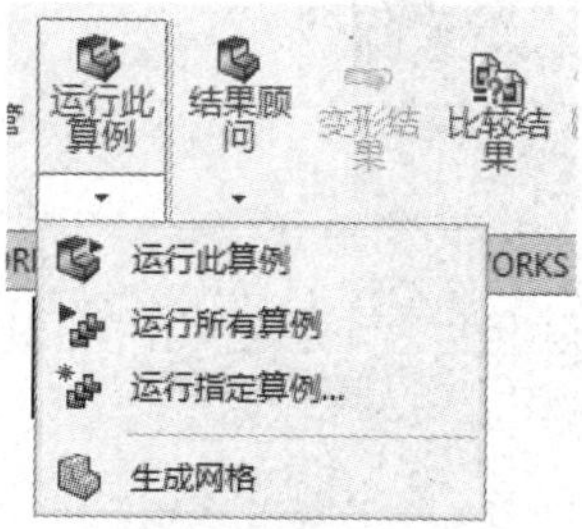

图 11-10　运行此算例

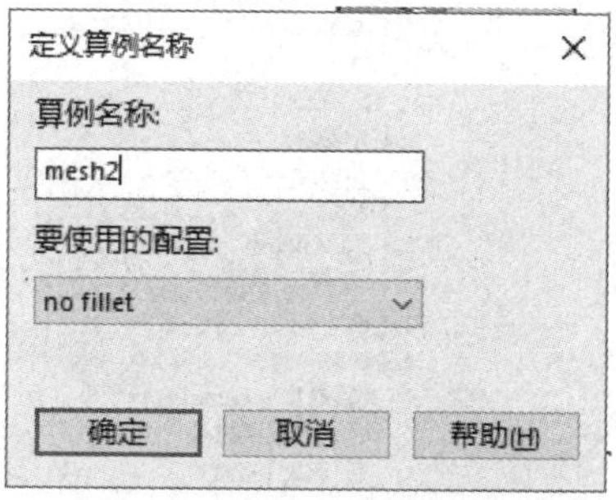

图 11-11　定义算例名称

三、局部网格精细化分析

在本实例分析中的第二部分，将通过算例“mesh2”来考察更小的网格单元模型结果。在前面项目中，通过控制全局网格尺寸将整个模型划分成同样的网格大小。在这一部分，将使用不同的网格划分技术。注意到应力集中发生在尖锐的拐角附近，如图 11-12 所示。直到高应力发生的位置，便可以在这些地方通过网格控制来精细划分网格。

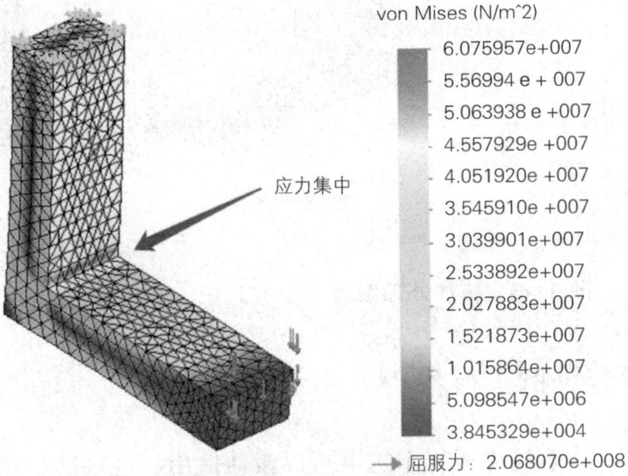

图 11-12　应力集中

四、网格控制操作

【网格控制】也可以应用到点、面或装配体的整个零部件。一旦定义了网格控制，网格图标就会变成文件夹的形式。

在【网格】文件夹下，右键单击“控制-1”并选择【编辑定义】，通过所显示的快捷菜单编辑网格控制，如图 11-13 所示。

控制的网格，也称之为网格偏置，将沿边界局部细化，如图 11-13 所示。

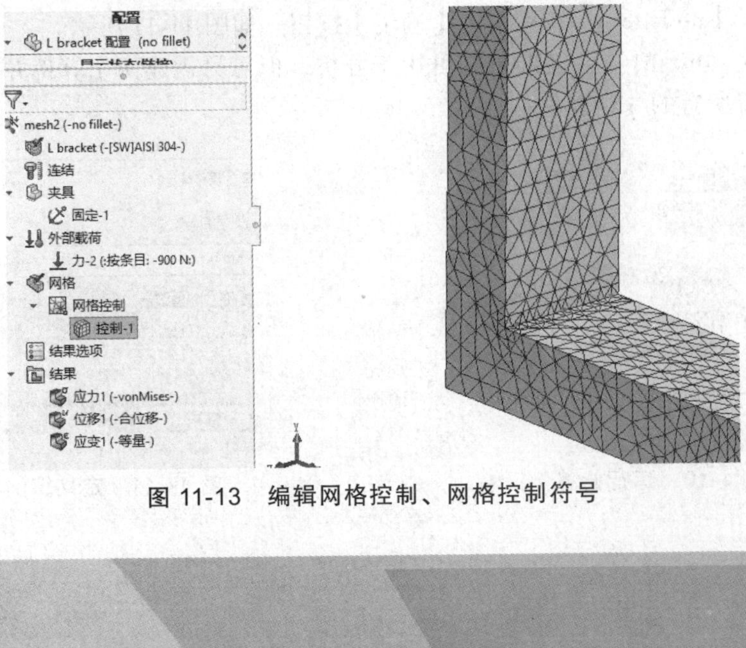

图 11-13　编辑网格控制、网格控制符号

网格划分必须在网格控制定义之后，在受影响的边界会显现网格控制符号。

通过下列操作可以显示或隐藏网格控制符号：

- 右键单击【网格】并选择【隐藏所有控制符号】。
- 右键单击【网格】并选择【显示所有控制符号】。

对于每个网格控制，其控制符号也可以单独显示或隐藏。

步骤 9 对算例“mesh2”应用局部网格控制。

单击【应用网格控制】，选择如图 11-14 所示的边线。使用局部【单元大小】为“2.40 642 mm”，【比率】为“1.5”，然后单击【确定】。

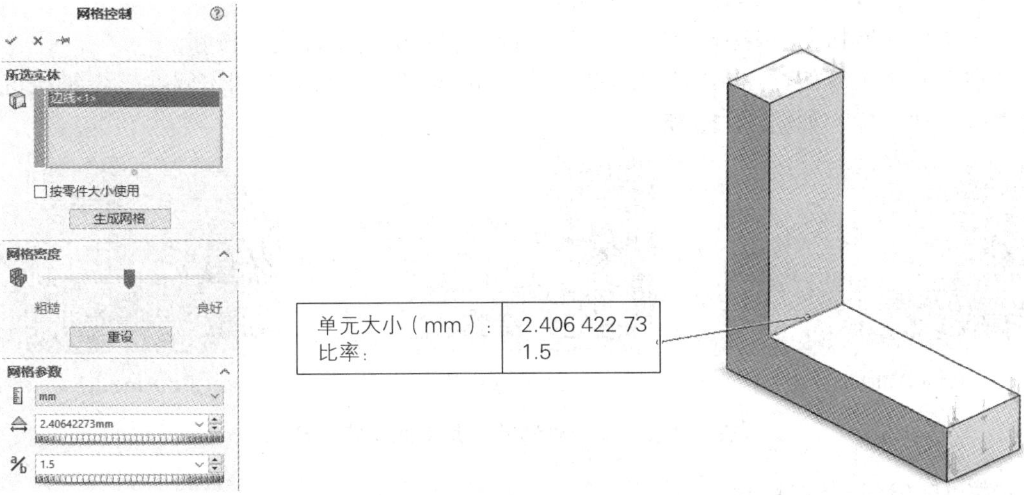

图 11-14 局部网格控制

步骤 10 生成网格。

选择【基于曲率的网格】的【高】品质网格以及默认网格尺寸，【最大单元大小】和【最小单元大小】为“4.812 mm”，单击【确定】按钮。

步骤 11 检查网格。

可以看到，沿着应用了网格控制的边线生成了更小的单元，如图 11-15 所示。

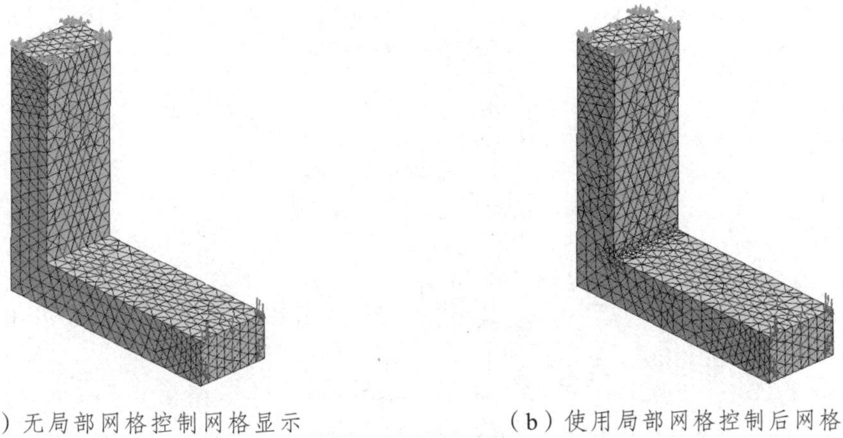

（a）无局部网格控制网格显示　　（b）使用局部网格控制后网格显示

图 11-15 网格控制生成更小的单元

步骤 12　复制算例“mesh2”。

命名新复制得到的算例为“mesh3”。

步骤 13　对算例“mesh3”应用局部网格控制。

对于算例“mesh3”，在【网格】文件夹中右键单击“控制-1”并选择【编辑定义】。

在【单元大小】框中，沿着尖锐拐角边缘输入“0.508 mm”以进行局部细化，保持【比率】的默认值为“1.5”。

由于网格控制的缘故，将沿着尖锐拐角边缘创建非常细小的网格单元，然后单击【确定】按钮。

步骤 14　对算例“mesh3”划分网格。

单击【生成网格】，保持与之前相同的设置，然后单击【确定】按钮。

现在已有 3 个算例：“mesh1”“mesh2”和“mesh3”。它们唯一的不同在于尖锐拐角边缘网格划分的精细度，如图 11-16 所示。

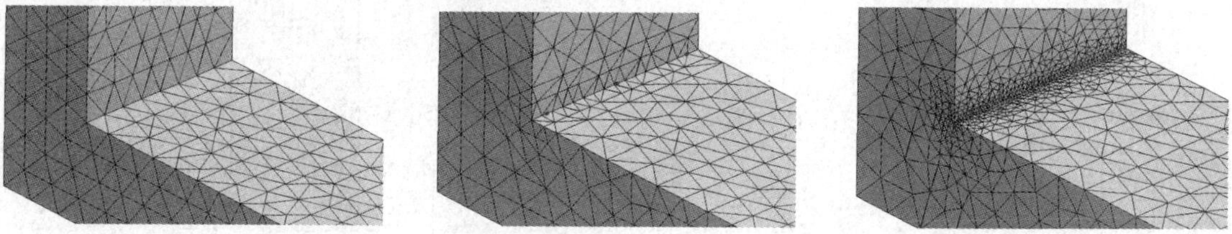

（a）mesh1　　（b）mesh2　　（c）mesh3

图 11-16　3 个算例的拐角单元网格对比

步骤 15　运行所有算例。

单击【运行所有算例】。

步骤 16　图解显示 von Mises 应力。

要想在显示图解的同时显示网格，只需要右键单击相应的结果图解并选择【设定】，然后选择【边界选项】/【网格】，如图 11-17 所示，然后单击【确定】按钮，带网格的图解显示结果，如图 11-18 所示。

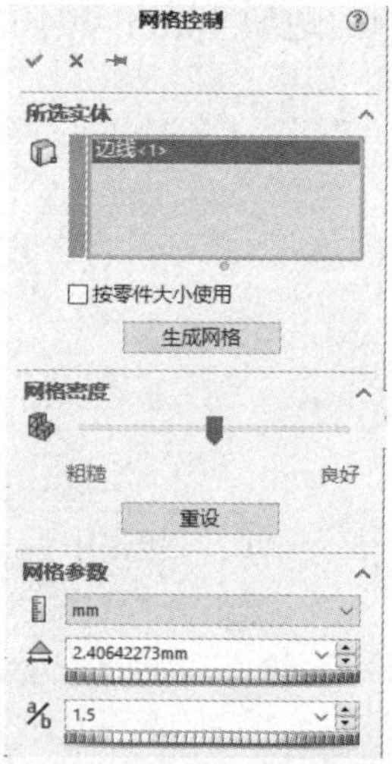

图 11-17　边界设定

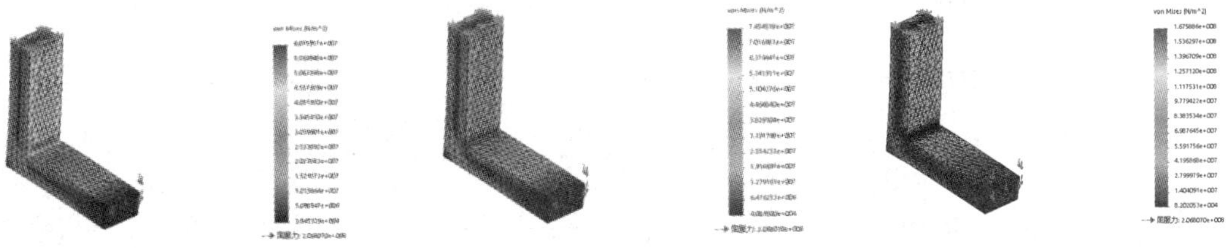

（a）mesh1　　（b）mesh2　　（c）mesh3

图 11-18　带网格的结果显示对比

步骤 17　图解显示合位移，如图 11-19 所示。

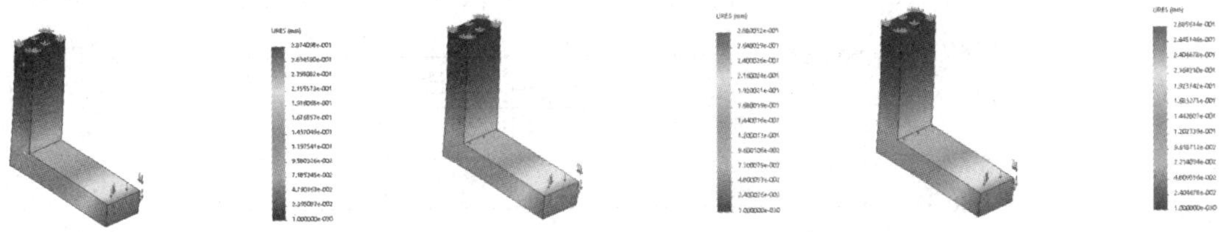

（a）mesh1　　（b）mesh2　　（c）mesh3

图 11-19　图解显示合位移对比

五、结果比较分析

位移值结果用 6 位精度表示已足够高，而载荷、约束和材料属性定义等未知量不需要这么高的精度。用 6 位精度来比较该章中创建的 3 个算例位移结果中的最小位移差。

表 11-1 总结了 3 个算例“mesh1”“mesh2”和“mesh3”最大位移和最大 von Mises 应力。

表 11-1　3 个算例的结果比较

算例	最大位移/mm	位移增加/mm（%）	最大 von Mises 应力/MPa	von Mises 应力增加/MPa（%）
mesh1	0.28741	—	60.76	—
mesh2	0.28800	0.00059（0.2%）	76.54	15.78（26.0%）
mesh3	0.28855	0.00114（0.4%）	167.58	106.82（175.8%）

注意：每次网格的精细化都导致了最大位移和最大应力值的增加。位移的增加是极小的，且随着算例的增加，位移的增长量变得越来越小。因此，可以认为位移结果是收敛的。

如果持续对拐角部位进行局部网格精细化，同时对整体网格也进行网格精细化，会发现位移结果最终趋向于一个有限值。如果仅考虑位移结果，那么第一次所划分的网格就已经足够精细了。

不同网格密度数据，最大应力与最大位移对比，如图 11-20 所示。

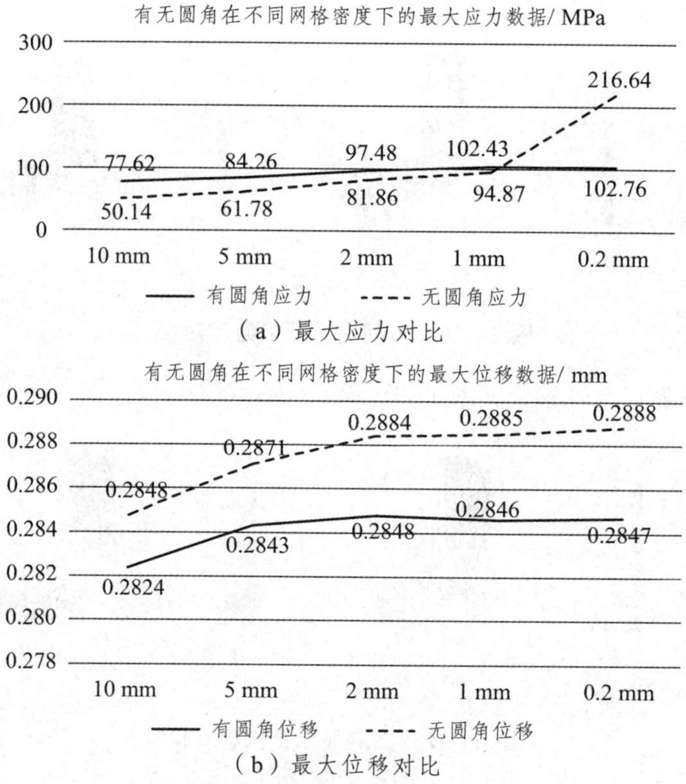

（a）最大应力对比

（b）最大位移对比

图 11-20　不同网格密度数据对比

六、应力奇异性分析

随着网格的逐步精细化，得出的应力值越来越大。不像位移那样收敛于一个有限值，应力值是发散的，如图 11-21 所示。

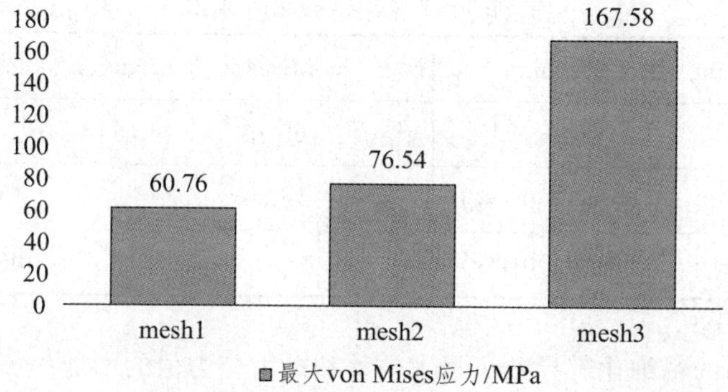

图 11-21　应力发散

如果有足够的时间和耐心，还能得出各种大小的应力结果。而唯一所需的工作就是使单元的尺寸足够小。

导致应力结果发散的原因并不是有限元模型本身的错误，而是有限元模型基于一个错误的数学模型。

根据弹性理论，在尖角处的应力是无穷大的。由于离散化误差，有限元模型并不会产生无穷大的应力结果，这一离散化误差掩盖了建模时的错误。然而，应力结果是完全依赖于网格大小的，因此它们都是无意义的。

如果目的是确定最大应力值，那么忽略圆角的存在，以致模型含有一个尖锐的拐角则是一个严重的错误。尖角处的应力是非常大的，甚至是无穷大。如果想了解圆角附近的应力情况，那么不管圆角的尺寸是多么小，都应该在模型中将其包含进来。

注意：【应力热点诊断】、【运行应力奇异诊断】是 SolidWorks2016 版后的版本新增功能。在 2018 版中，由【结果】右键查阅。

工作任务二　带圆角的支架分析

现在可以了解到问题来自尖锐拐角，所以必须使用带圆角的模型重新进行分析，得到正确的模型需要解压缩圆角特征。

一、压缩配置操作

当激活的配置与创建算例时采用的配置不同时，算例将被压缩起来，而且算例中的所有项目都呈现灰色状态。要想解除对该算例的压缩，必须将配置改变为与算例中相同的配置。

激活 SW 配置：要将 SolidWorks 的配置改变为算例中采用的配置，必须从 Simulation Study 树中激活配置。

操作方法：在 Simulation Study 树中右键单击算例，选择【激活 SW 配置】。

操作步骤如下：

步骤 1　改变 SolidWorks 配置。

进入 SolidWorks ConfigurationManager，确认激活的配置为“fillet”，如图 11-22 所示。

步骤 2　检查 Simulation Study 树。

当激活配置“fillet”后，“mesh1”“mesh2”和“mesh3”这 3 个算例都变成灰色显示。用户只有激活 SolidWorks 的相应配置，才能重新编辑这些算例。

步骤 3　创建新算例。

通过复制“mesh1”，创建新算例“mesh4”，如图 11-23 所示。之所以从“mesh1”复制

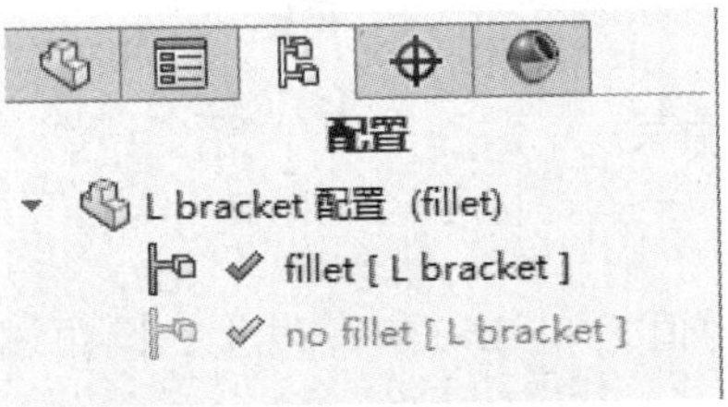

图 11-22　带圆角的配置

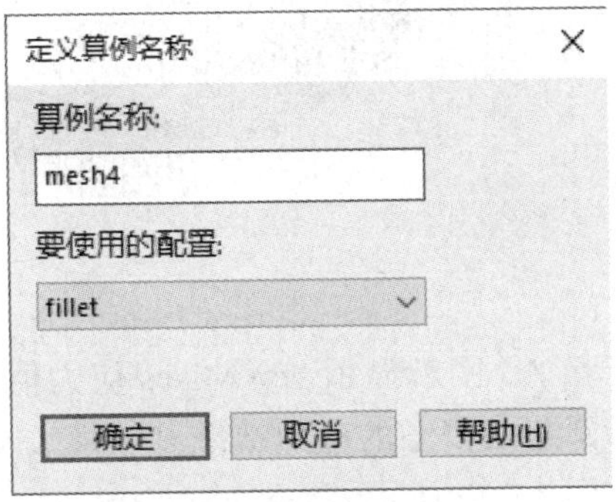

图 11-23　创建新算例

算例而不从“mesh2”或“mesh3”复制，是出于方便考虑。因为“mesh1”没有定义网格控制，而“mesh4”也不需要网格控制。如果从“mesh2”或“mesh3”复制算例，还得从“mesh4”中删除网格控制。

二、自动过渡

与整个模型相比，圆角是非常小的一部分，使用默认的网格设置会导致圆角和其附近区域单元大小的急剧变化。为了避免这种情况，在网格【选项】中选择【自动过渡】选项。【自动过渡】将对小尺寸特征、细节、孔洞、圆角自动地应用网格控制。

（1）【自动过渡】：自动过渡是基于几何体的曲率对网格进行的细化操作。在曲率变化大的区域，网格细化对获取正确的应力结果是非常重要的。

（2）操作方法：右键单击【网格】并选择【生成网格】，展开【网格参数】并选择【自动过渡】。

步骤 4 划分模型的网格。

单击【生成网格】，选择【基于曲率的网格】的【高】品质网格以及默认网格尺寸：【最大单元大小】和【最小单元大小】为“4.812 mm”，单击【确定】按钮。

步骤 5 运行分析。

步骤 6 图解显示位移结果。

带圆角算例的最大位移结果（0.284 5 mm）与早先的位移结果相差甚微。微小的差别源自模型形状发生了改变，如图 11-24 所示。

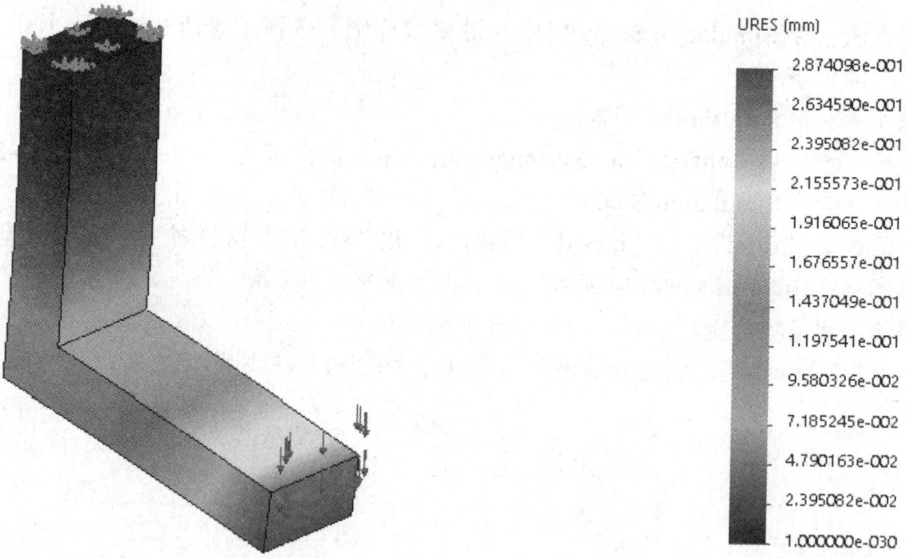

图 11-24 位移结果显示

步骤 7 图解显示 von Mises 应力值。

带圆角的模型的应力结果显示最大 von Mises 应力值是 88.76 MPa，发生在圆角过渡的区域，如图 11-25 所示。

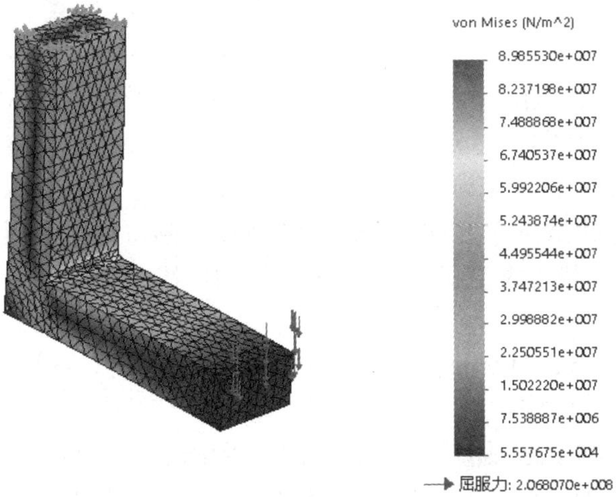

图 11-25　应力结果显示

步骤 8　分析图解结果。

可以看到在圆角过渡区域的应力并不是均匀分布的，有局部斑点及左右不对称现象，这是网格密度不足而导致的。在项目中所有算例求解的位移结果都是精确的。

步骤 9　创建应力热点图。

单击【应力热点诊断】，出现一条消息：“未检测到应力热点!单击‘帮助’了解关于应力热点和如何在模型中进行检测的更多信息”。单击【确定】两次。

步骤 10　在圆角区域应用网格控制。

单击【应用网格控制】，在圆角处应用局部网格控制。圆角面应用网格控制【单元大小】为“0.762 mm”，【比率】为“1.2”。单击【确定】。

步骤 11　重新划分网格。

单击【生成网格】。使用默认的参数划分模型网格，设定【最大单元大小】和【最小单元大小】为“4.813 mm”。网格划分的效果图如图 11-26 所示。网格是很细小的，但本算例是个小规模问题，这样的尺寸大小可以接受。

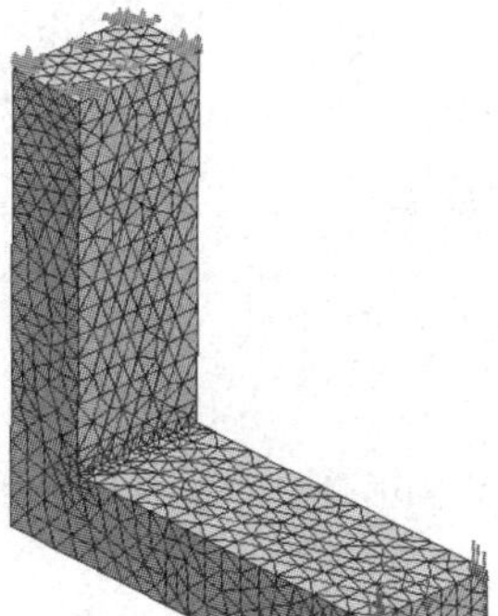

图 11-26　网格划分的效果

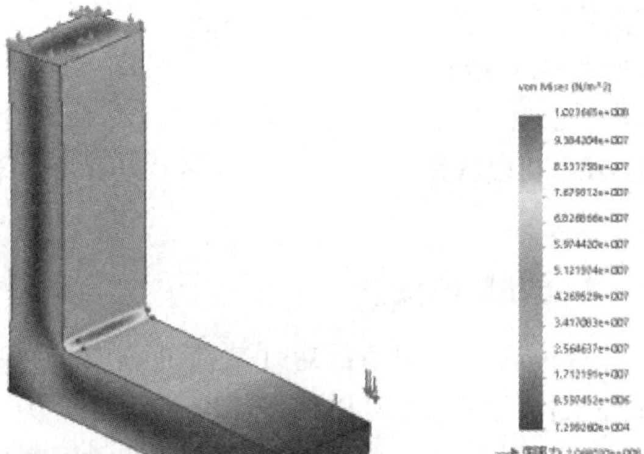

图 11-27　单元细化后的应力结果

步骤 12　运行算例。

单击【运行此算例】。

步骤 13　图解显示 von Mises 应力。

观察到最大应力值增加到 102 MPa，应力分布状态是均匀并且对称的。由此可以推断这个应力值是精确的，如图 11-27 所示。

（1）比较结果：【比较结果】工具可以很方便地在分割窗口中同时显示多达 4 个结果的图解。图解可以来自不同模型配置的 Simulation 算例、同一配置的多个算例或同算例的不同图解。

（2）操作方法：Command Mamager：【Simulaion】/【比较结果】。

步骤 14　对所有配置比较结果。

单击【比较结果】，在【选项】下方选择【此配置中的全部算例】，以比较所有 4 个算例的 von Mises 应力，如图 11-28 所示。单击【确定】按钮，比较结果如图 11-29 所示。单击【退出比较】。

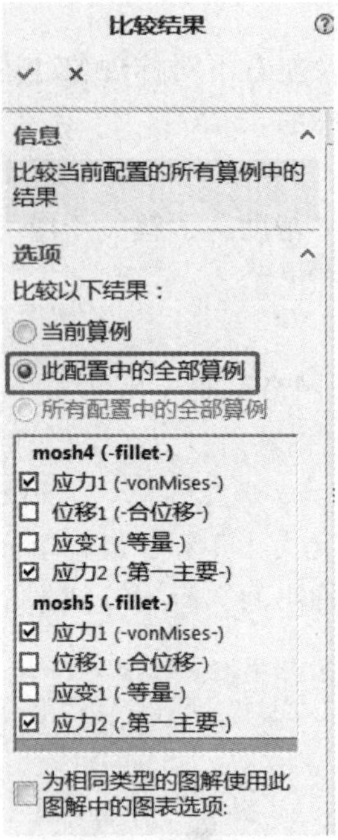

图 11-28　比较结果

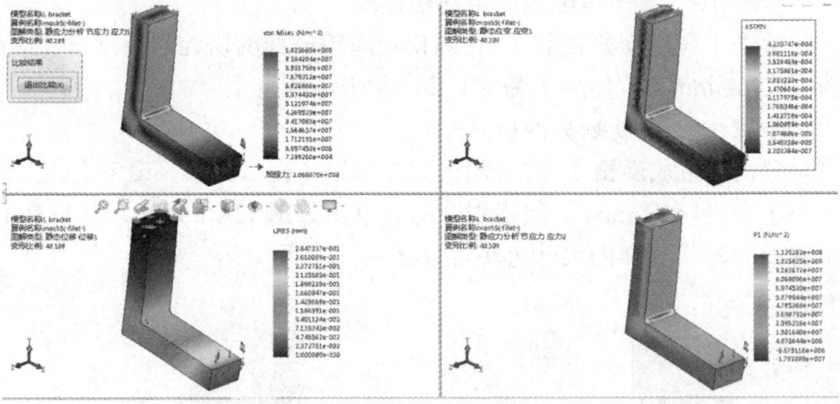

图 11-29　显示结果

1. 【合力】的概念

应力和位移是结构内部对外载荷的响应，并不能表示结构外部响应。为了得到有关力和力矩在外结构的信息，可以使用【合力】。【合力】有 5 个选项：

（1）【反作用力】：夹具固定物体的地方同样提供力和力矩给物体，这些力和力矩是有必要的，因为它们要约束结构。【反作用力】选项是用来得到力和力矩的值。

（2）【远程载荷界面力】：这个选项用来获取实体由远程力传递的力和力矩。

(3)【自由实体力】：自由实体力是用来从接触、夹具、载荷和接头件提取的合力。在平衡条件下，自由实体力的总和在一个实体上会一直为零。

(4)【接触/摩擦力】：这个选项用来提取没有干涉、镶嵌、虚拟墙接触实体之间的力。

(5)【接头力】：接头是在模型中定义的弹簧、销、螺栓等。接头力是从这些地方提取的力。

2.【合力】操作方法

(1) 快捷菜单：在 Simulation Study 树中右键单击【结果】，选择【列举合力】。

(2) 菜单：【Simulation】/【结果图解】/【反作用力】。

(3) Command Manager：【Simulation】/【结果顾问】/【列举合力】。

步骤 15 列举反作用力。

右键单击【结果】文件夹并选择【列举合力】。选择支架的支撑面并单击【更新】，确认所选单位为 SI。

【反作用力（N）】一栏中列出了所选面，当有多个支撑面存在时，需要选择多个面及整个模型的结果。可以看到模型受力是平衡的，反作用力为 900 N，验证了平衡条件及求解的正确性，如图 11-30 所示。

提示：没有列举反作用力矩，这是因为纯实体单元只有 3 个平移自由度。实体单元的节点并不能传递任何力矩。

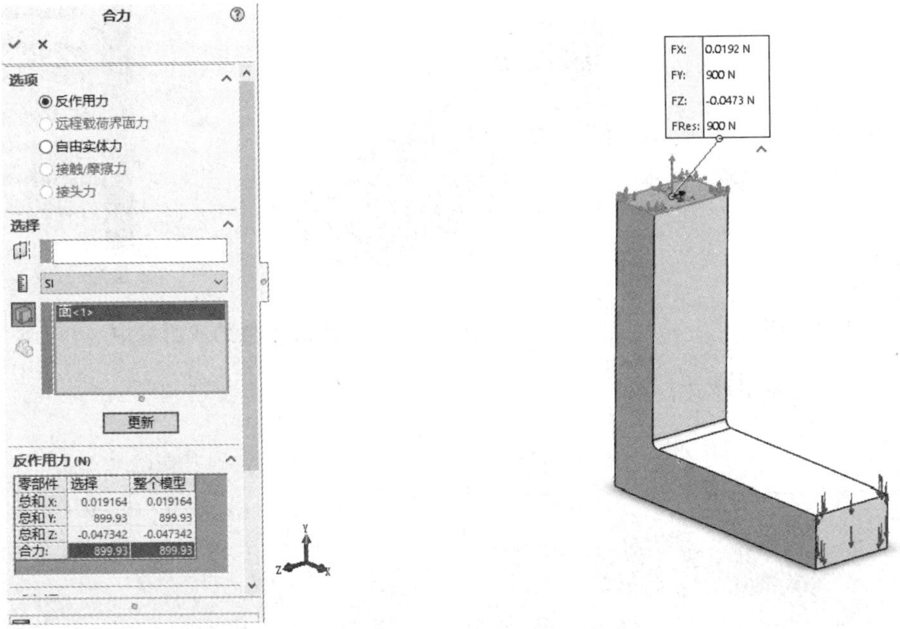

图 11-30 列举反作用力

任务 2 L 形焊接支架分析

现根据圆角处的应力集中现象，下面将再分析一个算例。在这个算例中不是对整个面施加固定的约束，而是只固定面的边线，使模型更加符合真实情况。

操作步骤：

步骤 1 新建一个算例。

通过复制“mesh4”，创建新算例“mesh5”。

步骤 2 编辑夹具。

编辑“夹具-1”，移除顶面的选取，添加顶面的 4 条边线，如图 11-31 所示。这种约束可以模拟零件被焊接到一个面的情形，即只有边线与结构接触，而不是整个面都接触。

步骤 3 运行分析。

单击【运行此算例】。

步骤 4 图解显示应力结果。

在固定边线的区域也出现了应力集中的现象，如图 11-32 所示。同理，应力奇异的原因在于固定的几何体位于尖锐的端部。尽管这个有限元模型更加接近真实的条件，但应力集中由算法模型的局限性所致。必须完全理解这类影响，才能够正确分析模型的结果。

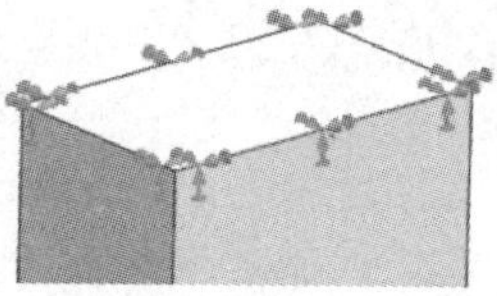

图 11-31 边线约束

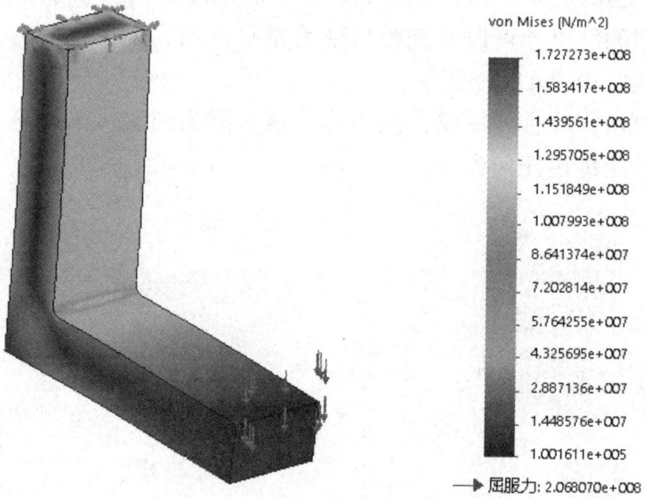

图 11-32 固定边线处的应力集中

步骤 5 保存并关闭该文件。

项目总结

本项目说明了模型的错误如何导致有限元解的错误。使用局部网格控制，而非前面项目中的整体网格控制，获得了不同网格划分下的解，并揭示了在尖角处的应力奇异性。

本项目还进一步讨论了建模和离散化误差，以及网格划分技术，同时也说明了 SolidWorks 和 SolidWorks Study 树作为一个整体相互之间的关系。

项目 12

带接触的装配体——虎钳分析

学习目标

（1）学会简单装配体的结构分析。
（2）掌握应用和定义接触条件。

重 难 点

应用和定义接触条件。

项目描述

一、边界条件

本项目将分析一个简单的工具，它包括四个部分：两个相同的钳臂（Arm）、一个销钉（Pin）和一块被虎钳夹住的平板（Flat），如图 12-1 所示。

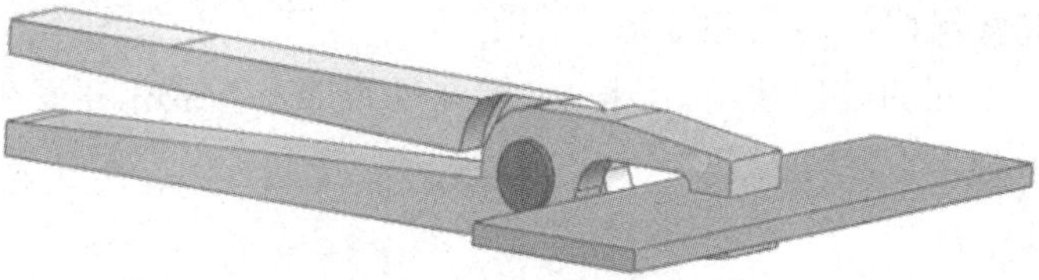

图 12-1　虎钳模型

我们既对钳臂与销钉之间的接触应力不感兴趣，也对钳臂与平板之间的接触应力不感兴趣。因此，可以通过合适的约束条件取代平板，以达到简化模型的目的，如图 12-2 所示。

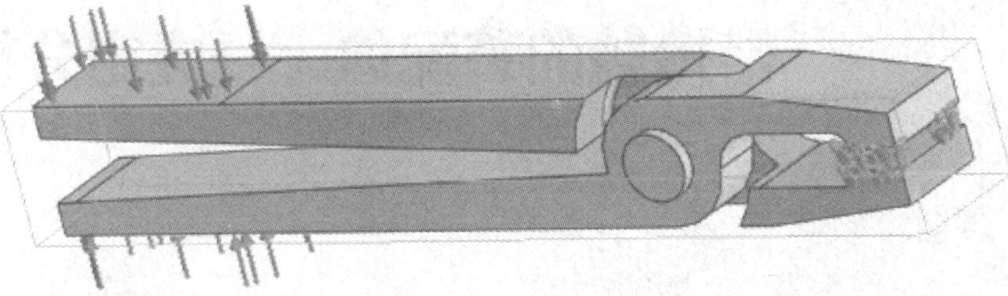

图 12-2 简化模型

本任务要计算当一个 225 N 的“挤压”力作用在钳臂的末端时，钳臂上的应力分布。设计强度设定为 138 MPa，大约为材料屈服强度的 63%。

二、关键步骤

（1）应用材料：可以一次性对所有装配体添加材料，也可以分别添加。

（2）添加约束：和零件中添加约束的方法一样，用以约束模型的运动。

（3）施加零部件接触条件：在没有特别指明局部接触条件的情况下，零部件接触条件用来指明零件或子装配体是如何接触到一起的，或如何相互作用的。

（4）应用局部接触条件：局部接触条件会取代零部件接触条件。

（5）应用网格控制：应力集中或应力变化剧烈的几何区域，需要对网格进行细化操作。

（6）划分网格。

（7）运行分析。

（8）分析结果：判断结果是否足够精确，或进一步细化网格是否必要。

知识准备

一、接触缝隙分析

当分析一个装配体时，用户必须理解零部件之间是如何接触的，这样才能保证建立的数学模型能够正确计算接触时的应力和变形。

用户必须考虑到不同的设计情形。例如，零件是否能分开或相互发生穿透，相接触表面之间能否发生相互滑移等。

二、零部件接触

当创建一个装配体的算例时，在 Simulation Study 树中都会出现一个新的名为【连结】

的文件夹，如图 12-3 所示。在这个文件夹下，将指定装配体中的零部件之间是如何连结在一起的。

这里已经定义好了夹具和外部载荷，但是暂时还不对装配体划分网格。首先必须考虑两个手柄之间的接触。

1. 零部件接触类型

【零部件接触】选项用于定义零部件之间相互连接的方式，也可以覆盖零部件条件，而非所选的一对接触面或一对零件定义不同的局部接触条件。局部接触选项将在本项目后面讨论。

【零部件接触】的类型可选的选项有【接合】【允许贯通】和【无穿透】，它们如图 12-4 所示和见表 12-1。

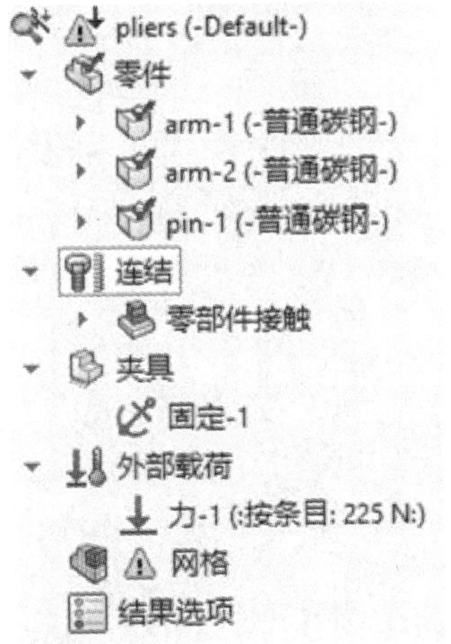

图 12-3 【连结】文件夹

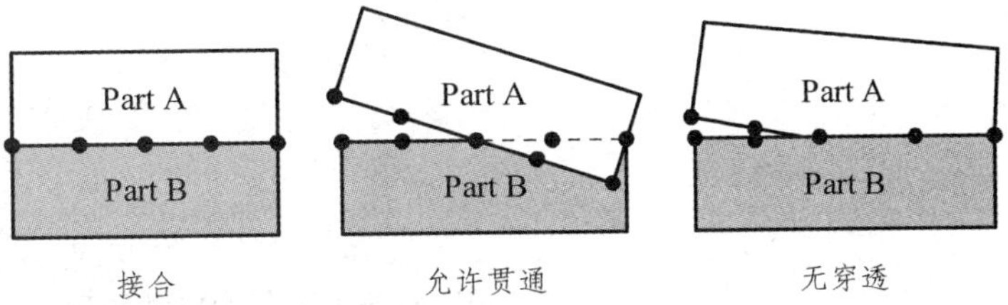

图 12-4 零部件接触选项

表 12-1 零部件接触的类型

类型	描述
接合	这是默认的选项。当接触面合并在一起且把装配体看作是一个整体时，选择该项。如果接触面设为【接合】，则单个零件与装配体之间唯一的区别是：对于组成装配体的各个零件，可以分配不同的材料属性，而对于作为整个模型的单个零件，其材料属性是相同的
允许贯通	当装配体是由独立的零件构成，且相互之间没有结构上的连接时，选择该项
无穿透	当接触面可以互相分离，但不能彼此进入对方时，选择该项在零部件接触的属性管理器中可以指定摩擦因数的大小

2.【零部件接触】操作

- Command Manager：【Simulation】/【连接顾问】/【零部件接触】。
- 菜单：【Simulation】/【接触/缝隙】/【为零部件定义相触】。

● 快捷菜单：右键单击【连结】并选择【零部件接触】。

（1）零部件接触的默认设置

零部件接触的默认设置为顶层装配体所有接触面之间的接合接触。

编辑默认零部件接触下的【全局接触】，可以看到应用的对象是整个顶层的装配体，如图12-5所示。

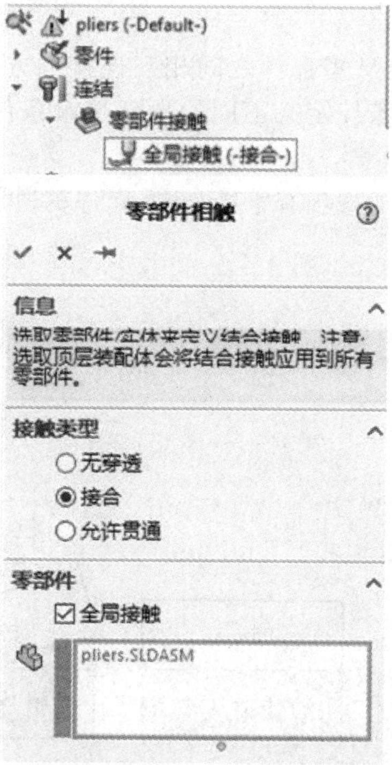

图 12-5　零部件接触的默认设置

（2）零部件接触的层级与冲突

我们还可以删除并重新定义顶层装配体的接触条件，但是多个顶层零部件的接触条件可能会产生冲突，这是不允许的。

必须保证所有零件和子装配体之间新增零部件的接触没有冲突，它们将覆盖顶层装配体的零部件接触。如果检测到有冲突，将会显示一条警告消息。

三、局部接触——【相触面组】

如同前面的算例，顶层零部件接触条件保持不变（无穿透）。因为外力远大于使两个钳臂接触到一起的力，所以需要指定一个局部接触条件来阻止它们之间产生相互穿透。无穿透的顶层装配体零部件接触只应用到初始相互接触的面上。

该局部接触条件比零部件接触条件拥有更高的优先权。一般来说，接触条件的层级如图12-6所示。

顶层装配体接触条件（只允许定义一次）受制于其他用户定义的零部件接触条件。所有零部件接触都受制于局部接触条件。

零部件局部接触条件可以通过右键单击【连结】并选择【相触面组】来进行定义，如图12-7所示。

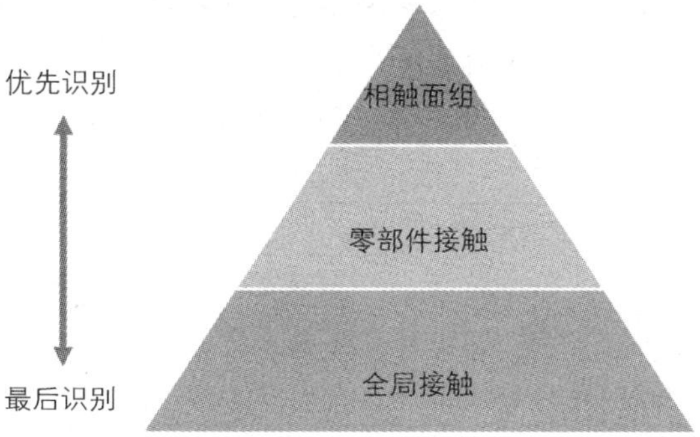

图 12-6　接触条件的层次

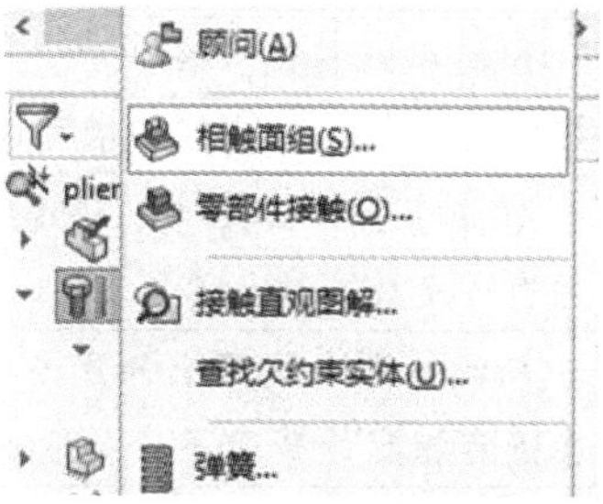

图 12-7　零部件接触

1.【相触面组】操作

- CommandManager:【Simulation】/【连接顾问】/【相触面组】。
- 菜单:【Simulation】/【接触/缝隙】/【定义相触面组】。
- 快捷菜单：右键单击【连结】并选择【定义相触面组】。

2. 局部接触类型

除了【接合】【无穿透】和【允许贯通】以外，局部接触特征还有另外两个接触类型:【冷缩配合】和【虚拟壁】，如图12-8所示。

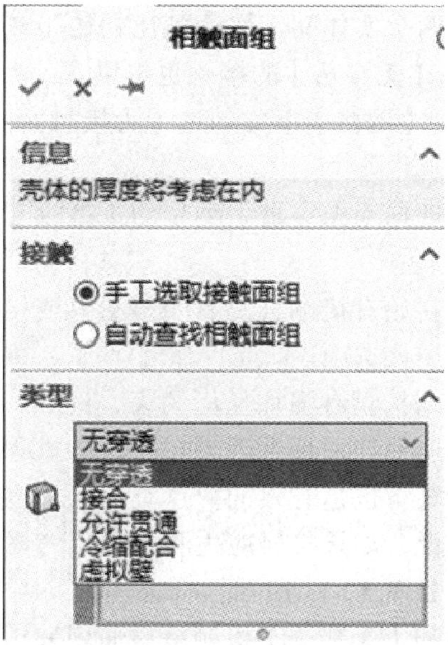

图 12-8　局部接触类型

局部接触类型见表12-2。

表 12-2　局部接触类型

类型	描　述
无穿透	是指表面（两个初始面接触或分开时有一定间隙）可以互相分离但保持不相互穿透的物理条件。在接触选项中可以指定摩擦因数及初始几何体的偏移量
接合	所选特征将接合在一起，类似于零部件层级的接触类型。零部件接合的接触只作用在相接触的表面，而局部接触可以连接有缝隙的特征
冷缩配合	程序在所选面之间创建冷缩配合条件。所选面可以是圆柱状的。该接触条件需要两个零件有一定体积的干涉
允许贯通	所选的两个面可沿任意方向自由移动。自由表面可以互相穿透（在物理上是不可能的）。在确定指定的载荷不会导致面与面之间的穿透时才可以使用该选项
虚拟壁	虚拟壁提供了一个类似于转子/滑移约束的滑移支撑，只可指定摩擦因数及壁面弹性

提示：在本教程中，将在不同的场合介绍每个局部接触类型特征的不同选项。

提示：自接触这个选项能够探测在仿真过程中同一个部件的面接触的区域。当发生自接触时，无穿透将应用到接触面。自接触选项是在 SolidWorks Simulation Premium 模块可用的，应用于非线性和静态算例大变形的情况。

四、无穿透局部接触条件

局部接触有两个属性，即【摩擦】和【缝隙（间隙）】。

（1）【摩擦】：允许定义任意摩擦因数数值。

（2）【缝隙（间隙）】：在许多应用中，两个实体无法完全接触是因为制造的局限性及使用的建模方法。该特征能够维持两个实体间无法达到比初始距离更近的位置。

在 Simulation 算例选项中，【无穿透】的接触也提供了一些高级选项。为了激活它们，必须在 Simulation【默认选项】的【网格】下方勾选【为接触面组定义显示高级选项】复选框，如图 12-9 所示。

在定义【接触面组】时，选择【无穿透】类型的【高级】部分，可以得到如图 12-10 所示的选项。

- 【节到节】：可能发生在初始有接触且没有明显滑移或接触位置改变的实体上。在大位移选项激活的情况下，不能使用该选项。
- 【节到曲面】：对初始的结构没有强加任何约束，例如，参与接触的实体并不需要在分析的一开始就相互接触，而且还允许滑移。因为在分析的过程中，摩擦力和法向力的方向会不断更新。该选项在大位移计算下也是有效的。这类接触可以描述复杂的接触形状，但是也需要更多的计算时间。一般来说，如果接触应力不是重点考虑的对象，会在边线到面的接触情形下采用这个类型的接触，如图 12-11 所示。
- 【曲面到曲面】：该类型的【无穿透】接触是最通用和精确的一个。参与接触的实体实际上是有限元网格的小平面。在【节到曲面】类型中，没有约束会强加到初始结构上，而且还允许滑移。在分析的过程中，摩擦力和法向力的方向会不断更新，而且该选项在大位移计算下也是有效的。一般来说，当处理面到面的结构时，或要求得到精确的接触应力时，会采用该接触类型，如图 12-12 所示。

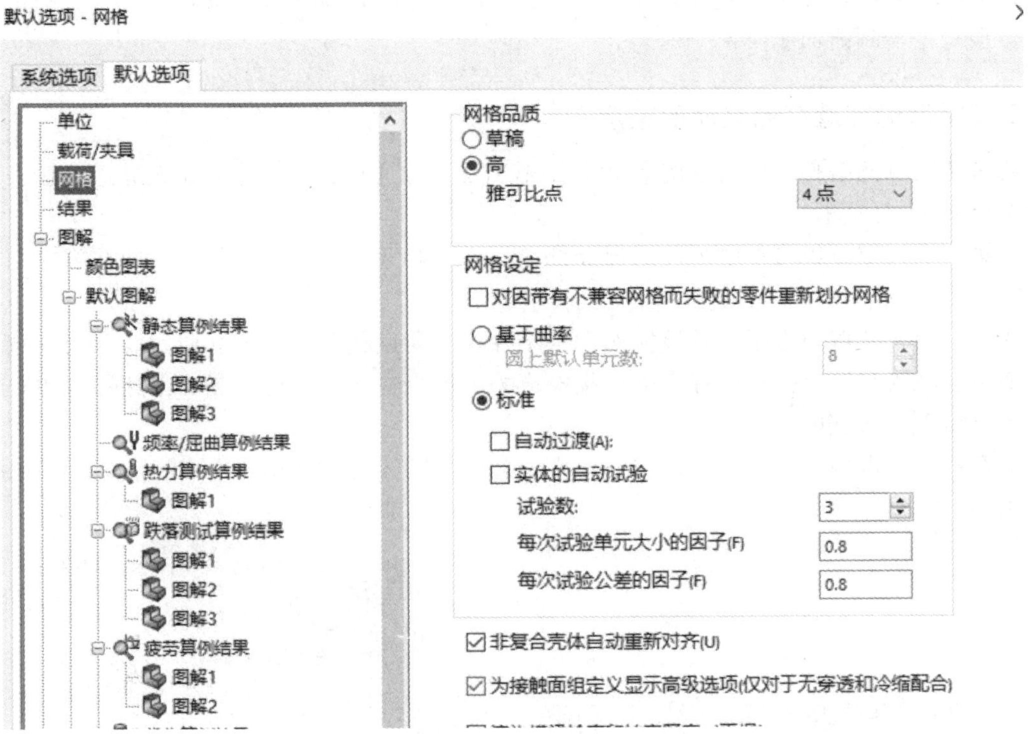

图 12-9 【无穿透】接触下的高级选项

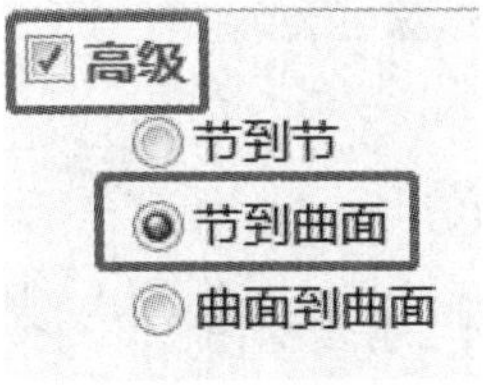

图 12-10 高级选项

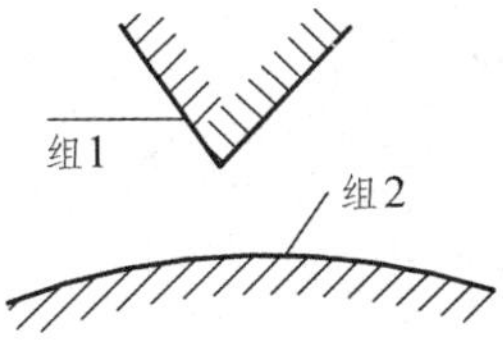

图 12-11 【节到曲面】

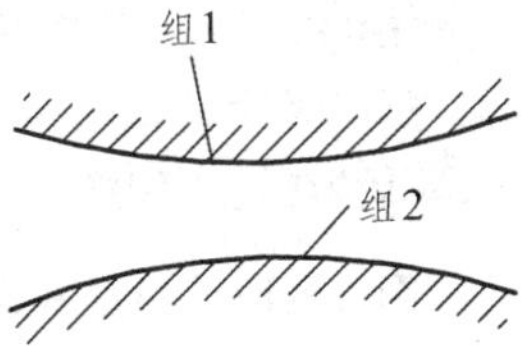

图 12-12 【曲面到曲面】

如果不使用这些高级选项，则默认的无穿透接触条件将采用【曲面到曲面】。

1.【相触面组】

- 菜单：【Simulation】/【接触/缝隙】/【定义相触面组】。
- 快捷菜单：右键单击【连结】并选择【相触面组】。
- Command Manager：【Simulation】/【连接顾问】/【相触面组】。

在【高级】下选择【节到节】或【节到曲面】。

局部接触的默认算法对于多数接触求解而言都是快速可靠的。然而，当接触应力是最为重要的求解对象时，或接触面积很大时，以及默认得到的接触应力不均匀或不连续时，需要激活选项【提高无穿透接触表面的精度（更慢）】，如图 12-13 所示。

不兼容网格特征采用了高级的求解算法，可以提高接触面的精度，进而达到改进结果的目的。然而，这样的接触求解得到的精度虽然更高，但也需要消耗更多的时间。通过激活此选项，无穿透接触集的默认接触类型将变为【曲面到曲面】。如果没有激活此选项，则默认的接触类型是【节到曲面】。

2.【提高无穿透接触表面的精度】

右键单击算例名称，进入算例【属性】，找到【选项】栏并勾选【提高无穿透接触表面的精度（更慢）】复选框。

在第一个区域（组 1）中才能选择局部无穿透接触条件的边线和顶点，而在第二个区域（组 2）中只接受面。

提示：由于摩擦力很小，且该实例中并不存在几何偏移，所以不会用到摩擦和缝隙（间隙）属性。因为在这个分析中并不关心接触应力，所以也无需勾选【提高无穿透接触表面的精度（更慢）】复选框。

提示：由于接触条件已经发生改变，警告标记表明需要重新划分网格和重新计算结果，如图 12-14 所示。

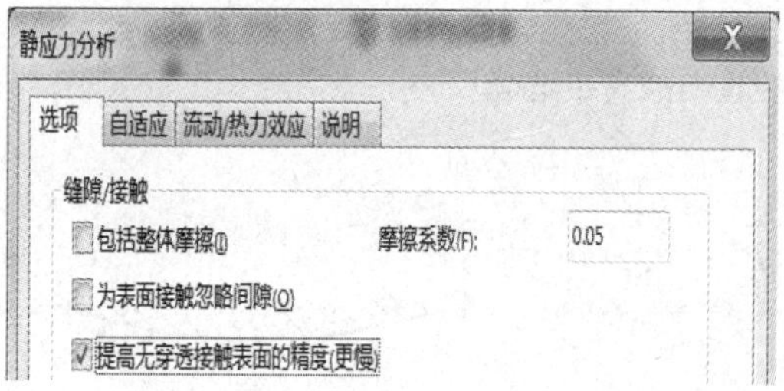

图 12-13　自动曲面到曲面选项

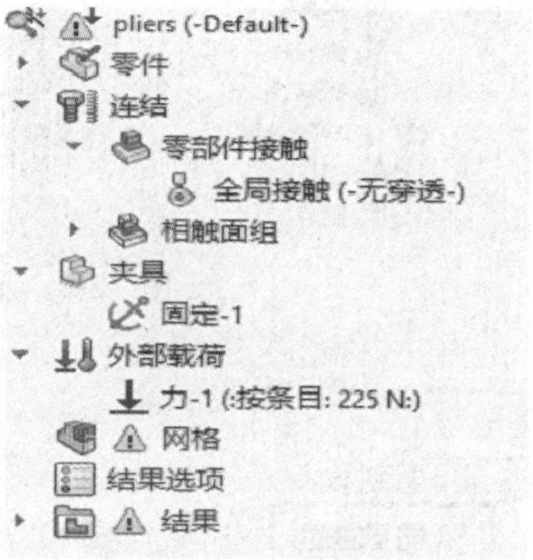

图 12-14　警告标记

五、接触应力

在手柄接触后，进一步增加作用力，除了提高手柄接触面上的接触应力之外，没有其他的效果。我们不能分析这些接触应力。因为接触区的单元尺寸比接触面的面积大，这一比较从侧视图中能够明显看出，如图 12-15 所示。

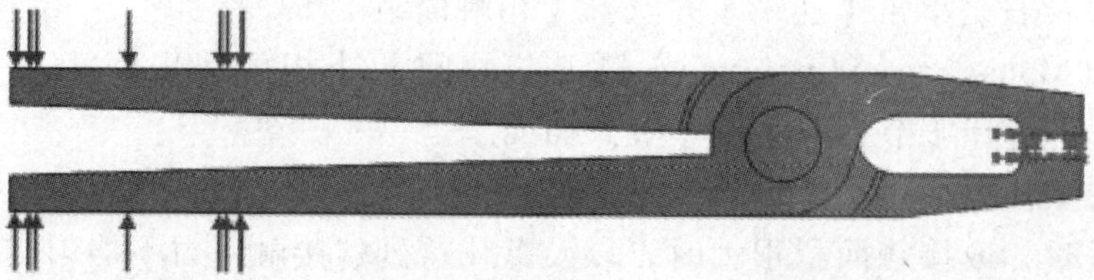

图 12-15　接触侧视图

两个手柄仅沿边缘接触，因此接触应力不能准确地建模。要建立精确的接触应力模型，必须在接触区沿长宽方向有较多的单元才行。

项目实施

一、使用全局接触的虎钳分析

1. 分析准备

步骤 1 打开装配件。

打开文件“pliers.SLDASM”。

步骤 2 压缩“flat”零件。

在 SolidWorks FeatureManager 设计树中压缩零件“flat”。

步骤 3 创建算例。

创建名为“pliers”的静应力分析算例。

步骤 4 检查 Simulation Study 树。

因为作为分析对象的装配体由 3 个零部件组成，所以会自动生成一个包含 3 个零部件的【零件】文件夹，如图 12-16 所示。

2. 前处理

步骤 5 为零件指定材料。

单击【应用材料】，选择【普通碳钢】，单击【应用】及【关闭】。

步骤 6 施加固定约束。

单击【固定几何体】，选择虎钳的内表面，如图 12-17 所示。单击【确定】。

提示：该约束条件能模拟出受压平板零件的作用。假定虎钳夹紧时平板无滑移。

步骤 7 对手柄施加力。

单击【力】，对两个手柄均施加 225 N 的力。

注意：外侧的分割面有助于定义载荷，在【力/扭矩】的窗口中选择【法向】，如图 12-18 所示。

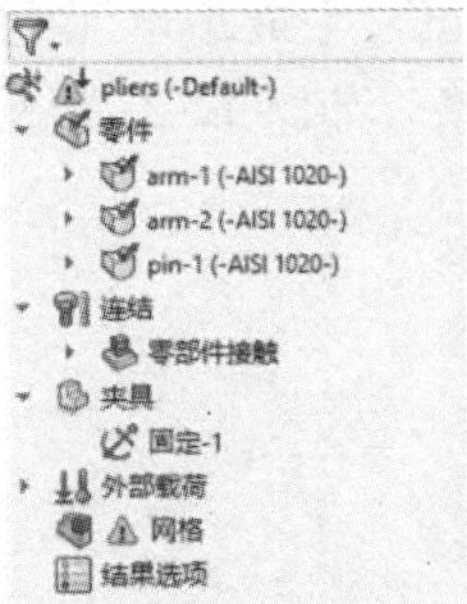

图 12-16 零件文件夹

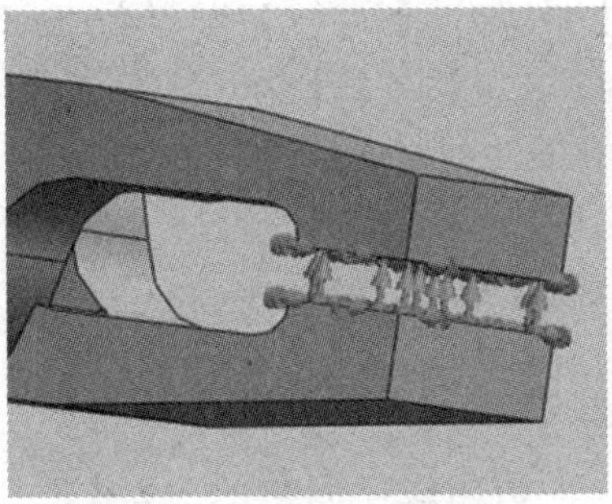

图 12-17 施加固定约束

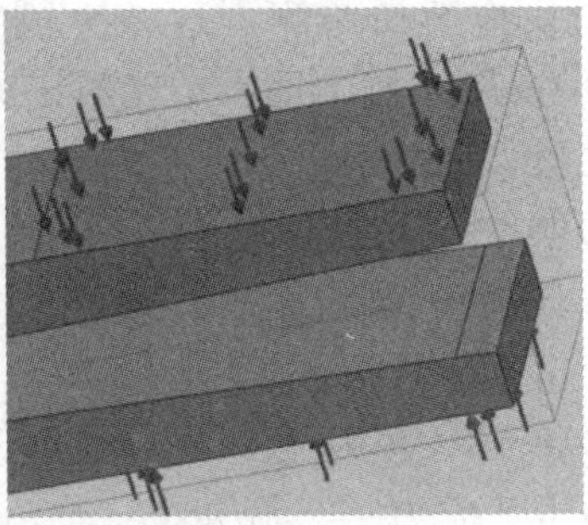

图 12-18 施加力

步骤 8 检查存在的干涉。

单击【工具】/【评估】/【干涉检查】。在【选项】中勾选【视重合为干涉】复选框，然后单击【计算】。

可以观察到装配体中的 3 对表面互相接触，如图 12-19 所示。

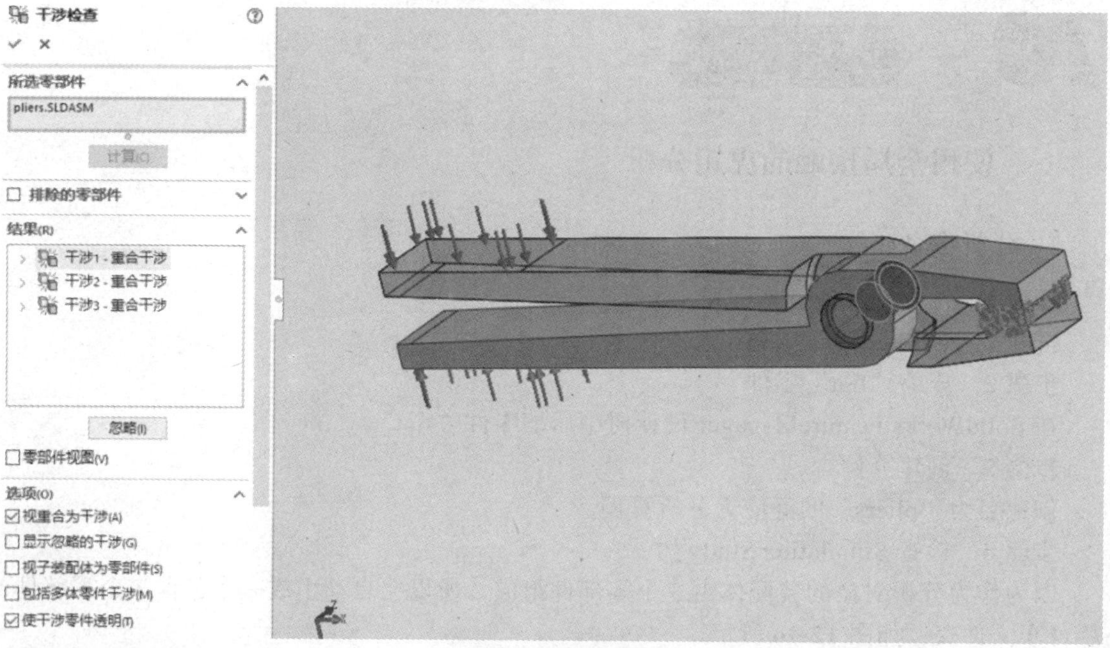

图 12-19 接触检查

提示： 在这个装配体的零件中，可以忽略销钉和钳臂之间的加工间隙。这也解释了为何能够检测到它们之间的柱面接触。

步骤 9 设定零部件接触选项。

为了允许模型因加载而产生变形时钳臂有相对的移动，应该设定默认的【零部件接触】的【接触类型】为【无穿透】。

展开【连结】文件夹，编辑零部件接触项目，然后选择【无穿透】，单击【确定】按钮，如图 12-20 所示。

步骤 10 划分网格。

单击【生成网格】。在【网格参数】下选择【基于曲率的网络】。使用【草稿】品质单元，并将滑块拖至最右侧。这将生成【最大单元大小】为“4.912 mm”，【最小单元大小】为“0.982 mm”，【圆中最小单元数】为“8”，【比率】为“1.6”的网格，如图 12-21 所示。

注意： 划分网格必须在完成接触条件的定义后进行。

步骤 11 切换到爆炸视图。

步骤 12 运行分析。

单击【运行】。

步骤 13 图解显示 von Mises 应力。

双击“应力 1”，显示 von Mises 应力图解，如图 12-22 所示。

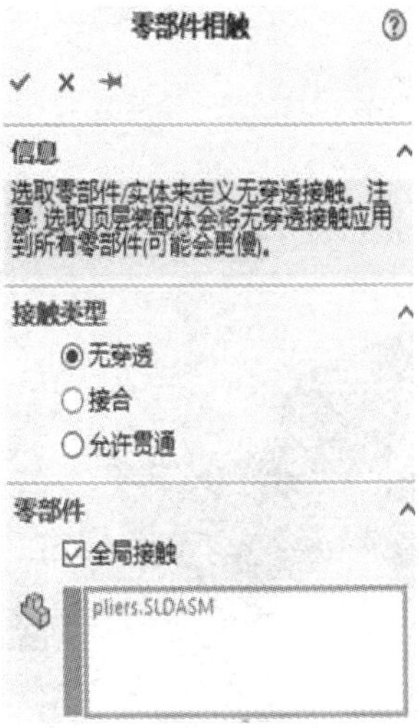

图 12-20　设定零部件接触选项

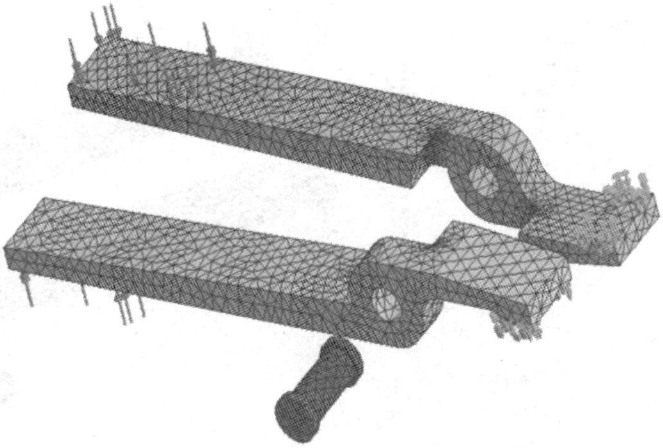

图 12-21　划分网格

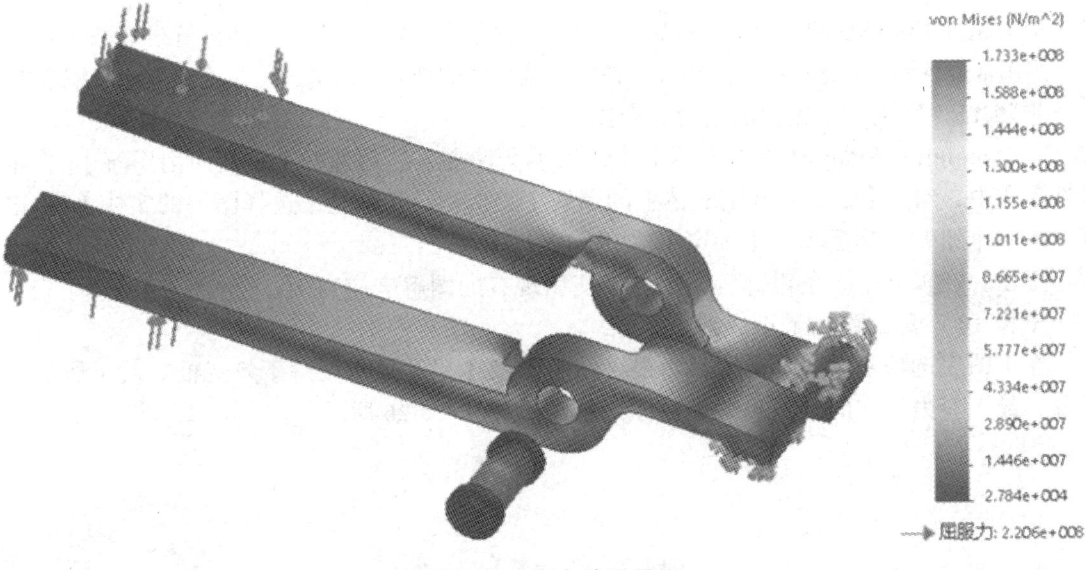

图 12-22　应力结果显示

本任务希望了解模型是否有超过设计应力 138 MPa 的 von Mises 应力存在。为了判断 von Mises 应力是否超过最大值，可以更改图解选项。

步骤 14　更改图解。

当图解显示出来后，右键单击“应力 1”并选择【图表选项】。在【显示选项】下，取消勾选【自动定义最大值】和【自动定义最小值】复选框，输入最小应力为“0”，最大应力为“138”，然后单击【确定】按钮，如图 12-23 所示。

切换到【设定】选项卡，然后选择【离散】作为【边缘选项】，再单击【确定】按钮，如图 12-24 所示。

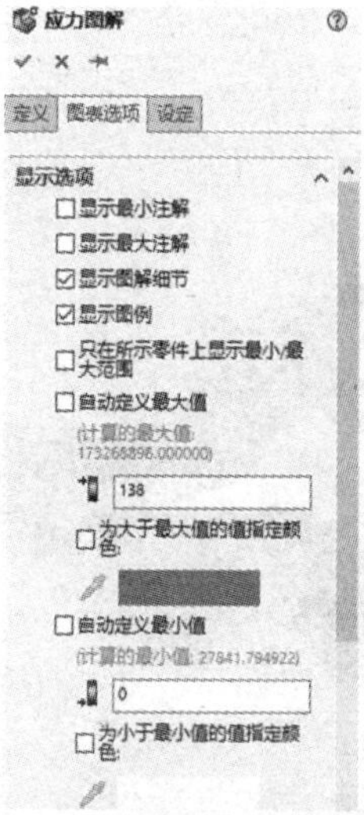

图 12-23 更改显示选项

图 12-24 更改应力结果显示

3. 观察装配体结果

应力超过 138 MPa 的区域用红色显示出来。注意爆炸图为浏览装配件的分析结果提供了方便，尤其当用常规视图显示被遮挡时。另外一种浏览装配件的结果图解的方法是隐藏某些装配零件。

步骤 15 定义一个钳臂的应力分布图。

在 Simulation Study 树中右键单击【结果】文件夹，然后选择【定义应力图解】。在【高级选项】中，勾选【仅显示选定实体上的图解】复选框。切换至【选择图解的实体】，单击屏幕上的一个钳臂。然后单击【确定】，如图 12-25 所示。

提示：在孤立了一条钳臂后，也可以使用现有的图解“应力 1”。

步骤 16 设置最大/最小注解。

在【图表选项】中，勾选【显示最大注解】及【显示最小注解】复选框。对于所显示的钳臂，最大应力所在的位置和大小被标记出来，如图 12-26 所示。

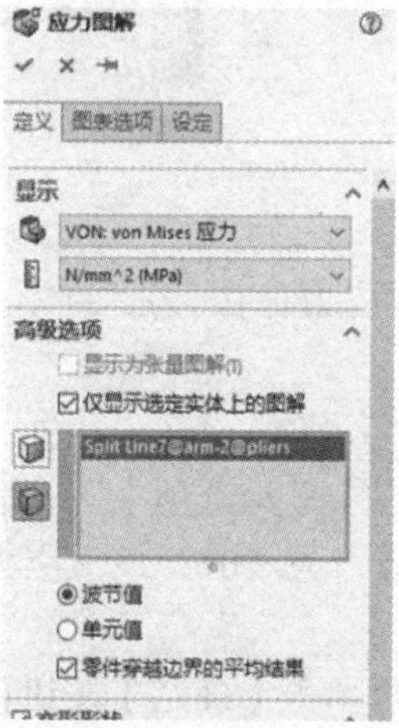

图 12-25 高级选项

图 12-26 显示最大应力及最小应力

4. 手柄接触

正常使用虎钳时，如在手柄上施加 225 N 的力，产生的最大 von Mises 应力为 95 MPa。仅凭双手施加这样大的载荷可能是困难的，但 95 MPa 的应力对于虎钳所用的材料来说是可以接受的，该材料的屈服应力几乎是 220 MPa。

在评价设计为安全之前，需要对模型重新划分网格并查看是否存在应力集中。

当用虎钳挤压一块 5 mm 厚的平板时，希望了解其最大应力，最大应力对应当手柄末端接触时的情况。

步骤 17 爆炸装配体视图。

步骤 18 创建 UY：Y 位移图解。

为了了解使手柄末端合到一起所需要的力，需要创建一个关于 *Y* 方向位移分量的位移分布图。双击“位移 1”以激活该图解。右键单击“位移 1”并选择【编辑定义】。

选择 UY 作为【零部件】(编者注：位移分量)，并选择 mm 为【单位】。在【变形形状】下选择【真实比例】。该选项设置的图解变形形状比例为 1∶1。单击【确定】，结果如图 12-27 所示。

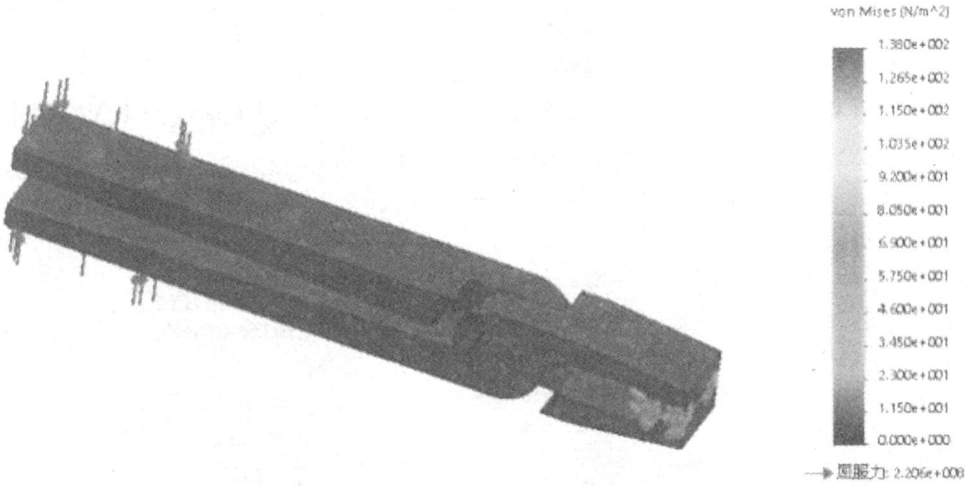

图 12-27　Y 方向位移

5. 所需的力

可以观察到在 225 N 的作用力下，每个手柄的末端移动了 0.391 mm，相应地，两手柄末端的距离减少了 0.782 mm。

因为最初的距离为 15.24 mm，因此力的大小必须根据以下因子增加：

15.24 mm/0.782 mm=19.49

所以，两个接触到一起的钳臂所需力的大小为：

19.49×225 N=4 385 N

这是基于线性分析的假设，即结构的响应与所加的载荷成比例。

二、使用局部接触的虎钳分析

1. 前处理

现在，将加载一个超过 4 362 N 的力到虎钳上，以使得两个钳臂互相接触。定义适当的接触条件可确保钳臂接触到一起，但并不互相穿透。

步骤 19 创建新的算例。

将算例“pliers”复制到名为“pliers contact”的新算例中。

步骤 20 编辑载荷力。

编辑力的大小为 4 500 N。这个值是通过粗略的估算后得出的估算值，它能确保两个钳臂接触到一起。

步骤 21 定义接触对。

为了定义两个手柄末端的接触区，使用两个位于手柄内的小分割面来定义接触面组，如图 12-28 所示。

右键单击【连结】并选择【相触面组】。在【相触面组】窗口中选【无穿透】作为所需的接触类型。【无穿透】是最常用的接触类型。选择一个面作为“组 1”，另一个面作为“组 2”，如图 12-29 所示。

提示：选择“组 1”和“组 2”是随意的，没有先后顺序。

注意：这里并不严格需要两个钳臂之间的局部接触面组，因为顶层的【无穿透】零部件接触条件已经足以避免在力逐渐增加时两臂相互贯通的情况。

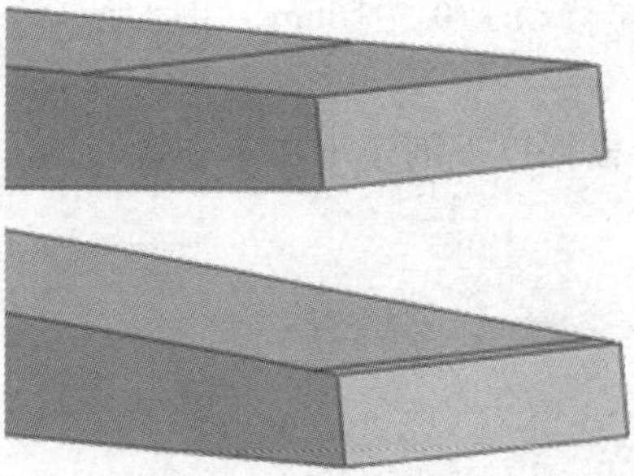

图 12-28 定义接触对

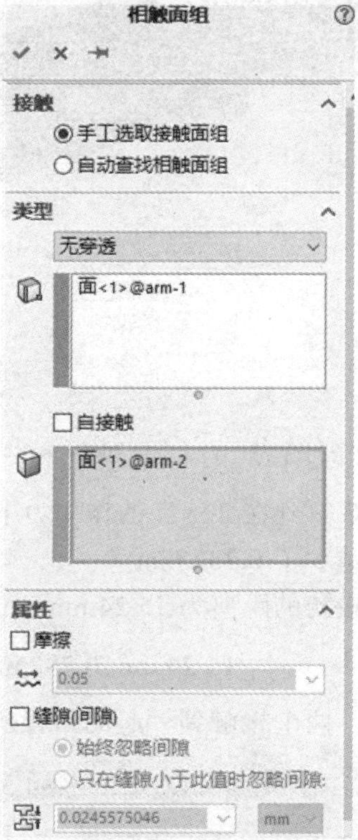

图 12-29 接触对高级选项

步骤 22 划分网格。

单击【生成网格】，使用与原先一样的参数划分网格，单击【确定】按钮。

步骤 23 运行分析。

单击【运行】。

步骤 24 选择大/小位移。

分析过程中会弹出如下信息：“在该模型计算中出现了过度位移。如果您的系统已妥当约束，可考虑使用大型位移选项提高计算的精度。否则，继续使用当前设定并审阅这些位移的原因”。单击【否】，以线性方式完成分析。

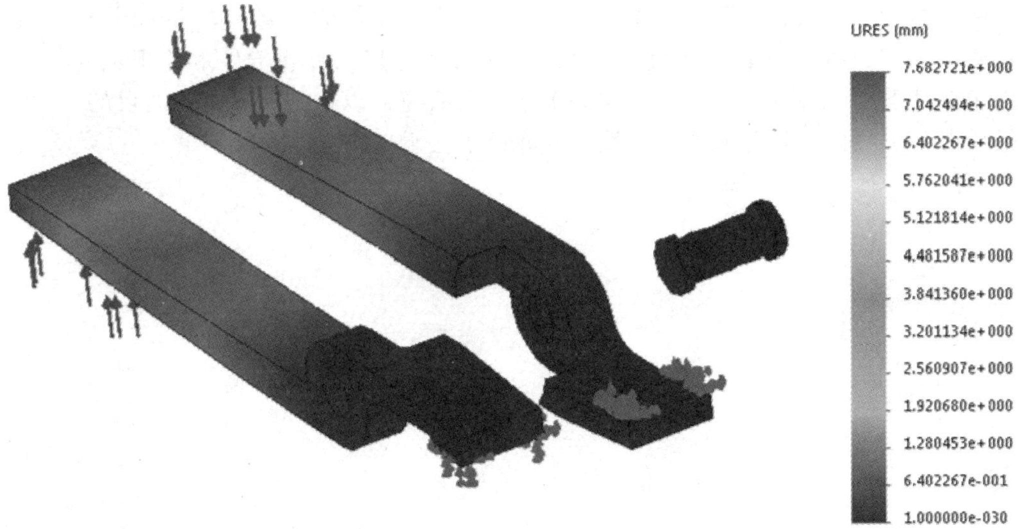

图 12-30 应力结果显示

提示：大位移对话框窗口警告用户探测到了装配体中的某些零件的大位移。

2. 后处理

步骤 25 图解显示 von Mises 应力。

分析结束后，创建 von Mises 应力图解，使用离散的边缘选项并显示网格，设置应力范围为 0 ~ 220 MPa，如图 12-30 所示。

红色区域代表屈服的材料。观察到最大 von Mises 应力大约为 2576.50 MPa，当然这个值是不真实的。材料屈服表明线性分析不再有效，需要采用非线性分析。

步骤 26 保存并关闭文件。

项目总结

本项目对带有多种接触条件的一个简单虎钳装配体进行了分析。为简化几何体，压缩了平板零件，它可以通过对虎钳口加载固定几何体的约束来替代。分析完成后，发现最大 von Mises 应力为 95 MPa，这个应力低于指定的设计强度 138 MPa。为了确保应力结果，应当细化网格来保证应力是收敛的。

此外，产生的最大位移为 0.391 mm，使用这个结果来更改加载的载荷，以研究当载荷大到手柄接触到一起时发生的状况。

接触条件可以分为零部件接触和局部接触两种类别。本项目对这两种类型的接触都进行了介绍。

局部接触优先于所有零部件接触，而所有用户定义的零部件接触又优于顶层装配体层级的零部件接触（本质上表现为针对整个装配体的全局接触条件）。当零部件接触应用到零件或装配体的初始接触面时，局部条件可以允许存在间隙和初始的分离。本项目还介绍了各种类型的接触属性和选项，即【接合】【允许贯通】【无穿透】【冷缩配合】和【虚拟壁】。

采用线性准则（输入和输出线性相关）来放大载荷，以达到夹紧钳臂的目的。

最后考察了线性材料分析的局限性，并介绍了接触应力。

项目 13

壳单元——水槽的结构分析

学习目标

（1）能分析薄板类构件，并正确使用壳单元。

（2）能利用高宽比、雅可比等指标评估网格单元的质量。

（3）能利用探测、Iso 剪裁及设计洞察等工具分析仿真结果。

重难点

（1）将实体模型转为壳体模型。

（2）评估网格单元的质量。

项目描述

如图 13-1 所示，水槽是由薄板组成的构件。从几何图上看，钢板在厚度方向的尺寸远远小于另外两个方向的尺寸，因此这是典型的壳体类型力学模型。在分析时，用壳单元最合适，不仅能达到较高的分析精度，同时消耗的计算资源也比较少。

具体工况说明：

一个由普通碳钢板焊接成的水槽放置在平面钢板上，其底面四周采用焊接固定，水槽里装满水，试分析该水槽用板厚 6 mm 的钢板是否可行。

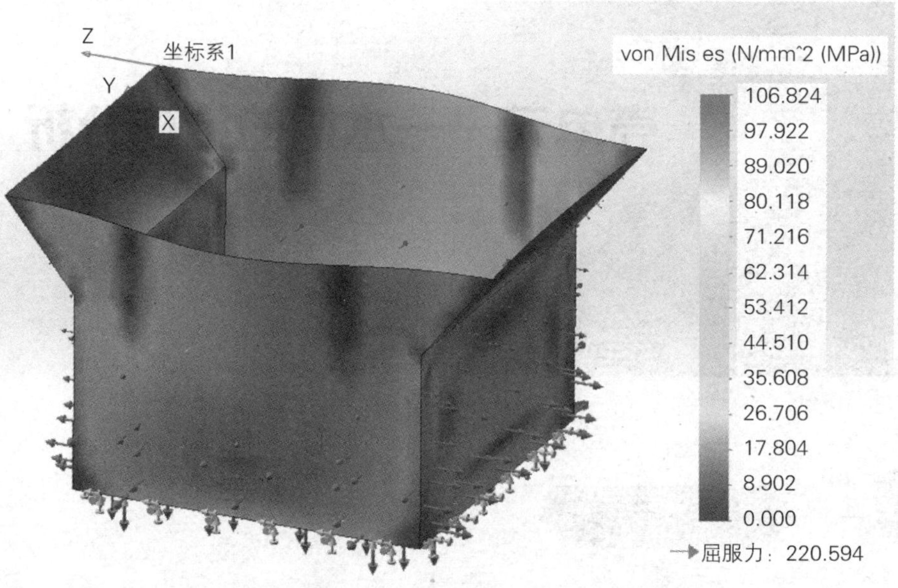

图 13-1　水槽结构分析

知识准备

1. 壳单元特性

壳单元就是一种针对薄板类工程构件进行分析的网格，壳单元本身没有厚度，厚度是作为单元的常数，是在分析预处理时通过编辑定义进行赋值的。SolidWorks Simulation 提供了一阶三角形壳单元和二阶三角形壳单元，如图 13-2 所示。其中，一阶单元只有三个节点，如图 13-2（a）所示；二阶单元除三个顶点还有三个中间节点，共有六个节点，如图 13-2（b）所示。因此，当分析对象是曲面时，二阶单元能更好地模拟出几何形体。

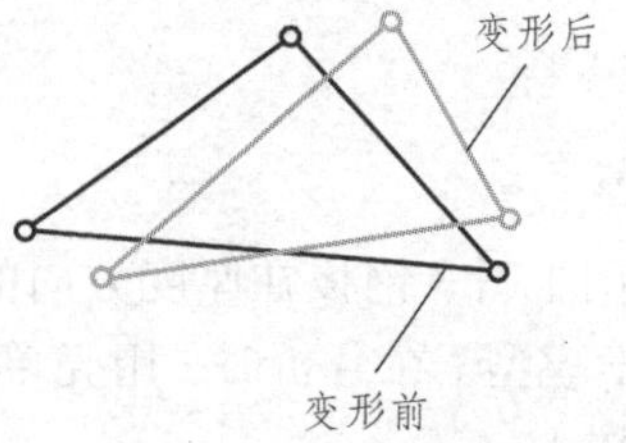

（a）一阶三角形壳单元

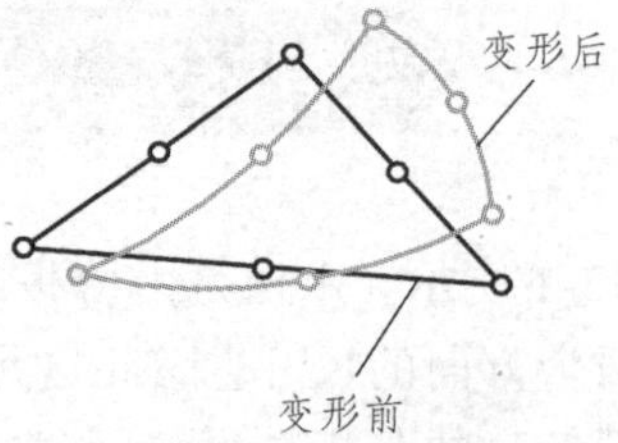

（b）二阶三角形壳单元

图 13-2　两种壳单元

2. 实体转为壳体

在实际工程中，构件都需要经过处理才能转化为壳体模型，其方法有两种：一种是转换为钣金件或者直接在钣金模块中建模，如图 13-3（a）所示；另一种是通过等距曲面将构件的中性层创建出来。

注意： 此时一定要将实体设置为不包含在分析中，如图 13-3（b）所示。

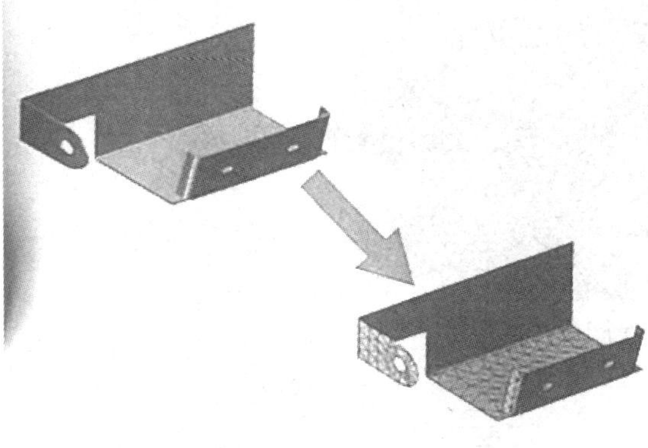

（a）利用钣金建模转换为壳体模型

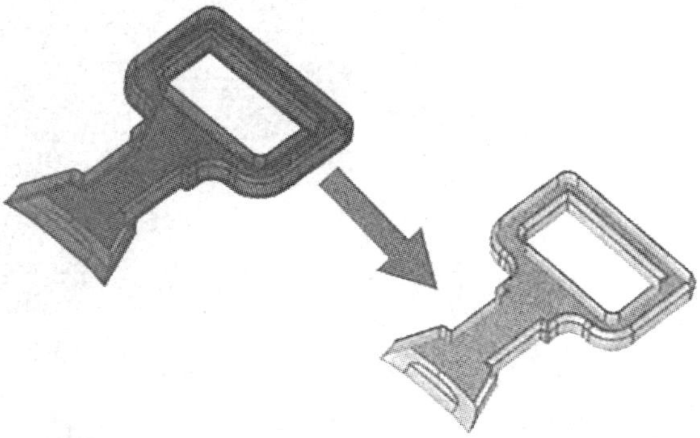

（b）利用等距曲面中性层转换为壳体模型

图 13-3　实体转为壳体的两种方法

3. 单元质量的评估

根据弹性力学理论，尖角处的应力是无穷大的，因此要避免网格出现尖角，可见网格单元的质量对计算精度有很大影响。SolidWorks Simulation 提供了两个评估单元质重的指标，一是高宽比反应单元的形状，二是雅可比反应单元的扭曲程度。如图 13-4（a）所示为最佳质量的单元，如图 13-4（b）、（c）所示单元的质量较差。在结构分析时，高宽比不能超过 20，雅可比不能超过 40。

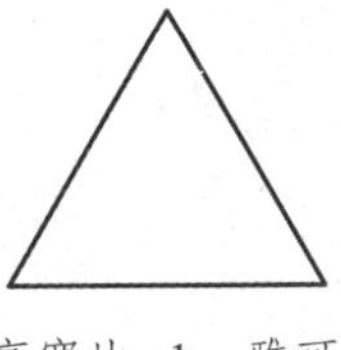

（a）高宽比=1，雅可比=1

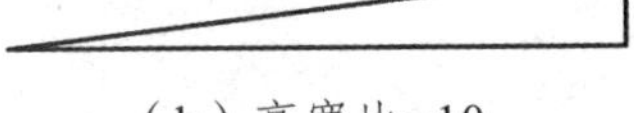

（b）高宽比=10

（c）雅可比=30

图 13-4　网格单元质量的评估

下面通过实例说明 SolidWorks Simulation 的网格评估过程。建立面体如图 13-5 所示。按照默认参数划分网格，当对象为曲面时，Simulation 会默认用二阶三角形网格划分，如图 13-6 所示。右击网格，选择【生成网格图解】，即打开【网格品质】对话框，如图 13-7 所示。选择【高宽比例】，单选按钮并确定，即可得到图解，如图 13-8 所示；选择【雅可比】单选按钮并确定，即可得到图解，如图 13-9 所示。观察图解可知，网格最大高宽比仅为 2.890，最大雅可比仅为 1.103，因此可以认为网格质量较高。项目 11 中介绍的实体网格案例也可用网格品质检查，如图 13-10 ~ 图 13-15 所示。通过对比可知，基于混合曲率网格的质量明显好于标准网格质量。

图 13-5　建立面体

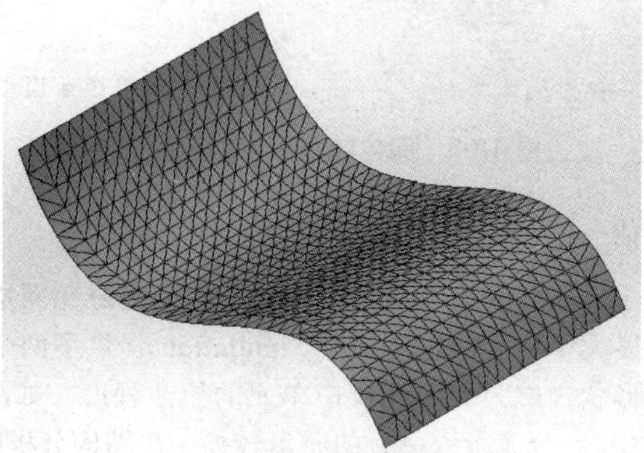

图 13-6　划分网格

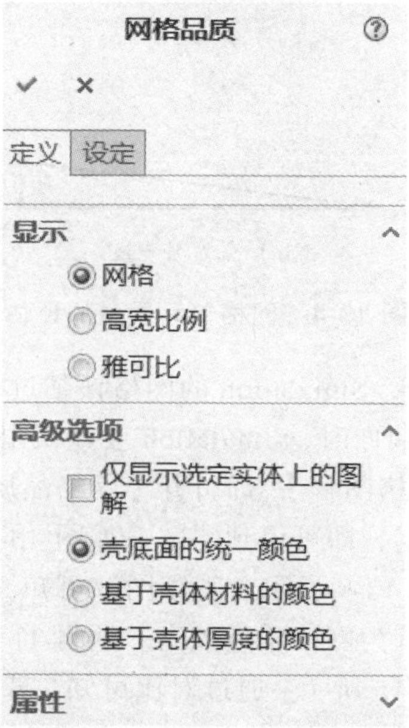

图 13-7　【网格品质】对话框

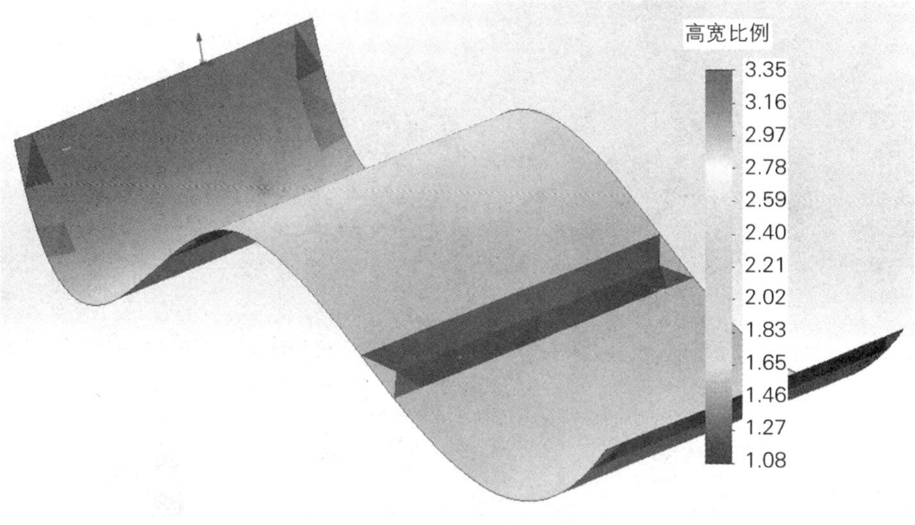

图 13-8　单元高宽比图解

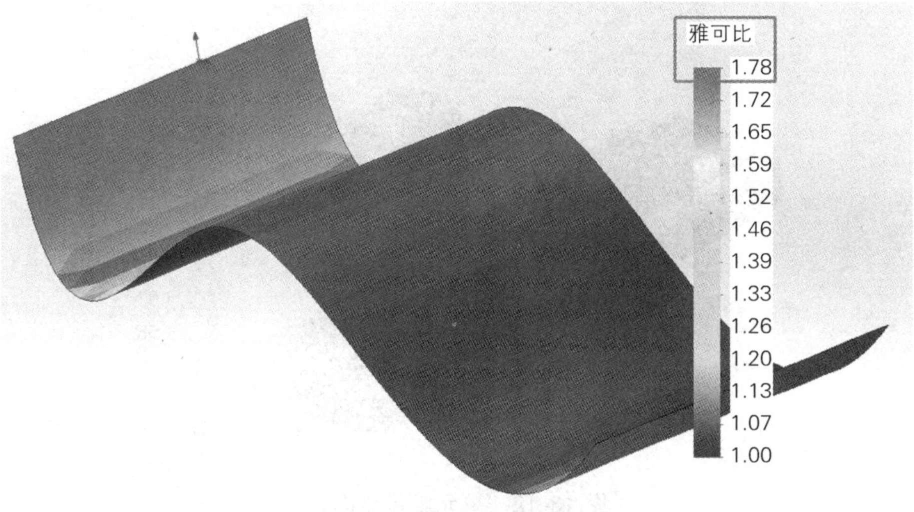

图 13-9　单元雅可比图解

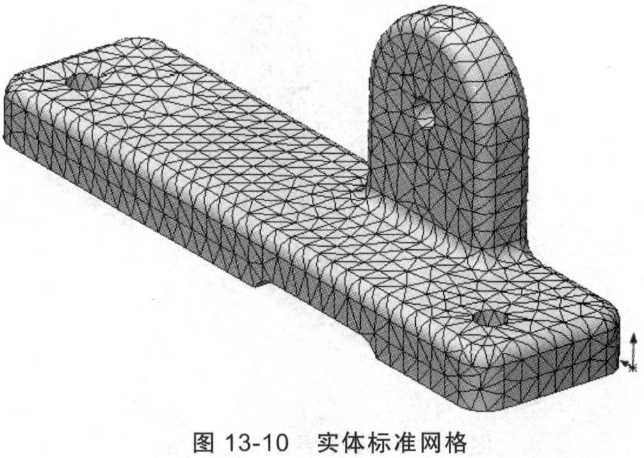

图 13-10　实体标准网格

图 13-11　单元高宽比图解

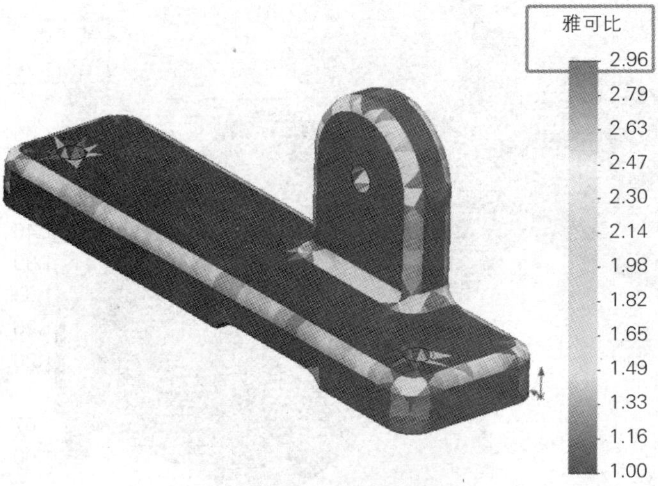

图 13-12　单元雅可比图解

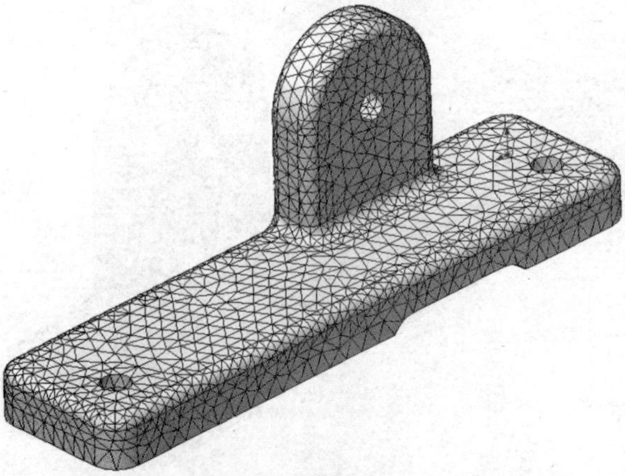

图 13-13　基于混合曲率网格

图 13-14　单元高宽比图解

图 13-15　单元雅可比图解

项目实施

1. 创建水槽模型并划分实体网格评估

步骤 1　绘制草图。

打开 SolidWorks，新建零件，绘制水槽草图，如图 13-16 所示，再拉伸 2 000 mm。选择顶面抽壳，厚度为 6 mm，即可得到水槽实体模型，如图 13-17 所示。

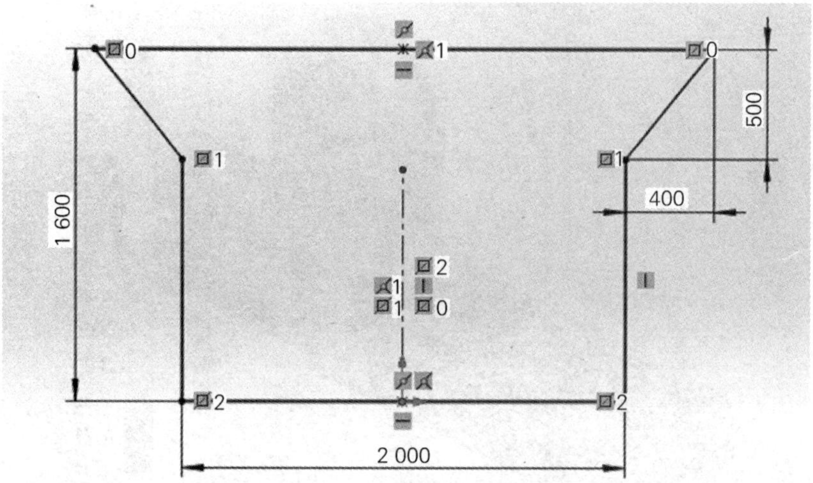

图 13-16　水槽草图

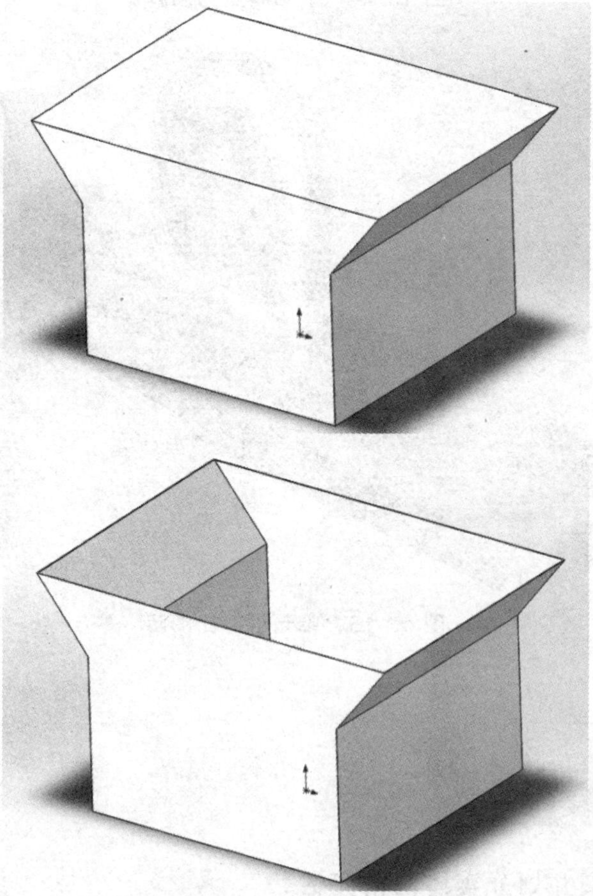
图 13-17　水槽实体模型

步骤 2　新建静应力分析算例。

启动 SolidWorks Simulation，新建静应力分析算例，先右击分析特征树中的网格，再选择【生成网格】，按照默认参数划分网格，如图 13-18 所示。

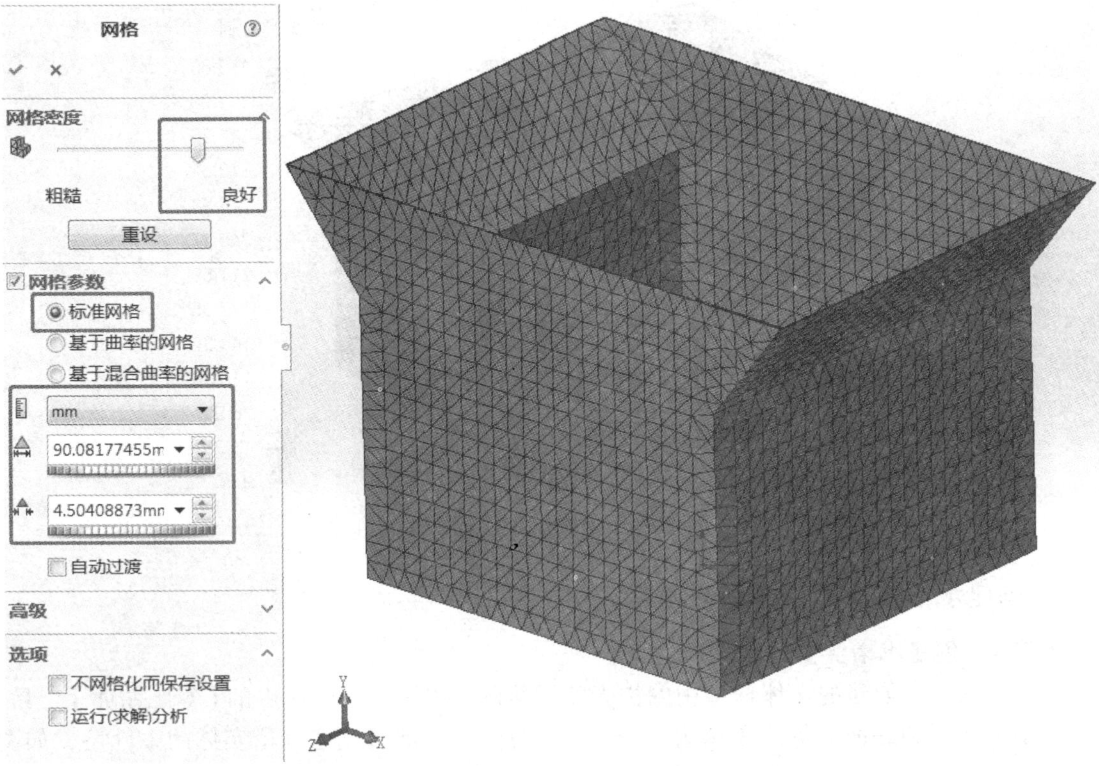

图 13-18　实体网格划分

步骤 3　生成网格图解。

右击网格，选择【生成网格图解】，即打开【网格品质】对话框，生成高宽比图解，如图 13-19 所示。观察图解可知，绝大多数网格高宽比约为 7.9 : 36，少数网格高宽比超过 300。由此可见，网格质量非常差，计算的结果无法保证精度。通过这一步也可以确定薄板类的构件使用实体网格是不合适的，应该选用壳单元。

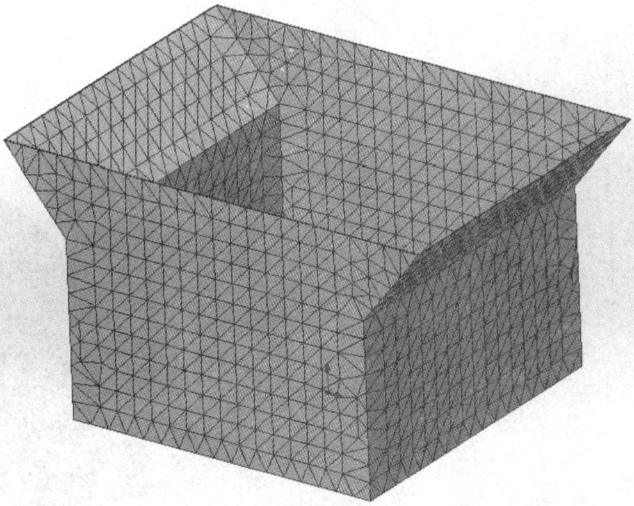

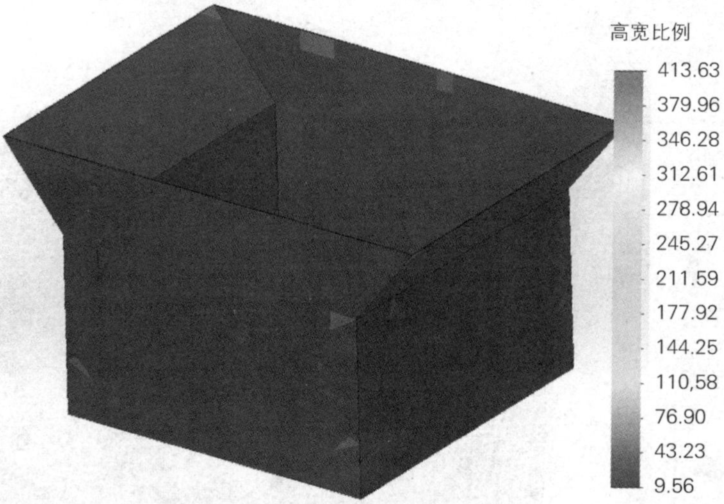

图 13-19　网格高宽比图解

2. 创建水槽模型面体并划分网格评估

步骤 4　创建水槽实体的中性层。

将在步骤 1 中创建的实体模型中的抽壳特征删除，利用曲面模块中的【等距曲面】工具，选择水槽的四周和底面，等距距离为 3 mm，方向向内，即可创建水槽实体的中性层，如图 13-20 所示。

步骤 5　新建分析算例。

新建静应力分析算例。

步骤 6　生成网格。

右击分析特征树中的网格，再选择【生成网格】，按照默认参数划分网格，如图 13-21 所示。

图 13-20　水槽实体的中性层

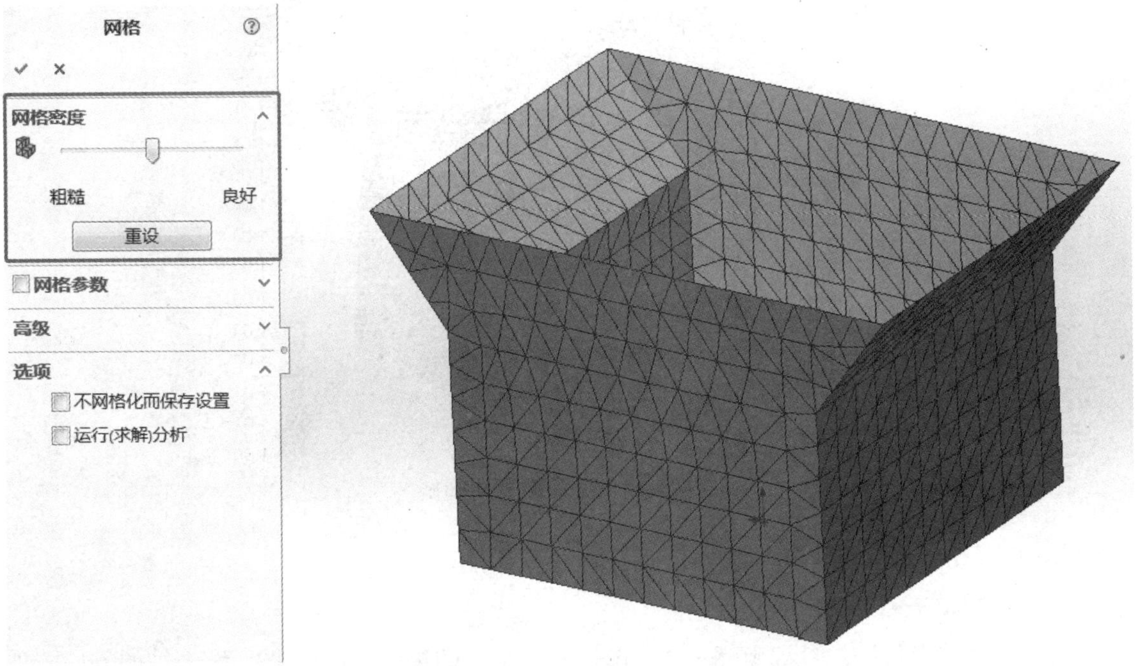

图 13-21　划分网格

步骤 7　查看网格品质。

打开【网格品质】对话框，分别生成高宽比图解和雅可比图解。观察高宽比图解（见图 13-22）可知，绝大多数网格高宽比都在 2.2 以下，最大高宽比也仅为 2.89。观察雅可比图解（见图 13-23）可知，几乎所有单元雅可比均为 1，最大雅可比也仅为 1.06。由此可以确定网格质量是非常好的。

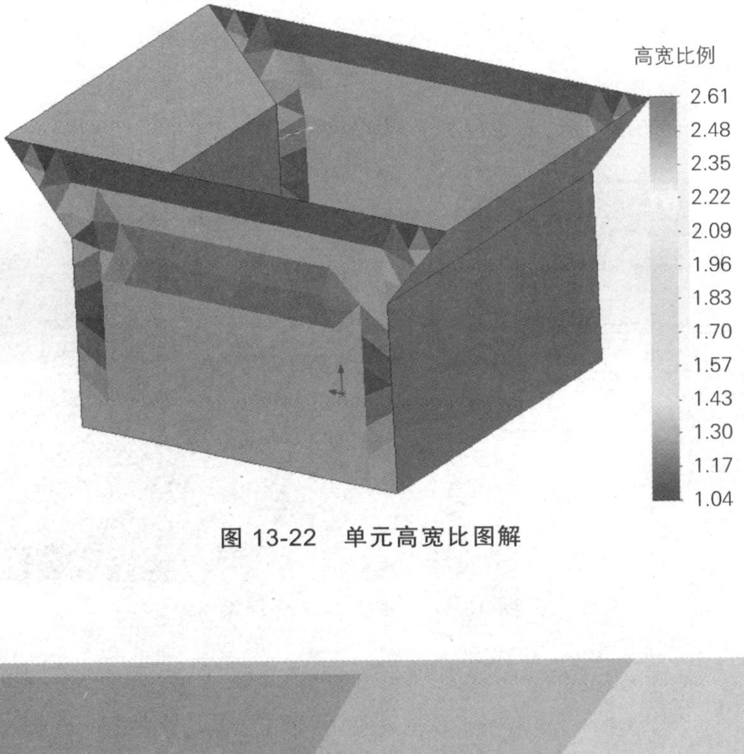

图 13-22　单元高宽比图解

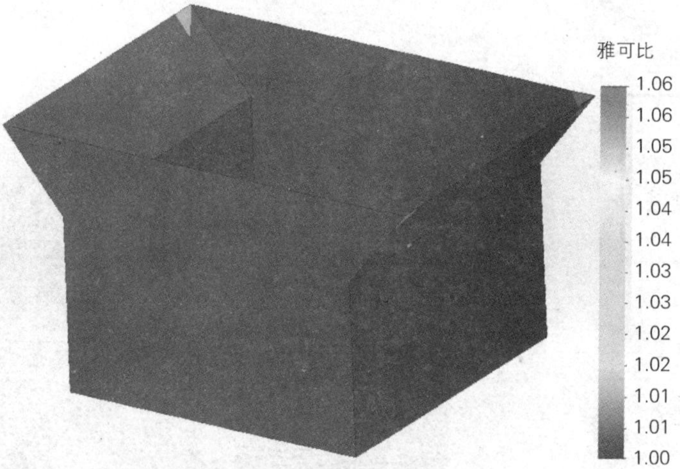

图 13-23　单元雅可比图解

3. 水槽壳体模型分析前处理

步骤 8　插入参考坐标系 1。

在水槽上方边角插入参考坐标系 1，选择一条垂直的边线来确定坐标系 *X* 轴的方向，如图 13-24 所示，完成后效果如图 13-25 所示。

步骤 9　压缩实体。

右击分析特征树下零件中的实体，选择“不包括在分析中”，即将该实体压缩，如图 13-26 所示。

步骤 10　定义薄板分析。

右击零件下的面体，选择“编辑定义”，如图 13-27 所示。在“壳体定义”对话框中，选择类型为薄板，厚度设为 6 mm，如图 13-28 所示。

步骤 11　设置材料。

设置材料为普通碳钢，如图 13-29 所示。

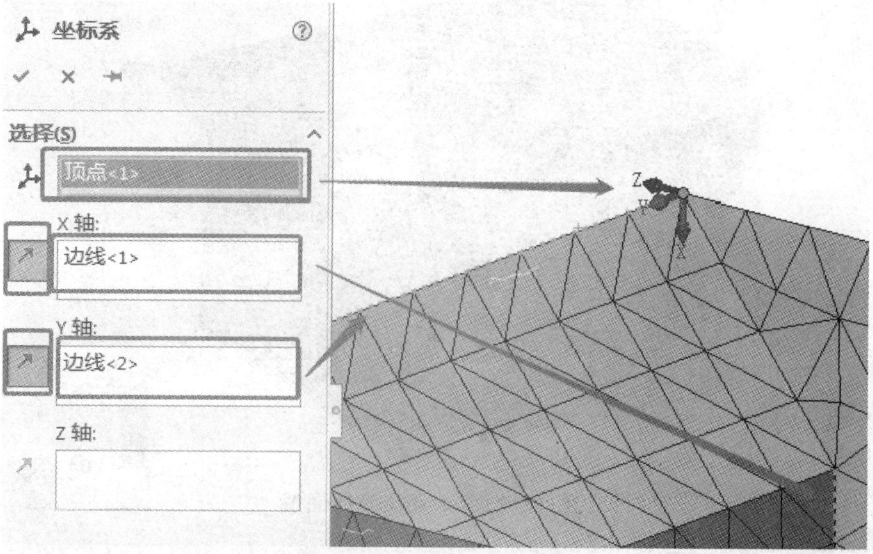

图 13-24　插入参考坐标系

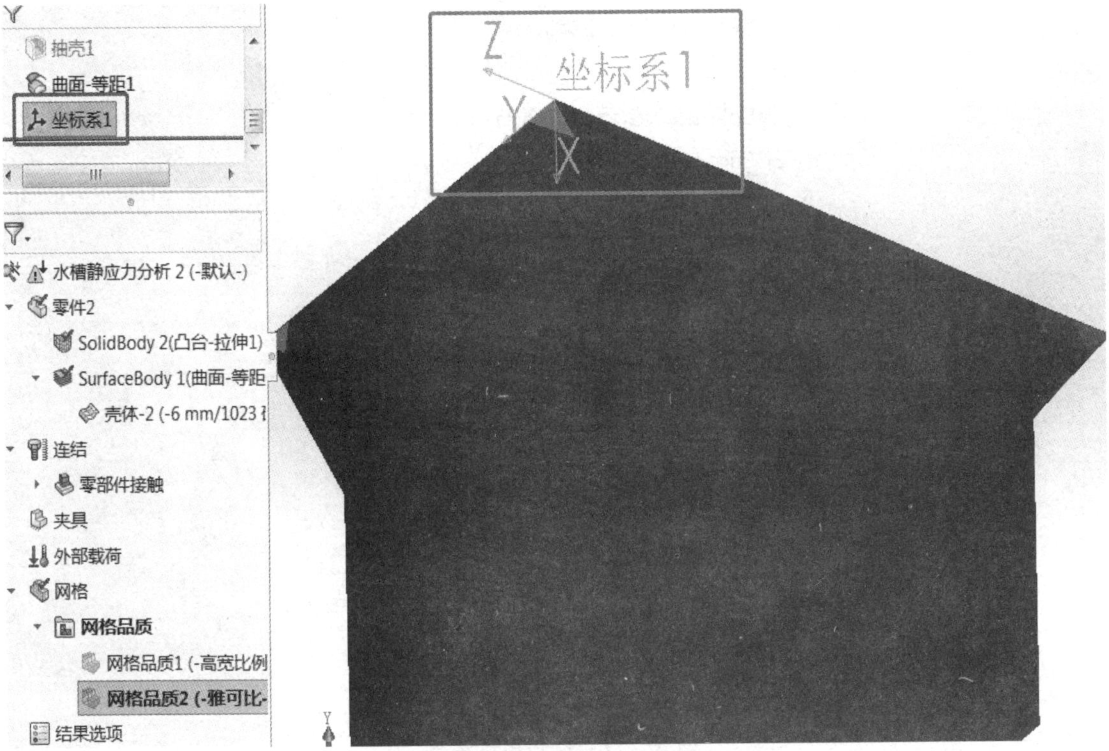

图 13-25　参考坐标系插入效果

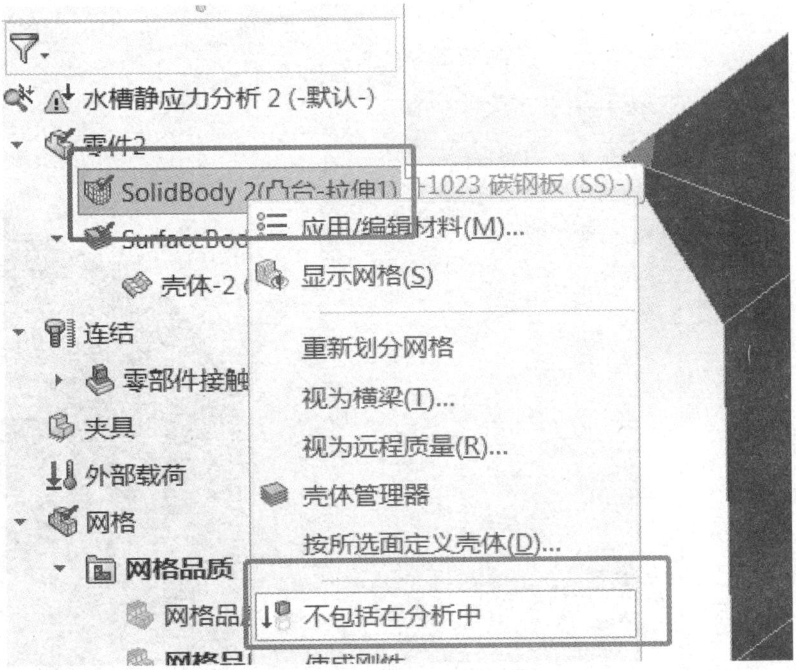

图 13-26　压缩实体

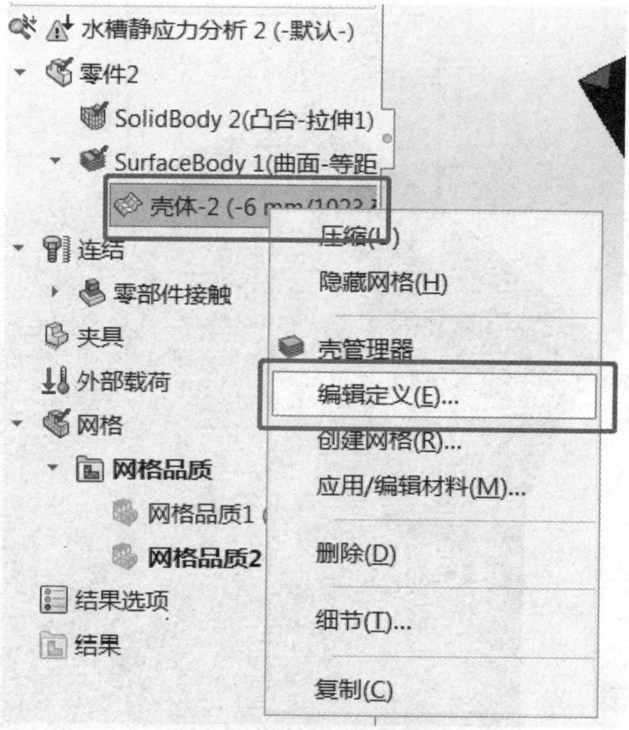

图 13-27　编辑壳体模型

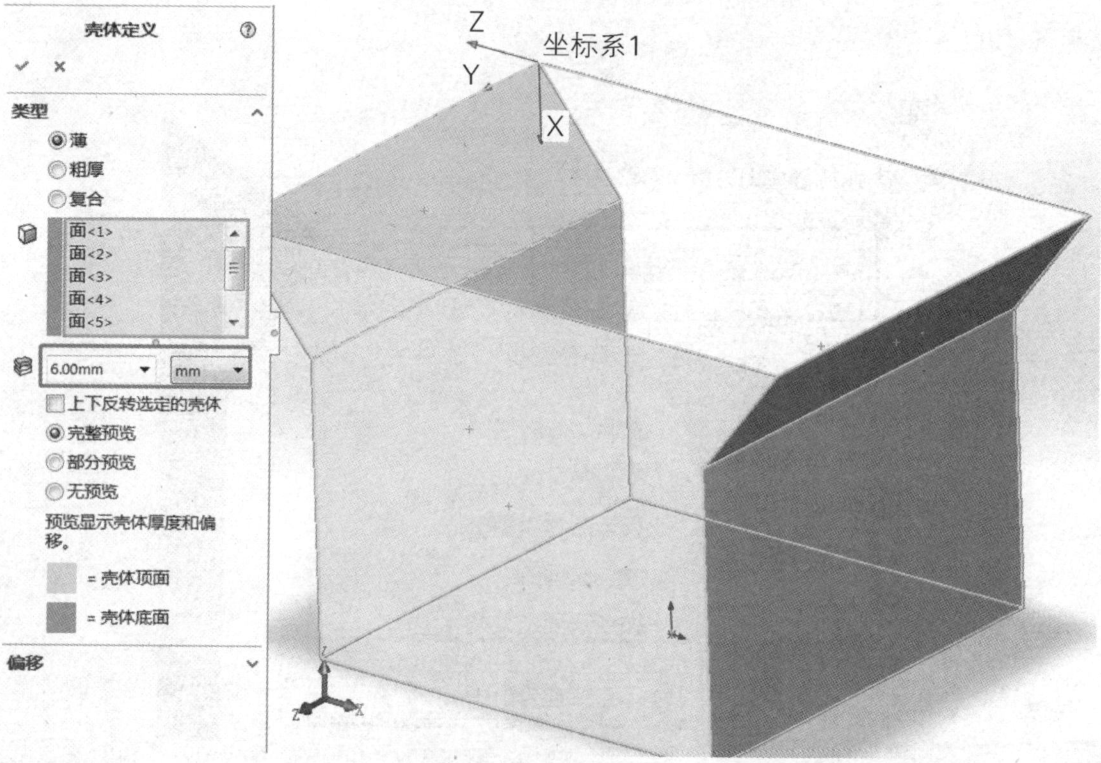

图 13-28　设置板厚

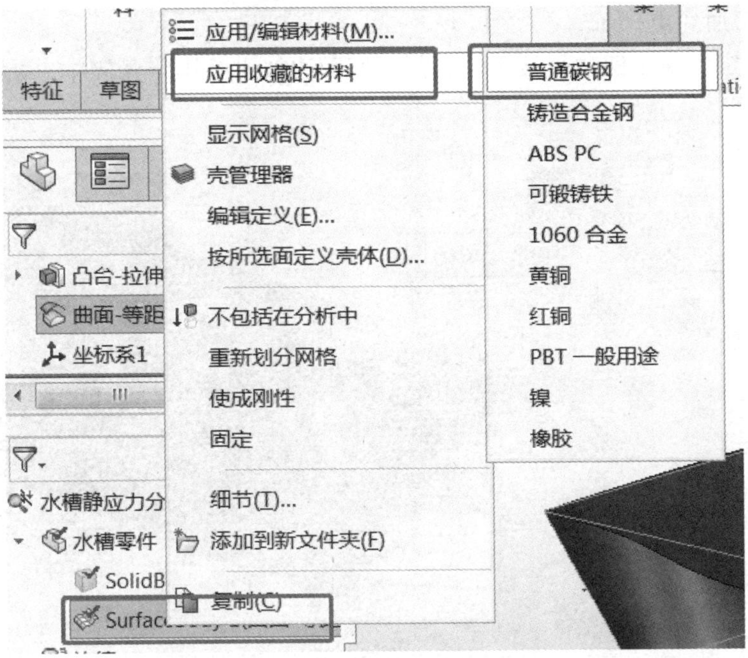

（a）方法一：右键选择【应用收藏材料】

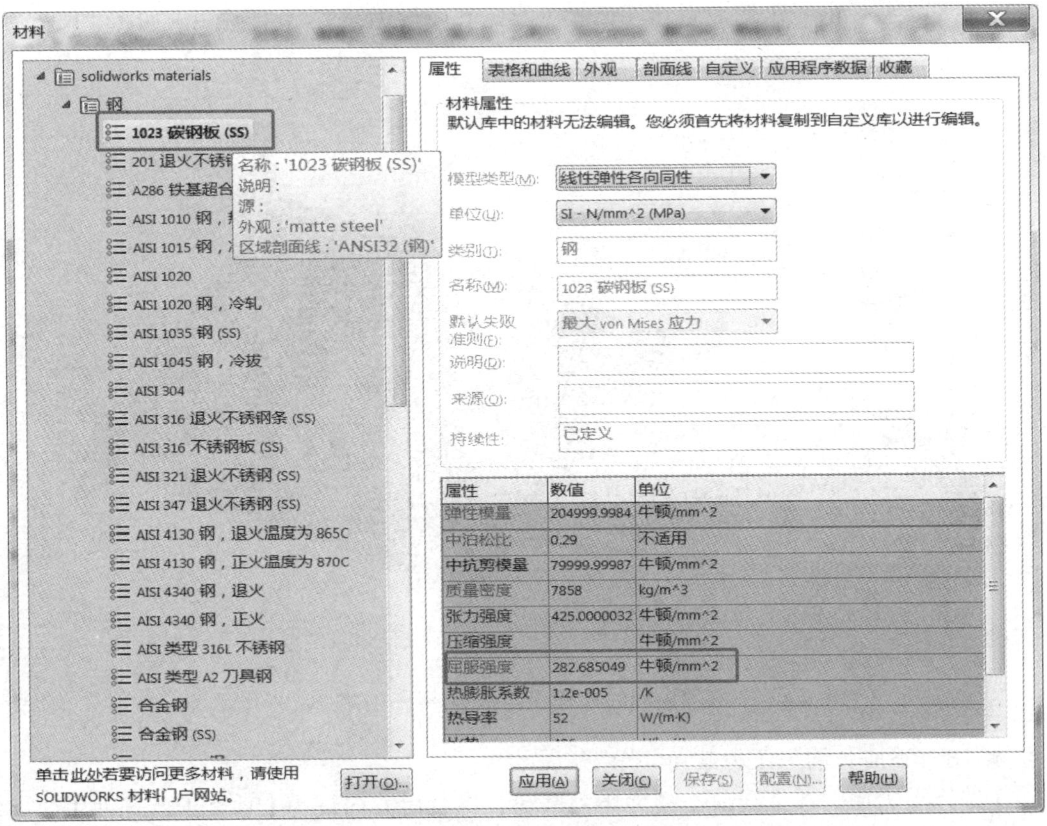

（b）方法二：右键选择【应用/编辑材料（M）】

图 13-29 设置材料

步骤 12 添加约束。

（1）焊接固定。由于四边焊接固定，因此底面边线设为固定几何体，如图 13-30 所示。

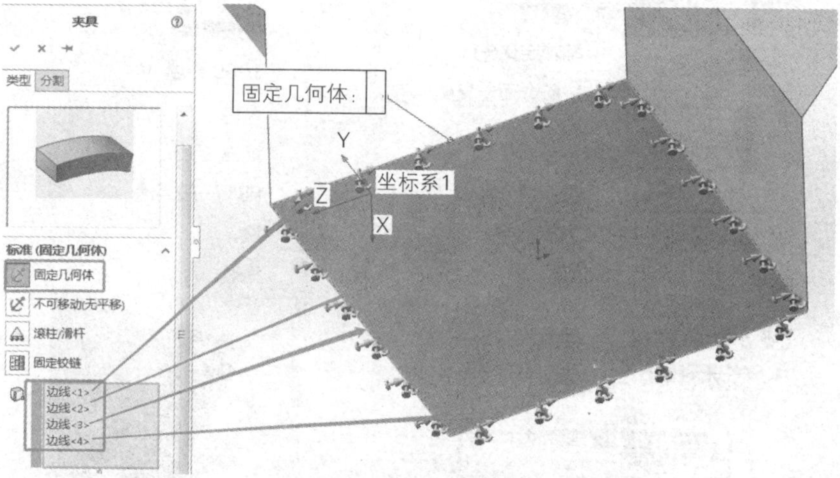

图 13-30 固定底边边线

（2）底部支撑。由于水槽放置在平面上，因此底面设为滚柱/滑杆约束，如图 13-31 所示。

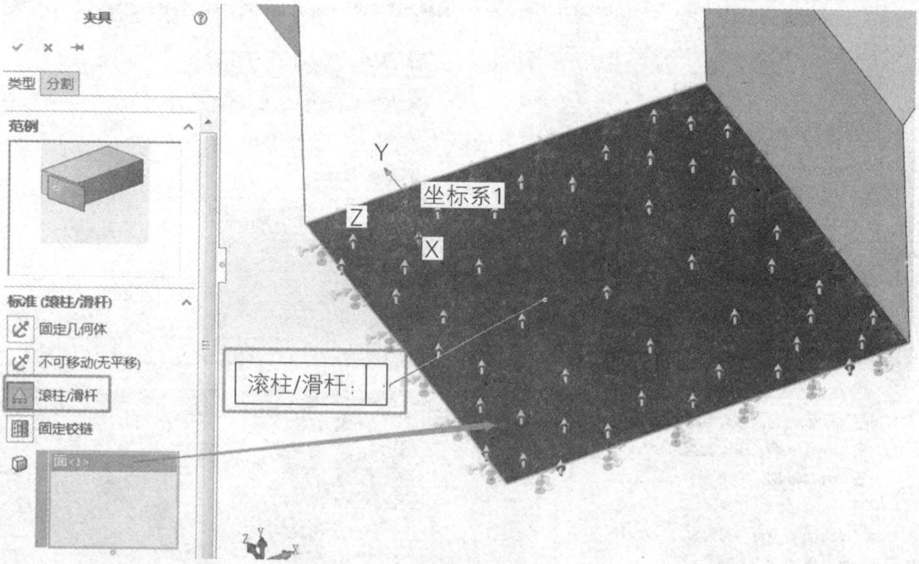

图 13-31 底面设为滚柱/滑杆约束

步骤 13 添加非均匀压力载荷。

（1）选择施力面。选择载荷类型为压力载荷，将载荷方向设为【垂直于所选面】，并将水槽所有面全部选中，注意力的方向指向外侧，如图 13-32 所示。

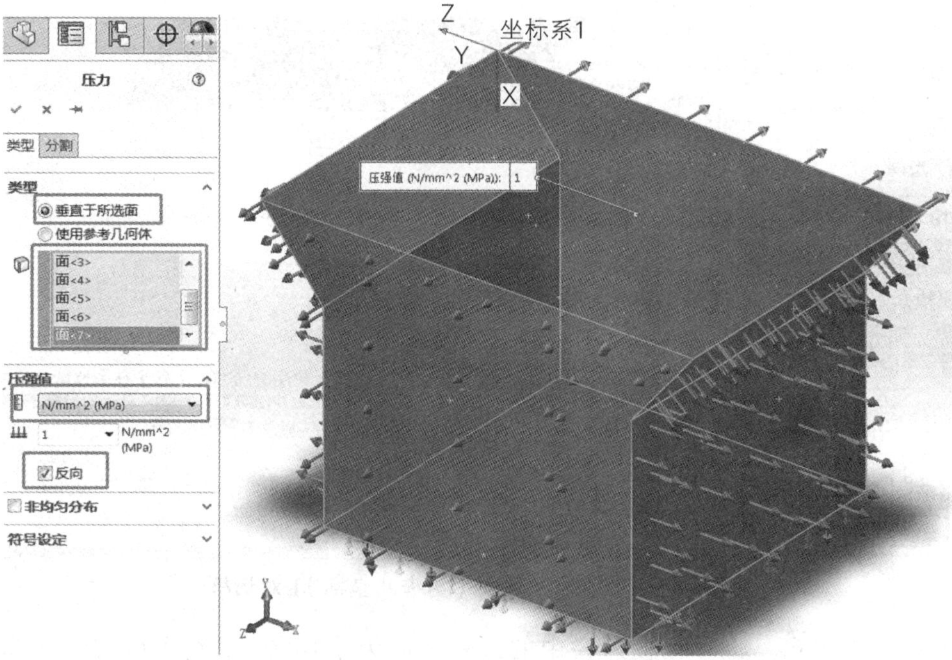

图 13-32 选择加载面

（2）选坐标系 1。勾选【非均匀分布】复选框，选择前面创建的坐标系 1 为加载的基准，如图 13-33 所示。

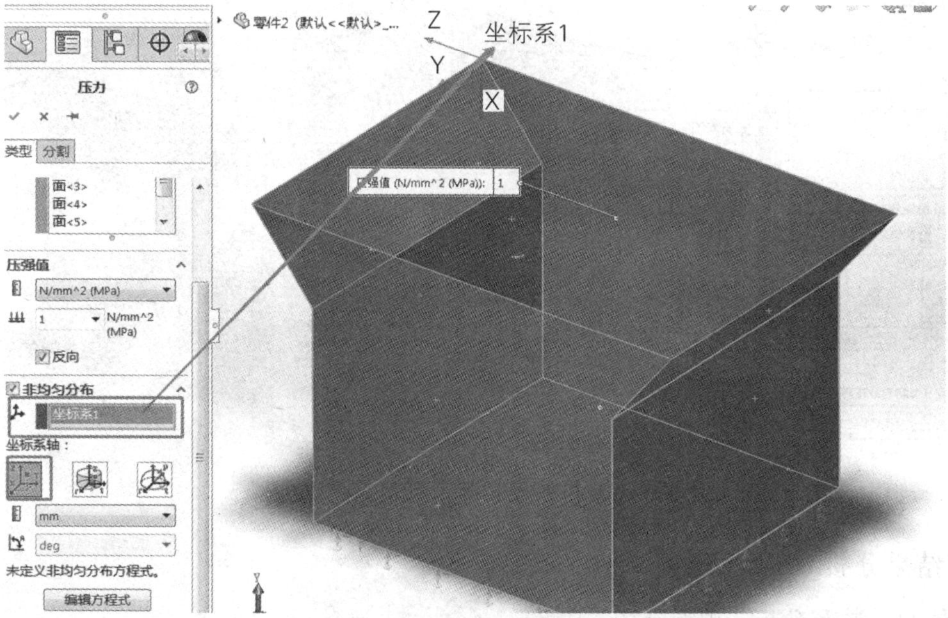

图 13-33 选择加载基准

（3）编辑方程式。弹出【编辑方程式（笛卡儿坐标）】对话框，如图 13-34 所示。

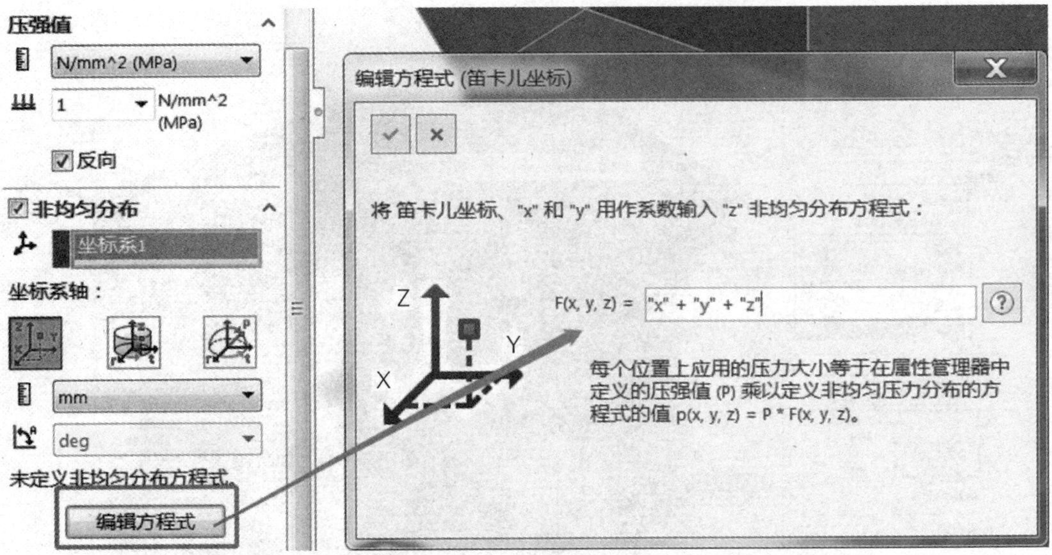

图 13-34 【编辑方程式（笛卡儿坐标）】对话框

（4）输入方程式。将方程输入栏中的方程式改为【1000*9.8*x】即可，如图 13-35 所示。

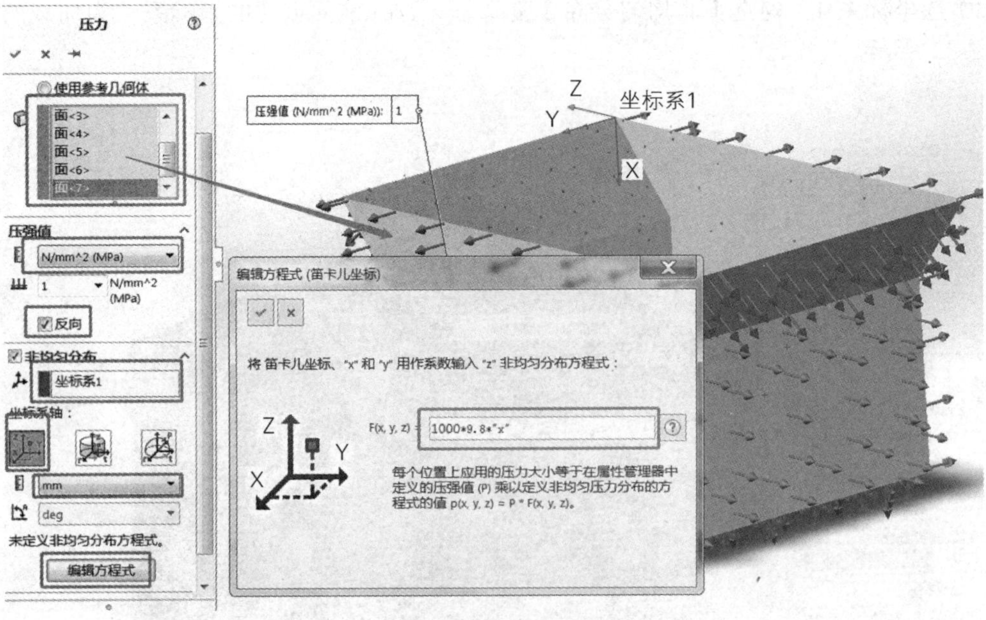

图 13-35 按照实际工况输入方程式

4. 结果分析

步骤 14 执行分析，观看云图。

执行分析，算例计算完毕后，会自动生成应力云图和位移云图，如图 13-36 和图 13-37

所示。通过观察应力云图可知，最大应力已经达到 219 MPa，已经接近普通碳钢的屈服极限了，几乎没有安全余量了，因此是不能用的。

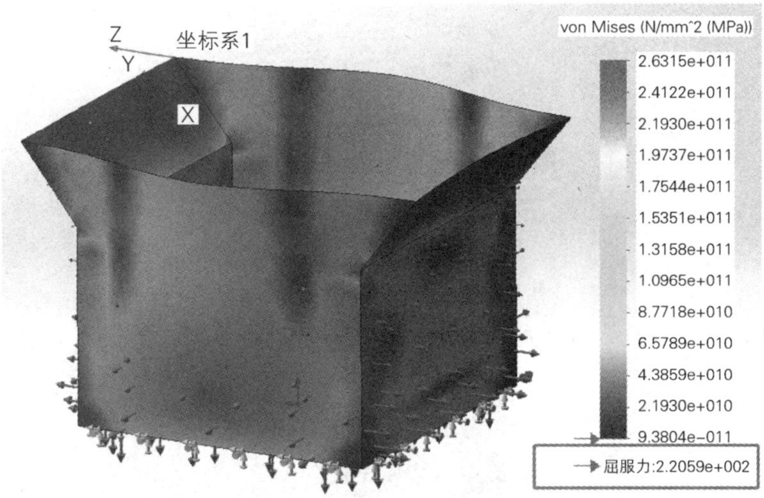

图 13-36　应力云图图解

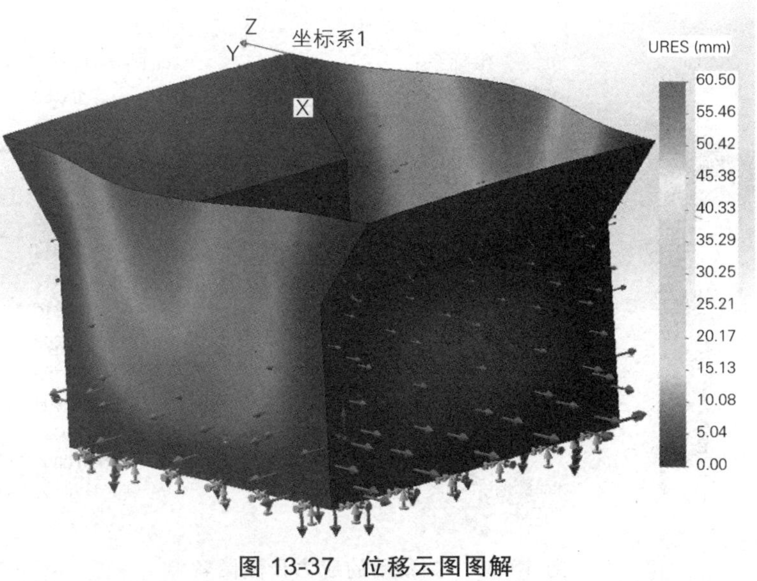

图 13-37　位移云图图解

步骤 15　修改板厚。

再次右击面体，选择【编辑定义】，将板厚改成 8 mm，如图 13-38 所示。再次计算，此时可以得到新的应力云图，如图 13-39 所示。此时最大应力约为 108 MPa，在危险区域安全系数也能保证大于 2。因此可以得出结论，该水槽设计时要用 8 mm 厚的钢板才能保证安全。

编辑图解的属性，勾选【显示最大注解】复选框，可以更清楚地了解最大应力的具体位置，如图 13-40 所示。

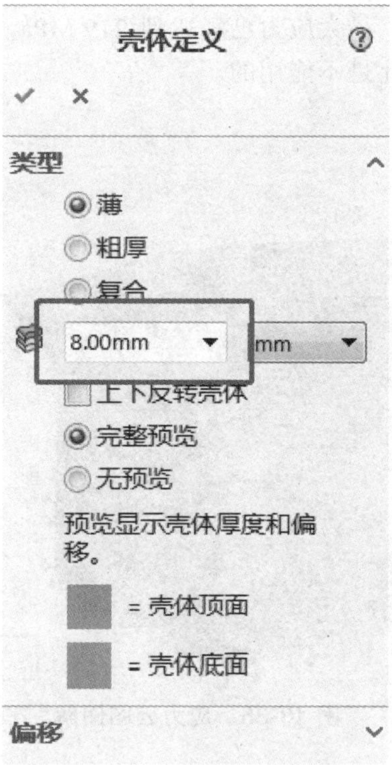

图 13-38　重新编辑板厚

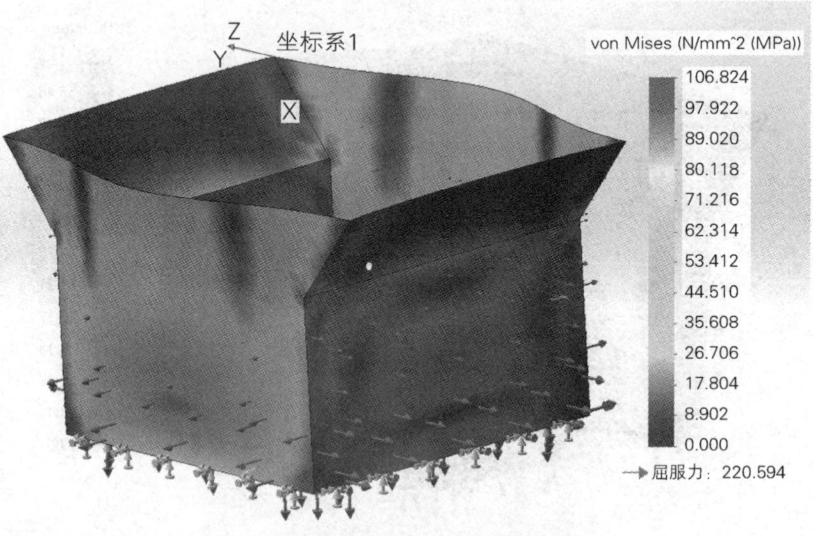

图 13-39　更新后的应力云图图解

步骤 16　显示最大注解。

编辑图解的属性，勾选【显示最大注解】复选框，可以更清楚地了解最大应力的具体位置，如图 13-40 所示。

步骤 17　探测结果。

利用图解工具中的探针可以查询出感兴趣的点，如图 13-41 所示。

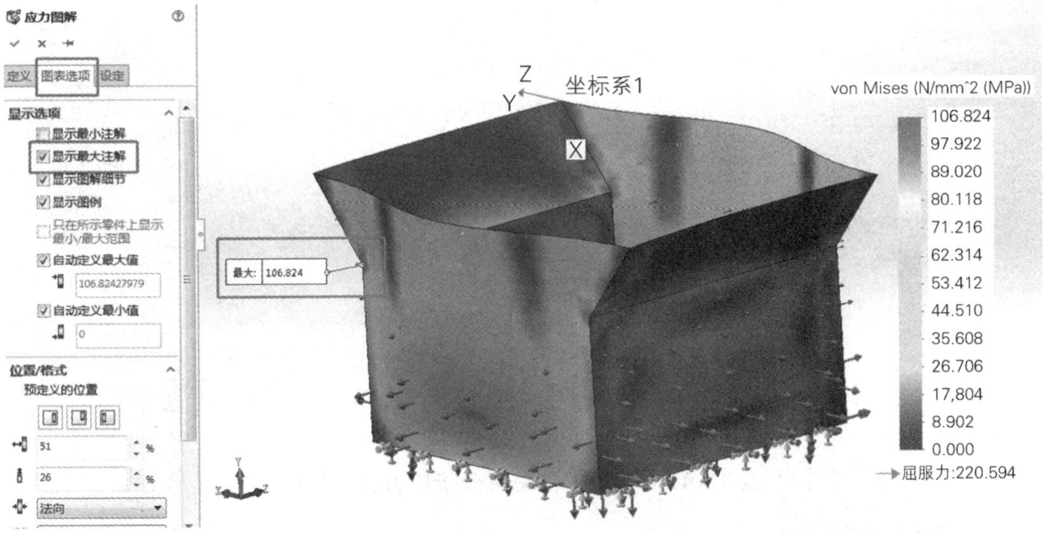

图 13-40　显示应力最大注解

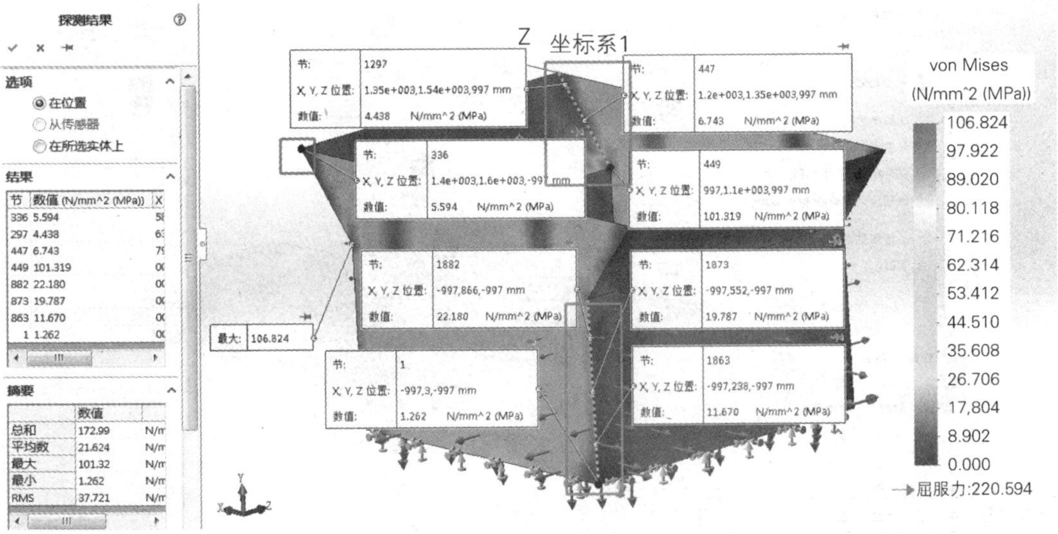

图 13-41　利用探测查询站果

步骤 18　探测结果报告。

再利用探测结果下报告选项中的图解工具可以将一系列点的结果绘制成线图，便于设计者分析应力变化规律，如图 13-42 所示。

步骤 19　Iso 剪裁。

利用 Iso 剪裁工具，设定等值为 60 MPa，即可将大于该应力值的区域筛选显示出来，从而了解水槽应力大的主要区域在哪些位置，如图 13-43 所示。

步骤 20　设计洞察。

利用设计洞察工具可以筛选出不同应力值的区域，如图 13-44 所示。

步骤 21　安全系数图解。

生成安全系数图解，如图 13-45 所示，可更加直观地分析结构各个区域的承载性能。

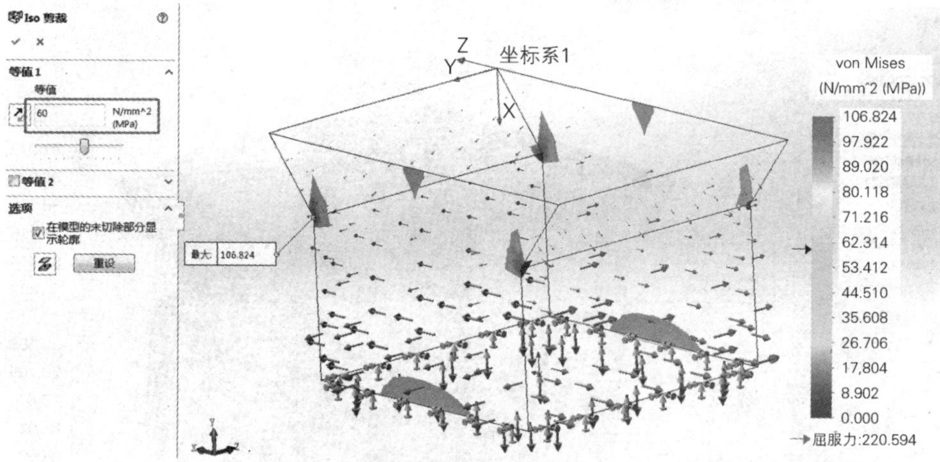

图 13-42　利用报告图解分析应力变化规律

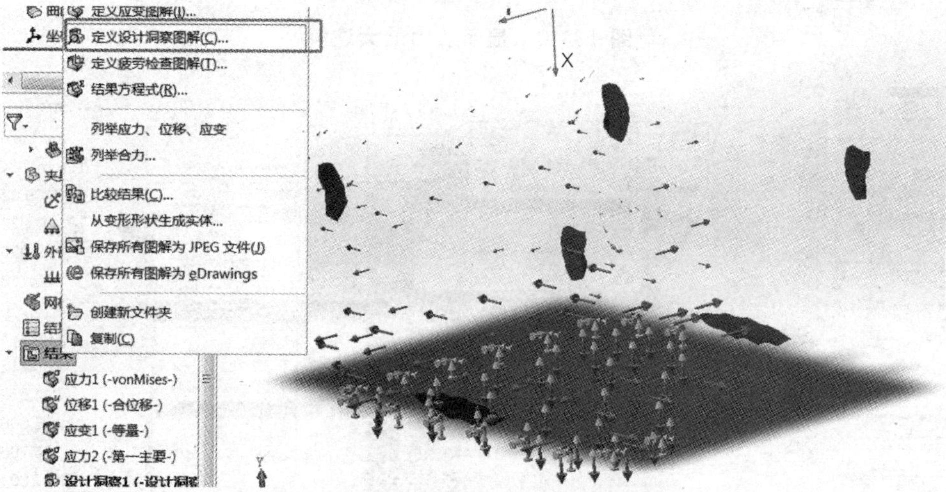

图 13-43　应力图解的 Iso 剪裁

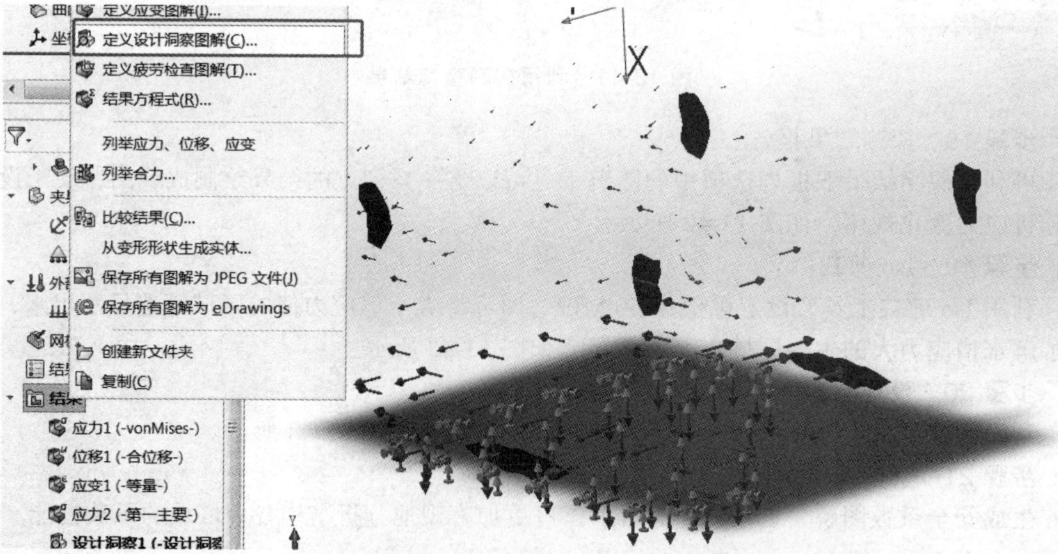

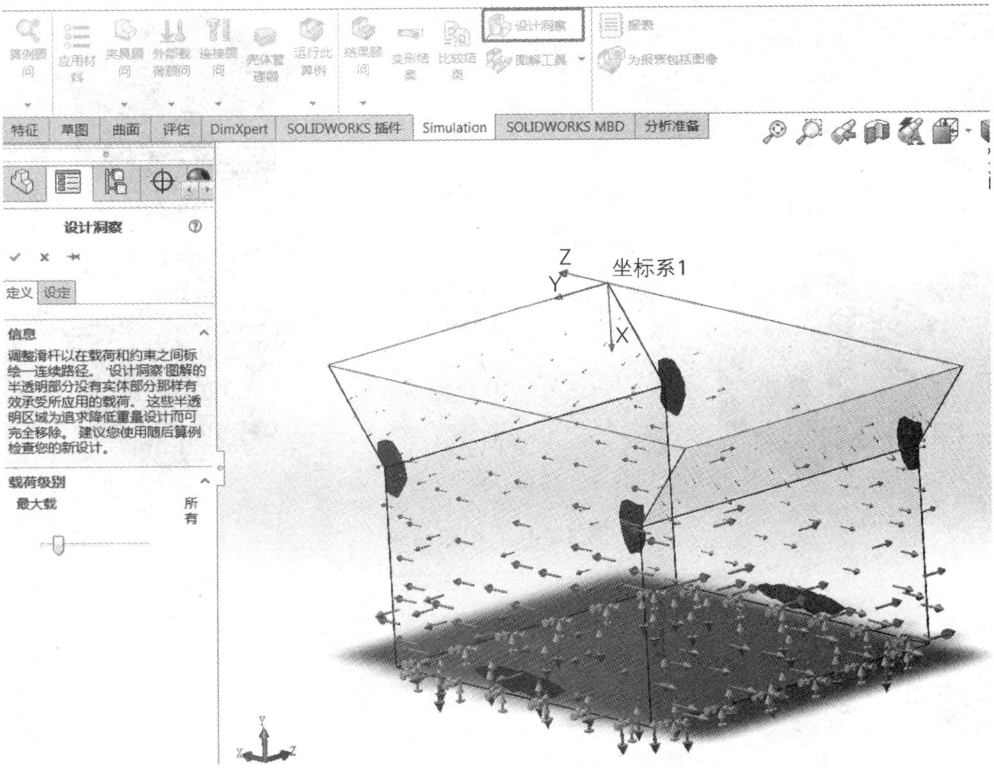

图 13-44　设计洞察工具及应用

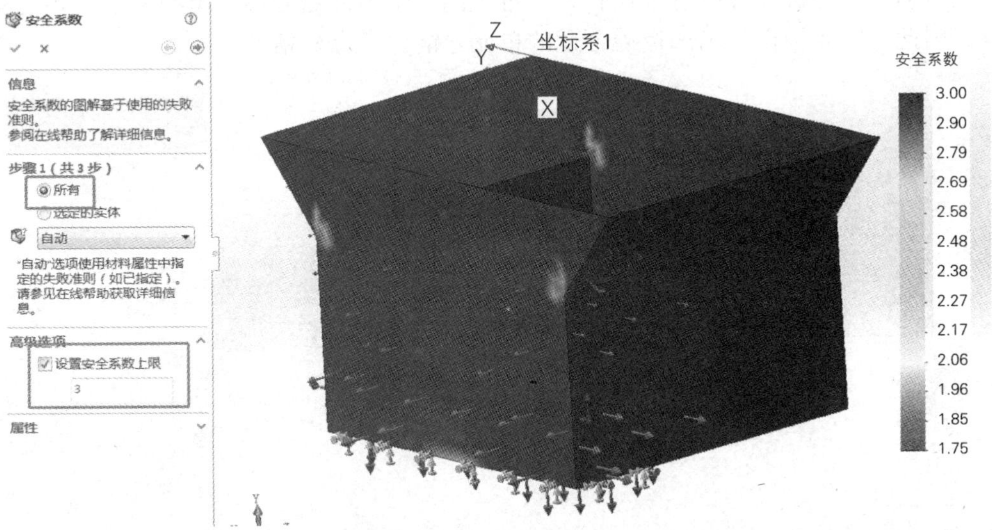

图 13-45　安全系数图解

步骤 22　比较结果。

利用比较结果，可以勾选多个需要比较的分析结果，使其显示在同一界面中，如图 13-46 所示。

步骤 23　生成报表。

最后通过报表可以导出整个分析过程和结果，请读者自行尝试。

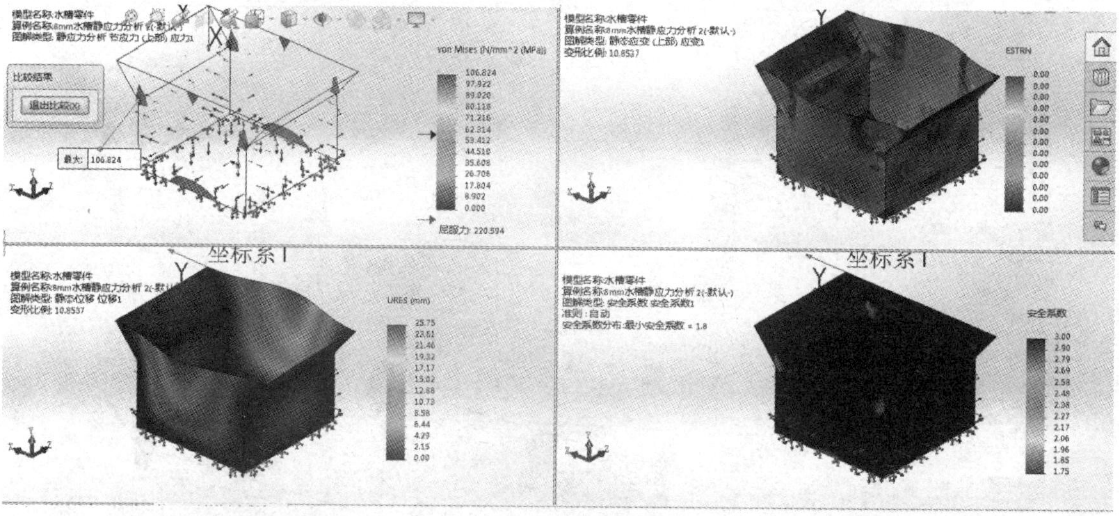

图 13-46　比较结果

项目总结

本项目重点介绍了如何使用壳单元分析薄板类工程构件以及如何评估单元质量的好坏。通过本项目的实例分析，可以清晰地看到，对于同一个零件划分不同类型网格单元会有很大的差异，因此一定要根据工况选择最合适的单元才能保证分析精度。

项目 14

梁单元——梁的结构分析

学习目标

（1）能分析细长形状的零件，并正确使用梁单元。

（2）能依据实际工况对仿真模型施加正确的载荷和约束条件。

（3）能有效评估梁模型的分析仿真结果。

重难点

（1）梁模型的简化及接点计算。

（2）根据实际工况选择合适的约束条件。

项目描述

梁是工程力学中一种典型的力学模型，这种模型的特点是：构件在某一个维度方向上的尺寸要远大于另外两个维度，因而工程中细长杆类、型材类和轴类零件在做承载能力分析时都可以简化为梁。

梁有两种分析方法。一种方法是在一般情况下，设计者的主要目的是获知梁的应力分布状况、最大应力值以及危险点的位置，不需要具体了解某截面上应力的具体分布，此时用梁单元最合适，不仅计算精度高，且计算资源要求也低。另一种方法在有特殊要求时，需要具体了解应力在梁截面里的分布，必须要用实体单元，且要保证一定的网格密度，此时计算就比较消耗资源。本项目重点介绍第一种方法，利用梁单元分析并与材料力学计算结果加以对比，如图 14-1 所示。

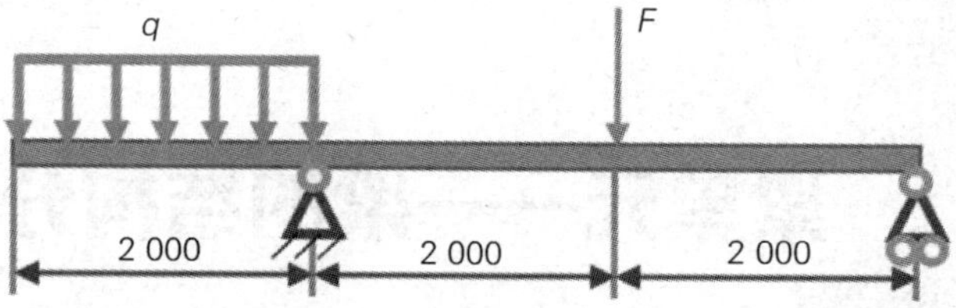

q=4 kN/m，F=16 kN，材料：合金钢

（a）梁的结构

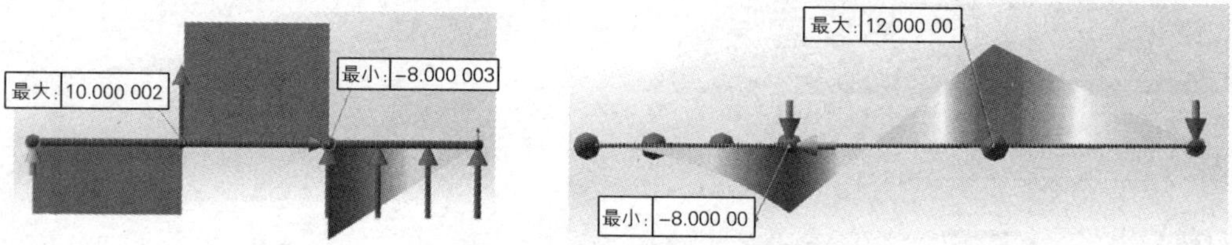

（b）剪力图和弯矩图

图 14-1　梁的结构分析

知识准备

1. 梁的剪力图和弯矩图

为了便于比较，先利用材料力学中的快速作图法，绘制一根梁的剪力图和弯矩图。

一外伸梁如图 14-2（a）所示，已知 q=4 kN/m，F=16 kN，L=4 m。其剪力图和弯矩图的绘制过程分为以下 6 步：

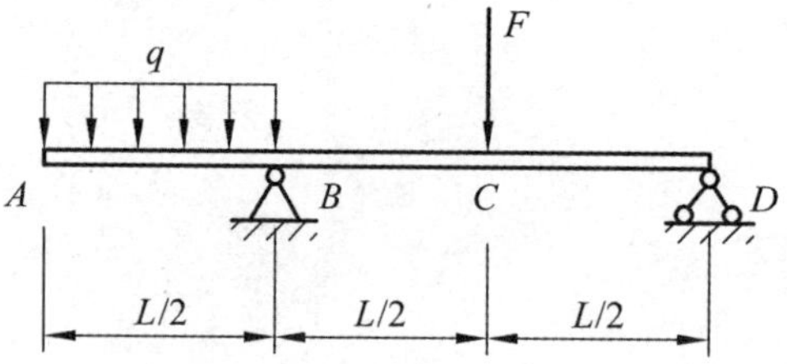

（a）

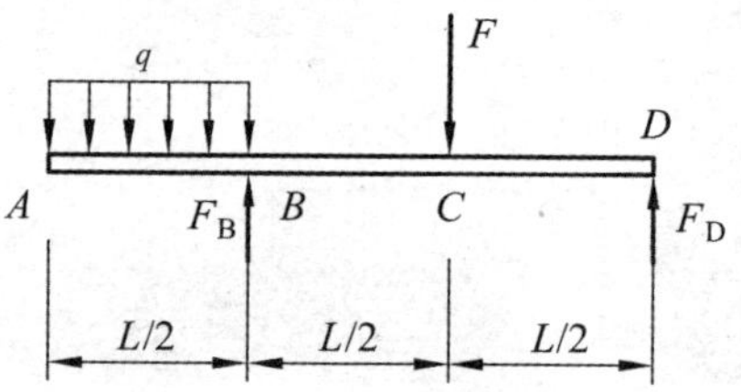

（b）

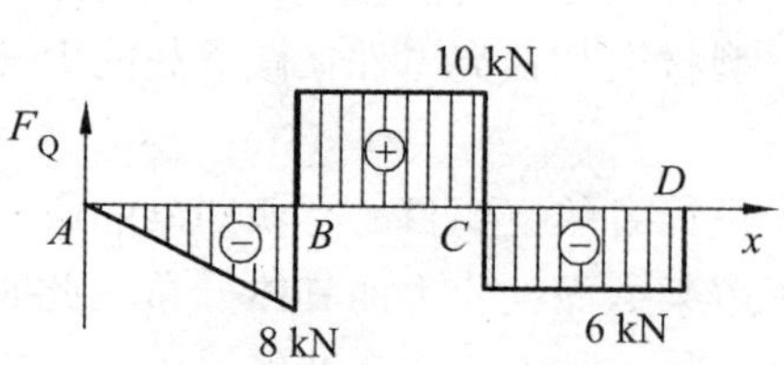

（c）

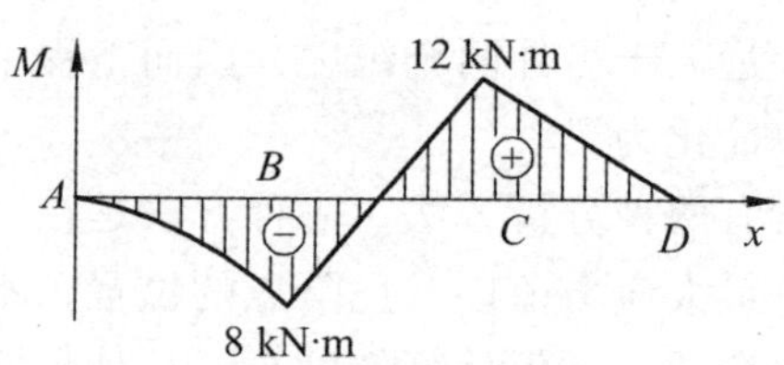

（d）

图 14-2　外伸梁的受力分析和应力图

第 1 步：画出梁的受力图，如图 14-2（b）所示。

第 2 步：求支座反力。取梁 AD 为研究对象，列平衡方程：

$$\sum M_B = 0，\quad F_D L - F\frac{L}{2} + q\frac{L}{2}\times\frac{L}{4} = 0$$

$$F_D = \frac{F}{2} - q\times\frac{L}{8} = \frac{16}{2} - 4\times\frac{4}{8} = 8 - 2 = 6(\text{kN})$$

$$\sum F_y = 0，\quad F_B - F + F_D - q\frac{L}{2} = 0$$

$$F_B = F + F_D - q\frac{L}{2} = 16 - 6 + 8 = 18(\text{kN})$$

第 3 步：分段。根据各段受力情况将全梁分为力 AB、BC 和 CD 三段。

第 4 步：判断各段 F_Q、M 图的大致形状，见表 14-1。

表 14-1　各段 F_Q、M 图的形状分析

段名	AB	BC	CD
F_Q 图			
M 图		或	或

第 5 步：计算各段 F_Q，见表 14-2，分段绘制 F_Q 图[见图 14-2（c）]。

表 14-2　各段 F_Q 的计算

段名	AB		BC		CD	
截面	A^+	B^-	B^+	C^-	C^+	D^-
F_Q/kN	0	−8	+10	+10	−6	0
	/		+10		−6	

图表中，$F_{QB^-} = -q\frac{L}{2} = -8$（kN），$F_{QB^+} = -q\frac{L}{2} + F_B = 10$（kN），$F_{QC^+} = -F_D = -6$（kN）。

第 6 步：计算各段 M，见表 14-3，分段绘制 M 图[见图 14-2（d）]。

表 14-3　各段 M 的计算

段名	AB		BC		CD	
截面	A^+	B^-	B^+	C^-	C^+	D^-
M（kN　m）	0	−8	−8	+12	+12	0

图表中，$M_{B^-} = M_{B^+} = -q\frac{L}{2}\times\frac{L}{4} = -8$（kN·m），$M_{C^-} = M_{C^+} = F_D\frac{L}{2} = 12$（kN·m）。

2. 梁单元与实体单元的特性分析

梁单元每个节点有六个自由度，即三向平移和三向旋转，如图 14-3 所示。因此梁单元能直接模拟出构件的拉伸、压缩、弯曲和扭曲。实体单元只有通过将构件划分为多层网格，通过多个节点的平移叠加才能模拟出相应的效果。因此梁单元的自由度更加灵活，分析精度也更好。梁单元本身是一种一维网格，因此梁的截面形状是作为梁单元的属性参数确定的。

在 SolidWorks 中有两种方法确定梁模型，第一种是直接采用焊件建模，第二种是将实体模型视为梁，软件会自动计算截面，不需要用户指定。软件默认边长的方向为方向 1，如图 14-4 所示。

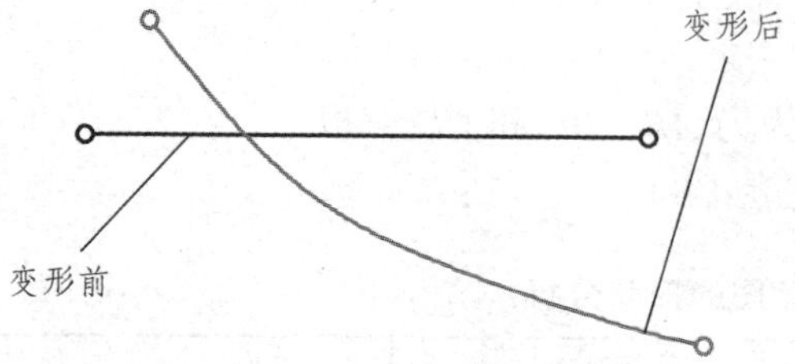

图 14-3 实体单元的自由度

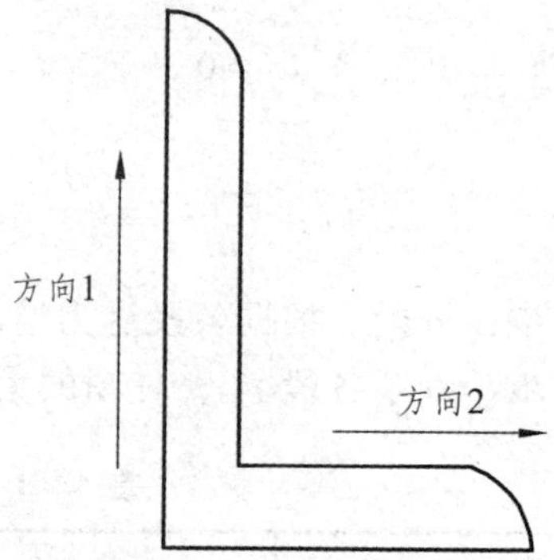

图 14-4 梁单元的截面方向

3. 各类约束条件

约束条件对结构分析精度的影响是最大的。下面通过在实际分析中最常遇到的两个案例进行分析。

【例 1】分析一个放置在平面上的方块承受压力时的应力情况，如图 14-5（a）所示。

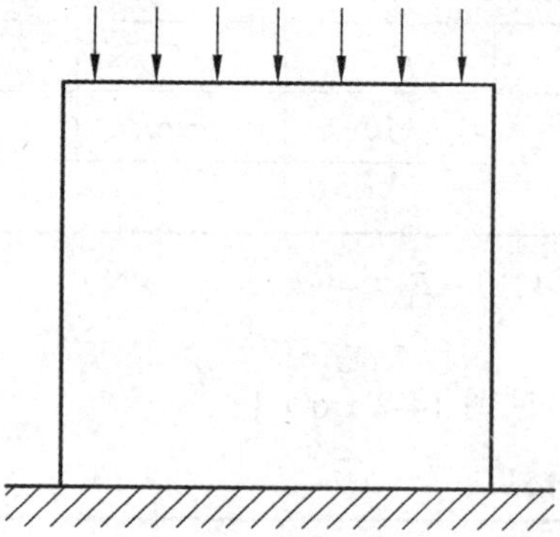

（a）案例一

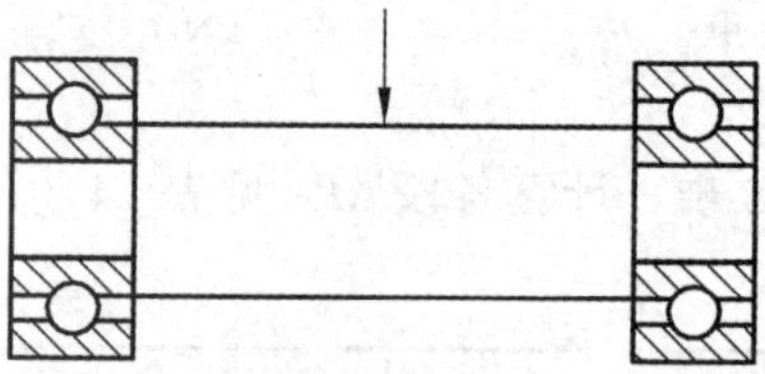

（b）案例二

图 14-5 不同约束条件案例

如果将方块底平面固定，施加压力分析结果如图 14-6（a）所示，可见方块内部应力变化从 0.7 ~ 2.5 MPa，范围非常大，最大应力集中在底部四个角。然而根据材料力学基本原理分析可知，方块内部的应力应该是均匀的。错误的原因是：固定了底面，使底面没有任何变形的余量，才造成应力集中的情况。如果改为滚柱/滑杆约束，计算结果如图 14-6（b）所示，方块内部应力都在 1.3 MPa 左右，微小波动是数值计算的正常情况，此结果合理。

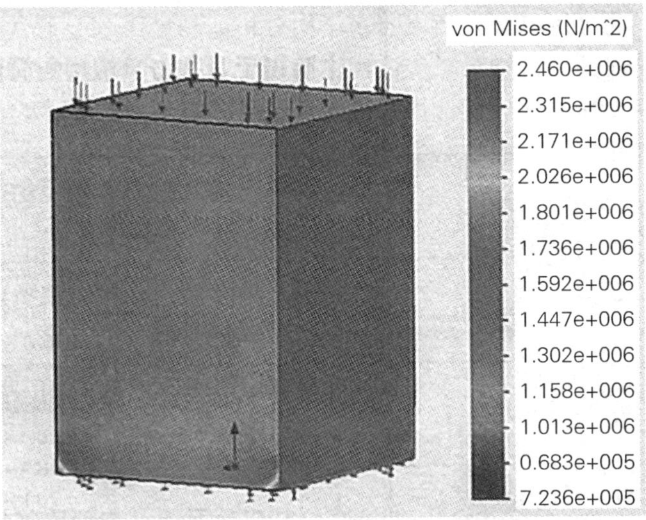

（a）不合理约束的分析结果

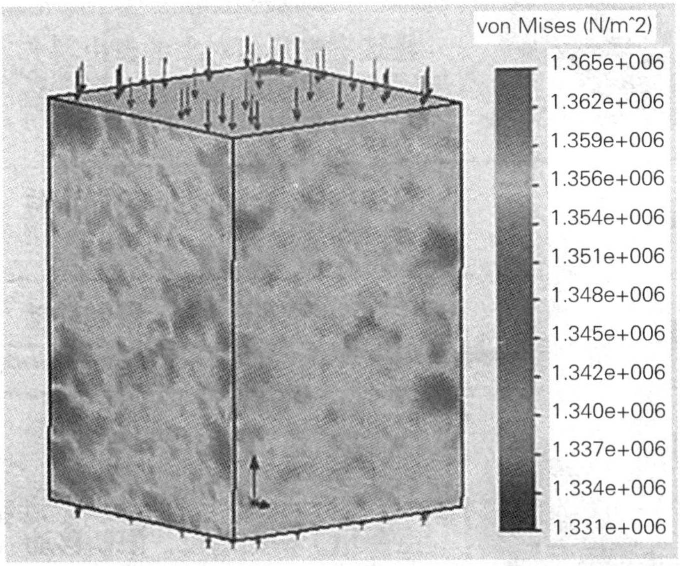

（b）合理约束的分析结果

图 14-6　不同约束效果对比示例 1

【例 2】分析一根轴的应力情况，该轴两端采用轴承支撑，中间承受载荷，如图 14-5（b）所示。

如果将两端的轴颈都设置为固定，分析结果如图 14-7（a）所示。可见，最大应力出现在轴颈处，应力高达近 94 MPa，该值约超过轴中间区域应力值的 2 倍，属于严重的应力集中。然而根据材料力学基本原理分析可知，该轴属于简支梁模型，最大应力应在轴的中间，即使轴颈处会有应力集中现象，但不可能太大。错误的原因是：固定约束刚度太大对分析造成了很大的影响。将轴颈都改为轴承约束，再次分析结果如图 14-7（b）所示，此时最大应力出现在轴的中间，约为 46 MPa，轴颈处也存在应力集中，应力值约为 15 MPa。此分析结果与材料力学的原理以及工程经验基本一致。

由以上两个例子的分析可知，约束对于结构分析的精度影响是非常大的，不合理的约束很有可能导致完全错误的分析结果。所以约束的设置是分析过程中比较难的技术环节，不仅需要分析人员能利用力学原理分析选择合适的假设，还需要有一定的经验能估计相关约束的弹性量或变形量，因此在平时的学习中要注重相关经验的总结。

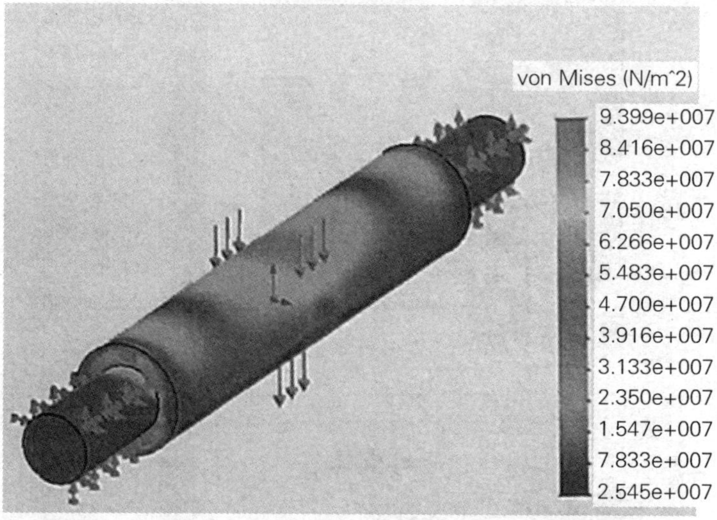

（a）不合理约束的分析结果

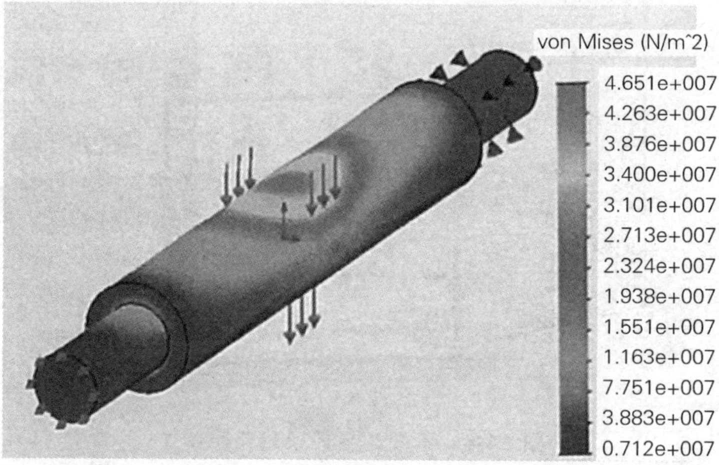

（b）合理约束的分析结果

图 14-7　不同约束效果对比示例 2

SolidWorks Simulation 提供了 12 种类型的约束，参见表 14-4。

表 14-4　常用的约束

约束类型	使用说明	约束类型	使用说明
固定几何体	将选中的几何对象的自由度全部固定，且刚度无穷大，很容易引起应力集中	对称	主要用于对称力学模型的简化，以节省计算资源

续表

约束类型	使用说明	约束类型	使用说明
滚柱/滑杆	仅提供法向约束力，且向内移动自由度都保留	周期性对称	主要用于轴对称力学模型的简化，以节省计算资源
固定铰链	主要面向圆孔结构，限制移动自由度，保留转动自由度	使用参考几何体	利用选中的参考几何体来指定方向加以限制
弹性支撑	提供法向约束力，且自身有弹性会发生变形	在平面上	保持与平面接触，限制相应的三个自由度
轴承夹具	主要用于轴的约束，限制移动自由度，保留转动自由度，可设置弹性	在圆柱面上	在圆柱坐标系下，选择限制径向、轴向和圆周方向的自由度
地脚螺栓	主要面向箱体圆孔，限制移动自由度，可设置弹性	在球面上	在球坐标系下，选择限制相应的自由度

项目实施

1. 创建梁实体模型

步骤 1 新建零件。

打开 SolidWorks，新建零件。

步骤 2 绘制草图。

绘制矩形截面梁，宽度为 80 mm，高度为 100 mm，其草图如图 14-8 所示。

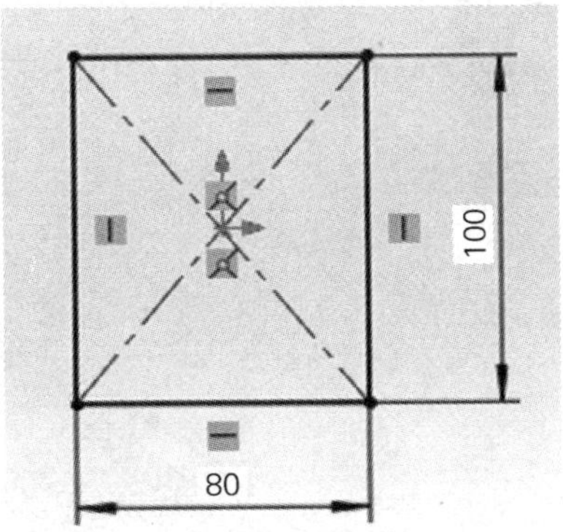

图 14-8 绘制梁的截面草图

步骤 3 拉伸。

拉伸 2 000 mm，得到第一段实体，如图 14-9 所示。再选择端面转换引用截面，再次拉伸 2 000 mm，得到第二段实体。再选择端面转换引用截面，再次拉伸 2 000 mm，得到第三段实体。

注意：在拉伸第二段、第三段实体时，不要合并结果，即保留三个实体，如图 14-10、图 14-11 所示。

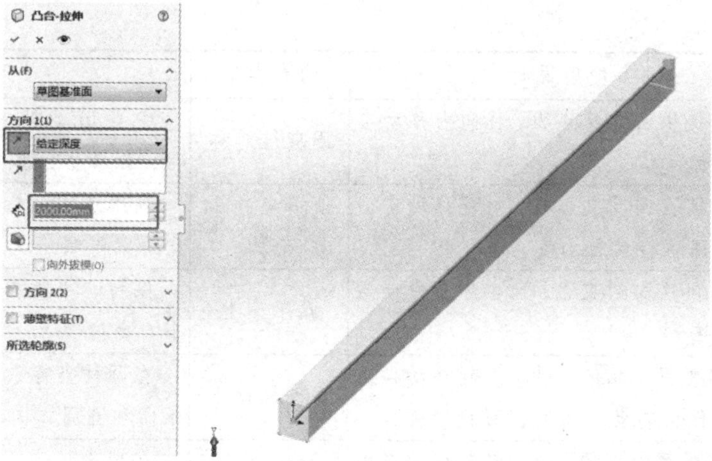

图 14-9　拉伸第一段 2 000 mm

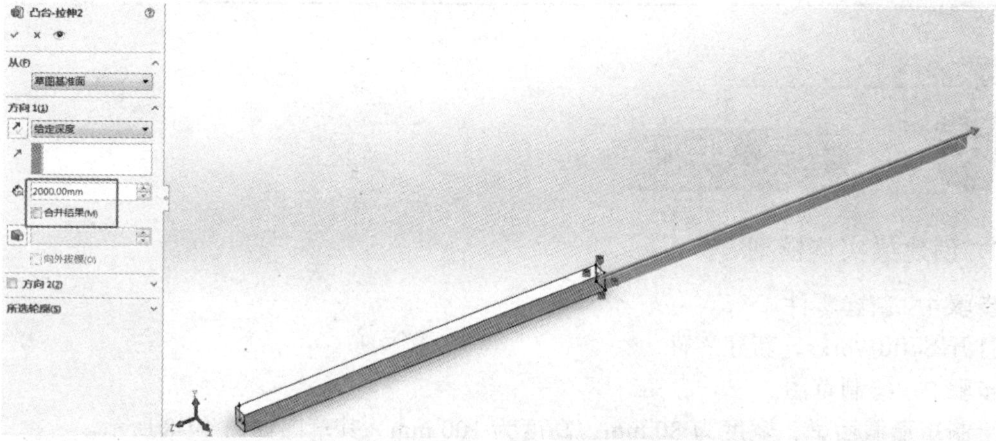

图 14-10　拉伸第二段 2 000 mm

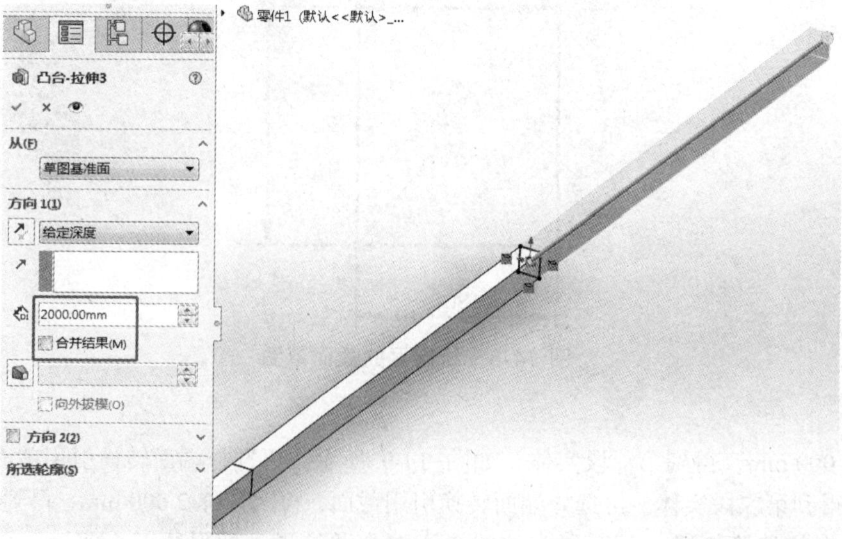

图 14-11　拉伸第三段 2 000 mm

2. 创建分析算例并前处理

步骤 4 新建静应力分析算例。

启动 SolidWorks Simulation 插件，新建静应力分析算例，如图 14-12 所示。

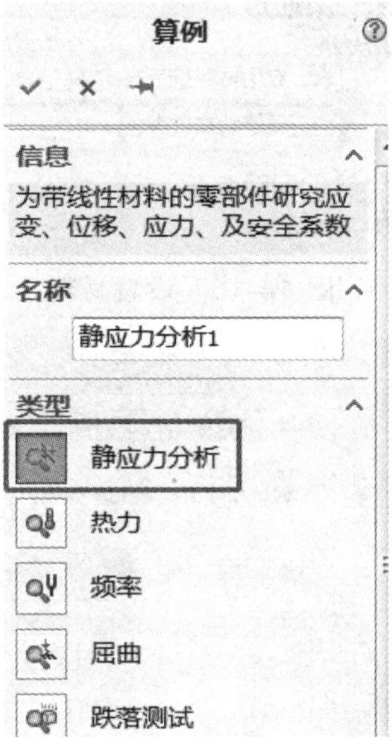

图 14-12 新建应力分析算例

步骤 5 视为横梁。

在分析特征树下分别选择零件下的三个实体，右击打开快捷菜单，选择【视为横梁】，如图 14-13 所示。此时系统会将该实体模型按照梁单元进行分析，实体图标会变成工字钢的符号，如图 14-14 所示。

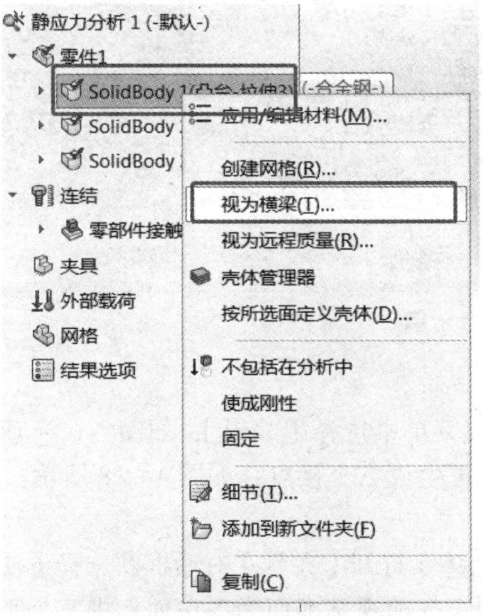

图 14-13 将实体视为横梁

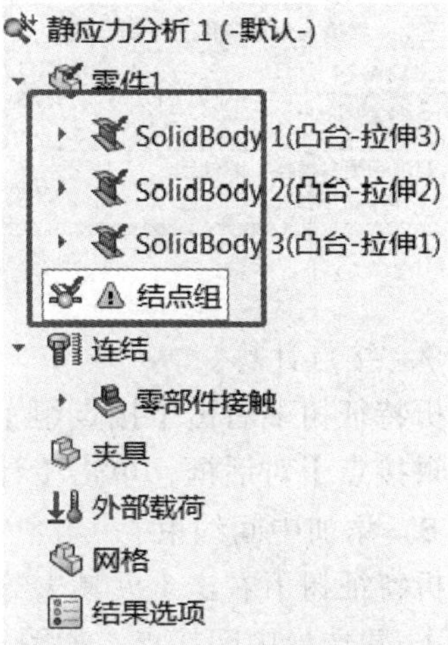

图 14-14 简化之后的效果

步骤 6 设置材料。

在分析特征树下右击零件，打开快捷菜单，选择【应用材料到所有实体】，如图 14-15 所示。打开【材料】对话框，选择合金钢，如图 14-16 所示。

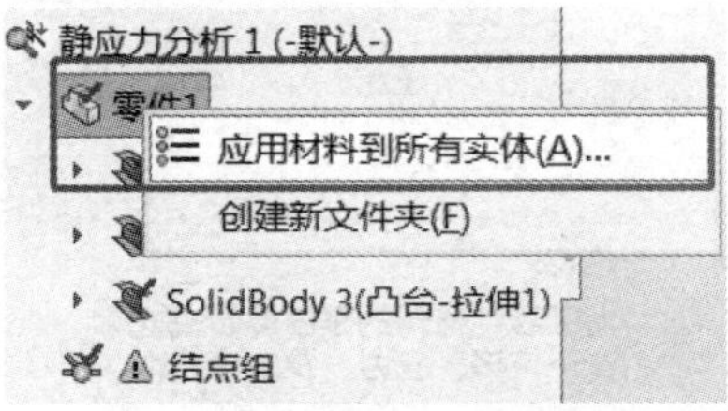

图 14-15 设置材料

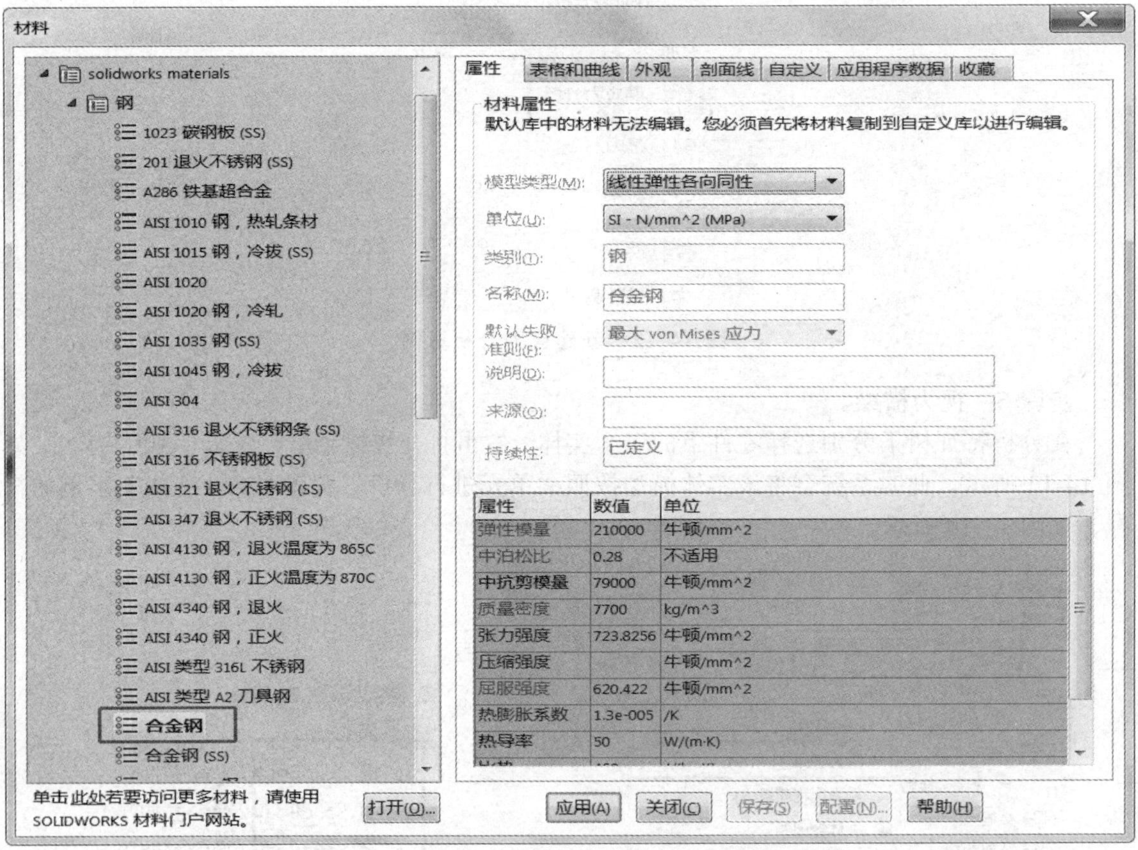

图 14-16 选择合金钢

步骤 7 接点计算。

在分析特征树下右击【接点组】，在弹出的快捷菜单中选择【编辑】，如图 14-17 所示。打开【编辑接点】对话框，单击【计算】按钮，即可生成三个接点，如图 14-18 所示。

步骤 8 添加中间约束。

在分析特征树下右击【夹具】，选择【固定几何体】打开【夹具】对话框。选择【使用参考几何体】，并选择中间接点，如图 14-19 所示。再选择前视基准面为参考面，将三个平移方向的位移值全部设置为 0，如图 14-20 所示。

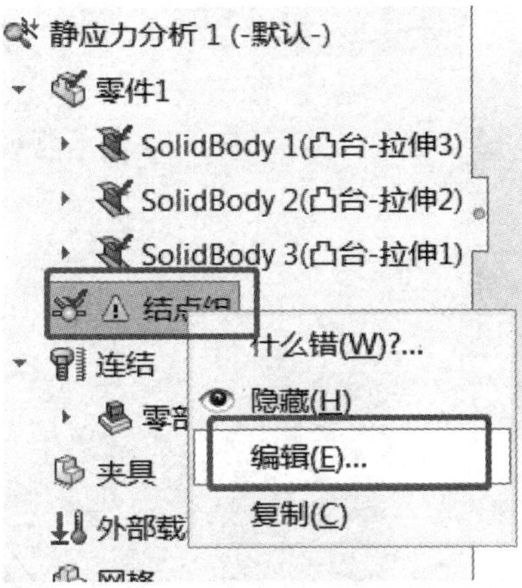

图 14-17　打开编辑接点

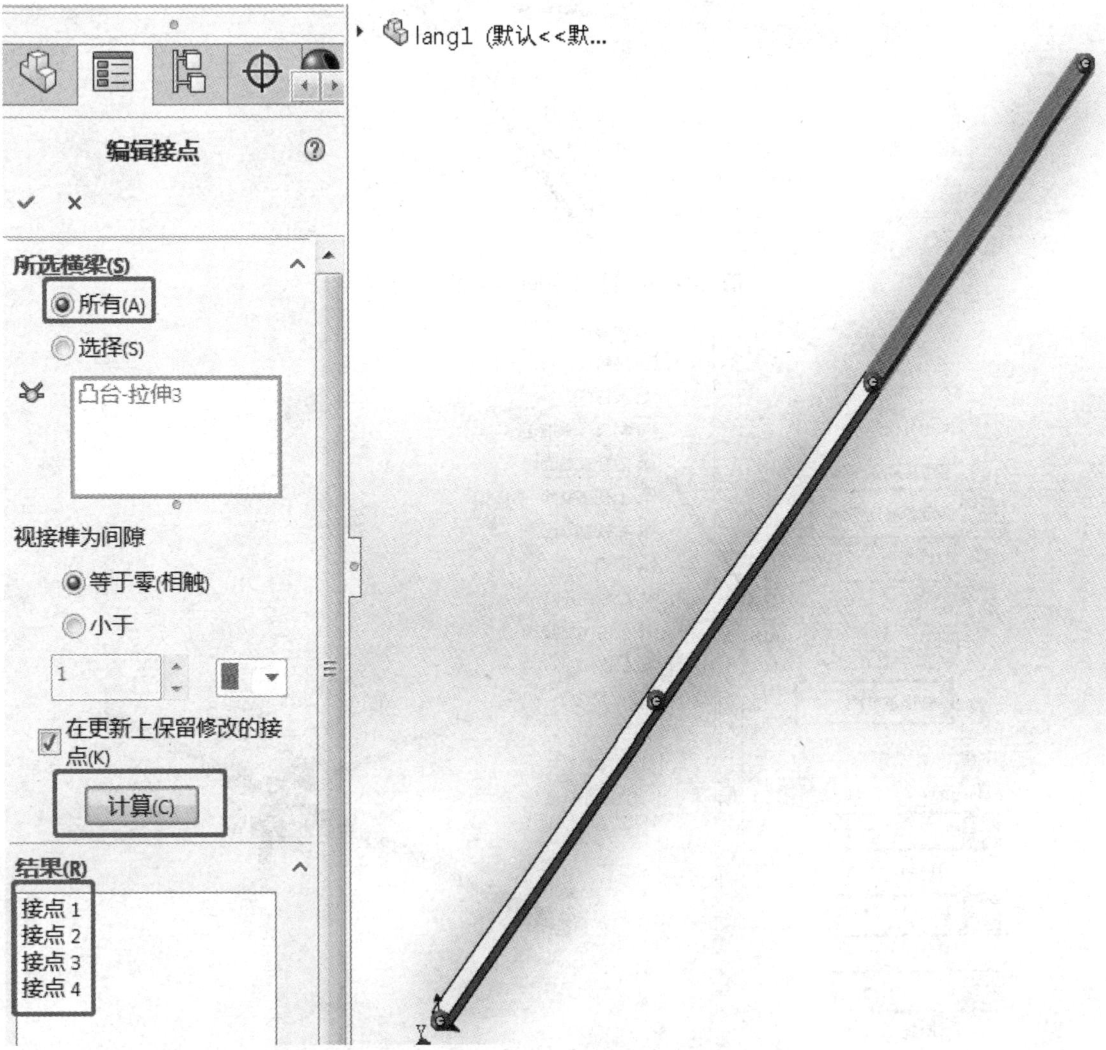

图 14-18　计算梁模型上的接点

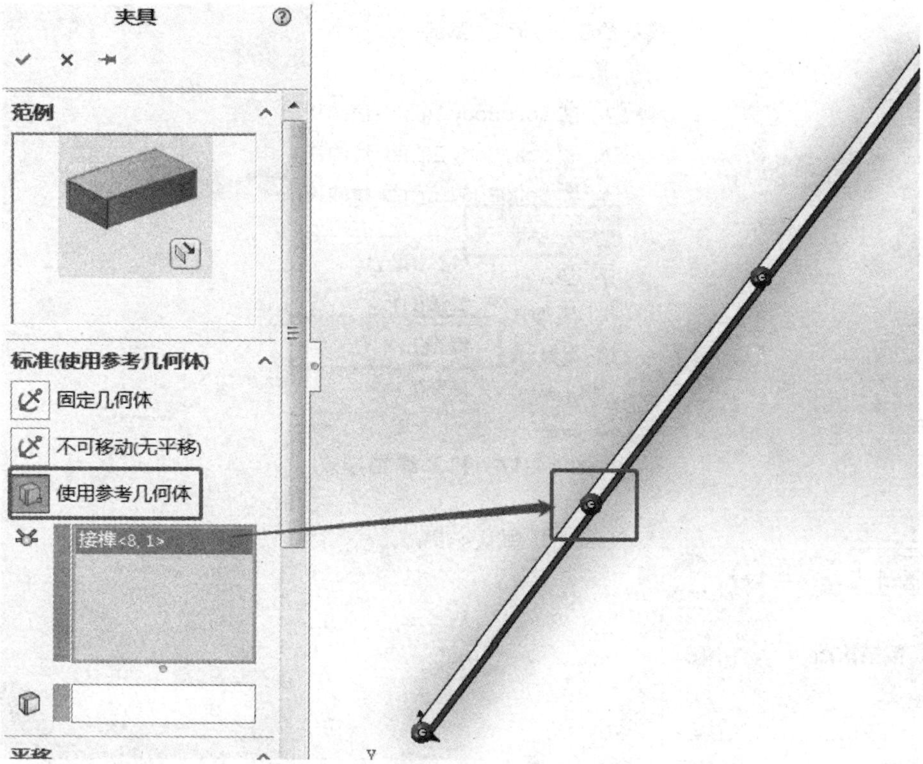

图 14-19　选择中间接点施加约束

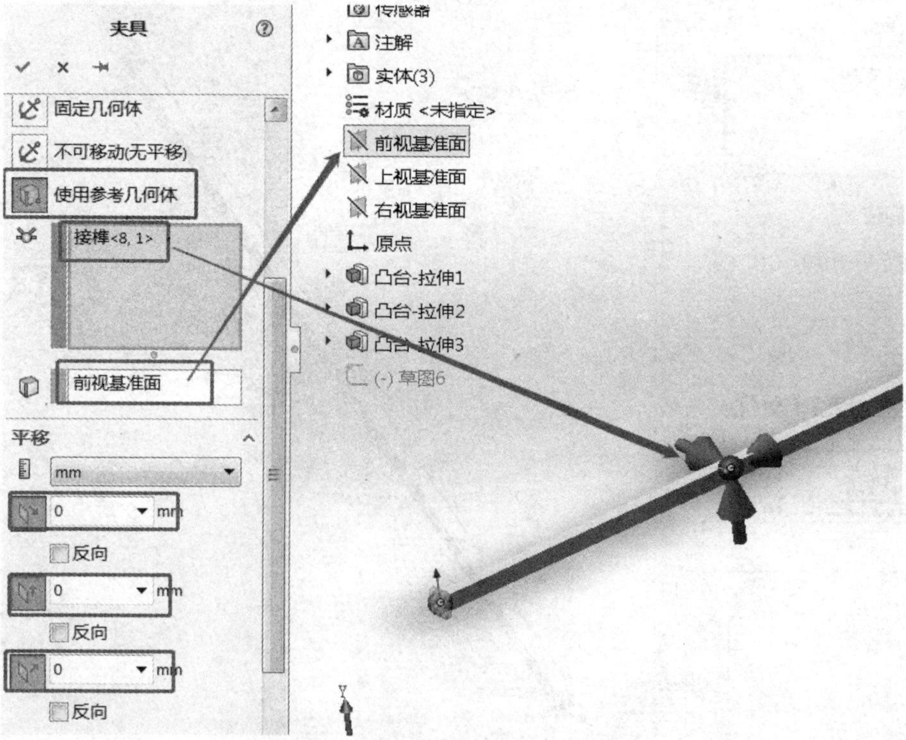

图 14-20　限制三个方向的移动自由度

步骤 9 添加右接点约束。

类似步骤 8，以前视基准面为参考几何体约束右侧接点，如图 14-21 所示。

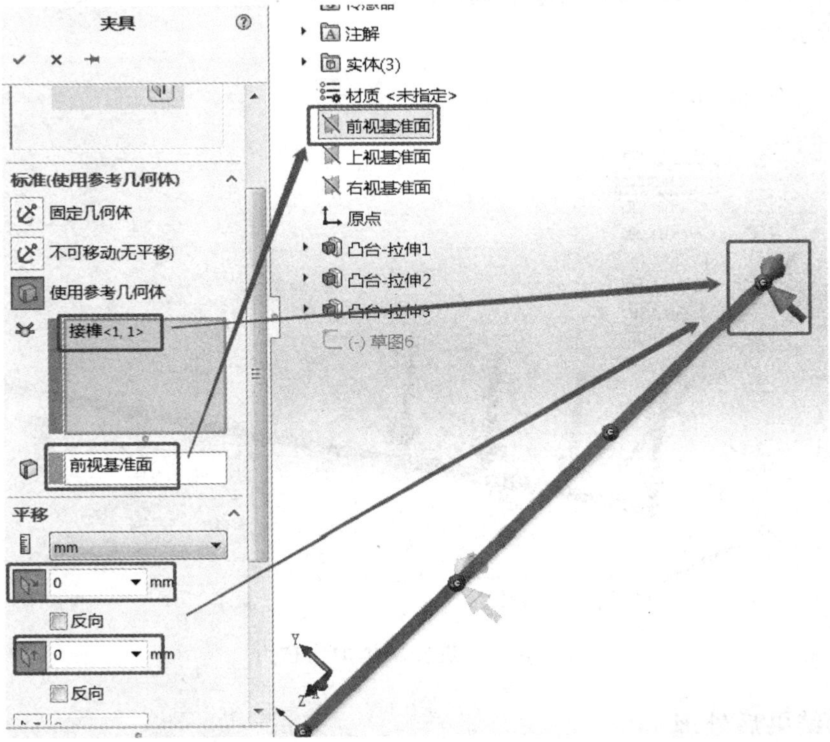

图 14-21 选择右侧接点施加约束，限制两个方向的移动自由度

步骤 10 添加集中载荷。

在分析特征树下右击【外部载荷】，选择【力】，打开【力/扭矩】对话框。选择参考点施加与顶面垂直向下的力，大小为 16 000 N，如图 14-22 所示。

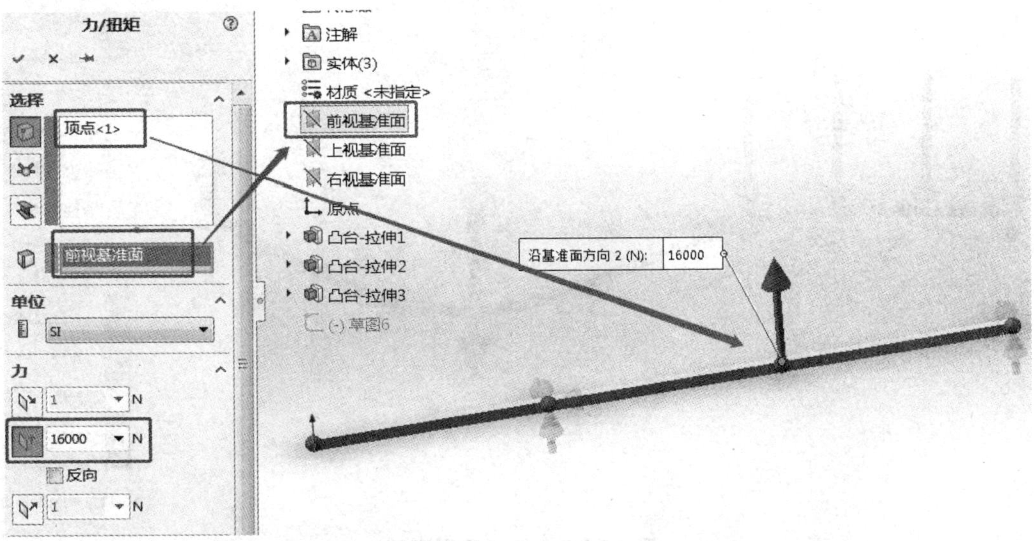

图 14-22 选择中间接点施加外力

步骤 11 添加均布载荷。

在分析特征树下右击【外部载荷】，选择【力】，打开【力/扭矩】对话框。选择较短的那段梁施加力，再勾选【按单位长度】复选框，此时实施的就是均布力，大小为 4 000 N/m，如图 14-23 所示。

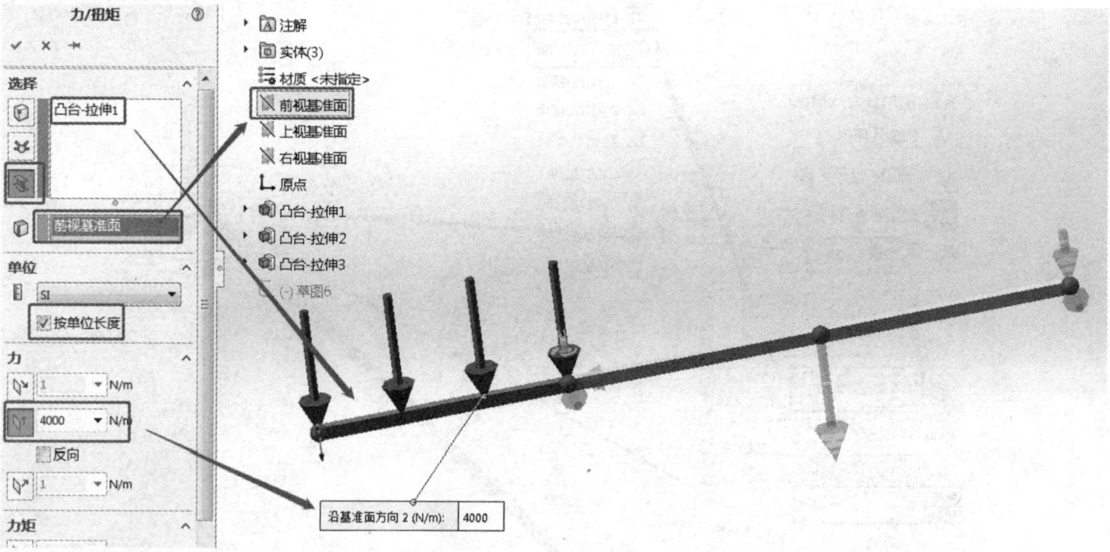

图 14-23 选择梁施加均布力

3. 分析结果后处理

步骤 12 运行计算，观看云图。

单击工具栏中的图标，即可进行计算。计算完成后，直接在特征树下生成应力云图图解和位移云图图解，如图 14-24 和图 14-25 所示。此时可以了解最大应力值和最大挠度值。

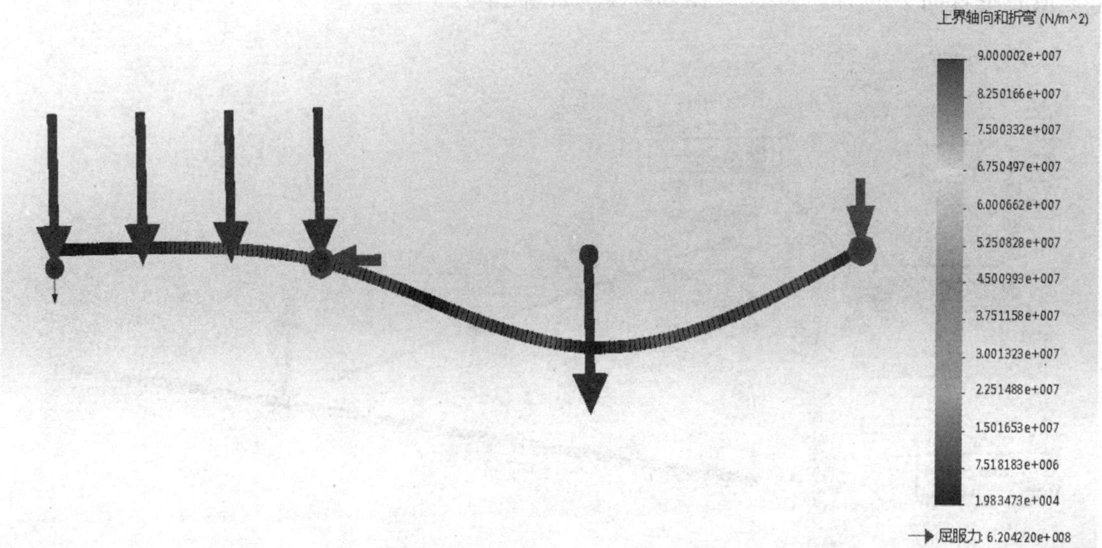

图 14-24 应力云图图解

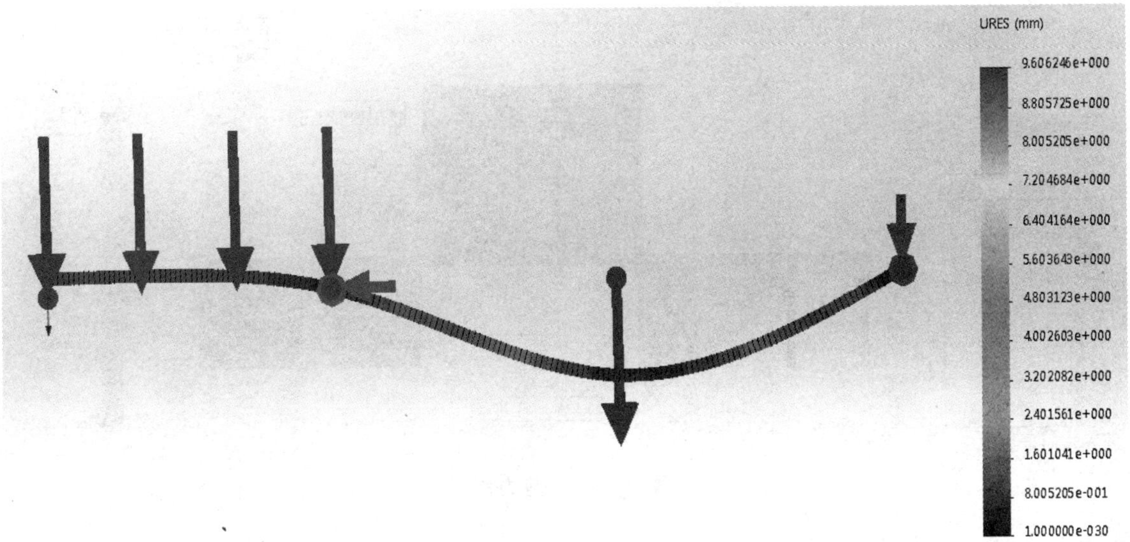

图 14-25　位移云图

步骤 13　渲染梁轮廓的应力云图。

为与习惯保持一致，可以生成新应力图解，将单位设置为 MPa，同时勾选【渲染梁轮廓（更慢）】复选框，将变形形状设置为【真实比例】，得到图解如图 14-26 所示。此时可以看到梁上更细致的应力分布。

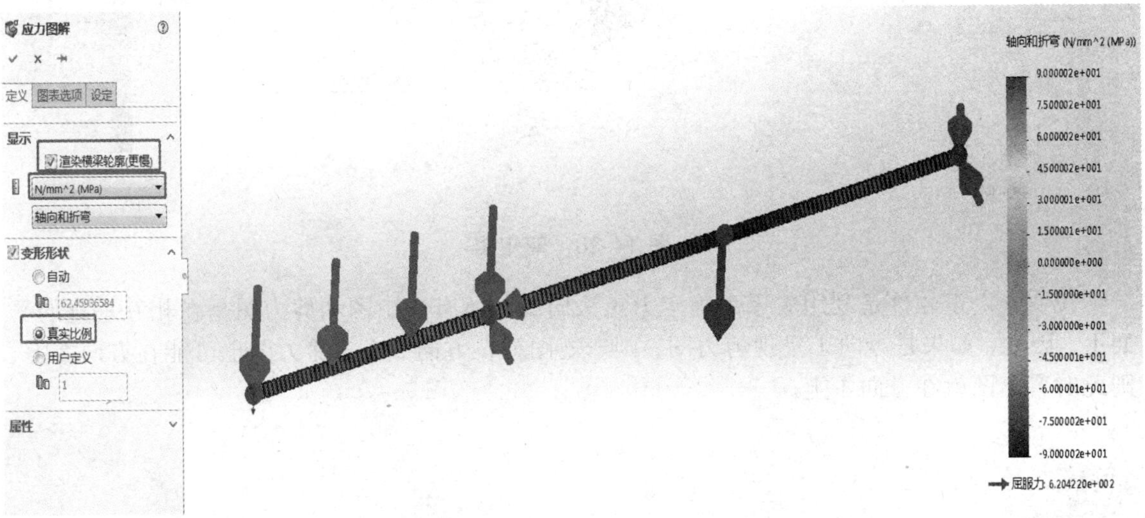

图 14-26　渲染梁轮廓的应力云图

步骤 14　得出剪力图。

右击特征分析树中的【结果】，选择【定义横梁图表】。选择显示下的【方向 1 抗剪力】，即得剪力图，如图 14-29 所示。

步骤 15　得出弯矩图。

右击特征分析树中的【结果】，选择【定义横梁图表】。选择显示下的【方向 2 力矩】，即得弯矩图，如图 14-27 所示。

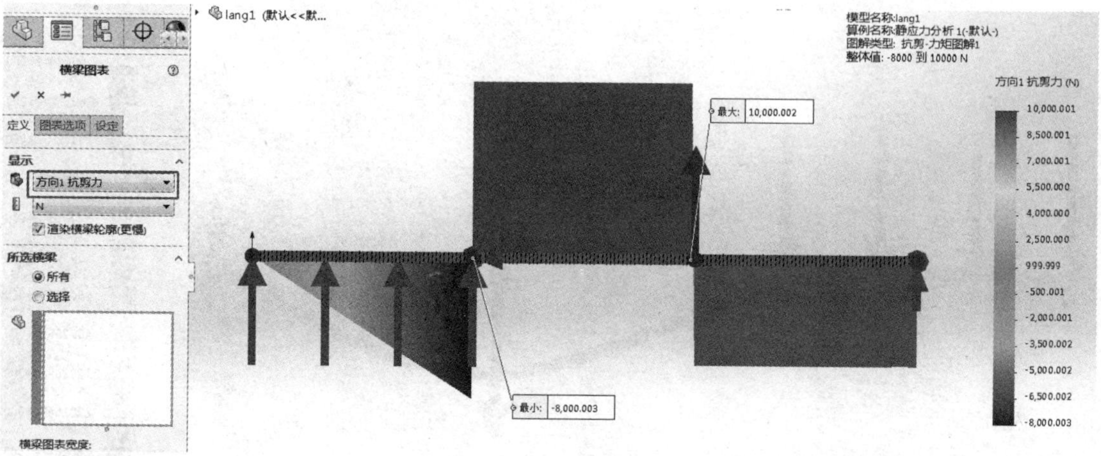

图 14-27　剪力图

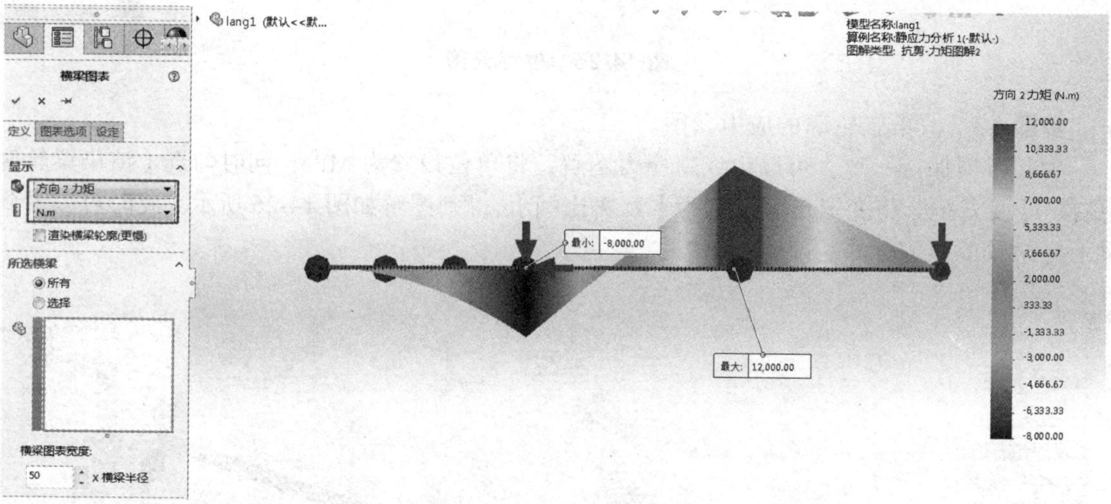

图 14-28　弯矩图

说明：由于软件是利用右手系确定力矩法向的，所有弯矩图和剪力图是在相互垂直的平面上，因此，如果是方向 1 呈现剪力图，则弯矩图就在方向 2 上，剪力图也可能在方向 2 上，则此时弯矩图就在方向 1 上。

项目总结

本项目重点介绍了如何使用梁单元分析细长零件的强度，并应用材料力学相关知识绘制了剪力图和弯矩图，并进行对比。由于在机械行业中，很多零件、结构都可以简化为梁，因此本项目的学习对从事相关行业的设计工作有一定的帮助。

项目 15

混合单元——料斗的结构分析

学习目标

（1）掌握实体、壳体和梁 3 种混合网格模型分析的方法。
（2）能根据分析工况设置合理的全局和局部约束。
（3）能利用软弹簧和惯性卸除提高自平衡力学模型稳定性计算。

重难点

（1）全局接触和局部接触的应用。
（2）自平衡力学模型提高稳定性的处理方法。

项目描述

在实际工程中经常会遇到不同类型力学模型同时出现的问题，此时需要混合使用各类单元网格进行分析。本项目的分析对象是由型材焊接的框架支承钣金料斗，在料斗中放置一个金属方块，分析其应力分布情况，如图 15-1 所示。该模型包含了实体模型、壳体模型和梁模型，因此在分析时需要将实体单元、壳单元和梁单元混合在一起使用。混合网格分析的重点在于接触关系。

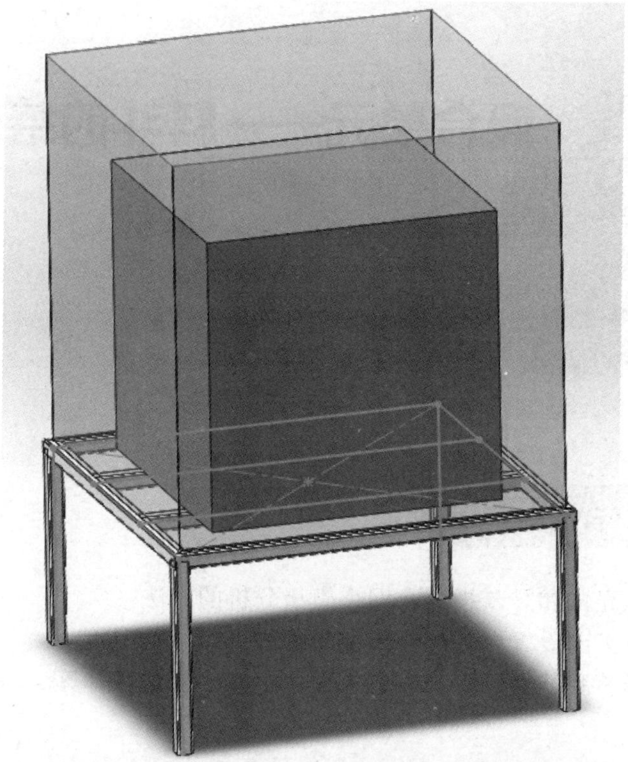

（a）构件工况示意图

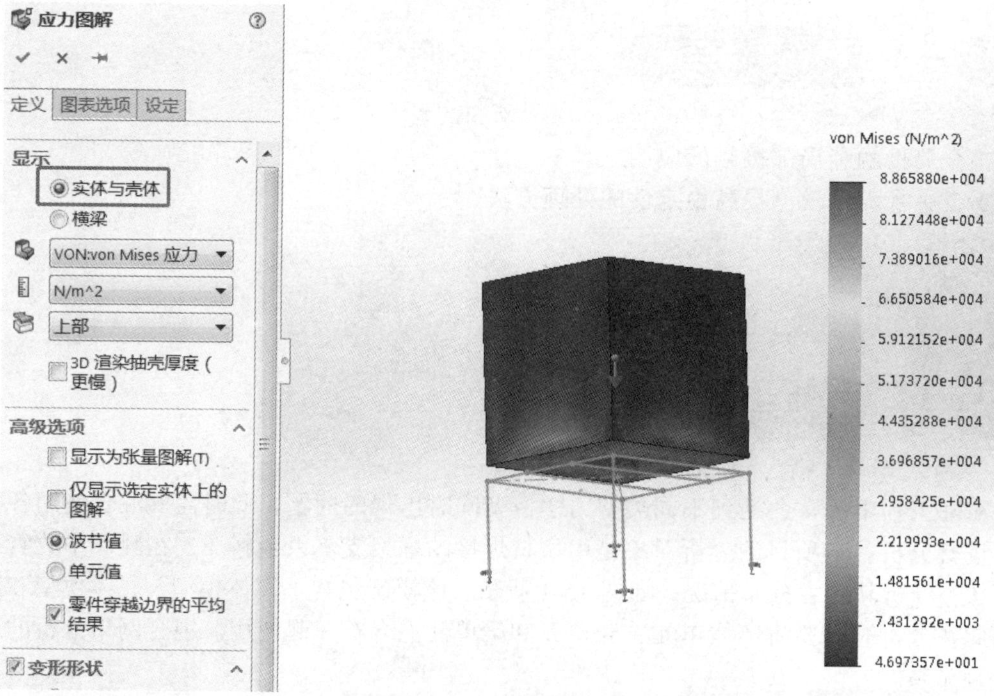

（b）实体和壳体分析结果

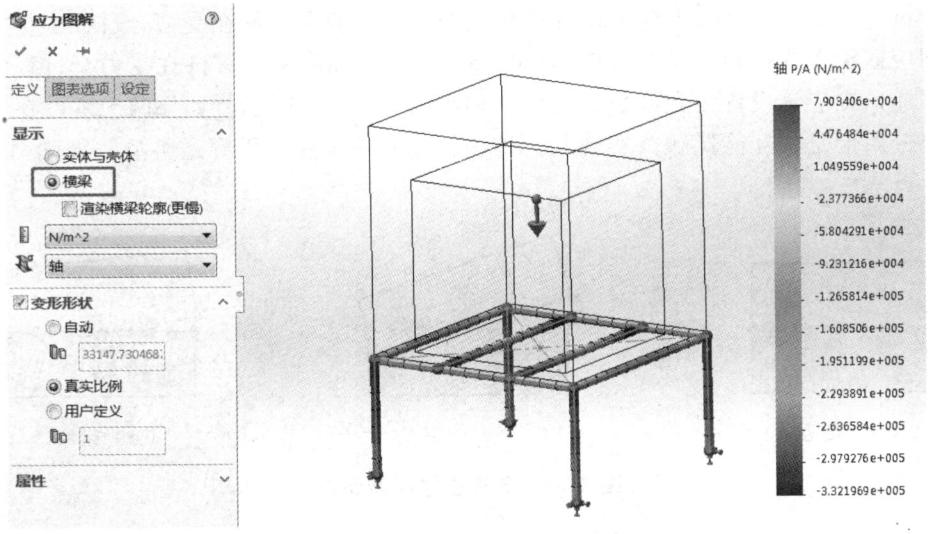

（c）梁的分析结果

图 15-1 料斗结构分析

知识准备

1. 全局接触

接触就是零件之间的连接关系。全局接触就是定义零部件之间的连接关系。全局接触是通过右击“分析特征树下”的【连接】，选择【零部件接触】来定义的，如图 15-2 所示。全局接触有 3 种类型，即接合、允许贯通和无穿透，如图 15-3（a）所示。设置接触属性时可以勾选【全局接触】复选框，以及【兼容网格】和【非相触面】复选框，如图 15-3（b）所示。

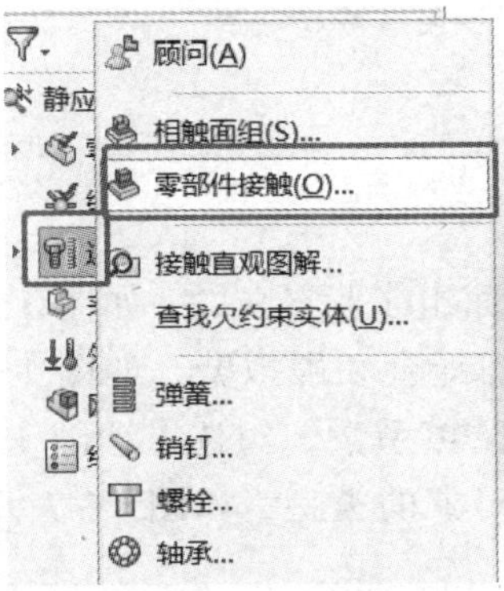

图 15-2 全局接触的定义

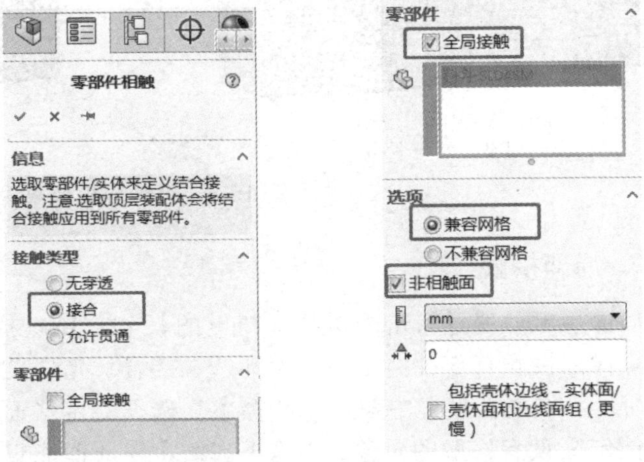

（a）零部件接触类型　　（b）接触的属性设置

图 15-3 全局接触的类型及其属性设置

在分析中需要根据实际工况来设置接触类型。如果两个零件在受力全过程中是不可能分开的，则应该设置为接合类型，如图 15-4（a）所示。如果两个零件在受力全过程中相互没有载荷传递，则应该设置为允许贯通类型，如图 15-4（b）所示。如果两个零件在受力全过程中可以分离但是相互能接触并实现载荷传递，则应该设置为无穿透类型，如图 15-4（c）所示。

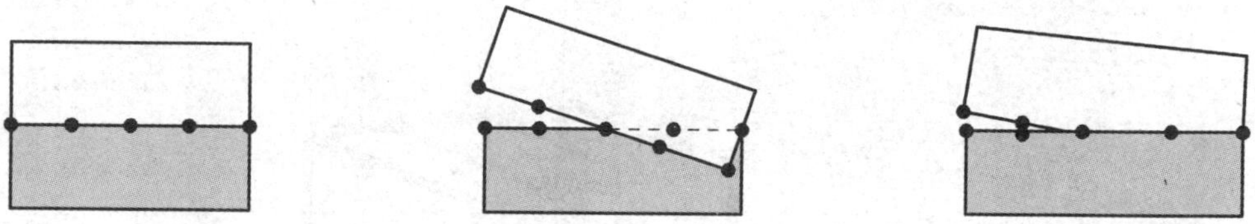

（a）接合　　（b）允许贯通　　（c）无穿透

图 15-4　3 种接触类型示意

如果勾选【兼容网格】复选框，装配体中的零件之间的网格将平滑过渡，兼容网格能通过边界上的节点相互合并保证结合，如图 15-5（a）所示。当相邻的边界节点不能合并时，就会得到不兼容网格，不兼容网格可以通过约束方程式确保结合，如图 15-5（b）所示。

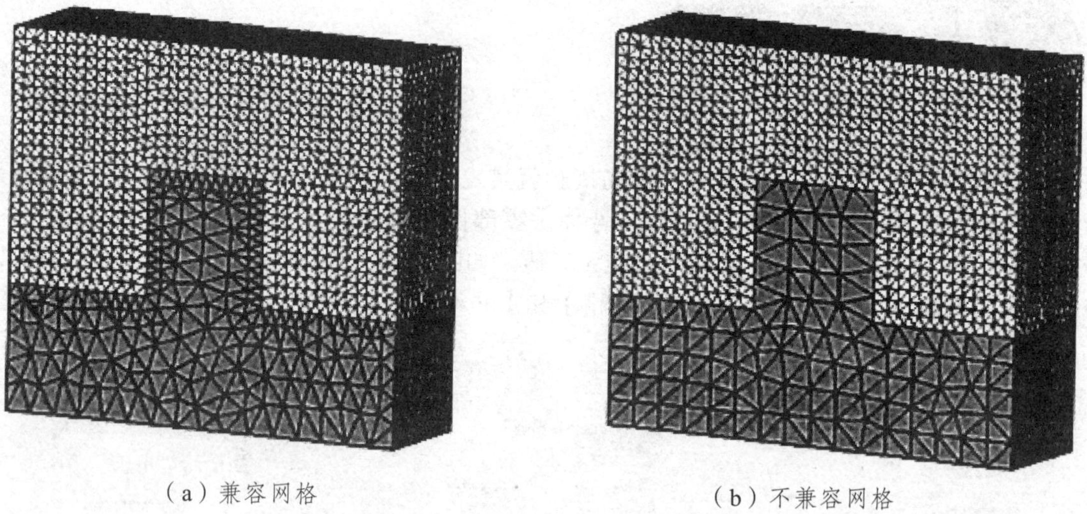

（a）兼容网格　　（b）不兼容网格

图 15-5　两种网格效果对比

2. 局部接触

局部接触是通过右击分析特征树下的【连接】，选择【相触面组】来定义的，如图 15-6 所示。局部接触有 5 种类型，即无穿透、接合、允许贯通、冷缩配合和虚拟壁，如图 15-7（a）所示。在属性设置中勾选【摩擦】复选框能定义面之间的摩擦系数，勾选【缝隙】复选框能定义没有接触的对象，勾选【高级】复选框能定义接触对象的类型，如图 15-7（b）所示。

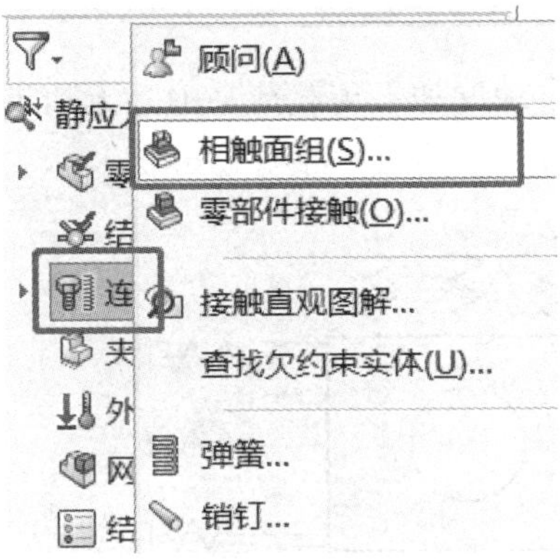

图 15-6　局部接触的定义

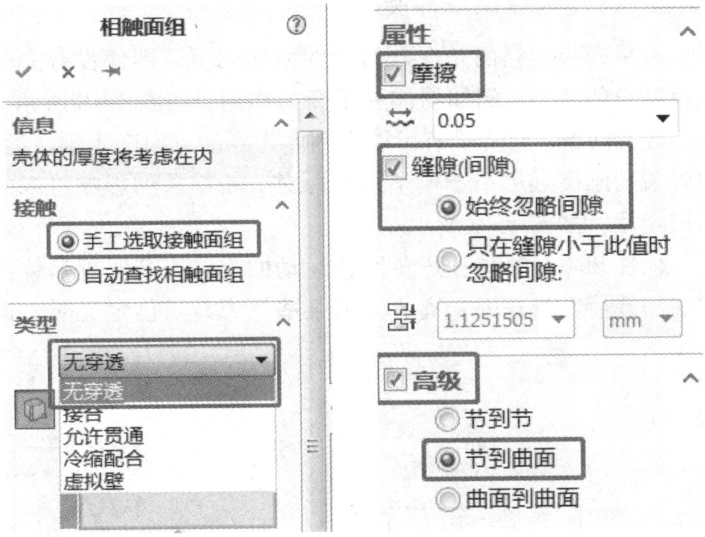

（a）零部件接触类型　　（b）接触的属性设置

图 15-7　局部接触的类型及其设置

3. 结构分析中各种载荷

SolidWorks 可以模拟工程中的各种载荷，具体见表 15-1。

表 15-1　载荷类型及说明

约束类型	使用说明	约束类型	使用说明
力	模拟集中力，可以通过点和分割面确定承载位置，可以通过坐标确定载荷的方向和大小	温度	模拟热源，主要在传热分析中使用
扭矩	模拟力矩，可以通过圆柱来定义力矩的作用方位，并指定力矩大小	规定的偏移	模拟构件局部的变形，适用已知变形量求应力和载荷的问题
压力	模拟均匀载荷，可通过选择面来确定载荷作用面，可通过垂直所选面或使用参考几何体确定方向	流动效应	用于结构与流体的耦合分析，将流体分析结果作为条件引入结构分析
引力	模拟重力，可以通过选定方向来定义，重力加速度的大小可取默认值	热力效应	用于结构与传热的耦合分析，将热分析结果作为条件引入结构分析
离心力	模拟旋转过程中产生的离心力，可以通过圆柱面来定义旋转方向，但需给定角速度	远程载荷/质量	模拟不直接作用在构件上的载荷，可以通过相对坐标系确定载荷的位置、方向和大小
轴承载荷	模拟轴与轴孔之间的非均匀载荷	分布质量	模拟不包括在分析中构件的质量，可以选择面来施加

4. 软弹簧与惯性卸除

自平衡模型指的是在外力或约束作用下，即使没有完全约束所有自由度，也能在理论上保持静止的模型，例如物体受平衡力作用，如图 15-8 所示。但是有限元计算中由于数值计算误差或者网格不对称都有可能在刚度为零的方向产生刚度运动，此时可以通过软弹簧来解决，软弹簧的刚度远远小于模型刚度，对分析结果的影响可以忽略不计，但是可以有效提高模型的稳定性，如图 15-9 所示。

惯性卸除是另一种避免刚体运动的方法，其原理是软件自动增加平衡载荷来消除无约束方向的载荷。当重力、离心力或某些热力载荷已定义时，该方法不适合用于稳态分析。

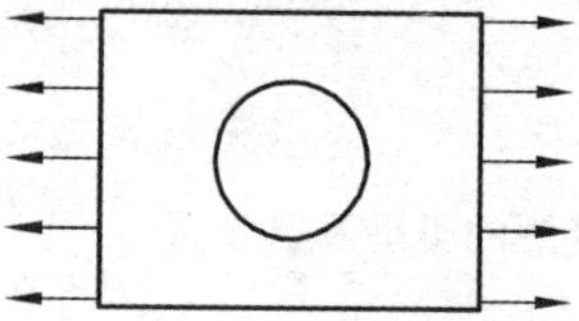

图 15-8　自平衡模型

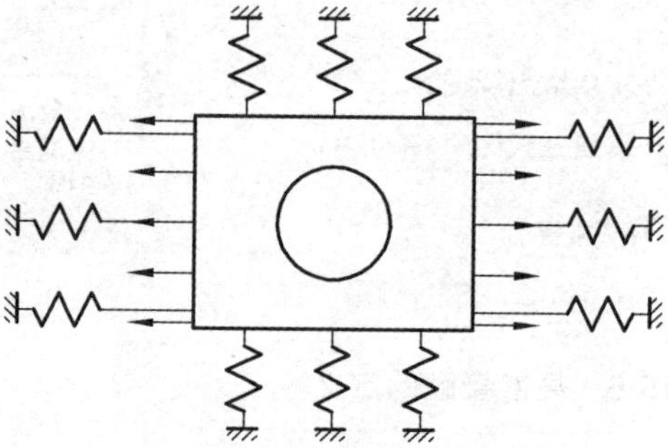

图 15-9　自平衡模型上增加软弹簧

项目实施

1. 创建料斗分析几何模型

步骤 1　创建零件 1——机架，利用焊件模块创建型材机架。

首先绘制 3D 草图，如图 15-10 所示，再选择 ISO 标准下的方形钢管，规格为 80 mm × 80 mm × 5 mm，获得完整的型材框架模型，如图 15-11 所示。

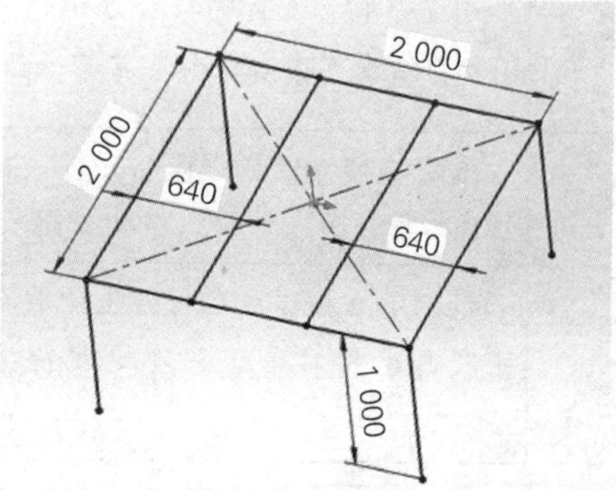

图 15-10　型材框架 3D 草图

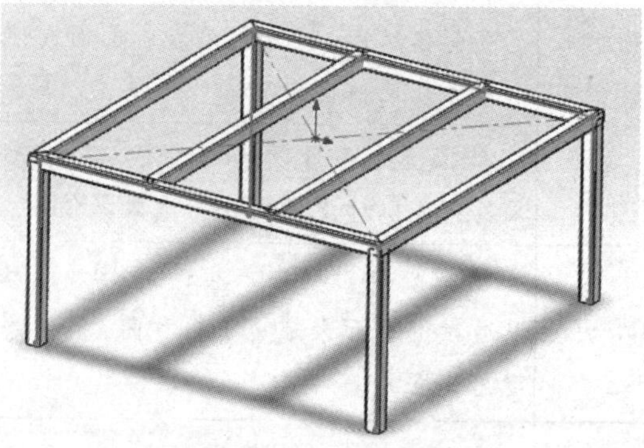

图 15-11　型材框架模型

步骤 2　创建零件 2——钣金料斗，利用曲面模块创建钣金料斗。

（1）首先拉伸实体 2000 × 2000 × 2000，如图 15-12 所示。

（2）利用等距曲面工具将五个面以零距离复制出来，如图 15-13 所示。

（3）面体创建成功后再隐藏实体。

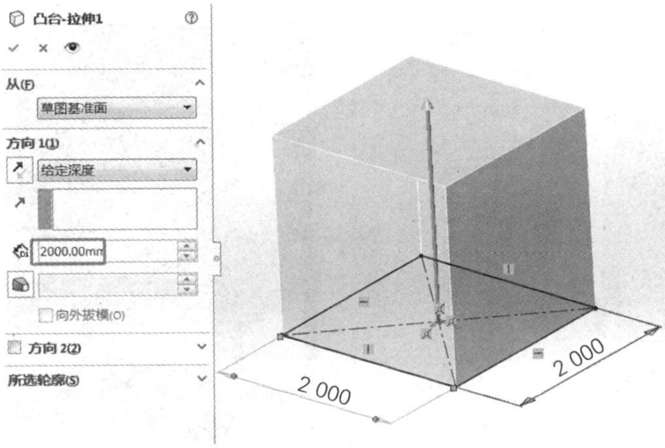

图 15-12　创建方块

图 15-13　由方块等距创建面体

步骤 3　创建零件 3——方块。

拉伸创建方块 1 500 × 1 500 × 1 500，如图 15-14 所示。

步骤 4　创建装配体。

将 3 个零件装配在一起，装配时注意结构对称，装配后如图 15-15 所示。

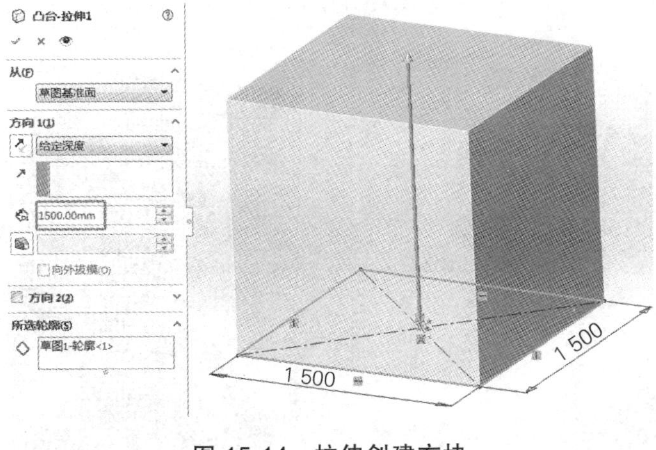

图 15-14　拉伸创建方块

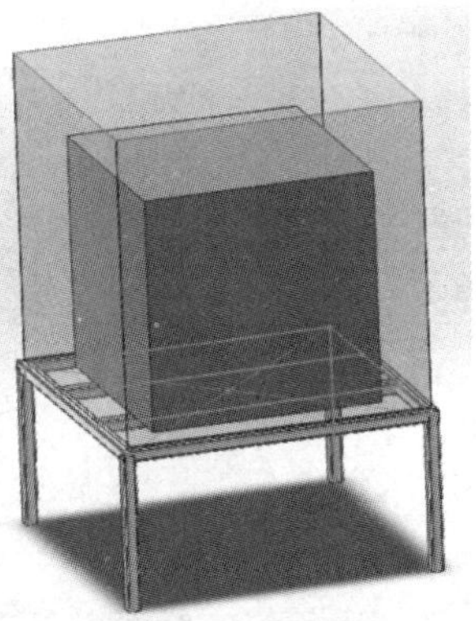

图 15-15　装配模型

2. 分析前处理

步骤 5　新建静应力分析算例。

启动 Simulation 插件，新建静应力分析算例。

步骤 6　设置材料。

机架和钣金都选择普通碳钢，负载方块选择灰铸铁。

步骤 7 设置全局接触为无穿透。

直接右击分析特征树下的全局接触，改为无穿透即可，如图 15-16 所示。

步骤 8 设置壳体属性。

压缩钣金料斗下的实体模型，再编辑定义壳体为厚度 6 mm 的薄板，如图 15-17 所示。

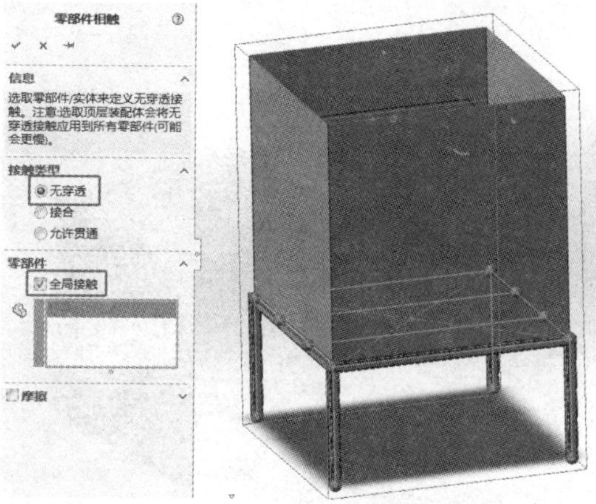

图 15-16 设置全局接触

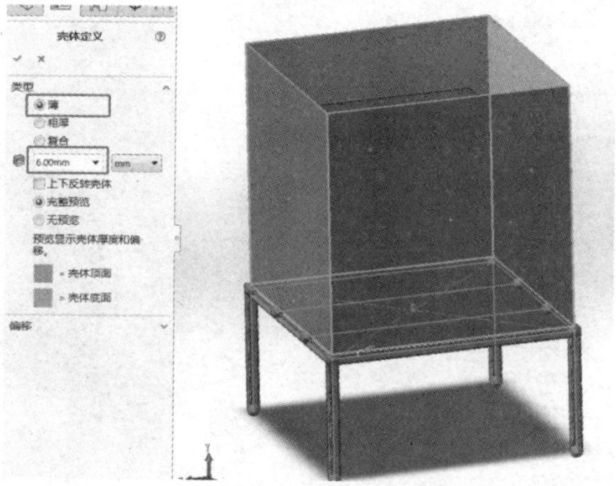

图 15-17 设置壳体属性

步骤 9 设置横梁属性。

同时选择机架下的 10 个横梁构件，右击选择【编辑定义】，将所有接点设置为"刚性"，如图 15-18 所示。

步骤 10 计算横梁接点。

右击分析特征树下的【结点组】，选择【编辑】，单击【计算】按钮即可，如图 15-19 所示。

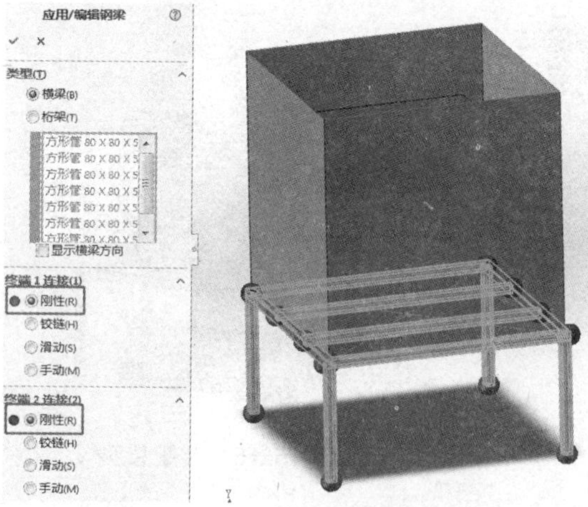

图 15-18 设置横梁属性

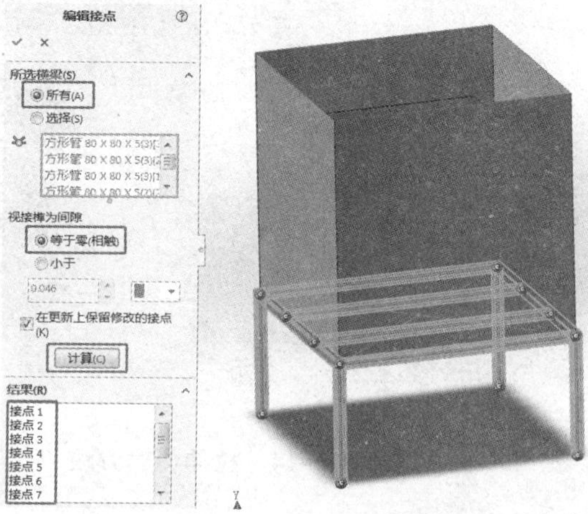

图 15-19 计算横梁接点

步骤 11 设置约束。

将机架的 4 个端部接点设置为固定，如图 15-20 所示。

步骤 12 添加载荷。

添加引力载荷，可以利用基准面定义方向，如图 15-21 所示。

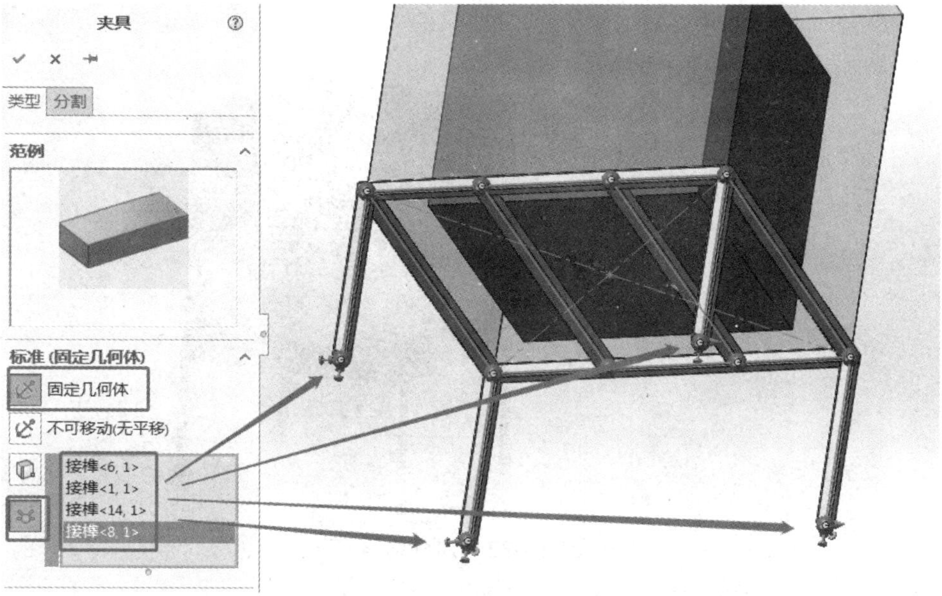

图 15-20　添加固定约束

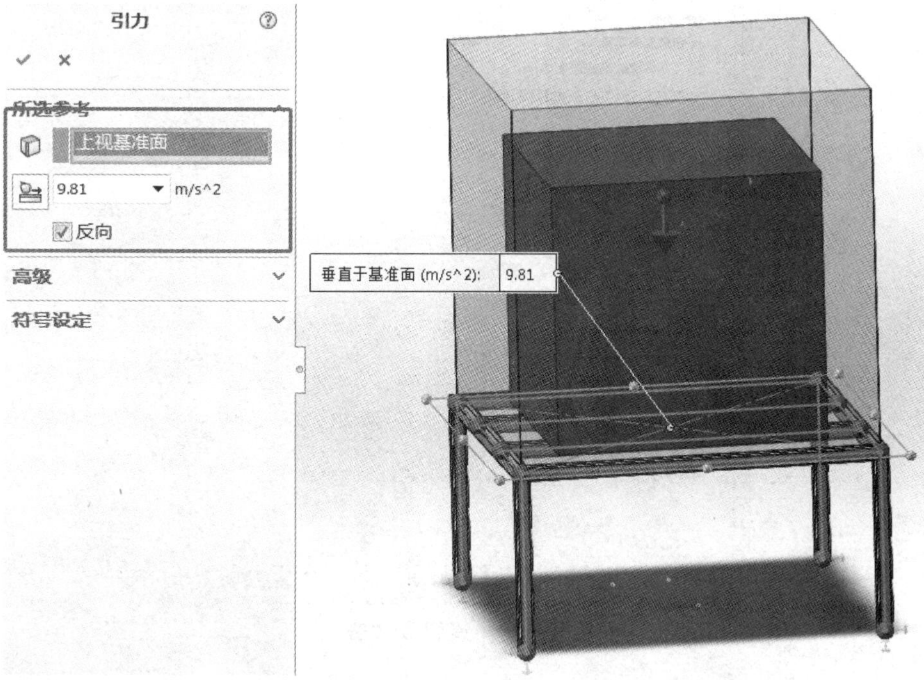

图 15-21　添加引力载荷

步骤 13　划分网格。

此时网格包含了梁、壳体和实体 3 种单元，如图 15-22 所示。

步骤 14　设置软弹簧。

右击【算例】，选择【属性】，勾选【使用软弹簧使模型稳定】和【使用惯性卸除】复选框，如图 15-23 所示。

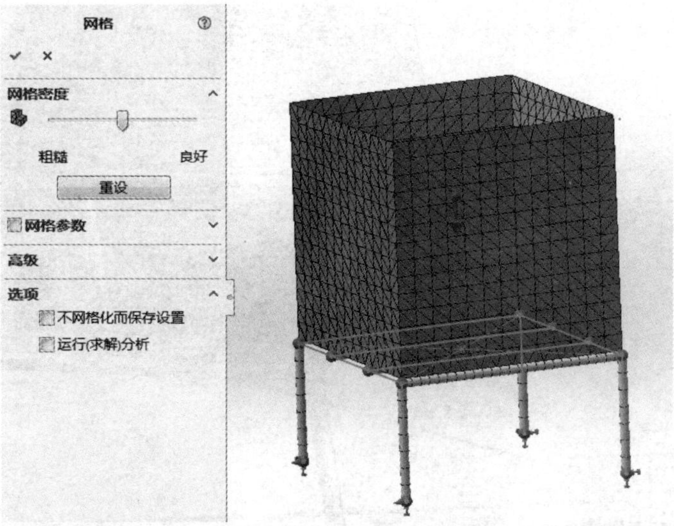

图 15-22　划分网格

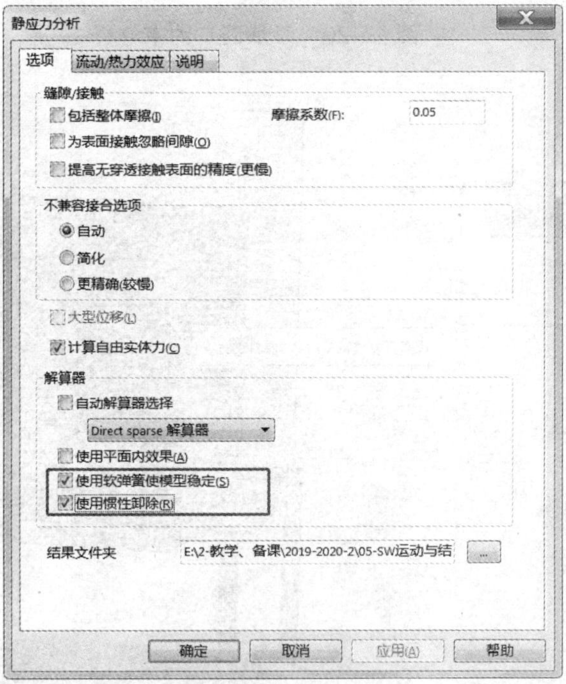

图 15-23　设置软弹簧

3. 分析及后处理

步骤 15　运行算例。

单击【运行此算例】图标，即执行分析。分析完成后会自动给出应力图解。需要说明的是，在混合网格模型中，壳体和实体应力结果和梁不能同时显示。因此需要在图解属性中进行选择，例如选择【显示】下的【实体与壳体】单选按钮，如图 15-24 所示，获得的应力云图如图 15-25 所示。

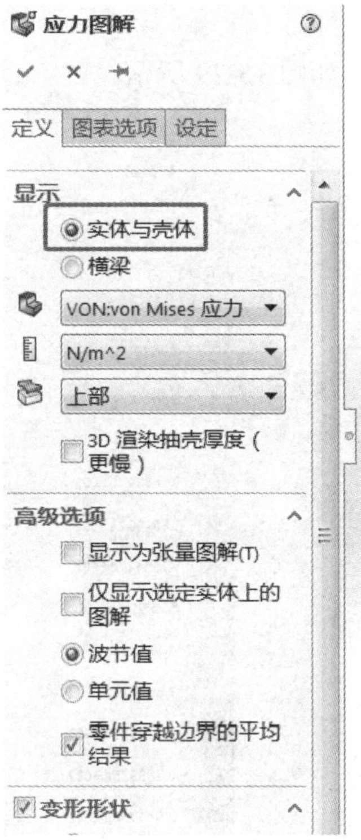

图 15-24　定义实体与壳体图解

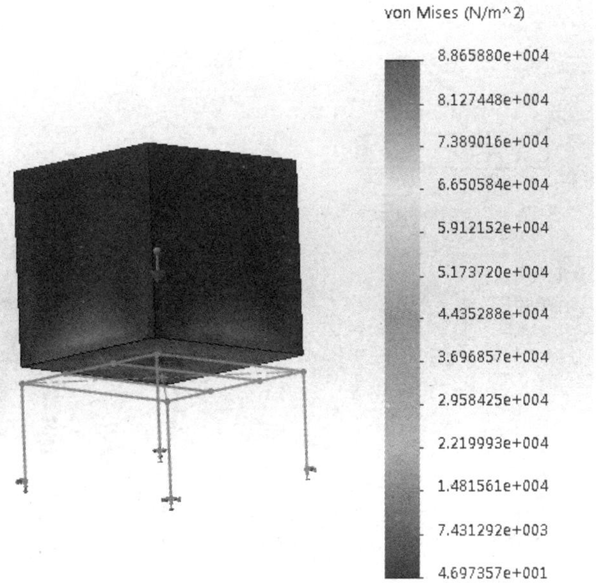

图 15-25　实体与壳体应力云图

步骤 16　查询横梁应力结果。

查询横梁应力结果，如图 15-26 所示，获得的应力云图，如图 15-27 所示。

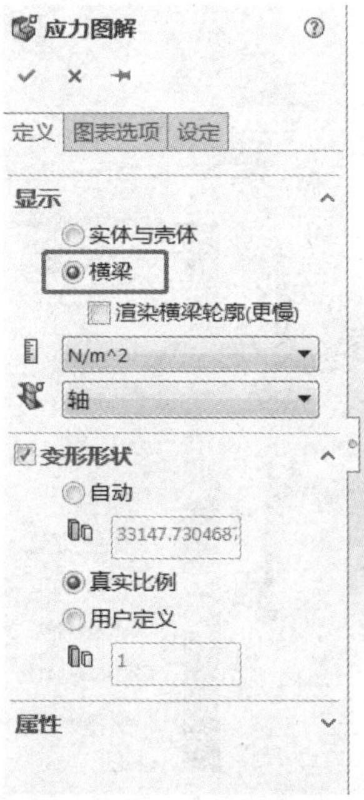

图 15-26　定义横梁图解

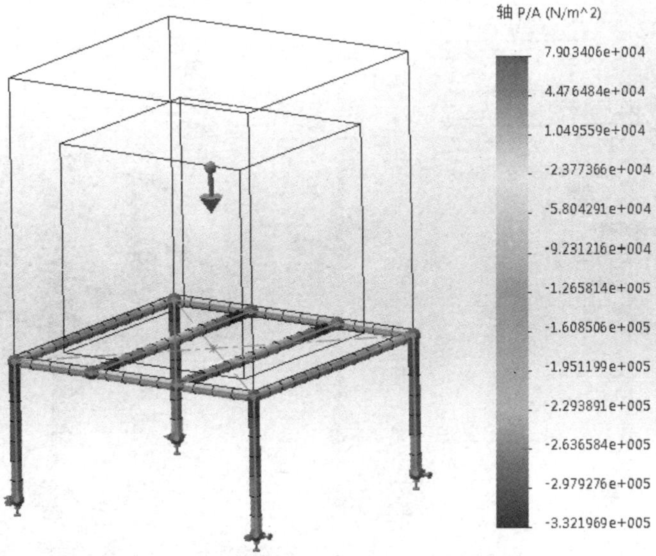

图 15-27　横梁的应力云图

步骤 17 查询横梁抗剪力结果。

查询横梁抗剪力结果，如图 15-28 所示，获得的抗剪力图解，如图 15-29 所示。

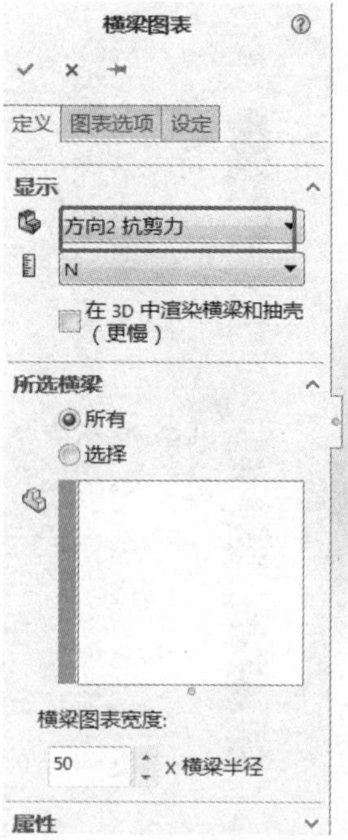

图 15-28 查询抗剪力

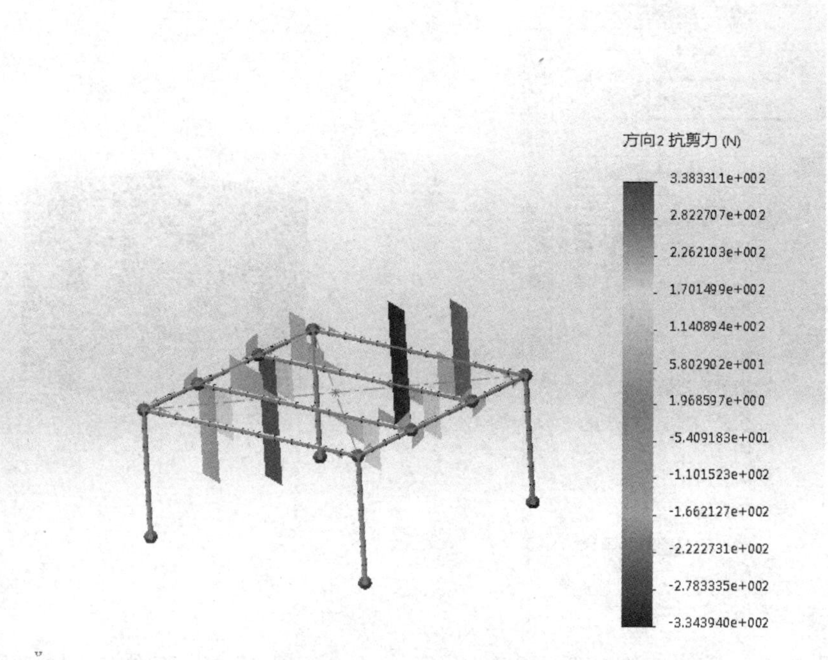

图 15-29 横梁抗剪力图解

步骤 18 查询横梁力矩结果。

查询横梁力矩结果，如图 15-30 所示，获得的力矩图解，如图 15-31 所示。

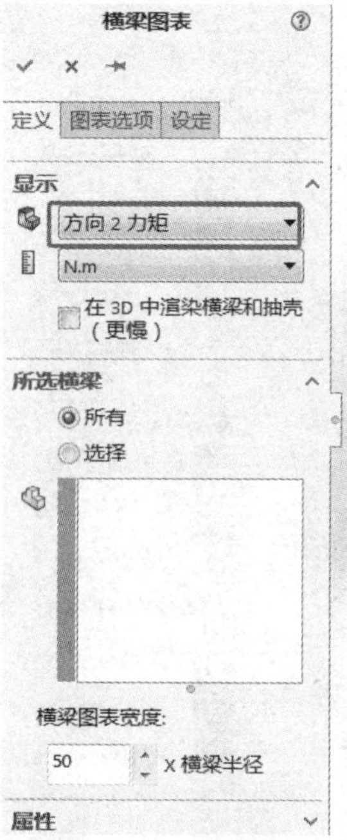

图 15-30 查询力矩

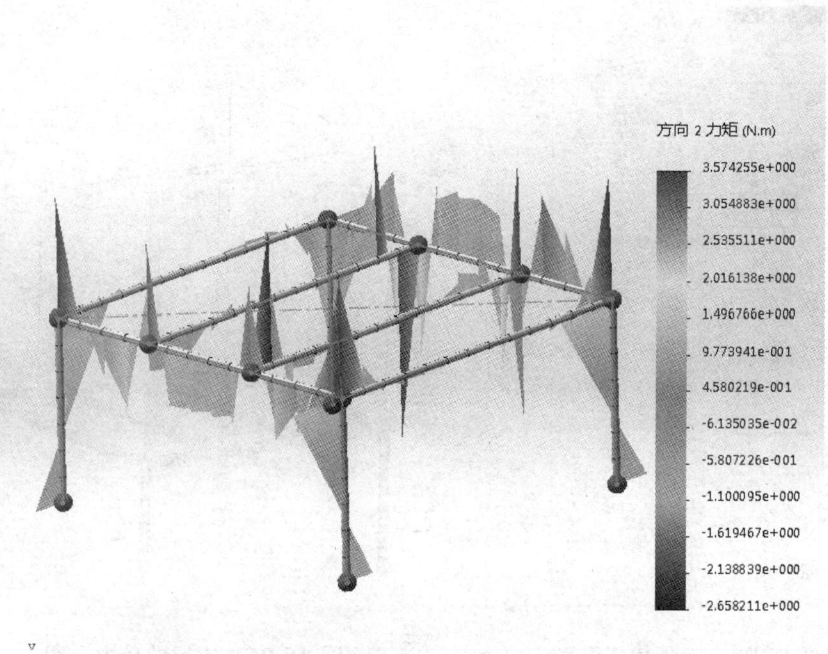

图 15-31 横梁力矩图解

步骤 19　查询机架支点约束反力结果。

查询机架支点约束反力结果，右击【结果】，选择【列举合力】，再选择需要查询的接点，即可获得结果，如图 15-32 所示。

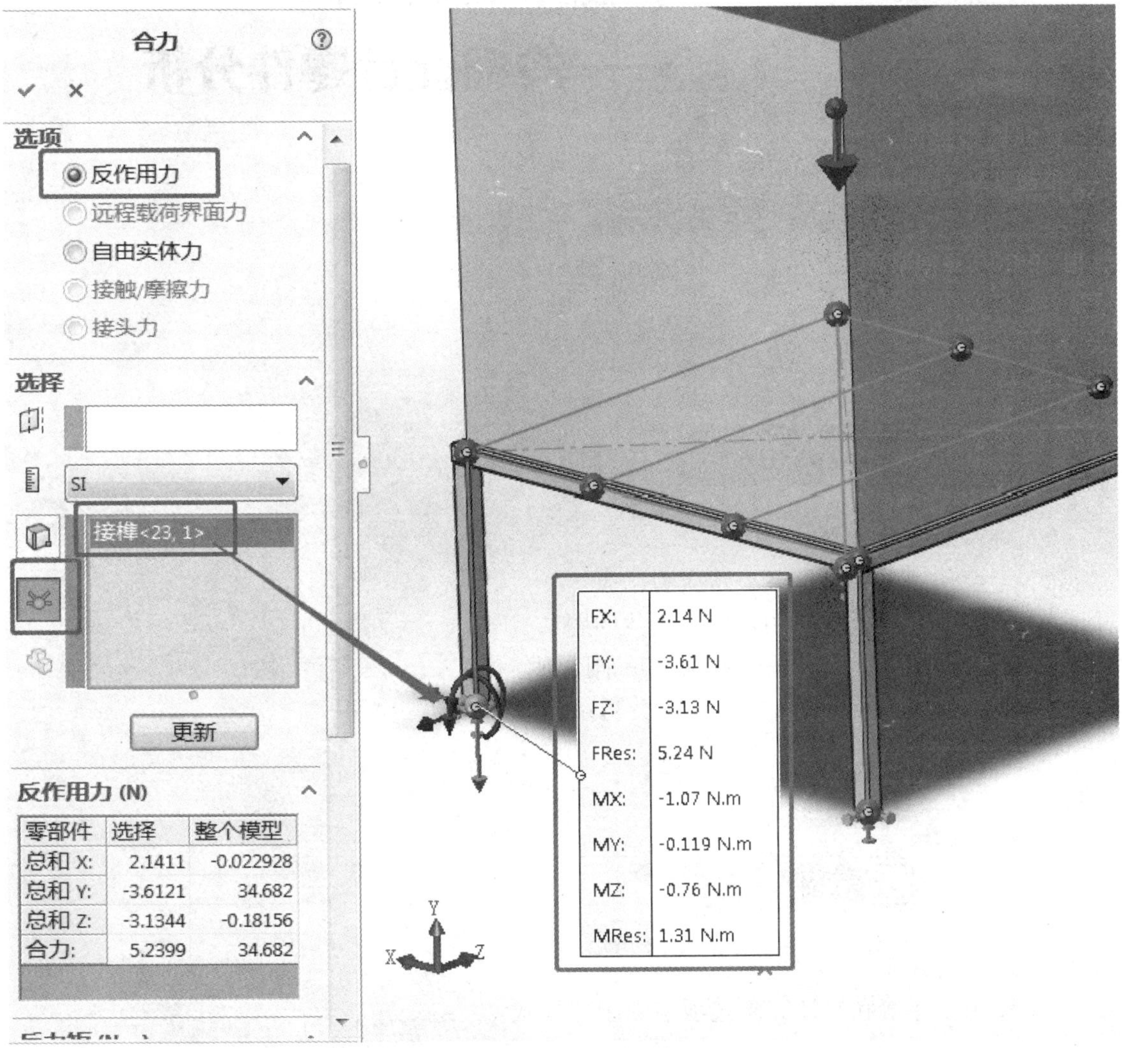

图 15-32　查询一支承脚的约束反力

项目总结

本项目重点介绍了混合网格的分析问题。机械整机往往是由很多形态不同的零件装配而成的，因此要依据每个零件自身的结构特点选择合适的网格，同时要保证零件之间能顺利地传递载荷，从而分析得出整体结构的强度。混合网格分析是机械设计中非常实用的技术，需要重点掌握。

项目 16

对称和自平衡装配体——冷缩配合零件分析

学习目标

（1）理解对称的含义。

（2）学会使用圆柱坐标系显示应力结果。

（3）熟悉在“什么错”的帮助下查找问题。

（4）学会使用软弹簧和惯性卸除选项消除刚体模式。

（5）学会使用 eDrawings 格式给出分析结果。

重难点

（1）对称的含义。

（2）使用软弹簧和惯性卸除选项消除刚体模式。

项目描述

这里将分析一个机轮装置，该装置中零件“rim”（轮缘）以冷缩配合的方式套到零件“hub”（轮毂）上，计算由冷缩配合所产生的应力大小。

在没有外力施加到模型的情况下，冷缩配合也将在零件中产生应力。这些零件在起初都存在过盈配合。

应力、应变、变形的方向并不在笛卡儿坐标系下显示出来，而是采用圆柱坐标系。这样就能够计算径向、轴向、圆周向（Hoop）的应力及变形。

一、项目工况

有一内半径为 121 mm 的“rim”承受-外半径为 121.45 mm 的“hub”的压力作用。本例的目的是求出这两者中的如下应力：

（1）von Mises 应力。

（2）Hoop 应力。

（3）接触应力。

二、对　称

如图 16-1 所示，利用模型的对称性，可以选择它的 1/2、1/4，甚至 1/8 部分来进行分析。这里分析该模型的 1/4 部分。

注意到 Axis1 已经在装配体中定义。这里以它为参考来给出 Hoop 应力以及接触应力。

图 16-1　机轮模型

三、关键步骤

分析中的几个关键步骤如下：

（1）对称：判断模型是否对称，可以使用模型的部分来进行分析。

（2）压缩特征：压缩那些对分析没有影响的特征。

（3）使模型稳定：消除刚体运动。

（4）定义接触：因为零件之间存在过盈配合，因此必须定义冷缩配合作为接触方式。

（5）图解显示结果：将采用冷缩配合分析，放弃笛卡儿坐标系而在圆柱坐标系下显示结果。

知识准备

一、冷缩配合零件

当零件采用冷缩配合的方式进行装配时，在没有外力的情况下也会产生内部应力。

二、特征消隐

通过对 CAD 装配体的修改，已经把装配体从原始的 CAD 几何模型中分离出来，而现在要分析的就是由此专门构造出来的几何模型。对圆角的压缩也产生了一些锐边。由于并不需要知道这些边角或其邻近区域中的应力分布情况，因此以上的忽略是可取的。

三、刚体模式

随着对称约束的施加，模型仍可以沿轴向运动。因此，它还具有轴向的刚体运动。

为了限制其刚体运动，只要沿轴向在两个装配体上的各顶点（总共两个顶点）施加一个轴向约束就可以了。

注意：每一部分都必须单独限定，因为所有的部件可以沿轴向滑动，整个冷缩配合是无摩擦的。

事实上，这仅仅是为了去除刚体运动而人为施加的附加约束，而在结构 FEA 中这种情况是不允许的，因为它会导致求解器计算。或者，也可以使用算例属性中的定义软弹簧特性来解决该问题。

四、在局部坐标系中图解显示结果

现在来绘制 Hoop（圆周向的）应力图。因此，必须在圆柱坐标系中呈现应力结果，要保证 Z 轴与机轮装配体轴重合。

五、定义圆柱坐标系

如图 16-2 所示，任意一根轴均可定义一圆柱坐标系，它的第一、第二和第三方向分别为径向、周向和轴向。

因此，“Axis1”确定了径向、周向以及轴向，三者均与轴的位置有关。

以一根轴为参考，重新定义三个应力分量 SX、SY 和 SZ，三者完全对应于全局坐标系的三个方向。如果以根轴作为参考，那么 SX、SY 以及 SZ 将会相应地作如下改变：

（1）SX 成为沿径向的应力分量；

（2）SY 成为沿周向的应力分量；

（3）SZ 成为沿轴向的应力分量。

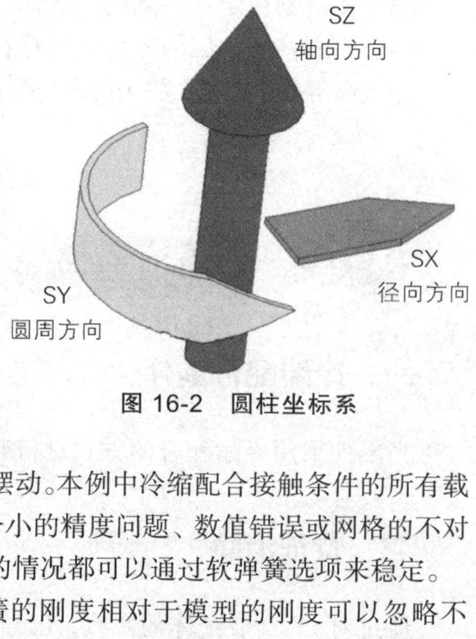

图 16-2　圆柱坐标系

六、软弹簧约束

这里不希望模型由于某些外部载荷的作用而沿轴向摆动。本例中冷缩配合接触条件的所有载荷都是平衡的。然而有限元方法并不认可这个事实，一个小的精度问题、数值错误或网格的不对称都会使模型在轴向产生不可控的刚体运动。所有这样的情况都可以通过软弹簧选项来稳定。

当该选项激活时，模型被带刚度的弹簧包围，弹簧的刚度相对于模型的刚度可以忽略不计（见图 16-3）。有限元模型被稳定下来，所有的刚体运动被约束。

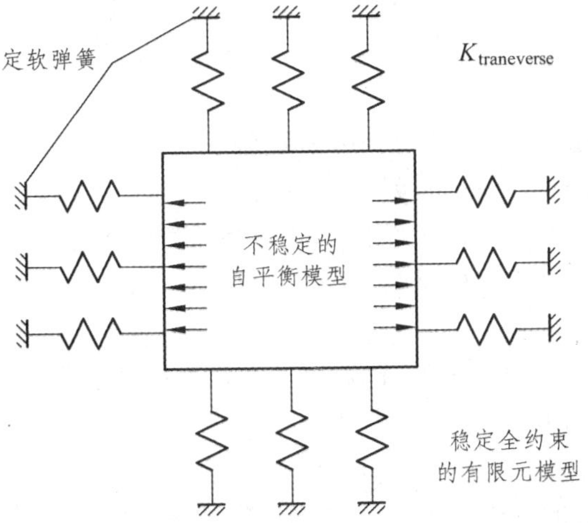

图 16-3 软弹簧约束

注意： 只要模型是自平衡的，或外部载荷的净值很小以至于软弹簧能够抵消时，上面的过程就是有效的。

七、惯性释放

另一种避免刚体运动的方法称为惯性释放。该选项不像使用软弹簧中通过添加人造刚度来抵消不平衡载荷，而是添加人造平衡载荷来消除沿着无约束方向的载荷。

在重力、离心力或某些热力载荷已定义时，该选项不应当用作稳定分析的目的。在本项目例子中，【使用软弹簧使模型稳定】和【使用惯性释放】选项都可以使用。

项目实施

任务 1 不带软弹簧零件分析

1. 模型准备

步骤 1 打开装配体文件。

打开文件"wheelassembly"。

步骤 2 激活配置。

激活名为 FEA 的配置。这时，需要对该模型的切除特征"cut1/4"作解除压缩处理。为了简化原模型特征，必须压缩上述两零件中的圆角（"rim"的"rounds""hub"的"round1"和"round2"），如图 16-4 所示。

步骤 3　设定 SolidWorks Simulation 选项。

设定全局【单位系统】为【公制（I）(MKS)】，设定【长度/位移（L）】和【压力/应力（P）】单位分别为【毫米】和【N/m^2】。

步骤 4　创建算例。

创建一个名为“shrink fit”的静应力分析算例。

步骤 5　查看材料属性。

注意到【零件】文件夹里有两个图标，分别为装配体的零部件“hub”和“rim”，而它们的材料属性已经从 SolidWorks 中自动导入进来。

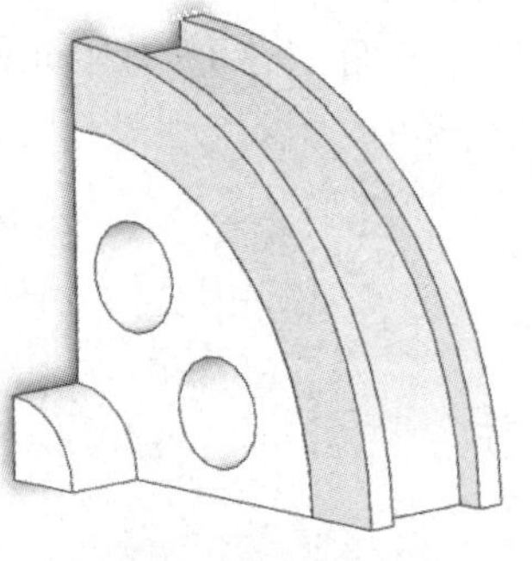

图 16-4　1/4 模型

分别检查每个部分，以确保“hub”的材料为【普通碳钢】，屈服应力为 220 MPa；而“rim”的材料则为【合金钢】，屈服应力为 620 MPa。

步骤 6　定义对称约束。

尽管仅选取机轮装置的 1/4 部分，但本例希望的是求解结果对整个机轮均正确。因此，必须对剩余的 3/4 部分进行等效模拟。对那些由切除创建的辐射面应用对称边界条件，确保 1/4 部分的工况如同整个机轮，如图 16-5 所示。

选择【对称】，对两个径向切除面施加对称边界条件，如图 16-6 所示。

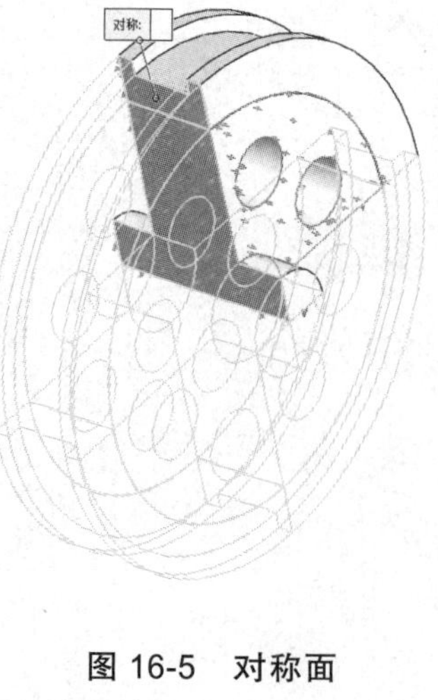

图 16-5　对称面

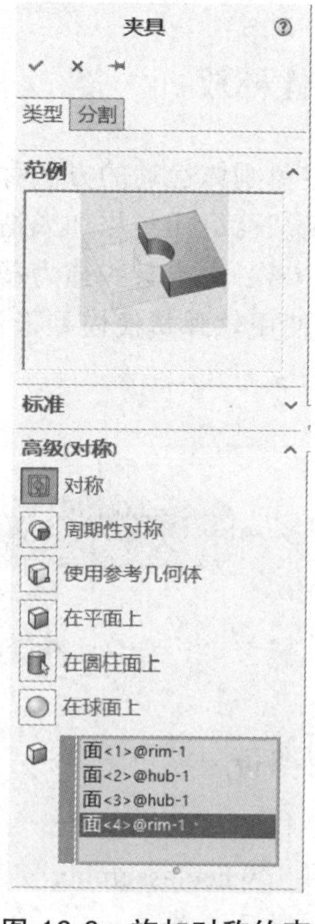

图 16-6　施加对称约束

步骤 7　消除模型的刚体模式。

通过对装配体中每个零部件上的一个顶点施加约束，从而限制模型运动。选择【使用参考几何体】，利用展开特征树，选择“Axis1”作为参考方向。在【平移】选项中，指定沿轴向位移为“0”，如图 16-7 所示，单击【确定】。

现在，该装置已被完全限制，它的刚体运动已经消除。任何其他的移动都必须与变形相联系。

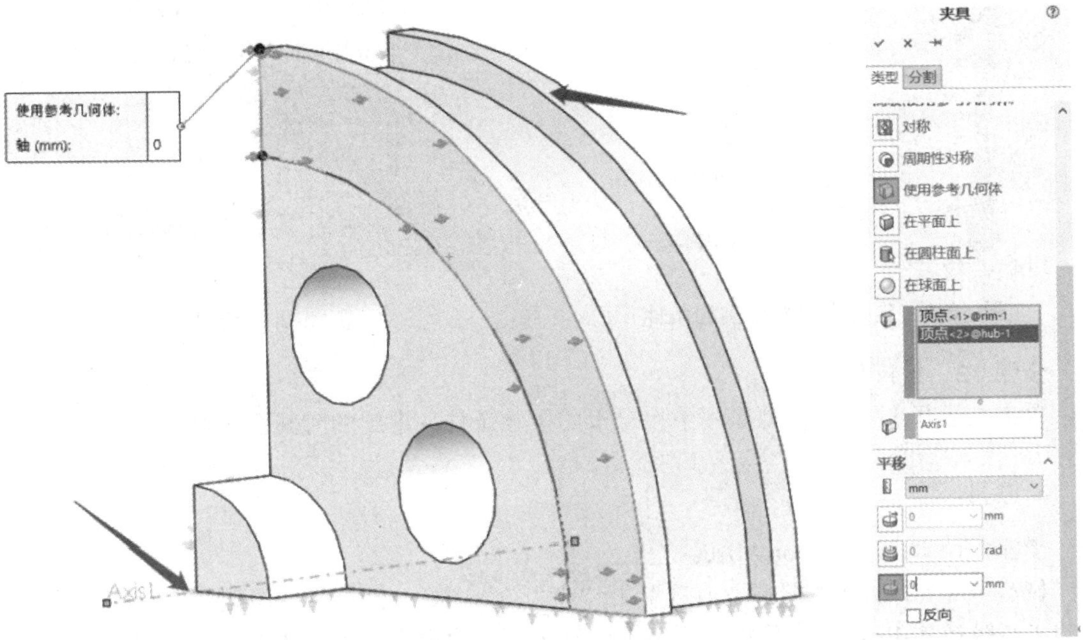

图 16-7　定义轴向约束

2. 冷缩配合接触条件

由于“rim”直径比轮的直径小，在 SolidWorks 中装配时会出现干涉。如果定义两个交接面的接触条件为【冷缩配合】，SolidWorks Simulation 就会通过“拉伸”“rim”和“挤压”“hub”来消除这种干涉。在 SolidWorks Simulation 中，【冷缩配合】是一种局部【接触/缝隙】条件。

步骤 8　爆炸装配体。

接触在一起的面很难选取。如果先爆炸显示该装配体，就很容易选取这些面了。

步骤 9　定义冷缩配合接触条件。

单击【相触面组】，从接触条件的可选类型中选择【冷缩配合】。定义一个面为【组 1】，而另一个面为【组 2】。单击【确定】，结果如图 16-8 所示。

提示： 在【摩擦】选项中可以指定摩擦因数。本例假定没有摩擦。

步骤 10　关闭爆炸图装配体显示。

现在已定义接触，所以没必要展开装配体视图。

步骤 11　划分网格。

单击【生成网格】，使用【基于曲率的网格】和【高】品质单元并以默认设置建立网格，如图 16-9 所示。

注意： 在沿着两个表面相交的轴线方向上划分了 8 个单元，而对于本例的分析要求，这样做已经足够。

如果接触应力分布具有较大的梯度，那么沿着接触面上就需要更多的网格来模拟求解接触应力。

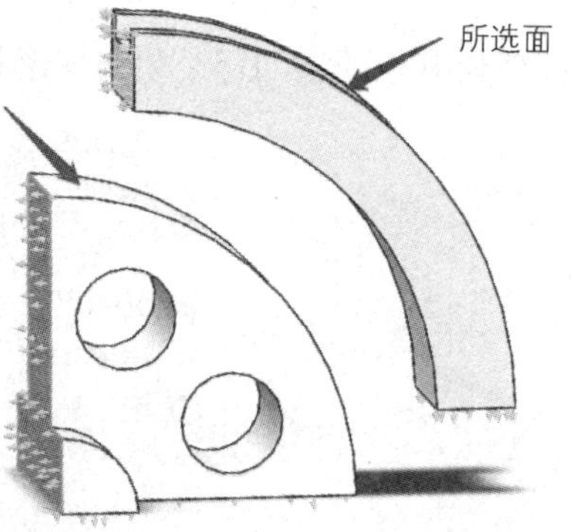

图 16-8　定义冷缩配合接触条件

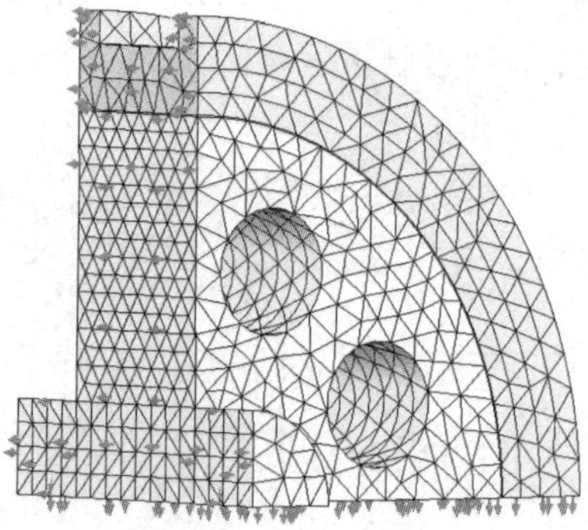

图 16-9　划分网格

步骤 12　运行分析。

单击【运行】。如果模型采用【接合】的接触条件，求解的时间会相对短一些。

3. 后处理

步骤 13　图解显示 von Mises 应力。

显示 von Mises 应力图解。右键单击“应力 1”图标，选择【编辑定义】，展开【定义】下的【高级选项】。勾选【显示对称结果】复选框，确定【变形形状】为【真实比例】。

在【设定】中，选择【离散】作为【边缘选项】。在【图表选项】中（当然也可以双击数值范围图例直接进入），【显示选项】选择【定义】，指定最大应力界限为 620.40 MPa，即“rim”的材料屈服应力。单击【确定】，如图 16-10 所示。

von Mises 应力结果显示出部分“rim”承受的应力大于材料屈服应力，如图 16-11 所示。

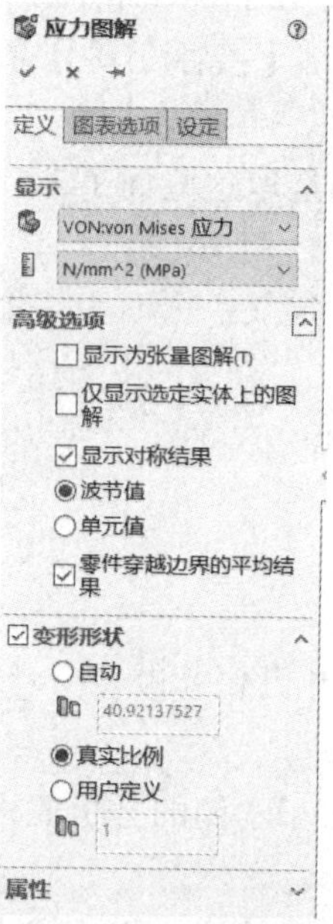

图 16-10　应力图解设置

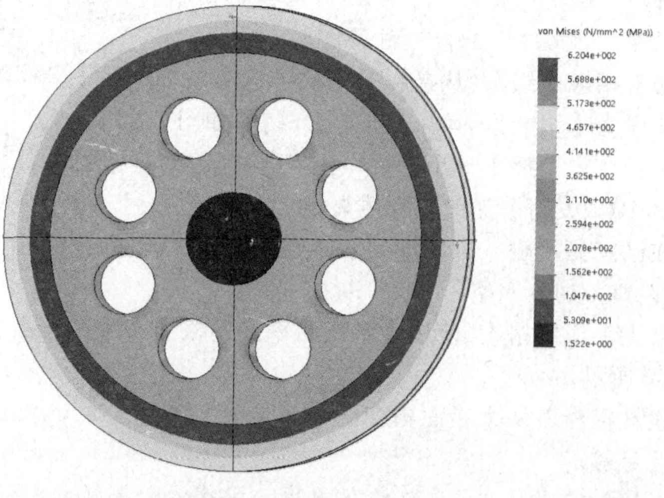

图 16-11　应力结果显示

步骤 14　选择应力图解的参考轴。

单击【定义应力图解】。选择应力分量为【SY：Y 法向应力】。SY 应力分量表明了沿周向的应力分量，显然它是 Hoop 应力。设置单位为【N/mm^2（MPa）】。在【高级选项】下，选择“Axis1”为【基准面、轴或坐标系】的参考实体。这样，“Axis1”就定义了一个局部柱面系统，用来图解显示所需的应力（图解的定义见下一步骤），如图 16-12 所示。

步骤 15　图解显示 Hoop 应力。

确认取消勾选【零件穿越边界的平均结果】复选框。设置【变形形状】比例为【真实比例】，如图 16-13 所示。

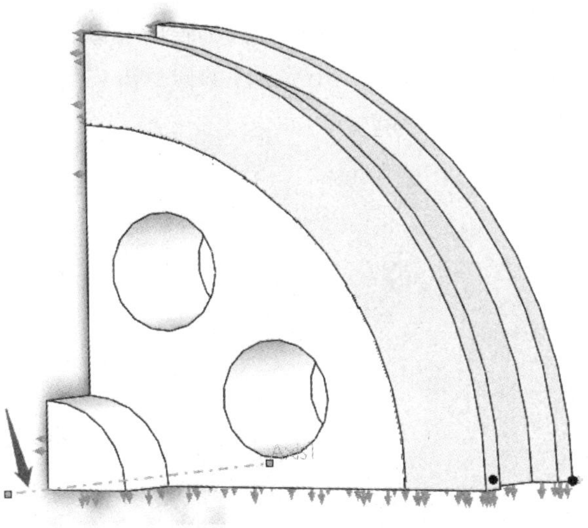

图 16-12　参考轴

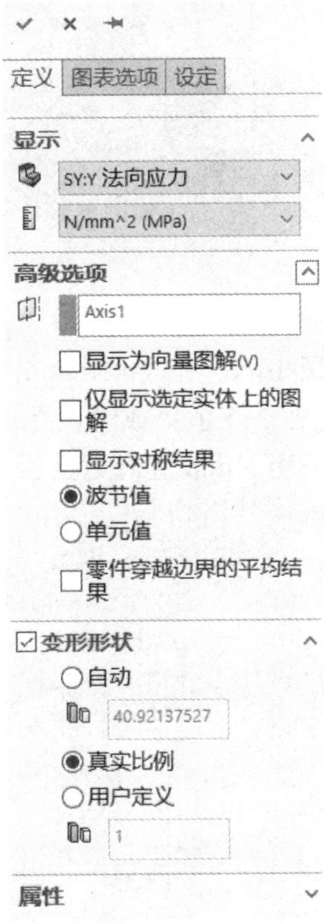

图 16-13　SY 应力分量

步骤 16　设置设定选项。

在【设定】选项中，选择【离散】作为【边缘选项】。

步骤 17　设置图表选项。

在【图表选项】下，选择【定义】并设置最大应力值为 620.40 MPa。

当应力图解在局部坐标系中显示应力分量时，原来熟悉的三重轴图标被一个圆柱坐标系中的符号所取代，如图 16-14 所示。

步骤 18　图解显示 Hoop 应力为向量图。

右键单击 Hoop 应力图标，展开【定义】中的【高级选项】。勾选【显示为向量图解】，不勾选【变形形状】复选框，然后单击【确定】按钮。

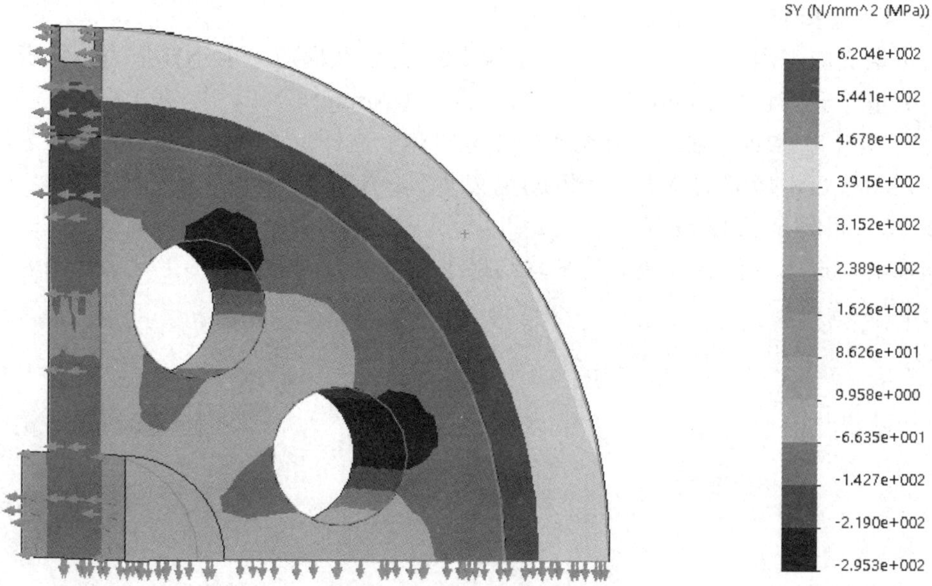

图 16-14 圆周应力结果显示

如图 16-15 所示，Hoop 应力显示为向量时，外围零件的向量方向为逆时针朝向，这表明 Hoop 应力是正值（或者说在周向呈拉伸状态）。与此相反，内部零件的向量方向为顺时针朝向，这表明 Hoop 应力为负值（或者说在周向呈压缩状态）。

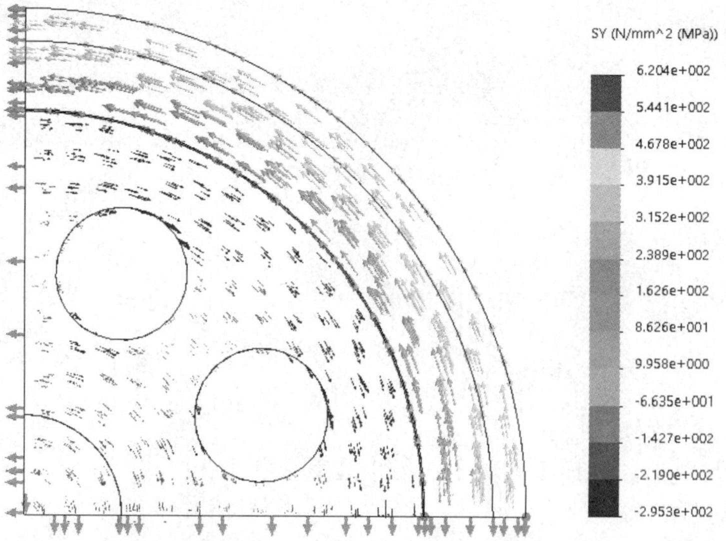

图 16-15 Hoop 应力图解显示

步骤 19 图解显示接触应力。

使用爆炸视图，以更清楚地显示图解中接触面上的接触应力。单击【定义应力图解】。

选择【SX：X 法向应力】，然后选择“Axis1”作为参考，设置【变形形状】比例为【真实比例】。在【设定】下选择【离散】作为【边缘选项】，然后单击【确定】按钮。

由于对应于两表面接触面的法向 SX 应力分量是沿着径向的，因此，SX 应力分量即是接触应力，如图 16-16 所示。

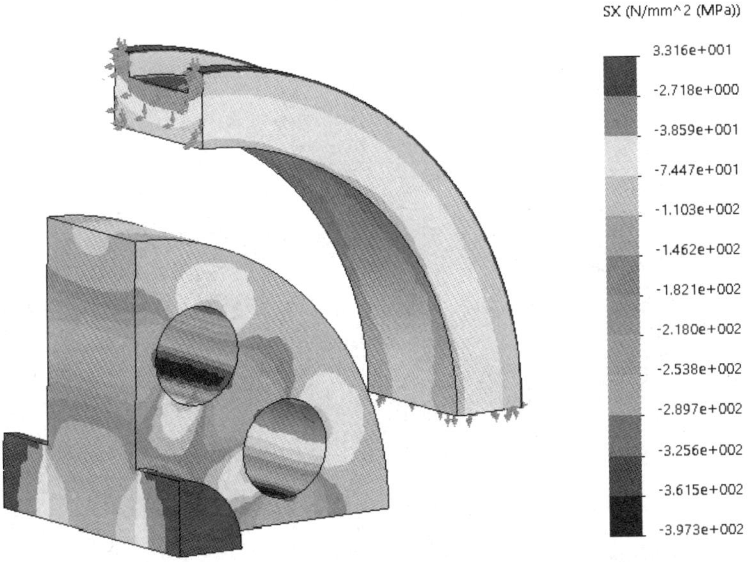

图 16-16　接触应力结果显示

步骤 20　探测应力结果。

单击【探测】。如果想对详细的应力结果进行探测，那么就需要一幅没有变形的图解。毫无疑问，两个表面上的应力大小是相等的，其中负号则表明应力是指向表面的，如图 16-17 所示。

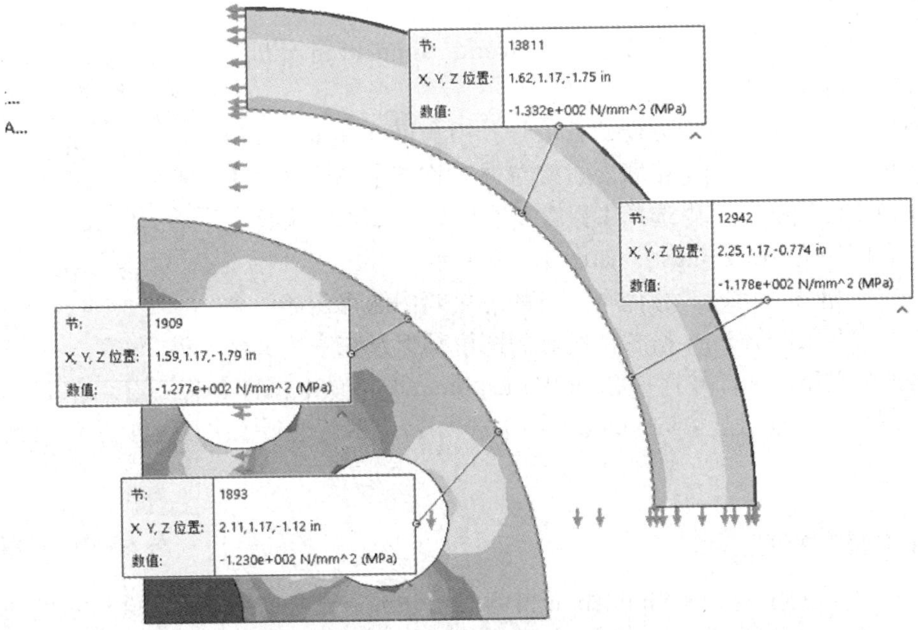

图 16-17　应力结果查询

步骤 21 图解显示接触压力。

单击【定义应力图解】，在【零部件】中选择【CP：接触压力】，然后单击【确定】按钮，如图 16-18 所示。

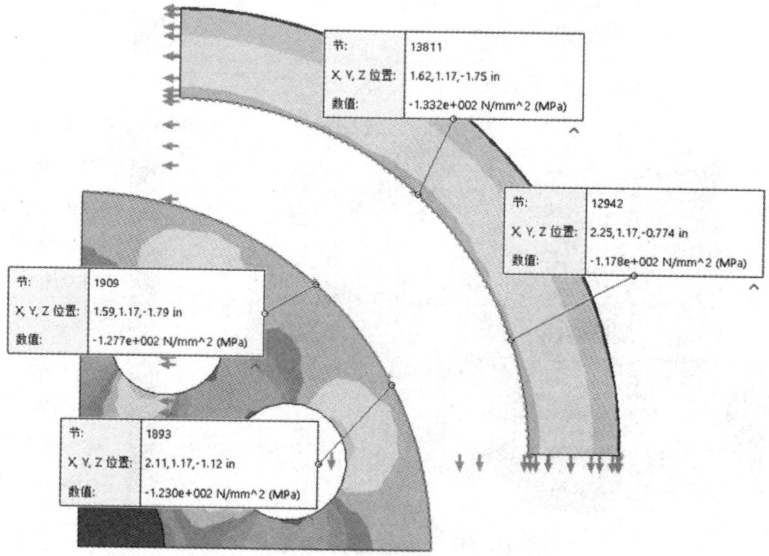

图 16-18 接触压力显示

4. 保存所有图解

算例中的每一幅图解都可以单独保存，用户可以选用提供的几种有效格式中的任何一种。想预览有效格式列表，右键单击任意一个图解图标，选择【另存为】，在【保存类型】菜单中查看选项。

用户可能会发现，最常用于传达 SolidWorks Simulation 分析结果的还是 eDrawings 格式。

比单独保存结果图解更为方便的方法是，用户可以一步保存所有图解为 JPEG 或 eDrawings 格式。右键单击【算例】或【结果】文件夹，在弹出的快捷菜单中选择【保存所有图解为 JPEG 文件】或【保存所有图解为 eDrawings】，如图 16-19 所示。

使用 JPEG 格式，可以对算例中定义的每一幅图解都创建一个对应的文件。使用 eDrawings 格式，所有的图解都保存在一个文件中。在这两种情况下，文件被存在 SolidWorks Simulation 的【报告】文件夹中（该报告可以通过【Simulation】/【选项】/【默认选项】/【结果】进行设置）。

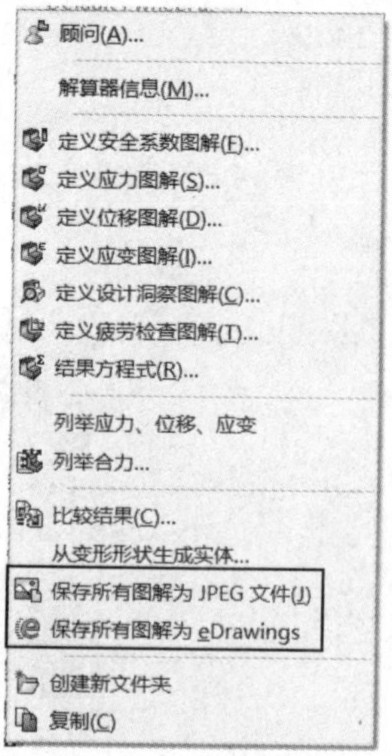

图 16-19 图解保存

5. “什么错”特征

有时，在定义 SolidWorks Simulation 模型或者分析结果时，用户可能会注意到“警告符号？？？”显示在 Simulation Study 树中。

要找出错误，可右键单击显示警告符号的算例项目（在 Simulation Study 树中）并选择【什么错】打开窗口。这个窗口列表显示当前算例项目的所有问题信息，且可以对有问题的算例要求摘要显示警告信息。

任务 2　带软弹簧的分析

1. 前处理

本任务前面部分介绍了阻止沿装配体轴向的刚体运动的方案，至少“rim”和“hub”上的一顶点必须施加轴向约束。如果没有这些约束，装配体沿轴向将只有零刚度。

现在将提出另外两个方案，来阻止没有两个顶点约束的模型的刚体运动，分别是使用软弹簧或惯性释放。

步骤 22　创建新算例。

复制已有的算例“shrink fit”到新算例“soft springs”中。

步骤 23　压缩轴向约束。

在算例“soft springs”中，右键单击“夹具-2”并选择【压缩】来取消轴向约束。

步骤 24　选择软弹簧选项来稳定模型。

（1）右键算例单击【属性】。右键单击算例“soft springs”并选择【属性】，如图 16-20 所示。

（2）定义【属性】。在【选项】选项卡勾选【使用软弹簧使模型稳定】复选框，并选择【Direet sparse 解算器】，然后单击【确定】，如图 16-21 所示。

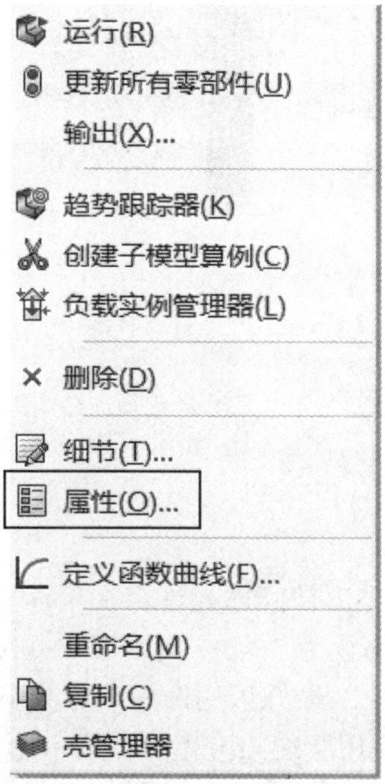

图 16-20　右键算例单击【属性】

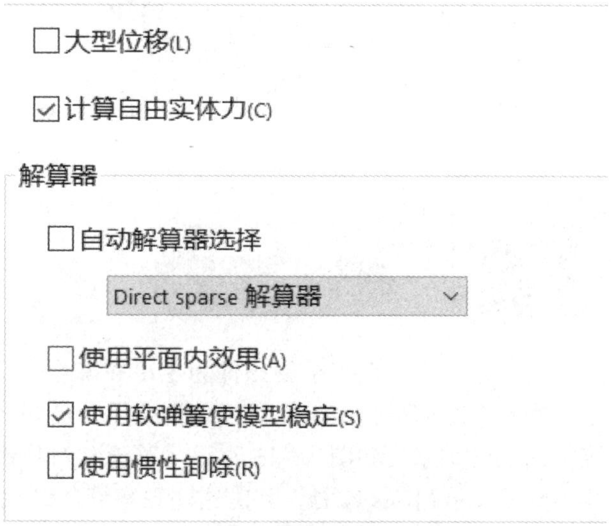

图 16-21　使用软弹簧使模型稳定

注意：软件中的“使用惯性卸除”应为“使用惯性释放”。

步骤 25 运行分析。

单击【运行此算例】。

2. 后处理

步骤 26 图解显示 Hoop 应力。

图解显示 Hoop 应力的分布，如图 16-22 所示，把上面的图解和前面算例的结果进行比较，可以发现它们实际上是相同的。

步骤 27 关闭所有打开的零件。

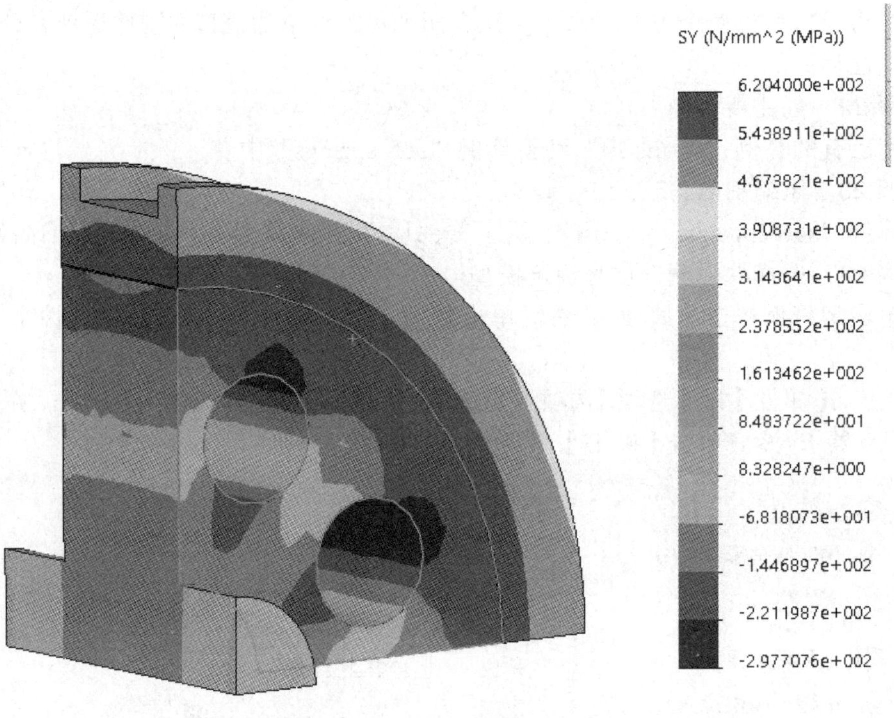

图 16-22 应力结果显示

项目总结

在分析中，仅仅当接触条件为【冷缩配合】时，装配零部件间才允许存在干涉。想要更好地查看【冷缩配合】条件下的分析结果，最好将变形比例设为 1：1。使用爆炸视图观察在接触面上的结果，如图 16-23 所示。对于轴对称部分的结果，最好采用圆柱坐标系显示。

除了 von Mises 应力，上述这些观察到的结论可专门应用于应力分量。作为一个标量值，von Mises 应力不受所选择的参考坐标系的影响。

为避免刚体运动，模型必须在轴向保持稳定。最直接的方法是在每个模型的顶点施加轴向约束，还可以通过【使用软弹簧使模型稳定】选项（即使用一层软弹簧围绕该模型）来提供一个无约束方向上的最小刚度。

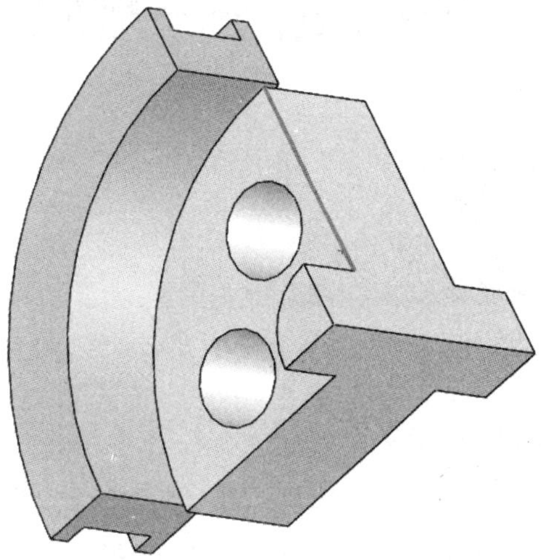

图 16-23　爆炸视图下的结果

项目 17

风格细化——万向节分析

学习目标

（1）了解分析包含多种接触条件和接头的复杂实体网格装配体。
（2）熟悉在定义局部无穿透接触条件中使用初始间隙。
（3）掌握自动生成局部接触定义。
（4）掌握使用螺栓、销钉、弹簧和点焊接头。
（5）掌握分析并评价实体有限元网格的质量。
（6）学会使用远程载荷特征以简化分析。
（7）学会使用和定义安全系数图解。
（8）学会在局部坐标系中施加制约。

重难点

（1）使用螺栓、销钉、弹簧和点焊接头。
（2）使用远程载荷特征以简化分析。

项目描述

一、万向节

在前面学习了如何在对零件进行分析时应用网格控制。本项目将在对装配体进行分析时应用网格控制。完成分析后，将创建一个安全系数图解以显示模型的安全系数。

在这个项目分析中，分析对象是一个万向节装配体。本项目将在装配体中指定多种接触类型，并对不同的接触条件应用不同的网格控制。

本项目将使用远程载荷取代已有的部分零部件，给装配体加载外力。由于不需要对替代的零部件划分网格及求解，这将加快装配体的分析。

首先，将采用草稿品质（一阶）的网格以获得初始解，然后再以高品质（二阶）的网格进行求解并比较其结果。

为了验证设计的合理性，本项目将创建一个“安全系数图解”以显示这个装配体的安全系数。

二、工况描述

如图 17-1 所示，万向节装配体是用来传递扭矩的，即从垂直方向传递到轴的倾斜方向。该装配体由支架背面的四个 M6 ANSI B18.6.7M 沉头螺栓连接在底座上，而底座则由两个 M8 的沉头螺栓连接到另一个结构件中。通过对手柄施加 2.5 N 的水平力来产生扭矩。从顶视图看，力的方向垂直于手柄臂，如图 17-1 所示。

轴刚性地连接在万向节头的底面并穿过支架的圆孔。假设因不正确的加工及轴与支架接触部分的摩擦引起的温升，接触部分会临时性接触，从而导致杆件把所有扭矩都传递到支架上。进一步增加的扭矩会使连接部分松脱，从而导致装配体开始旋转。

此外，轴的几何体会确保万向节头及 RevBracket 之间的距离不会比初始间隙 3.469 mm 更小，如图 17-2 所示。

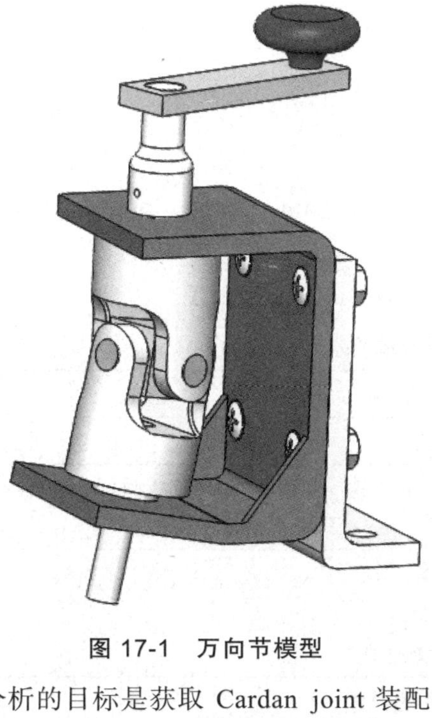

图 17-1　万向节模型

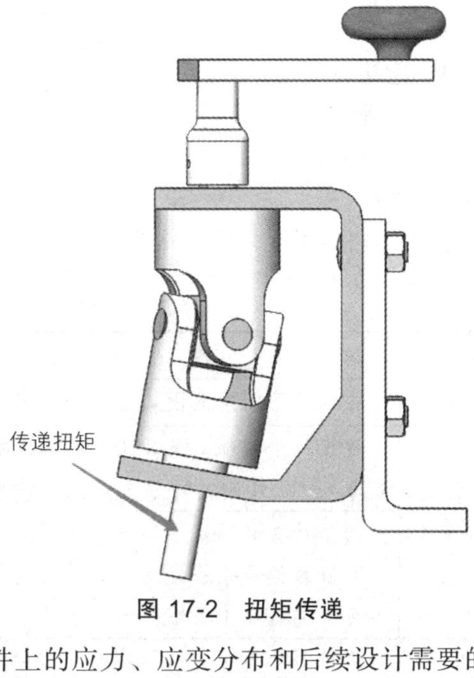

图 17-2　扭矩传递

分析的目标是获取 Cardan joint 装配体零部件上的应力、应变分布和后续设计需要的螺栓内力，在这里并不讨论轴、RevBracket 和 full-crank-assy 零件的变形和应力。

知识准备

一、连接零部件

SolidWorks 装配体中的配合不会转移到 SolidWorks Simulation 的接触定义中。因此，从 SolidWorks Simulation 的角度来看，装配体的零部件开始都是分离的，直到定义了合适的接触条件或接头来描述装配体零部件之间的相互作用。

采用数学上的接头来替代创建一个真实的接头模型，会极大地加快分析的进程。因为这样会减少网格和接触的数量，因此求解速度也将提高很多。本章的主要目的是学习 SolidWorks Simulation 中提供的各种接头类型。

二、接　头

当分析一个带接头的装配体时，通常并不需要分析接头本身，而只是对接头周围的部分进行分析。因此，用 SolidWorks Simulation 中的接头替代真实的接头模型，可以加速分析进程，因为接头并不需要划分网格和求解。

SolidWorks Simulation 提供了如下几种接头类型：

（1）刚性。
（2）螺栓。
（3）弹簧。
（4）连接。
（5）点焊。
（6）弹性支撑。
（7）轴承。

表 17-1 列出了可用的接头选项。

表 17-1　可用的接头选项

接头类型	定　义
刚性	在选定面间定义固定连接。连接面没有形变
弹簧	连接一个组件（或实体）表面和另外一个组件（或实体）表面，之间指定正常（编者注：法向）和正切刚度的分布弹簧。弹簧数值可以是分布或总和
	两个表面必须是平坦的，并且两个表面相互平行。 可以为弹簧接头指定预载荷。 可选类型有【压缩与延伸】、【仅压缩】、【仅延伸】
销钉	连接两个零部件的圆柱面。有以下两种销钉接头： （1）【使用固定环（无平移）】。指定的销可以避免在两个圆柱面间沿轴向相对平移。

续表

接头类型	定　义
销钉	（2）【使用键（无旋转）】。指定的销可以避免在两个圆柱面间相对旋转。 相对于轴向和旋转方向的刚度数值也可以一并指定。销钉材料和强度数据可以通过运行一次合格（不合格）销钉检查来指定
弹性支撑	在部分或整个装配件的某个表面和地面之间定义一个弹性的基础。这些面不一定是平坦的。 在表面上某一点的刚度分布表现为在这个点周围无限小的一块区域的刚度密度。 假设切向和法向刚度分量为常量，且在该面任意点的切线和法线方向都是定向的。 弹性支撑可以定义在任意带曲率的表面。 可以在夹具菜单中找到这个接头
螺栓	在两个零部件之间或者在一个零部件和地面之间定义螺钉接头。 支持带螺母和不带螺母的螺钉接头。 材料属性可从材料库中获得，并提供各种预载荷选项
点焊	在两个实体表面或两个壳体表面定义接头来模拟点焊连接
边焊缝	在两个壳特征之间，或一个壳与一个实体特征之间，定义一个接头来模拟边线焊接。 其中包含单边和双边的圆角和坡口焊接
连接	通过在两端均被铰链连接的刚性螺栓来绑定任意模型上的两个指定区域。 在变形中，这两个指定区域间的距离保持不变。 连接不限制在两端的旋转
轴承	通过轴承模拟轴和支撑之间的相互作用

【连接】操作：

（1）快捷菜单：右键单击【连结】，然后选择连接类型。

（2）Command Manager：【Simulation】/【连接顾问】，选择连接类型。

三、自动转换【Toolbox 紧固件到螺栓】

这个工具会将模型中的 Toolbox 紧固件自动转换为 Simulation 的螺栓接头。在转换过程中，与位置、几何特征以及 Toolbox 紧固件材料相关的信息都会内在地映射到对应螺栓接头的规格中。自动转换支持下面五种类型的螺栓接头：

（1）带螺母的标准或柱形沉头孔。

（2）带螺母的锥形沉头孔。

（3）标准或柱形沉头孔螺钉。

（4）锥形沉头孔螺钉。

（5）地脚螺栓。

提示：此功能只在 SolidWorks Simulation Professional 版本及以上的版本中才有。

【Toolbox 紧固件到螺栓】：

（1）快捷菜单：右键单击【连结】文件夹并选择【Toolbox 紧固件到螺栓】。

（2）菜单：【Simulation】/【接触/缝隙】/【Toolbox 紧固件到螺栓】。

（3）当定义一个新的【静应力分析】算例时，在【选项】下方选择【将 Toolbox 紧固件转换为螺栓接头（可能需要较长时间）】。

任务 1　使用草稿品质的粗糙网格进行分析

在本任务中，将使用在 SolidWorks Simulation【查找相触面组】工具帮助的情况下定义适当的接触条件。

1. 项目准备操作

步骤 1　打开装配体。

打开文件“Cardan joint.sldasm”。

步骤 2　设定 SolidWorks Simulation 选项。

设定全局【单位系统】为【公制（I）（MKS）】,【长度/位移（L）】单位为【毫米】,【压力/应力（P）】单位为【N/mm^2（MPa）】。将结果储存在 SolidWorks 文档文件夹下的结果子文件夹中，如图 17-3 所示。

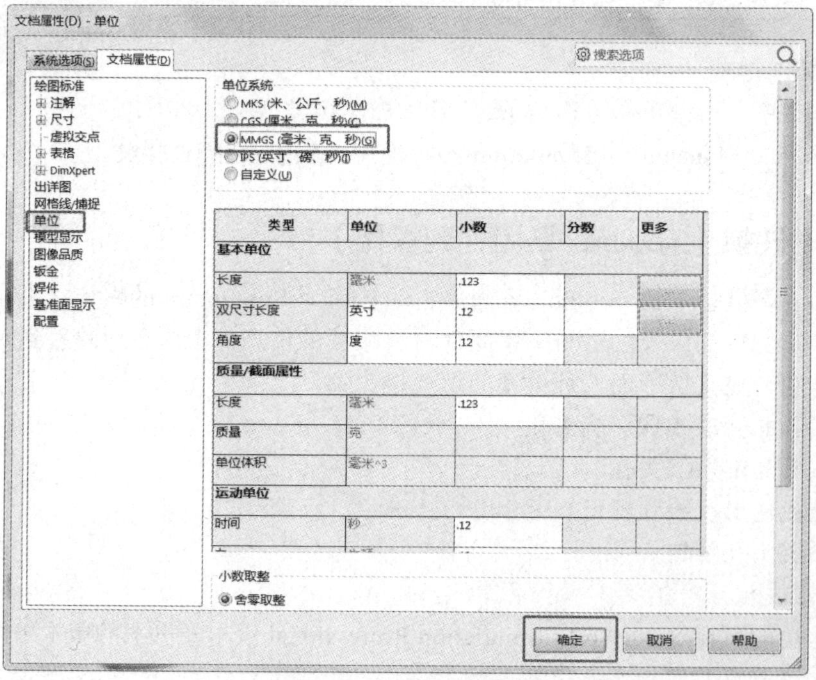

图 17-3　设置【单位】

步骤 3　激活配置 Without_crank。

该步骤将压缩曲轴（crank-shaft）、曲柄臂（crank-arm）、曲柄把手（crank-knob）以及轴（shaft）。单击【配置】，选定【Without_crank】，如图 17-4 所示。

图 17-4　激活配置

步骤 4　创建静应力分析算例。

单击下拉菜单，选择【新算例】/【静应力分析】。创建一个名为“stress analysis”的算例。

步骤 5　指定材料属性。

单击【应用材料】。从 SolidWorks materials 库中指定装配体中所有零件的材料为【合金钢】。

步骤 6　修改“RevBracket”和底座材料属性。

在【零件】文件夹下，右键单击“RevBracket”并选择【应用/编辑材料】。指定该零件的材料为【1060 合金】。重复这一步骤，指定零件“base_plate”的材料为【1060 合金】。

2. 远程载荷

【远程载荷】选项允许用户在划分网格前简化装配体，并有利于减小网格尺寸。

1)【远程载荷】操作

（1）Command Manager：【Simulation】/【外部载荷顾问】/【远程载荷/质量】。

（2）快捷菜单：右键单击【外部载荷】并从弹出的快捷菜单中选择【远程载荷/质量】。

（3）菜单：【Simulation】/【载荷/夹具】/【远程载荷/质量】。

2）远程载荷示例

如图 17-5 所示，以本任务整体模型为例，载荷施加在圆手柄的外圆球面上。但任务的注意力是万向节主体的分析上。

利用【远程载荷】选项，可以省略手柄的建模，但仍可以对万向节施加载荷，就像手柄仍存在一样。取代整体装配体分析，可以只把万向节主体部分来做分析。应用【远程载荷】菜单，在手柄接触的面（外圆柱面、平面）上施加载荷，如图 17-6 所示。

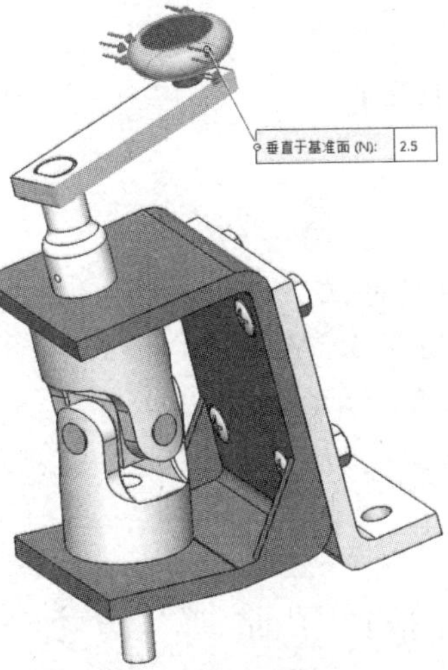

图 17-5　整体模型

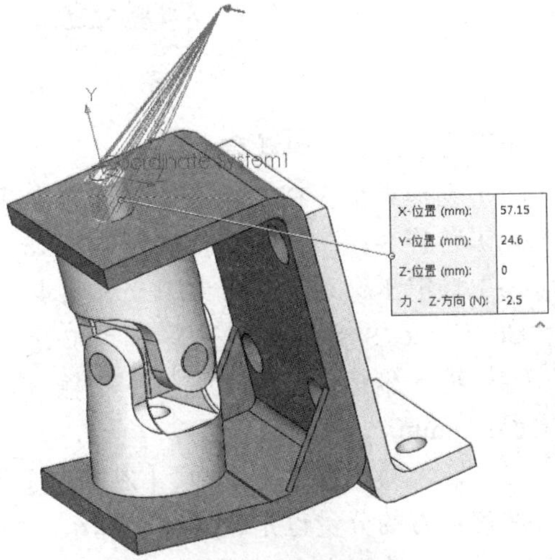

图 17-6　远程载荷选项

【远程载荷】必须定义在【远程载荷/质量】菜单中的参考坐标系中。

下面列举了 3 种定义远程载荷的方法：

（1）【载荷（直接转移）】：适用于忽略的零部件（外支架）柔软，假设分析部件为壶罐。原本加载于外支架的载荷应用到了壶罐的分割面上，并以等效载荷和力矩表示。

（2）【载荷/质量（刚性连接）】：适用于忽略的零部件非常坚硬，可以假设为刚体。在这种情况下，施加载荷的表面由不可见的刚性杆连接到载荷施加的点。该选项也允许指定一个位于远端的隔离质量体。当含有重力（或其他为常量的加速度载荷）或执行一个频率分析时，该特征显得非常实用。

（3）【位移（刚性连接）】：是【远程载荷】定义中的第三个选项，也适用于当忽略的零部件非常坚硬且可假设为刚体时，但是载荷需要指定为规定的位移。在这种情况下，载荷施加的表面也由不可见的刚性杆连接到载荷施加的点。

步骤 7 启动【远程载荷/质量】。

因为并不关注曲柄臂、轴以及把手零件上的应力及变形，将采用远程载荷特征来简化分析。

右键单击【外部载荷】文件夹并选择【远程载荷/质量】，如图 17-7 所示。

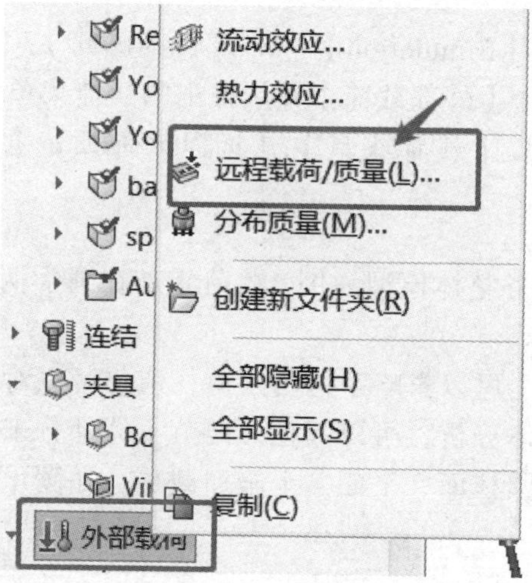

图 17-7 启动【远程载荷/质量】

步骤 8 设定远程载荷。

（1）选择类型。在【类型】中选择【载荷（直接转移）】。

（2）转移表面。扭矩将传递到“Yoke_male”把手圆柱面上。

（3）选定坐标系。在【参考坐标系】中选择【用户定义】，从 SolidWorks 展开菜单中选择“Coordinate System 1”。力的远程位置将根据这个局部坐标系确定。

（4）输入坐标值。在【位置】中输入坐标值，X-位置：57.15 mm；Y-位置：24.6 mm；Z-位置：0 mm。

（5）输入力。在【力】中，【Z-方向】指定为 – 2.5 N。

注意：力的分量也是建立在坐标系“Coordinate System 1”上的。

（6）单击【确定】，如图 17-8 所示。

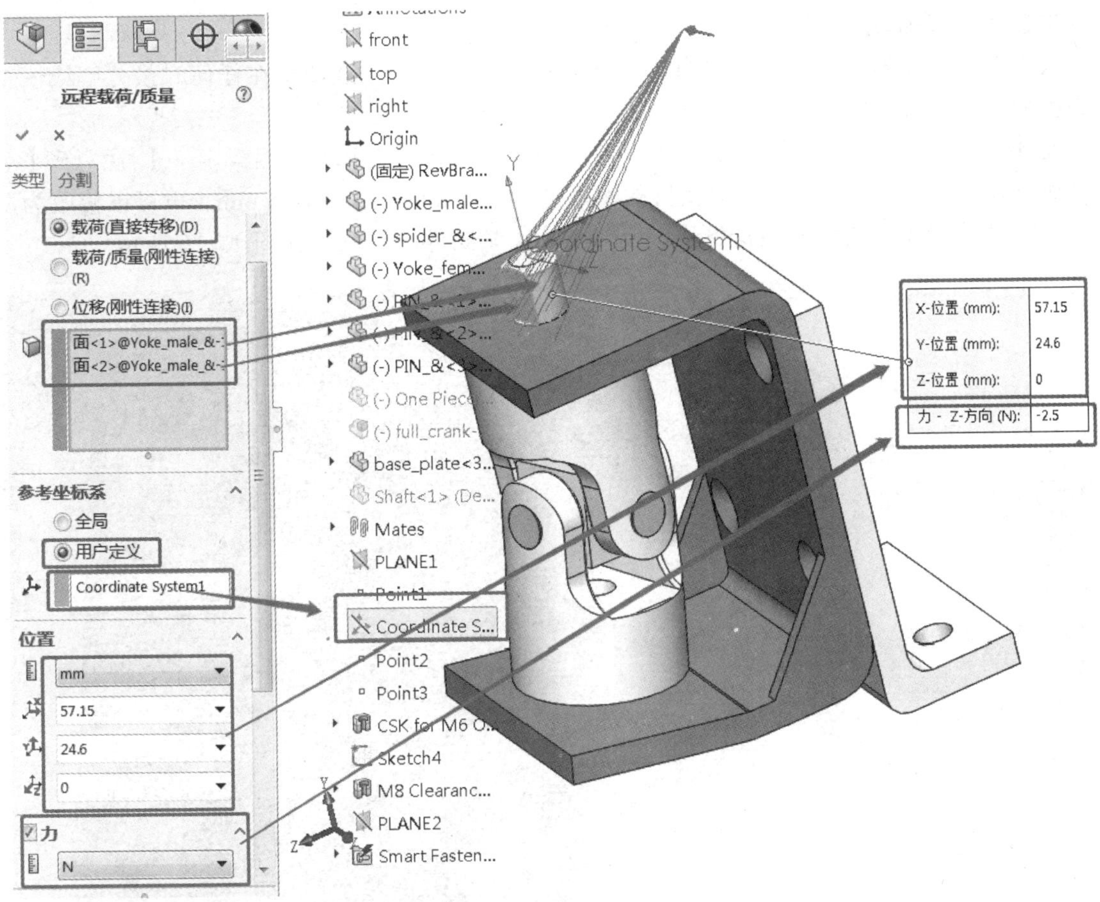

图 17-8 设定远程载荷

提示： 选择【载荷（直接转移）】时，假定曲柄子装配体和零件“Yoke_male”之间的连接可能会有松动，原因是曲轴、曲柄臂及曲柄把手制造的材料比合金钢要软。

步骤 9 自动添加螺栓接头。

单击【Toolbox 紧固件到螺栓】。由于模型中定义螺栓接头的【智能扣件】来自 SolidWorks Toolbox 库，M6 螺栓的规格会自动传至 SolidWorks Simulation 中，而且会显示如下的信息：4 Simulation 螺栓接头已创建成功，已用时间：2 s。

在上面的对话框中单击【确定】。创建于 Toolbox 紧固件的接头将自动组成到一个单独的文件夹中，如图 17-9 所示。

图 17-9 添加螺栓接头

步骤 10 编辑螺栓接头。

从这个组中编辑一个接头，将自动修改其他接头的定义。这使得在任何时候分解或恢复接头系列变为可能。

展开【接头】文件夹下的 B18.6.7M，右键单击一个螺栓并选择【编辑定义】。注意到【名义轴柄直径】和【螺母直径】自动获得的参数分别为 6 mm 和 11.112 5 mm，也可以修改为所需的实际设计直径参数，但是这将打破与 Toolbox 紧固件的关联，如图 17-10 所示。

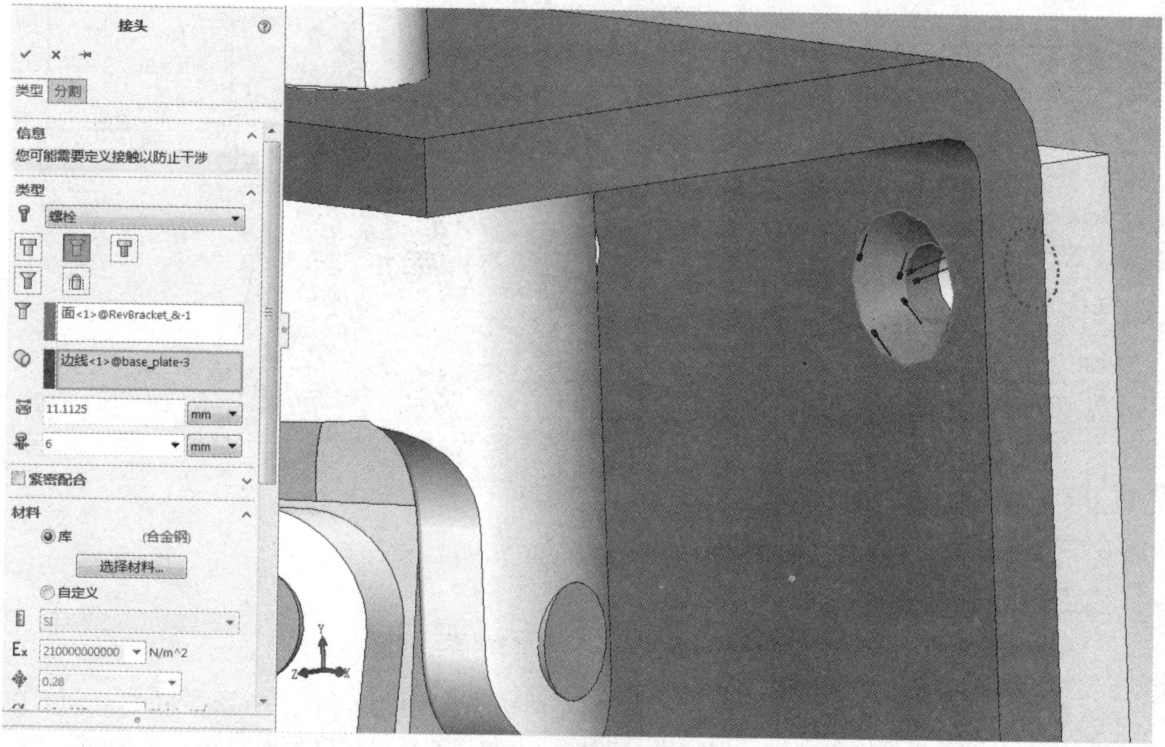

图 17-10 定义螺栓接头

提示：在实体几何上的紧固件在分析时已被排除，因为它们被算成【连结】。

3. 螺栓的紧密配合

【紧密配合】选项不仅控制螺栓杆是否直接与孔接触，还控制螺栓孔的壁面是否会发生变形。如果螺栓的刚度明显小于零部件的刚度，柔软的螺栓杆不会使孔壁产生变形。在这种情况下，应该取消勾选【紧密配合】复选框。如果两种材料的刚度相当，或螺栓的刚度明显大于零部件的刚度，则应该勾选【紧密配合】复选框。如果螺栓直径小于螺栓孔的直径，一般应取消勾选【紧密配合】复选框。在这种情况下，材料的刚度特性不再重要。

螺栓强度数据：强度数据用来判定一个螺栓接头是否能够安全地承受住所加载的载荷。在后处理期间，需要用到下面的数据来判定螺栓接头是否处于安全状态。

（1）张力应力区域（A_t）：可以手动输入【已知张力应力区域】，或者在设置为【已计算的张力应力区域】时由软件计算得出，如下：

Iso 螺纹线：

$$A_t=0.7854[d-(0.9382/n)]^2$$

式中：d——直径，来自 Toolbox 紧固件数据（mm）；

n——螺纹数量（螺纹线/mm）。

ANSI 螺纹线：

$$A_t=0.7854[d-(0.9743/n)]^2$$

式中：d——直径，来自 Toolbox 紧固件数据（in）；

n——螺纹数量（螺纹线/in）。

（2）螺栓强度：默认情况下，它等于螺栓材料的弹性模量，但也可以根据需要进行修改。

（3）安全系数：根据螺栓接头抵抗载荷的组合载比，用户定义的数值将与软件计算的螺栓强度安全系数进行对比。当计算所得螺栓强度安全系数大于用户定义的数值时，认为螺栓接头是安全的。

4. 螺栓预载

螺栓预载可以直接通过输入轴向力来定义，也可以通过扭矩间接定义。当输入扭矩（T）时，SolidWorks Simulation 将转换为轴向力，即螺栓预载荷。公式如下：

$$F=\frac{T}{KD}$$

式中：D——螺栓直径；

K——摩擦系数（即为扭矩系数）。

摩擦系数 K 的计算公式很复杂，可以参考 J.E.Shigley（1986）编著的《Mechanical Engineering Design》。然而，当 K=0.2 时在多数实际例子中非常适用。

下面的公式将自动计算出转换 Toolbox 紧固件的螺栓预载：

$$F=0.75\times A_t\times\sigma_{0.2}$$

式中：A_t——张力应力区域；

$\sigma_{0.2}$——对于无明显屈服的金属材料，规定以产生 0.2%残余变形的应力值为其屈服极限，称为条件屈服极限或屈服强度。

可以根据需要更改预载的数值。

步骤 11 检查材料、强度数据和预载。

如图 17-11 所示，下拉接头属性面板，确保材料选择【合金钢】。由于接头来自 Toolbox 紧固件，【强度数据】中的【已知张力应力区域】显示了【螺栓强度】和【安全系数】。

因为这是一个标准 Toolbox 紧固件，所以【预载】也是计算出来的。单击【确定】，完成螺栓接头的定义。

步骤 12 定义底座与地面之间的螺栓接头。

单击【螺栓】，在【类型】中选择【地脚螺栓】，在【螺栓螺母孔的圆形边线】中选择底座螺栓孔的边线。在【目标基准面】中选择“PLANE2”特征，如图 17-12 所示。

同样，【螺母直径】和【名义轴柄直径】是根据 SolidWorks 孔特征预定义的，可以根据需要修改。这里分别设为 13.5 mm 和 9 mm。

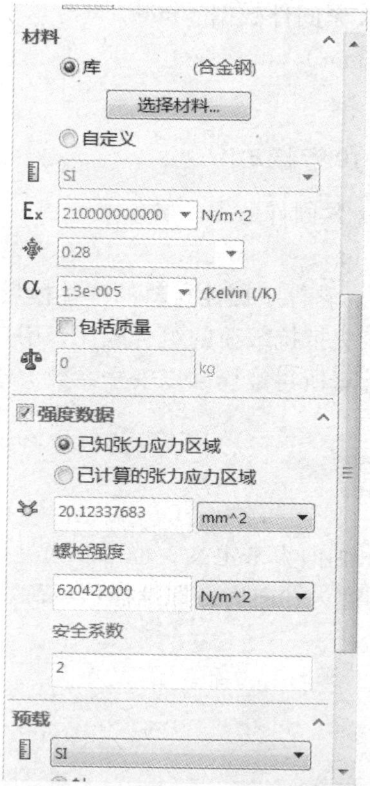

图 17-11　检查材料、强度数据和预载

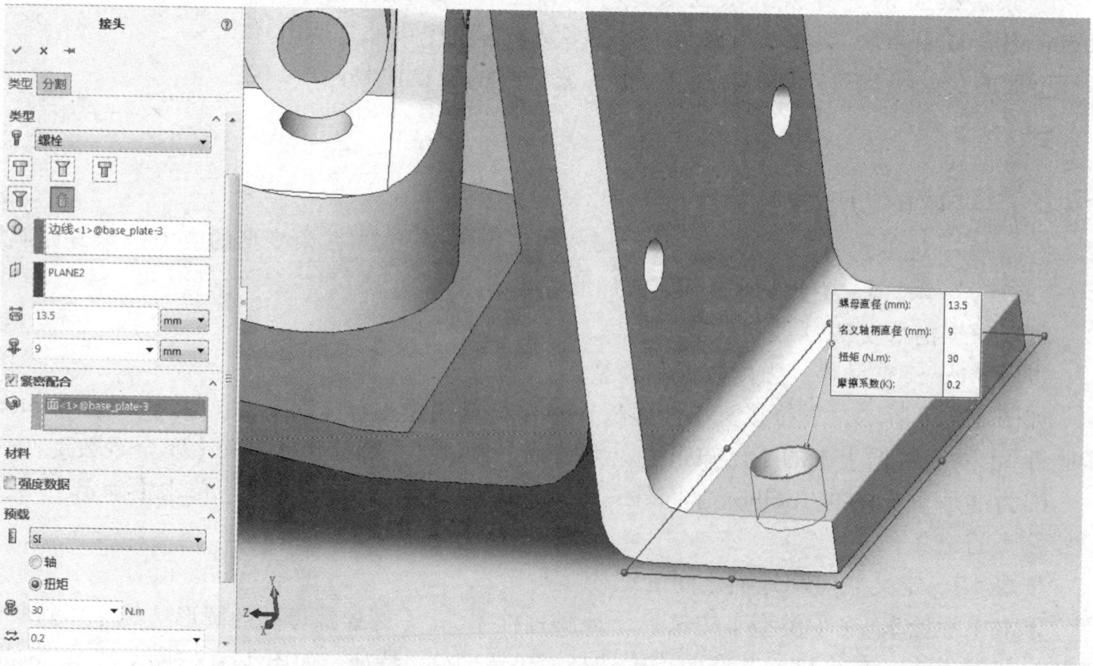

图 17-12　定义螺栓接头

勾选【紧密配合】复选框，并在【柄接触面】中选择螺孔的圆柱面。将螺栓【材料】设为【合金钢】,【扭矩】预载为“30 N · m”,【摩擦系数（K）】为“0.2”。

步骤 13 孔系列。

因为螺栓接头使用 SolidWorks【孔系列】特征进行定义，SolidWorks Simulation 将显示如下信息：“您想将螺栓接头添加到孔系列中的所有孔吗？”单击【是】，将螺栓添加到所有孔。若单击【否】，则只对所选孔添加一个螺栓。

在上面的对话框窗口中单击【是】，自动生成其余的地脚螺栓。

技巧：【紧密配合】选项不会复制到其余的孔上，用户必须手工添加。

【接触直观图解】操作：

【接触直观图解】用来识别现有的基于几何的接触，以及由用户定义的网格相关的求解器生成的接触。基于几何的接触包含所有几何实体，例如边线、表面或实体。它们始终相互接触，并由自动或手动的方式定义全局、零部件级别或局部接触面组。

定义接触的模型区域将对每种接触类型渲染独一无二的颜色，支持的接触类型见表 17-2。

表 17-2 接触类型及其颜色

接触类型	颜色	接触类型	颜色
接合	（红）	虚拟壁	（黄）
无穿透	（紫）	接触热阻	（紫）
允许贯通	（绿）	绝缘	（绿）
冷缩配合	（橙）		

【接触直观图解】操作：

右键单击【连结】文件夹并选择【接触直观图解】。

提示：此功能只在 SolidWorks Simulation Professional 版本及以上的版本中才有。

步骤 14 在装配体中定义所有接触。

右键单击【连结】文件夹并选择【接触直观图解】。确保在【选择零部件】下方高亮显示的文件是“Cardan joint.SLDASM”，单击【计算】。浏览并分析被识别出的接触界面，如图 17-13 所示。

单击【确定】。由于接触的数量太多，将自动生成接触面组。

步骤 15 切换到爆炸视图。

爆炸该视图以方便定义接触条件。

步骤 16 删除全局接触。

为保证没有两个零件是接合的，可以删除全局接触的条件。当分析复杂的装配体时，这是一个好习惯。任何错误的或忽略定义的接触条件可能导致求解时出现问题或显示错误的位移结果。

【删除】顶层装配体零部件接触（全局接触），如图 17-14 所示。

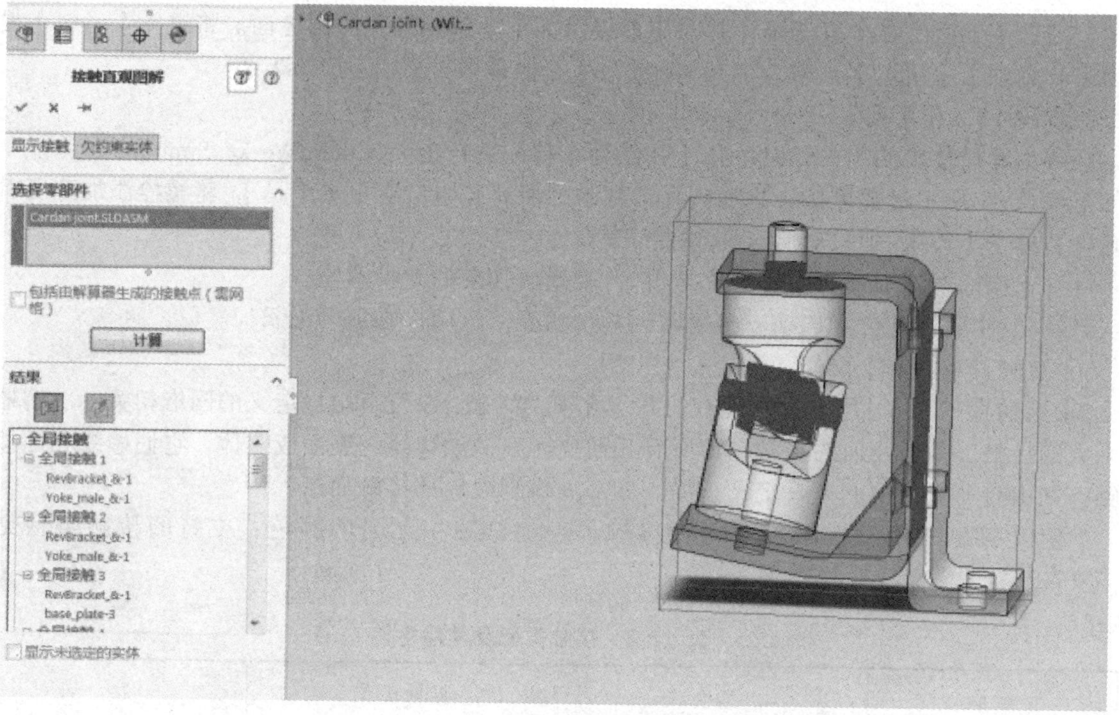

图 17-13　接触直观图解

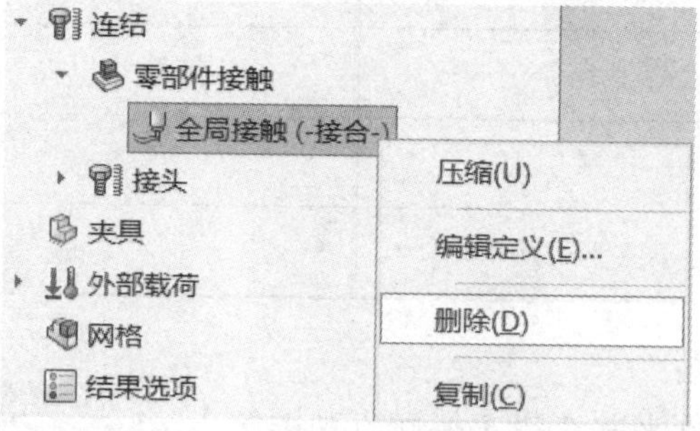

图 17-14　删除全局接触条件

5. 局部相触面组

已经删除了全局接触条件，以确保不会存在两个面相互接触。对大多数装配体而言，仅靠一种接触条件（本任务中采用的允许贯通）并不能满足所有接触，因此必须对每个不符合全局接触条件的相触面组调整接触类型。

1）自动查找相触面组

【自动查找相触面组】功能可以自动地在一个装配体中定义接触。

2）操作方法

（1）Command Manager:【Simulation】/【连接顾问】/【相触面组】。
（2）快捷菜单：右键单击【连结】并选择【相触面组】。
（3）菜单:【Simulation】/【接触/缝隙】/【定义相触面组】。

提示：在【接触】中选择【自动查找相触面组】。

步骤 17　选择无穿透接触的高级选项。

编辑 Simulation 的【默认选项】。在【网格】文件夹中勾选【为接触面组定义显示高级选项】复选框。

步骤 18　定义局部相触面组。

可以利用 SolidWorks Simulation 的自动生成接触面组功能。右键单击【连结】文件夹，选择【相触面组】，如图 17-15 所示。

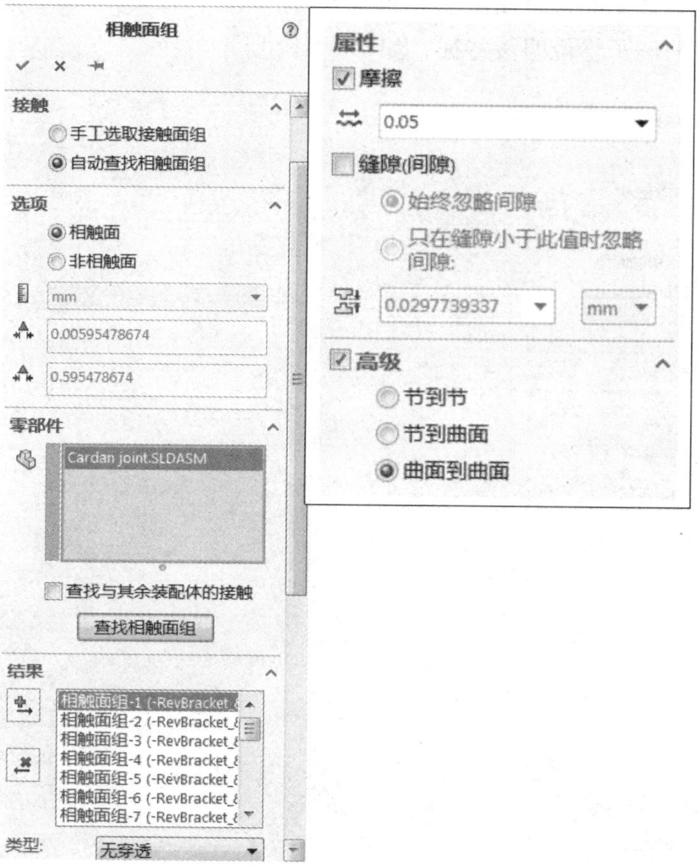

图 17-15　定义相触面组

在【接触】中选择【自动查找相触面组】，在【选项】中选择【相触面】，在【零部件】中，选择顶层装配体。单击【查找相触面组】，所有查找到的相触面组列在【结果】选项中，可以单击每一个结果浏览查看相触面组。

在【结果】选项中选择所有的相触面组。然后在【类型】中选择【无穿透】，勾选【摩擦】复选框，指定【摩擦因数】为“0.05”。勾选【高级】复选框并选择【曲面到曲面】。

最后单击【确定】两次，所有相触面组将会自动生成，并列在【连结】文件夹下。

提示：也可以使用【节到曲面】【节到节】和【无穿透】的接触选项。然而，【节到节】选项（全局、零部件或局部接触）会强制使用兼容网格，而【节到曲面】选项（仅限于局部接触）可能会得到不精确的接触应力。

1）无穿透的局部接触选项

本模型表明，轴的存在确保万向节及外支架零件之间的距离不会比初始间隙 3.469 mm 更小，因此可以在【无穿透】接触条件中设置【缝隙（间隙）】选项来模拟这个约束。

2）【缝隙（间隙）】选项

该特征强制接触缝隙只等于参与实体之间的初始几何距离。这个特征选项允许用户以一个特定相触面组，选择是否初始几何间隙应当被加载到接触对中所有的实体上，或是只加载到初始间隙小于用户定义的接触面组上，如图 17-16 所示。

缝隙示例下面的例子将说明该特征，如图 17-17 所示。

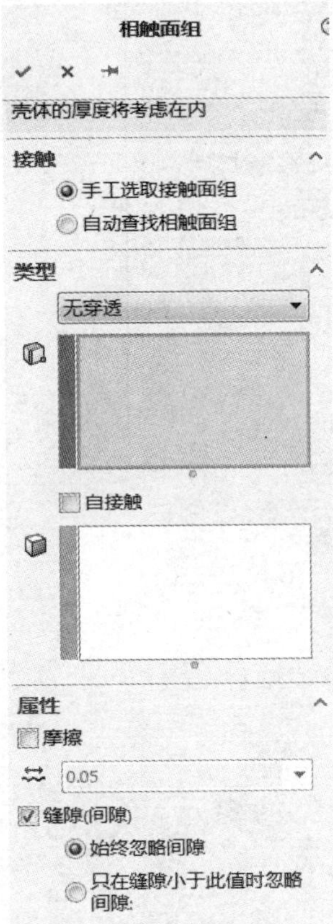

图 17-16　缝隙选项

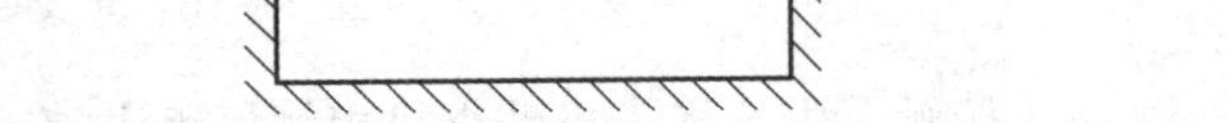

图 17-17　缝隙示例

（1）如果在【缝隙（间隙）】选项中选择【始终忽略间隙】，沿着指定源项边线允许接近，使得它们的初始几何间隙值小于 3 mm 或 7 mm。然而，沿着指定源项边线的所有点都允许沿反方向进一步分离。

（2）如果忽略间隙条件为小于 4 mm，则 3 mm 的接触部分会和上面描述的结果一致，而 7 mm 的接触部分允许完全相触（如果指定了适当的载荷）。

步骤 19　定义万向节及外支架间的接触。

（1）【相触面组】。定义一个【无穿透】【节到曲面】的相触面组，类型中【组 1】指定轴和万向节接触面的边线，而选择外支架的一个表面为【组 2】。

（2）【属性】。在【属性】中，勾选【缝隙（间隙）】复选框并选择【始终忽略间隙】，在【高级】选项中，选择【节到曲面】。单击【确定】，如图 17-18 所示。

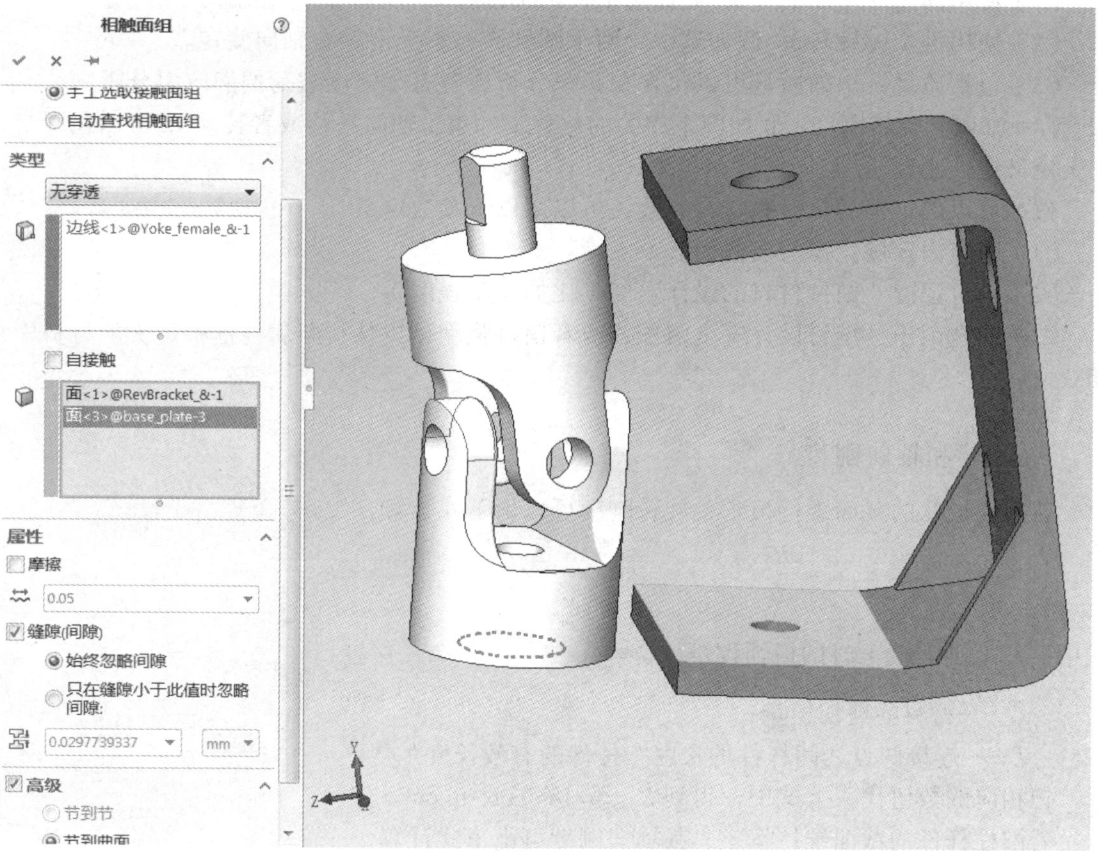

图 17-18　定义接触

提示：之所以选择【节到曲面】接触，是因为第一组中的实体是一条边线，所以不能采用【曲面到曲面】的选项。同时，使用边线可以简化计算。当然，也可以选择轴和万向节之间的接触表面。

上面的接触条件会确保两个实体之间的距离不会比初始间隙 3.469 mm 更小，但是允许相互分离。最终的约束必须确保万向节和外支架的圆柱面同轴对齐，这两个圆柱面一直连接在一起以传递扭矩（它们由轴连接）。若没有此条件，万向节就会自由转动，得到的结果有可能是错误的或不准确的。如果不用轴这个模型，也可以使用销钉接头。为了能够和孔对齐，销钉接头必须具有旋转和轴向刚度。

6. 销钉连接

最后的约束必须保证圆柱开口在“Yoke_female”和“RevBracket”保持对齐并能传递扭矩（它们从物理上是用滑块连接）。没有这个条件时，微分方程式会自由转动以至求解失败或者不准确。因此，我们用销钉连接去代替模型上的滑块。

销钉连接能够保证在变形过程中两个连接的圆柱面保持同轴。这两个面是不允许变形并且能够保持是圆柱的。

销钉连接提供以下选项：

（1）使用固定环（无平移）：假如选中，两个圆柱面将不允许存在轴向平移。

（2）使用键（无旋转）：假如选中，两个圆柱面将不允许存在轴向旋转。

（3）包括质量：销的质量可以包含在频率分析或者有加速度载荷的静应力分析中。

（4）轴向和旋转刚度：假如两个相关的位移不约束（轴向平移或者转动），可以在两个方向上定义线性刚度。

假如可以确定销的几何和材料参数，可以用以下参数定义：

（1）张应力区域：销的横截面。

（2）销钉强度：销钉材料的设计强度（比如屈服强度）。

（3）安全因子：销钉设计安全因子，或者销钉强度可以从材料属性框中定义的材料中自动获取。

7. 旋转和轴向刚度

若圆柱形状的截面维持恒定，旋转刚度可以由下式计算：

$$K_{ROT}=\frac{JG}{L}$$

式中：J——半径为 r 时的极惯性矩，$J=\frac{\pi r^4}{2}$；

G——材料的剪切模量；

L——连接两点之间杆件的长度（杆件的有效长度）。

把相应的数值代入上式中，得到 $K_{ROT}=18403\ \text{N}\cdot\text{m/rad}$。

若圆柱杆件的截面维持恒定，其轴向刚度可由下式计算：

$$K_{AXIA}=\frac{EA}{L}$$

式中：E——杨氏模量；

A——圆周半径为 r 时的横截面面积，$A=\pi r^2$；

代入上式得到 $K_{AXIA}=4.313\,5\ \text{N/m}$。

步骤 20 定义万向节和外支架之间的接头。

在万向节和外支架的开口圆柱面之间定义【销钉】接头，如图 17-19 所示。在【连接类型】中，不勾选【使用固定环（无平移）】和【使用键（无旋转）】复选框。同时在【高级选项】中，【轴向刚度】输入“4.3135×10^9”，【旋转刚度】输入“18403”，单击【确定】。

底座使用地脚螺栓与地面连接，地脚螺栓在某些位置可自由移动，如沿着螺栓的轴向和螺母边线方向等。为了正确模拟地脚螺栓的连接同时又不增加底座模型，可以使用【虚拟壁】、局部【无穿透】特征来实现。

虚拟壁有两种可用的类型：【刚性】和【柔性】。【刚性】为假设刚度无穷大，可用于模拟非常坚硬的底座。如果类型选择了【柔性】，则必须定义【轴向】和【切向】有效的基本刚度值。这种方法便于用户模拟复合底座（墙壁），并且不需要把它们列入模型中。

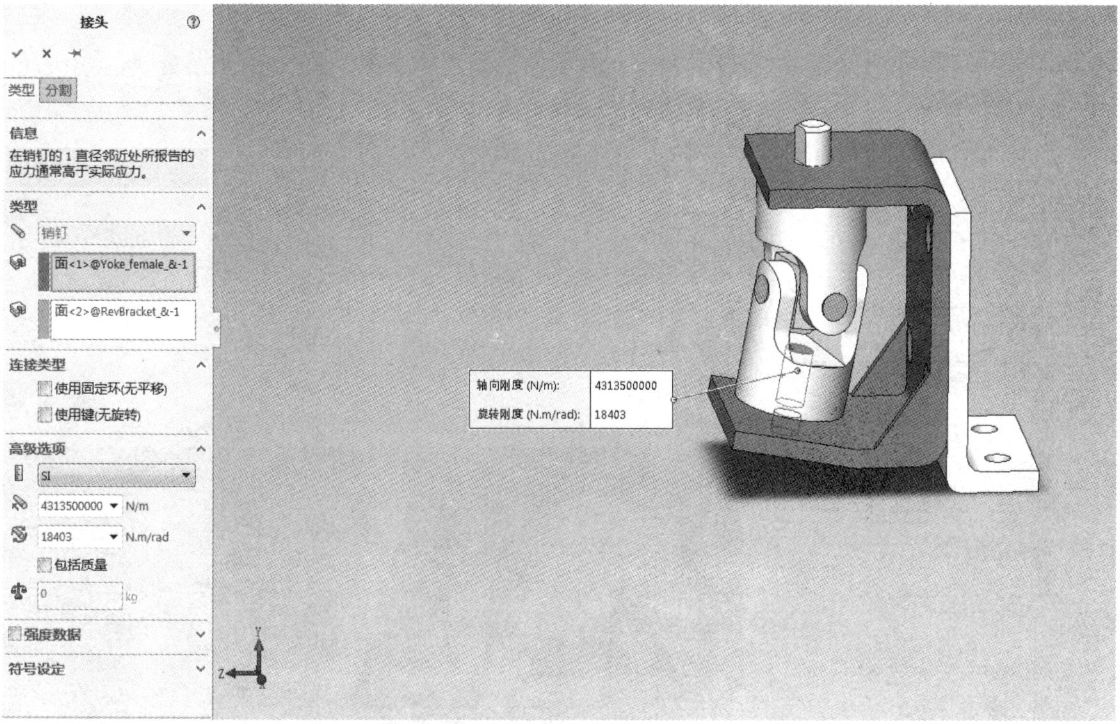

图 17-19　定义销钉接头

两种类型均支持【摩擦系数】和【缝隙（间隙）】接触特征，如图 17-20 所示。

图 17-20　定义虚拟壁刚度

步骤 21　设置虚拟壁。

单击【相触面组】，选择【虚拟壁】，选择“base-plate”的底面作为【组 1】，选择“PLANE2”作为【组 2】。

在【壁类型】中选择【刚性】。在【摩擦因数】中输入“0”，如图 17-21 所示。由于地脚螺栓的定义，摩擦力对分析的结果几乎没有影响。单击【确定】，如图 17-22 所示。

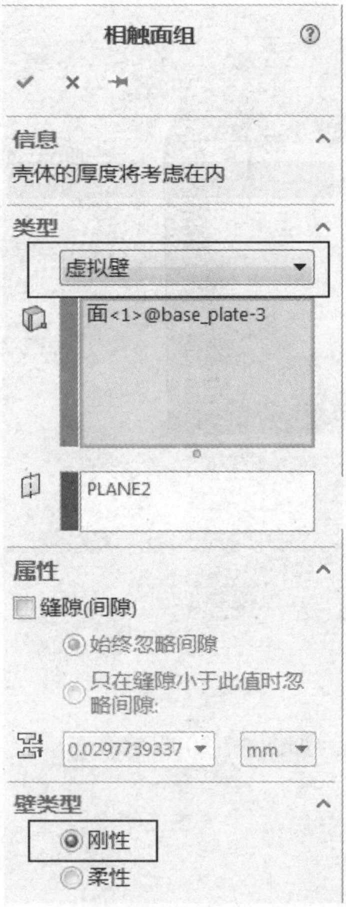

图 17-21　定义虚拟壁

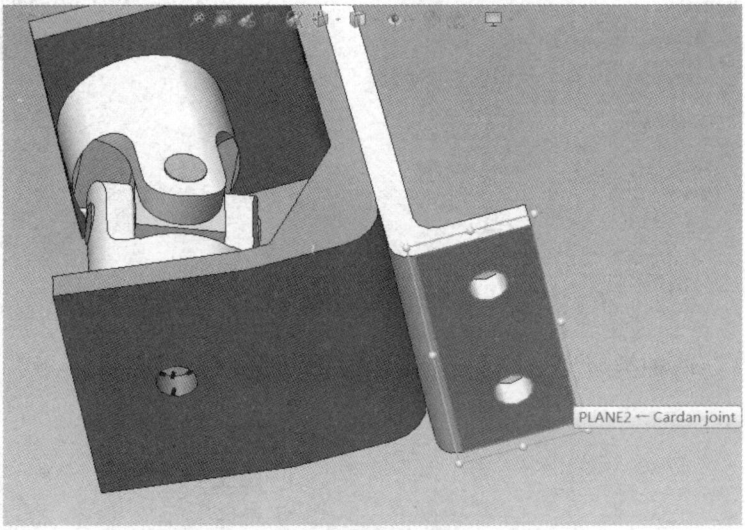

图 17-22　选择面

所有必需的接触条件已经定义完毕。本任务关注的是万向节装配体的零件，即 Yoke-male、Yoke-female、Spider 和 Pins。因此对这些零件应用精细的网格。为了提高计算速度，本任务将采用粗网格。

步骤 22　对装配体划分网格。

单击【生成网格】。在【网格参数】中选择【基于曲率的网格】，使用【草稿】品质单元对装配体划分网格。移动【网格密度】的滑块至左侧得到一个粗糙的网格，其中【最大单元大小】为“23.630 mm”，【最小单元大小】为“4.726 mm”，【圆中最小单元数】为“8”，【比率】为“1.6”。单击【确定】，最终网格如图 17-23 所示。

步骤 23　检查相触面组。

对模型划分网格后，可以查看用户定义的相触面组，在运行算例之前验证由求解器获取的接触定义。右键单击【连结】文件夹，选择【接触直观图解】，如图 17-24 所示。确保在【选择零部件】下方选中的文件是“Cardan joint.SLDASM”，并勾选【包括由解算器生成的接触点（需网格）】复选框。

单击【计算】，弹出一个警告消息如下：

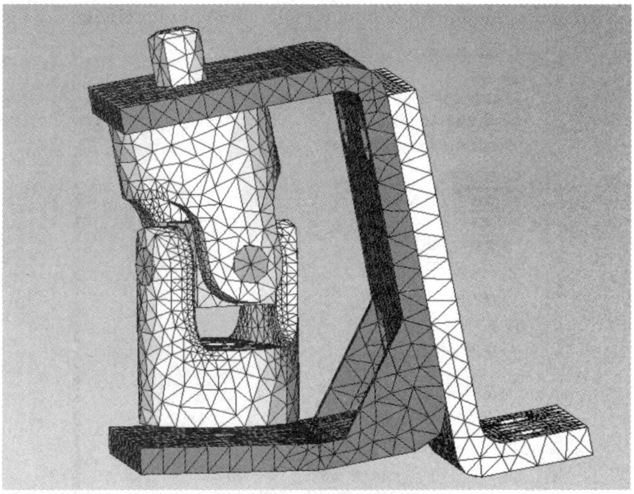

图 17-23　网格划分

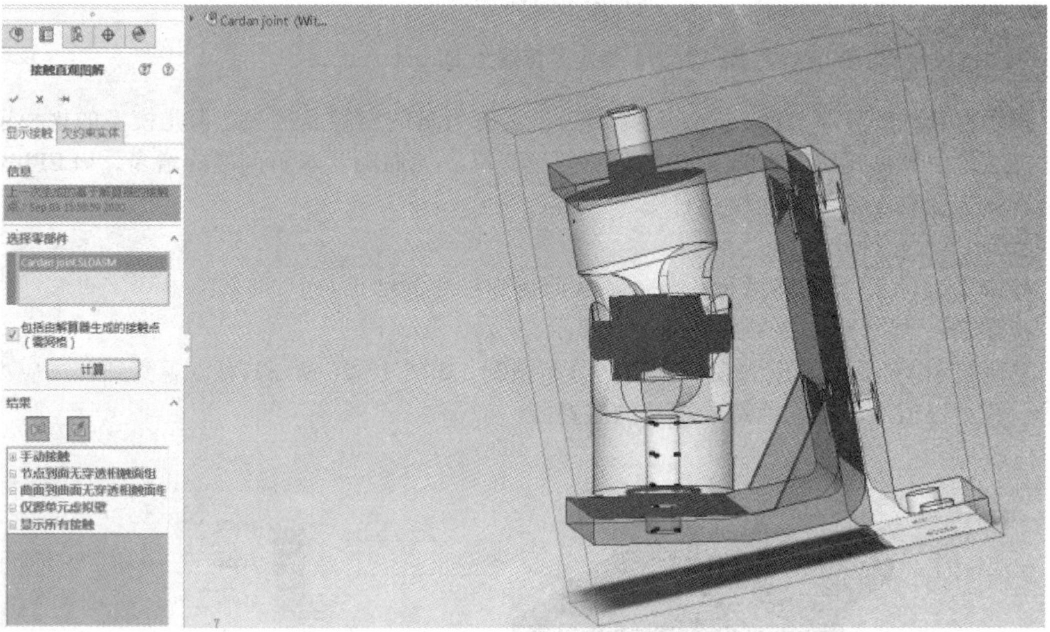

图 17-24　检查相触面组

“接触实体无法正确处理

接触集 Set-14

接触集 Set-10

……”

显示此警告是因为自动创建接触组时，会考虑整个模型，其中也包括已排除的工具箱组件。单击【确定】以忽略这些接触集消息。

切换到【隐藏基于解算器的接触】，只查看基于解算器的接触，单击【确定】。

步骤 24　设置算例属性。

指定算例的解算器为 Direct Sparse，如图 17-25 所示。

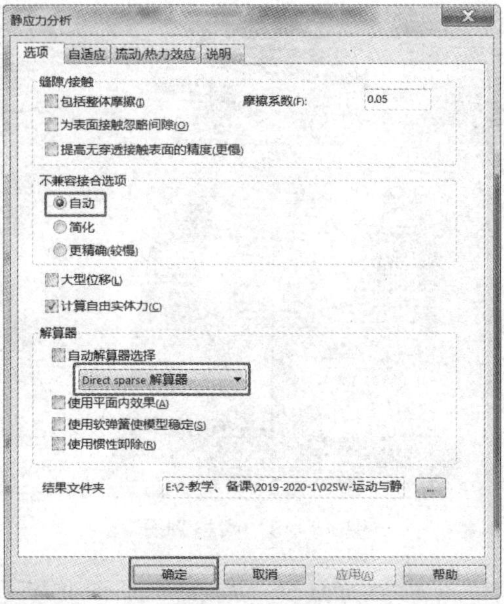

图 17-25　指定解算器为 Direct Sparse

提示：选择解算器 Direct Sparse 是因为虽然有大量的相触及接头，但是模型的规模还是很小的，该解算器比 FFEPlus 迭代解算器效率更高。然而随着求解问题的增多，FFEPlus 迭代解算器会变得更具效率并作为首选。

步骤 25　运行分析。

单击【运行】。算例将运行几分钟，从而得到最终的结果。

步骤 26　显示应力结果并制作动画显示。

动画显示 von Mises 应力在模型中的分布情况，如图 17-26 所示。可以观察到总体应力非常小，应力极值出现在刚性螺栓连接的位置。

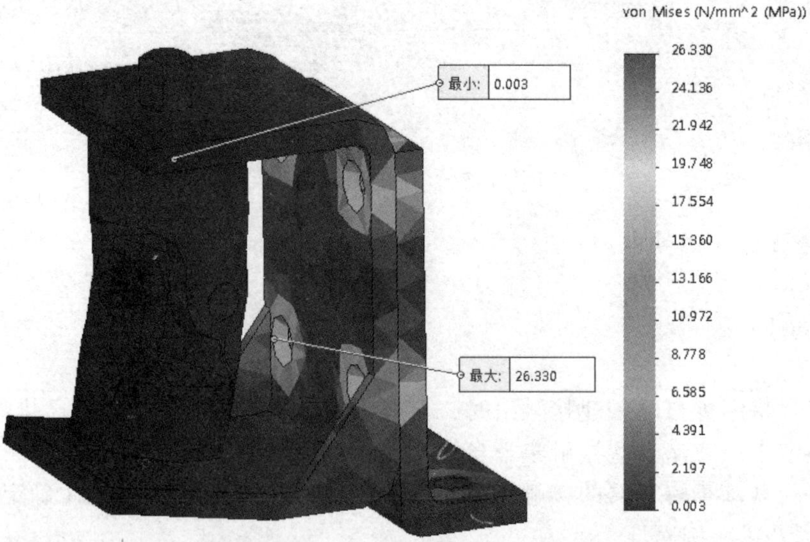

图 17-26　应力 von Mises 结果显示

步骤 27 查看重点零部件的应力结果图解。

如图 17-27 所示，回到爆炸视图。生成一个新的应力图解，勾选【高级选项】中的【仅显示选定实体上的图解】复选框并选择 Yoke_male、Yoke_female、spider 以及 3 个销钉部件（PIN）。在【图表选项】中，勾选【只在所示零件上显示最小/最大范围】复选框。应力降到大约 0.398 MPa，相对材料的屈服强度（620 MPa）而言是非常小的。很显然，用户所关注的这些零部件的应力非常小。

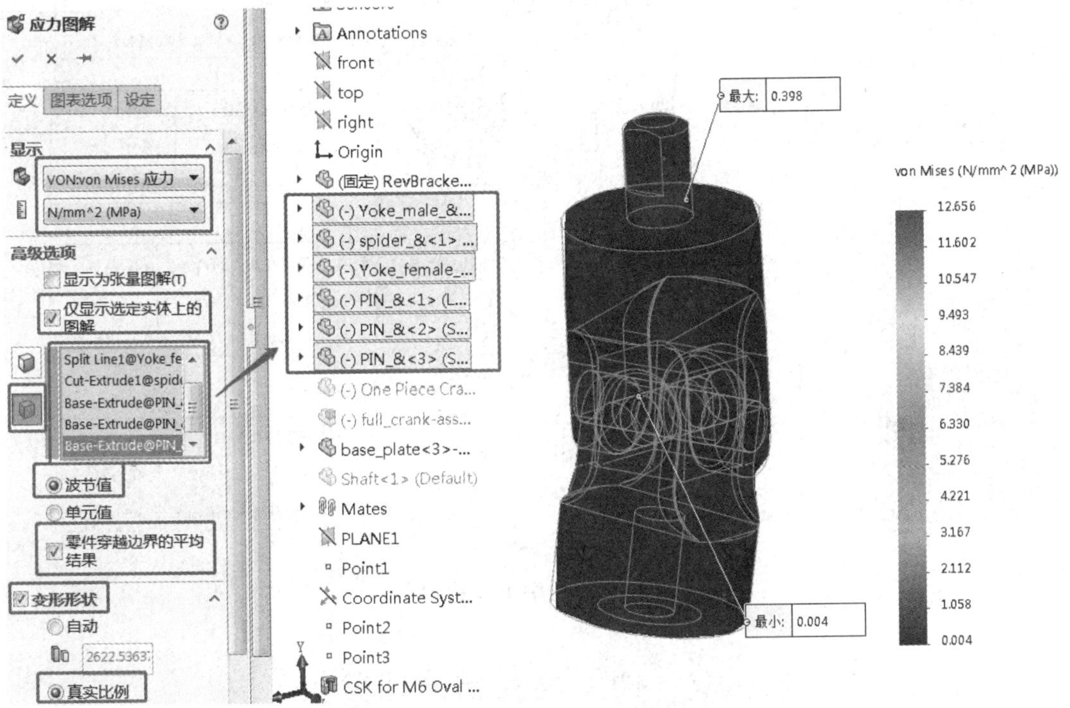

图 17-27 查看重点零部件应力结果图解

然而，网格非常粗糙，而且使用的是【草稿】品质的单元。为了得到可信的应力结果，必须细化网格并使用【高】品质的单元。

步骤 28 列举螺栓力——接头力。

1）【列出接头力】

销钉、螺栓以及轴承力被计算并显示在表格里。对话框能够保存数据为*.csv 或*.txt 文件，它们能够用 Excel 或 Notepad 打开和编辑。导出的数据对销钉和螺栓设计师是非常有用的。软件能够自动计算每个销钉的强度并且输入到数据库中。

2）操作方法

（1）快捷菜单：右键单击【结果】文件夹，然后选择【列出接头力】。

（2）菜单：【Simulation】/【结果工具】/【接头力】。

（3）Command Manager：【Simulation】/【结果顾问】/【列出销钉/螺栓/轴承力】。

如图 17-28 所示，右键单击【结果】文件夹，选择【列出接头力】。从列表中选择【所有螺栓】后检查结果，单击【确定】。

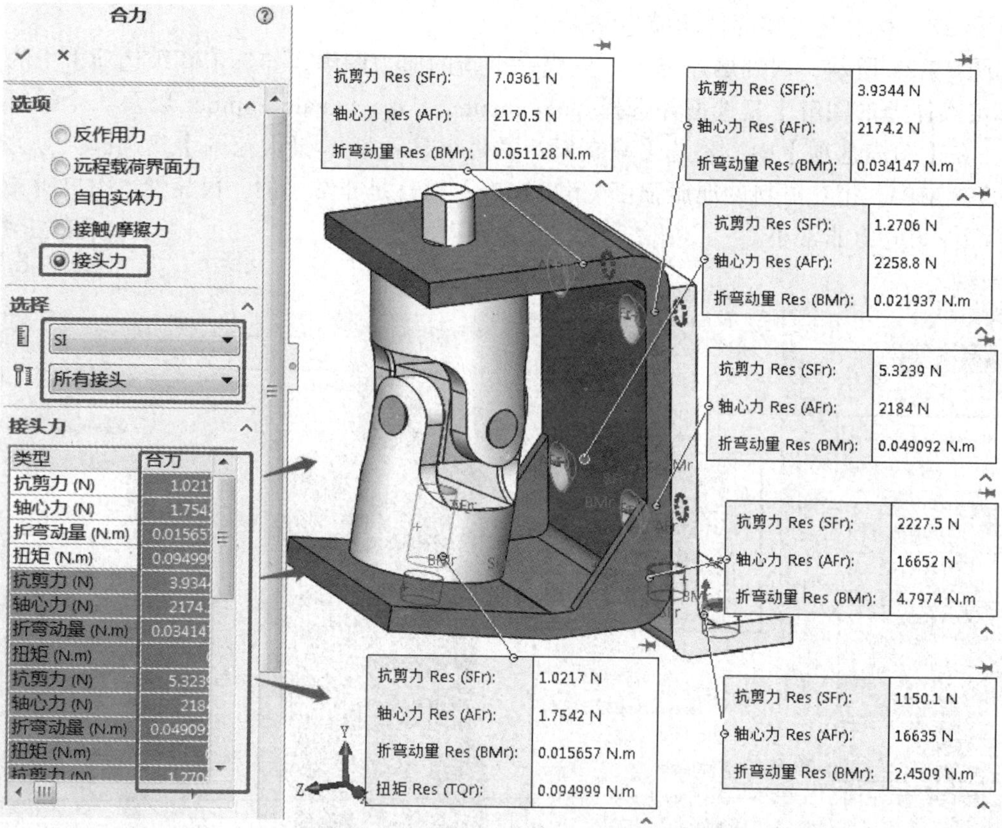

图 17-28 列举【接头力】

任务 2 使用高品质网格分析

分析草稿网格的品质，生成一个新的高品质网格，自动生成接触条件，以及对细化后的算例结果进行后处理为本小节的学习重点。

步骤 29 分析当前草稿品质粗网格的细节。

右键单击【网格】文件夹并选择【细节】。【网格细节】对话框列出了当前网格的基本信息。下拉滚动条，有 3 行信息是关于“高宽比例”的，如图 17-29 所示。【最大高宽比例】的数值为 21.011，以及【带高宽比例的单元百分比<3】的值为 86.9 都是可以接受的。

对网格的整体评价可以通过视觉审查。每个万向节（Yoke）零件的厚度方向有两个草稿品质的单元，销钉的厚度方向也一样，这对想要获得合理的应力及应变结果的用户来说是远远不够的，如图 17-30 所示。

1. 在薄壁特征上需要的实体单元数量

一般来说，如果关注在严重弯曲或高曲率几何体当中的应力或应变结果，在厚度方向至少需要 4 个超高品质（或 2 ~ 3 个高品质）的单元。在外支架和底座上使用相对粗的网格并没有多大关系，而在厚度方向也至少需要 1 个高品质或 2 个超高品质单元。除非接触应力非常重要，接触面没有必要进一步细化，尤其是在使用【高】品质网格时。

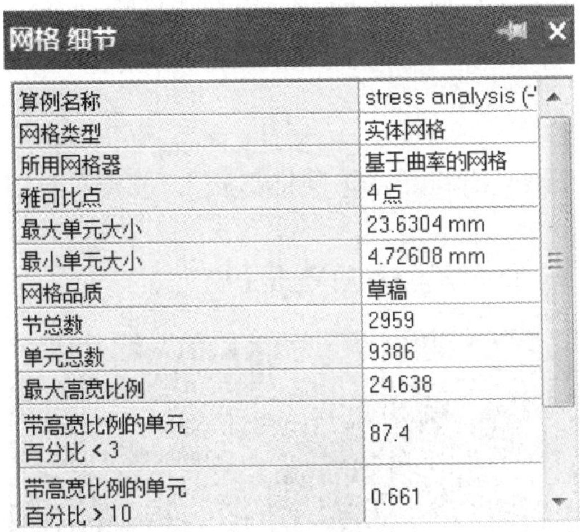

网格 细节

算例名称	stress analysis (-
网格类型	实体网格
所用网格器	基于曲率的网格
雅可比点	4 点
最大单元大小	23.6304 mm
最小单元大小	4.72608 mm
网格品质	草稿
节总数	2959
单元总数	9386
最大高宽比例	24.638
带高宽比例的单元百分比 < 3	87.4
带高宽比例的单元百分比 > 10	0.661

图 17-29　网格细节信息

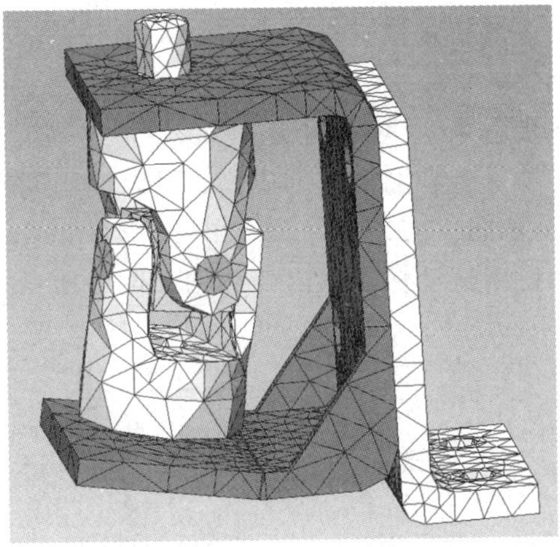

图 17-30　网格过于粗糙

提示： 如果几何体中不存在严重弯曲、高曲率或扭曲（在非线性分析时的压缩），则通过厚度方向的最少实体单元层数可以不严格要求。

2. 高宽比例图解

在网格上的【高宽比例】分布情况同样可以用图解的方式显示。该图解允许探测显示长条单元位置高宽比例值。在应力至关重要的区域，高宽比例应当低于 50。任何其他区域的高宽比例不得大于 500。通过对严重变形单元区域应用局部网格控制的方法，可修正高宽比例偏高的问题。

步骤 30　图解显示高宽比例。

右键单击【网格】文件夹，选择【生成网格图解（M）】，选择【高宽比例】选项，并单击【确定】。编辑【图表选项】，勾选【显示最大注解】复选框，如图 17-31 所示。

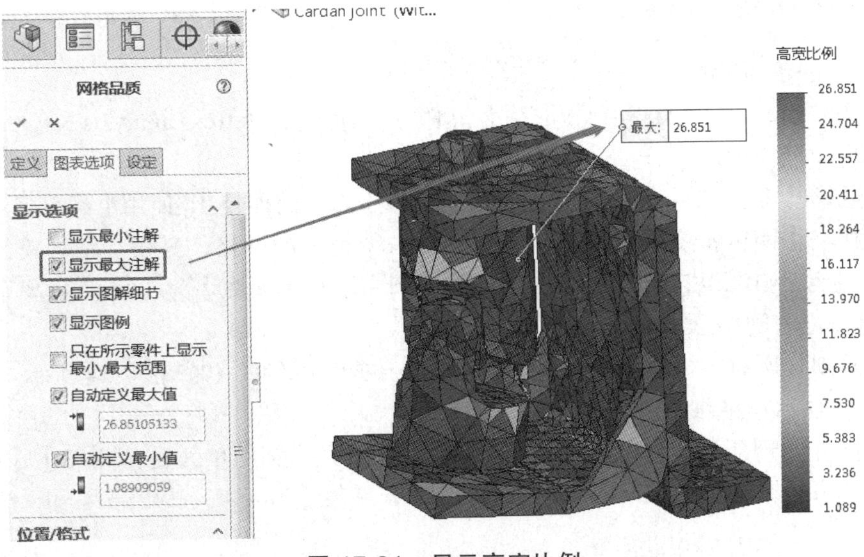

图 17-31　显示高宽比例

观察到在图解中显示的最大高宽比例值为 26.851。注解显示的最大高宽比例在“bracket”零件底部转角位置，其上单元很细长。如果该区域的应力和应变值很重要，将用局部网格控制细化。

步骤 31 网格剖切。

为了查看网格内部质量，可以使用网格剖切工具。右键单击【网格品质】，选择【网格剖切】，如图 17-32 所示。

使用拖动杆显示内部结构的网格质量，如图 17-33 所示，然后单击【确定】。

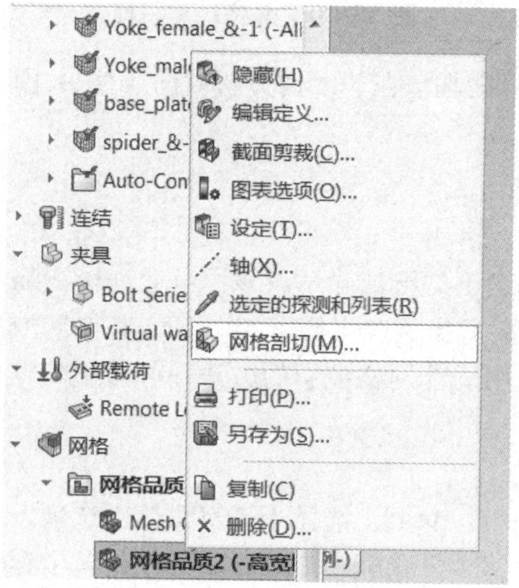

图 17-32 网格剖切

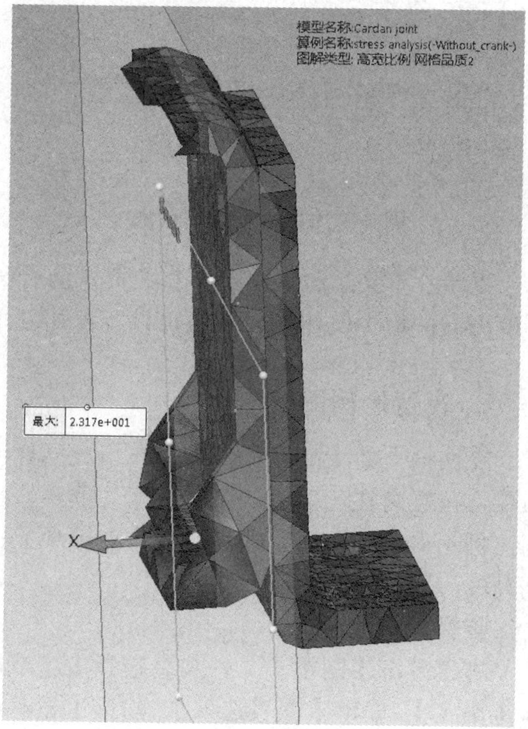

图 17-33 使用拖杆

步骤 32 创建新的算例。

复制算例“stress analysis”到新的静态算例中，命名为“stress analysis refined”。

步骤 33 划分网格。

单击【生成网格】。在【网格参数】中选择【基于曲率的网格】。使用【高】品质单元划分模型网格，移动【网格密度】的滑块至右侧得到一个精细的网格，其中【最大单元大小】为“5.908 mm”，【最小单元大小】为“1.182 mm”，【圆中最小单元数】为“8”，【比率】为“1.6”。

步骤 34 检查网格。

可以观察到，所有零部件厚度方向都具有设定的单元数量，如图 17-34 所示。

步骤 35 显示网格细节。

【最大高宽比例】下降到了可接受的 11.433，【带高宽比例的单元百分比<3】则上升到 96，这种参数的网格是非常好的。同时也可以发现，【节总数】为 49400/2925=16.89，约为原来的 17 倍，如图 17-35 所示。

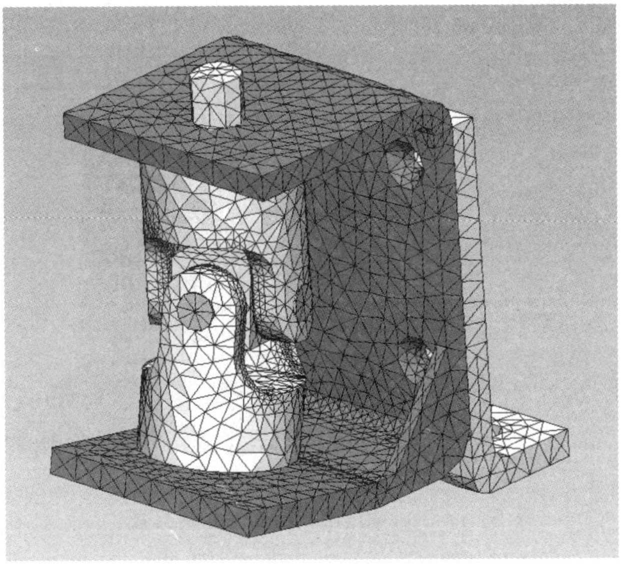

图 17-34　网格细化后的结果

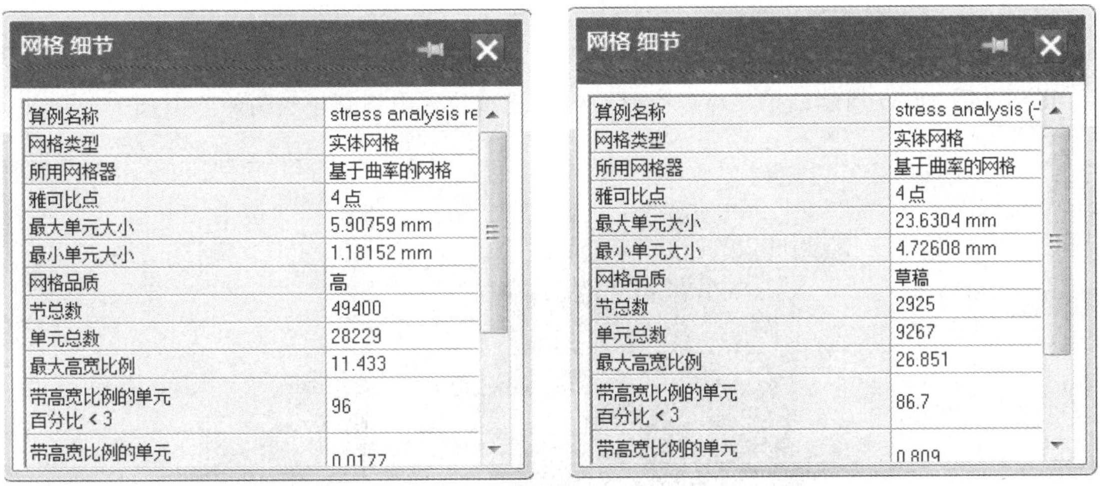

（a）高品质网格细节　　　　（b）草稿品质网格细节

图 17-35　网格细节对比

3. 雅可比

上文已经讨论了网格品质评估标准长宽比例，并在步骤 29 中给出了长宽比例的图解。

另一个网格品质评估标准为可用于判断高曲率和扭曲单元的雅可比。SolidWorks Simulation 在网格划分阶段会自动检查单元的雅可比值，并不需要人工干预。然而，雅可比越接近 1 越好。其值不能接近于 0 或为负值，否则将导致严重的局部网格划分失败问题。雅可比检查只能用于高品质单元。

步骤 36　图解显示雅可比分布。

右键单击【网格】文件夹，选择【生成网格图解（<u>M</u>）】/【雅可比】，如图 17-36 所示。

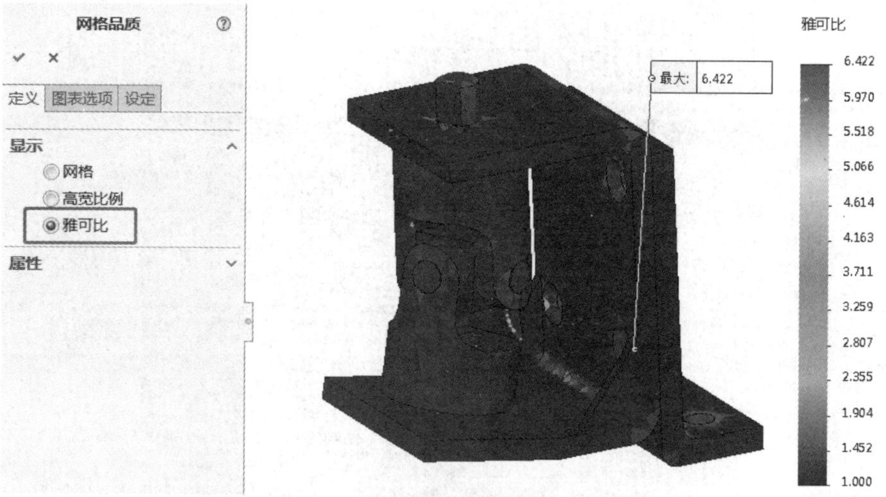

图 17-36 用雅可比检查网格品质

模型的网格中最大的雅可比为 6.422，这是可以接受的网格。

步骤 37 计算。

单击【运行此算例】。

步骤 38 图解显示全局应力结果。

得到如图 17-37 所示结果，可以看到在螺栓连接位置附近有相当高的应力集中。

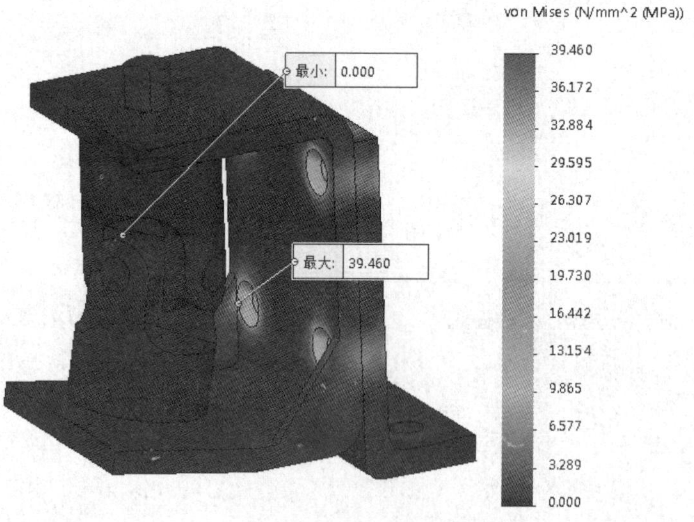

图 17-37 全局应力显示结果

步骤 39 图解显示重点零件 von Mises 应力结果。

对重点零件 Yoke_male、Yoke_female、spider 及 3 个 PIN 显示应力结果，如图 17-38 所示。

最大的 von Mises 应力由 0.43 MPa 升到大约 0.721 MPa。这个增幅对装配体的零部件设计而言虽然微不足道（两个数值都远小于材料的屈服强度 620 MPa），但相对增幅仍然显著。

这个例子也说明了当重视应力结果时，有必要创建一套高品质的网格。

因此可以断定，本装配体的设计拥有足够高的安全系数。

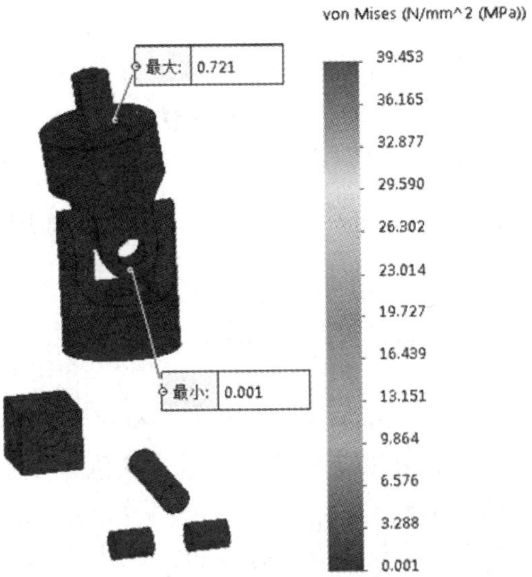

图 17-38　重点零件应力结果

步骤 40　安全系数图解操作。

【安全系数图解】可以方便地显示装配体中安全系数的分布。定义安全系数图解的过程实际上是一个向导式的操作，通过几个步骤来定义图解参数。

操作方法：

快捷菜单：右键单击【结果】文件夹并选择【定义安全系数图解】，如图 17-39 所示。

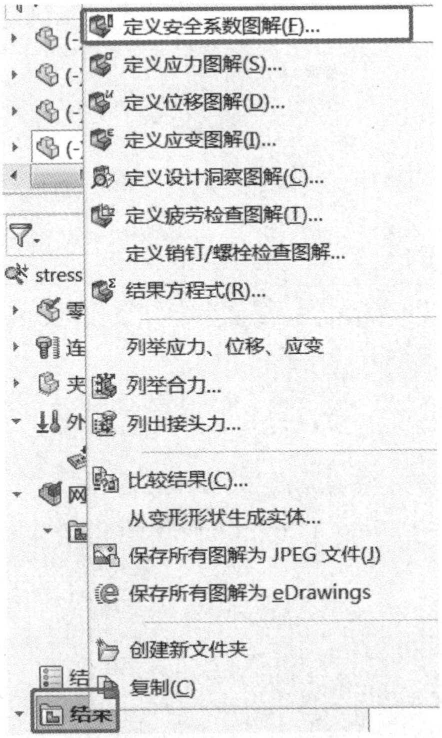

图 17-39　右键单击选择【定义安全系数图解】

步骤 41　3 步操作【安全系数】的分布。

右键单击【结果】文件夹并选择【定义安全系数图解】。除了 ASME 锅炉和压力容器设计标准之外，都要求使用 von Mises 应力计算安全系数。

【步骤 1】选择【最大 von Mises 应力】，如图 17-40 所示。单击【 ➡（下一步）】。

提示：选项卡中的不等式 $\frac{\sigma_{\text{vonMises}}}{\sigma_{\text{limit}}}<1$ 并不是安全系数的定义，用户不要被该表达式迷惑。它只是软件用来定义 von Mises 应力屈服的准则，以标记材料屈服的位置点（即安全系数<1 的地方）。本次用户可以忽略该表达式。随着用户对软件及理论的熟悉，将会对此越来越了解。

步骤 42　指定材料常量。

【步骤 2】指定材料常量。作为 von Mises 应力（已经在上一窗口中选定）的对比。

因为大多数标准都指定材料的屈服应力，【设定应力极限到】选择【屈服力】，【所用材料】选择【1060 Alloy】，如图 17-41 所示。

提示：本任务的计算在线性弹性范围内是有效的，受限于材料“应力-应变”曲线上的屈服应力点。

同时注意到，在选项卡的底部列出了装配体使用的材料及其对应的屈服强度信息。单位可以在选项卡的顶部设置。单击【 ➡（下一步）】。

步骤 43　指定安全系数。

【步骤 3】指定图解的数量。选择【安全系数分布】，单击【确定】生成该图解，如图 17-42 所示。

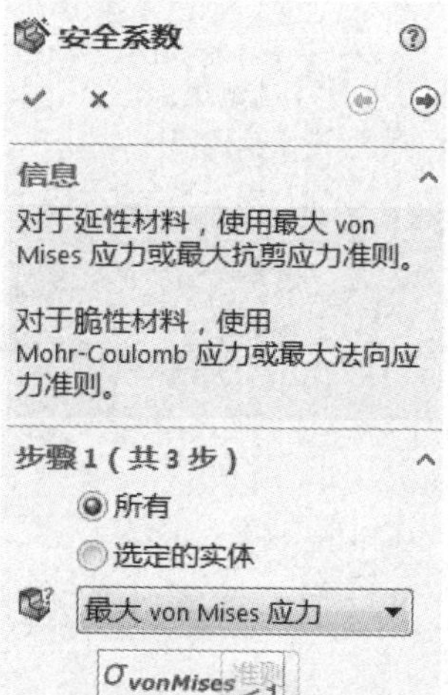

图 17-40　【步骤 1】

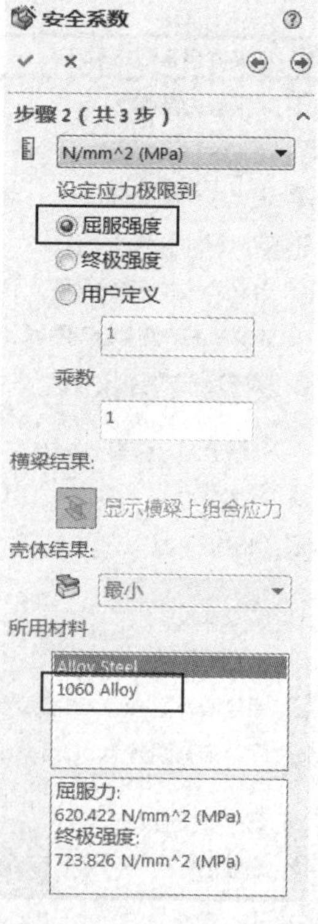

图 17-41　【步骤 2】

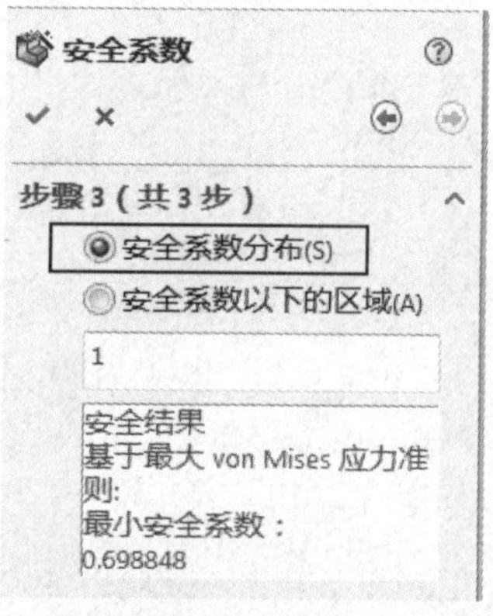

图 17-42　【步骤 3】

步骤 44 分析图解。

将图例的最大值改为 100.00，可以看到安全系数的最小值为 0.70，如图 17-43 所示。由于应力集中的原因，这个值是非常小的。将最小值设定为安全系数的设计数值（如 3.5）。

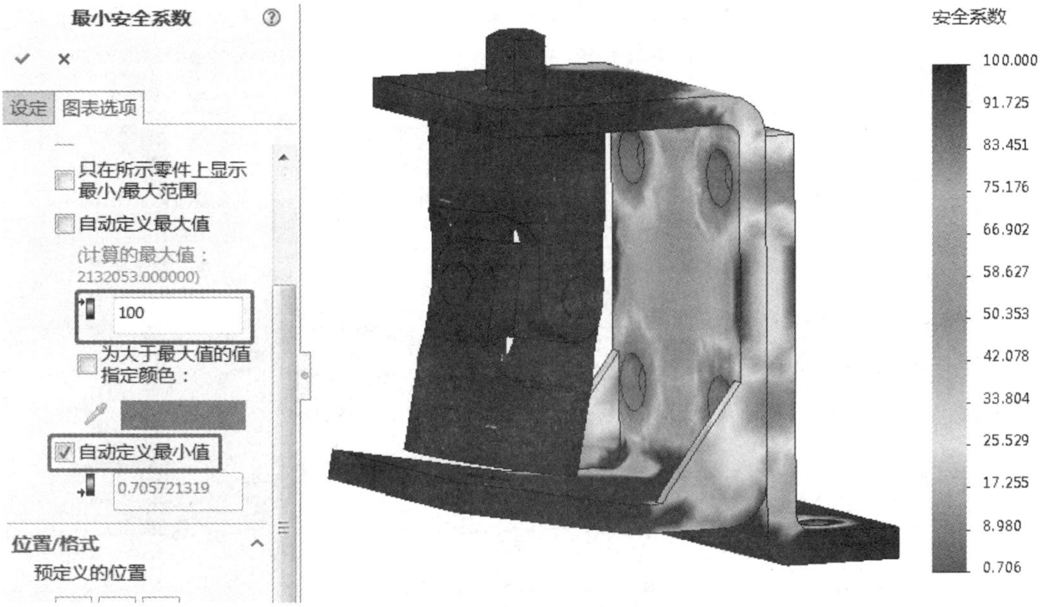

图 17-43 安全系数图解

步骤 45 编辑图解。

改变标尺的最小值为 3.5，如图 17-44 所示。

可以看到整个图解并没有发生显著变化。红色区域表明模型的这些部分并不符合安全标准的设计系数。

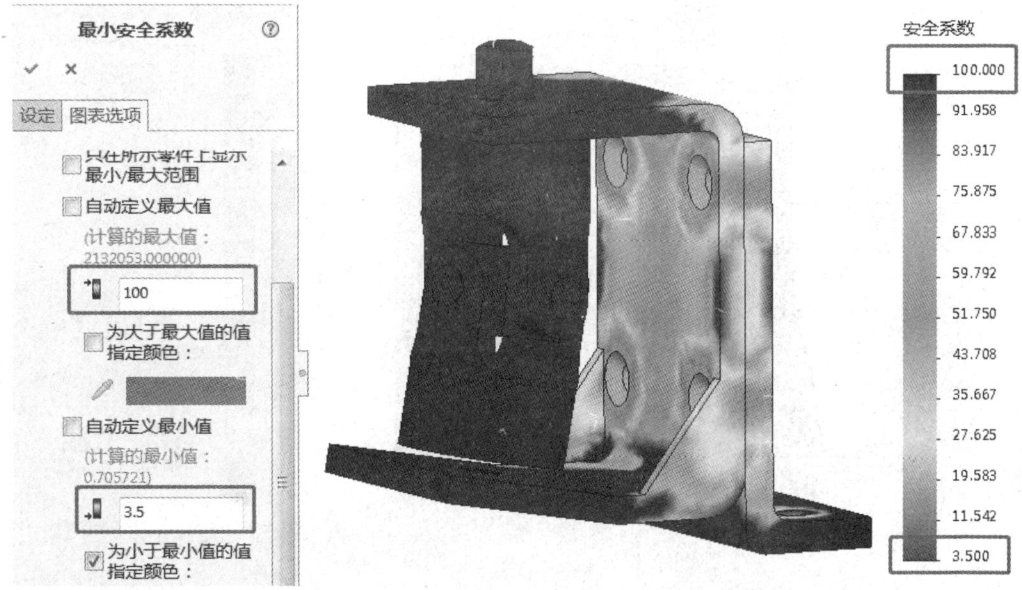

图 17-44 安全系数 3.5 图解

步骤 46　Iso 剪裁。

单击【图解工具】/【Iso 剪裁】。定义这个图解的 Iso 剪裁，显示安全系数低于 3.5 的区域，如图 17-45 所示。该图解表明这些区域应当重点关注其失效情况，完成操作后关闭 Iso 剪裁。

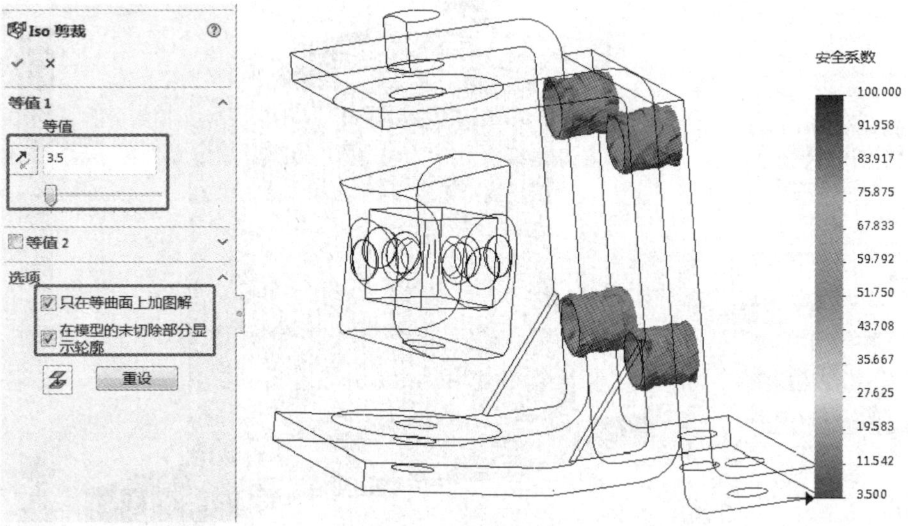

图 17-45　Iso 剪裁图解

步骤 47　选定实体（零部件）图解。

孤立零部件 Yoke_male、Yoke_female、spider 和 3 个 PIN，重新生成安全系数图解，如图 17-46 所示。从图表中可以看到安全系数的最小值为 883.091，这个数值是非常保守的。

步骤 48　保存并关闭零件。

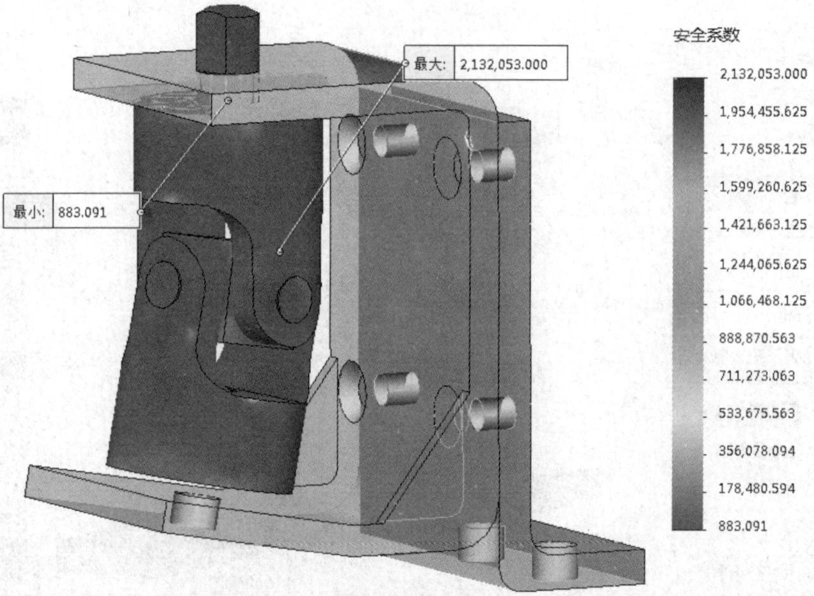

图 17-46　选定零部件安全系数图解

项目总结

本项目分析了一个含有多个接触条件及接头的实体网格装配体，学习了创建局部相触面组的方法。

指定旋转刚度的销钉接头用来模拟真实的杆件。使用远程载荷特征远距离加载载荷，而无须对连接件进行建模。

参考模型的特征尺寸，分析了有限元网格的质量并讨论了单元的优化尺寸。

最后介绍了一个新的后处理特征——安全系数图解。本章使用该特征显示了安全系数的分布，并讨论了该图解类型中提供的各种选项。可以看到 Yoke 和 spider 零件都是安全的，不会失效，然而托架显示有安全系数低于 3.5 的地方。在下结论之前，应该对托架划分更精细的网格，研究应力结果是否集中。之后便可以做出判断，是否需要更改材料或设计来满足 3.5 的安全系数。

项目 18

兼容与不兼容网络——转子分析

学习目标

（1）理解网格兼容在实体网格划分中不同接触条件的区别。
（2）理解高级不兼容网格接合（灰浆接合）的运算法则。
（3）理解周期性对称。

重难点

（1）网格兼容在实体网格划分中不同接触条件的区别。
（2）高级不兼容网格接合（灰浆接合）的运算法则。

项目描述

任务 1　转子分析

本任务将分析一个简化的八叶片转子零件，如图 18-1 所示。叶片和转轴是相互分离且没有合并的实体。转轴是一个厚的零件，而叶片则相对薄一些，在这两个零件相交的区域需要创建网格。

转子的旋转速度为 100 rad/s，这会在叶片中产生应力。转子和叶片的材料都是合金钢（AIloy Steel）。计算八叶片转子的最大应力和位移。

图 18-1　转子零件

知识准备

一、兼容/不兼容网格划分：接合接触

本项目中，将学习兼容和不兼容网格的区别。在兼容网格中，相邻零件或实体的网格波节是合并在一起的，以保证接合。如果不满足这个条件，则会得到不兼容网格。

这里将有意采用没有合并的实体并使用实体网格。

二、兼容网格

当创建兼容网格时，装配体中零件之间的网格将平滑过渡，沿着接触面上的节点相互叠加在一起。如果需要使用【接合】的接触选项，则这些节点将会合并到一起，以确保满足接合的条件。如果兼容网格划分失败，软件将会尝试在零件之间生成不兼容网格。

三、不兼容网格

当相邻网格的节点不能合并时，就会得到不兼容网格。可以选定一个不兼容网格，指定网格划分器单独划分每一个实体或零件，并通过约束方程式（数学表达式）确保接合。

四、不兼容接合选项

SolidWorks Simulation 在处理两个实体间使用不兼容网格接合时，提供了几个接合算法。这些选项可以在算例属性中找到。在这一部分，我们将讨论这些选项及其优缺点。

1. 简化接合

当选择【简化】时，将采用传统的（基于节点）接合算法。源实体通过节点表示，而目标则通过贯穿单元面表示（目标一定是面）。然而，由于源网格的密度不同，所以并非所有目标单元面都可以加入，这可能导致“补丁”接触的产生。

在图 18-2 中，我们尝试展示了一个在边线（源）和面（目标）之间传统的、基于节点的不兼容接合。只有节点恰好落于表面的单元，才会参与到接触中。这将产生对接触的补丁描述，并可能导致不精确的结果。

2. 更精确（较慢）接合

当使用【更精确（较慢）】时，源实体使用包含节点间边线（面）的完整几何描述。这将得到源和目标间完整且精确的描述，如图 18-3 所示。

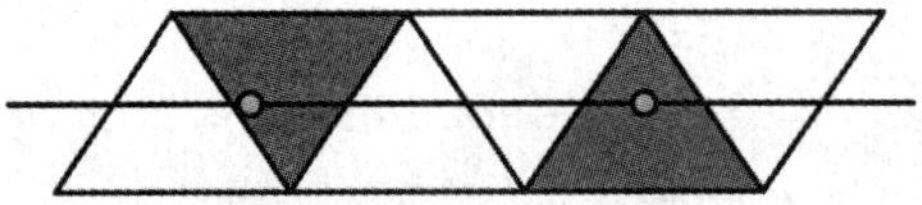

图 18-2　简化接合 AV

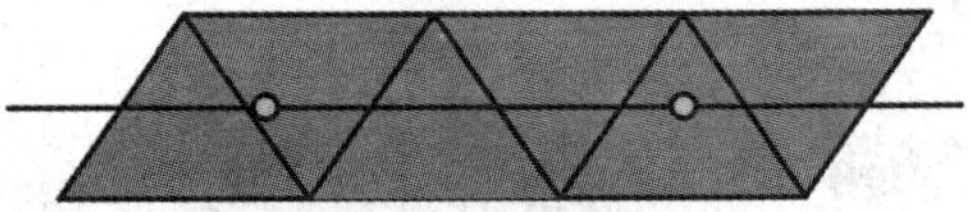

图 18-3　精确接合

在图 18-13 中，源的整条边线（连续描述）和接触的目标单元面构成了接触对，这个描述更加精确但需要更长的求解时间。

一般情况下，当使用不兼容网格时，定义源和目标的单元尺寸应该是兼容的，而且应当采用【更精确（较慢）】选项。

3. 自　动

当使用【自动】选项时，软件将决定在考虑到模型及求解时间的前提下，哪一个接合类型最合适。建议保留这个选项为默认的接合类型。

五、周期性对称

若一个模型能够由它的部件沿着轴向旋转得到，就称其为周期旋转对称零件。这些组件能够很方便地使用周期对称约束来分析。类似地，任何模型通过草图沿着轴向旋转得到的，可称为轴向对称。周期性对称约束能够用于轴对称模型的分析，这些模型具有切向载荷并能够在切平面的法线方向变形，如扇叶片。因此，一个轴对称模型并具有径向载荷，就可以使用周期性对称。

项目实施

1. 全局兼容转子分析

步骤 1　打开文件。

打开文件“fan”。

步骤 2　选择配置。

选择名为 full 的配置。

步骤 3　创建一个新算例。

单击【新算例】，创建一个名为“compatible”的静应力分析算例。单击【确定】。

步骤 4　设定全局兼容接合接触。

编辑顶层装配体层级的零部件接触（全局接触）。在【接触类型】中选择【接合（无间隙）】，在【选项】中选择【兼容网格】，如图 18-4 所示。单击【确定】。

步骤 5　划分网格。

在【网格参数】下选择【基于曲率的网格】，【最大单元大小】为“0.8in”，【最小单元大小】为“0.16in”。采用默认设置划分多实体零件网格，网格品质设为【高】，单击【确定】。最终生成的网格如图 18-5 所示。实际上，沿着接触面上的节点是合并在一起的，这样能确保指定的接合要求。

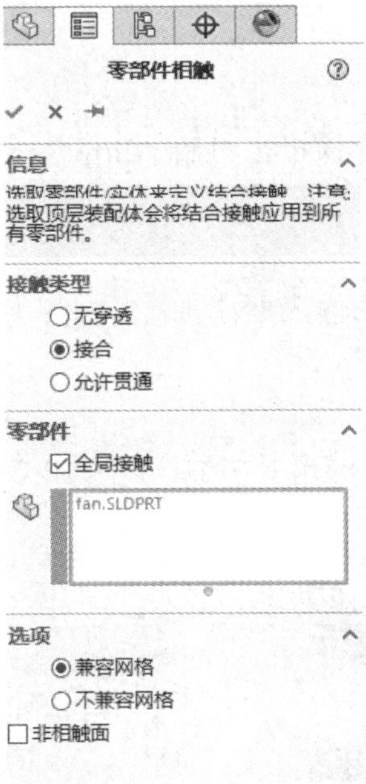

图 18-4　设定全局接触

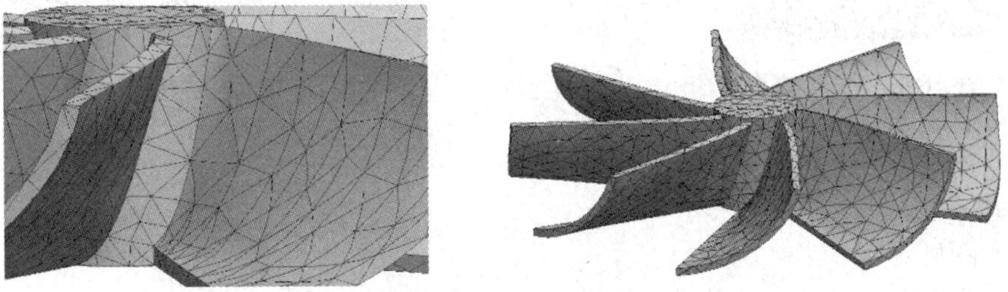

图 18-5　划分网格结果

步骤 6　隐藏一个叶片实体。

如图 18-6 所示，隐藏一个叶片实体并显示网格。

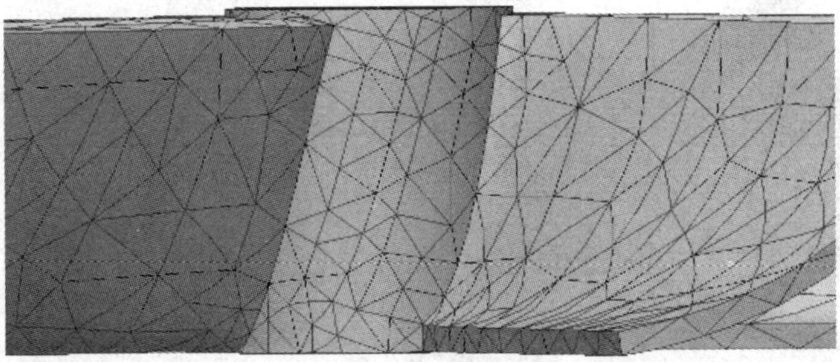

图 18-6　显示网格

步骤 7 查看网格。

可以观察到沿着叶片和实体的接触面上，强制保证节点与节点对齐，以确保所需要的接合。

合并节点是保证一个零件中两个接触实体（或装配体中的两个零件）接合的最精确的方式，这种操作将会在网格生成器中引入额外的约束，这样会使操作变得复杂，占用更多的时间。

步骤 8 显示隐藏的叶片。

步骤 9 指定材料属性。

单击【应用材料】，对所有零部件指定材料 Alloy Steel。

单击【确定】及【关闭】。

步骤 10 添加约束。

单击【固定几何体】，对转子的内表面添加【固定几何体】的约束，如图 18-7 所示，单击【确定】。

步骤 11 施加外部载荷。

单击【离心力】，施加 100rad/s 的离心力载荷。使用“Axis1”作为参考，如图 18-8 所示。

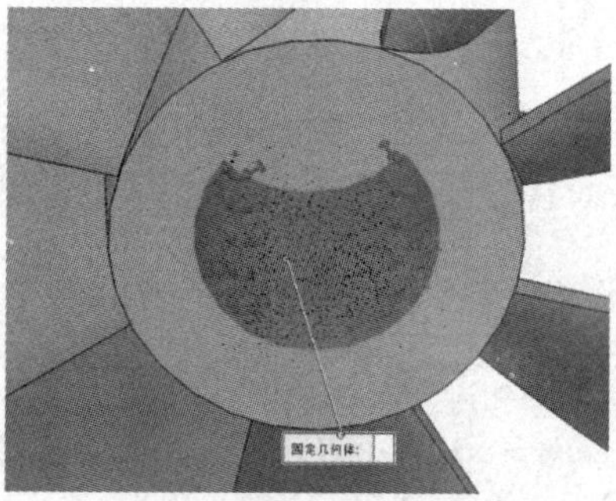

图 18-7 添加约束

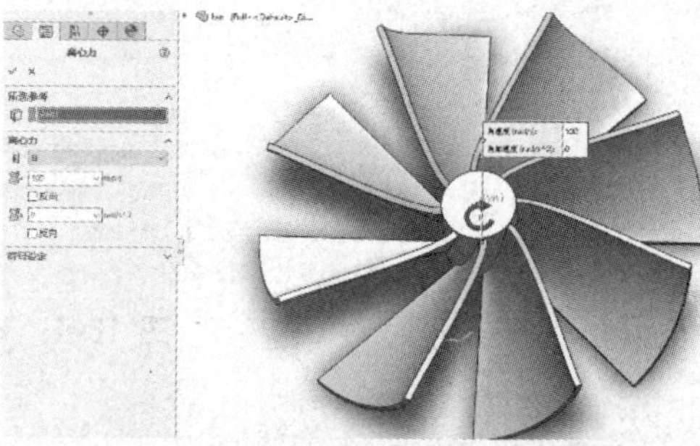

图 18-8 施加外部载荷

步骤 12 运行分析。

单击【运行此算例】。

步骤 13 图解显示位移结果。

可以观察到零件的变形是对称分布的，最大位移量为 0.08 mm，如图 18-9 所示。

图 18-9 图解显示位移结果

图 18-10　应力结果显示

步骤 14　von Mises 应力结果显示。

应力分布表明叶片附近存在奇异性，如图 18-10 所示。

2. 全局不兼容转子分析

步骤 15　创建一个新的算例。

复制算例 “compatible” 到新算例，重命名为 “incompatible”，如图 18-11 所示。

步骤 16　设定全局不兼容接合接触。

编辑顶层装配体层级的零部件接触（全局接触）设定，改变【选项】为【不兼容网格】，如图 18-12 所示。

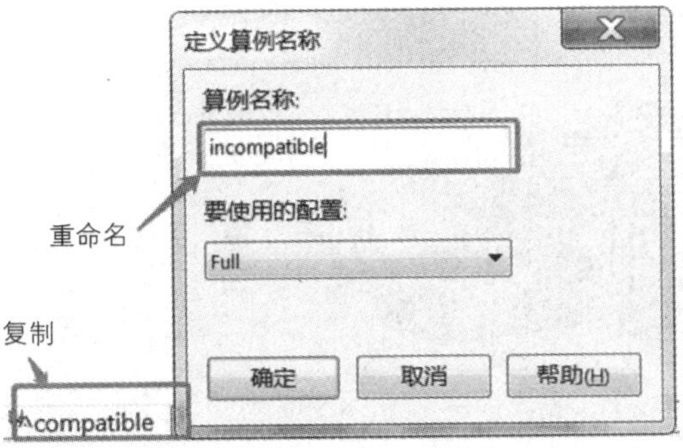

图 18-11　复制新建算例

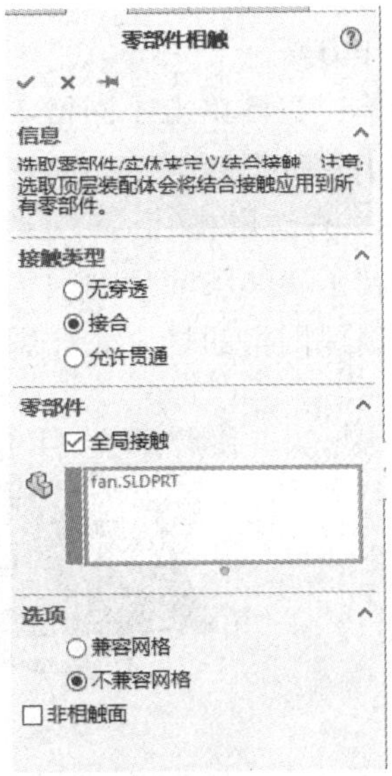

图 18-12　不兼容网格选项

步骤 17　划分网格。

单击【生成网格】，在【网格参数】下选择【基于曲率的网格】，【最大单元大小】为 “0.8in”，

【最小单元大小】为“0.16in”。采用默认设置划分多实体零件网格，网格品质设为【高】，单击【确定】。

【自动转换为不兼容网格】：在复杂的接触面上，如果所要求接触面的网格兼容划分失败，通常把兼容网格划分失败的模型重新划分成不兼容网格，便可解决这个问题，如图 18-13 所示。

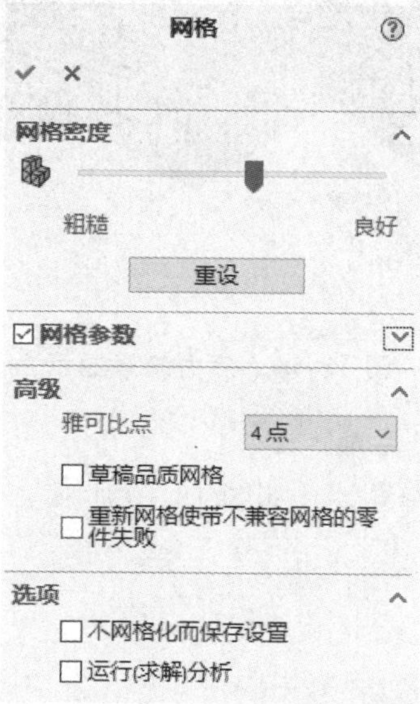

图 18-13 使用不兼容网格重新划分

（1）自动转换为不兼容网格。

激活【重新网格使带不兼容网格的零件失败】，软件会自动地将兼容网格划分失败的零件重新划分为不兼容网格。

（2）操作方法：

快捷菜单：右键单击【网格】/【生成网格】/【高级】，勾选【重新网格使带不兼容网格的零件失败】复选框。

步骤 18 查看网格。

观察到转子实体和叶片的网格是独立不连续的，节点并不沿着接触面对齐，这里通过约束方程式来确保网格的接合，如图 18-14 所示。

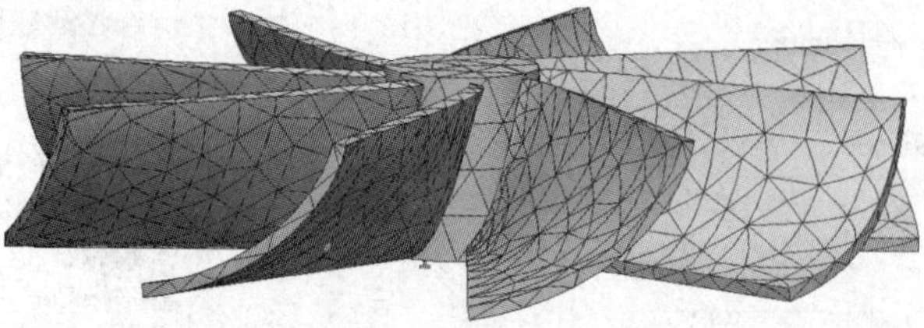

图 18-14 不兼容网格

步骤 19 简化选项。

在算例属性中，【不兼容接合选项】选择【简化】，如图 18-15 所示。

图 18-15 简化选项

步骤 20 运行分析。

单击【运行】，运行算例。

步骤 21 查看应力图解。

对比兼容网格的结果，可以看到，应力在转子接合的地方是不连续的，如图 18-16 所示。

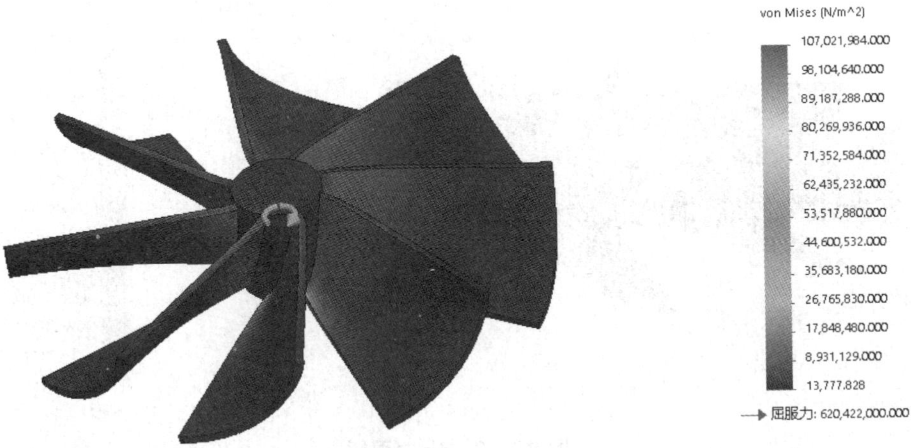

图 18-16 查看应力图解

步骤 22 设置更精确选项。

在算例属性中，【不兼容接合选项】选择【更精确（较慢）】，如图 18-17 所示，单击【确定】。

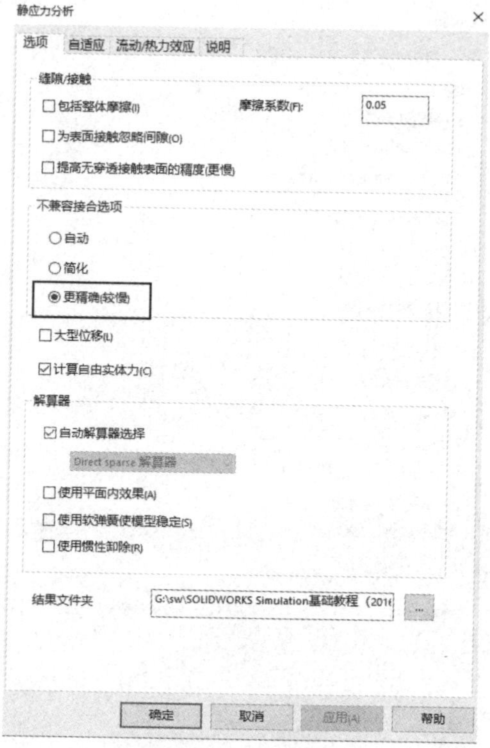

图 18-17　精确选项

步骤 23　运行分析。

单击【运行】，运行算例。

步骤 24　查看应力图解。

观察应力在转子连接处的变化，这个结果与兼容网格类似，如图 18-18 所示。

图 18-18　应力图解

3. 使用周期性对称的转子分析

步骤 25　定义新算例。

为了简化模型和减少计算，可以创建一个使用周期性对称的分析模型。复制“incompatible”，并设置 Cut 配置，命名新算例为“cyclic symmetry”，单击【确定】。激活 Cut 的配置，如图 18-19 所示。

步骤 26 检查模型树。

可以看到，【夹具】和【外部载荷】都成功转化到新算例上了，划分网格并弹出警告。这个结果是预期内的，因为几何已经改变了。

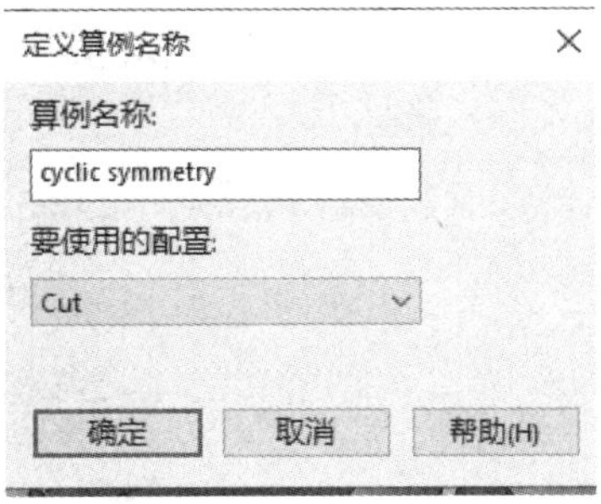

图 18-19 定义新算例

步骤 27 添加周期性对称约束。

单击【周期性对称】，在切面上添加约束并使用“Axis1”作为参考轴，如图 18-20 所示。

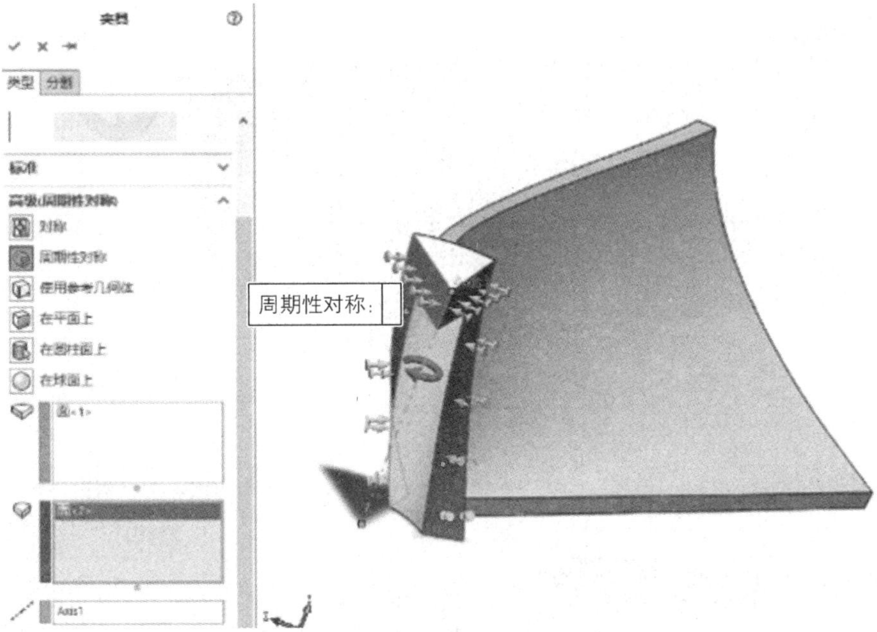

图 18-20 添加周期性对称约束

注意：必须选择一对面，其中一个面能够通过参考轴旋转得到（这里的参考轴为“Axis1”），单击【确定】。

步骤 28 划分网格。

单击【生成网格】，在【网格参数】下选择【基于曲率的网格】，设置【最大单元大小】为“0.1in”，【最小单元大小】为“0.02in”，单击【确定】。

步骤 29 检查网格。

如图 18-21 所示，这个网格能够划分得更精细，此处只是模型的一部分以便于分析。

步骤 30 运行算例。

单击【运行】，运行该算例。

步骤 31 查看应力图解。

单击【von Mises】并查看结果，如图 18-22 所示。

步骤 32 保存并关闭文件。

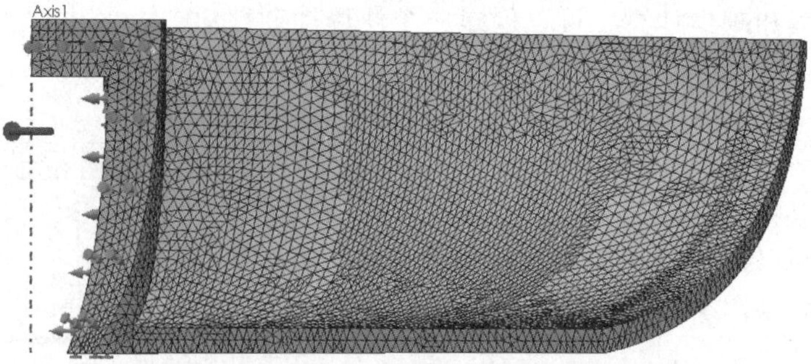

图 18-21 检查网格

图 18-22 查看应力图解

项目总结

兼容性接合算法的结果与“精确”接合算法结果很相近。然而，使用“简化”接合算法却会得到截然不同的应力，这是因为在接合处使用了缩减。

利用几何和载荷的自然性对称特点，在分析过程中使用周期性对称夹具，这样可以使用更精细的网格来得到精确的结果。

本项目讨论了兼容和不兼容网格划分方法在实体单元网格中的区别。

沿着接触面的兼容网格有很高的精度，因为节点和节点之间是强制对齐在一起的，或者将两个相逢的节点合并在一起。但是这样额外地添加约束会使得网格划分器在执行网格划分时占用更多的时间。

不兼容网格接合可以指定网格划分器单独地划分每一个零件，因此减少了完成网格划分需要的时间。它通过增加的约束方程式来确保网格的接合，如果有可能的话，不兼容的接合接触能够获得相当尺寸的单元。

周期性对称能够简化模型并能够生成更精确的结果。

项目 19

设计情形——悬架设计

学习目标

（1）理解并使用设计算例特征来分析当指定参数改变时的趋势。

（2）寻找某些设计参数的优化值。

项目描述

如图 19-1 所示，在运行工况下，汽车悬架装配体会经受多个载荷的变化。本算例将使用设计情形的方法，测试装配体在几种不同条件下的运行情况，以优化零件的尺寸。

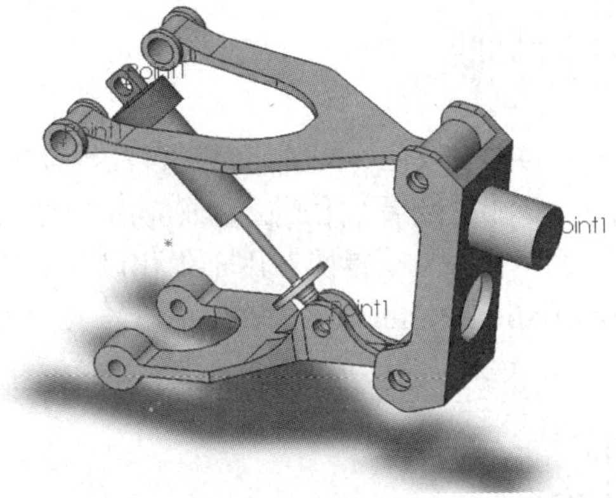

图 19-1 悬架模型

一、边界条件

1. 计算工况

本项目将分析在下列 4 个工况条件下的悬架装配体：

（1）汽车静止。
（2）汽车在平滑路面上以恒定加速度行驶。
（3）汽车在颠簸路面上行驶。
（4）汽车在平滑路面上匀速行驶，然后爬上斜坡。

2. 材料

所有悬挂零部件都由合金钢制造。材料：合金钢。

3. 优化目标

（1）摆臂厚度
在保证安全的情况下，分析的目标是调节下摆臂的厚度并寻求一个最优值。
（2）安全系数
保证安全系数≥1.3。

二、关键步骤

设计情形包含以下三个关键步骤：
（1）指定参数：指定每个情形中哪个参数需要被更改。
（2）创建一个表格：为每个情形的变量指定数值。
（3）分析结果：查看有效的输出结果，以决定必要的更改。

知识准备

设计算例：在分析一个装配体时，载荷、几何体及材料常数都被当作设计变量来处理，设计情形可以很方便地应用到这种分析中。结果（比如位移或应力）能以设计变量的函数进行图表显示。设计情形可以运行多个算例，目的是获得能够用于优化设计的趋势，或充分优化设计。

注意：在 SolidWorks Simulation Professional 模块中含有设计算例的自动优化特征。

项目实施

任务 1　多载荷情形分析

对于第一个设计情形，本算例将在悬架的轴上加载四组载荷，即纵向载荷与横向载荷同时存在。

1. 算例准备

步骤 1 打开装配体文件。

打开文件“suspension.SLDASM”。

步骤 2 设定 SolidWorks Simulation 选项。

设定全局【单位系统】为【公制（I）（MKS）】,【长度/位移（L）】单位为【毫米】,【压力/应力（P）】单位为【N/mm （MPa）】。

步骤 3 创建算例。

新建一个名为“Multiple loads”的静应力分析算例。

提示：装配体中没有弹簧，可以使用接头来模拟弹簧。

步骤 4 指定材料属性。

指定材料【合金钢】到所有零部件，该材料的屈服强度为 620 MPa。

步骤 5 定义固定铰链约束。

如图 19-2 所示，定义 5 个【固定铰链】约束。

步骤 6 定义弹簧接头。

【弹簧】接头已经事先定义完毕，将算例“Partially Completed”中的弹簧接头复制到算例“Multiple loads”中，如图 19-3 所示。

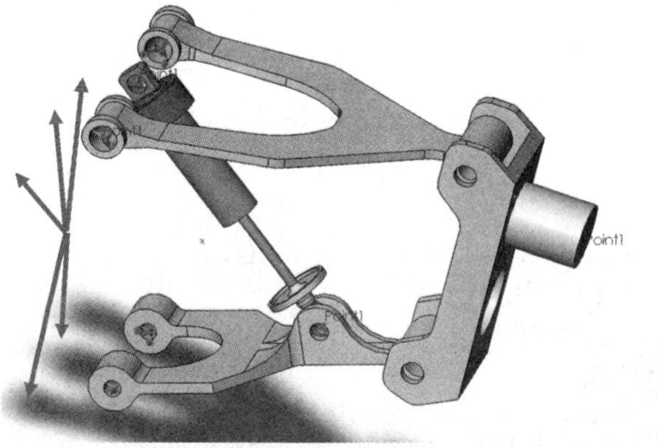

图 19-2 定义固定铰链约束

图 19-3 定义弹簧接头

步骤 7 复制销钉接头。

本算例已经事先将所有的销钉定义完毕。复制算例“Partially Completed”中的销钉并定义到当前算例“Multiple loads”中。

2. 多个设计算例

在分析一个装配体时，载荷、几何体及材料常数都被当作设计变量来处理，设计算例可以很方便地应用到这种分析中。结果（比如位移或应力）能以设计变量的函数进行图表显示。

定义设计算例包含以下两个步骤：

（1）必须指定一组参数（设计变量）。

（2）设计变量组在其指定数值点的组合列表构成了设计算例。

1）【设计算例】启动路径

（1）Command Manuger：【新算例】/【设计算例】。

（2）Command Manuger：【评估】/【设计算例】。

（3）菜单：【插入】/【设计算例】/【添加】。

参数（设计变量）是指设计算例中可以改变的量，用以研究装配体的功能。它们可以用于优化模块中针对指定的系列约束进行优化设计。优化模块是 SolidWorks Simulation Professional 中的一个分析模块。大多数的参数类型都可以在软件中找到，如载荷、几何特征、材料常量等。

2）【参数】启动路径

（1）Command Manager：【评估】/【设计算例】/【参数】。

（2）菜单：【插入】/【设计算例】/【参数】。

提示：在某些情况下，例如，当载荷或材料常数作为参数时，载荷或材料常数的定义必须和对应的参数链接。本任务会练习使用该步骤。

步骤 8 施加纵向力（Vertical）和横向力（Lateral）。

单击【力】，添加力到圆柱面上。使用 Front 基准面为参考面，如图 19-4 所示，确保指向正确的方向。

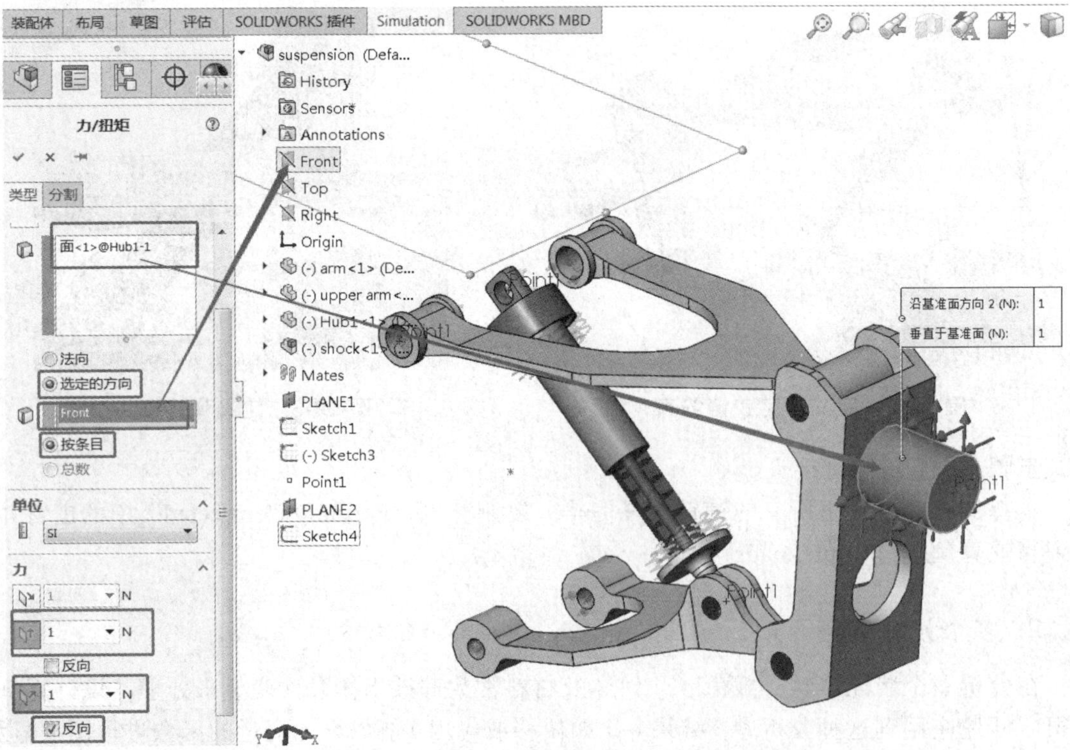

图 19-4 施加纵向力及横向力于悬架上

步骤 9 添加一个参数。

在【垂直于基准面】域中选择【链接数值】，如图 19-4 所示。在【选取参数】的对话框中，单击【编辑/定义】来创建这个力方向上的参数，如图 19-5 所示。

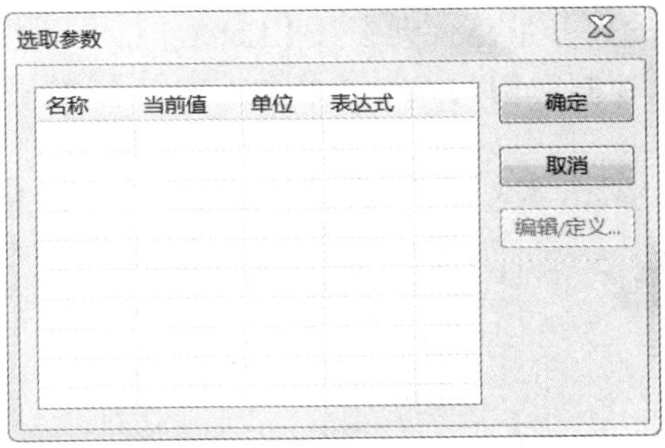

图 19-5　添加参数

步骤 10　指定载荷参数。

设计算例包含多个载荷条件，以对应各种汽车行进情形。【参数】对话框将自动打开。在【名称】中输入“Vertical”，并在【类别】中选择【仿真（Simulation）】，在【数值】中输入“225”，【单位】中会自动填入【N】，因为【力/力矩】是在 SI 的单位系统中定义的。定义第二个参数，命名为“Lateral”，并在【数值】中输入“0”。单击【确定】，关闭【参数】对话框，如图 19-6 所示。

提示：步骤 10 中定义了两个【力】的参数，它们是 Vertical 和 Lateral。

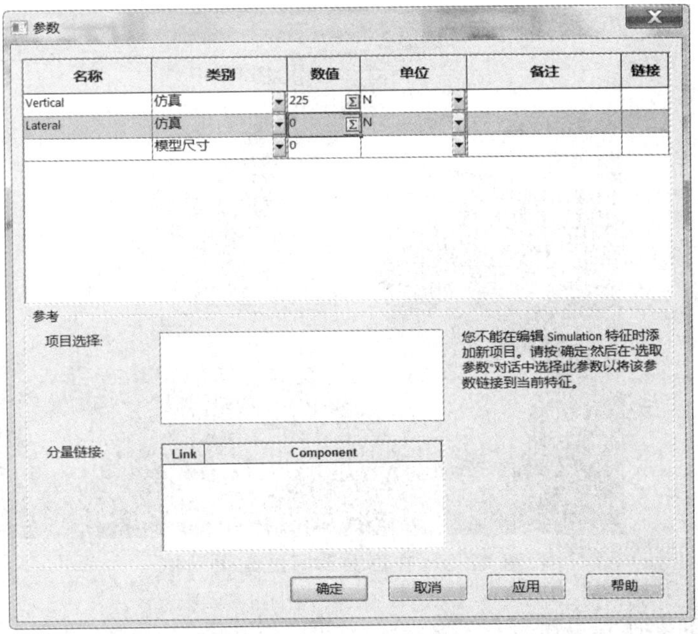

图 19-6　指定载荷参数

步骤 11　链接数值【Vertical】。

在【选取参数】的对话框中，选择【Vertical】并链接该参数到对应力的分量中。单击【确定】，关闭【选取参数】对话框。

注意：用户定义的数值 225 N 会显示在对应的域中，应以明显的底色加以区别，如图 19-7 所示。

步骤 12　链接载荷【Lateral】。

将【沿基准面方向 2】的力分量链接到参数【Lateral】，如图 19-8 所示。现在，两个载荷分量都已链接到参数中，以控制它们的大小。单击【确定】，离开【力/力矩】的定义。

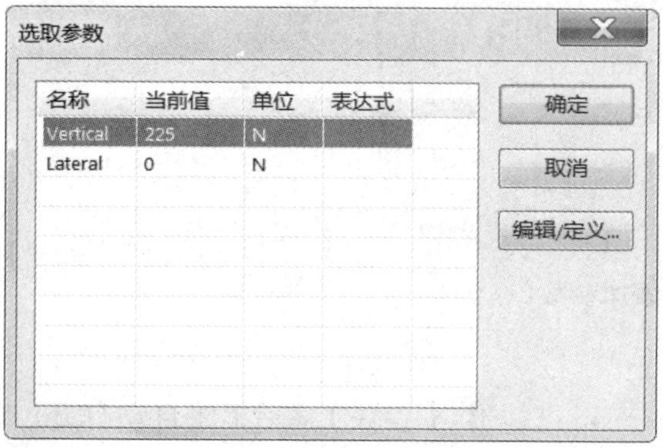

图 19-7　链接数值

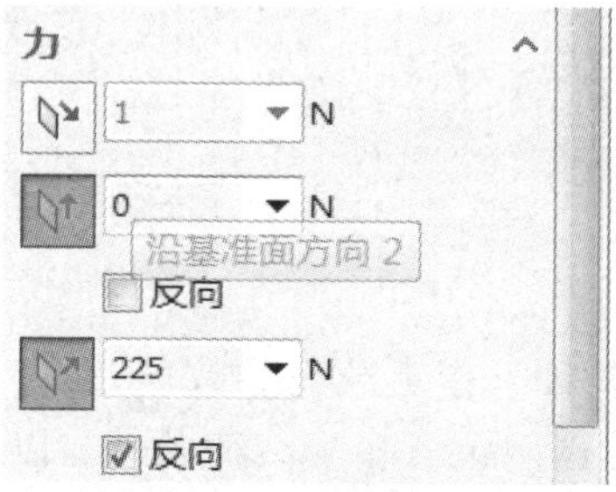

图 19-8　链接纵向力

步骤 13　在高曲率区域细化网格。

所有网格控制已经事先定义完毕，从算例“Partially Completed”中复制所有网格控制到算例“Multiple loads”中，如图 19-9 所示。

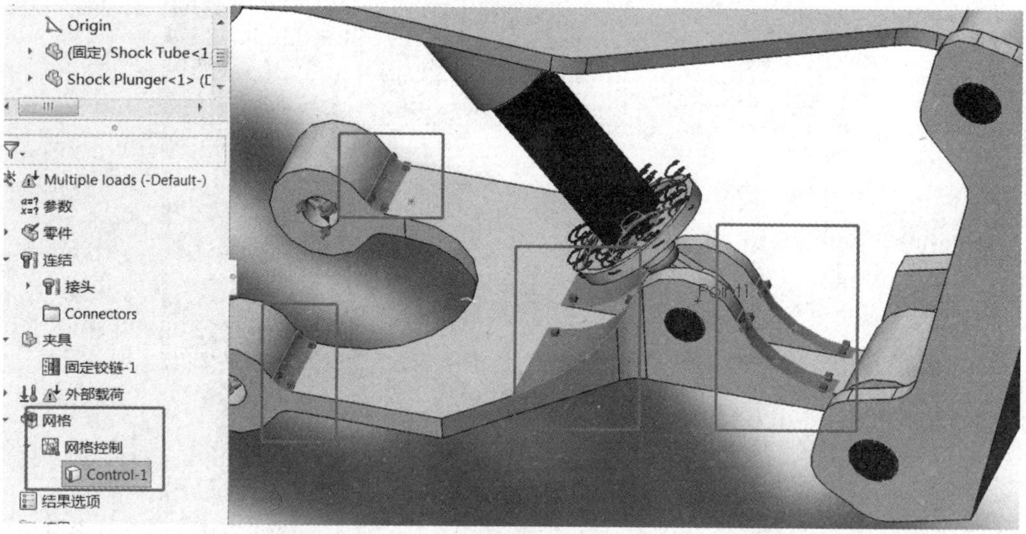

图 19-9　在高曲率区域细化网格

步骤 14　对装配体划分网格。

单击【生成网格】，采用默认设置生成【高】品质的网格，使用【基于曲率的网格】。单击【确定】，如图 19-10 所示。

步骤 15　运行静应力分析算例“Mutiple loads”。

单击【运行】，运行该算例，注意到求解器会弹出一个警告提示位移过大。单击【否】，将完成这次分析。现阶段并不需要运行静应力分析算例，但还是建议运行一遍，以验证算例的设定，如图 19-11 所示。

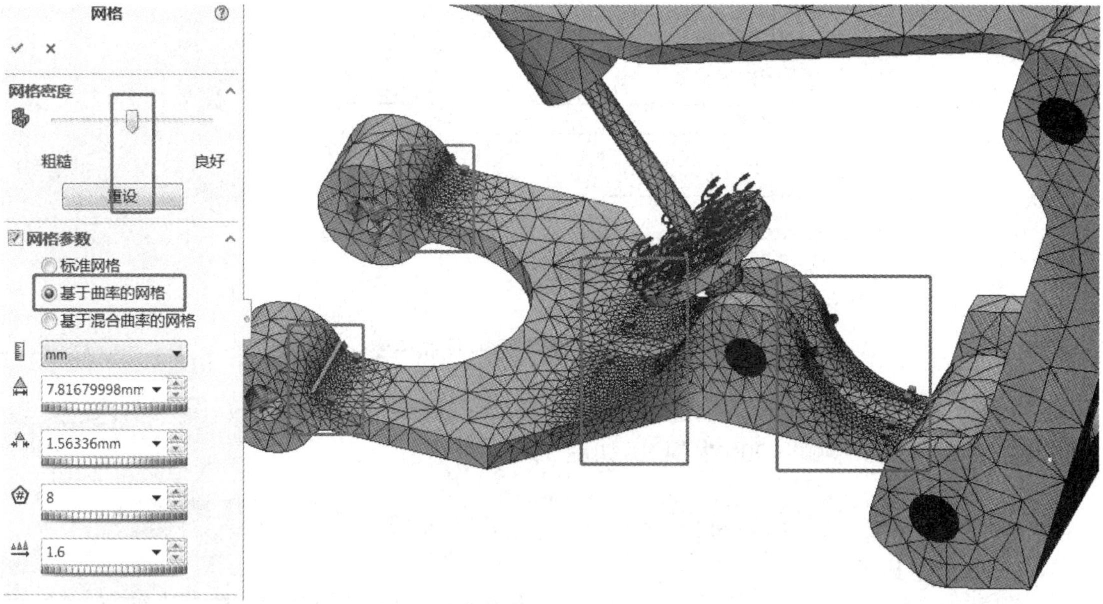

图 19-10　基于曲率的【高】品质网格

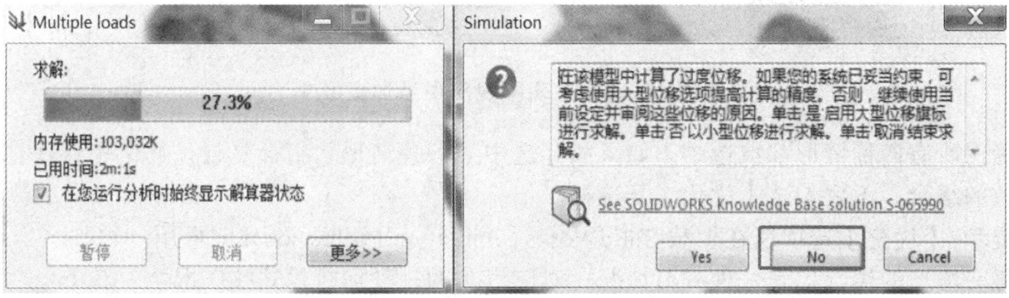

图 19-11　运行分析

步骤 16　创建一个设计算例 Multiple Loads-Design Study。

1）新建设计算例

在 Command Manager 的【评估】选项卡下单击【设计算例】图标，也可以从【插入】菜单中选取【设计算例】，还可以从 Command Manager 的【新算例】/【设计算例】。

2）重命名

重命名“设计算例 1”为“Multiple Loads-Design Study”。屏幕底部会出现设计算例的界面，该界面提供了以下两种视图：

（1）变量视图：除了表格形式外，这里还可以输入参数。

（2）表格视图：显示每个变量的一系列离散数值。

步骤 17　选取变量并输入数值。

在【变量视图】选项卡的【变量】列表中，选择参数“Lateral”。从下拉列表中选择【离散值】，输入“0，60，72，115”（0 牛顿，60 牛顿，72 牛顿，115 牛顿），中间以逗号隔开，如图 19-12 所示。

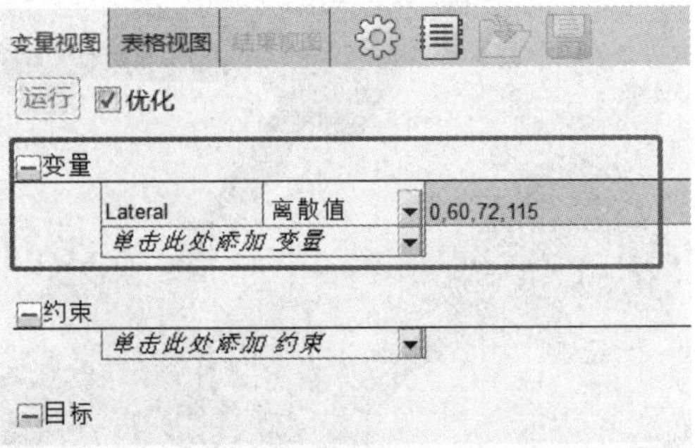

图 19-12　在变量视图中添加变量

切换到【表格视图】选项卡，选择第二个参数“Vertical”，在表格中分别输入“－225 牛顿，185 牛顿，385 牛顿，900 牛顿”，如图 19-13 所示。

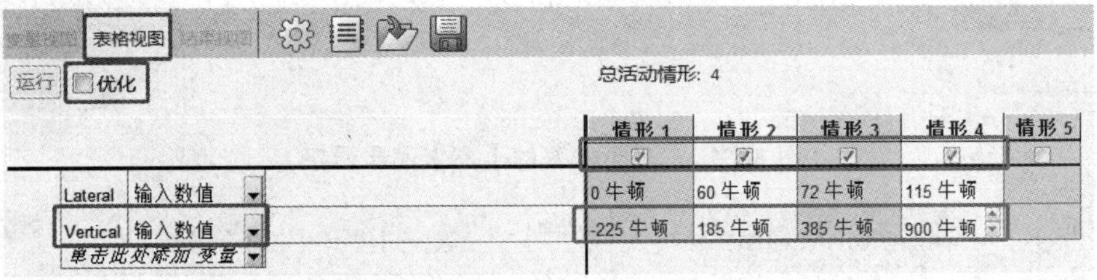

图 19-13　在表格视图中添加变量

确保所有四种情形都被选中。如果放弃选中某一种情形，将会从设计算例中排除这项设计参数的组合，不要勾选【优化】复选框。

提示：【优化】选项仅在加载 SolidWorks Simulation Professional 时可用。

每一情形的值都代表一种载荷情况，对应汽车的一种运行模式（工况）：

表 19-1　四种情形对应工况说明

参数 \ 情形	情形 1	情形 2	情形 3	情形 4
Vertical（N）	－225	185	385	900
Lateral（N）	0	60	72	115
汽车工况	静止	在平滑路面上以恒定加速度行驶	在颠簸路面上行驶	在平滑路面上匀速行驶，然后爬上斜坡

3. 设计情形结果分析

设计算例特征针对每个情形（参数组合）自动生成并运行多个算例，所有情形的全部计算结果都将被保存。因为数据量很容易变得很大，必须观察模型的大小和情形的数量。在指定传感器下可以获得所有的结果。

步骤 18　设定全局结果的传感器。

可以通过传感器来定义结果的数值。对于全局结果而言，如果想要监测整个模型的极值，则需要定义【模型最大值】传感器。

1）添加应力传感器

在 Simulation Study 树中添加一个【Simulation 数据】传感器，选择【VON：von Mises 应力】为数据量分量。在【属性】栏中选定【N/mm^2（MPa）】和【模型最大值】，如图 19-14 所示。

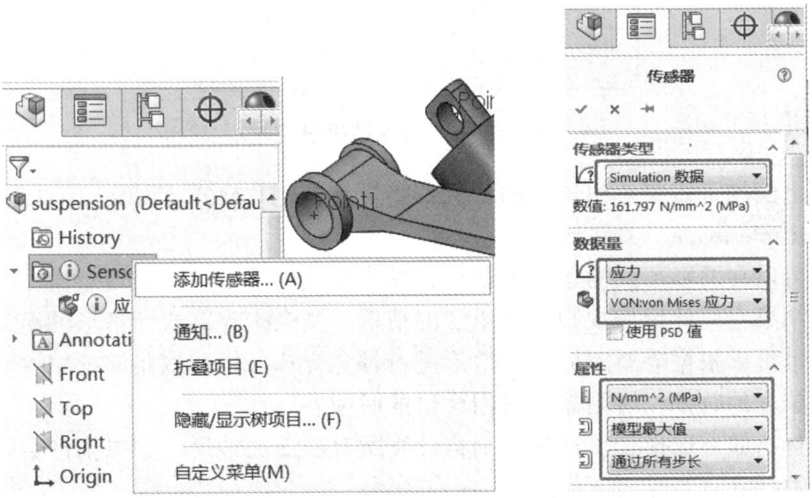

图 19-14 设定全局应力传感器

2）添加位移传感器

在 Simulation Study 树中添加一个【Simulation 数据】传感器，选择【URES：合位移】为数据量分量。在【属性】栏中选定【模型最大值】，【单位】指定为【mm】。

步骤 19 设定局部结果的传感器。

还需要指定一些传感器，以便于生成某些局部部位的报告和图解。本算例将对比 hub 在各个设计情形下的位移。设定局部结果的传感器，如图 19-15 所示。

1）添加应力传感器

在 Simulation Study 树中添加一个【Simulation 数据】传感器，选择【VON：von Mises 应力】为数据量分量。在【属性】栏中【单位】选择为【N/mm·（MPa）】和【最大过选实体】，选择如图 19-15 所示的顶点。

2）添加位移传感器

添加一个【Simulation 数据】传感器，选择【URES：合位移】为数据量分量，选定【最大过选实体】，在【属性】栏中选定【单位】指定为【mm】。选择如图 19-15 所示的顶点。

图 19-15 设定局部结果的传感器

步骤 20 设定结果数据量。

设定全局结果和局部结果时所选的传感器必须包含在设计算例中。

在【约束】中选择所有指定的传感器。对所有项目都选择【仅监视】，并指定算例为【Multiple loads】，如图 19-16 所示。

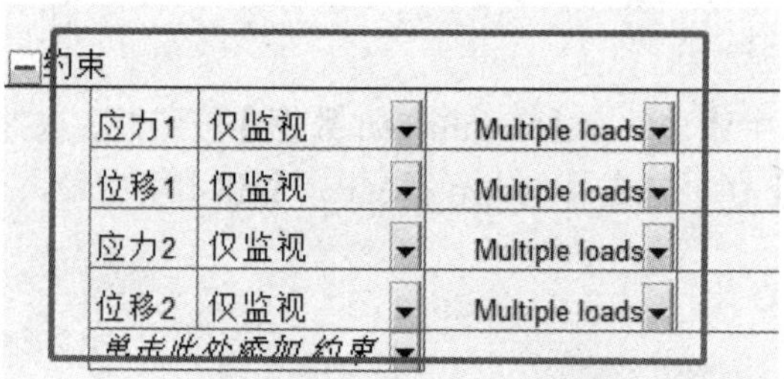

图 19-16 约束结果设定

提示：从上面的下拉菜单中选择的算例，将设计算例“Multiple Loads-Design Study”与静态算例“Multiple loads”关联到了一起。

设计算例可以在两种不同的选项下运算，即【快速结果】和【高质量】。

（1）快速结果：只计算按规则选择激活的情形。其余未计算激活情形的结果将采用插值的方法得到。也可以根据需要对插值的情形进行补充计算，以获取足够的精度。这个选项通常用于情形数较多的时候，否则需要占用大量的时间。

（2）高质量：如果选择了该选项，则将计算所有激活的情形。如果情形数很多，将需要大量的计算时间。

知识卡片：设计算例选项：在【设计算例】中单击【设计算例选项】。

步骤 21 设计算例属性。

单击【设计算例质量】，确保选择了【高质量（较慢）】选项，如图 19-17 所示，然后单击【确定】按钮。

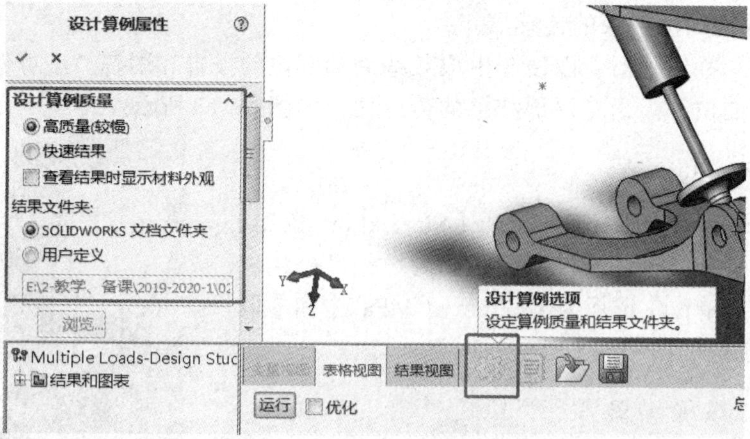

图 19-17 设计算例属性

步骤 22 运行设计算例。

单击【运行】，如图 19-18 所示，不勾选【优化】复选框。

图 19-18 运行设计算例

步骤 23　分析全局极值结果。

算例完成计算后，全局结果将显示在设计算例对话框中，如图 19-19 所示。

参数视图　表格视图　结果视图

5 情形之 5 已成功运行 设计算例质量: 高

		当前	初始	情形 1	情形 2	情形 3	情形 4
Lateral		0 牛顿	0 牛顿	0 牛顿	60 牛顿	72 牛顿	115 牛顿
Vertical		-225 牛顿	-225 牛顿	-225 牛顿	185 牛顿	385 牛顿	900 牛顿
应力1	仅监视	157.113 牛顿/mm^2	157.113 牛顿/mm^2	157.113 牛顿/mm^2	138.075 牛顿/mm^2	279.509 牛顿/mm^2	645.495 牛顿/mm^2
位移1	仅监视	3.233162mm	3.233162mm	3.233162mm	2.659143mm	5.533121mm	12.933797mm
应力2	仅监视	1.98061 牛顿/mm^2	1.98061 牛顿/mm^2	1.98061 牛顿/mm^2	0.365868 牛顿/mm^2	1.70917 牛顿/mm^2	5.20789 牛顿/mm^2
位移2	仅监视	2.748754mm	2.748754mm	2.748754mm	2.259383mm	4.702567mm	10.993639mm

图 19-19　分析全局极值结果

可以观察最后一个算例（情形 4）的 von Mises 应力值最大，其大小为 645.5 MPa，因此可以断定，情形 4 对应的位移也达到最大值，约为 12.93 mm。由此可以得出结论，最后一个算例对应汽车在平滑路面上匀速行驶然后爬上斜坡（代表了最恶劣的情况），我们将设计 shock 装置来承受这个载荷。

步骤 24　图解显示应力结果。

所有情形计算完成的结果都储存在本地硬盘上，而且可以通过结果滑条或直接从所需栏目中选择，如图 19-19 所示。

展开"Multiple Loads-Design Study"算例的【结果和图表】文件夹，显示 von Mises 应力图解，如图 19-20 所示。

可以看到，情形 4 所对应的 von Mises 应力超过了材料合金钢的屈服强度（620 MPa）。

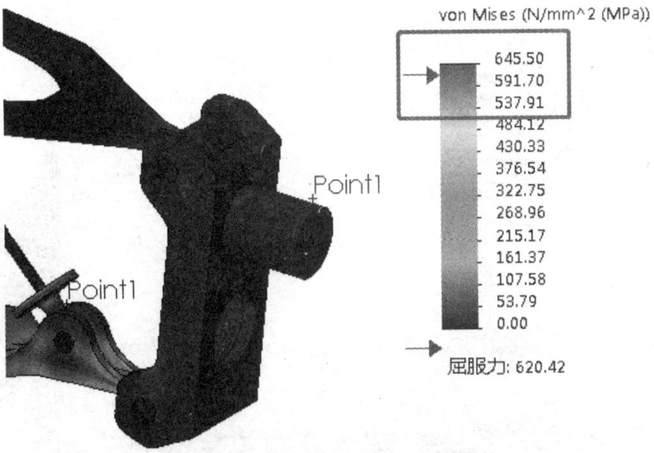

图 19-20　显示应力结果图解

四种设计情形可以简单地定义为四个单独的算例。随着情形数量的增加，【设计算例】的优点是显而易见的。

任务 2　几何尺寸修改（优化设计）

因为情形 4 被认为是模型屈服时最恶劣的载荷组合，本算例将在设计情形的帮助下修改装配体的几何特征。要求 von Mises 应力的安全系数达到 2，hub 零部件的最大合位移达到 26 mm。

步骤 25　切换到静态算例。

切换到静应力分析算例“Multiple loads”，如图 19-21 所示。

提示：在静应力分析算例的 Simlation Study 树中出现了一个新的文件夹——【参数】。在初始参数完成定义后（步骤 9 ~ 12），该文件夹便出现了。

步骤 26　定义几何参数。

（1）显示零部件的注释

单击【视图】/【隐藏/显示】，选择【零部件注释】以及【顶层注释】，如图 19-22 所示。

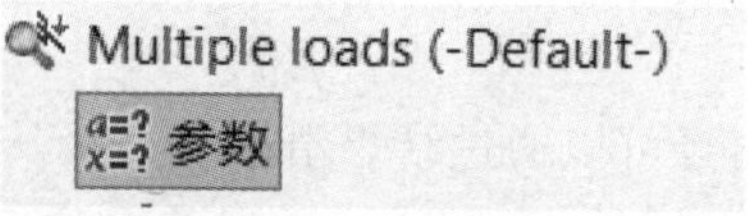

图 19-21　切换到静应力分析算例——参数设置

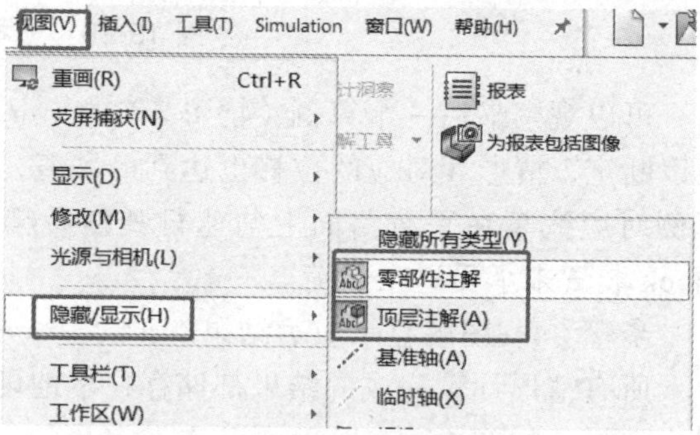

图 19-22　显示零部件的注释操作

（2）设置尺寸参数“Am_thickness”

右键单击【参数】文件夹并选择【编辑/定义】。在【参数】对话框中的【名称】栏输入“Am_thickness”，如图 19-23 所示。

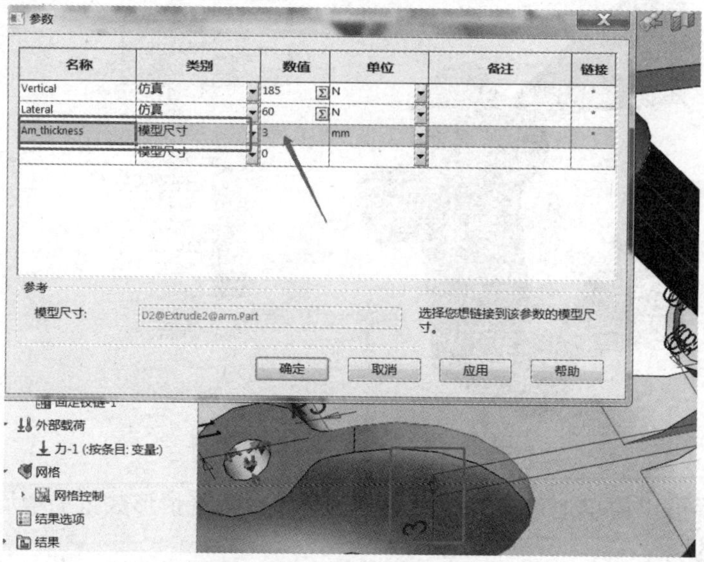

图 19-23　定义几何参数

单击 3 mm 的尺寸（包含在特征 Extrude2 中）作为下摆臂零件的厚度。尺寸的表达式【D2@ Extrde2@arm.Pat】将显示在【模型尺寸】域中。单击【确定】，关闭【参数】对话框。

步骤 27 解除链接并修改载荷。

编辑力的定义并取消力分量的参数链接。在【沿基准面方向 2】栏中输入“115” N，在【垂直于基准面】栏中输入“900” N，如图 19-24 所示。这对应于最恶劣的情况，即汽车在平滑、弯曲、带有斜坡的路面上匀速行驶的情形（见前面设计情形 4），单击【确定】。

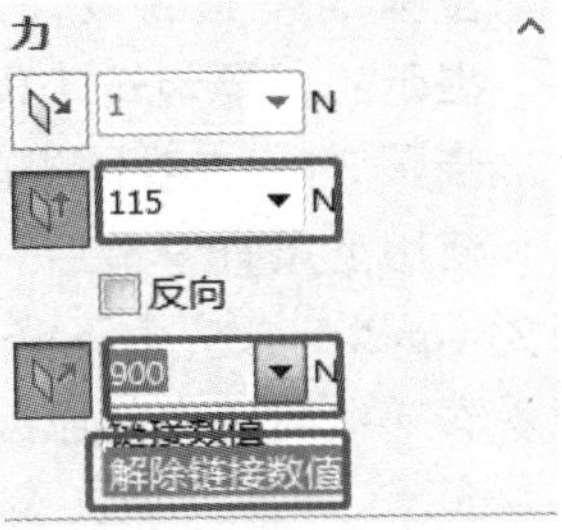

图 19-24 解除链接数值，键入新数值

步骤 28 定义一个新的设计算例 Multiple Loads-Design Study-2。

参考步骤 16 ~ 20，定义一个新的设计算例，重命名“Multiple Loads-Design Study-2”。在该算例中使用下列值：【带步长范围】设定【最小】为“1.5 mm”,【最大】为“8 mm”,【步长】为“0.5 mm”。只与参数“Am_thickness”相对应，对全局和局部的结果采用相同的传感器，如图 19-25 所示。

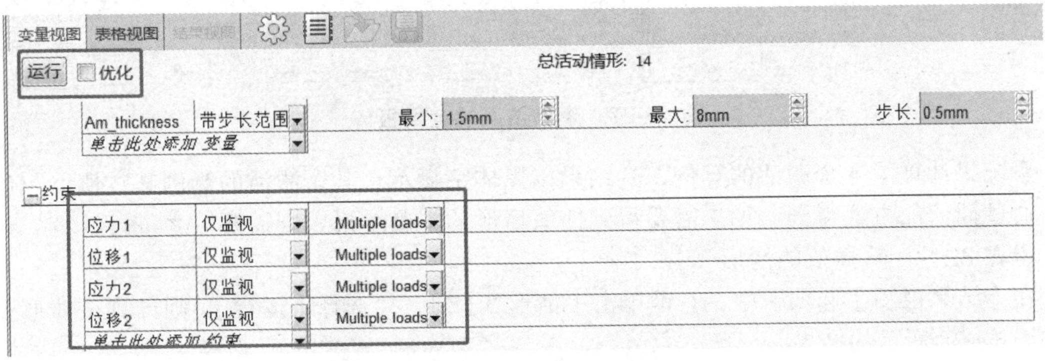

图 19-25 定义一个新的设计算例

步骤 29 定义设计算例选项。

设置【设计算例质量】为【快速结果】，如图 19-26 所示。

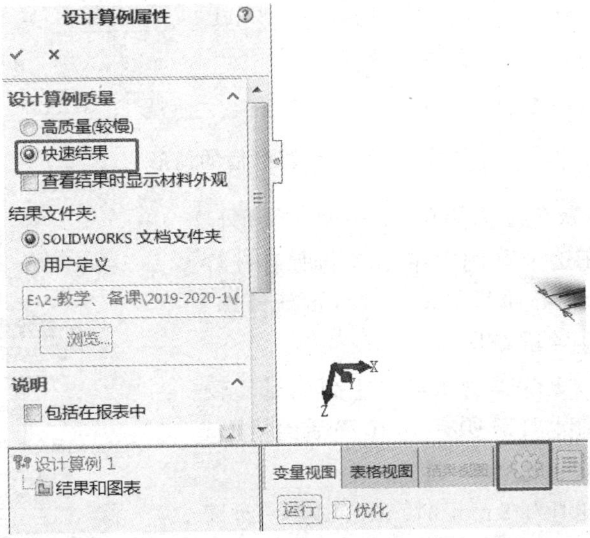

图 19-26 【快速结果】设置

提示：【快速结果】选项只计算按规则选择激活的情形。在这个实例中，只有 4 种情形会得到计算。

步骤 30 运行设计情形。

提示：不要勾选【优化】。

步骤 31 查看结果的全局极值。

使用滑条查看最后一种情形的结果，位于【当前】列中，如图 19-27 所示。可以观察到最大 von Mises 应力下降到 494.3 MPa。这个值仍不满足安全系数的要求，需要研究这个设计来观察导致高应力的原因。位移结果的最大值降低到约为 24.6 mm。

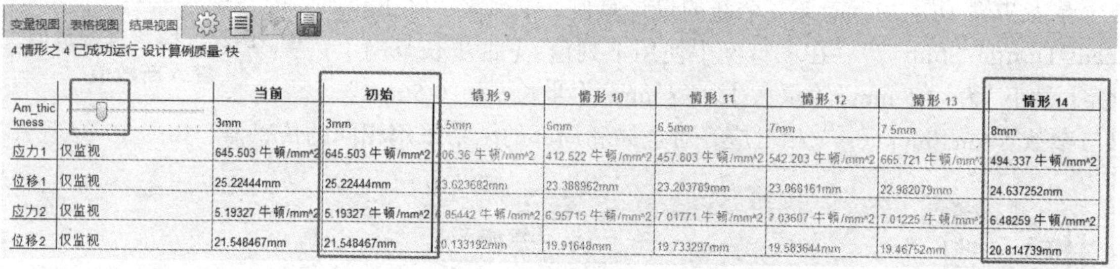

		当前	初始	情形 9	情形 10	情形 11	情形 12	情形 13	情形 14
Am_thickness		3mm	3mm	.5mm	6mm	6.5mm	7mm	7.5mm	8mm
应力1	仅监视	645.503 牛顿/mm^2	645.503 牛顿/mm^2	406.36 牛顿/mm^2	412.522 牛顿/mm^2	457.803 牛顿/mm^2	542.203 牛顿/mm^2	665.721 牛顿/mm^2	494.337 牛顿/mm^2
位移1	仅监视	25.22444mm	25.22444mm	23.623682mm	23.388962mm	23.203789mm	23.068161mm	22.982079mm	24.637252mm
应力2	仅监视	5.19327 牛顿/mm^2	5.19327 牛顿/mm^2	.85442 牛顿/mm^2	6.95715 牛顿/mm^2	7.01771 牛顿/mm^2	7.03607 牛顿/mm^2	7.01225 牛顿/mm^2	6.48259 牛顿/mm^2
位移2	仅监视	21.548467mm	21.548467mm	0.133192mm	19.91648mm	19.733297mm	19.583644mm	19.46752mm	20.814739mm

图 19-27 查看结果的全局极值

系统只计算了 4 个激活的算例，其结果以黑体字显示。其余激活的算例其数值以灰色显示，通过插值的方式得到。如果需要得到插值情形的精确结果，则需要对之进行计算。

步骤 32 计算插值的情形。

在【结果视图】选项卡中，右键单击【情形 3】列，并选择【运行】，则计算该情形会得到如图 19-28 所示的结果。

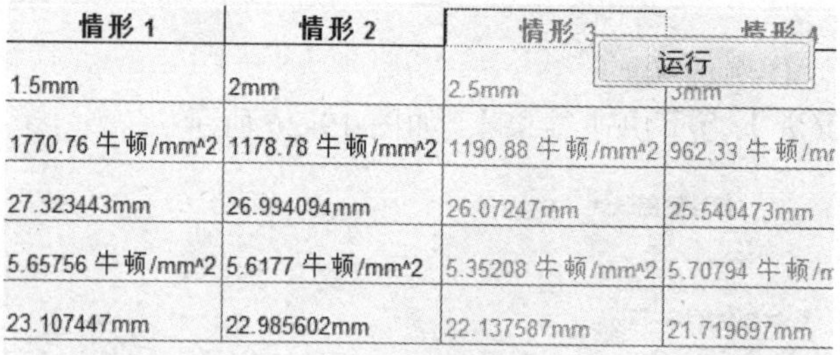

情形 1	情形 2	情形 3	情形 4
1.5mm	2mm	2.5mm	3mm
1770.76 牛顿/mm^2	1178.78 牛顿/mm^2	1190.88 牛顿/mm^2	962.33 牛顿/mr
27.323443mm	26.994094mm	26.07247mm	25.540473mm
5.65756 牛顿/mm^2	5.6177 牛顿/mm^2	5.35208 牛顿/mm^2	5.70794 牛顿/m
23.107447mm	22.985602mm	22.137587mm	21.719697mm

图 19-28 计算插值的情形

如果情形的结果从灰色变为黑色，则表明该情形已经被计算过了。因为在这个算例中希望看到所有计算过的情形，所以将采用【高质量】设置进行重新计算。

步骤 33 改变属性并重新计算。

如图 19-29 所示，更改算例质量为【高质量（较慢）】。单击【运行】按钮，计算所有 14 个激活的情形。

步骤 34 图解显示 von Mises 应力。

当下摆臂零件的厚度值为 8 mm 时，显示最后一种情形（情形 14）对应的 von Mises 应力图解，如图 19-30 所示。

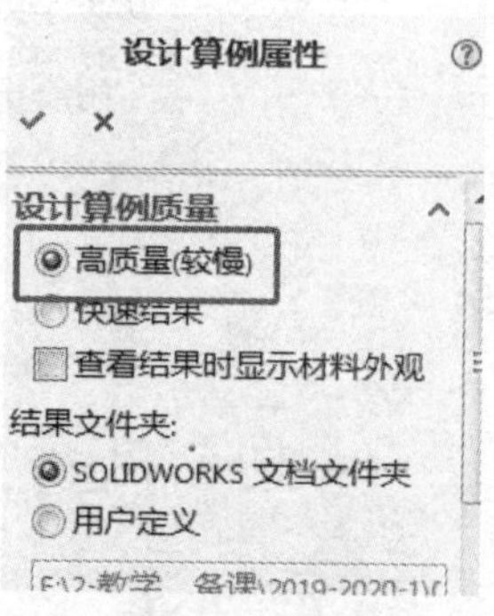

图 19-29 设置【高质量（较慢）】属性

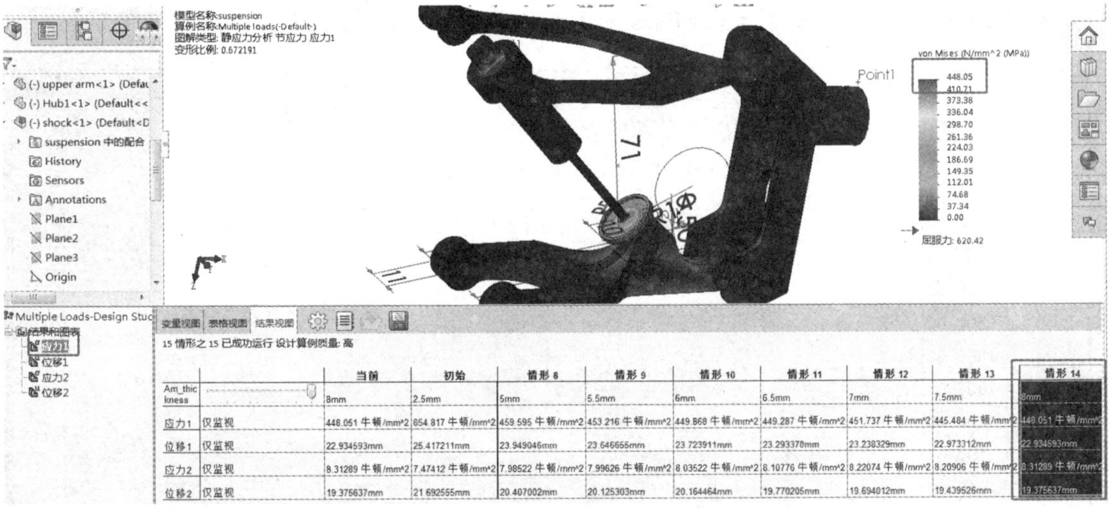

图 19-30　图解显示 von Mises 应力

可以观察到最大 von Mises 应力为 448 MPa。需要注意的是，最大应力的位置转移到了 plunger 的圆角处。模型尺寸的变化导致应力重新分布，零部件的刚度相对而言也在变化。

设计情形的结果可以通过图表的形式进行展示，这样能够更加方便地表现变化的趋势。在创建设计情形时，通过选择不同的位置，可以在同一个图表中显示多个结果。

（1）快捷菜单：右键单击【结果和图表】文件夹，选择【定义设计历史图表】。

（2）在 Simulation 工具栏中单击【定义图表】。

步骤 35　图表显示 von Mises 应力的全局极值。

右键单击【结果和图表】文件夹，选择【定义设计历史图表】，如图 19-31 所示。

在【Y-轴】栏中选择【约束】，传感器将监测模型的最大应力。本算例中的传感器名为“应力 1”。保持【额外位置】为【无】，这样将创建全局结果的图表。单击【确定】以显示图表，如图 19-32 所示。

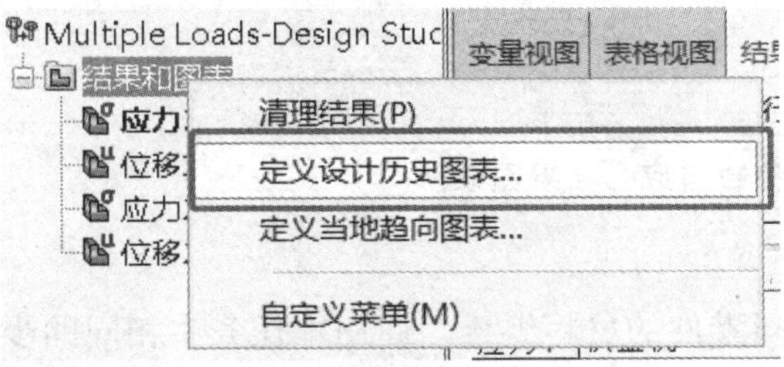

图 19-31　打开【定义设计历史图表…】

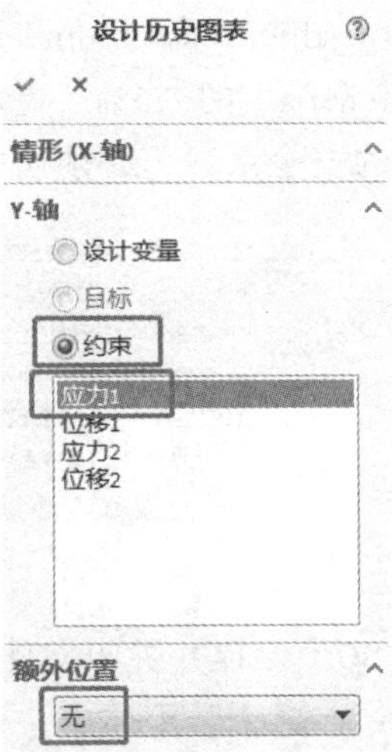

图 19-32　定义【Y-轴】

如图 19-33 所示，显示了 von Mises 应力与下摆臂厚度不同的全局极值间的关系。

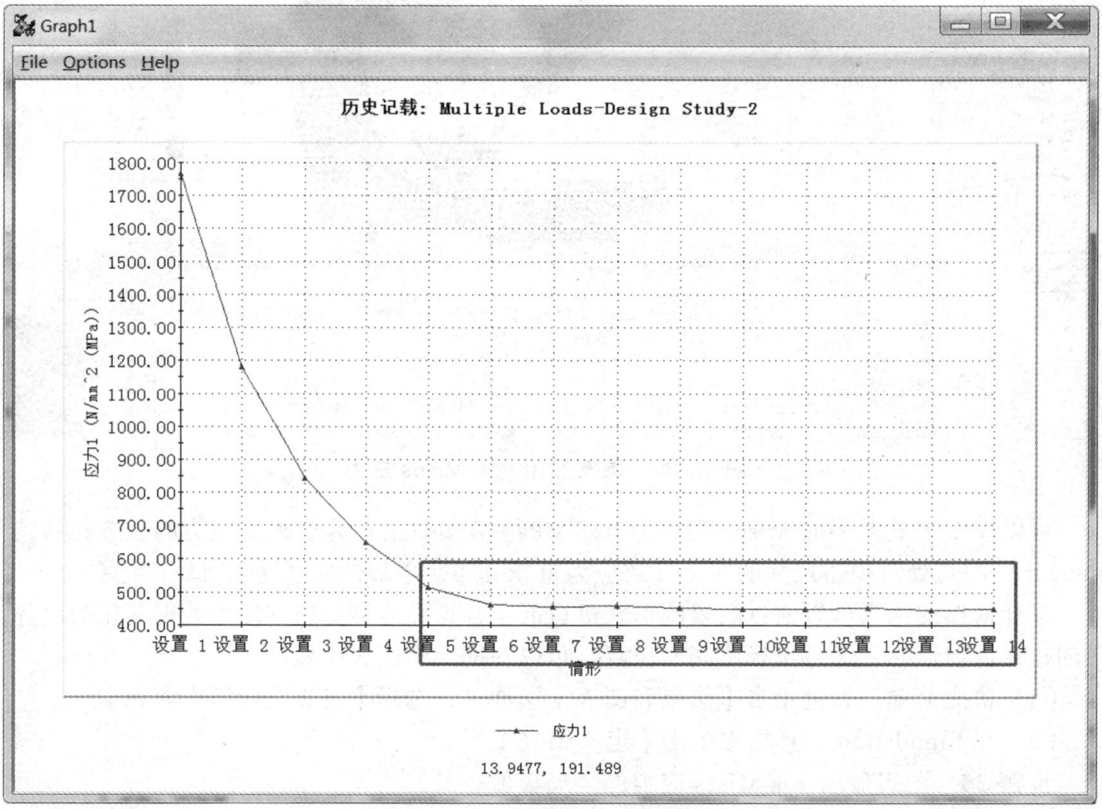

图 19-33 vonMises 应力与厚度间的关系曲线

可以观察到，当下摆臂的厚度超过 4 mm 时，随着厚度的减小，整体 von Mises 应力并没有实质性地减小，最大值的位置从底部 arm 转到 Plunger。因此可以断定，厚度 4 mm 是一个最佳值。

当 Arm_thickness=4 mm 时，整体 von Mises 应力值大约为 463 MPa，即材料合金钢屈服强度（620 MPa）的 75%，更进一步地提高摆臂的厚度并不会显著降低最高应力。如果想要得到更大的安全系数，必须研究其他设计修改方案，如图 19-34 所示。

		当前	初始	情形 4	情形 5	情形 6	情形 7	情形 8	情形 9	情形 10
Am_thickness		8mm	2.5mm	3mm	3.5mm	4mm	4.5mm	5mm	5.5mm	6mm
应力1	仅监视	448.051 牛顿/mm^2	854.817 牛顿/mm^2	647.262 牛顿/mm^2	515.198 牛顿/mm^2	463.734 牛顿/mm^2	457.199 牛顿/mm^2	459.595 牛顿/mm^2	453.216 牛顿/mm^2	449.868 牛顿/mm^2
位移1	仅监视	22.934593mm	25.417211mm	24.988309mm	24.546029mm	24.394237mm	24.048274mm	23.949046mm	23.646655mm	23.723911mm
应力2	仅监视	8.31289 牛顿/mm^2	7.47412 牛顿/mm^2	7.63347 牛顿/mm^2	7.67218 牛顿/mm^2	7.82666 牛顿/mm^2	7.85494 牛顿/mm^2	7.98522 牛顿/mm^2	7.99626 牛顿/mm^2	8.03522 牛顿/mm^2
位移2	仅监视	19.375637mm	21.692555mm	21.34575mm	20.967599mm	20.827381mm	20.514101mm	20.407002mm	20.125303mm	20.164464mm

图 19-34 设计参数与应力结果图表

步骤 36 保存并关闭文件。

提示：在这个装配体中，还可以分析不同零件的材料组合。使用本任务中相同的步骤，首先定义材料属性的参数（如弹性模量或屈服强度），然后定义一个设计情形，指定的材料属性的数值组合将包含其中。

项目总结

本任务介绍了设计算例，该特征允许用户定义好特定参数后，分析所设计的各种趋势。该特征有许多适用的场合，本任务只介绍了其中的一部分，即用它来分析各种载荷情形，模拟小汽车的各种行驶工况，并找出悬架零部件厚度的最优值。

设计情形算例由下面两步组成：

第 1 步：必须指定一列参数（设计变量）。有多种参数类型可供选择，包括载荷、几何特征、材料常数等。

第 2 步：需要创建一个设计算例，指定多组参数（设计变量）的数值组合以构建设计情形。

显然，当需要很多设计参数的优化组合时，过程是冗长繁杂的。在这种情况下，必须用到 SolidWorks Simulation 全自动的优化模块。该模块可以在 SolidWorks Simulation Professional 中找到。

在模型中，当摆臂的厚度为 4 mm 时，应力低于材料的屈服强度。这是保证材料不受永久损坏所需的最小厚度。

项目 20

优化分析——压榨机壳体优化

学习目标

（1）进行基于静应力分析和频率分析的优化分析。

（2）正确进行后处理来优化结果。

项目描述

1. 压榨机壳体

本任务算例将对一个压榨机壳体进行优化分析，并将学习在定义优化算例时用到的不同选项。之后将对优化结果进行处理，以判断设计提高的程度。

2. 边界条件——问题描述

如图 20-1 所示，压榨机壳体包含一个顶板（top plate），该顶板承受向上 22 250 N 的力。两个带支脚的侧板（side plate）在底面起支撑作用，它们通过背板（back plate）连接到一起。

本任务的目的是通过修改框架几何结构，减轻装配体的质量。修改以下各项数据，以达到减少质量的目的。

（1）设计变量

① 侧板（支撑顶板处）的高度，可以从当前的 100 mm 向最小 50 mm 的范围内缩减。

② 形成侧板支脚的切除长度，可以从当前的 100 mm 向最大 250 mm 的范围内增加。

③ 背板的长度，可以从当前的 375 mm 向最小 150 mm 的范围内缩减。

（2）设计约束

在修改时，必须遵守以下的设计要求：

① von Mises 应力的大小不能超过 100 MPa。

② 最大挠度不能超过 1 mm。

③ 第一阶固有（共振）频率不能低于 80 Hz。

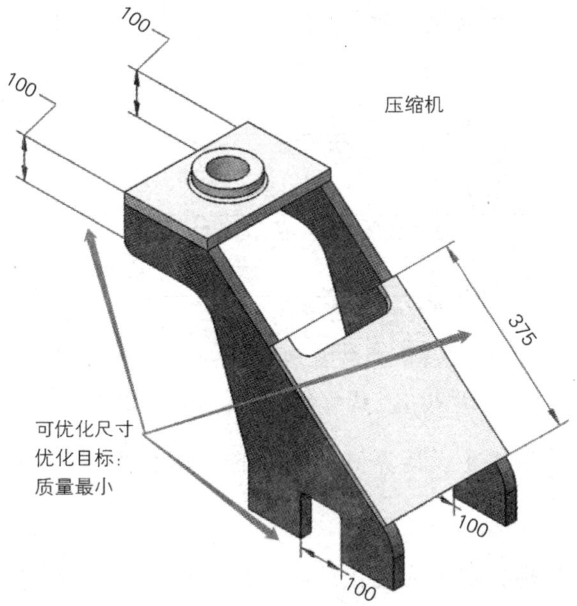

图 20-1　压榨机模型

（3）设计优化目标

压榨机壳体——质量最小。

3. 关键步骤

① 运行静应力分析算例。静应力分析算例的结果将被优化分析采用。

② 运行频率算例。频率算例的结果将被优化分析采用。

③ 创建优化算例并定义参数。定义需要被优化的目标及变量参数的边界，并执行优化。

④ 后处理结果。判断设计变更是否满足了设计要求。

知识准备

1. 优化分析的概念

设计优化主要是寻求所选物体允许设计变量的最优组合。设计优化必须满足约束，如果再采用新的目标和新的约束，优化的设计还可以被进一步优化。

模型的几何体会更新优化的配置。对于优化模型而言必须事先运行几个算例（本任务中，必须先运行静应力分析和频率分析），优化要用到它们的结果。

2.【设计算例】简述

优化分析由【设计算例】的变量、约束和目标 3 个参数组成。【设计算例】使用之前已定义算例的载荷和约束等信息，如图 20-2 所示。

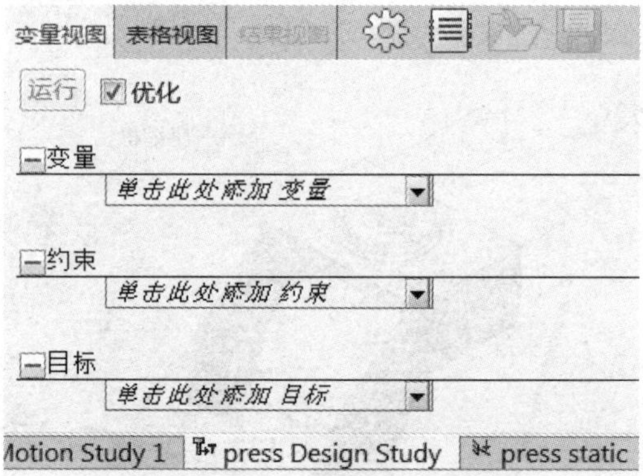

图 20-2　优化分析的【设计算例】

先来了解一下优化分析中【设计算例】使用的一些术语。

1）目　标

本优化课程的设定目标，也称为优化准则或优化目标。在一个优化算例中，只能设定一个目标。

在优化算例中，可以使用最小质量、最小体积或最小频率，也可以使用最大频率或最大扭曲安全系数作为优化目标。

2）变　量

定义模型中可以改变的尺寸，如壁厚、孔的直径、圆角半径等。设计变量为 SolidWorks 模型中选定的参数。在优化算例中，最多以选择 25 个设计变量。这些可变尺寸在优化算例中就是设计变量。

3）约　束

定义应力、挠度、频率等的合理变化范围，并指定变化范围的最小值和最大值。约束限制了优化的空间。注意，在一个优化算例中，可能会出现两个结果。

第一种可能出现的情况是达到了设计变量的上限，那么在设计变量达到允许的变化范围的极限后，优化设计就取决于该设计变量的边界条件。

第二种可能出现的结果满足了约束的条件，那么优化设计就取决于临界约束边界。临界约束就是指约束条件起作用了，例如，应力达到了设定的极限。最多可以定义 60 个约束。约束的类型有：应力、应变、位移、扭曲安全系数、频率、温度、温度梯度、热流密度等。

4）约束公差

在约束定义中，约束公差与允许的变化范围相关。本任务算例允许频率的变化范围为 80 ~ 150 Hz。

3. 约束定义的过程

约束定义的过程可按如下顺序进行：

（1）定义传感器类型。

（2）定义响应度量（应力位移、频率等）。

（3）定义响应参量的特定度量方式（von Mises 应力、合位移、第一阶振动模式等）。

（4）定义变化的允许范围。

项目实施

任务 1　静应力分析和频率分析

在优化分析开始之前，必须保证原有设计不能违背任何一条设计要求。因此，在优化分析之前，必须对框架装配体的初始结构做静应力分析和频率分析。

步骤 1　打开装配体。

从文件夹中打开名为“press”的装配体文件。

步骤 2　创建静应力分析算例。

创建一个名为“press static”的静应力分析算例。

步骤 3　查看材料属性。

每个组件的材料均为普通碳素钢（Plain Carbon Steel，并自动转换到 SolidWorks Simulation 中）。

步骤 4　施加载荷和约束。

对顶板施以 22 250 N 的垂直向上的力在底面 4 个支脚上添加【固定几何体】的约束，如图 20-3 所示。

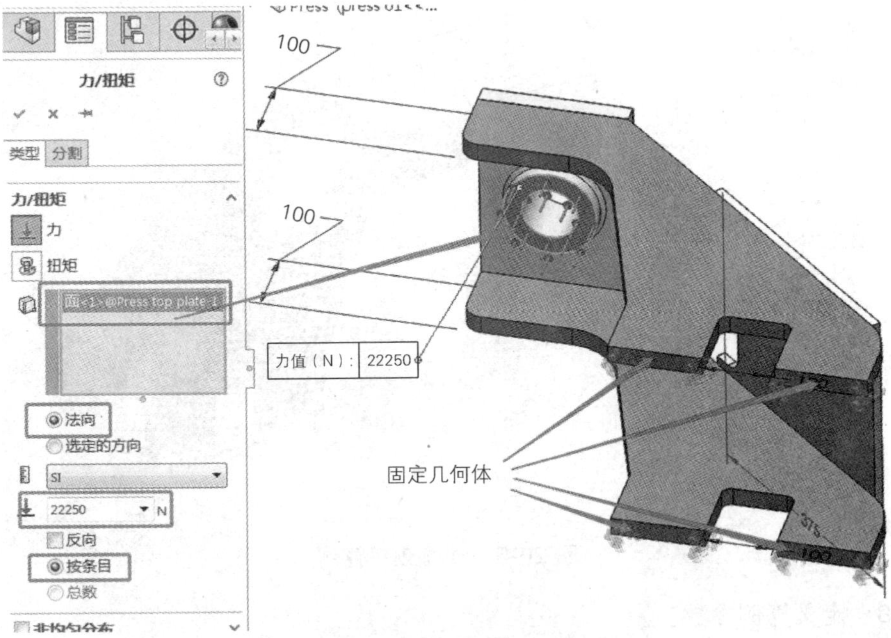

图 20-3　施加载荷和约束

步骤 5 划分网格。

使用【基于曲率的网格】,【高】品质单元及默认的【最大单元大小】划分网格，如图 20-4 所示。

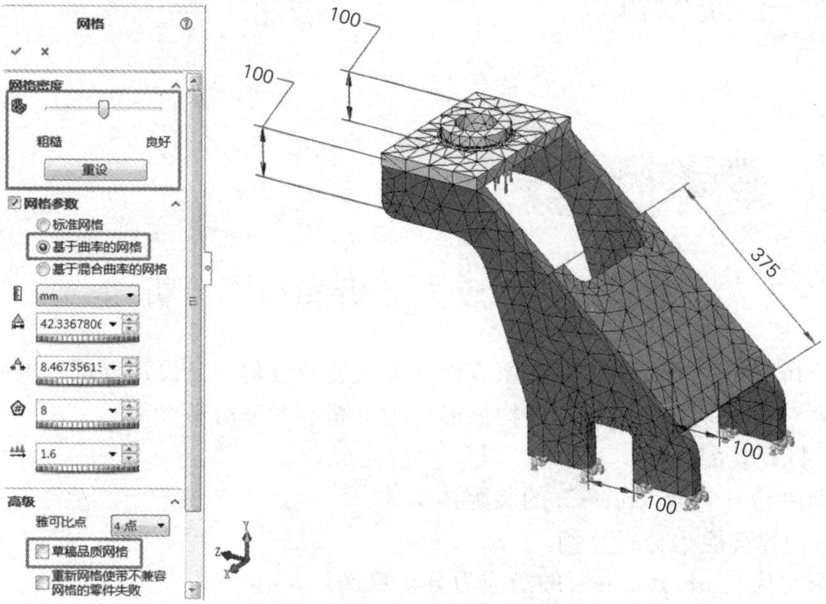

图 20-4 划分高品质网格

步骤 6 运行分析。

步骤 7 创建频率算例。

创建新算例，命名为“press frequency”的频率算例，如图 20-5 所示，载荷为 22 250 N。

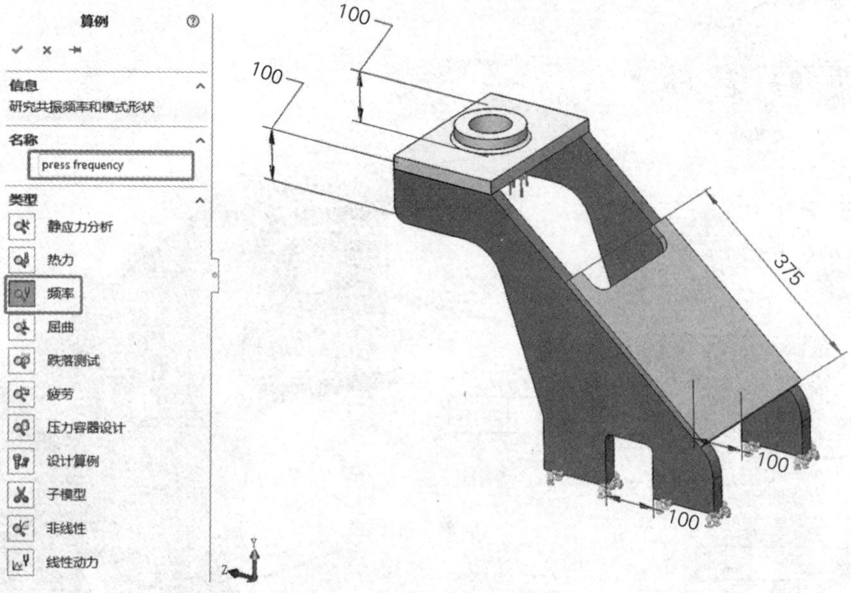

图 20-5 创建频率算例

步骤 8 定义算例参数。

复制静应力分析中的约束、载荷和网格。

步骤 9　设置算例属性。

要求只计算第一阶模式，并指定【Direct Sparse】解算器，如图 20-6 所示。这里必须采用 Direct Sparse 解算器，因为本任务希望频率分析中包含载荷效应。

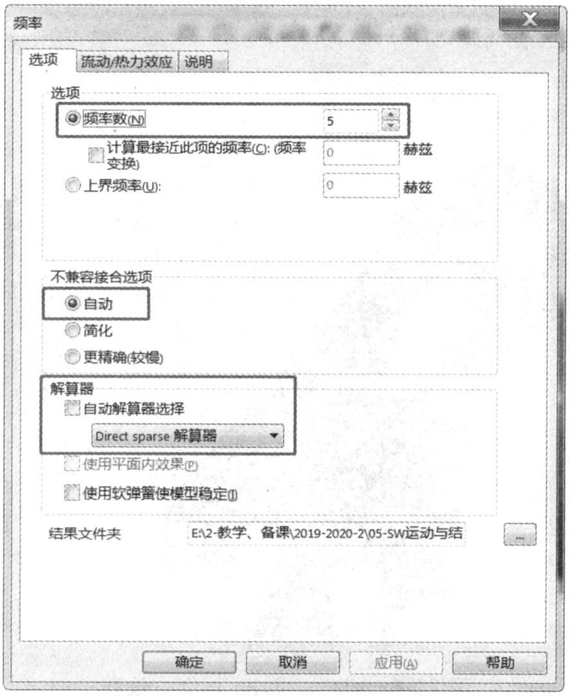

图 20-6　算例属性设置

步骤 10　运行分析。

步骤 11　图解显示位移、应力及频率结果。

在优化分析之前，运行 press static 算例显示 von Mises 应力，如图 20-7 所示。位移结

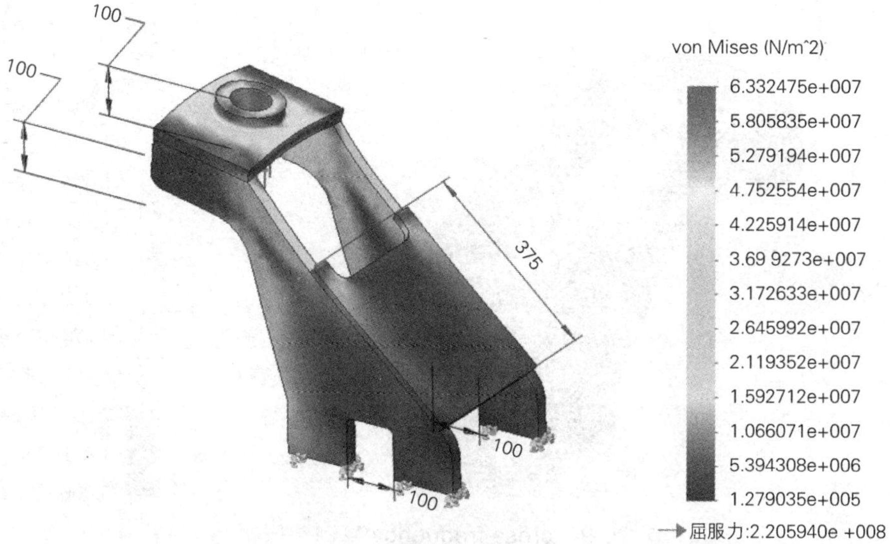

图 20-7　press static 算例：von Mises 应力

果如图 20-8 所示。运行 press frequency 频率算例的运行结果，如图 20-9 所示。查看列举共振频率，如图 20-10 所示。可以看出，最大 von Mises 应力为 63.3 MPa，最大位移为 0.33 mm，第一阶固有频率为 129.16 Hz。

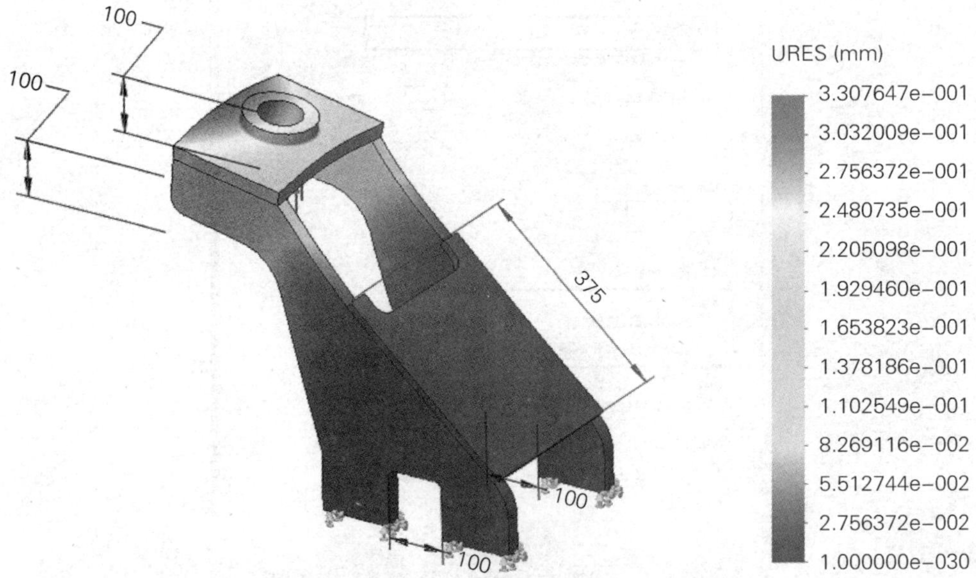

图 20-8　press static 算例：位移

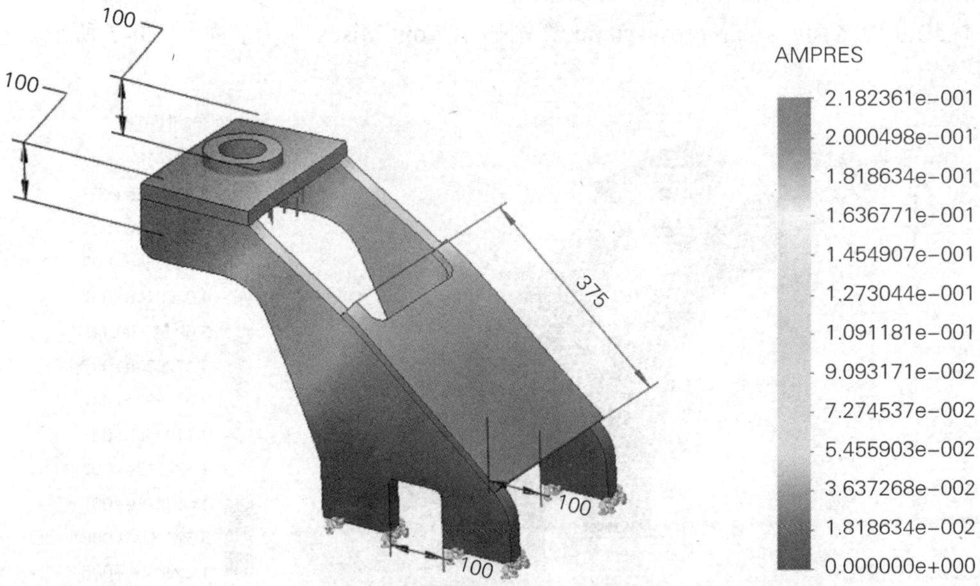

图 20-9　press frequency 算例：振幅

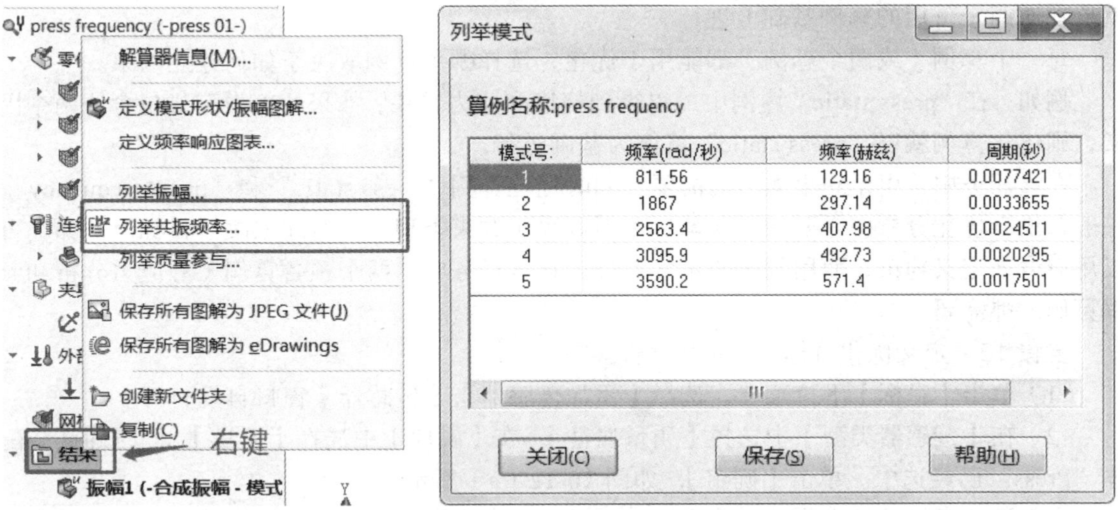

（a）列举共振频率操作　　（b）频率列举结果显示

图 20-10　频率分析结果显示

任务 2　优化分析操作

1. 创建优化算例

在初始的设计结构中，所有的设计约束都满足了。现在将在保证设计约束的条件下，减少压榨机壳体的整体质量。

步骤 12　创建优化算例——【设计算例】。

创建【新算例】/【设计算例】，将“设计算例 1”重新命名为“press Design Study”，勾选【优化】为【分析类型】，如图 20-11 所示。

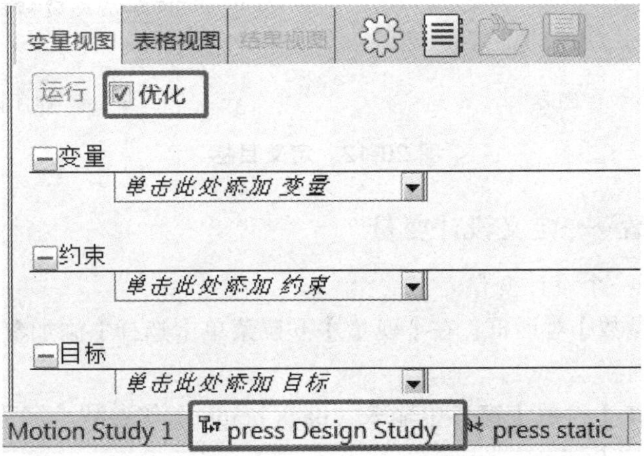

图 20-11　创建设计算例“press Design Study”

2. 优化目标设置

已经完成了两个算例的分析：“press static 和 press frequency”。要达到质量最小化的目标就要在这两个可用的算例基础上进行。

每一个算例（或两个算例）都能用于优化，选择哪个算例取决于如何建立约束。

例如，在“press static”算例中可以得到挠度和应力结果，如果约束类型只包含这两个因素，则优化算例就以“press static”算例为基础进行。

在本任务中，由于约束类型的需要，同时优化算例“press static”和“press frequency”。一般来说，优化分析中需要的预备算例不但取决于约束类型，同时还取决于目标。例如，可以用应力来定义约束，而用频率来定义目标。在本任务中，两个预备算例（静应力分析和频率算例）都需要。

步骤 13 定义优化目标——质量属性。

（1）单击【目标】下拉菜单，选择【添加传感器】,【传感器】窗口自动打开。

（2）在【传感器类型】中选择【质量属性】，在【属性】中选择【质量】，同时确认装配体“Press”已经选中。单击【确定】，如图 20-12（a）所示。

（3）设置目标：最小化。在【目标】/【质量 1】右侧，从下拉菜单中选择【最小化】选项，如图 20-12（b）所示。

（a）添加传感器

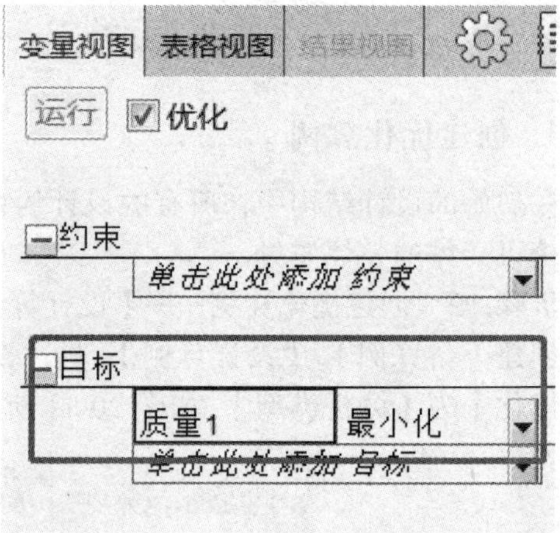

（b）优化目标设定

图 20-12　定义目标

3. 优化参数设置——定义设计变量

步骤 14 定义第一个设计变量。

（1）打开【添加参数】对话框。在【变量】下拉菜单中选择【添加参数】，将弹出【参数】对话框，如图 20-13 所示。

（2）参数命名。在【参数】窗口中输入“back height”作参数【名称】。在【类别】栏确认选定的是【模型尺寸】。

（3）链接尺寸。选择【数值】栏，在模型视图窗口中，选择背板高度的尺寸为 100 mm，则【数值】栏中会自动加入这一尺寸值，如图 20-13 所示，新参数将赋予尺寸数值“D2@Sketch1 press side plate”。

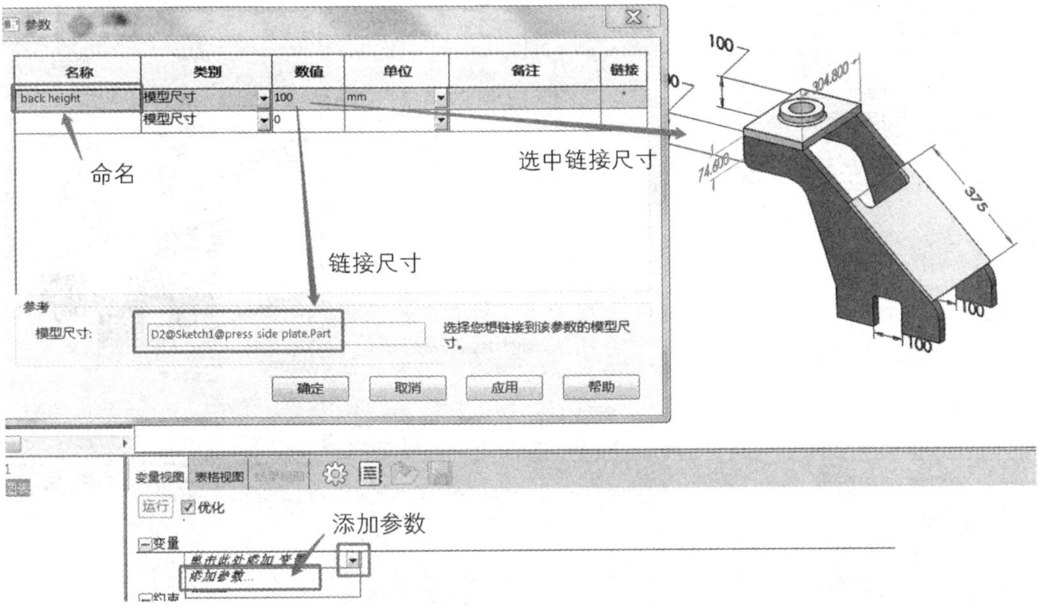

图 20-13　定义第一个设计变量

（4）单击【确定】。在【参数】对话框中单击【确定】。现在，这个参数就已经添加到设计算例的【变量】列表中去了。

（5）参数范围设置。在【变量】列表紧靠第一个参数的位置，从下拉菜单中选择【范围】。在【最小】中输入“50 mm”，在【最大】中输入“100 mm”，如图 20-14 所示。

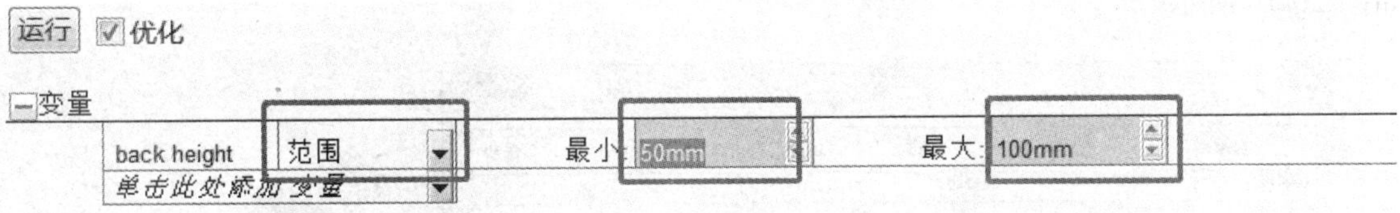

图 20-14　参数范围设置

操作技巧：考虑到【初始值】为 100 mm，不能再加大该尺寸，因为这会使质量增加允许该尺寸最低降低到 50 mm。

提示：优化分析需要 SolidWorks 中的参数形式。为了能用作设计变量，这些尺寸必须在 SolidWorks 中有明确的定义。如果一个模型只含有输入特征，则不可能对其做优化。

多数时候，设计算例计算得到的规格可能不符合用户的设计。在这种情况下可以选择【带步长范围】，这样可以保证变量按照指定的【步长】增加其数值。

步骤 15　定义第二个设计变量。

（1）参数命名。在【参数】对话框中添加另外一个参数，将参数命名为“feet width”。

（2）链接尺寸。选择【数值】栏，在模型视图窗口中，选择尺寸（支撑位置）为 100 mm，则【数值】栏中会自动加入这一尺寸值，该参数将赋予这个尺寸数值。单击【确定】。

（3）参数范围设置。从下拉菜单中选择【范围】，分别在【最小】中输入 100 mm，在【最大】中输入“250 mm”，如图 20-15 所示。

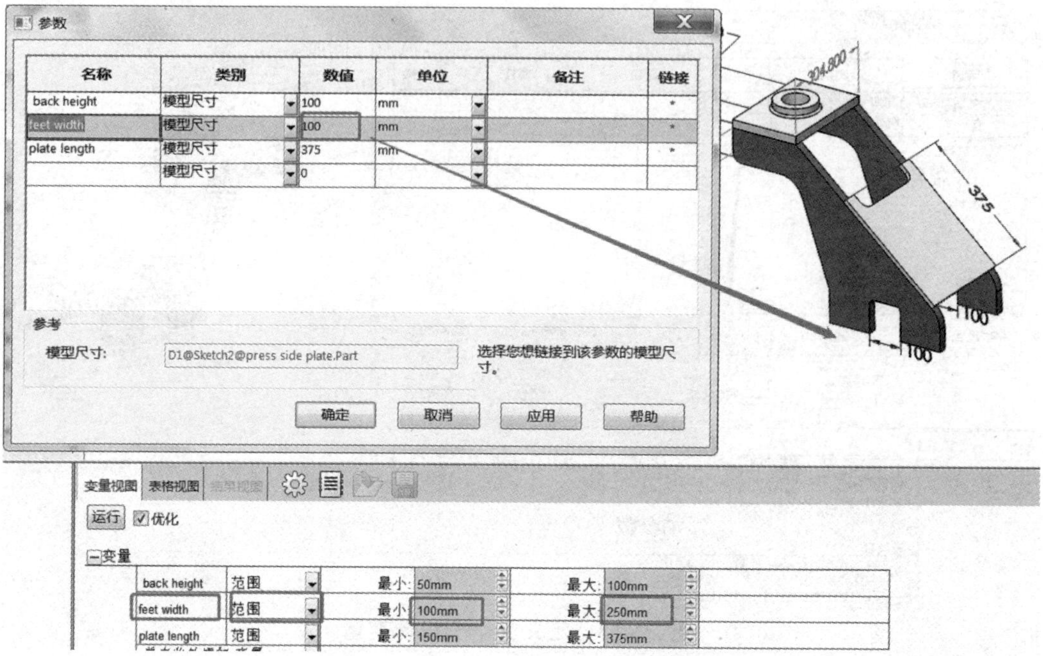

图 20-15　定义第二个设计变量

步骤 16　定义最后一个设计变量。

选择背板（back plate）长度尺寸为 375 mm（重复上述过程），将这个参数命名为“plate length”。从下拉菜单中选择【范围】，在【最小】中输入“150 mm”，在【最大】中输入“375 mm”，如图 20-16 所示。

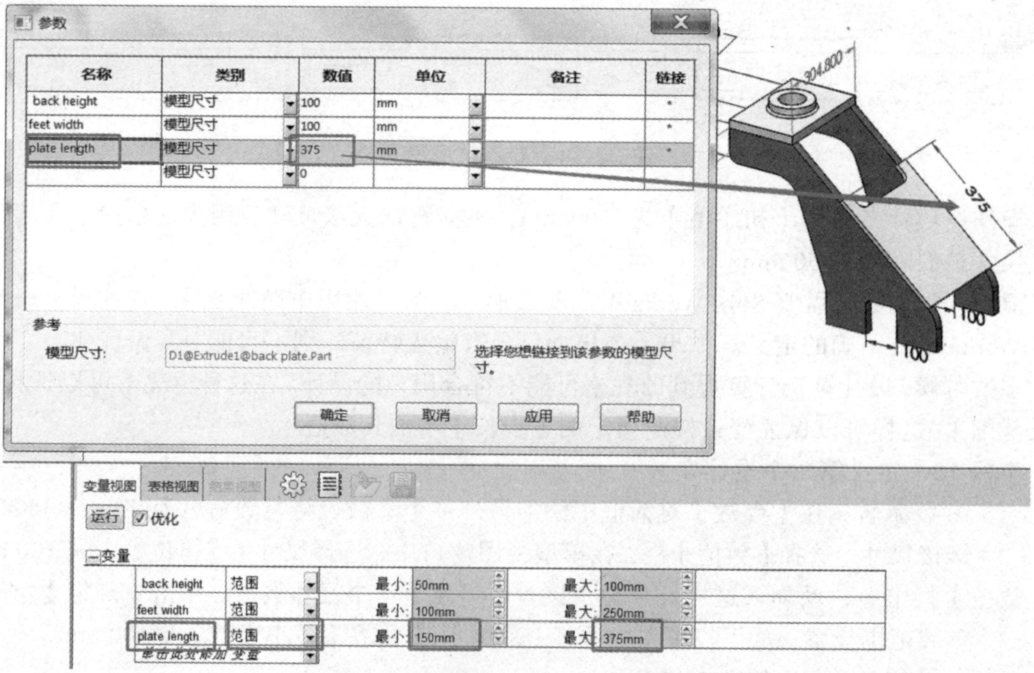

图 20-16　定义最后一个设计变量

4. 定义约束

优化算例设置的最后一步是定义约束。

步骤 17 定义全局应力约束。

（1）设置应力传感器。单击【约束】的下拉菜单，选择【添加传感器】。将自动切换到【传感器】的 Property Manager 界面，在【传感器类型】中选择【Simulation 数据】。在【数据量】中选择【应力】及【von Mises 应力】。

（2）设置传感器属性。在【属性】栏中选择【N/mm^2（MPa）】为【单位】,【准则】设为【模型最大值】，并将【步长准则】设置为【通过所有步长】，如图 20-17（a）所示。单击【确定】。

（3）设置应力约束参数。在下拉菜单中选择【小于】，然后输入"100 N/mm^2（MPa）"作为【最大】限制。这个约束将保证模型在任何地方【VON：von Mises 应力】都不会超过 100 MPa。

提示：静应力分析类型的响应只基于算例"press static"，如图 20-17（b）所示。

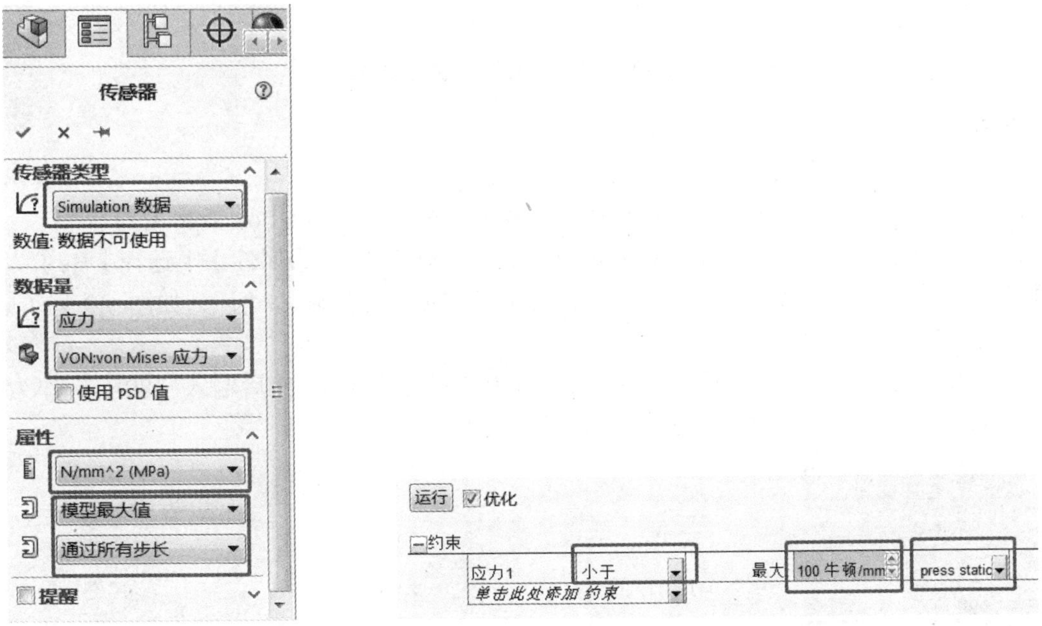

（a）　　　　（b）

图 20-17　定义应力约束

步骤 18 定义全局位移约束。

（1）打开【添加传感器】。单击【约束】的下拉菜单，选择【添加传感器】将自动切换到【传感器】的 Property Manager 界面，如图 20-18（a）所示。

（2）修改参数。在【传感器类型】中选择【Simulation 数据】。在【数据量】中选择【位移】及【URES：合位移】。在【属性】中选择【mm】为【单位】,【准则】设为【模型最大值】，并将【步长准则】设置为【通过所有步长】。单击【确定】。

（3）设置约束参数。在下拉菜单中选择【小于】，然后输入"1 mm"作为【最大】限制，如图 20-18（b）所示。

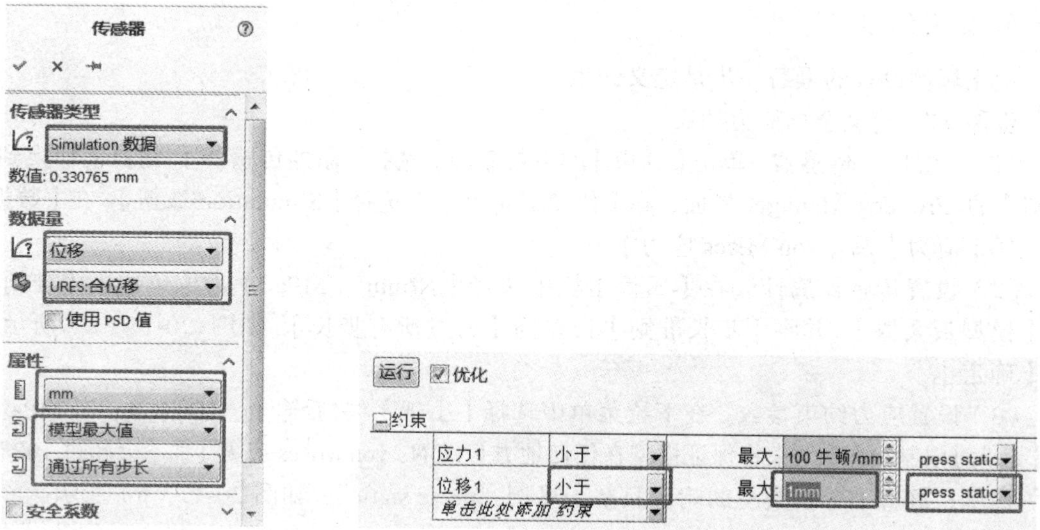

（a）　　　　　　　　　　　　　　（b）

图 20-18　定义全局位移约束

步骤 19　定义频率约束。

重复相同步骤，定义另一个频率约束传感器。

（1）打开【添加传感器】。在【传感器类型】中选择【Simulation 数据】。

（2）设置【频率】参数。在【数据量】中选择【频率】。在【属性】中选择【Hz】为【单位】,【准则】设为【模型最大值】。在【在特定模式形状】中输入“1”，如图 20-19（a）所示。单击【确定】。

（3）设置【频率】约束范围。在下拉菜单中选择【介于】，然后输入“80Hz”作为【最小】限制，“150Hz”为【最大】限制，如图 20-19（b）所示。

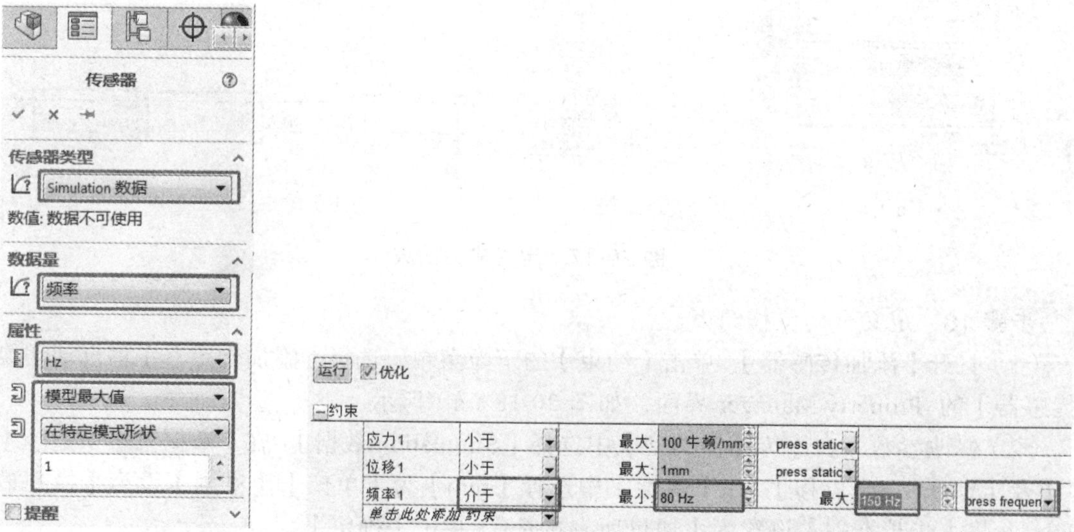

（a）　　　　　　　　　　　　　　（b）

图 20-19　定义频率约束

步骤 20　定义局部位移约束。

（1）打开【添加传感器】。单击【约束】的下拉菜单，选择【添加传感器】，将自动切换到【传感器】的 Property Manager 界面。

（2）设置参数。在【传感器类型】中选择【Simulation 数据】。在【数据量】中选择【位移】及【URES：合位移】。在【属性】中选择【mm】为【单位】，将【准则】设为【最大过选实体】。清除选择框中的内容，选择黄色平板的边线，如图 20-20（a）所示。单击【确定】。

（3）设置约束范围。在下拉菜单中选择【小于】，然后输入“0.5 mm”作为【最大】限制，如图 20-20（b）所示。

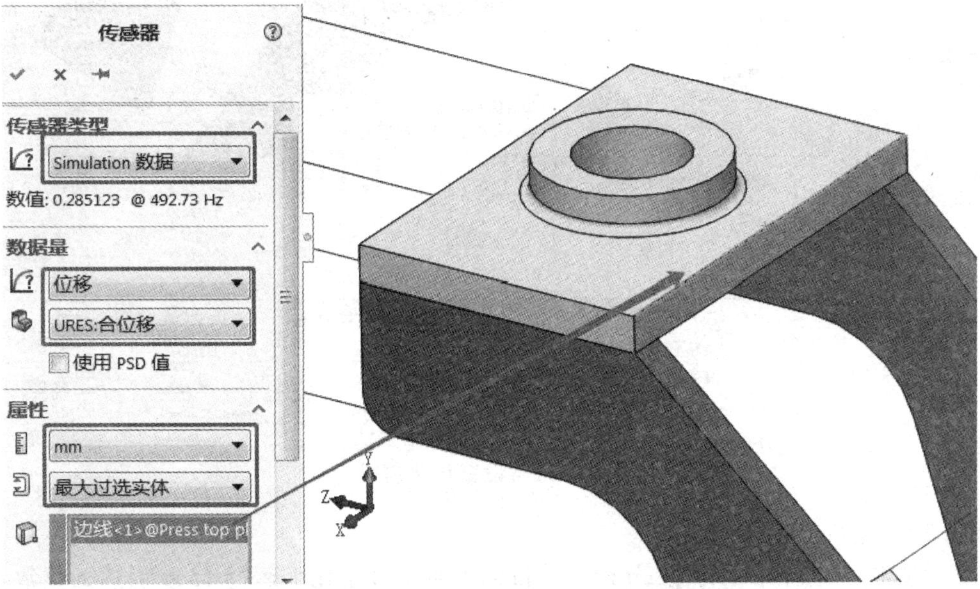

（a）

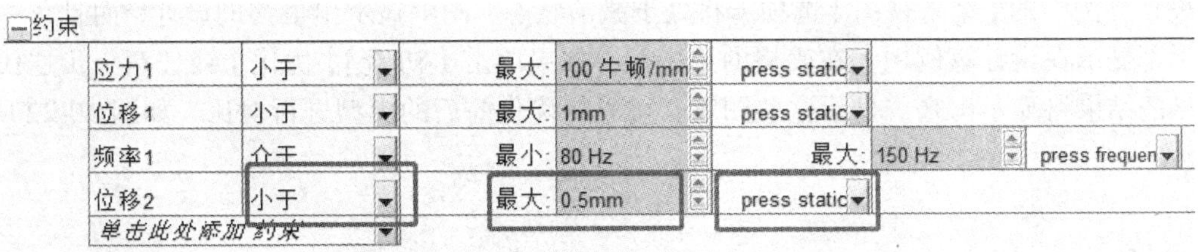

（b）

图 20-20　定义局部位移约束

提示：传感器可以定义在任何地方，用户可以监测这些特定地方的任意数值，并确保用户的设计能够满足该区域的特定准则。

步骤 21　设置设计算例属性。

（1）打开【设计算例属性】。单击【设计算例选项】，即可打开【设计算例属性】。

（2）设置属性参数。在【设置算例属性】的【设计算例质量】栏中，选择【快速结果】；在【说明】栏中，勾选【包括在报表中】选项。单击【确定】，如图 20-21 所示。

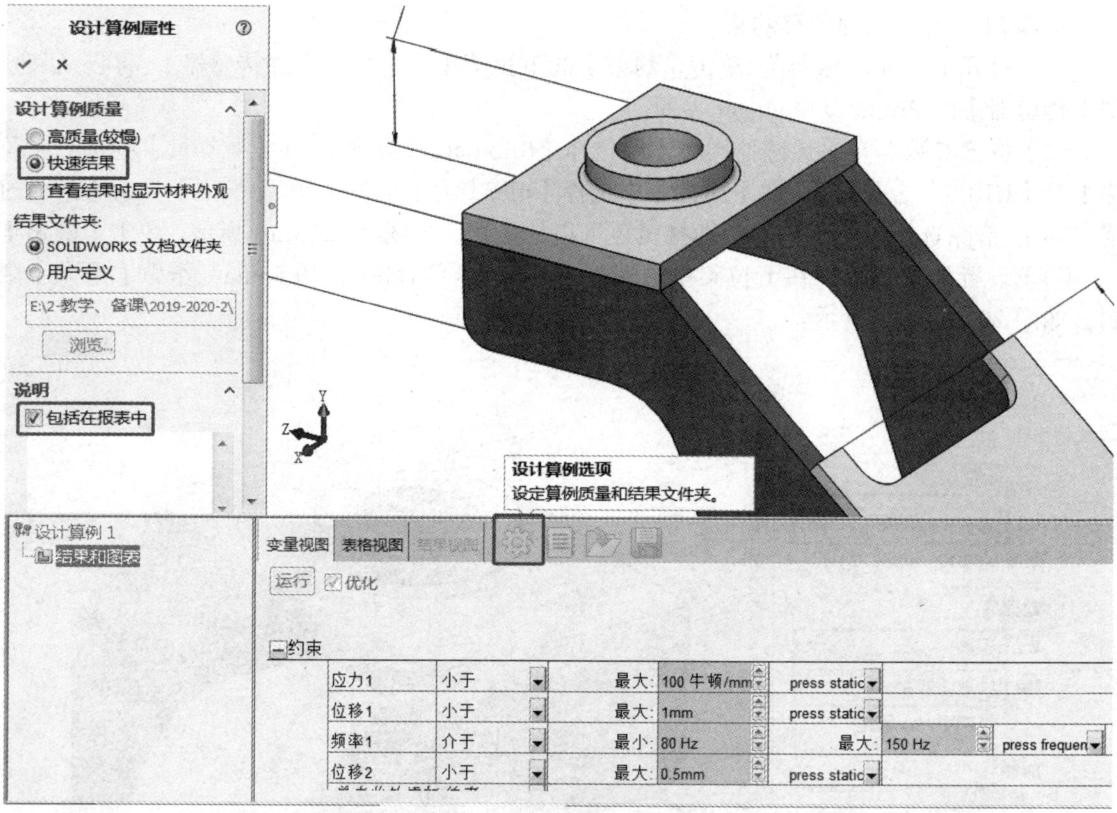

图 20-21　设置优化属性

步骤 22　运行优化分析。

从设计算例中选择【运行】。分析设计目标（质量最小化）运行 15 步后达到收敛。

步骤 23　图解显示初始和最终设计。

设计算例中的【结果视图】选项卡将处于激活状态。图解显示出最终的设计，而且每一步的代结果都显示在设计算例中。在表格的第一行，如果单击【初始】【优化】或任意一步迭代，对应模型的结果将显示出来。显示这些图解，可以将优化前后的模型进行对比，如图 20-22 所示。

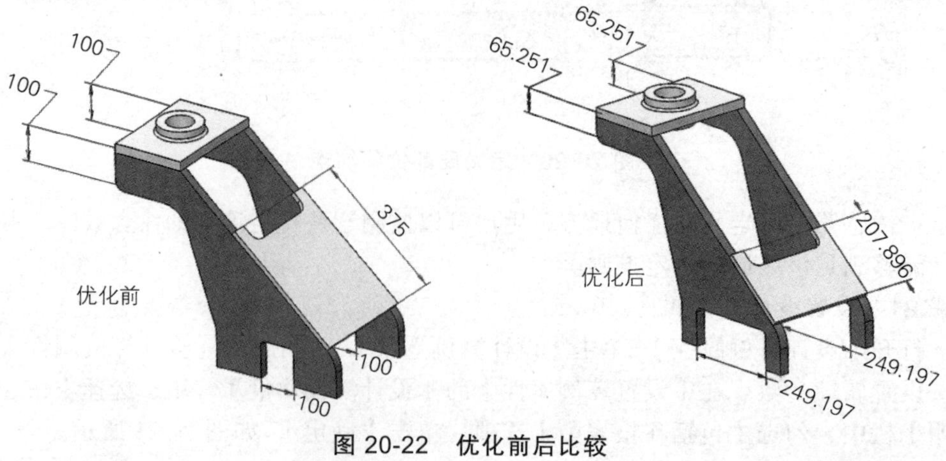

图 20-22　优化前后比较

5. 后处理优化结果

侧板的高度从 100 mm 降到 65.251 mm，背板的长度从 375 mm 减小到 207.896 mm，切除特征的长度从 100 mm 增加到 249.197 mm。

下一步，通过图解显示优化设计结果，将看到最大允许应力和最小允许频率两个约束都得到了满足。在进行下一步工作之前，注意到 SolidWorks 中的模型几何尺寸已经发生了变化。由于该原因，优化分析不应该采用零件原有的产品文件，而应该使用本地复制过来的零件或装配体文件。

步骤 24 图解显示优化设计结果。

图解显示优化设计相应的应力、位移、频率的结果。这些结果可以从“press static”和“press frequency”两个算例中得到。这两个算例都作了更新以显示新的模态结构，如图 20-23 所示。

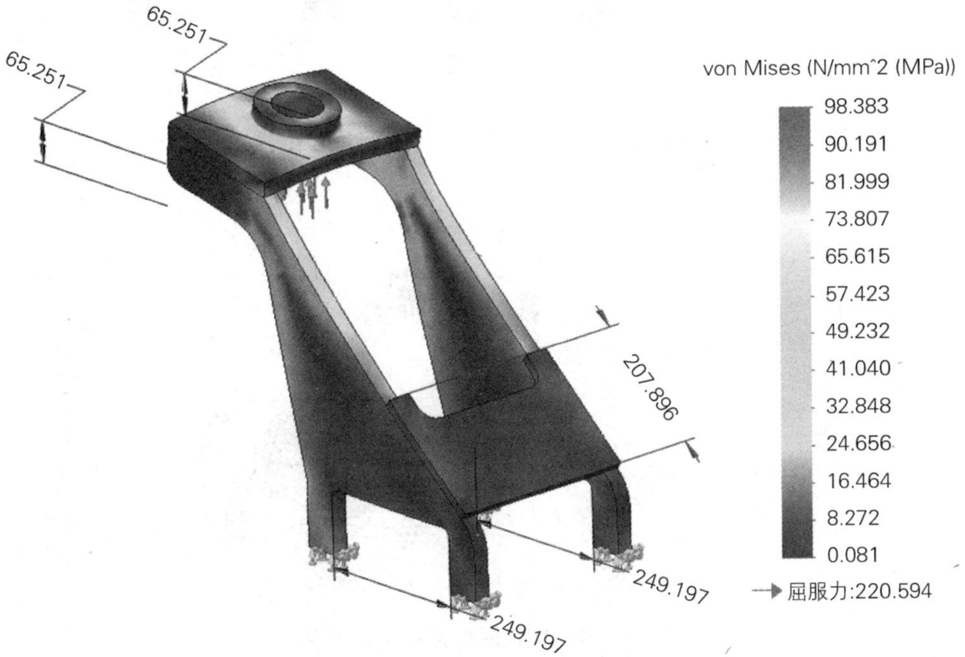

图 20-23 优化后的静应力分析应力结果

最大 von Mises 应力约为 98.383 MPa，小于最大允许应力值 100 MPa，该结果表明，应力约束的要求已经满足。

如图 20-24 所示，最大位移结果约为 0.55 mm。该结果小于允许的最大值 1 mm，即位移约束也满足条件。

如图 20-25 所示，第一阶固有频率为 81.078 Hz，在允许的 80 ~ 150Hz 范围之内。该结果表明，频率约束也满足条件。

步骤 25 检查优化设计中的质量特性。

在【结果视图】中，对每一步迭代都有一个小结，可以得到变量改变的数值，以及相对于目标的结果等信息。红色（深色）的一列表明迭代不能全部满足设计约束，如图 20-26 所示。

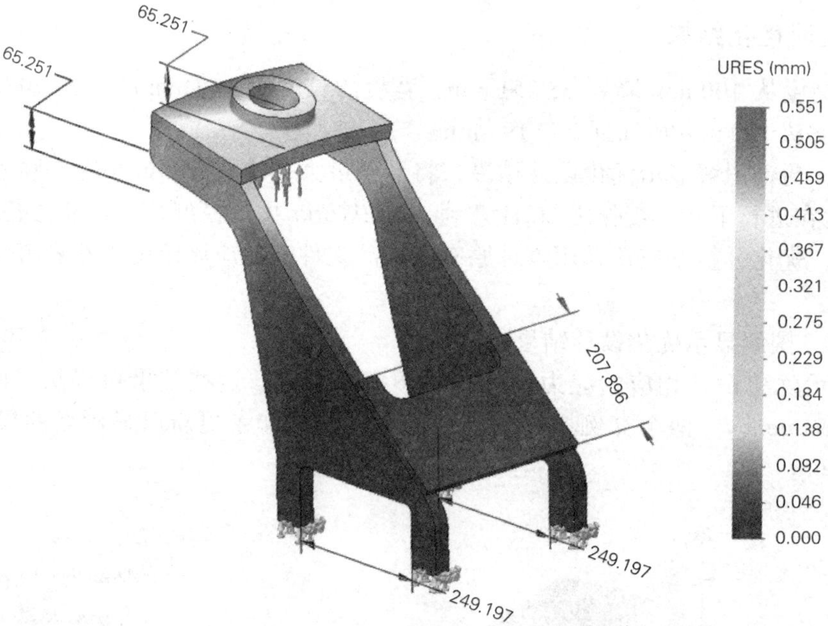

图 20-24　优化后的静应力分析位移结果

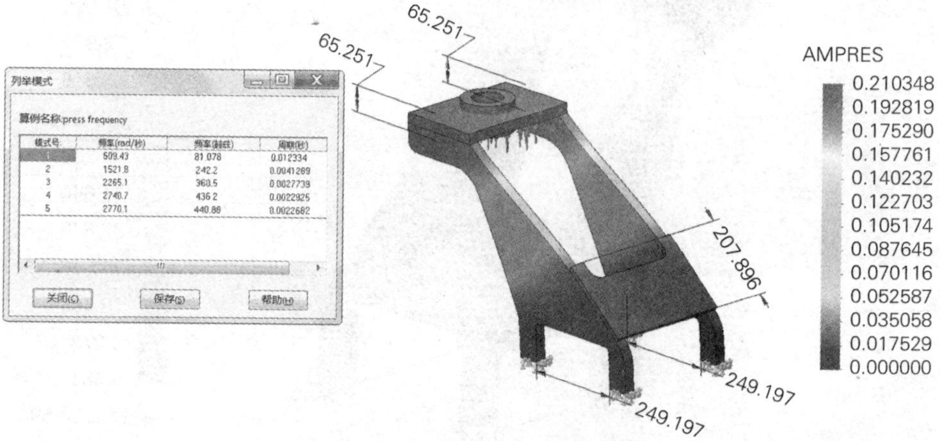

图 20-25　优化后的频率分析结果

变量视图　表格视图　结果视图

15 情形之 15 已成功运行 设计算例质量: 高
当前跌代是最优解。

		当前	初始	优化	跌代 1	跌代 2	跌代 3
plate length		207.895803mm	375mm	207.895803mm	375mm	375mm	150mm
feet width		249.197483mm	100mm	249.197483mm	250mm	100mm	250mm
back height		65.250874mm	100mm	65.250874mm	75mm	75mm	75mm
应力1	< 100 牛顿/mm^2	98.3826 牛顿/mm^2	63.1512 牛顿/mm^2	98.3826 牛顿/mm^2	84.8309 牛顿/mm^2	85.3259 牛顿/mm^2	84.5159 牛顿/mm^2
位移1	< 1mm	0.550715mm	0.330933mm	0.550715mm	0.457445mm	0.442785mm	0.486238mm
位移2	< 0.5mm	0.280914mm	0.185129mm	0.280914mm	0.237405mm	0.226527mm	0.261446mm
频率1	(80 Hz ~ 150 Hz)	81.078102 Hz	129.074231 Hz	81.078102 Hz	116.006031 Hz	131.319779 Hz	72.041329 Hz
质量1	最小化	59422.9 g	73953 g	59422.9 g	65412.1 g	71450.8 g	58618.6 g

超差

图 20-26　优化后的质量

通过比较可以发现，优化后质量从 73.953 kg 下降到 59.4 kg，这一优化使材料的质量大约减少 19%。

提示： 优化前后关于质量的详细信息也可以通过使用 SolidWorks 的工具（工具下拉菜单的质量特性）来获得。

步骤 26 定义一个设计局部趋向图表。

（1）打开【当地趋向图表】。右键单击【结果和图表】文件夹并选择【定义当地趋向图表】。

（2）设置【设计变量（X-轴）】。选择变量 plate length 作为显示值，该设计变量控制背板的长度。

（3）设置【Y-轴】。选择【目标】作为显示值，如图 20-27 所示。

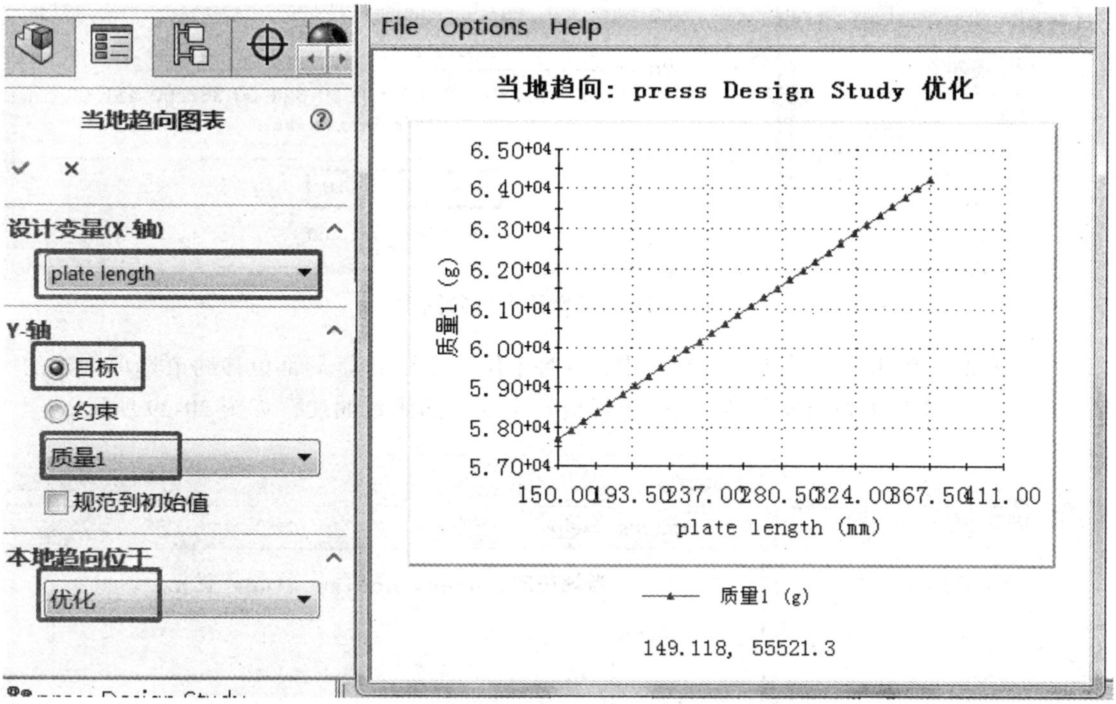

图 20-27 背板长度变量趋向图表

该变量定义的【当地趋向图表】表示：背板长度在指定的 150 ~ 375 mm 的范围内变动质量与该长度的函数关系。

步骤 27 定义第二个设计当地趋向图表。

在【结果和图表】文件夹下再创建一个图表。右键单击【结果和图表】文件夹并选择【定义当地趋向图表】。和步骤 26 一致，选择相同的变量 plate length 作为图表的【设计变量（X-轴）】显示项，在图表的【Y-轴】选项中，选择【约束】。

在四个可供选择的约束中，选择【频率 1】，这是频率约束选项创建的图表，表示第一阶基本频率随背板长度变化的函数曲线，如图 20-28 所示。

步骤 28 定义局部趋向图表。

尝试使用不同的设计变量和约束创建更多的图表。局部趋向图表显示了设计随设计变量变化的灵敏性。在设计情形中也有与优化相同的这种关系。

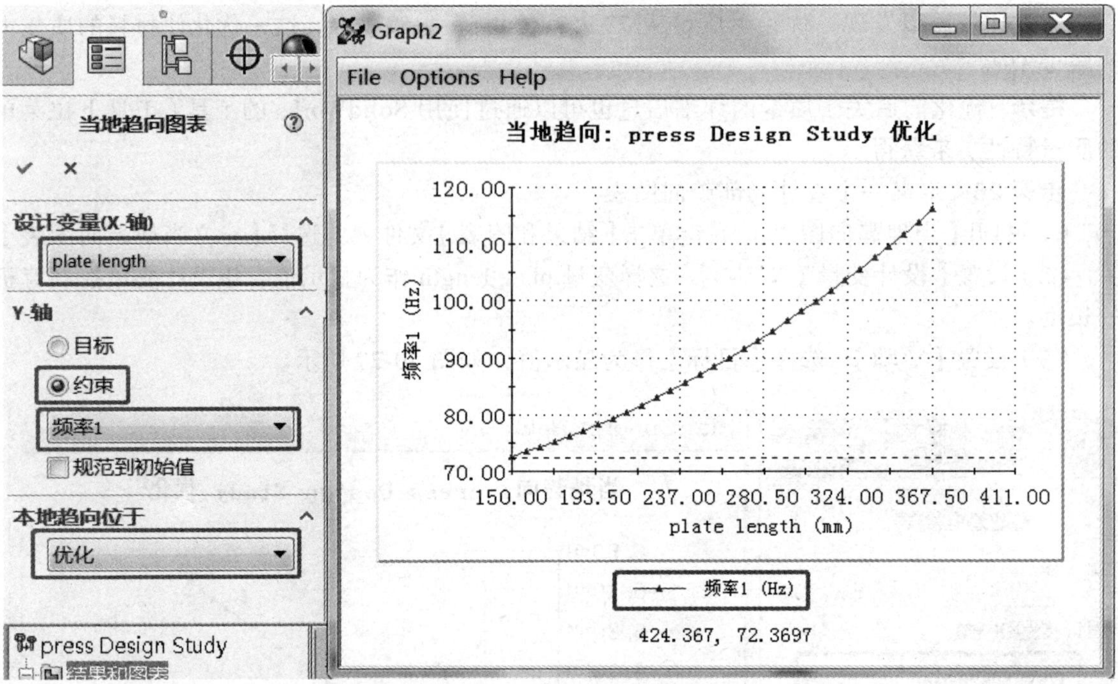

图 20-28 频率约束趋向图表

同步骤 27，在四个可供选择的约束中，选择【位移 2】，这是局部位移约束选项创建的图表，表示局部（【最大过选实体】）位移随背板长度变化的函数曲线，如图 20-29 所示。

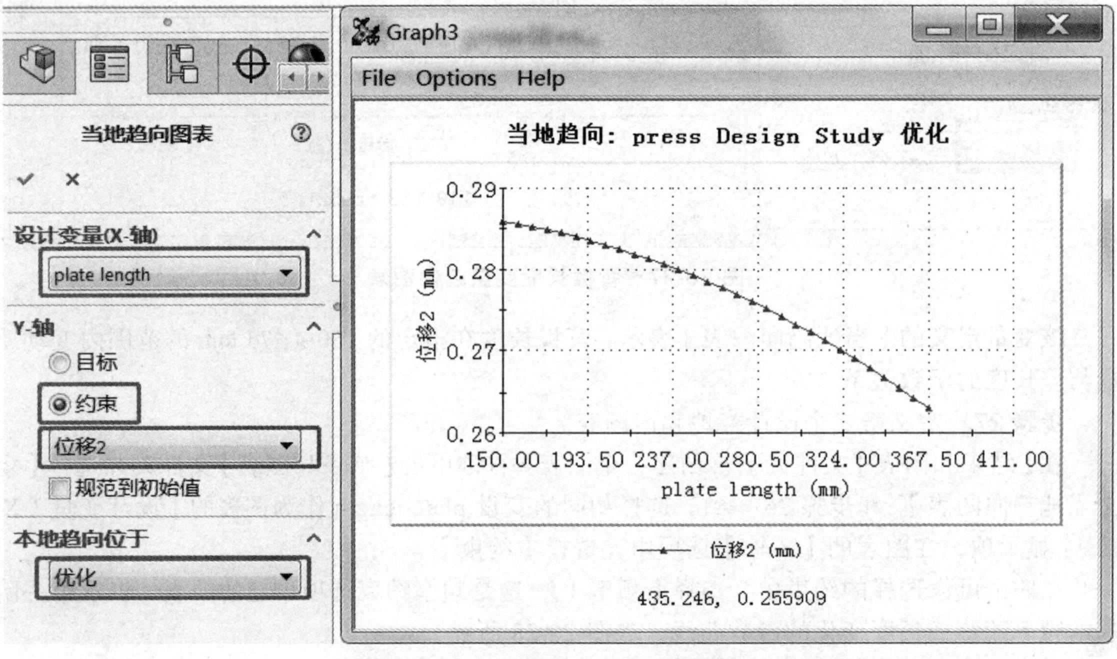

图 20-29 位移 2 局部趋势图表

项目总结

在给定应力、位移和频率的范围之内，本项目对压榨机模型进行了优化设计。优化设计在第 15 步完成，最终设计满足所有约束。【设计历史图表】能大致显示优化过程是如何进行的。【设计当地趋向图表】显示优化目标以及优化约束与设计变量间的函数曲线。

参考文献

[1] 詹迪维. SolidWorks 钣金件与焊件教程（2011 中文版）[M]. 北京：机械工业出版社，2011.

[2] 张晋西，蔡维，谭芬. SolidWorks Motion 机械运动仿真实例教程[M]. 北京：清华大学出版社，2013.

[3] 董艳霞. SolidWorks 2012 中文版基础入门与范例精通[M]. 北京：科学出版社，2013.

[4] 王中行. Solidworks 2013 中文版机械设计案例实践[M]. 北京：清华大学出版社，2013.

[5] 北京兆迪科技有限公司. SolidWorks 快速入门教程[M]. 北京：电子工业出版社，2013.

[6] 北京兆迪科技有限公司. SolidWorks 产品设计实例精解（2017 中文版）[M]. 北京：机械工业出版社，2013.

[7] 北京兆迪科技有限公司. SolidWorks 产品设计实例精解[M]. 北京：电子工业出版社，2015.

[8] 北京兆迪科技有限公司. SolidWorks 2017 快速入门、进阶与精通[M]. 北京：电子工业出版社，2017.

[9] 刘红政. SolidWorks Motion 运动仿真实例详解（微视频版）[M]. 北京：机械工业出版社，2018.

[10] 北京兆迪科技有限公司. SolidWorks 曲面设计实例精解[M]. 北京：电子工业出版社，2018.

[11] 潘春祥，李香，陈淑清. SolidWorks 2018 中文版从入门到精通（移动学习版）[M]. 北京：人民邮电出版社，2019.

[12] 易熙琼. SolidWorks 产品建模高级教程[M]. 北京：中国轻工业出版社，2019.

[13] 鲍仲辅，曾德江. SolidWorks 数字仿真项目教程[M]. 北京：机械工业出版社，2019.

[14] 孟超莹，吴中纬，韩蕾蕾. SolidWorks 项目应用教程[M]. 合肥：合肥工业大学出版社，2019.

[15] 张平. SolidWorks 基础与实例教程[M]. 北京：机械工业出版社，2019.

[16] 石怀涛，安东. SolidWorks 2019 基础教程[M]. 北京：机械工业出版社，2019.

[17] 胡其登，戴瑞华. SolidWorks ®Motion 运动仿真教程（2020 版）[M]. 北京：机械工业出版社，2020.

[18] 鲍仲辅，吴任和. SolidWorks 项目教程[M]. 北京：机械工业出版社，2020.

[19] 赵建国. SolidWorks 2020 三维设计及工程图应用[M]. 北京：电子工业出版社，2020.

[20] 梁秀娟，井晓翠. SolidWorks 2018 中文版机械设计基础与实例教程[M]. 北京：机械工业出版社，2020.